農業立地変動論

―農業立地と産地間競争の動態分析理論―

河野 敏明 著

流通経済大学出版会

序

　農業生産の選択的拡大と主産地形成が農業問題の重要課題となり、日本農業の地域分担が農業政策の中心議題となるのは、昭和36年（1961年）の農業基本法が施行されて以来のことである。当時、我が国経済は高度成長に伴って激動し、農業はその影響を直接受けて大きく変貌していた。まさに文字どおり激動の渦中にあった。

　その後20年が経過し、その間に農業政策はいわゆる基本法農政が推進された。しかし、経済的には昭和48年に石油ショックが起き、この国民経済的な方向修正と関連して、農業サイドでは基本法農政の成果と併せて問題も出現してくる。その矛盾を顕在化させたのである。これを契機に、基本法農政、特に主産地形成政策を部分的に見直す必要性も出てきた。このような状況下で、農業の発展方向が問い直されているのが現状である。

　例えば、選択的拡大部門（果樹、畜産、野菜）における過剰化傾向、その対応策としての生産・需給調整の必要性，価格安定対策などである。これらの問題は主産地形成の積極的推進とともに、関連して適正な地域分担と需給調整施策の重要性を認識させ、「産地間競争」とともに「産地間協調」の必要性が産地サイドからも出はじめてきている。

　他方、高度経済成長の結果、農業をとりまく内外経済条件は大きく変化した。例えば、石油ショック以来、そのテンポは幾分減速されてきたとはいえ，高速自動車道の整備や海上輸送（長距離外洋フェリー航路の開設・就航）などは、交通輸送体系の変革と主要輸送方式の推移（モーダル・シフト、Modal shift）をもたらし、それが農業生産の立地変動と地域分担の再編に大きなインパクトを与えている。

　そのほか、都市化に伴う土地利用の変化、兼業化の進展と農業部門における労働力・後継者不足問題、生産出荷資材や運賃の高騰、市場・流通機構の性格変化と市場対応問題、資源利用の再検討と環境・公害問題、等々、農業経営を

圧迫する内外経済条件の変化が顕著になってきている。

このように、我が国農業は諸々の条件変化に対応して、新たな方向転換と再編を余儀なくされている現状である。また農業経済研究分野でも、我が国農業の過去20年余の激動過程を、国民経済の展開過程の一環として動態論的視点から整理する必要性も認識されてきている。

特に農業立地論的視点から、その動態変化を引き起こす立地要因を理論的に包摂した理論的統合の必要性である。例えば、外部誘発要因としては全国的にみられる都市化の進展と交通輸送の技術革新、また主体的な内部自生要因としては農業経営の発展と農業技術の飛躍的進歩、などの問題である。これらを統合してその動態変化の論理と問題点を整理し、理論の展開・深化をはかることが必要である。これが当面する重要課題であり、農業立地論研究に課せられた緊急課題といってよい。

本書は、以上のような問題意識に基づいて、上記課題の分析とそのための理論的展開を意図して、農業立地論の実践的な現状分析理論の展開と動態理論への適用、及びその動態過程の実証分析を試みたものである。題して「農業立地変動論―農業立地と産地間競争の動態分析理論―」とした。

本書の意図する目標には大きく分けて3つの課題が存在する。第1は農業立地論の「純粋理論」、「原理論」から「現状分析理論」への展開である。従来の立地論研究では、チューネン・モデルに基づく経済圏域の形成問題、すなわちマクロ的な「経済立地論」研究が抽象レベルの高い「純粋理論」として主に研究され、具体的レベルでの「現状分析理論」としては十分展開されていないきらいがあった。そのため経営視点からのミクロ的な「経営立地論」研究が十分展開されないまま残されているのである。

本書では、このような認識と反省に基づいて、この欠落領域の「経営立地論」の展開や、チューネン『孤立国』以降の研究で理論的に十分検討されていない自然立地条件や個別的条件を理論に包摂して、いわば現実的・具体的レベルでのより実践的な「現状分析理論」を展開することを意図している。

第2は、以上の一部として、既往の立地論と関連するリカード・マルクスの豊度差額地代論、比較有利性の原理、及び動態理論の問題などを伝統的な古典立地論と統合して体系化する総合理論の展開・構築を試みることである。その展開方向を方法論まで遡って提示することである。もちろんその課題は大きく、ここではチューネンの方法論（孤立化法）の一般化とその応用によって、チューネン・モデルによるダンの地代関数式の比較静学（Comparative statics）的展開を図り、それを応用することに重点が置かれている。その理論成果を上記3課題の解明に適用する試みである。

　ただ、本書ではその問題点の理論的整理を中心に考察する。動態理論モデル自体の展開とは必ずしも言えないが、比較静学成果の応用で動態問題の分析はかなり可能である。このような視点から分析課題の所在と確認をふくめた実証分析が第II部の主要動態変化要因別の分析である。

　第3は、以上の考察を通じて、さきにみた我が国農業の激動過程を立地論的視点から実証的に分析することである。分析は統計資料と実態調査に基づいて、実証的に我が国農業の発展動態を立地論的に考察し、日本経済の高度成長に促されて展開する農業の変貌過程を明らかにすることである。

　特に、都市化の進展と近郊農業の変貌、交通輸送の技術革新とモーダル・シフト（高速道路、海上輸送）、生産技術の進歩（施設園芸、土地基盤整備）と流通技術の多面的変革（予冷、冷蔵輸送、加工技術）、などの立地論的考察が中心テーマとなる。経済の高度成長による条件変化が農業立地を如何に変動させるかを実証的に分析する。

　本書の構成は、第I部「農業立地の現状分析理論」、第II部「立地変動の動態実証分析」の2部構成である。第I部は、上記の第1、第2の課題に対応する理論編であり、第II部は第3の課題を中心に、我が国農業が直面する立地論的諸問題を動態的・実証的に主題にそって分析したものである。

　第I部は、序章を含めて7章から構成され、内容は我が国農業の当面する課題に答える「現状分析立地理論」の展開が主な内容である。あるいはその統合

理論展開のための方法論的・理論的整理である。第1章から第3章において、古典立地論を批判的に検討し、ダン（E. S. Dunn, Jr.）の地代関数式を基礎に、その比較静学的展開によって立地要因変動の理論的整理を試みる。これは本書の理論的中核をなすもので、立地要因の変動が産地間競争や立地変動にどのように理論的に関連し、影響するかを明らかにする。第4、5章は以上の理論を産地形成などの組織化問題に適用する場合の問題点を整理・検討する。第6章は農産加工の立地理論的検討である。

第II部は、この経済成長期における農業立地変動の動態実証分析であり、第1〜7章と終章（総括要旨）で構成されている。まず第1章で、高度経済成長が始まる昭和30年代の農業生産の特化実態を「地域集中度係数」と「特化係数」で分析する。続いて、立地変動の主要因に焦点を絞って、各論的に理論的・実証的に問題点を分析する。すなわち、(1)都市化の進展、(2)経営発展と資本蓄積、(3)交通輸送の技術革新、及び(4)生産技術の進歩と土地基盤整備、などである。特に、(3)交通輸送の技術革新については、第3章の鉄道輸送、第4章の自動車（トラック）輸送、そして第5章の海上輸送（外洋長距離フェリー）に分けてやや詳しく問題点を分析・検討する。続く第6章は生産技術・土地基盤整備の影響、第7章は施設園芸の立地問題の考察である。そして終章は以上の総括的要旨である。

要するに、農業立地の動態的な変動過程を、外部の社会経済的な条件変化（誘発要因）、特に交通輸送や生産・流通・加工技術などの技術革新と、主体的条件（内生的要因）の農業経営の資本蓄積・経営発展などとの相互規定的過程として把握し、その統合過程として産地形成や産地間競争を位置づけて高度経済成長期の立地変動過程を究明しようとするものである。

著者が本書をまとめることができたのは、ひとえに東京大学大学院（社会科学研究科農業経済専門課程）在学以来の諸先生の御指導に負う所が大きい。近藤康男、阪本楠彦の両先生には指導教授として御指導いただき、また金沢夏樹教授には著者の農林水産省研究機関勤務の関係もあって、平素から調査研究を

はじめ種々研究の機会を与えられ、御指導を賜っている。今回の論文取纏めに当たっても格別の御配慮と懇切な御指導を賜った。また和田照男教授には本書の主題に関連して適切なアドバイスとコメントを頂いた。

そのほか、本書主題の立地論については、加用信文、篠原泰三の両先生から大学院において直接御指導を賜り、また逸見謙三、九州大学・沢田収二郎、京都大学・頼平の各教授には平素からご教示も受けている。以上の諸先生とともに、ここでは特に明記しないが種々学恩を受けている方々にこの機会に改めて御礼を申し上げておきたい。

また、著者が在職している農林水産省の試験研究機関の上司、とくに岩崎勝直（元東北農業試験場長）、児玉賀典（前農業技術研究所長）、鈴木福松（同経営土地利用部長）の諸氏をはじめ、いろいろ研究遂行上の御指導と御援助を受けた先輩、同僚の諸氏にも改めて感謝の意を表したい。

昭和56年10月
農林水産省農業研究センター研究室にて

河野　敏明

目　次

序 i

目　次 vii

第Ⅰ部　農業立地の現状分析理論 1

序　章　農業立地論の現代的課題 3

　第1節　高度経済成長と日本農業 3
　第2節　農業立地論の展開課題 5
　　1　古典立地論の展開：「現状分析理論」 5
　　2　交通輸送の技術革新と農業立地変動 8
　　3　立地条件と競争力の構造的指標化 11
　第3節　農業立地論の現代的意義 13

第1章　農業立地論の分析課題 15

　第1節　古典立地論の課題と評価 15
　　1　古典立地論の性格 15
　　2　古典立地論の主要課題 19
　第2節　農業立地論の全体構図 31
　　1　農業立地論の隣接領域 31
　　2　立地論の分類と体系――一般経済学との対比― ... 35
　第3節　古典立地論の特徴 38
　　1　経済立地論への偏奇的展開 38

2　経営立地論と動態理論の未展開 42
　　　3　立地論と栽培技術論の混同―時代的背景と方法論の理解不足― 44
　第4節　古典立地論の主要成果 47
　　　1　地代函数式の定式化 48
　　　2　圏域形成の理論と条件 54
　　　3　「全面的な立地指向」―レッシュとダンの考察― 59

第2章　農業立地論の展開方向―方法論的考察― 63

　第1節　立地論展開の方法論的課題 63
　　　1　研究課題の全体領域 63
　　　2　接近レベルと研究領域分割 65
　　　3　接近レベルの研究領域・課題 66
　第2節　前提条件の緩和と理論展開 69
　　　1　資源賦存の空間的偏在 69
　　　2　多数市場と関連問題 74
　　　3　交通輸送機関の発達と運賃率 76
　第3節　立地配置と経営条件 79
　　　1　経営条件と作目選択の機構 79
　　　2　経営主体の人間的要因―企業者精神の意義― 83

第3章　立地理論の展開と統合問題 87

　第1節　立地論統合の理論的基礎 87
　　　1　理論統合の媒介項―地代函数式― 87
　　　2　方法論の理論的整理―孤立化法の定式化― 89
　第2節　立地条件の理論的包摂 95
　　　1　媒介変数の位置―立地条件の従属変数― 95

2　地代函数式の比較静学的考察―媒介変数の変化とその影響― 97
　　　3　圏域形成とその成立過程 101
　第3節　地代函数式による関連理論統合 105
　　　1　地代論との理論統合―「地代」概念の調整 105
　　　2　立地論と豊度差額地代論の統合 109
　　　3　独占地代論への拡大適用 113
　　　4　古典立地論と比較有利性原理 115
　第4節　動態理論への拡大適用―比較静学の応用事例― 116
　　　1　経済発展と技術革新の影響 116
　　　2　流通・加工技術の発達―その立地論的意義― 118
　　　3　生産技術の革新と土地基盤整備 120

第4章　産地形成と産地組織化の理論 123

　第1節　産地形成と産地組織化 123
　　　1　産地形成問題の接近視点―理論的課題と実践的課題― 123
　　　2　産地形成の理論的課題 125
　　　3　産地形成の政策的・実践的課題 127
　第2節　産地間競争と産地競争力 134
　　　1　産地概念―「特産地」と「主産地」― 134
　　　2　産地間競争の本質 136
　　　3　産地競争力の構造と指標化 139
　第3節　競争力概念の理論的検討 141
　　　1　競争力概念の定義 141
　　　2　競争力概念の分類 142
　　　3　「産地競争力」概念による統合 148
　第4節　圏域形成理論の現状分析適用―競争力比較の理論― 150
　　　1　競争力比較の方法 151

2　競争力付与目標の設定 ……………………………………………… 154

第5章　作目選択と産地・市場流通条件 ……………………………… 157

第1節　作目選択と経営・産地条件 ……………………………………… 157
　　　1　作目選択と経営条件 ……………………………………………… 157
　　　2　作目選択と立地条件 ……………………………………………… 159
第2節　作目選択と需要・流通条件 ……………………………………… 161
　　　1　需要条件と作目選択 ……………………………………………… 161
　　　2　流通条件と作目選択 ……………………………………………… 163
　　　3　外部経済条件の影響 ……………………………………………… 166
第3節　市場対応と販売管理 ……………………………………………… 167
　　　1　経営主体と販売主体 ……………………………………………… 167
　　　2　農業経営集団組織の形成発展 …………………………………… 170
　　　3　組織的管理の領域 ………………………………………………… 173
　　　4　産地組織化と市場対応―マネージリアル・マーケティング― … 177

第6章　農産加工の立地理論 ……………………………………………… 181

第1節　農産加工の立地論的課題 ………………………………………… 181
　　　1　農産加工の立地論的意義 ………………………………………… 181
　　　2　古典立地論の農産加工問題―チューネンの火酒加工― ……… 183
第2節　農産加工の立地論的接近―地代函数式適用による― ………… 189
　　　1　農・工両立地論の統合 …………………………………………… 189
　　　2　関連問題と若干の補足 …………………………………………… 197

第II部 立地変動の動態実証分析 ……… 199

第1章 日本農業の地域生産特化 ……… 201

第1節 生産特化の分析指標 ……… 201
1 経済発展と農業生産の特化 ……… 201
2 地域集中度係数と特化係数 ……… 203

第2節 立地配置と作目の性格 ……… 206
1 生産特化と主産地の条件 ……… 206
2 地域集中度係数の作目性格 ……… 207
3 特化係数計測原数値の特徴 ……… 212
4 作目特化の地域集中傾向 ……… 216

第3節 特化係数による立地分析―作目別・都道府県別― ……… 220
1 米麦・イモ類・豆雑穀 ……… 220
2 野菜・施設園芸 ……… 231
3 果樹・畜産 ……… 234
4 養蚕・工芸作物 ……… 244

第2章 都市化と近郊農業の立地問題 ……… 249

第1節 近郊農業の立地理論 ……… 249
1 都市化と近郊農業 ……… 249
2 近郊農業の古典的規定 ……… 251
3 近郊農業の理論的検討 ……… 256
4 経営発展と多様化の論理 ……… 265
5 日本農業の将来像 ……… 270

第2節 都市農業の現代的意義 ……… 271
1 都市農業の残存論理 ……… 271

2　都市農業の形態と特徴 274
　　　3　都市農業の問題点―埼玉県の検証― 276
　第3節　都市農業の実態と対応 285
　　　1　東京練馬区の実態と特徴 285
　　　2　三鷹市の都市農業対策 294
　　　3　浦和市の都市農業対応 299
　　　4　川口市の地域・農業対策 309
　第4節　都市農業の政策的課題 323
　　　1　土地利用区分の問題点 323
　　　2　市街化区域農業への政策対応 325

第3章　鉄道輸送と産地競争力―鉄道輸送の実証分析― 329

　第1節　農産物の輸送―地域間需給構造― 329
　　　1　農産物流通と鉄道輸送 329
　　　2　産地・市場結合関係の分析指標―「産地・市場緊密度」― ... 337
　　　3　農産物の地域間需給構造 343
　　　4　要　約 359
　第2節　産地競争力の実証分析―鉄道輸送の競争力比較― 361
　　　1　鉄道輸送の運賃率 361
　　　2　競争力の比較方法―圏域形成理論の応用― 366
　　　3　主要品目の競争力比較―地域別・都道府県別― 375
　　　4　産地競争力と地域生産特化 381

第4章　交通輸送の技術革新と農業再編 387

　第1節　交通輸送の技術革新 387
　　　1　技術革新の動向 387

2　輸送機関交替の論理―モーダル・シフト― ……………………… 397
　　　3　地域経済への影響―経済圏の拡大・統合機能― ……………… 400
　第 2 節　道路整備の意義とその影響 …………………………………………… 401
　　　1　道路整備の農業への影響 ……………………………………………… 401
　　　2　道路類型と高速道路の機能 …………………………………………… 402
　　　3　輸送技術の革新―輸送効率の向上― ………………………………… 404
　　　4　輸送機能向上の意義―野菜出荷との関連― ………………………… 406
　第 3 節　高速道路と農業生産の再編 …………………………………………… 409
　　　1　高速道路利用と競争力強化 …………………………………………… 409
　　　2　産地再編の契機と論理―事例的考察― ……………………………… 414
　　　3　産地再編と市場距離―"両刃の剣"的性格― ………………………… 418
　　　4　作目選択と経営組織再編―マイナス影響回避策― ………………… 420

　第 4 節　高速道路整備と農産物流通 …………………………………………… 422
　　　1　輸送手段選択の論理―野菜出荷との関連― ………………………… 422
　　　2　遠隔市場出荷と需給調整機能 ………………………………………… 427
　　　3　高速道路の整備と生産・流通対策―茨城県の事例― ……………… 430
　　　4　高速道路の利用実態と問題点―東名高速道路の事例分析― ……… 435

第 5 章　海上輸送と農産物流通 ………………………………………………………… 443

　第 1 節　海上輸送の動向と意義 ………………………………………………… 443
　　　1　海上輸送の動向 ………………………………………………………… 443
　　　2　海上輸送と物流施設 …………………………………………………… 449
　　　3　陸・海輸送の統合とシステム化 ……………………………………… 453
　第 2 節　海上輸送による農業近代化―宮崎県の実証分析― ………………… 454
　　　1　地域農業の分析課題 …………………………………………………… 454
　　　2　立地条件と地域性 ……………………………………………………… 456

3　生産特化と経営発展 …………………………………… 466
　　　4　展望と問題点 …………………………………………… 472
　第3節　総合流通システム化と市場対応 …………………………… 474
　　　1　総合流通システム化の構想 …………………………… 474
　　　2　海上輸送による市場対応の変化 ……………………… 481
　　　3　流通近代化と物流施設整備 …………………………… 488

第6章　農業技術の革新と立地変動―野菜経営を中心に― …… 505

　第1節　野菜の産地形成と経営発展 ………………………………… 505
　　　1　野菜―複合商品群 ……………………………………… 505
　　　2　産地形成と立地条件 …………………………………… 506
　　　3　産地の多様化と経営発展 ……………………………… 510
　第2節　生産技術の革新と経営発展 ………………………………… 517
　　　1　栽培技術の革新 ………………………………………… 517
　　　2　産地の拡大発展と周年出荷 …………………………… 519
　　　3　周年出荷の技術的基礎 ………………………………… 522
　　　4　野菜専作経営の形態 …………………………………… 523
　　　5　野菜経営の直面する課題 ……………………………… 526
　第3節　土地基盤整備と産地形成 …………………………………… 527
　　　1　問題の所在と分析課題 ………………………………… 527
　　　2　遠隔産地の誘発・形成条件―土地基盤整備― ……… 529
　　　3　遠隔産地の発展方向と展望 …………………………… 531

第7章　施設園芸の発展と立地問題 …………………………………… 533

　第1節　施設園芸の生産立地 ………………………………………… 533
　　　1　施設園芸と自然・技術 ………………………………… 533

2	施設園芸立地の理論的性格	535
3	施設園芸立地の特徴	538
4	産地競争力概念の修正適用	541

第2節　施設費と暖房費の実態分析―促成・半促成栽培の産地間比較― 544
1　キュウリ・トマト 545
2　ナス・ピーマン 549
3　イチゴ・スイカ 550
4　総合考察 551

第3節　施設園芸の発展と立地変動―近年の動向と課題― 553
1　施設園芸の動向 553
2　施設園芸の産地形成 556
3　産地形成と流通・市場対応 559
4　冬期安定供給と需給調整 561

終　章　総括―農業立地と産地間競争の動態分析理論― 567

参考文献 577
あとがき 589

第Ⅰ部

農業立地の現状分析理論

序　章
農業立地論の現代的課題[1]

第1節　高度経済成長と日本農業

　農業問題が国民経済との関連なしに論ぜられないことは言うまでもない。しかし近年それが国際経済の動向を抜きにしては議論できないのが昭和50年代以降の状況である。農産物の過剰問題であれ、貿易自由化と国際収支不均衡を解消するための牛肉、オレンジ、その他の輸入枠拡大問題であれ、国際経済の外圧は我が国農業に強力なインパクトを与えている。日本農業は激動の渦中にあり、まさに存亡の危機にさらされている。

　農業基本法が施行されて20年が経過した昭和56年度の『農業白書』[2]は、以上のような我が国農業の直面する課題を中心に取り上げ、「農産物の需給と価格」に大半の紙面をさいて直面する問題の分析を行っている。その「むすび」の中で、「農政の当面する重要な課題」として次の4点をあげている。すなわち(1)農業の生産性向上、(2)農業生産の再編成、(3)農産物価格の安定、そして(4)活力ある農村社会の建設である。

　これらの農政課題に集約的に示されているように、我が国農業が外国農産物との国際競争に打ち勝つためには、生産性を向上させ、生産費を低減し、競争力を十分強くすることが必要である。それは一言でいえば農業構造の改善によって達成される性格の課題ということができる。その一環として、第2点で指摘されているように、「農業生産の再編成を進め、需要の動向に適切に対応し得る農業生産構造を地域の実情に即して確立して」ゆく必要がでてくる。

　『農業白書』が指摘する4つの農政課題は、内外の激甚な条件変化に対応して、日本農業が生き残るための条件と方向を抽象的に示したものと言ってよい。しかし実際問題として具体的に「地域の実情に即して」、その発展方向を探求

することは容易ではない。それは対外的には輸入農産物との国際競争と、また国内的には過剰基調下での産地間競争との、いわば二重の厳しい競争の下で、作目選択と産地形成をはかり、農業構造を改善してゆくことである。それを現実に実施する困難さは『白書』での指摘以上に大きい。

　水田利用再編対策の場合でも、まず転換作目に何を選ぶべきかが課題である。これはどの地域でも等しく直面している最も大きな課題の1つである。その際各個別産地の立地条件を前提として、何を作ればいいかという作目選択が問題となる。同時に、そこに有利作目があるとして、その適作目を如何に作り、何処へ出荷すればいいかという生産・販売問題が関連して発生する。これはさきの重要農政課題の第1と第3の2つの課題に関連する。

　このように、さきの農政の重要課題は相互に密接に関連しており、個々に切り離して論ずることが困難な性格のものである。つまり、4つの課題は日本農業の今後の発展方向、あるいは"生き残る"条件を、それぞれの側面について政策課題として提起したものといってよい。

　そこで、次に問題となるのが以上の政策課題に対して、如何なる具体的な接近方法が可能かということである。またその場合、如何なる理論が以上の課題に適切に解答を与えるかということである。一般的にいって、地域農業の発展方向や作目選択を問題にする場合、その理論的接近には立地論が最も強く関連し、有効と考えられている。しかし現在の立地論は果たして以上の課題に対してそのままで即刻有効であろうか。その有効性がまず確かめられねばならない課題であろう。

　またその際、最近における我が国の高度経済成長の影響を無視することはできない。例えば高速自動車道の整備や外洋長距離フェリーの就航、あるいは航空便利用等の交通輸送技術の発達である。さらに予冷処理やコールドチェーン等の流通・加工技術、施設園芸や機械化作業体系の普及など、生産・流通段階における技術革新が、産地間競争や立地変動にどのような影響を及ぼすのかなどが研究課題となる。そしてそれらの立地問題に対して立地論は実践理論として如何なる役割を果しうるのであろうか。

序　章　農業立地論の現代的課題　　5

　本書では、以上でみたような日本農業の直面する課題に対して、立地論が果す役割と現代的意義を、立地理論の実践的適用と関連させて理論的に検討・整理し、問題の所在を明らかにすることを課題としている。それは理論的には従来の立地論を方法論も含めて批判的に検討し、理論の展開を図ることである。その一環として作目選択に関連する隣接領域、例えば比較有利性の原理や豊度の差額地代論などを包摂した統合理論を展開・確立する試みである。また立地変動に影響を及ぼす社会経済条件の変化や、技術革新を考慮した動態理論の展開が目標となる。このような方向での理論の整理展開と関連する実証分析が本書の主内容を構成する。

第2節　農業立地論の展開課題

1　古典立地論の展開:「現状分析理論」

　ところで、農業立地論の成果と理論的特徴をみると、主要な系譜としてはチューネンの『孤立国』[3]に始まり、ブリンクマンの『農業経営経済学』[4]、続いてレッシュの『経済立地論』[5]、そしてダンの、『農業生産立地理論』[6]にいたる一連の理論が存在する。これらの理論はそれぞれ特徴があり、チューネンの同心円的圏域形成の「孤立国」理論、ブリンクマンの経営学的色彩の強い集約度等級と経営方式の立地配置理論、あるいはレッシュの部分均衡論的アプローチ、さらにダンのチューネン・モデルに基づく空間均衡論の定式化、などである。

　これらの理論は、いずれも立地問題のうち、結果的には特定の側面に課題が限られる性格の「特殊部分理論」に止まっている。その結果、それぞれの理論では取り扱われない未検討の領域や課題が残されていて、立地論の課題を全面的に取り扱ったものとはいいがたい。従って各理論は多かれ少なかれ「特殊部分理論」的性格を残していると言える。それは理論の形成発展からいって避けられないことではあるが、そこに未展開の課題や領域を統合する統一理論展開の必要性がでてくる。

例えば、チューネンの『孤立国』を考えてみると、その理論は周知のように、距離要因に基づく農業経営組織（作目）の立地配置を問題にした。そのために、まず自然的立地条件（土壌、気象、地形、等）は均質なものと前提されている。[7] 従って、自然的要因に最も強く制約される農業生産において、その要因を捨象しているところにチューネン理論を現実に適用するうえでの制約がでてくる。

しかしながら、チューネン理論に以上のような理論的制約、ないし展開の不十分さがあるとしても、それによって理論の有効性が基本的に失われるものではもちろんない。それは大局的な法則性という理論の本質からいえば全く問題ないのである。しかしそれを現実に適用する場合に若干の理論的制約と不都合が生ずる。ただ、この点は一定の理論的修正を施せば足りる性格のものである。

例えば、自然的立地条件については、それが均質であるという前提を緩和することによって修正が可能となる。自然条件が均質でないことによって生ずる偏奇、つまり収量や生産費を条件に応じて修正すればよい。この点を修正することにより問題は解決するからである。しかし、この修正が理論的にどのように可能かは、従来の立地論研究では十分解明されたとは言えない。

他方、この点を理論的に明らかにしたのがリカードやマルクスの豊度の差額地代論である。[8] リカードの地代理論は、彼の貿易理論における比較有利性の原理と共に、チューネンの立地論と統合することによって、距離と豊度の両差額地代が統合されることになる。その統合が可能ならばチューネン理論の欠陥を補う理論の展開となるであろう。それがどのように可能かは後ほど本論（第3章）で詳しく考察する。しかし従来はこれらの理論統合ではなく、それぞれの理論を個別に適用する場合が多かった。

では、その統合はいかなる論理と方法で可能になるであろうか。その1つの方向が個々の立地条件（要因）を一定の関連で相互に位置づける方法である。それを地代函数式の定式化を媒介して行ったのがダンであった。彼はチューネンにならって立地を規定する地代を距離の函数として設定し、それにその他の要因（生産費、収量、価格、運賃率）を媒介変数として地代函数式に組入れ、定式化したのである。[9]

この定式化に先だって、レッシュは圏域形成の条件の検討（不等式比較）を行い、ブリンクマンは節約指数、地代指数などを用いて作付方式の立地を考察した。それらを総合して立地要因間の相互依存関係を明示的に定式化したのがダンであった。この定式化によって、ダンはチューネン・モデルを単純素朴な形ではあるが空間価格均衡論として理論的に展開した。それはより精緻な空間価格均衡論への第一歩として位置づけられている。[10]

　しかし、ダンの理論的貢献としてより重要なのは、著者の私見によれば、作目（経営方式）競争力の構造的指標化への道を地代関数式の定式化で開いたことである。この点は著者が本書のなかで理論的展開を行う上での基礎条件として重視する側面であり、理論展開の端緒（出発点）となっている。つまり、この構造的指標化によって、さきの地代函数式の媒介変数に集約される立地要因（土壌豊度、生産技術、経営規模、その他）を相互に関連させながら明示的に、しかも個々の要因のウェイトや変化の影響を明らかにすることを可能にした。地代函数式の定式化と「孤立化法」の一般化による方法論の援用が、従来の未解決の問題や理論の動態化を一挙に解決する契機を作り出したのである。

　例えば、土壌条件の差異は収量と生産費に反映されるし、また生産技術や規模条件も同様にそれぞれ上記の媒介変数を通じて地代函数式に包摂・統合される。その影響は比較静学的展開による各媒介変数の変化に示され、その差異が明らかになる。すなわち、収量の変化は市場近傍で影響が大きく出るが、遠隔地では影響が少ない。逆に輸送技術の革新や道路等の改善は遠隔地ほど恩恵を受け、その効果が大きい。これに対して、価格と生産費の変化は距離に関係なくどこでも、その増減分だけ地代を変化させるにとどまる。このように、動態変化を引起す要因や自然立地条件、さらに経営条件（資本蓄積、経営能力）などが、それぞれのパラメーターに反映されることになる。[11]

　これらの変化は、その原因が価格のように一時的・経過的な性格のものであれ、また地域個有の立地条件（土壌、気象条件）の場合であれ、あるいは技術革新に基づく動態的変化でも、いずれも地代函数に一元的に統合される関係にある。このような意味で、昨今問題になっている産地間競争や作目選択の基準

を明らかにする理論として有効性を有している。

　このように、ダンの地代函数式とその比較静学展開による競争力の計量指標化によって、チューネン的な距離の差額地代論と、リカード・マルクス的な豊度の差額地代論が統合される契機を作ったのである。しかし、ダン自身は均衡論体系化への関心がつよく、そのための地代函数式の定式化であり、それに基づく前提条件の緩和や理論の展開には興味を示さない。また地代函数式の媒介変数の比較静学的検討も行っていない。これに対して本書では、この地代函数式を利用してそれを立地論展開と動態化のための有効なツールとして応用したものであり、その理論的展開が中心課題となっている。

　以上のように、ダンの地代函数式の定式化は、後ほど明らかにするように、立地理論に距離要因だけでなく、その他の自然条件や関連するすべての要因を導入し、現実適用性の大きい実践理論を展開する基礎を築いたといってよい。そしてこの「現状分析立地論」は現実の農業生産の方向を明らかにする、生きた実践理論として有効であるといえよう。

2　交通輸送の技術革新と農業立地変動

　ところで、以上によって農業立地論が、チューネン的な距離要因を中心とする特殊「純粋理論」、「原理論」から、自然条件（土壌、気象）や経営条件（技術、規模）なども考慮した「現状分析理論」、換言すればより高次の統合一般理論へ展開しうることを明らかにした。しかし、以上の抽象的説明ではそれが具体的にどのような内容のものかは必ずしも明らかではない。その詳細は本書全体（理論的には主に第Ⅰ部、第3章）の課題であるが、次に問題の所在と性格を理解するために、予備的考察として最近条件変化が著しい交通輸送の技術革新について若干検討しておくことにしたい。

　まず、国民経済の条件変化のうち最も著しいのが距離要因と関連する交通輸送の技術革新といってよい。具体的には13,000キロメートルに及ぶ高速自動車道の整備計画である。また、京浜、中京、阪神などの大消費市場と北海道、四国、九州などの遠隔産地を結ぶ外洋長距離フェリー航路の開設・就航である。[12]

序　章　農業立地論の現代的課題　　9

　このような高速道路やフェリー航路のネットワークの整備と対応して、大型車輌やトレーラーを使用したトラック大量輸送体系が急速に確立されつつある。その場合特に注目すべき点は、高速自動車道を中心とする大型車による高速輸送と、１万トン級の高速フェリーとが結合した"陸・海一貫輸送方式"とでも呼ぶべき高速・大量輸送体系の実現である。それは如何なる影響を立地変動に及ぼすのであろうか。

　この高速・大量輸送体系の特徴は、輸送条件・手段（道路、車輌、船舶）の技術革新によって輸送機能が飛躍的に向上したことである。すなわち、輸送機能の高度化によって高速性、大量性、機動性、確実性（安全性）といった物的流通上の輸送効率の向上が実現し、それに支えられた形で費用（運賃）の低減が可能となり、経済性を発揮することになる。

　交通輸送の技術革新が農業立地に如何なる影響を及ぼすかは、理論的には明らかである。その影響は、さきに検討した地代函数式の中の運賃率（媒介変数）を低下させて遠隔地市場への出荷を可能にする。それは輸送機能の向上であり、それが経済性の発揮につながる。その意義をチューネンの孤立国モデルで考えてみると、それぞれの作目（経営組織）の圏域が外縁へ拡大する条件を作り出すことになる。ただし、実際に圏域が拡大するか否かはダンの均衡論モデルで明らかなように、各作目の需要量と価格の相互関係できまる関係にある。

　いずれにしても、交通輸送の技術革新は以上のような形で、輸送費の制約（運賃原理）によって限定されていた供給圏を拡大する作用を持っている。一般に立地論は、チューネンの農業立地論であれ、ウェーバーの工業立地論[13]であれ、輸送費（運賃）の大小が立地を規制する。いわゆる空間的摩擦の多寡に依拠する理論である。このような立地論の成立する根拠をとりあえず"運賃原理"と呼ぶことにすれば、交通輸送の技術革新は運賃原理の制約を弱める方向に作用することである。

　しかし、立地論が一般に"運賃原理"を基礎に成立つとしても、農業立地論ではそれに加えて"鮮度原理"による制約がある。つまり、チューネンが自由式農業について説明したように、生鮮野菜や牛乳が腐敗し易いため、都市近郊

に立地せざるを得ないという制約である。

この"鮮度原理"による立地規制は、農業立地、特に生鮮品の場合に一般にあてはまる。このことはチューネンの自由式農業にかぎらず日常我々が経験しているところである。農業立地論は、このような意味で"運賃原理"と"鮮度原理"の2つの原理に制約される二元論的立地論という性格を持っている。[14]

ところで、農業立地論が以上の2つの原理によって規制されることを改めて強調したのは、農業立地理論の性格を明確にするのと同時に、さきほど問題にした高速輸送体系がこの"鮮度原理"の制約をとり除く上で極めて大きな役割を果すことを明らかにするためである。輸送機能の高速性（スピード・アップ）と予冷処理、冷蔵・冷凍車、その他の物的流通技術が結びつくことによって、"鮮度原理"による立地の制約が大きく除去され、遠隔野菜産地の形成と産地間競争の契機を創り出すのである。

例えば、従来大消費市場から遠く離れているため、出荷販売上のハンディキャップを背負っていた南九州（宮崎・鹿児島）や北海道は、京浜・阪神方面へのフェリー航路の開通によって野菜・牛乳等の販路を大きく開拓し、新しく産地形成をはかり、農業生産を飛躍的に発展させつつある。

また北海道の場合、この傾向は顕著で旧来の玉葱、人参、アスパラガス、牛乳などのほか、道南を中心に露地・施設園芸等が出現しつつある。例えば十勝では、従来の豆類を中心とする畑作農業から根菜類（馬鈴薯、ビート）を経て、最近では露地野菜産地への脱皮を図ろうとしている傾向が見受けられる。

以上は、フェリー航路の開通が遠隔地域の不利な立地条件を変えて、新作目の導入や新産地の形成を促している事例であるが、高速自動車道についても同様のことがいえる。その事例として、高速自動車道の中でも最も長い東北自動車道（完成時総延長756km）の場合を見てみよう。まだ全線開通はしていないが、供用区間が北に伸びるにしたがって、キュウリ（福島、岩手）、人参、レタス（岩手）、長芋（青森）などの新産地が漸次形成され、それと同時に産地間競争が旧産地との間で展開されている。[15]

以上、交通輸送の技術革新が農業立地に及ぼす影響を現実の動きと理論との

関連で簡単にみてきた。これを要するに、距離要因のウェイトは幾分低下して遠近較差が漸次縮小する傾向にあるとはいえ、その理論上の意義は必ずしも低くなったとはいえないのである。むしろ、より広汎にチューネン・モデルを適用し得る条件が現実に出現してきたというべきであろう。このことと関連して、次にその他の立地要因の意義を見てみよう。

3　立地条件と競争力の構造的指標化

改めて指摘するまでもなく、農業は自然条件（土壌、気象）に最も強く規制される産業である。しかし、チューネンは第1次接近としてこの条件を捨象し、自然条件をどこでも均質と前提して彼の立地論を展開した。その理由の1つは、おそらく彼が自己の農場を経営するユンカー（土地持貴族）であり、その場合自然条件は土地の与件として前提されており、その立場で立地問題に接近したためであろう。しかしながら自然条件を均質とする議論は、すでに指摘したように、それを現実に適用する場合に若干の修正が必要になってくる。

その修正に大きく貢献するのがダン定式化の地代函数式である。すなわち、その媒介変数（収量、価格、生産費、運賃率）の比較静学的展開が、自然条件が均質という前提を簡単に緩和することを可能にするからである。同様のことが栽培技術、規模の大小、経営者の経営能力、などにも適用できる。つまり、それぞれの地域の立地条件（地域性）であれ、個々の農家の経営条件（技術、規模、等）であれ、はたまた出荷販売上の優劣、組織化の強弱による価格形成の巧拙であれ、それらが当然すべて地代函数式の媒介変数に反映されてくる。

そのほか、媒介変数の変化を引起す原因が本源的な場合（例えば、土地豊度）でも、あるいは一時的なもの（例えば、価格、天候不順）でも、それらが地代函数式に直接反映されることになる。生産性や生産費を大きく変化させる技術革新も同様に当然媒介変数に直接結びつく。このように、地代函数式による競争力の構造指標化と、その比較静学的展開による競争力への影響は、生産・販売に影響を及ぼすすべての要因をその中に組み込んで、それぞれの産地の、個々の経営の、また個々の作目の競争力を計量化して表示できる。[16]

この点と関連して、以上の考えに基づいて隣接領域との統合を可能にする。その結果、生産費に依拠する「比較有利性」、価格水準とそれに対応する「市場競争力」、市場距離と運賃の差異に起因するチューネン的な距離の差額地代の「立地競争力」、収量など土地豊度差による「差額地代」など、個別部分的な競争力指標を作付規模等も考慮した総合的な「産地競争力」に統合することが可能になる。その有効性を強調するのが本書である。[17]

　このような「産地競争力」を指標として、作目選択や産地間競争などの立地問題に接近する必要性は、近年のように内外の経済条件の変化が著しく、しかも関連する要因が多様化し、相互に複雑にからみあっている場合に特に強調されるべき視点である。個々の部分競争力の強化（価格、収量の上昇、生産費、運賃の低減）についての個別検討は、もちろんその前段階として必要であるが、それらを総合した「産地競争力」が立地論の基礎に据えられる必要がある。

　もし、以上のような方法に基づいて試算した「産地競争力」が各産地、作目ごとに明らかになれば「作目選択メニュー」とでも呼ぶべき競争力序列が明示的に明らかになる。各地域では、その「メニュー」にしたがって作目選択が科学的・実践的に可能となる。また全国レベルでこの「メニュー」を作れば全国一律の産地別・作目別競争力が明らかになるであろう。それは各地域のそれぞれの生産力構造を反映した作目選択・地域分担指標としても利用できよう。[18]

　いずれにしても、現実の立地条件の変化や技術革新、あるいは最初に述べた国際経済の外圧などを個々の地域の自然的立地条件や経営構造と関連させて、総合しうる立地理論の展開がますます必要になってきている。以上で抽象的ではあるが提示した立地論の展開は、そのような方向で本書（第Ⅰ部）で展開されており、それによって農業立地論が実践的理論として有効性を発揮できるのである。

　なお最後に、さきに検討した交通輸送の技術革新との関連で自然的・技術的要因をみると、前者（交通輸送）の制約がとり除かれればとり除かれるほど、ますます後者（自然条件、技術）の要因が重要性を増してくることである。従来、温暖な気候、肥沃な土壌、広大な土地面積、冷涼な気候、その他種々に有

利な条件を有しながら"運賃原理"や"鮮度原理"の制約をうけて産地化を達成し得なかった「潜在産地」が、フェリーや高速道路などによってその制約がとり除かれ、産地化しているのが南九州、北海道、東北、あるいは高冷地（長野、岡山、大分）などの場合である。

このように、1つの要因変化が他の要因の意味と役割を変えながら、複雑に交錯して進展するのが産地間競争であり、それを通じて立地変動が進み、産地再編が行なわれるのである。

第3節　農業立地論の現代的意義

最初に述べたように、我が国農業は国際的には農産物自由化の外圧を強く受け、また国内的には都市化の進展と輸送手段の技術革新、あるいは農業生産技術の進歩と経営階層分化など、種々の条件変化に対応してそれぞれの地域がその発展方向ないし"生き残る"条件を模索しつつある現状である。[19]

このような日本農業の再編成を迫る状況の中で、そのよるべき理論を求めるとすれば立地論が考えられるが、立地論は果してその重責を担えるか否かが本章の課題であった。その解答はすでに出されているが、ここで結論として要約すれば、立地論は以上で述べたような展開によって激動期の農業再編の方向を示す羅針盤としての機能・役割を十分に果し得るものと言えよう。しかし、そのためには今後さらに以上の役割を果すための「現状分析的理論」の深化と展開が課題となろう。

注
1）拙稿「立地論の現代的意味―古典立地論の展開を中心として―」、『農業と経済』第48巻、第6号、昭和57年。
2）農林省『農業白書』（昭和48年版）、大蔵省印刷局、昭和49年。
3）チューネン、近藤康男訳『孤立国』、1929年、第1部、第2部、世界古典文庫、日本評論社、昭和22年。『近藤康男著作集』、第1巻、所収、農山漁村文化協会、昭和49年。
4）ブリンクマン、大槻正男訳『農業経営経済学』、西ヶ原刊行会、昭和6年、改訳

版、地球出版、昭和44年。
5）レッシュ、篠原泰三訳『レッシュ経済立地論』、大明堂、昭和43年。
6）ダン、阪本平一郎・原納一雅共訳『農業生産立地理論』、地球出版、昭和35年。
7）チューネン、『孤立国』、第1章。
8）リカード、小泉信三訳『経済学および課税の原理』（岩波文庫版）。マルクス、長谷部文雄訳『資本論』、第3部、第6篇、超過利潤の地代への転形、青木文庫⑿、⒀分冊。
9）前掲、ダン、訳書、2章、8〜9頁
10）ダン、訳書、第2章、要約。
11）拙稿「農産物の市場競力と地域間競争」、『東北農業試験場研究報告』第34号、昭和41年。
12）詳しくは、第II部、第5、6章、参照。
13）ウェーバー、篠原泰三訳、『ウェーバー工業立地論』、大明堂、昭和61年。
14）拙稿「都市近郊農業の発展論理」、『農業経済研究』第42巻、第1号、昭和42年。
15）拙稿「道路整備の農業に及ぼす影響」、『道路交通経済』No.14（1981.1）。
16）拙稿「市場競争力の理論的検討」、『農業および園芸』第48巻、第4号，昭和48年。
17）拙稿「チューネン農業立地論の現実的展開」、梶井功編『農業問題の外延と内包』、農山漁村文化協会、平成9年。拙稿「農業立地の現状分析理論」、『流通経済大学論集』Vol.32, No.2（117）、平成9年。
18）農林省『農業生産の地域指標の試案』、昭和45年。
19）これらの当面する課題については、頼平「立地論からみた地域農業発展の論理」をはじめ、北海道、東北から南九州までの地域別問題を、『農業と経済』誌が「立地論からみた地域農業」として特集している（第48巻、第6号、昭和57年）。

第1章
農業立地論の分析課題

第1節　古典立地論の課題と評価

1　古典立地論の性格

　農業生産の地域特化、産地形成、その他の農業立地問題に接近する場合、その基礎理論としてはチューネン（Johann H. von Thünen, 1783～1850）の『孤立国』[1]に始まる立地理論が最も関連性が強いと言えるだろう。我が国においても、チューネン研究としては昭和3年（1928）の近藤康男『チウネン孤立国の研究』[2]があり、続く同4年（1929）にはその翻訳が出版された。その後多くの農業立地論研究が『孤立国』と関連して行なわれてきた。[3]

　チューネン以降の理論家としては、ブリンクマン（Theodor Brinkmann, 1877～1951）を経て、[4] レッシュ（August Lösch, 1906～1945）、[5] さらにダン（Edgar S. Dunn, Jr, 1921～）、[6] などが続き、これらの理論家の理論展開が主要な研究成果である。この理論系譜の特徴はチューネンの農業立地論を継承し、その理論をさらに発展させた点にある。農業立地論のいわば正統派とも言うべき理論的展開を示したのがこの系譜であった。その特徴はチューネンの「孤立国」モデル[7]を基礎に理論の精緻化と展開を図ったことである。このような意味で、上記の立地論系譜を以後本書ではとりあえず「古典立地論」と呼ぶことにする。

　ところで、チューネン理論を前述（序章）の現実問題に適用する場合、古典立地論で展開された理論で問題が充分解決するかと言えば必ずしもそうとは言えない。何故なら後で検討するように、理論的に整理しなければならない課題がまだ残されているからである。『孤立国』で問題提起された課題と未検討の課題を相互に関連させて理論的に整序し、それを現状分析に適用する方向での

理論的展開が十分とは言えないのが現状である。

　周知のように『孤立国』は、市場距離が農業経営に如何なる影響を及ぼすかの経営組織決定の理論的考察である。その理論仮説は、まず第 1 章の前提条件によって方法論的枠組を設定し、第 2 章で「市場からの距離」が「経営方式」（Wirtschaftssystem, Betriebssystem）の立地に如何なる影響を及ぼすか、といういわゆる「孤立国」モデルである。続く第 3 章以下で、市場からの距離の遠近が経営形態を規制して相異なる経営方式が成立することを立証するのが『孤立国』の構成である。

　その場合、経営方式の立地配置の問題は 2 つの側面、つまり地理的・空間的な「経済立地論」と、各立地における作目選択問題を取り扱う「経営立地論」が混然一体となった叙述となっている。[8] 最初の科学的立地論体系といわれる『孤立国』では、第 1、2 章の方法論的記述以外には厳密な理論の区別はなく、また「純粋理論」[9]、ないし「原理論」[10] 的問題と、「実証分析」、「現状分析」的課題が理論的・方法論的に区別されていない。しかし、「現状分析理論」の展開にあたっては、これらの区別を認識することが重要であり、それに基づく理論の整序と展開が必要になる。

　その後の農業立地理論の展開では、ブリンクマンを除けば他の殆んどが「経済立地論」的分野に研究のウェイトを置くものであり、その中心課題は空間的立地配置の問題に偏っていた。それはチューネンの当初の問題提起に従うものではあるが、ウェーバー（Alfred Weber）の表現を借りれば距離要因に問題を限定した「輸送指向論」[11] であり、レッシュの言う「一面的な」[12] 立地指向論であった。

　その結果、以上のような理論を距離要因以外のすべての要因、例えば前提で捨象した自然条件、その他の経営・経済的諸条件を再度考察の枠組に導入する「全面的な」立地指向論を展開することが理論的に重要な課題となる。換言すれば、序章でみた現実課題に指針を与える「現状分析的」立地理論は、このような具体的次元での理論であり、そのための理論展開が必要となる。

　このような理論の現実的展開は、チューネン理論に即して前述の理論家に

よって部分的には試みられている。その第 1 がブリンクマンであろう。彼はその著『農業経営経済学』[13]において、「農場の交通地位」とともに、「農場の自然的事情」、「国民経済の進歩発展」、および「農企業者の個人的事情」などの各要因を取り上げ、それらの要因が「集約度等級」と「経営方式」の立地配置に及ぼす影響を考察している。しかし後でみるように、理論的には必ずしも充分展開されているとはいえない。

また、レッシュは『経済立地論』[14]において、「一面的な」立地指向から「全面的な解」の問題として、結合生産、特定土地の農産物の決定について考察し、多様な要因を考察する必要性について言及している。しかし課題の考察は不充分なままに残されている。

他方、ダンも『農業生産立地理論』[15]において、チューネンが設定した前提条件の緩和・解除を試みている。すなわち、輸送方式の多様化、距離によって変化する運賃率、多数市場、資源の空間的異質性、その他個人的資質、などである。しかし、その考察は簡単に展開方向を示す程度で、その詳しい分析・検討は行っていない。関連する理論の動態化についても、「蜘蛛の巣理論」で問題を簡単に指摘してはいるが、同様に踏みこんだ考察は行っていない。

以上のように、古典立地論系譜の研究の特徴は、チューネンの「孤立国」モデル分析の若干の展開と補足という性格が強く、またブリンクマンを除けば、距離以外の要因についての実質的な分析は行なわれていない。そして専らチューネンの「輸送指向論」の枠組みの範囲での理論展開が中心課題になっている。

では、以上のような「純粋理論」、「原理論」から、「現状分析理論」への理論展開は如何にして可能であろうか。著者の私見によれば、それはチューネンの方法論、すなわち「孤立化法」、「遊離化法」(Isoliesierung, Isolatiion method)[16]を一般化し、それを適用して理論展開を図ることで可能になるのである。その具体的考察と理論展開は、後章（第 3 章）で行なうが、その展開手順と中心課題を前もって示せばおよそ以下のような理論展開となるであろう。

まず、(1)初めにダンの地代関数式を基礎として、その比較静学的考察により、

18　第Ⅰ部　農業立地の現状分析理論

関係する媒介変数の変化とその影響を分析する。続いて、(2)その分析結果を適用した自然的、経営・経済的立地条件の理論的包摂を図り「現状分析立地論」の展開を行なう。さらに、(3)その理論的応用として、チューネンの位置の差額地代とリカード・マルクスの豊度の差額地代、[17] 及び独占地代との統合、さらに(4)比較有利性の原理[18] とチューネン古典立地論の統合を試みる。そして最後に、(5)農業立地理論の動態理論の展開が目標となる。

　これらの理論展開は、ダンの地代函数式を理論展開の「端緒」[19] ないし基点として、その比較静学的展開を通じて可能になる論理を認識することが重要である。その場合、その展開を導く方法論が「孤立化法」である。地代函数式の定式化と「孤立化法」の適用は、まさに理論展開の車の両輪であって、この組合わせが「現状分析理論」の展開を可能にするのである。

注
1) Thünen, J. H. von, *Der isolierte Staat in Beziehung auf Landwirtschaft und Nationalökonomie*, 1826, 1860, 1863. 近藤康男訳『孤立国』、(第1部、第2部)昭和4年、世界古典文庫、昭和22年、『近藤康男著作集』、第1巻、農山漁村文化協会、昭和49年、所収、参照。
2) 近藤康男『チウネン孤立国の研究』、西ヶ原刊行会、昭和3年、『著作集』、第1巻、所収。
3) 立地論関係の文献目録としては、近藤訳『孤立国』、改造文庫版付録、『著作集』、「チウネンに関する文献」、ダン『農業生産立地理論』付録、などがある。農業立地論の研究文献については、本書に関連する主要なものを以下に掲げる。なお、詳しくは、後掲参考文献を参照されたい。加用信文「農業立地理論の考察」、『農業経済の理論的考察』、御茶の水書房、昭和40年。澤田収二郎「農業立地の動態理論」、川野重任編『経済発展と農業問題』(東畑精一博士還暦記念論文集)所収、岩波書店、昭和34年。篠原泰三「地域的経済構造と農業」、『経済発展と農業問題』、所収。金沢夏樹『農業経営学講義』、養賢堂、昭和57年、「農業経営研究と地域農業計画」、昭和44年。山田定市「主産地の展開構造」、昭和36年、「主産地形成の理論」、昭和38年。和田照男「農業立地変動論の課題と方法」、拙稿「農業立地論の方法論的考察」、昭和45年。
4) Brinkmann, T., *Die Ökonomik des Landwirtshaftlichen Betriebes*, 1922. 大槻正男訳『農業経営経済学』、昭和6年、改訂版、地球出版、昭和44年。
5) Lösch, A., *Die räumliche Ordnung der Wirtschaft*, 1 Afl, 1940. *The Economics of Location* (English edition), translated by W. H. Woglom, New Haven, 1954. 篠原

泰三訳『レッシュ経済立地論』、大明堂、昭和43年。
6) Dunn, E. S. Jr., *The Location of Agricultural Production*, 1954. 阪本平一郎・原納一雅共訳『農業生産立地理論』、地球出版、昭和35年。
7) 表現方法として、「孤立国」（一重括弧）は理論モデルを、『孤立国』（二重括弧）は著書を示す。以下、同じ。
8) この立地論の2つの研究分野（領域）を初めて意識的に区別したのはレッシュである。注12）参照。
9) Weber, A, *Über den Standort der Industrien*, Erster Tl. Reine Theorie des Standorts, 1922. 日本産業構造研究所訳『工業立地論』、昭和41年、篠原泰三訳、大明堂、昭和61年。ウェーバーは、「純粋理論」（reine Theorie）として、「輸送指向論」のほかに、「労働指向論」、「集積論」の2分野を併せて3つの研究領域を区分・設定している。
10) 宇野弘蔵、『経済学方法論』、『経済原論』（上、下）、参照。宇野氏は、経済学の研究分野を「原理論」、「発展段階論」、「現状分析論」に区分している。本書での表現「現状分析」理論は、宇野氏の分類に従って、考察のレベルが「具体的段階の理論」という意味で使用する。
11) Weber, A., op. cit. 訳書、39〜87頁。
12) Lösch, A., op. cit. 訳書、23〜31, 47頁。
13) Brinkmann, op. cit. 改訂版、昭和41年、参照。
14) Lösch, A., op. cit. 訳書、68頁。
15) Dunn, E. S. op. cit. 訳書、第5章、59〜72頁。
16) チューネンの方法論は、このように呼ばれている。近藤『チウネン孤立国の研究』、第1章、481〜491頁、参照。
17) Ricardo, D. *On the Principles of Political Economy and Taxation*, 1817. 小泉信三訳『経済学および課税の原理』（岩波文庫版）。Marx, Karl, *Das Kapital*. 長谷部文雄訳『資本論』、第3部、第6篇、第37〜47章、青木文庫版、(12)、(13)、参照。
18) Ricardo, D. op. cit. 訳書、第7章、外国貿易論、上巻、125〜150頁。
19) Marx, K., *Zur Kritik der politischen Ökonomie*, Methode der politischen Ökonomie. 宮川実訳『経済学批判』（青木文庫）、参照。

2　古典立地論の主要課題

　古典立地論の理論的特徴を見ると、その理論視点と対象課題には理論家により当然差異がある。その理由は時代的背景や個人的関心が異なり、問題意識が異なるからである。その結果、カバーする対象課題の領域・範囲とウェイトの所在には当然かなりの差異がでてくる。しかし立地論の課題そのものは大きく

は異ならないように思われる。

　このことは、農業立地論を農業生産の立地と地域分担関係を研究する理論と定義しても、そこでは多様な問題が存在し、それが相互に複雑に錯綜しており、研究もそれぞれの関心に応じて具体的課題が異なってくる。従って関連するすべての課題・領域を整序し、それらを総合的に検討することが容易でないことも事実である。

　その問題点を整理する意味で、上述の古典理論家が農業立地論の課題をどのように設定し、それにどう取り組み、また未検討の問題が残されているとすればそれは何かを、前項に続いて具体的に敷衍して見ておくことにしたい。

(1) チューネン

　チューネンは、農業立地論の課題を次のように設定している。すなわち、『孤立国』第1章において、理論モデル「孤立国」の自然条件を、どこも豊沃で均質な平野からなりたち、平野の中心に唯一の市場が存在し、農産物の輸送手段も唯一と仮定する。続く第2章で、「農業が最も合理的に経営されるときには、都市からの距離の大小は農業に対して如何なる影響を与えるか？」と設問する。[1] そして、その解答を第3章以下で経営方式（Wirtschafts-system）の立地配置問題として検討した。これが『孤立国』の主な内容である。

　チューネンはこの設問に対する解答として、いわゆるチューネン圏の成立論理と、それに基づく経営組織論を展開した。その具体的な姿は、中心都市の近郊に「自由式農業」（Freie Wirtschaft）が立地し、これに続いて順次外側に「林業」（Forstwirtschaft）、「輪栽式」（Fruchtwechselwirtschaft）、「穀草式」（Koppelwirschaft）、「三圃式」（Dreifelderwirschaft）、「畜産」（Viehzucht）、という順序で各経営組織が外縁に立地を展開するというものである。これらの経営組織は、ほぼ同心円で区画されて圏域を構成する。このような農業生産の立地配置がいわゆる「孤立国」の圏域形成の空間構造である。[2]

　『孤立国』は、以上の立地問題以外に種々の研究領域（労賃論、限界分析法、など）がそこに源流を発する一大山脈の観を呈するが、分析の中心課題は農業

経営組織論であり、農業経営学的視点からの分析となっている。[3] そして、各経営方式が立地する「孤立国」モデルの地理的範囲は、研究者の関心に従って多様に理解することが可能である。

例えば、それは「孤立国」の呼称が示すように、それを国民経済的な広域と理解することがまず可能である。しかしこのように地理的に広い範囲を、その中に含む性格を本来「孤立国」が有するとしても、同時にそれは小地方都市（市場）とその外囲の孤立的な地方経済圏と理解することも可能である。いずれの場合にも市場距離がどのような影響を経営組織に及ぼすかを考察することができる。そしてどのように「孤立国」を想定するかは研究者の関心と問題意識によって異なってくる。

チューネンが想定した「孤立国」は、おそらく具体的にはテロウ農場に近いロストック（Rostock）か、あるいはハンブルグ（Hamburg）を中心とする経済圏であったろう。[4] マクロ的な農業経済視点から問題に接近する限り、「孤立国」はこのような中心都市＝消費地と、その外囲後背地からなる経済圏で充分であった。このような空間的広がりを想定した場合の問題接近が、「孤立国」の分析法に反映されたとみることができる。

しかしながら後の立地論研究では、この空間的＝地理的範囲をどのように把握するかを意識的に問題にしなかったためか、チューネンが『孤立国』の第1章で設定した前提を誤解する結果を招いたのである。すなわち、チューネン理論は極端に抽象的な諸前提を冒頭に設けた理論である、と。

その諸前定は、気象条件や土壌条件が均質で、交通手段が唯一つしかなく、市場もただ1つ存在する、などである。[5] これらの諸前提は、「孤立国」を現代の国民経済の地理的広がりで理解する時は非常に抽象的で現実からかけ離れた前提かのごとき印象を与える。[6] しかしこれを北ドイツの、例えばハンブルグをとり巻く平坦な一経済圏として理解する時には、これらの諸前提はあまり現実と矛盾しないものであったと理解できるのである。

このような意味で、チューネンの理論が極端な前提をおいた抽象理論であるというのは、むしろ一地方都市経済圏としての「孤立国」を媒介項なしに、そ

のまま広域の国民経済的範囲に拡大して理解していることに起因する誤解というべきであろう。[7]「孤立国」を一地方経済圏から国民経済圏に拡大して理解する場合には、このような拡大によって影響を受ける要因を参酌・考慮したチューネン理論の修正が必要になってくるのである。

　農業立地論の理論的展開と本書で表現している内容は、このような前提条件の緩和・解除によって理論の展開をはかることを意味している。そしてその視点もチューネンの経営組織論的問題のみならず、自然的立地条件、歴史的背景、経済の発展段階、などブリンクマンが問題にした諸々の立地条件を前提する広域経済圏が対象となってくる。その範囲は国民経済的な広域へ、そして更に経済の発展に従って近年のグローバルな全地球的経済へと拡大されてくる。

　その場合に、この理論的展開がいかなる方法で可能になるかが重要な課題であり、この方法論の検討なしには理論の展開・統合が不可能であることも事実である。従って、その方法論の検討が理論展開の前提であり、理論展開の基礎となる。私見によれば、従来の立地論研究が十分展開されなかった原因は、チューネンが採用した方法論の理解が不十分であり、具体的には「孤立化法」（遊離化法）に即して問題を処理しえなかったことにあると言えよう。

　チューネンが採用した方法論の目的は、現実の多様な条件の攪乱的影響を回避して、問題とする課題の本質を解明することにあった。この方法論は自然科学では一般に採用・実行されている方法論である。すなわち、究明すべき問題に影響を及ぼす挟雑物を人為的に除去する実験装置で、原因と結果が直接的に結びつく方法である。それを社会科学に応用したのが「孤立化法」であり、具体的には「孤立国」モデルでの諸前提の設定であった。

　そこでは市場距離のみが農業生産に影響するように、自然条件などの影響を思惟的に除去する前提が置かれている。これによって市場距離と経営方式とが直接結びつき、その関係が明確となる。そしてその後の理論家の多くがチューネンの方法をそのまま踏襲して、方法論的な調整なしにほぼ同一モデルで理論を展開したのである。その結果、問題の本質を明らかにして大局的な法則性の解明ができたのである。いわゆる「純粋理論」[8]、「原理論」[9]はこのような性

格の理論と理解される。

　しかし、このような方法論（実験装置）で得られた理論は、いわば第1次接近的結果であって、それをそのまま現実問題に適用するには制約が生ずるからである。何故なら前提条件が満たされる限りにおいてそれはそのままで有効であるが、前提が満たされない場合には無理がでてくる。そして現実には前提条件が満たされない場合が一般である。

　しかしながら、このような制約はもちろん理論の非力を意味するものではない。それは「純粋理論」、「原理論」としての抽象理論であり、それを現実に適用する場合には具体的立地条件を導入して修正すればよいからである。抽象的理論を「現状分析理論」に展開する意味は、このような理論の修正を行なうことである。「現状分析理論」はこの理論展開が必要であり、それによって現実適用が可能になる。

(2)　ブリンクマン

　既にみたように、ブリンクマンは経営学的領域での貢献が中心であり、距離以外の要因を農業経営問題と関連させて考察した。ブリンクマンの主要課題は農業における集約度等級（Grad der Intensität）と経営方式（Betriebssystem）の立地配置であり、それとの関連で「交通地位による生産立地配置」、「農場の自然的事情」、「農企業者の個人的事情」などが考察された。[10] この現状分析的立地論段階で重要性を増してくるのが経営組織論的視点からの分析である。

　この段階ではじめて「経済立地論」と「経営立地論」が同じ理論次元で統合される契機がでてくる。ブリンクマンの特徴は、チューネン理論をより具体的条件を参酌しながら深化したことである。例えば前述の具体的立地要因の考察と併せて、「節約指数」（Ersparnisindex）や「地代指数」（Grundrentenindex）の定式化を行い、理論的な作目立地の論理を考察した。[11] それはチューネンが当初一定と前提した価格や生産費等をさらに市場距離の函数として体系づけるものであった。

　ただ、ブリンクマンが採用した方法論、つまり当初から多数の要因を同時に

考察する方法では問題が複雑になり、必ずしも初期の目的を達成しない結果に終わっている。その例が「節約指数」と「地代指数」である。これはダンが定式化した地代函数の勾配であり、それのみでは立地決定の説明原理としては不十分であった。[12]

(3) レッシュ

地域経済論（経済地理学）の分野で独自の業績をあげ、農業立地論の領域でもチューネン理論を部分的に継承して発展させたのがレッシュであった。彼はその著『経済立地論』[13]において農業立地論の課題を経済的側面と経営的側面に区分して考察する。

すなわち、「ある特定の作物がどこで栽培されるか」という課題がその1つであり、「ある特定の場所で（またはある特定の経営で）何が生産されるか」というのが他の課題である。前者が空間的な（地理的）立地配置を取り扱う「経済立地論」であり、後者が経営（企業）の作目選択にかかわる「経営立地」問題である。彼はこの2つの課題を区別した上で、両者は究極において統一される関係にあると言っている。[14]

この2つの課題はレッシュ自身も自ら述べているように、いわば農業立地論の楯の両面であって、究極において前者に答えることが後者に答えることになる。[15] 前者がマクロ的な国民経済視点からの空間的・地理的問題であり、後者が特定立地におけるミクロの経営的視点からの接近、つまり作目選択問題であることは言うまでもない。[16]

レッシュはその上で、チューネン理論を踏襲して圏域形成の条件を検討した。[17] すなわち2作目の立地競合関係を3つの要因項目、すなわち、収量（E）、価格（p）、生産費（A）の大小関係で3通りに分類し、それを組み合わせた9通りの不等式関係で圏域形成の可能性を一覧表にまとめている。[18] 項目の大小関係は次の通りである。

収量比較：$E_1 > E_2, E_1 = E_2, E_1 < E_2$（3通り）

価格比較：$p_1>p_2, p_1=p_2, p_1<p_2$（3通り）
生産費比較：$A_1>A_2, A_1=A_2, A_1<a_2$（3通り）

しかしその比較検討は、各項目を固定的・定数的に捉え、また距離要因を考慮していないために、現実の経済の相互依存関係で変化する実態を反映しない硬直的な性格のものとなる。その結果、圏域形成が不安定であるという誤った結論を導きだしている。その原因は彼の方法論に問題があり、それが経済現象を相互規定的関係として理解することが十分できなかった点にあったと思われる。[19]

しかしレッシュは、広域経済視点から問題に接近するために、位置の差異のほかに(1)需要、(2)土質、(3)結合生産と結合需要、(4)賃金の地方差、(5)生産手段の価格の地方差、などの諸条件を取り入れて「全面的な立地指向」の問題を考察しようとした。[20] このような視点は、レッシュが地域経済論（経済地理学）を専門とし、20世紀のヨーロッパおよびアメリカ経済社会をよく理解したうえで、その立地論を展開したことの反映といえるであろう。[21] しかし経済現象の理解が不十分であったことは否めないように思われる。

(4) ダン

レッシュが地域経済論、ないし経済地理学の方法で立地論に接近したのに対し、近代経済学の理論体系的関心から農業立地論に関与したのがダンである。彼は農業的土地利用形態を規制する自然的（受動）要因と経済的（能動）要因を説明したのち、「われわれがこの研究において意図するところは、土地利用形態をきめるにあたって「能動的」に作用するこれらの経済的諸力を明らかにすることである」といっている。[22]

また、従来の経済理論に空間要因が欠けていることを痛感し、空間要因を導入した経済理論の確立を意図して、その対象に農業立地論を選んだのである。ダンが立地論研究を目指した主な理由は空間要因を経済学（一般均衡論体系）に導入することにあった。このことは彼が自著の序文で明確に述べているとこ

ろである。[23]

　ダンは、まずチューネンの「孤立国」モデルに依拠して、立地を規制する地代函数を定式化した。その特徴は、立地を決定する最終規定者の地代を市場距離の函数として明示的（explicit）に定式化したことである。[24] それに基づいて、チューネン「孤立国」モデルの同心円的な圏域形成条件を地代函数式を構成する項目を組合せて明らかにした。すなわち、レッシュの収量，価格，生産費、に運賃率（f）を加えた4個の媒介変数（パラメーター）と、それに独立変数の市場距離（k）を組み合わせて圏域形成の条件を解明した。[25]

　その具体的な条件は後で古典立地論の成果として示すが、この地代函数式を定式化した意義は、ダン自身が述べているように地代函数式を基礎に、需要その他の制約条件を設定して、素朴ではあるが農業生産の空間価格均衡論の体系化を可能にした点にある。[26] この均衡論体系が経済現象の相互依存関係を明確にし、その構成要素の地代関数に依拠する項目の条件比較が正しい圏域形成条件を導くことに成功したからである。

　しかし地代関数定式化の意義は、均衡論的体系化と同時に、あるいはそれ以上に、著者はそれによって理論展開の基礎が築かれた点にあると評価している。何故なら地代関数式を基礎に立地論の現状分析理論の展開が可能になるからである。本書自体が地代函数を基礎に理論展開を試みた結果である。

　彼の理論の特徴は、自ら言っているように「基本的にはよく知られたチューネンのモデルである。ただ異なるのは制限仮定を明示的にし、均衡過程を定式化し、分析を相互依存的価格体系と結びつけることの重要さを明らかにしたことである」。[27] この経済活動の相互作用関係を理論的に認識し、それに基づく理論化が行なわれないと、現実の経済活動を反映しない結論に終わる場合もおきてくる。レッシュの場合がその例である。

　この空間価格均衡論の役割は、立地決定にあたって作用する経済的制約、つまり経済活動の相互依存関係を明らかにしうる点にある。近代経済学の均衡論は、ややもすると見落しがちな関係する経済諸力の相互依存関係を集約することに特徴があり、そのことによって経済全体の作用機構を統合することと言え

第1章　農業立地論の分析課題

よう。

　従って、ダンの立地論はワルラスに始まる一般均衡論の系譜と、チューネンによる古典農業立地論の系譜との交点に位置するといえる。ダンの体系はこの両者を統一することによって従来の経済理論で捨象されていた空間要因を理論経済学に導入するという役割を果たし、いわゆる空間価格均衡論の一翼を担っているのである。[28]

　ダンの研究はこのような意味で、チューネン・モデルの総括的成果として評価されるであろう。しかし、現実問題の解決に応用する実践理論としてはまた限界も併せ持っている。何故なら「現状分析」立地論は、距離要因のみの「一面的な」立地指向論と、その一般均衡論的体系化で完結するものではないからである。

　地代函数式に導入されるパラメーターは、それぞれの地域の立地条件によって多様であり、また経済的・経営的条件によっても種々異なっている。現状分析立地理論は、これらの諸要因の作用を全て考慮した地代函数を基礎に、その上で「全面的な」立地指向論として統合・体系化される必要がある。この段階ではじめて産地形成や産地間競争に適用可能な実践理論に発展するのである。

　以上を要するに、「現状分析理論」は方法論的にはチューネンが前提した「自然条件均質」という前提をはじめ、その他の前提条件を緩和・解除して、抽象レベルの高い「純粋理論」、「原理論」を具体的レベルでの現実適用可能な理論に展開することで可能となる。これは抽象理論がそれまで捨象していたすべての自然的・経済的・経営的要因を理論に包摂して、理論的に総合体系化されることである。このようにして「現状分析理論」の展開が可能になることは後の第3章で明らかにする。

　他方、ダンは研究分野を方法論的に3つの段階、すなわち企業段階（Firm level）、産業段階（Industry level）、および総計的段階（Aggregative level）に区分して、研究領域の分割を行なうとともに、問題相互の関連を明らかにした。[29]

　ダンの説明によれば、企業段階は「個々の農業者がその生産要素の空間的配

列をなすにあたって直面するもの」であり、「農企業者が、その管理に際して起こる諸問題に関連するもの」を研究の対象としている。

これに対して、産業段階は「ある特定の産物あるいは特定の商品の生産立地に関する共通の諸力を１つにまとめて取り扱う」段階である。第３の総計的段階は「経済の諸部門間、すなわち農業部門、工業部門、およびサービス部門間の諸関係を取り扱う」ことになっている。

当面の問題と直接関連するのは前の２段階であるが、ダンはこのようなレベルの問題を「範囲または視野」の差、または「観察のスケールの相違」といっている。

これらは多少ニュアンスの差はあるが、これをレッシュと比較してみると、企業レベルが農業経営（ミクロ）的視点からの分析に、また産業レベルが国民経済（マクロ）的視点からの分析に相当する。そしてこのダンが念頭においた国民経済は20世紀中葉におけるアメリカであった。

ダンは北米大陸の大半にまたがる広大な国民経済圏とチューネンの孤立国の間に存在する差異を埋めるべく、孤立国モデルで前提された制限仮定の緩和を行なっている。すなわち、(1)輸送方式の多様性、(2)距離による運賃率の変化、(3)多数市場、(4)資源の空間的多様性、などである。[30] しかしこの展開は十分行なわれたとはいえない。レッシュの場合も先に述べたように、ほぼ同じ展開方向を示している。[31] 二人の先達は、ともに目的を十分達成してはいないが問題の所在は確かに把握していたといえよう。

このように、一地方都市を中心とする経済圏の「孤立国」から、北米大陸の大半をカバーする広域経済圏を対象とする国民経済的拡がりをもった「孤立国」に対象が変化する時、立地論の対象も単に個別経営、ないし経営組織論的視点からの接近だけでなく、国民経済的視点からの分析が要求されてくる。このような必要性、ないし現実対応から出現した課題がレッシュやダンによって示唆されている理論の展開方向であり、視点の拡大であった。[32]

現実がより広域を対象とする空間的拡がりをもてばもつほど、チューネンが前提した諸仮定は現実と一致しなくなり、そのままでは理論の現状分析への適

用を困難にする。レッシュが「全面的な立地指向の問題」といっているのは、このように「孤立国」の地理的拡がりとそれによって発生する条件の差異を正しく認識することによって接近可能となるのである。[33]

注
1) Thünen, J. H., *Der isolierte. Staat*, op. cit. S.15〜16. 近藤康男訳『孤立国』、39頁。
2) この「孤立国」の空間モデルは、付録に示されている。ibid., S.272〜3. 訳書、第1図、296頁。
3) 近藤康男『チウネン孤立国の研究』、自序475〜80頁。
4) 近藤、同書、付録「チウネン伝」参照。
5) Thünen, op. cit., S.15. 訳書、39頁。
6) 近藤、訳書、3頁。
7) チューネンが、問題を国民経済的視点も念頭においていることは明らかであるが、問題はこの両視点が必ずしも分離されておらず、またその後の研究でも分離されずに論じられている点にある。
8) Weber, A, *Über den Standort der Industrien*, Erster Tl. Reine Theorie, 1922. 篠原泰三訳、『工業立地論』、第3章、参照。既に指摘したように、ウェーバーは、「純粋理論」(reine Theorie) としての「輸送指向論」とともに、「労働指向論」、「集積論」の3課題領域について考察している。
9) 宇野弘蔵、『経済学方法論』、昭和37年、『経済原論』(上、下)、昭和26、27年、参照。宇野氏は、経済学の研究を「原理論」、「発展段階論」、「現状分析論」の3分野に分割区分している。
10) Brinkmann, Th. op. cit. 大槻正男訳『ブリンクマン農業経営経済学』(改訳版)、第3章。
11) Brinkmann, op. cit. 訳書、101〜2頁。もちろん、ブリンクマンもチューネンの方法やウェーバー工業立地論の方法を参考にして『農業経営経済学』を執筆したことはその巻頭の「文献」(1〜2頁)で述べている通りである。
12) Brinkmann, 訳書、101〜3頁。なお、節約指数、地代指数が地代函数グラフの勾配であることの証明としては、江島一浩「ブリンクマンの農業立地命題の問題点―主として地代指数の吟味―」、参照。
13) Lösch, *The Economics of Location* (translated by W. H. Woglom), New Haven, 1954、pp.36〜67. 篠原泰三訳『レッシュ経済立地論』、47〜83頁。
14) この2つの課題を同時に問題にしなければならないところに農業立地論の特殊性があるといってよい。工業立地論では、第1の課題のみで充分である。このような農業立地論の特殊性は、農業生産が土地の拡がりを必要とすることから生ずる。第2の課題は、このような土地の制限性を基礎とする特殊性から派生する作目間競合の問題である。

15) Lösch, op. cit., p.36. 訳書、47頁。
16) Lösch, op. cit., pp.36〜67. 訳書、47〜83頁。
17) Lösch, op. cit., p.39. 訳書、50頁。
18) Lösch, op. cit., p.39. 訳書、50頁。
19) 方法論の問題として、後の比較静学的考察で明らかにするように、価格(p)が大きく変動することを認識することが決定的意味をもつ。この点をレッシュは見落としている。(Lösch, op. cit., pp.5, 7)
20) レッシュ、訳書、第5、7章、参照。ただし、レッシュの場合はこの展開が必ずしも充分なされているとはいえない。(Lösch, op. cit., Preface to First Edition)
21) レッシュ、訳書、序文、W. R. Stolperの追想記（英訳書、序文）、その他著書の詳細な注にこのことがうかがえる。
22) Dunn, E. S. op. cit., p.2. 訳書、2頁、参照。
23) Dunn, op. cit., Preface., pp.6, 23, 106 -note 9. 訳書、原著者序文、8、24〜26頁。Walter Isard, *Location and Space Economy*, Chapt 10参照。
24) ダンは「従来の農業立地学者にとって共通の弱点があったとすれば、それは明示的な (explicit) 距離函数を発展させえなかった点にある」(op. cit., p.6. 訳書8頁) と述べ、「レッシュは明示的距離函数であるような代表的表示に成功してはいない」(op. cit., p.102) と述べ、その定式化を自己の功績と主張する。そして、チューネン、ブリンクマン、レッシュ、について論評している。Dunn, op. cit., pp.99〜104. 訳書、104〜111頁。
25) Dunn, op. cit., pp.9〜12. 訳書、9〜14頁。
26) Dunn, op. cit., Chap.2, pp.6〜24. 訳書、第2章、8〜26頁。
27) Dunn, op. cit., pp.9〜16. 訳書、10〜16頁。Lösch, op. cit., pp.38〜42. 訳書、49〜54頁。レッシュとダンの差は、本文で述べたように前者が単に収量、生産費、価格の3媒介変数を用いた不等式比較で圏域形成の条件を明らかにしたのに対して、後者はそれを地代函数式に組み入れられたパラメーター及び距離変数とを組み合わせた条件比較として、圏域形成条件を明らかにした点にある。
28) Dunn, op. cit., Chapt.2, pp.18〜24. 訳書、第2章、19〜26頁。
29) Dunn, op. cit., pp.2〜5. 訳書、4〜7頁。
30) Dunn, op. cit., pp.56〜70. 訳書、59〜72頁。レッシュもアメリカ経済のデータに依拠している面が大きいことは、その著書第4編をみれば明らかである。そして、距離の国民経済的意義が大きいことについても触れている。Lösch. op. cit., pp.427〜430. 訳書、492〜495頁。
31) ただし、レッシュにおいては、旧大陸や日本などにみられるように、土地の狭少性を反映したものであるのに対し、ダンの場合は、新大陸の広大な国土を背景にした条件緩和である点に注意しなければならない。同じ対象を取り扱っても、レッシュが経済地理学的な思考と方法論を基礎に静学的な理解をしているのに、ダンはそれが均衡論的な方法論との関連で「孤立国」の広さと結びつけている点が異なるといえよう。

32) さらに詳しく言えば、単に分析だけでなく、その総合化が要求されると言うほうが適切であろう。このような統合は、単に国民経済的視点のみによって達成されるものではなく、方法論的に新しい視点の導入と、それに基づく理論展開が要求されてくる。
33) レッシュ、ダンが試みた現状分析への接近は、その方向は正しかったが必ずしも充分展開されたとはいえない。また、以上のような方向での立地論展開は、今まで依然なされていない状況にある。

第2節　農業立地論の全体構図

1　農業立地論の隣接領域

　農業立地論と同様に、生産の地域特化や作目選択の理論として、比較有利性の原理（Comparative Advantage）[1]が存在する。また近年、近代経済学の方法論による新しい研究分野が台頭してきている。例えば、地域間競争論（Interregional Competition）[2]、空間価格均衡論（Spatial Price Equilibrium Model）[3]、輸送問題（Transportation Problem）[4]、地域科学（Regional Science）[5]、などである。次に、これらの関連分野の潮流を簡単に紹介し、この隣接領域と立地論との関連、そしてその統合問題に言及しておくことにしたい。
　これらの関連分野は、概略2つの系譜に分けられる。その第1が比較有利性の原理であり、第2がその他の近代経済学系譜、あるいは地域科学など戦後のアメリカで発展した研究の潮流である。

(1) 比較有利性の原理（比較生産費説）
　リカード（David Ricardo）の貿易理論に遡るこの系譜は、比較有利性の原理（比較生産費説）に基づいて、生産の地域特化や作目選択の有利性を説明するものである。この比較有利性の原理は、貿易理論、地域間交易理論として広く応用され、精緻化されており、[6]また農業立地論への適用研究も少なくない。[7]
　この系譜には、アメリカの農業経済学、あるいは土地経済学（Land Economics）の近代経済学系列の研究が属する。例えばブラック（John D.

Black)[8]がその一人である。彼はその著『生産経済学入門』の第1部、第6章で農業の特化問題に比較有利性の原理を適用する。その後のアメリカ農業経済学者や土地経済学者は、いずれも同原理で農業立地問題を論じている。これらの理論家としては、例えばヘディ（Earl O. Heady）[9]やバーロー（Rareigh Barlowe）[10]などがいる。また我が国においても、金沢夏樹教授もダンの農業立地論とともに、比較有利性の原理をバーローに準じて農業経営の作目選択問題を論じている。[11]

このように、生産経済学、土地経済学、あるいは農業経済学を専門とする多くの理論家が、農業立地問題をチューネンの古典理論よりも、リカードの比較有利性の原理に依拠して説明してきたのである。しかしながら比較有利性の原理は基本的には生産費に依拠する、いわば「一面的な」理論であり、その他の要因は明示的には考察されていない。またそれが一定の前提をおいた場合の、関係する作目生産費の事例比較で必ずしも明解な説明とは言いがたい。従って作目選択原理としての比較有利性の原理は、説明が十分説得的とは言えない。

他方、古典立地理論の場合は、ダンの地代函数式の分析では生産費をはじめ他の関係するすべての要因が明示的にその内部に包摂され、その影響が計量的に地代に反映される。その結果特別の前提や補足説明なしに、解答が一定の数値として与えられる。

しかし、古典立地理論と比較有利性の原理は以上のような特徴を有するが、両者の関係は全く無関係ではなく、後の理論展開で示すように、ダン式への統合展開による「現状分析理論」段階では、後者は前者を補完する特殊解として位置付けることができる。先に結論を述べれば、比較有利性の原理はダン式の輸送費項(Efk)を捨象した($k=0$)場合の特殊解となる。両者はこのように密接な理論的関係にあるが、従来はその関係が解明されないまま、別個の理論として扱われてきた。また同様の関係が、リカード・マルクスの豊度差額地代についても当てはまる。これらの点は後で詳しく考察する。

(2) 地域科学・空間価格均衡論（近代経済学方法論による規範分析）

　他のもう１つの系譜は、同じく戦後アメリカに出現したアイザード（Walter Isard)[12]などによる地域科学、及びサミュエルソン（Paul A. Samuelson）その他の空間価格均衡論の規範分析グループである。アイザードを除いて、この系譜は厳密には立地論の伝統的な系譜とはみなされないグループである。[13]しかし農業生産の地域特化や地域構造・需給関係分析の新しい分野を開拓したという意味で、立地論の隣接領域に位置づけることが妥当と思われる。ただ、その内容と立地論との理論的関連にはこれ以上立ち入らない。ここでは、関連する領域の存在を指摘するにとどめる。

　以上のように、農業立地論の理論的系譜は大きく３つの系譜、すなわち(1)古典立地論（伝統的「孤立国」モデル）、(2)貿易理論（比較有利性原理モデル）、および(3)地域科学・空間価格均衡論（近代経済学・規範分析モデル）に分類できる。しかしこの分類はあくまで便宜的・形式的に分類したものである。例えば、ダンは古典立地論に分類しているが、それは伝統的「孤立国」モデルに依拠するという意味であり、理論的には(3)の系譜に属する。同様に(2)のブラックやバーローも(3)の理論的系列に属しており、これらも厳密には単一の系譜には分類できない。

　改めて断るまでもなく、問題は既往の立地理論を単に理論的系譜に従って分類することではなく、それぞれの系譜が農業立地論の全体課題のどの側面（領域）を解明すべき守備範囲と考えているのか、ということである。それぞれの理論の性格、有効性、および限界を明らかにした上で、各理論の相互の関連性を明確にすることが重要なのである。今後それぞれの相互関係を理論的に明らかにすることが最終目標であることはいうまでもない。

　このように農業立地論の理論的系譜を整理するのは、錯綜した立地論の全体課題を整序し、理論相互の関連を明らかにして、問題の所在と理論統合の契機を把握するためである。農業立地論が、先に序章で述べたような現実課題に適切に対応するためには、従来の理論を深化・発展させ、関連する理論を統合し

て、より強力な理論を構築する必要がある。近年の研究動向を踏まえ、その統合・体系化を目指すためには、各理論を方法論の検討まで遡って理論相互間の関連を明らかにすることが何より重要である。

その方法論については、既に示唆したように後で改めて検討することにして、次に理論の性格と相互関連を把握するうえで重要な立地論の学問体系の性格をみておこう。それは立地論の個別理論の相互関連を、一般経済学の体系と分類に準じて対比して明らかにし、立地論全体の枠組みを今までの考察と関連させて鳥瞰するためである。

注
1) Ricardo, D. *On the Principles of Political Economy and Taxation.* 小泉信三訳『経済学および課税の原理』、第7章（岩波文庫版）。
2) Mighell, R. and J. D. Black, *Interregional Competition in Agriculture*, 1951; King, R. A. (ed.), *Interregional Competition Research Methods*, 1964. これらは産地間競争を直接的に検討し、またその分析方法を示している。
3) Samuelson, P. A., Spatial Price Equilibrium and Linear Programming; Enke, S., Equilibrium Among Spatially Separated Markets: Solution by Electric Analogue; Moses, L. A., General Equilibrium Model of Production, Interregional Trade, and Location of Industry; Lefeber, L., Allocation in Space: Production, Transport, and Industrial Location; Böventer E. v., *Theorie des Räumlichen Gleichgewichts.*
4) Koopmans, T. C., (ed.), *Activity Analysis of Production and Allocation*; Beckmann, M. and T. Marschack, An Activity Analysis Approach to Location Theory; Stevens, B.H., A Review of the Literature on Linear Methods and Models for Spatial Analysis.
5) Isard, W., *Location and Space Economy.* 木内信蔵監訳『立地と空間経済』; *Methods of Regional Analysis.* 笹田友三郎訳『地域分析の方法』。Friedmann, J. and W. Alonso (ed.), *Regional Development and Planning*, 1964. 等参照。
6) Ohlin, Bertil, *International and Interregional Trade*, Cambridge, 1933. 木村保重訳『貿易理論—地域および国際貿易』、ダイヤモンド社、昭和45年。Harrod, Roy F., *International Economics.* 藤井茂訳『国際経済学』（全訂新版）、実業之日本社、昭和51年。
7) Black, John D., *Introduction to Production Economics*, Barlowe, R., *Land Resource Economics*, Prentice-Hall, Englewood Cliffs, 1958.
8) Black, op. cit., Part One, Chapt.VI, Part Two, Chapter Ⅴ～Ⅹ.
9) Heady, Earl O., *Agricultural Economics.* 川野重任監修・斉藤・中山・高橋・川

勝・森・土屋訳『現代農業経済学』。
10) Barlowe, op. cit., Chapt.9, Location Factors Afecting Land Use, pp.243〜249.
11) 金沢夏樹『農業経営学講義』、第7章、立地の理論、『現代の農業経営』、第9章、農業立地と主産地形成、参照。
12) Isard, W., *Location and Space Economy*, op. cit. 木内監訳書；*Methods of Regional Analysis*, op. cit. 笹田訳書。Friedmann, J. and W. Alonso (ed.), op. cit. なお、文献サーベイとしては、Meyer, J. R., Regional Economics: A Survey. 参照。
13) 注3)〜5)、参照。

2 立地論の分類と体系——一般経済学との対比——

　立地理論の3つの系譜と理論的特徴、及びその相互関連性を明らかにするための予備的考察として、経済学一般の理論体系の分類と性格を次に補足的に見ておこう。この分類は立地論についても当てはまると思われる。一般経済理論と同じように立地論も種々その分類が可能であり、それぞれの体系が対象とする課題と課題相互間の関連が体系の性格から明らかになる。

　江沢譲爾氏によれば、一般経済学と同様に立地論には4つの分析領域があるという。[1] 氏はまず、「一般に経済学の課題は、経済行為の内含する対立関係、または、数個の経済行為の間の対立関係の均衡条件を分析するに在る」と主張する。そして、まずその分析する方法を「微視的方法」と「巨視的方法」とに区分する。微視的方法には「部分均衡分析」の方法と「一般均衡分析」の方法とがあり、巨視的方法は「静学」と「動学」とに分けられる。[2]

　その上で、この経済学の体系をそのまま立地論に適用して立地論の体系を分類する。すなわち「経済立地論における微視的分析は、個々の生産者が生産の立地を選択する行為に内含する対立関係、特に生産要素の組合わせと生産量との関係に著眼（ママ）する。また、立地における個々の生産者の行為については、特に立地条件と生産の規模との関係が問題となる」。[3]

　このように、微視的分析の課題について説明した後で、江沢氏は経済立地論のなかから部分均衡分析を代表するものとしてラウンハルト（Wilhelm Launhaldt）[4] とウェーバー（Alfred Weber）[5] の両理論をあげている。また「立地を選択する行為または立地における生産者の行為が市場地域を通して相互

に競争関係にある点に著眼（ママ）すれば、立地論は一般均衡分析となる」として、その例としてパランダー（Tord Palander）[6]、レッシュ（August Lösch）、ベーヴェンター（Edwin von Böventer）[7] をあげている。

以上は農業立地論とは若干理論的性格を異にする経済立地論（産業立地論）についての例示と説明であり、農業立地論について考える場合には、全くそのまま同一には論じられない面がありうるが、ミクロ理論が個別経営を対象とし、その経営・経済的関係を究明する理論であり、従ってそれは「経営立地論」に対応する研究領域と理解してよいだろう。この領域は農業立地論では相対的に未展開で残されている分野である。

他方、微視的（個別的）経済活動を集計・総合して、マクロ的に経済全体の動きを観察分析するのが巨視的分析である。それは通常生産量（供給量）、消費量（需要量）、あるいは投入量、産出量、といったマクロ的な全体集計量とその相互間の均衡関係を、一定時点の経済構造として問題にする。このような領域が静学（Statics）、または比較静学（Comparative statics）であり、その構造が時間の経過とともに変化する局面を分析するのが動学（Dynamics）である。動学は変動論と成長論に分かれる。[8]

立地論でも以上の問題領域に対応するものとして、地域分析や地域連関分析がある。その代表的な理論は、チェネリー（Hollis B. Chenery）[9]、アイザード（Walter Isard）、モーゼス（Leon Moses）[10]、などの理論である。それらを動学化した理論が地域乗数の理論である。またこれらのマクロ分析と線型計画法を結びつけた立地論の新しい規範分析が空間価格均衡論、輸送問題などである。[11] 例えばベックマン（Martin Beckmann）、マーシャツク（Thomas Marschak）、レフイバー（Louis Lefeber）、スティヴンズ（Benjamin H. Stevens）、などの業績がそれである。[12]

なおついでに付言すれば、新しい理論系譜に属する地域間競争、輸送問題などのリニアプログラミング手法の特徴は、従来の単一市場・同心圏的モデルから多数市場・多数産地モデルへの拡張・変換といえよう。このようなモデル変換では当然課題の変化をもたらす。従来前提され、捨象されていた要因が考察

対象に変換・導入されたり、他方変数が固定される場合もでてくる。例えば、需要条件や価格条件が前者であり、距離などが後者である。輸送問題はこのような状況で目的函数を最大化、あるいは最小化して解を求める問題である。

この新理論への展開では、このような課題の局面変化が起きるが、これはチューネンの孤立化法、遊離化法の展開応用例とみて差し支えない。捨象される要因の入れ替えという形で、相互の関連性と位置付けが可能となる。これらの方法論的問題も改めてまた検討する。

以上は近代経済学に依拠した規範分析の体系と特徴であるが、マルクス経済学的方法論による「原理論」、「発展段階論」、「現状分析論」という3段階区分と、マルクスの「下向」、「上向」による学的体系化も当然可能となる。[13] そしてそれぞれの段階区分ごとの分析領域が明らかになる。この分類は、必要に応じて後の方法論（孤立化法）との関連で取り上げるが、ここではこれ以上立ち入らない。

上述の各種の立地論体系の考察で言えることは、それぞれの体系が立地論の課題領域の特定側面を分析する性格のものであること、従って立地論の全体領域のどの側面がカバーされているかを各体系の位置づけを通じて検討しなければならないことである。そしてもしその領域が限定的で不充分であれば、その分析方法の欠陥を補完する方法を検討する必要があることである。

その方法はいろいろ考えられるが、その1つに分析的方法を前提して、それを再構築する総合化法があるというのが著者の考えである。この方法の具体的な性格は後で改めて考察することにして、それがチューネンの「遊離化法」、「孤立化法」（Isoliesierung, Isolation method）の一般化であり、[14] またマルクスの「下向」、「上向」の方法論とも類似していることである。[15] この統合・体系化の方法が立地論の統合・展開にも有効であり、以下の考察の基底にこれらの方法論があることを示唆しておくことにする。

注
1) 江沢譲爾『経済立地論の体系』、時潮社、昭和42年。

2）同上、緒論、経済立地論の対象と方法、3頁。
3）同上、4頁。
4）Launhardt, W., Die Bestimmung des zweckmaszigen Standort einer gewerblichen Anlage.; *Mathematische Begrundung der Volkswirtschaftslehre*, 1885.
5）Weber, A., op. cit., 篠原泰三訳『工業立地論』。
6）Palander, T., *Beiträge zur Standortstheorie*, 1935. 篠原泰三訳『パランダー立地論研究』（上、下）、大明堂、昭和59年。
7）Böventer E. v., op. cit.
8）江沢、前掲書、4〜6頁。
9）Chenery, H. B., P. G. Clark, et al., *The Structure and Growth of Italian Economy*, 1953.
10）Moses, L. A. op. cit.; The Stability of Interregional Trading Pattern and Input-Output Analysis, 1955.
11）、12）前項、注3）〜5）、参照。
13）宇野弘蔵『経済学方法論』、『経済原論』（上、下）。Marx, K., *Zur Kritik der politischen Ökonomie*. マルクス『経済学批判』、（青木文庫版）、付録「経済学批判への序説」、3．経済学の方法、311頁以下、参照。
14）拙稿、「経済地理学と立地論の方法―「遊離化法」の一般化―」、参照。
15）同上。

第3節　古典立地論の特徴

1　経済立地論への偏奇的展開

　農業立地論は以上で概略を見たように、理論的には主に古典理論系譜により展開されてきた。その特徴はこの系譜の理論家のレビューで明らかなように「経済立地論」領域での貢献が中心であり、「経営立地論」や動態論などの現状分析理論の展開が不充分であった。その原因がどこにあるかを探るために、チューネンが設定した『孤立国』の主題をさらに敷衍して考察することにする。
　チューネンが設定した主題は、『孤立国』第1部、第2章で簡潔に提起した周知の「孤立国」モデルであり，その論証といってよい。つまり、第1章の「自然条件均質」などの諸前提を設定した場合の、「都市からの距離の大小は、農業に対して如何なる影響を与えるか？」[1]という課題である。
　この理論仮説（Hypothesis）が「都市の周囲に、ある作物を主要生産物とす

第1章　農業立地論の分析課題　　39

るところの同心圏がかなり明瞭に描かれる。栽培する作物が異なるにつれ、農業の全形態が変わるから、吾々は各圏において種々なる農業組織を見るであろう。」[2]という有名な「孤立国」モデルである。

この理論仮説の論証目的は、テーヤ（Albrecht D. Thaer, 1752～1828）[3]の「合理的農業」の原理の修正を目指すものであった。すなわち、テーヤの理論が輪栽式などの先進農法が、その他、穀草式、三圃式等の農法に対して、絶対的有利性を説くものであるのに対して、チューネンは条件如何によっては、後れていると見られる他の農法が有利であることを示して、その相対的な有利性を論証しようとするものであった。[4]

チューネンは、その条件の差異として農場の位置、つまり「都市からの距離の大小」を取り上げ、距離要因が経営方式に及ぼす影響を問題にした。このような関係で、チューネン理論は農業経営学の諸問題に直接かかわると同時に、他方で「孤立国」にみられるような地理的・空間的立地配置をその主要課題としているのである。つまり、レッシュのいう農業立地論の二側面、すなわち「経済立地論」と「経営立地論」の2つの問題領域をその内部に包含している。その結果、この農業立地論の二側面が混然一体となった体系となっているのである。

このようなチューネン理論の性格が、その方法論とも関連して、チューネン理論を一面的な理解に導く危険を内蔵しているのである。そのため、その後の立地論の展開においては、課題が分離して「経済立地論」の側面にウェイトを置く展開か、あるいは経営学を中心に展開されることになる。そして理論展開は空間的立地配置に遍奇する結果を招いたといえよう。

要するに、チューネン理論においては、農業立地論と農業経営学は未分化のまま密接に結びついており、相互に補完する隣接領域を構成しているが、その後の展開ではブリンクマンの場合を除けば、漸次両分野は疎縁になって、農業立地論の展開は「経済立地論」の分野で主に展開された。その内容はすでに概略を見たとおりである。

このように、農業立地論はつとにチューネンによりその理論的基礎が確立さ

れ、その後の理論家によって農業生産の地域特化に関連する空間的な立地配置問題の理論的研究が進展した。しかし農業経営の作目選択や経営組織論など、具体的・現実的レベルにおける「経営立地論」の領域は未展開な状態にとどまっている。

　農業立地論の理論的展開が主に「経済立地論」の領域に偏った原因は、関連する経営学研究の接近レベルが多数の要因が関係する具体的な次元であるために、その接近方法に問題があったのではあるまいか。つまり、「経済立地論」研究では、レッシュやダンが試みたように、距離以外の条件は捨象して距離要因のみの影響を解明する単純化が容易であった。これに対して「経営立地論」研究ではその単純化が困難だったのである。

　このように、「経営立地論」の研究では、関係する要因が多く、それらが如何なる関連で作目選択に関わるかが問題となる。従ってそれを解決する適切な方法論の適用なしには問題の相互関連とその組織的整序が困難を伴うからである。

　従って、従来の研究では適切な方法論を欠いたため、経営立地に関連する問題は、「経営立地論」的色彩の強いブリンクマンの理論に専ら依拠することで対応してきたと思われる。[5] あるいは、チューネン理論に代わって比較的単純な比較有利性の原理に依拠する結果を招いたと言えよう。[6]

　しかし、「経営立地論」に重点を置くブリンクマンの理論にしても、既に指摘したように種々の誤謬がみられるし、ブリンクマン自身が錯綜した経営立地論の迷路に陥って、そこから脱出できない状況にあったと言えなくもないからである。[7] 例えば、ブリンクマン立地理論の要ともいえる「節約指数」、「地代指数」が、ダン地代函数のグラフの勾配を示すに過ぎず、それのみでは圏域形成の理論としては不充分であるからである。[8]

　経営立地論の研究が、ブリンクマンの場合においてさえ以上のような状態にあることは、複雑な問題を解明するためには適切な方法論が必要であり、それなしには問題が十分解決できないことを示している。「経営立地論」研究の遅れは、要するに対象の複雑さとそれに対する適切な方法論を欠いたことに原因

第1章　農業立地論の分析課題　　41

があったというべきであろう。[9]

　つまり、「経営立地論」は一方で「経済立地論」のマクロ的な国民経済的な地域（地帯）特化に関連する広汎な問題を前提し、他方でそれとの関連でミクロ的な個別経営の作目選択、経営組織編成、生産技術体系と規模拡大、その他の経営問題を総合的に究明する領域を対象とする。このような広汎かつ錯綜した問題領域を構造的・統一的に理解し、その基底に存在する法則性を明らかにするためには、繰り返し指摘しているように、正しい方法論に基づいて組織的・体系的に問題点を整理する必要性があるからである。[10]

　いずれにしても、農業立地論はチューネン、ブリンクマン、レッシュ、ダンなどのいわゆる古典立地論的系譜によって「経済立地論」としての展開が進んだが、農業経営の作目選択や経営組織編成などの経営学的問題にかかわる「経営立地論」としてはあまり大きな成果をあげていないのである。

注
1) *Der isoliete Staat*, op. cit., S.15. 前掲、『孤立国』訳書、39～40頁。
2) ibid., S.16, 同訳書、40頁。この「孤立国」モデルのイメージは、付録の第1図（*Der isorierte Staat*, SS.272～3, 訳書296頁）に示されている。
3) Thaer, Albrecht Daniel, *Grundsätze der rationellen Landwirtschaft*, Bd I, 1809, Bd. II～III, 1810, Bd. IV, 1812.
4) 近藤康男「チウネンの時代とその学説＝解説」前掲訳書、15～20頁。
5) ブリンクマンの『農業経営経済学』の評価について、訳者の大槻正男教授はその「訳者序文」の中で「ブリンクマン教授は私の農業経済学史に対する理解の限りにおいては、現農業経済学会がもつ唯一の純理経営経済学であるとともに、農業経済学発生以来の最高峰を成す」（前掲、訳書、3頁）と述べられている。このような評価はおそらく正しく、そのこと自体に問題はないが、その後の研究が経営立地論に関連する問題を専らブリンクマンに依拠することに繋がったとみるのは誤りであろうか。
6) 詳しくは、既に第1節で検討し、また次節で検討する。
7) たとえば、Dunn, op cit., Appendix B. Comments on literature; Brinkmann, pp.100～101, 訳書、106～107頁。
8) 節約指数、地代指数が函数グラフの勾配であることの証明は、江島一浩「ブリンクマンの農業立地命題の問題点―主として地代指数の吟味―」、参照。
9) もちろん、ブリンクマンもチューネンの方法やウェーバーの工業立地論の方法

を参考にして『農業経営経済学』を構成・執筆したことはその巻頭の「文献」で述べている通りである。ただ、著者はその原因が方法論的に、最初から多数の要因が関与する具体的なレベルで問題に接近したことにあるのではないかと推量している。拙稿「農産物の市場競争力と地域間競争」、114頁。

10) 経営立地論をどう定義し認識するかは、農業技術研究所『経営立地の諸問題』で検討した。また、経営立地論の1つの分野と位置づけられる作付け方式（結合生産）の立地問題の関連研究として、沢村東平「水田における多毛作構造の解析」、『農業技術研究所研究報告』、第7号、岩崎勝直編『畑作付け方式の分布と動向』、金沢夏樹編著『農業経営の複合化』、金沢夏樹監修・全国農業協同組合中央会編『水田複合経営の確立』、などがある。

2 経営立地論と動態理論の未展開

このように、経営立地論の分野での理論的展開が遅れていることは、農業経営学者の間ではつとに自覚されているところであった。その代表者の一人の金沢夏樹教授は、その原因として次ぎの2点を指摘している。すなわち、(1)自然的条件の吟味の弱さ、および(2)経営立地論の弱さ、である。そしてこの2点の関連を補足して、第1点も「結局は立地論が経営の機能に即して論じられないため」に生じる第2点の帰結であり、経営立地論の確立のためには「自然条件が生産力要因として、…資本や労働力との関連において、どのような終局的な力をもつものか、機能的に明確に」しなければならない、と。[1] これは、問題解決のためには捨象されている自然力、あるいは自然的立地条件をチューネン・モデルに理論的に包摂することの必要性の指摘である。

金沢教授の的確な指摘のように、従来の立地論研究では経営立地論も含めて、より具体的レベルでの理論展開が不十分であった。そして現実的立地問題にアプローチする場合にも、チューネン的な抽象理論（「純粋理論」、「原理論」）を媒介項なしに直接適用するか、あるいは自然的立地条件の吟味、ないし問題点の栽培技術論的検討に終わるか、のいずれかの場合が多かった。つまり、抽象理論と具体的な現実問題を結ぶ中間項的理論が欠けていたのである。そして、このような分析に満足しない研究者は、既に見たようにチューネン・モデルから離れて農業生産の地域特化の基礎理論をリカードの比較有利性の原理（比較生産費説）に求める結果になった。[2]

その場合、自然条件などの捨象が、チューネン理論を現実に適用する上で1つの障害となっていることは言うまでもない。その理由は、自然的立地条件に最も強く影響される農業生産で、その要因を捨象する抽象段階での立地論が、現実への適用に当たっての制約条件となるのは理論の性格上やむを得ないからである。経営立地論に限らず、経済立地論の問題としても、自然条件を理論に組み込んだ理論展開が課題といってよい。

　さらに、農業立地論の欠落領域として検討が残されているのが動態理論であろう。この問題については、沢田収二郎教授の示唆に富むユニークな考察があるが、[3] その計量的理論化はまだ果されていない。沢田教授が指摘した問題点を、さきに検討した古典立地論や近代経済学系譜の立地論展開の中で、どのように理論的に統合して発展させるかが、今後の1つの大きな課題となる。

　そのような立地論動態化の理論にアプローチする場合に、新しい視点を示したのが和田照男教授の競争形態的立地論の提唱と問題点の検討である。[4] 和田氏は立地論を6類型に区分し、[5] その理論上の問題点を相互に比較検討しながら、農業立地論の特徴と問題点として、いわゆる古典立地論以降の立地論の展開が、工業立地論と比較して少ないこと、また動態理論の展開が殆どないこと、などを指摘している。[6] そして農業立地変動論として競争形態的立地論の展開を提唱している。[7]

　しかしいずれにしても、農業立地論の新しい現状分析理論展開と総合体系化のためには、何よりも従来から弱点とされる経営立地論の理論構築を図るとともに、その一環として自然条件の理論的包摂を図らねばならない。そのためには、新しい問題意識と方法論に基づいて、既往の成果を整理しておくことが必要となるのである。

注
1）前掲、金沢夏樹「農業経営研究と農業地域計画」。
2）金沢夏樹『農業経営学講義』ほか、比較有利性モデル系譜の諸研究、参照。
3）澤田収二郎「農業立地の動態理論」、『経済発展と農業問題』、所収。
4）和田照男「農業立地変動論の課題と方法―競争論的立地論の考察―」。

5) 和田、同上、4～8頁。
6) 同上、8～11頁。
7) 同上、12～20頁。

3 立地論と栽培技術論の混同―時代的背景と方法論の理解不足―

　次ぎに、時代背景と自然条件を捨象したチューネン方法論の理解不足、つまり「純粋理論」と具体的な「現状分析」理論との対応関係が不明、などによる従来の立地論研究の問題点を、補足的に検討しておくことにしたい。それは、時代的背景の差異、「孤立国」の地理的範囲の理解の違い、それらに起因する栽培技術論と立地論の混同、などである。

　言うまでもなく、立地論の成立する前提は生産と消費の空間的分離である。またこの生産と消費が空間的に分離するのは、一定の商品生産の発展段階を前提している。農業立地論は、このような初期の商品生産段階で、問題意識にのぼってきた。チューネンの『孤立国』が出版されたのが19世紀の初めの1826年である。これに対して、ウェーバーの『工業立地論』[1]は、資本主義経済がさらに発展した20世紀初頭（1909年）に現れている。

　チューネンは、初期の商品生産段階で、その市場圏も狭小な地理的範囲の「孤立国」を対象に、市場距離によって生産形態がどのように変化するかを考察した。その際に生産は面的な広がりを必要とする関係で、消費都市の周囲に同心円を描く圏域として立地がきまる関係を解明している。その際、市場距離の影響を明確にするため、自然条件は均質と前提した。このことが後で種々の理論的問題を引き起こすことは既に検討した。

　なお、ついでにウェーバーの工業立地論の場合を見ておくと、そこでは地表空間における資源賦存の偏在・不規則性が前提され、また消費市場の特定場所への集積を前提する。それら地点相互間の地理的距離と、原料・製品の重量との関係で、全体の輸送費を最小にする生産立地を求めるのが工業立地理論である。これらの偏在する天然資源、たとえば石炭、鉄、水、電力、等々の限定された賦存地との関連で、それぞれの商品の原材料と製品の性格を斟酌して、合理的な立地配置が問題になるのである。[2]

いずれの場合にも、生産が行なわれる場所、つまりドイツ語 "Standort" の訳語である「立地」は、工業立地論では地点として、農業立地論では一定の広がりをもつ面的圏域として認識される。チューネン農業立地論においては、繰り返しになるが、土壌条件、気象条件、等の生産資源は普遍的に存在することが前提されている。[3] このような前提で、空間的に資源が均質に存在する場合の、作目（作物・家畜）相互間の立地競争が『孤立国』での問題である。

農業立地論の特徴は、均質資源（自然的意味）の下における局地的な土地利用競争、つまり作目間の立地競争として成立し、それを規制するものとして、市場からの距離の差異、従って輸送費の差が問題になるのである。[4] この前提が農業立地論研究で障害になることはこれまでに度々指摘した通りである。

商品生産がまだ初期段階に留まり、その「孤立国」＝市場圏の広さが比較的狭い場合には、その狭域経済圏内の自然立地条件もあまり差異がなく、ほぼ均質と考えても差し支えなかったと思われる。このチューネン理論の背景にある当時の商品経済を考慮せずに、そこでの前提を後の研究においてそのまま踏襲することが、問題を混乱させる状況を作ったといえよう。

その結果、農業立地論は一方でチューネン理論を直接的に適用する場合があると同時に、他方で自然的条件と作物の生態的特徴、あるいは栽培技術的な視点からの適地適作問題と混同して論ずる場合も生じてくる。[5]

例えば、同一自然的条件の下での作目間の立地競争の問題と、気象・土壌条件の差異による栽培学的視点による適地選択問題が、相互に区別されることなく、ともに農業生産立地論として同一に論じられたりする。そして自給自足的段階で重要な地力均衡問題（農業重学）に関する議論などとも関連して、栽培技術論と立地論が混同され、両者があまり区別されずに論じられる混乱がみられるのである。[6]

従来の立地論研究では、このような均質資源下における作目の競合が問題であった。それは小地方経済圏の、商品生産の未発達な初期段階においてはそれなりに意味があったであろうが、商品生産が進み、商品流通の範囲が国民経済的な地理的拡がりと自然立地条件を異にする段階になると、資源の異質性によ

る栽培技術論的問題と、チューネン的な前提を置く立地命題は区別さればならない。特に現状分析理論としての立地論は、両者を区別し、技術論を前提した上で、最終的に立地論として統一的に把握され、展開される必要がある。

要するに、従来の農業立地論研究において、このような2つの問題領域が区別されなかった理由を整理すると、おそらく以下のような点に原因があると思われる。第1は、立地論が極めて自然条件に左右される作物生産に基礎を置く理論であるのに、それがチューネンの前提を踏襲して専ら市場距離の差異による立地配置理論として展開したことである。第2に、栽培適地論的な立地と商品生産的立地配置との間の差異が区別されなかったことである。第3に、先に指摘したように、対象の「孤立国」の大きさ、地理的範囲の理解が論者間で多様であり、チューネンの「孤立国」モデルの空間理解に差異が生じて、小地方経済圏と国民経済的拡がりとの間に存在する問題を十分認識しないまま議論されてきたことである。そして第4に、農業が生産手段として土地の面的拡がりを必要としており、それが特定場所において作物間に競合を起こすこと、などのためと思われる。[7]

この最後の理由は、レッシュも指摘しているように、[8] 工業立地論の場合と逆であり、このような性格が、工業立地論的性格を有する国民経済視点からの資源賦存の地域的差異の問題と複雑に関連して、問題を混乱させたものと思われる。

このような従来の立地論研究の過誤を訂正することにより、農業立地論は正しく展開することが可能となる。そのためには、正しい方法論に基づいて、その混乱した迷路から脱出する必要がある。現状分析理論としては、以上の視点をそれぞれ踏まえた上で、単に市場（距離）指向的な側面のみならず、レッシュのいう「全面的な立地指向の問題」[9] として、経営的視点と経済的視点、企業段階と産業段階、さらに資源均質的視点に換えて資源賦存偏在的視点を取り入れ、それぞれを方法論的に統一して総合理論に体系化しなければならないのである。

注
1) Weber, A., *Über den Standort der Industrien.* 訳書『工業立地論』、参照。
2) ウェーバー、訳書、35〜38頁、参照。
3) チューネン、訳書、39頁。現実の農業が自然条件に最も強く影響される産業であることは自明である。これに対して、チューネンが設定した前提がその後の研究で方法論的に解除・緩和されずにそのまま継承されてきた。この点に立地論研究で問題が紛糾する方法論上の問題がある。この問題が方法論的に適切に処理されないで、「原理論」、「純粋理論」を無媒介的に現状分析問題に適用する時に問題が生ずる。理論の現実適用上の制約、あるいは理論と現実との乖離の問題である。従来の研究の欠陥は、「純粋理論」、「原理論」と「現状分析論」を意識的に区別せず、前者の後者への無媒介的適用にあった。
4) 農業立地論と工業立地論を区別する特徴の1つは、前者が土地の拡がりを必要とするため、単に特定の立地競争（レッシュの第1の課題）だけでなく、作目間競争（第2の課題）が同時に問題となる点にある。
5) Waibel, L., *Problem der Landwirtshaftsgeographie,* 1933. 伊藤兆司訳『農業地理学の諸問題』。栽培技術視点からの立地論もこの中に含めて考えられる。
6) 我が国の稲作農業が農業立地法則を無視、ないし軽視した農業であるという議論がある。これはこの点の区別が明確でないために生ずる混乱といえよう。渡辺兵力「農業の地域分化と資源利用」、参照。
7) このような点を方法論的に明確にすることが本書の目的である。ただ、ここでは問題の所在を指摘する程度に留めて、個々の問題については本書全体でその解明を試みる。
8) レッシュ、訳書、71〜73頁。
9) レッシュはその意図にもかかわらず、この点を充分展開したとはいえない。ダンの場合も同様である。この点、詳しくは第2章、第2節、3で検討する。

第4節　古典立地論の主要成果

古典立地論研究で解明された「孤立国」モデルの成果は、おおよそ次ぎの2課題に集約できるであろう、すなわち、(1)地代函数式の定式化、(2)圏域形成の理論と条件解明、である。

チューネンは、経営組織が距離によって変化し、圏域が形成されることを直感的に感じていたものと思われる。このことは「孤立国」のイメージ図に明確に示されている。[1] しかしその形成論理は記述的説明が中心であり、数式的な定式化も部分的にはあるが、まだ問題の論理的解明にはいたっていない。

ブリンクマンは「節約指数」、「地代指数」の２指標を数式的に示して立地配置を説明している。しかし、これはダンにより定式化された地代函数式の勾配であり、これらの指数のみで一律に立置配置は説明できない。[2] 従ってこれらの指数の定式化ではまだ問題を十分解明したとはいえない。

レッシュは、ダンとほぼ同じ地代函数式の定式化は行なったが、それを用いて圏域形成を説明する理論の展開は行っていない。彼の貢献は、意識的に圏域形成問題に取組んだことであるが、結果的には方法論に由来する難点もあってか、十分目的を達成したとはいえない。[3]

そして、初めてダンによって明確に地代函数が定式化され、それを用いて圏域形成の充分条件が解明された。また、地代関数と需要などの制約条件を設定して空間価格均衡論の体系化を行なった。[4] 次にその理論の内容を具体的にみることにするが、関連する範囲で他の古典理論家の問題点にも論及する。

1 地代函数式の定式化

ダンは、その著『農業生産立地理論』において、彼以前の農業立地論を批判して次のように述べている。「従来の農業立地学者にとって共通の弱点があったとすれば、それは明示的距離函数を発展させなかった点にある」。[4] そして、自ら次のように地代を距離の函数として表現する地代函数式を示し、そのグラフを図示している。

$$R = E(p-a) - Efk \quad \cdots\cdots\cdots (1)$$

ただし、R：土地単位面積当たり地代

E：土地単位面積当たり収量

p：生産物単位重量当たり価格

a：生産物単位重量当たり生産費

f：単位重量・単位距離当たり運賃率

k：産地・市場間の距離

(1)式においては、地代(R)が従属変数、市場距離(k)が独立変数、その他が

第1章　農業立地論の分析課題　　49

常数あるいは媒介変数（パラメーター）である。(1)式で明らかなように、それは距離と地代の2変数間の1次函数関係を示している。その函数グラフは、勾配が$-Ef$、切片が$E(p-a)$、地代消失距離が$k=\dfrac{(p-a)}{f}$という数値をもった直線で示される。(図1－1、参照)[5]

図1－1

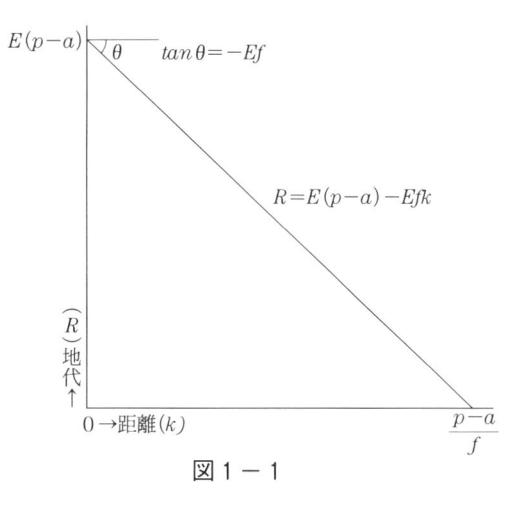

ここで問題になるのは、(1)式に各作目のパラメーター、すなわち、収量(E)、価格(p)、生産費(a)、及び運賃率(f)を代入して、作目毎の地代函数式を描くことである。現状分析では、後の実証分析で試みるように（第2部、第3章）、それらの地代函数式に各産地の市場距離(k)を入れ、産地相互間の比較によって各作目の産地競争力を明らかにすることである。しかし当面の課題は、この地代函数式とグラフ間の相互関係の解明によって、地代函数式を定式化する意義を明らかにし、それを圏域形成問題に適用して理論的問題に接近することである。従って問題をまず地代函数式に限定する。

なお、ここに示す地代(R)が如何なる性格の概念であるかを簡単に説明しておこう。この地代は、(1)式に示すように、具体的にはいわゆるチューネンのユンカー地代（貴族地主地代、Junker-rente）であり、その内容は、狭義の地代、利潤、及びその他からなる、粗収益から狭義の生産費と輸送費を差し引いた差額がすべて含まれている。[6] 従って、リカード・マルクス的な狭義の地代ではない。[7] しかし、今までの立地論の慣例にしたがって「地代」という概念をそのまま使用して議論を進める。この両地代概念の対応調整は、距離と豊度の両地代の統合を考察する第3章、第3節、1で行なう。

(1)式で明らかなように、ダンの地代函数式はブリンクマンとは異なり、価格

と生産費が市場距離とは無関係に独立していることである。この点はダン自身も認めているように、[8] それは厳密な意味では現実と矛盾している。しかし、ダンはあえて現実との間にこのような矛盾が存在することを承知で地代函数式の単純化を行なった。その理由は「産業段階における生産物の空間的配置の本質的な性質は、この単純化によって実質的に修正されることはない」[9] からである。この単純化が単に便宜的な単純化ではなく、地代函数式の相互比較を行なう上で積極的な意味を有することは漸次明らかになるであろう。

ちなみに、ダンの地代函数式に準じて、レッシュ、ブリンクマン、チューネン、などの地代函数関係を数式で表現すれば以下に示す通りである。これらの諸函数式は必ずしも各先達が自らそのように定式化したものではないが、ダンの地代函数式との比較の便宜上、加用信文氏がダンと同一記号を使用して定式化したものである。[10]

レッシュの地代函数式[11]

$R = E(p - fk) - A$ ……………………………………(2)

$A = Ea$：土地単位面積当りの生産費[12]

ブリンクマンの地代函数式[13]

$R = E\{p - a' - (f+f')k\}$ ……………………………(3)

$a' = p_l v_l + p_m v_m + p_n v_n$：市場における単位重量当り生産費

$f' = p_l f_l v_l + p_m f_m v_m + p_n f_n v_n$：節約指数の生産費部分

$f + f'$：節約指数 ($E*$)[14]

$E(f+f')$：地代指数 ($G = E* \cdot M$, M：土地面積)

v_l, v_m, v_n：生産物単位重量当り生産費を構成する労働、自家生産経営資本、工業的製造経営資本の原単位量

p_l, p_m, p_n：同上原単位当たりの価格

f_l, f_m, f_n：同上価格の距離による変化率[15]

第1章　農業立地論の分析課題

チューネンの地代函数式[16]

$$R = E(p-fk) - \{Ar(p'-f'k) + Ag\} \quad \cdots\cdots\cdots(4)$$

Ar：生産物単位数量当りの生産費を構成する「穀物部分」原単位量
Ag：同上「貨幣部分」
p'：Ar原単位量当り市場価格
f'：同上運賃率

以上の(1)～(4)式について、それぞれ対応する項を比較すると、各式の特徴が明らかになる。詳細な比較検討はここでは行なわないが、[17] 分析に必要な範囲で簡単に特徴をみておくことする。

先ず、ダン式(1)とレッシュ式(2)を比較すると、その差異は生産費が単位重量当りに表現さるか、単位面積当りに表現されるか、という違いがあるだけである。単位面積当りの生産費は、その単位面積当りの収量に単位重量当りの生産費を乗じて、$A=Ea$として表されている。従って、(1)式と(2)式との間には実質的な差はないとみて差支えない。[18]

次に、ブリンクマン式(3)とダン式(1)、ないしレッシュ式(2)と比較すると、今まで(1)、(2)式で距離に無関係であった生産費Ea、Aが、ここでは距離の函数として表現されている。すなわち、生産物単位重量あたり生産費は、$a = a'+f'k$、また面積あたりになおすと、$A=Ea=E(a'+f'k)$ という形で、距離kの函数である。[19] この複雑化が実態に即した定式化であっても、かえって問題解決を困難にしていることは初めに指摘した通りである。

最後に、チューネン式(4)をみると、ブリンクマン式(3)と同様に、生産費が一部距離の函数として表現されている。いわゆる「穀物部分」（Kornanteil）がこれである。[20] これは穀物価格が距離の函数とみなされるからである。しかし「貨幣部分」（Marktanteil）は距離に無関係である。この点、ブリンクマン式(3)が生産費を細分して、すべての要素を距離函数としているのと異なっている。[21]

立地論を現状分析に適用する場合、ダンの函数式を使用するメリットは、その形式が単純なためパラメーター相互間の比較を容易にし、そのことが更に作

目間競争の相互関係を明確に表現しうる点にある。

なお、レッシュ式(2)、ブリンクマン式(3)、チューネン式(4)は、複雑な表現になっているが、すべて距離の1次関数として表現されている。各式の勾配、切片、地代の消失距離を、ダン式をふくめて、まとめて示せば次の通りである。[22]

	勾配	切片	地代消失距離
ダン式	$-Ef$	$E(p-a)$	$\dfrac{(p-a)}{f}$
レッシュ式	$-Ef$	$Ep-A$	$\dfrac{(Ep-A)}{Ef}$
ブリンクマン式	$-E(f+f')$	$E(p-a')$	$\dfrac{(p-a')}{f+f'}$
チューネン式	$-(Ef+Arf')$	$Ep-(Arp'+Ag)$	$\dfrac{(Ep-Ag-Arp')}{(Ef+Arf')}$

以上で明らかなように、地代函数式の定式化と関連課題に対する古典立地学者の貢献は異なっている。しかし、これらの成果を正しく評価して、その上で理論の展開をはかることが重要であろう。

注
1) Thünen, op. cit., SS.272〜273. 訳書、296頁。
2) Brinkmann, op. cit., 訳書、100〜3頁。
3) Lösch, English ed., p.39. 訳書、51頁。
4) Dunn, op. cit., p.6. 訳書、8頁。
5) Dunn, op. cit., p.7. 訳書、9頁。
6) この点については、近藤康男『農業政策』上、前掲『チウネン孤立国の研究』、加用信文「チューネン地代論の意義」、金沢夏樹「農業経営の二側面—チューネン理論における生産力と所得—」、参照。
7)「狭義の地代」の概念は、リカード・マルクスの地代を意味する。それは純収益、あるいは剰余価値のうち、土地の本源的性質（豊度）や位置の差に帰属すべき部分である。リカード・小泉信三訳『経済学及び課税の原理』（岩波文庫）、上巻、56頁以下、マルクス・長谷部文雄訳『資本論』第3部、第6篇、超過利潤の地代への転形（青木文庫(12)、(13)分冊）、参照。地代論については多くの研究があるが、文献は省略する。
8) Dunn, op. cit., pp.36, 56, etc. 訳書、37、59頁、等。

第1章　農業立地論の分析課題

9) Dunn, op. cit., p.7, note 2, p.105. 訳書、9頁、注2)、25頁。
10) この加用信文氏による各先学の地代関数の定式化は、ダン式に比べて非常に複雑になっている点に注意。なお、ブリンクマン式(3)については注13) 参照。加用「農業立地論の考察」、参照。
11) Lösch, op. cit., p.38. 訳書、51頁。加用、論文、(2)、101頁、参照。
12)「単位面積当り生産費」という用語は、意味の上からは不適切である。何故なら生産費概念は生産物についての概念であるからである。しかし、面積当りに表現した生産費部分の大小の比較は指標としては種々便利である。従って、ここでは慣例にしたがい、「単位面積当り生産費」と表現しておく。近藤康男『農産物生産費の研究』、参照。
13) 加用、論文、(2)、144頁、参照。ただし本書のブリンクマン式(3)の表現は、大部分は加用氏の定式に準じているが、若干加用氏のものと異なっている。その理由は次の注21) 参照。
14) ブリンクマンの節約指数記号(E)と、単位面積あたり収量記号(E)とは同一文字を使用しているが意味が異なる点、注意。この混同を避けるため、ブリンクマンの節約指数は$E*$と表記して区別する。訳書100頁。
15) 加用氏によれば、f_l, f_m, f_n、は、労賃flを除くほかは、原単位量の「運賃率」となっている。(加用、論文、(2)、143頁) しかし、ブリンクマンは「市場への距離がX単位距離だけ短縮された場合、労働単位の費用が0.10だけ、……騰貴し、……」(ブリンクマン、前掲訳書100頁) と書いている。その費用が騰貴する原因は、究極的にはその輸送運賃に帰せられるであろうが、その他の原因による場合も考えられる。従って本書では「価格の変化率」とした。そのほか、ブリンクマンが農産物輸送の場合は運賃率の差を認めず、その他の工業生産資材にはそれを認める、と理解するには無理があるのではなかろうか。これが「価格の変化率」としたもう1つの理由である。なお、江島一浩氏の理解は加用氏と異なっている。江島「ブリンクマンの農業立地命題の問題点—主として地代指数の吟味—」。
16) 加用、論文、(2)、111頁。
17) くわしくは、加用、論文、参照。
18) しかし、加用氏はレッシュ表にならってダン表を作成し、くわしく圏域形成の条件を比較して、かなりの差を指摘している。(同氏、論文、114〜127頁)。
19) ブリンクマン、訳書、100〜107頁。
20) チューネン、訳書、第4章以下参照。ブリンクマンは「農場部分」(Agraranteil) という用語を使っている。(同訳書、101頁)
21) ブリンクマンは、「市場部分」(Markt-anteil)(「貨幣部分」)が距離に関係なく、同一とするチューネンを次のように批評している。「前者(市場部分)は「孤立国」の一切の地点において同一であると仮定する—ここに彼の論証の不完全なる点があるのである—。」(ブリンクマン、訳書101頁) ブリンクマンのこの指摘は、現実の認識としては正しいであろうが、方法論的にはこの段階で生産費を

距離の函数とすることには疑問がある。ブリンクマンが、地代指数の導出のみに終わり、地代函数式の導出を自からは行ない得なかった原因は、問題を単純化すべき段階で、より複雑な現実的関係を分析に持ち込んだことにあるのではなかろうか。ダンはこの点に気付き、そのことが地代函数式の導出と一般均衡論的体系化に成功した原因といえよう。(ダン、訳書、59頁、参照)

2　圏域形成の理論と条件

複数の作目が一定の空間的広がりの下で耕作される場合、空間的な耕作分化が如何なる条件で生ずるか、というのがここでの圏域形成の問題である。[1]

この課題は、チューネンにより最初に問題提起された。いわゆるチューネン圏の形成問題である。しかしその形成条件はチューネンの場合には明確な形での定式化ではない。[2] 地代函数式の場合と同様やや不徹底に終わっているといえるであろう。

これに対して、レッシュとダンはこの問題に最も積極的に取り組み、明確に圏域形成の条件を数式的に定式化した。[3] まずレッシュは、既に指摘したように圏域形成の条件を各媒介変数 (E, p, A) の2作目間比較の大小関係で3通りに区分し、その3項目の組合わせ・合計9通りについて逐一比較し、それを後掲(3)、(4)式の圏域形成条件にあてはめてその成立可能性を検討した。しかしその場合、各項目を固定的に認識して、圏域形成の条件を満たすケースが少ないという結論に達している。[4]

これに対してダンは、レッシュの媒介変数項目の不等式比較という方法をとらず、函数式の変数（距離、及び媒介変数）組合せ比較によって圏域形成の条件を究明した。具体的には次ぎの(1)、(2)式がそれである。また対象を2作目から多作目に拡大し、需要などの制約条件を設定して一般均衡論の構築を試みた。このことは既に指摘した通りである。[5]

そこで、ダンの圏域形成の条件を2作目の場合に具体的に考察することにしよう。[6] 今、問題の作目をⅠ、Ⅱとし、それぞれの地代函数式を次のように表現することにする。この場合、この両作目間で圏域が形成されるためには、どのような条件が満たされねばならないか、がここでの課題である。

第1章　農業立地論の分析課題

地代函数式：
　　Ⅰ作目：
　　　　$R_1 = E_1(p_1 - a_1) - E_1 f_1 k$
　　Ⅱ作目：
　　　　$R_2 = E_2(p_2 - a_2) - E_2 f_2 k$

ダンによれば、Ⅰ作目を内圏、Ⅱ作目を外圏とする圏域形成の条件は、次の2条件式によって示される。[7]

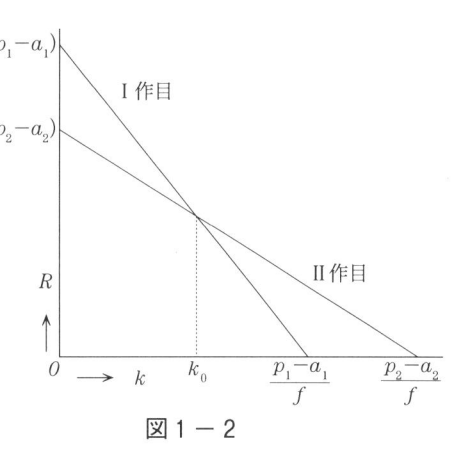

図1－2

条件Ⅰ：$E_1(p_1 - a_1) > E_2(p_2 - a_2) > 0$ ……………………(1)
条件Ⅱ：$\dfrac{(p_1 - a_1)}{f_1} < \dfrac{(p_2 - a_2)}{f_2}$ ……………………(2)
　　　　($k_1 < k_2$)

これら2つの条件式のうち、条件Ⅰ、(1)式はⅠ作目の市場近傍における輸送費を差し引く以前の面積当り純収益（地代）が、Ⅱ作目のそれより大きいことである。条件Ⅱ、(2)式はⅠ作目の地代消失距離(k_1)が、Ⅱ作目のそれ(k_2)より小であることである。そして、これを可能にするためには、作目Ⅰの単位重量当り価格から生産費を差し引いた残りの、その作目の運賃率に対する比が、作目Ⅱの同じ比より小さくなければならない。そのためには、いくつかの場合が考えられるが、簡単な場合は、$f_1 > f_2$、$(p_1 - a_1) = (p_2 - a_2)$、あるいは$f_1 = f_2$、$(p_1 - a_1) < (p_2 - a_2)$、などである。いずれの場合にも、2作目の地代函数直線がⅠ象限において交わる時に圏域が形成される。[8]

次に、レッシュの圏域形成の条件式を具体的に示したのが(3)、(4)式である。[9]

条件Ⅰ：$1 < \dfrac{(E_1 \cdot p_1 - A_1)}{(E_2 \cdot p_2 - A_2)}$ ……………………(3)

条件Ⅱ：$\dfrac{(E_1 \cdot p_1 - A_1)}{(E_2 \cdot p_2 - A_2)} < \dfrac{E_1}{E_2}$ ……………………………(4)

この式で、$A_1 = E_1 \cdot a_1$、$A_2 = E_2 \cdot a_2$とおくと、条件Ⅰ、(3)式は次のように変形される。

$$1 < \dfrac{(E_1 \cdot p_1 - E_1 \cdot a_1)}{(E_2 \cdot p_2 - E_2 \cdot a_2)} = \dfrac{E_1(p_1 - a_1)}{E_2(p_2 - a_2)} \quad \text{……………………}(5)$$

さらに前提により、$E_2(p_2 - a_2) > 0$であるから、不等式(5)の両辺に$E_2(p_2 - a_2)$を乗ずると、条件Ⅰ(3)式は次の(6)式のように変形されて、ダンの条件Ⅰ(1)式と同一であることがわかる。[10]

$$0 < E_2(p_2 - a_2) < E_1(p_1 - a_1) \quad \text{…………………………}(6)$$

また、条件Ⅱ、(4)式については、両辺にそれぞれ$E_2 \cdot E_2(p_2 - a_2)$を乗ずると、前提により、$E_2 > 0$、$E_1 > 0$、$(p_2 - a_2) > 0$であるから、条件Ⅱ、(4)式は次のように変形される。

$$E_2 \cdot E_1(p_1 - a_1) < E_1 \cdot E_2(p_2 - a_2)$$
$$(p_1 - a_1) < (p_2 - a_2) \quad \text{…………………………………}(7)$$

これもダン式(2)における、$f_1 = f_2$の場合と同一である。[11]

以上の比較によって、ダンの条件式(1)、(2)とレッシュ式(3)、(4)とは内容的には同一であるか、あるいはあまり差がないとみて差支えない。しかし、レッシュの説明ではこの条件を満たす場合が少ない、という認識に終わっている点に問題がある。[12]

レッシュは以上の条件式(3)、(4)によりつつ、既に指摘したようにその条件を

満たす各パラメーターの組み合わせを逐一比較する。[13] レッシュの場合、パラメーターはE、p、A、の3つであり、f（運賃率）とk（距離）は条件式の中に現れてこない。運賃率は各作目で同一という前提である。また価格も変化しないものとしている。[14] その結果、レッシュの場合は条件式を満たすパラメーターの範囲が狭いものになってくる。[15] その原因は、レッシュの方法論が需要や価格変化の影響を充分反映しえないことに起因する結果である。[16]

以上、ダンとレッシュの圏域形成の条件を考察したが、圏域形成の条件を検討するためにはダン式に従って、切片$R=E(p-a)$と地代消失距離$k=\dfrac{(p-a)}{f}$を問題の2作目間で比較すればよいことが明らかになった。そして、理論的には当該作目が「孤立国」内で需要され、それが「孤立国」内から供給されねばならない前提になっている。この前提に従う限り、それらの作目は必然的に生産されねばならず、そのためには圏域が常に形成されるように価格などが変化することになる。その論理を解明するのが立地論の課題である。その数式的証明はダンにゆずり、[17] ここではこれ以上立ち入らない。

しかし、このような理論を現状分析に適用する場合には、むしろ圏域形成の条件を満たさない場合のほうが多い。これは一見、理論と現実が矛盾しているかにみえる。しかし、それは必ずしもそうではなく、理論的考察において前提されている諸条件が現実において充分満たされない結果といえるであろう。

なお、各パラメーターの変化、特に価格変化が、如何にして圏域形成条件を満たすように変化するか、その圏域形成条件が発生する論理は、後の第3章、第2節、3で検討する。また、関連して、逆に地代函数式が圏域形成の条件を満たさない場合に、そこで作目間の競争力を比較する課題については、圏域形成理論の応用例として、後の第4章、第4節で検討する。

注
1） Thünen, op. cit., SS.272〜3, Abb.3, Abb.4. 訳書、295〜8頁。Lösch, op. cit., pp.40〜48. 訳書、51〜58頁。Dunn, op. cit., pp.9〜16. 訳書10〜16頁、加用、前掲論文、阪本楠彦『農業経済概論』下、257〜8頁。
2） 加用、論文、(1)、(2)、参照。

3) Lösch, op. cit., pp.36～48. 訳書、47～71頁。Dunn, op. cit., pp.6～24. 訳書 8～26頁。
4) Lösch, op. cit., pp.36～46. 訳書、48～56頁。
5) Dunn, op. cit., pp.6～24. 訳書、8～26頁
6) ibid. pp.9～13. 訳書、10～14頁。
7) ibid. p.13. 訳書、14頁。
8) ibid. p.10, Fig 2. 訳書、11頁、第2図。なお、ダンの条件式2は、次のように表現されている。$|k|r_1=0<|k|r_2=0$（1、2作目の地代焼失距離比較）
9) Lösch, op. cit., pp.38～44. 訳書、49～55頁。
10) ここでの前提条件は、農家庭先における純収益がマイナスにならないことである。マイナスの場合は考察から除外される。次式の変形の場合も同様である。
11) レッシュの考察では、運賃率 f は同一という前提に立っている。この点についてダンは次のように述べている。「圏域形成の諸条件を規定するにあたって、レッシュは運賃率を表す変数をくくりだしている。この方法から3つの帰結が生まれる。第1にそれは運賃率がすべての商品について同一であるという暗黙的な仮定に等しい。」(Dunn, op. cit., p.101. 訳書107頁) なお、加用、論文、(2)、114～117頁、参照。
12) 加用、論文、(2)、116頁、参照。
13) Lösch, op. cit., pp.38～42. 訳書、49～53頁。
14) もちろん、他の箇所では価格変動もとりあつかっている。(Lösch, op. cit., pp.48～54)
15) 加用氏は、レッシュにならって、「2作物の空間的配列の完全体系表」（前掲論文、(2)、118～119頁）を作製し、詳細な分析を行なっている。その結果、次のような結論に達している。「以上によってわれわれはレッシュの条件式ではもちろん、ダンの条件式によっても、そのパラメーターの相対的大小から圏域を形成することは、きわめて不安定であることを実証したことになる。」（同、127頁）。しかし、「不安定」の解釈にもよるが、この結論では加用氏が立地論を如何なる学的体系と認識しているか、に疑問を抱かざるを得ない。何故なら、立地論は圏域が形成され、地域分業を説明する理論であり、それが不可能な理論は無意味であるからである。なお、現状分析レベルでは圏域形成の条件が満されなくても現実に圏域が形成されるケースは存在する。(第4章、第4節、参照)
16) これらパラメーターの固定的性格が圏域形成を困難にしていることは明らかである。ダンは、一般均衡論に空間概念を導入すべく立地論を展開した。(Dunn, op. cit., p.vii, Preface. 訳書、原著者序文) 一般均衡論では、需要 (D)=供給 (S) という制約条件のもとに、価格 (p)、圏域境界 (k)、が変数となり、チューネン・モデルについて、空間価格均衡論が体系化されている。(Dunn, op. cit., pp.18～24. 訳書19～24頁)。このことは、経済システムの各分野が相互規定的に作用して圏域を形成するように作用するメカニズを明らかにする契機となる。レッシュはこの点を見逃していると言えよう。
17) Dunn, op. cit., pp.16～24. ダン、訳書、14～26頁、参照。

3 「全面的な立地指向」—レッシュとダンの考察—

　レッシュは、「全面的な立地指向の問題」として既に指摘したように、需要、土質、結合生産、結合需要、賃銀の地方差、生産手段価格の地方差、などの項目をあげている。[1] これらは、ブリンクマンを除けば、[2] 充分論じられたとはいえない問題である。もっとも、レッシュによっても、これらの問題が必ずしも充分展開されたとはいえない。その理由は、ダンが指摘しているように、レッシュにおいては、すべての要因を結合できる明示的な地代函数式が導き出されなかったからである。[3]

　これに対してダンは、チューネンからの農業立地論の伝統を受け継ぎながら、地代の大きさを距離の函数として示す地代函数式を定式化し、それによって同心円的圏域形成の条件を明らかにした。このような形で一般的法則を明らかにした上で、さらに具体的な条件を考慮してより全面的な立地論を展開している。[4]

　すなわち、多数市場、輸送方式の多様化、距離によって変化する運賃率、資源の空間的多様性、などである。これらの要因は、レッシュに類似する項目が選定されており、一般的抽象的立地論を現実の分析に適用する場合のモディフィケーション的展開と考えられる。

　ただ、レッシュの場合は地代函数式を事実上数式としては定式化しながら、それを分析では利用していない。（レッシュの比較表の注、参照）そのため、市場からの距離とその他の要因を同一次元で問題にして、正しい結論を導き出すことが不可能となったのである。[5] これに対してダンは、明示的な地代函数式を設定することにより、立地論の本来の命題を明らかにした上で、種々の前提を緩和することによって、一般論を修正して問題を処理しようとしている。[6]

　そのほか、両者の時代的・個人的差異を反映して、レッシュが旧大陸の土地狭少国的特徴を反映して、土質や結合生産等の土地利用高度化に関連する要因を考慮しているのに対して、ダンは新大陸における広大な国土を反映して、多数市場、輸送方式の多様化、運賃率の距離による変化、資源の空間的多様性、が検討課題にされている。[7]

　このようにダンとレッシュでは、その対象とした時代的、個人的背景の差異

により、また専門分野の理論的・方法論的性格により、それぞれ接近方法にニュアンスの差があるが、いずれも抽象的な理論を複雑な現実に適用する上での理論の展開を試みたものということができる。しかし、この両理論の展開はチューネン理論の一般論的解明に対する付録的性格をもち、現状分析理論が充分展開されているとはいえない。

　ダンの農業立地論もワルラスなどの一般均衡論体系と同様に、それが理論的・数式的完結性においてすぐれ、現実の経済を理解する抽象理論としては華麗な体系であるとしても、必ずしも実践的ではない面が残されている。その直接適用性、特に現状分析的ツール（競争力比較）としてはそのままでは充分有力とはいえない。[8] それを実践的な現状分析理論にするためには、あとで検討する理論的展開を待たねばならないのである。

　特に、我が国の現状分析に立地論を適用するような場合には、ヨーロッパ的な集約的土地利用と併せて、南北に長い資源賦存の空間的偏在・異質性が存在する。また地形、交通機関の発達状況、商品生産の不均衡発展、農業経営の零細性などとも関連して、立地論問題をより複雑なものにしている。換言すれば、チューネン、ブリンクマンが問題にした経営学的視点からの立地論と、レッシュ、ダンが明らかにした経済的立地論を結合すると共に、さらに、日本独自の特殊性も考慮してこれらを集大成する必要がある。[9]

　では、そのような現状分析的立地論は如何にして展開可能であろうか。その手がかりを与えるのが既に指摘したように、ダンの地代函数式を基礎にした展開である。何故ならダンの地代函数式は、その明示的形式によってレッシュや彼自身が問題にした国民経済的・広域経済圏における立地論的諸条件をその中にとり込むことが可能になるからである。

　例えば、レッシュの「土質」は作物の種類の制限と収量差として、「結合生産」や「結合需要」は問題の作目の不可分離性として、「賃金の地方差」や「生産手段価格の地方差」は生産費差として処理できる。ダンの場合、資源賦存の偏在性も同様な問題として処理できる。これらの立地条件や個別条件を地代函数に包摂するのが各媒介変数であり、それらは各産地の立地条件の函数という

関係にある。（第3章、第2節、1、参照）

　ただ、ここで注意しなければならないことは、現状分析立地論においても、基本的にはそれが空間摩擦を克服する立地論である以上、その原則は市場距離による立地指向論であり、そのモディフィケーションとして理解しなければならないことである。そのうえで各要因のもつ意味（ウェイト）を同一次元で比較衡量して評価する必要があることである。これがレッシュのいう「全面的な立地指向」の意味であって、これを可能にしたのがダンの明示的な地代函数式ということである。このような意味で、ダンの地代函数式の定式化の意義は非常に大きいと言えるであろう。[10]

注

1) Lösch, op. cit., p.36, pp.60〜63. 訳書、47、68〜71頁。
2) ブリンクマン、訳書、第3章、参照。
3) Dunn, op. cit., pp.101〜4. 訳書107頁。しかし、レッシュは実際は地代函数式を設定している。それは圏域形成の比較表の脚注に示されている。（Lösch, op. cit., p.38. 訳書、51頁）ただ、その有効性に気づかなかった。またこのことのみが、レッシュが「全面的な立地指向の問題」を展開しなかった原因とはいえないであろう。
4) Dunn, op. cit., pp.56〜70. 訳書、59〜72頁。
5) レッシュの場合は、要因別分析のあとで、いわゆる「全面的な立地指向の問題」をとりあげる接近方法である。しかし、実際には結合生産について分析されているのみで、他についてはあまりふれられていない。ここでは各要因が並列的に問題にされ、統合されていないきらいがある。
6) ダンのような方法をとるか、ブリンクマンのようにすべての現実的な要因を最初から導入するか、によって到達する結果が異なることに注意しなければならない。ブリンクマンは最初から問題を複雑にしたため、地代函数式の導出に成功せず、「節約指数」や「地代指数」の検討に終わっている。ブリンクマン、訳書、100〜3頁。拙稿「農業物の市場競争力と地域間競争」、参照。
7) レッシュ、訳書、47、68頁以下参照。Dunn, op, cit., pp.56〜70. 訳書、59〜72頁、参照。
8) 渡辺庸一郎、ダン前掲訳書、序文。なお、農業立地論の一般均衡論的位置づけについては、Water Isard, *Location and Space Economy*. 木内信蔵監訳『立地と空間経済』、参照。また、立地論の理論的相互関連については、江沢譲爾『経済立地論の体系』、参照。

9) 以上のような意味の農業立地論の現状分析論は、今まで殆ど未開拓のままである。(第3章、第1節、参照)
10) ダンの地代函数式の意義は、それに基づいて一般均衡論の体系化が可能になったことと併せて、それ以上に地代函数式の個々の常数ないしパラメーターとして、種々の立地条件をその中に包摂して考察できる点にある。このことにより、現状分析理論の展開を可能にすることは次章以下で明らかにする。

第2章

農業立地論の展開方向
―方法論的考察―

第1節　立地論展開の方法論的課題

1　研究課題の全体領域

　農業立地論の対象領域、学的性格、体系についての本格的な考察は当面の直接的課題ではない。しかし農業立地論の理論的展開と問題領域を明らかにするために、関連する方法論上の問題について予め検討しておくことにしたい。

　先ず議論の順序として、農業立地論が如何なる課題を研究対象とする学的体系かについて考えると、それは農業生産の立地、つまり農業生産の行なわれる場所と、その自然的・社会経済的条件に関連する経済学の一分野であると理解しても基本的に問題はないであろう。

　しかし農業生産と言っても、その具体的な内容は多岐に分かれている。例えば生産主体（農業経営）の類型は、農家（小農）、農企業、あるいはその他の生産組織、チューネン時代の企業地主（Junker）、などに分かれる。それぞれ異なる経営目標と運営原理に基づいて生産活動を行なっている。[1] つまり、それぞれの主体の性格を反映して、経済活動を規制する収益性範疇は、所得、利潤、あるいは企業地主地代（ユンカー地代、Junkerrente）などである。

　他方、生産を生産物（作物、作目）視点からみると、その品目（部門）は、その国や地域の自然的（地理的）条件や生活様式の歴史的背景などによって多様であり、また時代や生産技術の発達によって経営方式も種々変化する。[2] 以上は生産物の種類とそれに伴う経営方式の多様性であるが、各作目の生産は量的側面も同時に考慮に入れねばならない。それは当該国（経済圏）の経済発展段階と人口構成、あるいは物価水準などによって異なり、最終的には品目別需

要量として集約される。

　以上は農業生産の主体類型と生産物の多様性であるが、生産の行なわれる場所についても、国や地域によってその自然地理的条件が異なり、また社会的・経済的・歴史的条件に大きな差異がある。これらの場所の個別条件と経済発展段階、技術発達などとの関連で、各作目の生産量（供給量）が規定され、それが各作目の土地利用競争を通じて前記需要量に対応する関係にある。この生産には作物の生産適性と立地の自然条件との関係で生産に季節性があり、その組合せによって種々の結合生産（複合経営、経営方式）が存在する。

　農業立地論の課題は、上述のような農業生産の立地に関連する問題の解明と定義することができる。上述の経営主体と作目、立地（場所）を視野に入れて、何処で如何なる作目（種類、数量）が生産されるか、それを規定する要因は何か、を「孤立国」の一定の空間的広がりの中で明らかにするのが立地論である。この空間的広がりは国民経済を想定してもいいし、あるいは一地方経済圏と認識することも可能である。いずれの場合にも、それがチューネンの「孤立国」に相当するのである。そして近年には、この「孤立国」は経済の発展に即して、漸次、地方経済圏から国民経済圏、さらに全地球規模の世界経済まで拡大する。農業立地論もそれに対応して新たな理論化が必要になってきている。

　この「孤立国」の地理的範囲は考察課題との関連で異なり、課題に対応してそれぞれ地方経済圏、国民経済圏、あるいは世界経済圏が想定される。そして当該課題の生産活動を全体的に統括する原理が立地論といえる。このような全体問題を実践するのが個別主体の経営であってそれは特定の場所に立地する。そしてその生産物を需要する消費都市がこの「孤立国」の特定の場所（チューネン・モデルの場合には円の中心に唯一）に存在し、この消費都市と孤立国内の各場所との位置関係（距離）が上述した立地問題に影響を及ぼすというのがチューネン理論の骨子である。

注
1）詳しくは、吉田寛一編『農業の企業形態』（農業経営学講座第2巻）、参照。

2）経営方式（Betriebssystem, oder Wirtschaftssystem）については、チューネン、ブリンクマン以来多くの論稿があるが、とりあえず熊代幸雄『比較農法論』、加用信文『日本農法論』、桃野作次郎編『農業経営要素論・組織論』（農業経営学講座第3巻)、等参照。

2 接近レベルと研究領域分割

　農業立地論の全体領域を以上のように認識する時、そこで明らかになってくる立地論の対象は、まず孤立国モデルのマクロ経済的側面、たとえば国民経済を構成する農業部門の品目別総生産量（総供給量＝総需要量)、価格、輸送費（運賃率)、などをナショナル・レベルで確認することである。このマクロ経済的側面は、チューネンやブリンクマン、あるいはレッシュの場合には明示的には示されていない。これが意識的に問題にされるのはダンの一般均衡論モデルにおいてである。

　ダンはその著『農業生産立地理論』において、立地論の問題領域を明らかにする「視点」(scope)、ないし「観察の尺度」(scale of observation) として3つの段階、すなわち(1)「企業」段階（"firm" level)、(2)「産業」段階（"industry" level)、および(3)「集計」段階（"aggregative" level)、を設定する。そして立地の「理念的」理論（"ideal" theory）は以上の3段階すべての問題に解答を与えるものでなくてはならないとしている。[1]

　ダンは、以上の3段階の1つのみでは問題の全体を充分カバーすることができず、この3段階を統合することで立地論の全体領域を処理しうると理解している。特に問題を数量的かつ明示的に処理しようとする場合には、課題を方法論的に整理することが不可欠であり、その前提となる。これは農業立地論のマクロ経済的側面、いわゆる「孤立国」モデルの全体枠組を明示的に考察の対象に組入ることである。これがダンの「企業」、「産業」、「集計」の3段階分割に関連する。

　このような孤立国のマクロ経済的側面は、チューネンの考察では暗黙に前提されており、同心円圏で構成される圏域モデルとして具体的なイメージで示されるが、それぞれの領域を規制する「孤立国」都市の品目別総需要量＝総供給

量としては問題にされていない。ブリンクマンの場合にも、問題が国民経済の枠組で把えられているとはいえ、それが明示的にマクロ経済的・計数的に処理されてはいない。この点はチューネンの場合と同様である。それが単純なモデルではあるが、総供給量＝総需要量としてマクロ経済的意味で取り扱われるのはレッシュの市場圏モデルにおいてである。[2]

この「孤立国」モデルのマクロ経済的側面を、ワルラス的均衡論体系として明示的に提示し、チューネン・モデルに基づく単純な形式で空間価格均衡論として示したのがダンであった。その意義はそれまでの立地理論が、暗黙的には前提していても明示的には示さなかった各品目の総需要量＝総供給量を、各圏域の境界を規制する制約条件として理論モデルに導入したことであろう。[3] このモデルが農業立地論の空間均衡論への発展の基礎を築いたといってよい。

しかしながら、ダン以前の立地論の特徴は、チューネン、ブリンクマン、レッシュにみられるように、経済立地論的色彩が強いか、農業経営の個別問題のように、そのアプローチは全体枠組への関連性が充分意識的には考慮されないものである。従ってその理論体系も部分均衡論にとどまっている。その結果、必ずしも正確でない結果に終わることもある。例えば既に指摘したように、レッシュの圏域形成のパラメーター組合わせによる一覧表の場合などがその例である。[4]

注
1) Dunn, op. cit., pp.1～5. 訳書、1～7頁。
2) Lösch, op. cit., pp. 105～12. 訳書、126～164頁。
3) Dunn, op. cit., pp.18～24. 訳書、16～26頁。
4) Lösch, p.39. 訳書、50頁。

3 接近レベルの研究領域・課題

(1) 「企業」段階

ダンは、上述のように3つの段階を農業立地論研究に設定している。すなわち、「企業」、「産業」および「集計」の各段階である。ダンによれば、「企業」

段階は「農企業者がその生産要素の空間的配列をなすにあたって直面する」、「企業管理に際して起こる諸問題」を取り扱う段階である。[1] つまり、個別経営におけるミクロ的な経営立地論の領域がこれである。この分野の研究が遅れ、充分な展開をみないまま現在に至っていることは既に指摘した。

従ってこの「企業」段階は、特定の立地（場所）を選定する経済立地論を前提して、あるいはより正確にいえばそれと並行して、同時に成り立つ領域である。我が国のような農業生産の社会的・歴史的条件を前提すれば、農業経営はその立地が与件として既に前提されていて、その場所における作目選択に関連するのが「企業」段階の課題である。それはレッシュのいう「ある特定の場所」、またはその場所に立地する「ある特定の経営で」、「何が生産されるか」という作目選択の問題が中心課題となる。

その場合、当然その与えられた立地（場所）の土壌、気象、地形・地勢、土地の広狭、その他の自然的立地条件とともに、農業経営の集積（農家数）、土地所有と経営規模、労働力、機械・施設の装備状況や資本蓄積、技術水準などの経営条件も前提されることになる。また外部経済条件として、生産物の出荷市場や輸送手段、あるいは農業以外の就業機会の有無、労賃水準などが当該地域の社会経済条件として前提されることになる。

「企業」段階での作目選択の問題は、以上のように自然条件、経営条件、社会経済条件など、当該立地（場所）にかかわるすべての立地条件を前提した最も具体的段階での作目選択、その組合せの経営方式の選択行為である。そこでは農業経営学が取り扱うすべての領域、たとえば規模論、集約度論、あるいは技術論までが関与することになる。このことが具体的にどのような様相を示すかは、チューネンとブリンクマンの2つの古典立地論でその大凡の課題が取り扱われている。

(2) 「産業」段階

次に「産業」段階についてみると、それは「ある特定の作物あるいは特定の商品の生産立地に関する共通の諸力をまとめて取扱う」。[2] これには同種の個

別経営の集積としての産地を問題にする地域段階と、それらの産地が全国的に集計されて問題になる全国段階の区別がある。前者は産地形成・組織論と関連する段階であり、生産組織やマーケティング組織問題が含まれる。[3] 後者は全国的にみた産地間競争や生産調整などに関連し、産地移動などのマクロ的な経済立地論と結びつく。[4] これらの課題は一般経済学との関連でいえば産業組織論が関与する領域であろう。[5]

(3) 「集計」段階

最後の「集計」段階は、上述の「産業」段階の全国総計的側面とともに、その他の外部経済条件が関係する。例えば、それぞれの産業（品目）に対する需要、価格、あるいは「企業」段階で指摘した特定産地をとりまく地域社会の外部条件（都市化、兼業機会、など）、さらに国民経済の発展段階や経済成長、貿易その他のいわゆる産業構造的側面が問題となる段階である。この全体枠組の認識と計量的関係の認識が重要である。

以上の三段階の課題を相互に関連させながら、より現実的な分析の抽象段階で農業立地論の課題を取り扱うのが現状分析立地論である。これは立地論の体系や系譜でみた個々の理論を統合する包括的な現状分析理論として位置づける必要がある。そしてこのことが可能であることが後の理論展開で明らかにされる。[6]

注
1) Dunn, op. cit., p.3. 訳書、3～4頁。
2) Dunn, op. cit. 訳書、同上。
3) 拙稿「産地形成の課題」。
4) Mighell and Black, op. cit. 拙稿「農産物の市場競争力と地域間競争」、参照。
5) Joe S Bain, *Industrial Organization*, 1959. 宮沢健一監訳『産業組織論』、今井賢一『現代産業組織』。
6) 拙稿「農業立地論と経営発展の論理」、『経営立地の諸問題』所収、28～32頁、参照。

第2節　前提条件の緩和と理論展開

1　資源賦存の空間的偏在

　対象とする「孤立国」の地理的範囲を、地方小経済圏から広域・国民経済に拡大して考察する場合、現状分析理論ではその範囲・拡がりを正しく認識する必要がある。その上で関連する条件の変更を方法論的に処理しなければならない。「原理論」、ないし「純粋理論」では前提条件をおき、直接関係する要因を限定してその影響を分析するが、現状分析ではその他の関連するすべての要因を考慮する必要がある。この点を方法論的に正しく処理しないと理論の有効性が減殺されることになる。

　例えば我が国の場合に全国的な「孤立国」を考えると、その地理的範囲と立地条件は南北に長く、かつその主軸は北東・南西方向にねじれており、地形は平地少なく山岳・丘陵に富んでいる。また耕地は水田と畑に分れ、土壌もかなりの差異を示している。このような気象・土壌条件の差異は一般に自然的立地条件として認識されるものであり、これらの地域資源の異質性は工業立地論に準ずる前提条件と理論化を必要とする。[1] すなわち、自然条件の差異による作物栽培の地域的制約がこれである。寒冷地におけるリンゴ、温暖地における温州ミカン、などの栽培適地とその地域的範囲を考えれば、その意味は明らかであろう。

　このように、気象や土壌など自然条件による耕作の限定性は、問題となる「孤立国」経済圏の広さが大きければ大きいほど顕著となる。その好例がアメリカ合衆国などのように広大な国土を持つ国民経済圏の場合である。[2] 北米大陸は改めて指摘するまでもなく、南は亜熱帯から北は寒帯におよび、東西幅は太平洋と大西洋に挟まれて広がる数千キロの大陸である。

　この大陸は海岸線から離れるにつれて雨量を減少してゆく。つまり、南北方向（緯度）による気温差と、メキシコ湾から東西方向（経度）による降雨量の漸減格差が組み合わされて、気象条件を変化させている。その結果、北米大陸においては気象条件の差によって各地域の適作目を大きく限定しており、いわ

ゆるコットンベルト、コーンベルト、春・冬小麦地域、酪農地域、あるいは地中海的気象のカリフォルニア、など多様な農業地域が形成される。

このように、栽培（飼育）可能な作目（家畜）が、それぞれ特定地域に限定されるということは、交通条件とは別に存在する立地制約条件であり、立地論以前の栽培技術論の対象となる問題である。しかしこの栽培技術問題は、既に指摘したように、立地論とあまり区別されずに議論される傾向があった。それはあくまで立地論の前提として議論すべき問題である。このような自然条件によって規制される立地問題はまず栽培学の対象であり、経済立地論はそれを与件として受け入れる関係だからである。[3] ただ、前章で指摘したように、この両者が区別されずに議論され、混乱をもたらしていることも事実である。

アメリカにおける農業立地問題には、以上のような広域経済圏にかかわる問題があるが、我が国においても同様な問題が存在する。このような栽培学的適地論と立地論との混同は、国民経済がより広域に拡大し、経済的視点の立地論が問題になる段階で起きてくる。それを避けるためには、経済立地問題と栽培学的・技術的な問題とを俊別して理論的に処理することが必要となる。

しかしこの自然的条件によってアプリオリに限定される作物（目）の立地は、なるほど理論的には本来の経済立地論が直接対象とする性格の問題ではないにしても、立地論が多様な自然条件を内部に包含する広域経済圏を対象とする以上、現状分析立地論としては先ずこの問題が初めに究明される必要がある。

従って、各経営の作目選択手順としては、このような自然的栽培可能性によって各作目がその適地に優先的に割当てられる。その後でその他の作目の立地が検討される。他方、技術の進歩は各作目の栽培可能性を広め、その耕境を従来の不利地域に拡大する。その過程で各作目は相互間で立地競争を展開することになる。この段階で経済的視点からの立地論が問題になってくる。

このように、国民経済的な広域済圏を対象とする立地論研究では、一方で自然的条件によって栽培が特定地域に限定される作目と、その他全国どの地域でも栽培可能な作目とに区別され、後者についてのみ全国的視点からみた立地配置が問題となる。これはレッシュのいう「ある作物がどこで栽培されるか」と

いう経済立地論の問題領域である。[4]

その場合にはじめて、いわゆる産地間競争と競争力の強弱が検討課題になってくる。このような広域経済圏の作物間・産地間競争が経済立地論の課題である。[5] これはある特定の地域についてみると、そこに立地可能な作物の立地競争であり、その競争力序列によって有利作物が選択される問題になる。現実にはこの2つの競争局面が存在し、それが同時並行して進展するのが立地競争の実態である。

このように、国民経済内部の自然条件の異質・多様性によって、それぞれ栽培される作目の種類と数を異にする。その空間的拡がり全体が「孤立国」であり、その構成要素に農業地域（立地空間）が存在するのである。これらの地域内で従来の栽培学的立地論が問題にするのはその栽培適性である。しかし、産地間競争は2つ以上の地域で同一作物が栽培され、それが競合する場合が問題となる。[6]

従って、産地間競争においては、以上のように地域内における技術的栽培適性の立地競争（作目間競争）と、2つ以上の地域にまたがる経済的視点からの立地競争（産地間競争）、との2つが並行して進行する。[7] その場合の優劣を決めるのが地代函数式で計測可能な産地競争力であり、具体的には媒介変数（パラメーター）の差異ということになる。その場合、多数市場が前提されれば、地代函数式それぞれのパラメーターの比較は相対的な性格のものとなる。何故ならどの市場を選ぶかによって、作目の競争力に差が出るからである。いずれにしても、その競争力は地代函数式によって総括的に統合され、はじめて比較可能になる。[8]

このように、同一地域内での作目間競争において、また異なる地域にまたがる特定作目の産地間競争において、気象条件や土壌条件は先ず栽培可能性を規定するものとして立地論に関係する。その後で、収量や品質などに影響を及ぼす要因として作用する。気候のよい温暖な場所では生育を良好にするとともに、生産費を少なくする。しかし雑草の繁茂や病虫害の発生が多く、除草費や防除費は逆に多くなる。[9] 他方、寒冷地では逆の関係が成り立つ。また肥沃な土壌

では収量が多くなり、従って単位重量当りの生産費を少なくする。[10] これは一般には土地の豊度の差異として認識されるものである。[11]

要するに、考察対象の「孤立国」を国民経済的な広域経済圏として問題に接近する時、ある作目は栽培技術的に特定地域に優先権をもって立地する。これは立地論以前の栽培技術的優先権である。その後で、その他の特別優先権をもたない一般の作目が全国的な経済圏の中で産地間競争に参加する。資源賦存の異質・偏在性の問題は、この段階で収量や生産費に媒介されて経済立地論の現状分析理論に関与する。その差異は、生産費の多寡、収量の大小、つまり関係パラメーターの差異として明示的に地代関数式に入りこみ、それぞれの地域の個別作目ごとに地代関数が与えられることになる。[12]

従って、収量の多少や生産費の大小が如何なる影響を地代函数式に与えるかが地代函数式からみた資源賦存の偏在性の理論的問題となる。この問題は対象とする経済圏が大きいことによって発生する問題でもある。それは理論的には収量や生産費に影響を及ぼす他の技術要因と何ら異なるものではない。[13]

例えば栽培学的視点からその栽培可能性の地域範囲を拡げるものとして、さきに述べたように、一般的には技術進歩がまず考えられる。技術はその同じ論理によって収量を変化させ、生産費を変化させる。これが異時点間の比較であればいわゆる動態的変化となる。しかし、その及ぼす影響はさきの資源賦存の空間的偏在性（不均質性）と何ら異なるものではない。後で問題にするように、理論的には比較静学の問題も動態的問題も、作目の競争力に及ぼす影響は同一であり、その影響は同様に処理することができる。

そのほか、収量や生産費、あるいは品質に影響を及ぼすすべての要因が、理論的には以上の問題に包含される。それは個別経営における独占的特殊技能（経営者能力を含む）であっても、また規模の拡大に伴う「規模の経済」（Economy of scale）であっても同様に作用する。このように、あらゆるファクターを包摂して、その影響ないし差異を明確にしうるところに、地代函数式を援用する現状分析理論の特徴がある。

常数やパラメーターの差異ないし、その変動の具体的影響については、理論

的に引き続きあとで比較静学的考察（第3章、第2節、2）として改めて検討する。[14] その原因の如何を問わず、ここでは自然条件の差異をはじめ、技術変化やその他の種々の要因が、どのように地代函数式と関連し、それが農業立地論の現状分析理論に包摂されるかを抽象的・方法論的に検討した。

なお、地代函数の各パラメーターと自然的・経済的立地条件の関係は、後掲・図3－1に示す通りである。[15] 詳しい検討は後で行うが、今までの考察を補足する意味で予め付言しておけば、同図に示すように、自然条件であれ、その他の経済的条件であれ、地代函数の各パラメーターは諸条件の従属変数として考えられることである。ここに地代函数を基礎にして立地理論の展開が可能になる根拠があるといえよう。ついでに付言すれば、立地論展開において地代函数式が果たす役割は、マルクスの方法論の端緒としての「商品」に相当するのである。[16]

注
1）工業における鉄鉱石、石炭、水といった自然資源と同様、農業における気象、土壌、地形、標高、等の諸条件は、一般的に「資源」として把握される。工業立地論では、これらの立地を前提した工場立地が課題となる。なお、農業の場合これらの条件は、慣用的には「自然的立地條件」と呼ぶことが多い。あるいは、より一般的には資源賦存の偏在性という表現がわかりやすい。Dunn, op. cit., pp.66～70. 前掲訳書、67～72頁。
2）Edward Higbee, *American Agriculture: Geography, Resources, Conservation*, 1958. USDA, *Guide to Agriculture, U.S.A.*, 1960.
3）栽培技術論的な立地論としては、例えば野口弥吉『水田農業立地論』、養賢堂、昭和32年、参照。
4）Lösch, op. cit., p.36. 訳書、47頁。
5）このような問題の性格上、産地間競争は各作目ごとに検討されている。たとえば酪農について、Ronald L, Mighell and John D. Black, *Interregional Competition in Agriculture*, Harvard University Press, 1951.、参照。
6）たとえば、R. L. Mighell and J. D. Black, op. cit.
7）現実の立地変動が、このような形で進展することはいうまでもない。立地変動の模式的デザインとしては、W. H. Vincent (ed.), *Economics and Management of Agriculture*, Chapt.12.、参照。
8）拙稿、「農産物の市場競争力と地域間競争」、「市場競争力の理論的検討」等、参

照。
9) このように、豊沃な土壌は一方でプラスに作用するが、他方で雑草の繁茂をよくし、除草労働を多く要して生産費が逆に増大させる場合もある。この二面性に要注意。
10) もっとも、ここでは比較する2つの土壌で技術水準が同一の場合を想定する。
11) David Ricardo, *On the principle of political economy and taxation.* 小泉信三訳『経済学及び課税の原理』（岩波文庫）、上巻、地代論、参照。
12) 拙稿、前掲、参照。なお、立地条件と媒介変数の関係については、第3章、第2節、1、参照。
13) もちろん、及ぼす影響が同じでも、その影響は原因別に検討しなければならない。
14) 拙稿、前掲、および、第3章、参照。
15) 第3章、第2節、参照。
16) Marx, K., *Zur Kritik der politischen Ökonomie.* 訳書、311頁以下、参照。

2　多数市場と関連問題

　ところで、対象とする経済圏が拡大するにつれ、また時代の推移に伴って、チューネンが前提した市場がただ1つ存在するという前提は現実にそぐわなくなってくる。つまり、商品流通が自由に行なわれる国民経済的な広域経済圏においては、都市（消費市場）は全国に多数分散して存在するからである。このような現実に対して、チューネン「孤立国」モデルは如何なる修正を必要とするかが次の課題となる。

　チューネンの単一市場モデルから多数市場モデルへの移行は、方法論的にはその市場の地方市場への分割と考えればよい。しかし実際問題としては、全国各地に分散して存在する都市（市場）をそのまま認識すればよいであろう。現状分析論としては、このように全国的に散在する市場をそのまま認識した上で、それが地代函数式に如何に関連するかを明らかにすれば足りるのである。

　このように多数市場の問題は、理論的にはチューネンが前提した「孤立国」モデルの単一市場を地理的（空間的）に分割することである。ただその場合、この分割で明らかにしなければならないことは、その場所の所在と、その分割された市場の大きさが量的にどのような大きさか、の問題である。そしてこの分割に伴って産地では新たに市場選択の問題がおきる。市場距離と各市場の需

要量の大きさによって価格形成も影響される。

　ダンは、この関係を2市場の場合について分析している。[1] このような複数市場によって受ける修正は、各市場が供給圏を分轄することによって生ずる影響である。この分割は需要量の大きさによって関係市場間に分割線が引かれるが、それぞれの市場についてみれば、地代函数に関しては単一市場の場合と本質的に異なるところはない。

　ただ異なってくるのは、全国市場と地方市場の関係が追加されることである。[2] 地方市場はそれぞれの小「孤立国」的経済圏を形成しており、全国市場はこれらの小「孤立国」を統合した統合経済圏を形成する。このような拡大された統合「孤立国」からなる複合・重層市場圏が形成されると、この統合経済圏の中核都市には、その傘下の地方市場圏に対して大きな影響力を及ぼす中核市場が形成される。この中核市場に向けて一部の農産物は地方市場をバイパスして集まる現象が発生する。[3]

　このような現象は、中核市場の規模が地方市場より格段に大きく、従ってその商品価格は中核市場によって決定され、地方市場では両市場間の運賃差額に相当する価格が成り立つと理解すれば理論的には解決する。[4] もっとも実際問題としては、中核市場に一旦出荷され、それが転送されて地方市場に上場される場合もあり、これは転送問題として新たな問題になっている。また市場に出回る商品自体が分化して、相異なる2つの商品と理解するほうが現実に即した実態である場合が多い。従ってこのような場合には、単一商品の考察でよいことになる。

　その結果、問題は各市場の需要量を考慮して、価格がそれぞれ如何なる水準に決まるか、ということになる。これはダンが示したように、空間価格均衡論として解かれる課題に属する。各市場の価格は、これらの各市場の需要条件を反映して全国一律に決定され、この価格によってそれぞれの市場に出荷する場合の地代函数が決定されることになる。

　全国的な産業段階で、需要条件の変化が地代函数式に及ぼす影響は価格の騰落を通じて行なわれ、それが地方市場に分割されるとしても、その影響は全国

を単一市場と想定した場合と本質的には変らない。結局、市場条件の変化が如何なる影響を地代函数式に及ぼすかが明らかになればよい。

　ここでも資源賦存の偏在・異質性の場合と同様に、立地理論的には価格に対して影響を及ぼす要因、従って需要要因がすべて地代函数式の価格に反映される。品質、銘柄、規格、包装、等による価格差とともに、[5] 出荷時期による価格差が発生する。一言にしていえば、マーケティングの問題領域がこの中に入ることになる。併せて食生活の変化、所得の変化、なども間接的にこの問題と関連してくる。

注
1) Dunn, op. cit., pp.57〜63. 訳書、60〜65頁。
2) ここでは二分法によった。しかし、分類は目的により異なり、他の分類も可能である。例えば、大都市市場、地方市場、地場市場という分類はより現実的な分類といえる。農林省統計調査部「青果物出荷統計」で採用されている都市分類（一類都市、二類都市、三類都市）もほぼ以上の分類に照応する。
3) このような現象は一般に産地が大きくなった場合に現われる。それ以前に発達段階として、地場市場、地方市場に出荷する段階がある。いかなる市場に出荷するかは、産地の発展段階、規模、市場の性格、などによってきまる。一般的には大産地と大都市市場、中産地と地方市場、そして小産地と地場市場、がそれぞれ対応すると考えられる。
4) 実際問題としては、転送荷等の関係で地方市場の価格が高くなる場合が生ずる。このような逆転現象は特に野菜などで顕著にみられる。そのため転送対策が重要な問題になっていることは周知の通りである。
5) 品質、銘柄、規格によって価格差が生ずることは当然であるが、同一品質のものでも包装によってかなり価格差がでることが明らかである。例えば、トマトなどをプリパック方式で出荷すると、そうでないのに比べて2〜3割高値で売れるという（長野県実態調査聴取）。なお、「ふえる青果物の『消費者包装』」（朝日新聞、昭和44年9月28日付）参照。

3　交通輸送機関の発達と運賃率

　立地論が距離の克服に関連する以上、交通機関の発達とその多様化は、立地論上最も影響の大きい要因であることは言うまでもない。道路の開通、鉄道の敷設、運河の開鑿、航空路の運航開始、フェリーの就航などが、国民経済、特

に立地論的意味の経済変動に大きな影響を及ぼすことは経済史が明らかにしているところである。それまで相互に孤立的に存在した経済圏が統合され、より大きな経済圏が形成されてくる。

このように、交通輸送機関の発達は道路網、鉄道網の伸長・整備によって、漸次経済圏を拡大する。このことを通じて立地論の成立する条件を作り出してゆくといえよう。チューネンのハンブルグを中心とする地方経済圏の「孤立国」から、ダンの北米大陸の全域を対象とする経済圏の拡大は、このような交通機関の発達・整備によって可能になったのである。その過程で、交通輸送手段も多様化し、陸上の荷馬車や河川舟運から、鉄道、自動車、海洋船舶、航空機と分化・発達する。同時に大量輸送とスピード・アップを実現してきた。

交通機関の発達・多様化と輸送時間の短縮は、農産物の物的属性（使用価値的特徴、例えば生鮮野菜・牛乳の腐敗性）、価格、輸送費などとの関連で、目的に合った輸送手段の選択を可能にする。そしてその選択には産地と市場との時間的距離（到達時間）、経済的距離（輸送費）、市場対応的距離（マーケティングの難易、価格形成の優劣）などとの関連で行なわれ、その結果は地代函数式にすべて反映されてくる。[1]

例えば時間距離の短縮は、従来農産物の腐敗性等の関係で耕境外にあった産地を耕境内（供給圏）に繰り入れ、その結果新たな産地間競争の契機を作り出す。また、ハイウェイの開通によるタンク・ローリーの利用は、都市近郊に限られていた市乳圏を外縁に拡大する。しかし、このような時間距離の短縮とは裏腹に、経済的距離は必ずしも短縮しない。むしろ経済的距離は拡大する場合も多い。しかしながら長期的には交通機関の発達は運賃率を低下させる方向に作用する。その際はまた輸送費の減少、つまり経済的距離の短縮によって、より遠隔の地域を耕境内に繰り入れることになる。

他方、輸送時間の短縮とは別の次元で遠隔地を耕境内に偏入するのが輸送・貯蔵・加工などの流通技術革新である。例えば、予冷処理、冷蔵車利用、などによる低温輸送、いわゆるコールドチェーンの利用・普及などがそれである。これは輸送時間の短縮ではなく、低温処理などで商品の鮮度・品質の劣化を防

ぎ、輸送時間の短縮と同一機能をはたすことになる。

ただこの場合、輸送コストの上昇を伴うのが普通であって、このような輸送貯蔵技術が採用される品目は、畜産品とか生鮮食料品のように腐敗性の強い生鮮品目か、あるいは価格が十分その負担に耐えうる品目に限られる。特に最近におけるグローバリゼーションのように、各種の交通輸送機関の発達をもってしても、通常の輸送方法では商品の耐久性をカバーしえない拡がりをもった経済圏が形成される場合に、この流通技術の改善は重要性を増してくる。[2]

要するに、輸送手段の発達と多様化は、資源賦存の偏在性に対して栽培技術がその耕境を拡大するのと同様に、(1)時間距離を短縮させること、(2)経済距離を短縮させること（輸送費の低下）、そして、(3)商品の耐久性を増大させること（予冷、冷蔵、低温輸送、および加工）によって、それぞれの耕境（供給圏）を拡大・遠隔化するのである。これらはすべて輸送費の変化と価格形成を通じて最終的には地代函数に集約・総括される。

なお、交通輸送機関の多様化とともに、運賃率の距離帯別変化の問題も発生する。つまり、長距離輸送の有利性（Economy of long-haul）である。遠隔地からの出荷に有利に作用する優遇運賃制度の適用である。これについては、ダンが前提条件の緩和の1つとして簡単に考察している。[3] これはアメリカのような広域経済圏を対象とする場合の長距離出荷でその意義が大きい。しかし理論的には距離帯別に適用される運賃率(f)によって地代函数の勾配が変化する問題である。

注
1) 問題を陸上運輸に限って言えば、鉄道貨車輸送からトラック輸送へのウェイトの移動が顕著になってきている。このような変化（モーダル・シフト、Modal shift）は、高速道路等の整備と関連しているが、それとともに鉄道側の事情、例えば配車の不足などにも原因がある。日通総合研究所『生鮮食料品の流通と輸送』、経済企画庁総合開発局『東北地方における果実・野菜の生産・流通に関する調査報告書』、等参照。
2) 我が国においても、昭和40年代にコールドチェーン（冷蔵輸送貯蔵）が流通改善問題になってきたが、その評価はアメリカの場合とは条件が異なり、我が国

の情況にあわせた対応が必要であろう。何故なら地理的・時間距離が比較的小さい我が国の場合には、コストが相対的により多くかかるからである。はじめに考察した経済圏の地理的拡がりの意味が、このような形で現れることに注意する必要がある。なお、桑原正信監修・藤谷築次偏『農産物流通の基本問題』（講座・現代農産物流通論1）、参照。
3) Dunn, op. cit., pp.64～5. 訳書、65～7頁。なお、我が国の国鉄運賃率は遠距離優遇制を採用していない。（第Ⅱ部、第3章、第2節、参照）

第3節　立地配置と経営条件

1　経営条件と作目選択の機構

　経営条件のうち収量や生産費に関係する要因については、資源賦存の偏在・異質性に関連して既にふれた。しかしその他の経営条件と立地論との関係については、まだ他に検討課題が残されている。それは経営の主体的条件に関連する側面であり、経営の資本蓄積、栽培・飼養の技術水準、企業者精神（entrepreneurship）、など作目選択にかかわる問題である。この問題はまた動態的立地論とも関連して、現状分析立地論の重要課題の1つであり、引き続き検討が必要になってくる。[1]

　例えば、労働力構成、雇用労働の有無、資本（蓄積）の有無、作目に対する個人的嗜好、特殊技術の閉鎖性[2]、新作目導入に対する企業者精神の有無、などは作目選択に決定的な影響を及ぼす場合が多い。現状分析理論においては、むしろこのような条件の影響が大きい。有利部門の選択的拡大や主産地形成についても、この問題を抜きにしては現実は動かないからである。

　以上の諸要因のうち、経営構造的に作目選択を規制する要因として資本蓄積の問題がある。これは作目選択が個別経営条件によって種々制約を受けることから発生する問題である。農業生産の現実の立地が、可能性としての作目の競争力を前提して、この作目を経営が選択する行為によって実現するという性格が強いからである[3]。

　換言すれば、ある地域に有利な作目があっても、その存在が認識されない場

合は当然として、それが自然条件やその他の立地条件からみて有利であり、また何ら生産的制約を受けない状況にあっても、その作目が選択され、現実に立地するか否かはまた別問題である。作目の性格によって、その選択が一定の条件を備えた経営のみに限定される場合があるということである。

例えば果樹が有利な部門であるとしても、すべての経営が導入できるとは限らない。その新植・開園ができるのは、果樹園の新規開園から結果するまでの長期的資本投下に耐えうる資本蓄積がある場合である。あるいはその所要資本の融資を受けうる信用能力のある上層経営者に限られる。同様に酪農部門をみても、乳牛購入、畜舎などの固定施設の追加投資が可能な資本蓄積ないし信用を有していなければならない。

要するに、作目選択は単にそれが有利か否かという競争力の有無だけでなく、同時にその作目の選択を可能ならしめる経営的条件が備わってはじめて選択可能だということである。それは、経営発展、生産力の発展段階を反映する作目選択問題でもある。

それを作目の側からみれば、作目の立地は経営条件、特に資本蓄積との関連において、資本蓄積の低い段階から高い段階に応じて、それぞれの段階に対応する作目種類の選択の幅と序列が存在することである。資本蓄積、ないし生産力の低い地域、あるいは経営にとっては、選択可能な作目と不可能な作目があることを意味する。たとえそれが自然条件からは有利な作目であったとしても、生産力の低い地域ではあくまで蓋然性としての有利作目にとどまり、現実には立地しえないのである。

このように、生産力の低い地域ほど作目選択の幅は狭く限定され、従って品目数も少なくなる。逆に生産力が高い地域や経営ほど選択肢が多くなり、各個別経営条件に応じてその中から自己の経営に合致した有利作目が選択できる。その結果、後者においては経営タイプ（作目）がバラィエティに富むことになる。その一例を都市近郊農業に見ることができる。（第Ⅱ部、第１～２章、参照）

市場距離との関連で以上の理論を補足すれば、都市近郊において農業経営タ

イプがバラィェティに富む原因も、市場条件の変化に対応して個別経営が即刻適応しうることよりも、それ以上に都市近郊において作目選択の幅が広いことからくる多様性と理解するほうがより現実的であろう。[4]

従来、自由式農業圏の概念は、どちらかといえば個別経営が市場条件に適応して種々の作目を選択する複合経営的視点から説明されるのが一般的であった。[5]その選択可能性の幅の広さという点は同じであるが、しかし実際には複合経営としてではなく、近郊地域に存在するそれぞれの個別経営が発展・専門化する。各経営が自己の経営条件に最適の作目を選択する結果、各個別経営はその部門に専門化しても、近郊地域全体としてはバラィェティに富むことになる。自由式農業圏は経営組織論的視点からの多様化ではなく、地域視点から資本蓄積に対応する作目選択の幅の広さと関連して位置付けする必要がある。[6]

また経営構造と関連して、作目立地を規制する要因に土地利用的要因がある。これは新大陸や大洋州のごとく土地に対する人口密度が相対的に低い国よりも、旧大陸（ヨーロッパ）や我が国のごとく人口密度が高く、限られた国土をより集約的に利用して食料を確保しなければならない事情にある国において生ずる問題である。つまり土地の集約的利用の必要性からくる結合生産の問題がこれである。[7]

我が国においては、気象条件がそれを不可能にしている北海道、東北、北陸などの寒冷地を除けば、土地の周年利用という形態は一般的であって、二毛作、三毛作は暖地においては普通に見られる現象であった。また、ヨーロッパにおいても地力維持と関連して、作付体系が問題にされ、このような事情が単一作目（Single crop）の立地ではなく、その組合わせとその経営組織立地が問題にされたのである。

このように、土地利用の高度化の要請と地力維持、さらに自然的条件の差異が影響して、土地利用は作付方式ないし輪作体系が各地域ごとに成立している。特に生産力の低い地域において、あるいは歴史的には生産力の低い段階において、このような傾向が強いのである。作目選択はこのような制約から自由ではありえず、このような作目の組み合わせを破って新しい作目を導入するには、

生産力の発展に伴う経営構造の変革が必要になる。

例えば、東北畑作地帯における作付体系の典型的な類型に、ヒエ－ムギ－大豆の2年3作型の作付体系があった。この組み合わせは1つのセットとして結びつき、他の作目の選択に対してかなり大きな制約となるのである。[8]

結合生産は、この作付方式にみられるような結びつきと同様、アメリカのコーンベルトにみられるトウモロコシと養豚経営の結合のように、相互に補完的関係にある場合が多い。[9] このような例は、我が国における南九州などの養豚と甘藷の結びつきにもみることができる。[10]

以上、作目の有利性がそのままその立地配置と結びつかない理由を主として農業経営構造と土地利用との関連でみてきた。これが作目栽培技術論と経営組織立地論を区別して論じなければならない理由の1つでもある。現状分析立地論では、このような意味での経営的視点の認識が重要であって、この段階において経済的視点と経営的視点が結びつく契機がでてくる。レッシュは2つの問題視点、すなわち「どこで作られるか」という問題に答えることが「何を作るか」という問に対する答を用意するといっている。その結びつきは現状分析理論段階で、以上のような経営構造的選択理論などを媒介して現実の立地配置が達成されると理解すべきであろう。

注
1) 沢田収二郎「農業立地の動態理論」、参照。
2) 例えば、施設園芸（岡山の温室ブドウ）などの場合、その技術はかつては娘の嫁入り先など近縁にしか教えないという状況もあったという。これほど極端でないにしても、技術の閉鎖性が存在することも否定しえない。もっとも、教育、試験研究、普及制度の拡充によって状況が変化してきていることも事実である。
3) このような考え方は、原理論的立地論では問題になりえない。しかし現状分析立地論では重要である。なお、関連して資本蓄積の重要性に着目したものとしては、前掲、沢田論文、がある。
4) 都市近郊では、いかなる作目も地代（立地論的収益地代）が高く有利であることは理論的にも、また実際にも明らかである。なお、ブリンクマン、訳書（36頁）、沢田論文、参照。

5）櫻井豊「自由式農業論」(1)、(2)、(3)、参照。
6）拙稿「都市近郊農業の発展論理」、参照。(第Ⅱ部、第2章)
7）レッシュは、「全面的な解」を検討する際に、「特に重要な1つの観点」として、「農業における結合生産の問題」をとりあげている。(訳書、68～71頁) もっとも、結合生産は単に土地の集約的利用という目的だけでなく、地力維持、その他の経営要素の高度利用から生ずることもいうまでもない。
8）例えば、東北7県農業研究協議会（岩崎勝直）編『畑作付方式の分布と動向』、参照。
9）E. Higbee, op. cit., p.239. USDA, op. cit.
10）拙稿「日本農業変貌の立地論的考察」(本書、第2部、第1章)、日本地域開発センター『経済成長下の地域農業構造』。

2　経営主体の人間的要因—企業者精神の意義—

　農作物が特定地域、あるいは農業経営に導入されるのは、以上で述べたように自然条件に応じて自然発生的に、あるいは植物生態的に実現するものではない。[1] 自然条件がいかに特定作物に適していても、その作目がそこで栽培されるか否かは当該地域の農業経営の意思決定に待たねばならない。このことは既に指摘した通りである。

　この点に、そのような新しい部門（作目）の導入をはかる、いわゆる「企業者精神」(entrepreneurship)[2] が必要になるのである。作目選択ないし立地に対する極めて重要な要因としての人間的要因がそこで強く働くことになる。

　今まで考察した諸々の条件が満たされ、しかる後にこのような企業者精神が発揮できる関係にあることは無論であるが、ここでは自然的条件がたとえ若干不利であっても、それを克服してゆく人間的要因の積極的な姿勢が重要になるのである。

　例えば、農業経営の発展の方向を自給自足的生業から商品生産への進展としてとらえ、さらに自然条件と技術を媒介した有利部門の導入と経営組織の発展・再編過程と認識する時、経営には一定の発展プロセスがある。[3] ある一定段階から次の段階への発展には、経営組織や規模の場合と同様、作目編成においても質的変化を伴う。有利作目の選択、換言すれば新しい部門の導入、ないしその専門化は、このような転換時点における経営者の意思決定を待たなけれ

ばならない。

　このような経営構造的改革については既に述べたが、ここでは単にそれを生産力の上昇に伴う経営発展のプロセスとしてでなく、経営者が以上のような認識の下に経営を発展させようとする意思の存在に注目する必要がある。

　我が国における農業経営の発展パターンに例をとってみると、開田可能な土地はすべて水田にして稲を作り、畑地には、麦類、雑穀、豆類、イモ類をつくる低生産力段階から、生産力の発展にともない剰余生産物の年貢化、衣原料作物の導入（桑、棉、藍）などを通じて、漸次商品化が進んできたものと思われる。この段階においては、生業としての食糧確保を中心とした農業生産を基礎に、米、麦、豆類、加工原料（棉、菜種、繭、イ草、紙原料）の商品化が進み、これらは各地域の自然条件に適合した特産物となった。[4]

　幕藩体制下においては、このような生業の農業生産と附随的な年貢品目の間接的商品化の段階とみなされる。それは他律的な商品作物の導入であり、藩財政の財源確保という性格が強かった。[5] しかし、これが明治以降になると「田畑勝手作」により農業は生業的色彩を依然強く残していたとはいえ、各農家の自由意志による作目導入が可能になる。そして商品作目も漸次その数を増加させてくる。[6]

　その品目の中で戦前の商品作目を代表するのが米と繭（養蚕）であった。[7] 戦後は、米は依然その地位を保っているが、繭にかわって果樹、蔬菜、畜産（酪農、肉牛、養豚）が漸次そのウェイトを増してくる。

　従って、農業立地論的視点から商品生産の進展を見ると、その本来の意味がそなわったのはやはり明治以後であろう。[8] その段階で企業者精神が要求されたのである。例えば、果樹産地を例にとると、立地条件（地勢、土壌条件）などは必ずしも良くない場合が多い。[9] むしろ地勢が水田や畑に適しない傾斜地や、土壌が石礫の多い河川敷であったりする。

　このような条件の下で、その地域の発展を図るものとして果樹が導入されたケースが多いのである。青森、長野のリンゴ、静岡、和歌山、愛媛、大分などの温州ミカン、山形、福島の桃、梨、その他の果樹、山梨、岡山のブドウ、な

どがその例である。これらの事例には、いずれの場合もいわゆる「先覚者」といわれる指導的人物がいて、新しい部門（作目）の導入に大きな役割を果たしている。果樹の旧産地はこのようにして形成されたといってよい。[10]

しかし近年における新産地は、自然的、経済的立地条件の有利性に目覚めた個別経営者が、農業政策の支援などもあって、積極的に自己の経営を発展させる目的で開園・導入している場合が多い。そしてこれを可能にしたものが基本的には生産力の発展と資本蓄積である。[11] このような条件を基礎にした有能な経営者が、いわゆる成長部門に出現してきているのが昭和30年代以降の現状である。

近年の果樹の立地配置は、従って従来の「禍を転じて福となす」型の産地から、経営的条件に適した地域、例えば都市近郊や自然条件に恵まれた地域に漸次移ってゆく。[12] この傾向は従来の旧産地の立地配置と質的に異なってきたことを意味する。これは日本の農業生産が経済的合理性をより強く追求する段階にきたことを物語るのである。

このような傾向は果樹だけでなく、酪農、養豚、養鶏、洋菜などの分野でも現れている。この新規部門の大経営が都市近郊に集中的に発生していることは、従来以上に経営者能力や企業者精神の果たす役割が大きくなったと理解することができる。もっともこれらの能力が経営の発展・資本蓄積に裏付けられて顕在化することはいうまでもない。

注
1）立地論は作物の生態学的・栽培技術的問題を当然前提とするが、ここで直接取り扱う問題とはなり得ない。この点は、第1章、第3節で考察したが、関連して中尾佐助『栽培植物と農耕の起源』、上山春平編『照葉樹林文化』、など参照。
2）東畑精一『日本農業の展開過程』（増訂版）、『日本資本主義の形成者』（岩波新書）、参照。沢田教授は、この主体要因を立地論に導入して動態理論を検討している。
3）児玉賀典「酪農経営展開手順の考察」、「酪農経営規模拡大のメカニズム」、参照。
4）古島敏雄『日本農業史』（岩波全書）。特に、第7章、第4節、参照。

5) 同書、332〜333頁。
6) 幕末および明治初期において、外国原産作物の導入が積極的に図られ、特に明治に入って新政府がその導入に果たした役割は大きい。今日の主要蔬菜・果樹の中にはこの時期に導入されたものが多い。農業発達史調査会編『日本農業発達史』（第3巻）、189〜217頁、参照。
7) 山田勝次郎『米と繭の経済構造』。
8) 田畑勝手作許可（明治4年）、土地永代売買の解禁（明治5年）、地租改正（明治6年）等の一連の改革がその基礎を作った。前掲『日本農業発達史』、参照。
9) 沢田、前掲論文、参照。
10) 桑原正信編『みかん農業の成長分析』、同『果樹産業成長論』、江波戸昭『日本農業の地域分析』、等参照。
11) 青森を除く岩手、秋田、福島などの東北地方のリンゴ、西南九州における温州ミカン、などの新植ブームは、これらの地域における生産力の発展と資本蓄積に裏付けられて出現したこと、そしてそれが近年に可能になったことを示唆している。
12) 都市近郊において、果樹の新植が多いことは統計的にも明らかである。また九州におけるミカンの新植傾向については周知の通りである。例えば、松田延一「果樹の産地形成のための展開手順に関する研究」、参照。

第3章
立地理論の展開と統合問題

第1節　立地論統合の理論的基礎

1　理論統合の媒介項—地代函数式—

　立地論体系の考察や方法論的検討で重要なのは、その体系の性格による分類ではなく、各体系が全体課題のどの側面を取り扱うかを明らかにすることである。そしてそれぞれの体系の役割と限界を明確にするとともに、各体系相互間の関連を明確にして全体課題を解明する理論の統合を図ることといえる。

　このような理論の統合を実際に行なうとすれば、それは必ずしも容易な作業ではない。レッシュがいう、「ある特定作物はどこで栽培されるか」という経済立地論的な課題と、「ある特定の場所で（またはある特定の経営で）何が生産されるか」という経営立地論の問題が、農業立地論の大きな両課題領域であり、それぞれが立地論のマクロ的側面とミクロ的問題とに対応している。[1] しかし、このことは容易に理解できても、それを実際にどう統合するかはまた別問題である。レッシュ自身も充分それを行なってはいないのである。

　ではこの統合のためには如何なる方法が必要であろうか。このことをまず方法論の問題として考えねばならない。その際方法論的に示唆を与えるのが両者を結ぶ媒介項の必要性である。そのことは圏域形成の条件に関するレッシュとダンの方法論を比較するときに発見する。既に考察したように、レッシュもダンも圏域が形成される条件としてほぼ同一の結論に達している。レッシュはそれを収量(E)、生産費(A)、価格(p)の組合せによる不等式関係として証明した。[2] これに対してダンは、それを明示的な地代函数式として定式化し、それを通じた比較に置換えた。[3] ダンの方法が理論の展開に新しい道を開いたのである。

この地代函数式こそが上述の媒介項であって、これがミクロ的な問題とマクロ的な問題を結合する契機を作り出したのである。この明示的な地代函数式の導入は、一方で函数式のパラメーター（媒介変数）または独立変数として設定した地代の規制因子（収量 E、生産費 a、価格 p、運賃率 f、距離 k）を構造的に明らかにする。そして各作目の地代の大きさとして示される競争力を市場からの距離、その他の立地条件との関連で明らかにする構造になっている。

この地代函数式は以上のような構造を通じて、一方でミクロな個別経営における作目ごとの競争力を表示すると同時に、他方でマクロ的な地域・地帯分化（圏域形成）の基礎条件を結びつける契機をその構造式の中に含んでいる。例えばそれは作目別の総供給量の定式化であり、これはダンの空間価格均衡論の制約条件として示されている。重要なことは、マクロ分析の場合でもミクロ分析の体系においても、それぞれのモデルに組み込まれる要素を相互の体系間で一定の構造関係として結びつける中間項を設定することである。その役割を担うのが地代函数式であり、その理論展開は本章の後半で検討する。

統合問題は、数量的には近代経済学における集計問題と関連するが、ここで問題にするのはミクロ的要素を単にマクロ的な計数に集計する統計的意味ではない。理論モデル相互の脈絡と関連性を見出し、相互の位置づけを理論の総合体系化という形で明らかにし、理論の展開・統合を図ることである。例えば、立地選択における「孤立国」モデルと、比較有利性の原理の統合や、チューネン的な位置の差額地代とリカード・マルクス的な豊度の差額地代[4]との統合などがその例である。

このような理論モデル相互間の統合において、地代函数式とともに重要な役割を果すのがチューネンの方法論である。地代函数式と「孤立化法」は、後で具体的に考察するように、まさに立地理論展開の「車の両輪」であって、孤立化法の果す役割もまた極めて大きい。この2つの組合せによって、現状分析的立地論が展開可能になるのである。

この理論展開に関しては、既に部分的に検討したが、[5] 次にこの方法論を理論的に考察することにしたい。

注
1) Lösch, op. cit., p.36. 訳書、47頁。
2) ibid., pp.38〜43. 訳書、48〜54頁。
3) Dunn, op. cit., pp.6〜24. 訳書、8〜26頁。
4) D. Ricardo, op. cit., 訳書、56〜75頁。K. Marx, *Das Kapital*, 3Bd., SS.627〜755. 長谷部文雄訳『資本論』第3巻、第6篇、超過利潤の地代への転形（青木文庫版）、(12)、(13)。なお地代論については戦前より彪大な文献があるが省略する。
5) たとえば、拙稿「農業立地論の現状分析理論」、「農産物の市場競争力の理論的検討」、「立地論の現代的意味―古典立地論の展開を中心として―」等、参照。

2　方法論の理論的整理―孤立化法の定式化―

　理論展開で重要になるのが、繰り返し述べるように、地代函数式と共にその展開論理であり、その方法論と言えよう。具体的には経済立地論と経営立地論を結びつける論理を明らかにすることである。あるいは「純粋理論」、「原理論」を「現状分析理論」に展開する方法論は如何なるものか、ということである。

　この方法論として有用なのが「孤立化法」であり、[1] またマルクスが『資本論』の叙述で用いた方法論であろう。[2] その詳しい検討は別稿に譲って、[3] ここでは現状分析立地論の展開に必要な範囲でその要点を述べることにする。

　問題の性格を明確にするために、まず方法論としての「孤立化法」（遊離化法）とは如何なる方法かを考えてみよう。それはある現象を分析する場合に、その現象に関与する要因を分離・整理し、それらを順次組織的に個別に分析の対象にして、それぞれの要因の影響を考察する方法である。

　今、あとで数式的に示すように、ある現象に n 個の要因が関与し、それが $X_1, X_2, X_3, \cdots, X_n$ である場合、最初はそれから X_1 のみを取り出し、他は捨象して X_1 の影響を分析する。続いて X_2、X_3 と順次別の要因を抽出して、それぞれの影響を追加分析し、最終的にはすべての要因の影響を考察の対象とする方法論である。その分析プロセスは、抽象段階（level of abstraction）[4] の高い分析から、低い具体的段階へと順次進み、最終的には全部の要因が究明される。それは自然科学における分析的方法論と、技術開発方法論（システム構築法）を総合する方法、換言すれば「分析」と「総合」の統一的方法論とこ

こでは考えることにする。

　この方法論を社会科学へおそらく初めて適用したのがチューネンの『孤立国』の方法であった。一般に「孤立化法」（遊離化法）（Isoliesierung, Isolation method）と呼ばれている方法である。[5] 方法論として「孤立化法」を応用したものは、立地論においてもチューネン以外にウェーバー、ブリンクマンなどがいる。それは「純粋理論」、「原理論」的分析から、順次、抽象段階を低くした具体的な「現状分析」段階へと、分析を展開する方法である。

　また、マルクスの経済学方法論も論理的には弁証法ではあるが、その一形態と考えて差支えないであろう。マルクスの『資本論』の叙述・展開それ自体が、弁証法に依拠してこの「孤立化法」を実質的に資本主義経済の分析に適用したものと理解することができる。[6]

　マルクスの方法は、『資本論』の記述に先立って、いわゆる「下向」過程で資本主義の端緒概念として「商品」に到達し、その「上向」過程として「貨幣」、「資本」、などの分析へ進み、さらに資本主義経済社会の全体分析を行った。その結果が『資本論』であった。[7] 後半の「上向」過程は、分析と関連した総合化過程であり、その総合化が理論の展開で重要なことが理解できる。

　この方法の特徴は、複雑な現象を規定している多数の個別要因の作用と、それらの相互関連を総合的に分析する場合に有効な方法である。その際、自然科学では実験装置や操作で関係要因を物理・化学的に分離・抽出して、その機能・影響などを分析する。これが自然科学的な分析法である。

　このような試験や分析は、自然科学の分野では広く行なわれている。自然科学で一般的なこの方法論を基礎に、技術開発方法論としてはそれを総合組立てるシステム構築法が成り立っている。ここで分析・総合を統括するものとして「孤立化法」を理解する理由は、分析と総合を通じて理論の展開と統合が可能であるからである。

　自然科学における方法論としては、目的に応じて実験室内の装置で分析目的以外の撹乱要因を除去し、原因・結果を明確にする条件を設定することができる。その簡単な例を作物の成育肥効試験でみてみよう。これは肥料の3要素と

して、窒素(N)、燐酸(P)、カリ(K)を分離し、それぞれの施用効果と適正施用量を確定する試験である。

例えば窒素の肥効をみる場合には、他の燐酸、カリの施用量は変化させずに固定して、Nのみの施用量を変化させ、その影響を明らかにする方法がとられる。同様に残るP、Kのそれぞれについて肥効が明らかにされ、それぞれの肥効、つまり各肥料の適正施用量と収量との関係が明らかになる。

この肥効試験は、それぞれの試験を次のように数式表記することができる。ただし、各式において各要素とその施用量を以下のように表記する。収量：E、窒素：N、燐酸：P、カリ：K。また、式中の記号：（コロン）はそれより左側の要素を抽象して変化させ、右側の要素を捨象（固定）することを示している。[8] 例えば、(1)式では燐酸(P)とカリ(K)は変化させずに固定して、窒素(N)の施用量の変化で収量がどのように変化するかを示す比較試験の場合である。(1)、(2)、(3)式は、それぞれ窒素、燐酸、カリの肥効試験を示している。

$$E_n = f(N : P, K) \cdots\cdots\cdots\cdots\cdots\cdots\cdots\cdots\cdots\cdots\cdots\cdots\cdots\cdots (1)$$
$$E_p = f(P : N, K) \cdots\cdots\cdots\cdots\cdots\cdots\cdots\cdots\cdots\cdots\cdots\cdots\cdots\cdots (2)$$
$$E_k = f(K : N, P) \cdots\cdots\cdots\cdots\cdots\cdots\cdots\cdots\cdots\cdots\cdots\cdots\cdots\cdots (3)$$

これらの自然科学で用いられている一要素抽出の分析試験の結果として、いわゆる収穫逓減の法則（Gesetz der abnehmenden Grenz, law of diminishing return）が確認され、この傾向は経済活動に拡大されて、いわゆる限界原理（marginal principle）として経済学理論にも種々適用される原理である。[9]

これは自然科学の試験分析法であるが、これを立地論に拡大適用するために、次にこの方法論を一般化して函数（数式）モデルとして表示してみよう。問題の性格を正確に表現するためである。

いま一般的に立地現象をF、これに関与する立地要因（因子）をX_i（$i=1, 2, 3, \cdots n$）とすると、この立地現象は立地要因（因子）の函数として次のように表現可能である。

$$F = f(X_i) \quad (i = 1, 2, 3, \cdots n) \quad \cdots\cdots\cdots\cdots\cdots\cdots\cdots\cdots\cdots (4)$$

(4)式は、これを変形して(2)式のように書き換えることができる。

$$F = f(X_1, X_2, X_3, \cdots X_n) \quad \cdots\cdots\cdots\cdots\cdots\cdots\cdots\cdots\cdots (5)$$

(5)式において、X_1を位置要因（市場距離）とし、X_2、X_3、$\cdots X_n$などをその他の立地要因（自然条件、位置以外の社会経済的条件）と考えた場合に、X_2以下の立地要因を捨象して、専らX_1要因の及ぼす影響を問題にしたのがチューネンの「孤立国」モデル（輸送指向論）である。この段階の考察は、次のように表現することができる。[10]

$$F_1 = f(X_1 : X_2, X_3, \cdots X_n) \quad \cdots\cdots\cdots\cdots\cdots\cdots\cdots\cdots\cdots (6)$$

同様に、X_1を位置要因（市場距離）、X_2を労働力要因、X_3を集積要因とした場合のウェーバー工業立地論の分析課題は、次のように表現することが可能であろう。すなわち輸送指向論、労働指向論、および集積論は、それぞれ(7)〜(9)式のように表現することができる。[11]

$$F_1' = f(X_1 : X_2, X_3, \cdots X_n) \quad \cdots\cdots\cdots\cdots\cdots\cdots\cdots\cdots\cdots (7)$$
$$F_2' = f(X_2 : X_1, X_3, \cdots X_n) \quad \cdots\cdots\cdots\cdots\cdots\cdots\cdots\cdots\cdots (8)$$
$$F_3' = f(X_3 : X_1, X_2, \cdots X_n) \quad \cdots\cdots\cdots\cdots\cdots\cdots\cdots\cdots\cdots (9)$$

(6)式と(7)式とは、ともに位置（市場距離）を立地要因と考える限りにおいて、同じ次元の分析であるといえる。この分析の次元をとりあえず「抽象段階」、あるいは「抽象レベル」（level of abstraction）[12]と呼ぶことにし、分析に関与する要因数の多寡によってその要因数の少ない場合を抽象レベルが高い分析（抽象的）、要因数が多い場合を抽象レベルが低い（具体的）と呼ぶことにしたい。

この表現を(7)〜(9)についてみると、これらは抽象要因の性格は異なるが、いずれも抽象レベルの高い次元での問題接近であることを示している。しかしこ

第3章　立地理論の展開と統合問題　93

れが次に示す(10)式から(11)式、さらに(12)式に進むに従って、分析は漸次抽象的なレベルから具体的なレベルへと「抽象レベル」を下降することになり、より具体的段階で問題に接近することを意味する。

$$F_2''=f(X_1, X_2 : X_3, \cdots X_n) \quad \cdots\cdots(10)$$
$$F_3''=f(X_1, X_2, X_3 : \cdots X_n) \quad \cdots\cdots(11)$$
$$\cdots\cdots\cdots\cdots$$
$$F_n''=f(X_1, X_2, X_3, \cdots X_n :) \quad \cdots\cdots(12)$$

　この方法を「孤立化法」(遊離化法)の一般化と表現する根拠は、分析を組織的に進めて全体構造を把握する一般的方法であるからである。以上のように立地現象に関与する各個別要因 ($X_1, X_2, X_3, \cdots X_n$) の中からその1つ、あるいは2つを取り出して分析する抽象レベルの高い段階から、その他の要因を漸次分析に導入した具体的レベルへと、分析を組織的に展開してゆく方法論の意識的表現である。

　農業立地論の展開も、(6)式を次の(13)～(15)式のように展開することによって、立地論の課題が総合的に把握できる。すなわち、『孤立国』の第1章で前提されている抽象的な「純粋理論」レベルから、その前提を漸次解除して自然立地条件や経営条件も導入した立地論の展開が必要であり、それはこの方法を適用することで可能になる。この具体的レベルの理論が「現状分析理論」である。

　それは具体的には抽象的な経済立地論から具体的な経営立地論へ、部分均衡論から一般均衡論へ、静学理論から動態理論への理論的展開として理解できる。このような理論の展開と体系化によって立地論課題の全容が総合的に解明できるといえよう。[13]

$$F_2=f(X_1, X_2 : X_3, \cdots X_n) \quad \cdots\cdots(13)$$
$$F_3=f(X_1, X_2, X_3 : X_4, \cdots X_n) \quad \cdots\cdots(14)$$
$$\cdots\cdots\cdots\cdots$$

94　第Ⅰ部　農業立地の現状分析理論

$$F_4 = f(X_1, X_2, X_3, \cdots X_n :) \cdots\cdots\cdots(15)$$

ただし、X_1：位置（距離）要因
　　　　X_2：土地（豊度）要因
　　　　X_3：経営的要因（労働力、資本蓄積、等）
　　　　$X_4 \sim X_n$：その他の立地要因

注
1) チューネンの方法論については、近藤康男『チウネン孤立国の研究』西ヶ原刊行会、昭和3年、『著作集』第1巻、所収、第1章、参照。また、その一般化の試みとしては、拙稿「経済地理学と立地論の方法」—「遊離化法」の一般化—」、『一橋論叢』第100巻、第6号、ほか同誌「経済地理学と立地論の統合視点」、「経済地理学の方法論的考察」、「経済地理学と立地論の方法」等、参照。
2) Marx, K., *Zur Kritik der politischen Oekonomie* (Grundriss), Methode der politisachen Oekonomie, 1857. 宮川実訳『経済学批判』（青木文庫版）、付録「経済学批判への序説」、3．経済学の方法、参照。
3) 注1) 拙稿「経済地理学と立地論の方法」等、参照。
4) Hayakawa, S. I., *Language in Thought and Action*, Harcourt Brace and Co., 1949. 大久保忠利訳『思考と行動における言語』岩波書店、昭和26年。
5) 前掲、近藤康男『チウネン孤立国の研究』、参照。ただし、当時の議論はここでの問題視点と異なり、「孤立化法」（遊離化法）が演繹法か帰納法か、という方法論の理解が中心であった。
6) Marx, K., *Zur Kritik*, op. cit. 宮川実訳『経済学批判』、参照。
7) Marx, K., *Das Kapital*, op. cit. 長谷部文雄訳『資本論』（青木文庫版）(1)〜(12)。
8) 前掲、注1) 参照。なお、この表現様式はBradford, Lawrence A. and Glenn L. Johnson, *Farm Management Analysis*, John Wiley & Sons, New York, 1953, Chap. 8 による。ただし、縦線(1)をコロン（：）にかえた。
9) チューネンは、限界分析の創始者の一人といわれている。また、農業経済学分野での応用例としては、John D. Black, *Introduction to Production Economics*, op. cit., Part Three参照。
10) 前掲『経営立地の諸問題』所収、拙稿「農業立地論と経営発展の論理」29〜30頁、参照。
11) ウェーバーの場合、労働指向論の内容は、輸送指向論で一旦決まる立地が、労働指向論、集積論で修正される関係にあるから、第4、5章での分析は(10)、(11)式で表現するのが適切であろう。A. Weber, *Über den Standort der Industrien*, op. cit. 『ウェーバー工業立地論』、参照。
12) Hayakawa, S. I., op. cit. 『思考と行動における言語』、参照。
13) 前掲、拙稿「農業立地論の方法論的考察」等、参照。

第2節　立地条件の理論的包摂

1　媒介変数の位置—立地条件の従属変数—

　まず、立地条件の理論的包摂の意味を検討する前に、媒介変数の理論的位置付けを図3-1に即して考察しておこう。この図は、自然条件や経営条件などが各パラメーターにどのように関係するかを示すものである。[1] つまり、地代函数の各パラメーターを、それぞれの立地条件の従属変数として関連づける試みである。これは媒介変数の変化が、立地条件を函数式に包摂する意味を明らかにするからである。図3-1を補足説明すると、左側の特定場所の立地条件が、右側の従属変数を規制する関係を示している。それは中央の栽培技術、作業技術、圃場条件などを媒介して矢印の方向で作用する。

　まず、気象条件は直接的に農産物の収量(E)に影響する。作柄の豊凶が天候に左右されることは言うまでもない。そして、この収穫量が供給量を規定し、その多寡が需給関係を通じて価格(p)に反映される。そのほか、気象条件は生産物の出荷期の早晩、品質の良否、などを通じて価格を規制している。このことは、とくに果実、野菜などで一般的に顕著に見られる現象である。また、それは生産費にも同様に影響する。例えば多雨が病虫害を多発させて防除費を増加させ、また台風、霜、雹、雪などは直接収量減少や品質低下をもたらす。同時にその被害結果として価格低下や生産費の増加をもたらす。

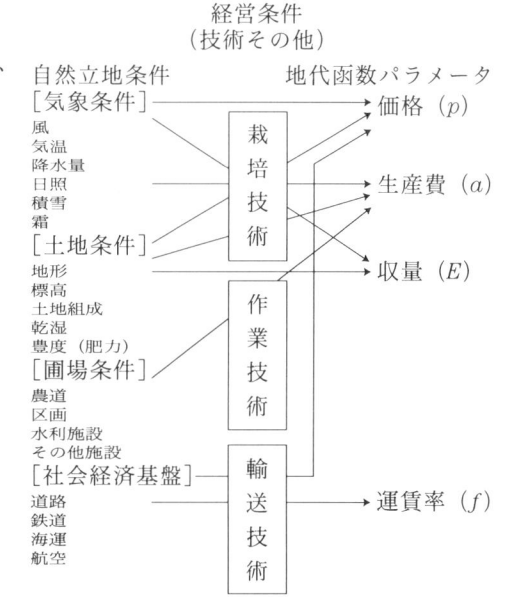

図3-1　自然立地条件等の地代函数パラメーターへの影響

次に土壌条件の影響をみると、それは気象条件と同様、直接的に収量と生産費に影響する。特に土壌の豊度は収量を規定する直接的な要因であり、またその収量の差が生産費に影響する。その他土壌の良否が品質（食味、など）の良否を通じて価格に反映される。

この土地条件は、気象条件も含めて、理論的には豊度の差額地代論としてリカードやマルクスなどによって検討されている。[2]この豊度の差額地代論とチューネンの位置の差額地代論とは、従来その統一的把握が未解決の課題である。この問題もダンの地代函数式の現実的展開によって解決される課題である。なお、この問題は引続き本章、第3節で検討する。

その他の立地条件、たとえば、農道、圃場区画、水利、などの施設・土地基盤の条件整備状況が、圃場条件として作業技術や運搬・輸送等を通じて能率に影響し、生産費(a)に影響することも明らかである。なお、これらの産地段階で生産費に影響する要因に、各種の技術進歩があるが、これは動態変化の主要因であり、その変化が理論動態化の契機となることは既に指摘した。

以上は主に生産段階での関係を示しているが、立地変動にもっとも大きい影響を及ぼすのはもちろん社会経済基盤（Infrastructure）としての道路、鉄道、等の交通輸送条件の整備であり、それに基づく交通輸送の技術革新である。この関係は、直接的に運賃率(f)に反映され、この出荷・輸送段階における交通・輸送条件の変化が、いわゆる「輸送指向論」の中心テーマに関係する。また、流通段階の技術革新は品質・鮮度保持によって価格形成を有利にする。この問題は、第II部、第3〜5章で実証的に詳しく考察する。

以上、自然条件をはじめとする立地条件、および交通輸送・流通技術の革新が、ダンの地代函数のパラメーターにどのように関連しているかを概観した。この変化は、各産地の自然立地条件のみならず、個別経営条件、生産技術の変化、交通輸送・流通情報の技術革新、あるいは各農産物の需給動向と価格変動、などあらゆる要因が媒介変数に反映されることによって、現状分析的・実践的な立地論の展開を可能にする。それらの変化が地代函数にどのような影響を及ぼし、競争力に関与するかを次に具体的に見てみよう。

注
1) 拙稿「チューネン農業立地論の現実的展開―現状分析理論の展開方向―」、梶井功編著『農業問題その内包と外延』、第4章、参照。
2) David Ricardo, *On the Principle of Political Economy and Taxation*, 1817. 小泉信三訳『経済学及び課税の原理』(岩波文庫版)、上巻、第2章、56～75頁。Karl Marx, *Das Kapital*, 3 Bd., SS.627～755. 長谷部文雄訳『資本論』(青木文庫版) (12)、(13)、第3部、第6篇、超過利潤の地代への転形。

2　地代函数式の比較静学的考察―媒介変数の変化とその影響―

　周知のように、従来の立地論研究においては、ダンを除くほかは、価格その他のパラメーターを一定と前提としていた。[1] しかし、立地条件の差異や経営条件の差異は、上述のように各パラメーターに反映され、それらを変化させる。その変化が地代函数式にいかなる影響を及ぼすかが次ぎの課題となる。この問題は、地代函数の比較静学的考察を通じて明らかになる。[2] そしてその比較静学的検討結果が、のちほど展開する理論統合で基本的役割を果たすことになる。いわば本書の理論的中核を構成する重要な理論的基礎と位置づけられる。

　先ず、地代函数式 $R=E(p-a)-Efk$ の各パラメーターの性格について、その変化の特徴と変動幅＝偏差値の性格を考察することにしよう。地代函数式を構成する4つのパラメーター、すなわち収量(E)、価格(p)、生産費(a)、運賃率(f)は、その性格によってそれぞれ偏差値が異なることは容易に理解できる。

　収量(E)は、一定の技術段階では各作目でほぼ一定水準で偏差は小さく、収量の差は殆んどないとみてよい。その偏差値は、地域ブロック平均で多くの作物で±10%程度である。[3] しかし、農家段階、圃場段階ではこれより大きいものと思われる。

　収量(E)と類似した傾向を有するのが生産費(a)である。これは一定の技術水準、集約度、および物価水準を前提するかぎり、その変動の幅は同様に小さく、作目ごとに一定の偏差値内に収まる。

　これに対して、価格(p)の場合はその変動幅が非常に大きくなる。その理由は価格を規制する要因は主に需要条件であり、需要条件如何によっては上下に大きく変動・伸縮するからである。しかし一定の需給条件の下では、価格(p)は常

に変動するとしても、その変動幅は限られた範囲に収まるものと言ってよい。

　最後に、運賃率(f)はどうであろうか。それは輸送手段と距離帯によって、また作目ごとにその大きさが異なるが、一定の交通輸送の発達段階においては、輸送手段間の差はあっても変動幅は小さいものとみることができる。

　地代函数式の各パラメーターは、以上のような特徴を有するが、このような性格を基礎に、それを地代函数に適用して各作目の空間価格均衡論分析が可能になる。その単純な場合がダンの農業立地論の試みであった。[4]　アイザードは距離投入（Distance input）の概念を用いて空間価格均衡論を検討したが、[5] ここではその内容の具体的・数式的検討は行わない。当面の課題は、以上のような空間価格均衡論の立地論体系を前提した上で、その均衡が成立するまでの変動過程と、その論理・メカニズムの考察である。また、それを利用して作目の立地競争を分析する上での理論的問題を明らかにすることである。[6]

　次に、以下の分析では、各パラメーターの変化が、どのように地代函数に影響を及ぼし、媒介変数を変化させかをグラフ変化によって考察する。まず、各パラメーターが地代函数直線にどのように関係しているかを確認しておこう。（前掲、第1章、図1－1、参照）

　このグラフで示すように、市場における地代（R、函数のY軸切片）の大きさは、$R=E(p-a)$ であり、(E)、(p)、(a)、によって規制されている。また、函数直線の勾配 $-Ef$（$=-tan\theta$）は、その構成要素の(E)、(f)によってきまる。このような関係から、各パラメーターの変化が種々の影響をグラフに及ぼすことになる。次に、具体的に各パラメーターの変化が、地代函数式にどのような影響を及ぼすかを概観することにしたい。

(1)　収量(E)

　収量(E)は、地代函数式から明らかなように、その他のパラメーターと結びついて、粗収益（Ep）、生産費（Ea）、輸送費（Efk）のすべてに関係し、その変化は地代函数式に全面的に関与する。すなわち、切片と勾配に変化を及ぼすが、グラフの地代消失距離 $k=\dfrac{(p-a)}{f}$ には影響しない。（図3－2）

このことは、グラフの地代消失点(k)は固定したままで、収量の増減に応じて、それぞれ収量増の場合($E'>E$)には切片の変化量$(E'-E)(p-a)$だけ上方へ、収量減($E'<E$)の場合には$(E-E')(p-a)$だけ下方へ、地代函数直線をシフトさせる。その結果、収量増減の影響は都市近傍で大きく、遠隔地で小さく、耕境では皆無となる。

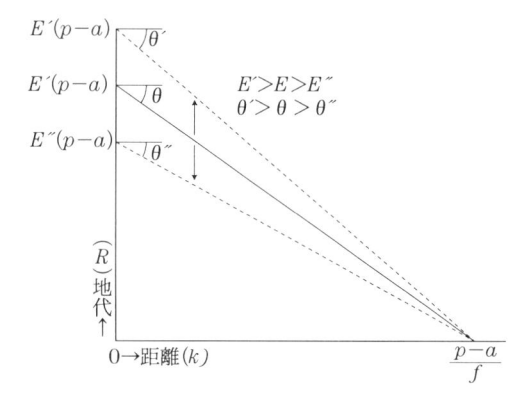

図3－2 収量の変動とその影響

(2) 価格(p)と生産費(a)

価格(p)と生産費(a)の変化は、$(p-a)$の変化を通じて、地代切片と地代消失距離に影響する。(図3－3) そのグラフへの影響は、地代函数直線を上下に平行移動させる。[7] ただし、その移動方向は、価格と生産費とでは当然ながら逆方向となる。従って、産地への影響は近郊、遠隔に関係なくほぼ同一の効果を及ぼし、さらに耕境をともに拡大、または縮小させる。

(3) 運賃率(f)

運賃率(f)の変化は、地代切片は変化させずに、勾配(Ef)と地代消失距離 $k=\dfrac{(p-a)}{f}$ に変化をもたらす。[8] (図3－4) この変化は、さきの収量Eの場合と逆の関係にある。つまり、切片の大きさは変らずに勾配が変化し、従って地

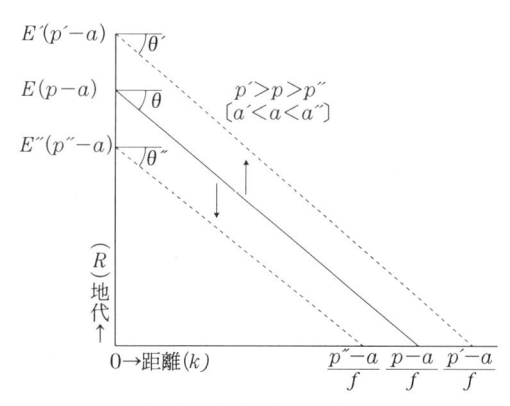

図3－3 価格、生産量の変動とその影響

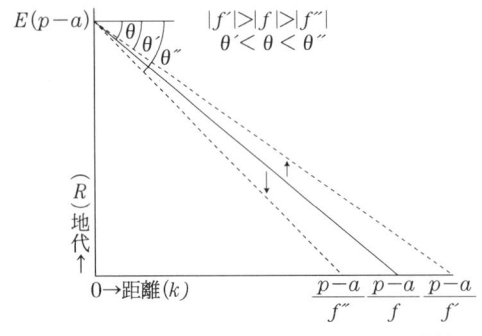

100　第Ⅰ部　農業立地の現状分析理論

図3－4　運賃率の変動とその影響

代消失距離が伸縮する。すなわち、Y軸の地代 $R=E(p-a)$ 点は固定したまま、地代函数直線を上下に移動させる。その産地への影響も、近郊では恩恵は少なく、遠隔地で大きいことがわかる。

注
1) これらのパラメーターの固定的性格が、圏域形成を困難にしていることはさきに考察した。その欠陥を除去するためには、需要条件、価格変化、その他の条件を考察に導入した理論枠組で問題に接近する必要があり、その1つが空間価格均衡論である。ダンは既にみたように、一般均衡論に空間概念を導入しようとして立地論を展開した。(Dunn, op. cit., p.vii, Preface. 訳書、原著者序文) ダンの一般均衡論では、チューネン・モデルに基づいて需要量＝供給量が制約条件として前提され、価格、境界距離が変数となり、空間価格均衡論が体系化されている。(Dunn, op. cit., pp.18〜24. 訳書19〜24頁)
2) 拙稿、「農産物の市場競争力と地域間競争」、『東北農業試験場研究報告』、第34号、参照。地代函数のパラメーター変化は、一時点での比較静学的なクロスセクション分析に限らず、異時点間の動態変化の場合にも当然適用しうる。ここでは、原因の如何を問わず、またそれが一時的であれ、あるいは継続的であれ、パラメーターの変化の影響が問題である。なお、上記論文発表後、技術変化の影響の考察を行った以下の類似の2論文を発見した。しかし、スワンソンの論文では農業技術関連の技術変化が考察され、輸送技術にはふれていない。
(1)Earl R. Swanson, Technological Change and the Location of Agricultural Production, *Modern Land Policy*, University of Illinois Press, Urbana, 1960. (2)H. W. Eggers, Zur Theorie des Landwirtschaftlichen Standortes, *Berichte über Landwirtschaft*, Bd. 36, 1958, H.2.
3) 農林統計表の作付面積と推定実収高の地域ブロック平均数字である。
4) Dunn, op. cit., pp.16〜24. 訳書14〜26頁。この場合、制約条件として需要量及び供給量の設定が必要である。
5) Isard, W., *Location and Space-Economy*, 1956, pp.188〜199, 243〜251. なお、アイザードはあとで「距離投入」概念は取り消している。
6) 均衡論は、関係要因を連携させて法則性を明らかにする意味で有効であるが、

それには当然限界もある。例えば、それは種々の前提が満たされる限りにおいて成立する。また、その成立するプロセスは表面に現れずに数学的に処理されて、均衡結果が示される。このような理論モデルの性格のためか、均衡論が主産地形成論に援用できないと主張する論者もいる。(前掲、山田「主産地の展開構造」40〜41頁)しかしこれは問題意識の差異によるのであって、均衡論が有用なことは本文で明らかにした。

7) Dunn, op. cit., pp.17. 訳書、18頁。
8) 阪本楠彦氏は、「交通革命からくる立地革命」として、地代消失距離の増大とともに、市場近傍における地代低下（R切片の短縮）をあげている。(前掲『農業経済概論』下、266〜270頁、第5・6、5・7図、参照)これはおそらく新らしく耕境内にくみこまれた産地からの供給増によって価格低下を想定した場合の影響であろう。運賃率のみの低下の影響としては、地代は図3－4に示すように市場距離に応じて逆に若干上昇する。

3 圏域形成とその成立過程

以上、各パラメーターの変化が、地代函数直線にどのような変化をもたらすか、各媒介変数変化の地代関数への影響を考察した。需要の変化や価格変動、あるいはその他の条件変化は、地代函数直線を上述のように変化させ、その組合せによって地代函数グラフは、さきに検討した圏域形成の条件式が満たされる方向へシフトする。これが空間価格均衡が成立する過程で起きる変化である。それがどのような論理で作動するのか、圏域形成の実現過程を次に例示的にみてみよう。

今、2作目Ⅰ、Ⅱがあって、これらの産物は他地域からは供給されず、当該経済圏内において生産されねばならないものと前提する。この需要が存在し、かつ外部からの輸入がないという前提が、変動

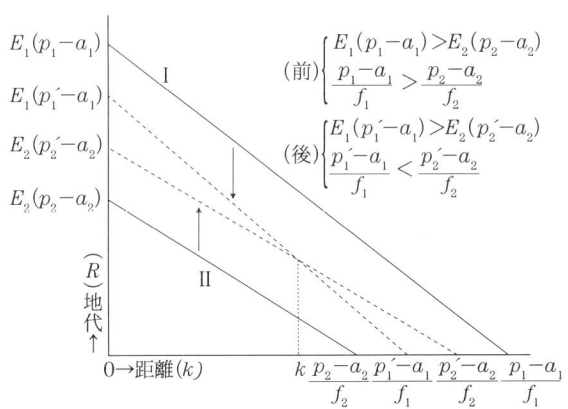

図3－5 価格変化に伴う圏域形成過程

過程を説明する場合の最も基本的な前提条件である。一般に従来の立地論研究においては、この需要条件が捨象されている場合が多く、また価格も一定と前提されていることが多かった。[1] このような状況で問題に接近すると、問題解決の道が閉されるのである。レッシュの場合がその一例であろう。

さて、そこでこれらの両作目が、まず図3－5に示すような地代函数直線Ⅰ、Ⅱ（共に実線）で表されるものとしよう。念のために付言すれば、これは圏域が形成されない場合である。[2] また他方で、当該経済圏内においては、両作目の耕作を規制する自然条件に差がなく、どこでも両作目が耕作されるものとする。

このような前提で問題に接近するとき、この経済圏においては如何なる変化が生ずるであろうか。これが第1の課題となる。先ず考えられる変化は、生産面の変化である。すなわち、図3－5に示すような地代函数の差があれば、生産者はすべて地代の高いⅠ作目を耕作することを望むであろう。その結果Ⅰ作目の生産は増加し、Ⅱ作目は減少することになる。このような生産量の変化に対して、需要が同様な変化を伴うなら、当該地域ではⅡ作目は駆逐されることになる。

しかしながら、さきの前提に従えば、Ⅱ作目は当該地域内で生産されねばならないし、それに対する需要も存在する。その結果、第2の変化が価格面に生ずる。すなわち、もしⅠ、Ⅱ作目間の需要量の比率が一定であれば、Ⅰ作目とⅡ作目の供給の比率がバランスを崩した時から、当然一方でⅠ作目の価格低下が起こるであろうし、他方でⅡ作目の価格騰貴が起こるであろう。その結果、地代函数線はⅠ作目においては下方に、Ⅱ作目においては上方に、それぞれ点線グラフ位置まで移動することになる。何故なら、この場合の価格変化は前述のように地代函数直線を平行移動させるからである。

このように、Ⅱ作目の需要が存在する限り、価格変化がⅡ作目の駆逐を許さないことが理解できるであろう。従って、Ⅰ、Ⅱ作目の地代函数線は交わり、圏域形成の条件は満たされることになる。つまり、内圏にⅠ作目が立地し、外圏にⅡ作目が立地する。そして両圏の境界線から市場までの距離を k とし、変化後のⅠ作目の地代消失距離を、$k_1' = \dfrac{(p_1' - a_1)}{f_1}$、Ⅱ作目のそれを $k_2' = \dfrac{(p_2' - a_2)}{f_2}$ とすれば、これらの大きさを規制するものは、Ⅰ作目とⅡ作目との需要量であると

いってよい。すなわち、Ⅰ、Ⅱ作目に対する需要量をD_1、D_2とすれば、[3]

$$\frac{D_1}{D_2} = \frac{E_1 \pi k^2}{E_2 \pi \{(k_2)^2 - k^2\}}$$

$$= \frac{E_1 k^2}{E_2 \{(k_2)^2 - k^2\}}$$

なる条件を満足する境界距離kが決まるように、p_1、p_2が変化してp_1'、p_2'が決まることになる。[4] このような関係は、単に２作目だけでなく、n作目の場合に拡大できる。[5] （図３−６、参照）

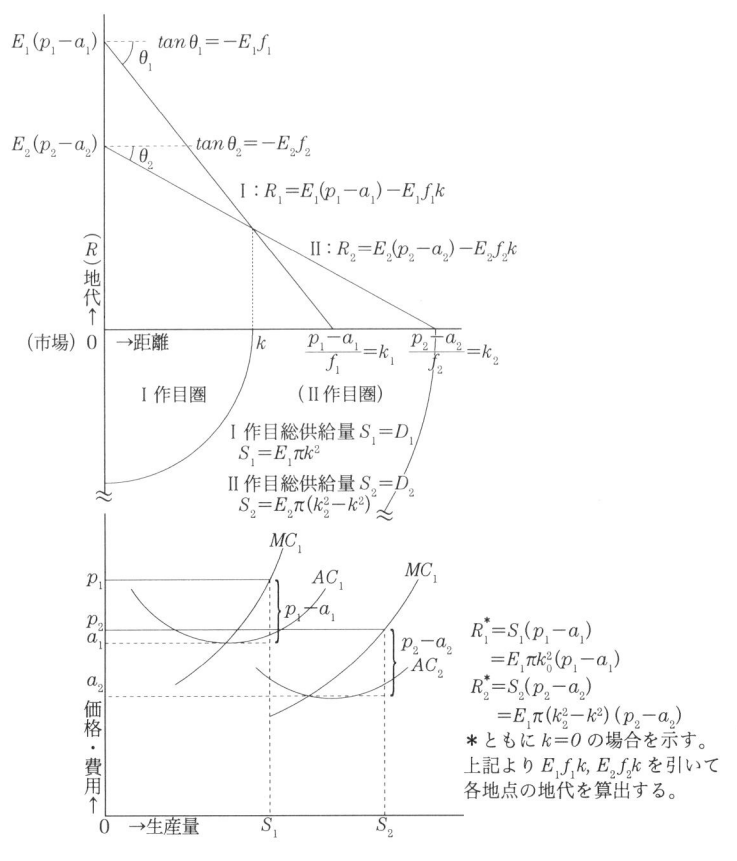

図３−６

従来の研究では、このような変動過程の分析が行なわれずに、媒介変数を固定したままで圏域形成の条件を問題にしたきらいがあった。その原因は、立地論研究において需要や価格条件が捨象されていたこと、換言すれば、価格変化を伴う変動理論（比較静学）が展開されなかったことによるといえよう。このような意味で、ダンが立地論を空間価格均衡論的に体系づけたことの意義は大きいといわねばならない。需要量を制約条件として均衡論を考察することにより、誤った理解を回避できるからである。

要するに、立地論で問題なのは、単に圏域形成の条件と、それを満足するパラメーターの大小関係の単なる比較・吟味だけではなく、経済活動の現実の動きに圏域形成を実現する力が常に存在することの認識であり、その力の作用する論理の分析といわねばならない。[6] これが現状分析立地論の展開を図る段階でまず明らかにすべき理論的課題の1つといえるであろう。

以上がパラメータの変化の影響を、函数グラフのシフトを通じて示したものであるが、この変化は、一定時点における自然的立地条件や、個別経営条件の異なる産地間競争力を比較する場合にも、また異時点間の社会経済的条件の変化や、技術革新の影響を動態的に考察する場合にも、ともに有効なツールとして利用できる。クロスセクション分析としては、地域間格差、経営間格差、あるいはさらに細かく、圃場別格差などの比較として適用可能である。タイムシリーズ分析としては、交通輸送の技術革新、生産技術の進歩、農産物の需給・価格関係の変化、などすべての社会的・経済的条件の変化が包摂されて考察の対象となる。

この比較静学的分析が、現実的・実践的立地論展開の基礎を確立するのである。これは、ダンの一般均衡論の成立する論理・機構とプロセスも明らかにしており、産地間競争と立地変動のメカニズムの分析理論として重要な位置を占めることになる。そして、従来、農業立地論の弱点とされた自然的立地条件の理論への包摂、経営立地論の未展開、そして動態的立地論の未展開、などの関連する難問をすべて解決する基礎ができたのである。[7]

注
1) このような前提の組合せ（需要条件の捨象と価格の固定化）で問題に接近すると、圏域を形成する場合が少なく、かつ「不利な作物は駆逐される」という誤った結論に終る場合が多い。(Lösch, op. cit., pp.38〜42. 訳書、49〜54頁。加用、前掲論文、(2)、127頁、参照）この点、ダンは、需要条件を明示的に均衡論体系に組入れ、かつ価格を変数としている。(Dunn, op. cit., pp.16〜24. 訳書、17〜24頁）これを可能ならしめるものが、需要が存在するという条件であり、価格上昇がそれを保証するということである。一般均衡論の長所をあげるとすれば、このような全体との関連をモデル的に明確にしうる点にあるといえよう。
2) このような前提から出発することには読者は疑問を感じるかもしれない。何故なら、図3-5に示されているようなⅡ作目は一般には耕作されないからである。しかし敢えてこのような前提から出発するのは、均衡が成立した状態を問題にするのではなく、成立するまでのプロセスを明らかにするためである。従って、出発点になっているⅠ、Ⅱ作目の価格p_1, p_2は均衡成立過程を説明するために設けた仮定の価格とみなせばよい。需要についても同様である。
3) ここでは、圏域が同心円によって区画される場合が想定されている。従って、需要量（＝供給量）は面積に収量を掛けたものとして表現されている。(Dunn, op. cit., p.17. 訳書、17〜18頁）。
4) このp_1', p_2'が均衡価格である。さきに 注2) で示した仮定の価格p_1, p_2は、暗黙のうちにこれらの価格（p_1', p_2'）を想定している。
5) Dunn, op. cit., pp.16〜24. 訳書、17〜24頁。
6) Dunn, ibid. 訳書、17〜24頁。Isard, W., op. cit., pp.188〜199, 243〜251.
7) この問題については、引き続き第3、4節で具体的に検討する。

第3節　地代函数式による関連理論統合

1　地代論との理論統合——「地代」概念の調整

　次に、前節の比較静学理論を援用して、従来相互に密接に関連しながら、理論統合が未解決の問題に接近してみよう。例えば(1)チューネンの位置の差額地代とリカード・マルクスの豊度地代・独占地代との統合[1]、(2)いわゆる古典立地論と比較有利性の原理との関連、(3)動態理論への展開、などである。いずれも経営立地論、または現状分析立地論の問題を検討する場合に必要な理論問題の解明である。その理論的整合性が不明確なままでは理論の有効性が弱くなり、問題解決への適用が困難になる。

第1の問題は、方法論的には「孤立国」の全域で豊度が同一という前提に関連して発生する問題である。[2] これは理論的には、豊度差を基礎に収量と生産費が変化する問題であるから、さきに考察したパラメーター (E, a) の変動の影響分析と同一であり、その地代論への適用といってよい。その他の場合も、いずれもパラメーターの変動の応用問題である。

この展開で重要なのは、従来別問題として処理されていた位置による差額地代と、豊度による差額地代とが理論的に統合可能になることである。[3] その結果、問題をより具体的な農業経営レベルで考察することを可能にする。このようにして距離と豊度の両差額地代が理論的に統合される契機が生ずる。それを実現するのが比較静学の応用である。

位置の差額地代と豊度の差額地代は、現実には密接不可分の関係にある。リカードの地代は両者を含めた概念規定になっているが、理論的には統合されず、専ら豊度の差額地代の考察となっている。[4] マルクスの場合も同様である。[5] もちろん、その必要性は認識されており、その統合の試みも地代論研究ではなされている。しかしそれが十分成功しているとは言えない。その理由は、その統合が位置（市場距離）と豊度（自然的土地条件）の2つの要因を同時に理論に包摂することであり、それなしには不可能な問題だからである。そしてそれを可能にする方法は、地代函数式を基礎に、方法論的には孤立化法（遊離化法）に依拠しながら、関連する要因を順次理論に包摂する以外にはありえない。

なお、この分析を可能にしたのがダンの地代函数式の定式化であり、この点は繰り返し強調してきた。何故なら地代函数のパラメーターには、豊度要因を示す収量 (E) と位置要因を示す運賃 (f, k) の2つが含まれており、これらを統合するものとして地代 (R) が与えられるからである。

ただ、具体的な両地代の統合に先だって、立地論と地代論の地代概念の差異に注意する必要がある。何故なら、立地論と地代論とでは同じ「地代」概念を使用しているが、その内容は異なっており、地代概念の調整が必要だからである。

ダンの地代函数で定義される地代は、さきに指摘したように、いわゆるチューネン的なユンカー地代（Junkerrente）であった。その内容は粗収益か

ら生産費用を差し引いた残余としての「地代」である。これはリカード・マルクス地代論の平均利潤と狭義の地代（リカード・マルクス地代）から成りたっている。

　従って両地代を統合するには、ダンの地代函数式をその定義内容に即して修正する必要がある。このような地代の定義の調整をした上で、どのようにチューネン立地論の位置差額地代とリカード・マルクス地代論の差額地代が統合されるかを、地代函数式の修正によって検討する必要がある。次に、この地代概念の調整をダンの地代函数式を基礎に試みてみよう。

　まず、両地代の関係を記号で表すことにして、ユンカー地代をR、リカード・マルクス地代をR'（狭義の地代）、他に面積あたり平均利潤をG、とすれば、$R=R'+G$と書くことができる。これをダンの地代函数式に代入すると、次の(1)式よう表現される。

$$R'+G=E(p-a)-Efk \cdots\cdots\cdots\cdots\cdots\cdots\cdots\cdots\cdots\cdots (1)$$

(1)式は，左辺が狭義の地代と平均利潤に分割されている外には右辺には変化はない。次に、平均利潤を単位重量当たりに$G=Eg$（g：単位重量当り平均利潤）に置き換え、右辺に移項して整理すると(2)式のようになる。

$$R'=E(p-a)-Eg-Efk \cdots\cdots\cdots\cdots\cdots\cdots\cdots\cdots\cdots (2)$$

この式は、リカード・マルクスの豊度差額地代をダン式と統合したものであることは容易に理解できるであろう。もっともこの場合、R'を豊度の差額地代とした場合には、それはとりあえずマルクスの第１形態に対応するものと考えておくことにする。リカードやマルクスの議論は(2)式の輸送費項（Efk）を$k=0$として捨象し、そのうえで粗収益（Ep）、生産費（Ea）、および平均利潤（Eg）の各項の収量（E）が豊度によって変化する場合の豊度別地代（R'）の大小を問題にしているのである。

　これは、さきに検討した比較静学的考察の収量変化の応用例であることも明らかである。すなわち、収量（E）が豊度を反映するものとして明示的に地代函

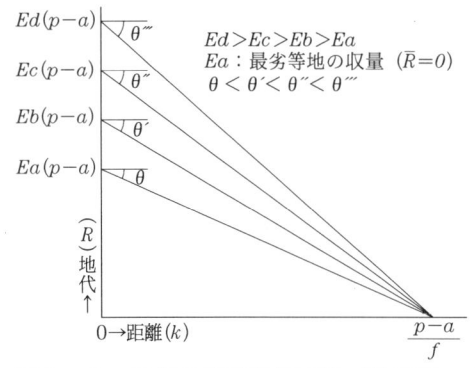

108　第Ⅰ部　農業立地の現状分析理論

$Ed(p-a)$
$Ec(p-a)$
$Eb(p-a)$
$Ea(p-a)$

$Ed>Ec>Eb>Ea$
Ea：最劣等地の収量（$\bar{R}=0$）
$\theta<\theta'<\theta''<\theta'''$

($\bar{R}$)地代

$0\to$距離(k)　　　$\dfrac{p-a}{f}$

図3－7　豊度の差額地代函数（生産費一定）

数に包摂されると同時に、位置の差による差額地代は輸送費項に包摂されて両地代が統合され、狭義の地代（R'）が定義されている。

この関係をグラフで示したものが図3－7である。この図では豊度が4段階（a、b、c、d）に区別され、その収量序列が$Ed>Ec>Eb>Ea$であることを例示している。この場合、aは最劣等地であり、ここでは豊度差額地代は0となり、位置の差額地代のみが存在する。この最劣等地（a）の地代を超過するb、c、dのグラフとの差がそれぞれの土地豊度の差額地代となる。[6]

注
1) 立地論と地代論は、どちらも「地代」概念を用いて分析を行なっているのでまぎらわしいが、課題が異なることはいうまでもない。同じく「地代」の概念を使用していても、その内容が異なる。両者の差異については本文で考察する。なお、近藤康男『チウネン孤立国の研究』、『著作集』第1巻、所収。伊藤久秋『地域の経済理論』等参照。
2) Dunn, op. cit., pp.66～70. 訳書、67～72頁。
3) この統一的把握によって、地代が実践的作目選択の基準指標となり、主産地形成論などに適用できることになる。統一的把握を試みたものとしては、ブリンクマンをあげることができる。なお、リカードは当初から地代を豊度と位置の両面から発生すると考えている。次注4）参照。
4) リカードは地代の発生する根拠を次のように述べている。「土地の使用に対して抑も地代なるものが支払われるのは、1に土地が量において無限ならず、質において均一ならず、而して人口が増加して、品質が劣るか、或は位置の比較的便利ならざる土地が、耕作に召集されることにのみよるのである」（前掲、訳書59頁）。リカードのこの文言は、豊度と位置の差額地代を共通に問題にしていることを示している。ただ、後の検討では豊度差額地代が中心課題となっている。
5) マルクス、『資本論』、訳書、⑿、⒀参照。
6) 図3－7は、地代の定義を除けば前掲、図3－2と同じである点に注意された

い。また興味深いことに、この関係をチューネンがすでに収量が10シェツフェルと8シェツフェルの場合の地代式に示し、近藤康男教授はそれに基づいて図3－7に近似するグラフに描いていることである（近藤『チウネン孤立国の研究』、前掲、著作集、第1巻、504頁、表4、図1、参照）。ただし、チューネンは、地代消失距離は穀収で異なるとしているが、その理由を「土地の豊沃度が減ずるにつれ、穀物生産費は高くなる」（同70頁）ためと述べている。なお、この問題については、前掲、拙稿「農産物の市場競争力と地域間競争」（118～121頁）、ほか参照。

2 立地論と豊度差額地代論の統合

では、具体的にその理論統合はどのようにして可能であろうか。豊度の差額地代論への拡大展開では、まず地代函数式のパラメーターのうち、収量(E)と生産費(a)をn個の土地等級に区分・拡大することで一般化することができる。つまり、土地豊度等級がn等級に区分される場合、各等級の差をパラメーターの変動差とみなせばよい。その場合、地代論で問題となる、いわゆる平均原理によるか、限界原理によるかは問題の本質には影響を及ぼさない。すなわち、当該作目の価格が最劣等地の生産費によって規制される、という限界原理の立場に立てば、そのパラメーターを基準にとることで解決する。

次に、問題をモデル的に検討してみよう。基準パラメーターを、収量E_0、生産費a_0とし、その他の等級を$E_i a_i$（$i=1, 2, 3, \cdots, n-1$）とすれば、これらの大小関係は、$E_0<E_i$、$a_0>a_i$（$i=1, 2, 3, \cdots, n-1$）となる。そして、これらn等級の土地の地代函数式は、次のように表現することができる。

基準式　$R_0 = E_0 (p-a_0) - E_0 fk$ ……………………(3)

一般式　$R_i = E_i (p-a_i) - E_i fk$ ……………………(4)

（但し、$i=1, 2, 3, \cdots, n-1$）

なお、ここでの分析は同一作目間の比較であるから、価格(p)はすべて同一水準であり、運賃率も変わらない。そのほか、技術水準、集約度、資本構成なども、n個の土地等級間で差がないものと前提する。

単位面積当りの資本投下量、集約度、資本構成、技術水準などが同一で、単位面積当り生産費も同一とすれば、(3)、(4)式のa_0、a_i間には次の関係が成り立つ。

$$a_i = \frac{E_0}{E_i} \cdot a_0$$

これにより(4)式は次のように変形される。

$$R_i = E_i(p - \frac{E_0}{E_i} \cdot a_0) - E_i fk \cdots\cdots\cdots\cdots\cdots\cdots\cdots(5)$$

この関係を図示したのが、第3−8図である。[2]

本図で明らかなように、(5)式のグラフは、切片が$E_i[p-(\frac{E_0}{E_i})a_0]$、勾配が$-E_i f$、地代消失距離が$\frac{(p-(\frac{E_0}{E_i})a_0)}{f}$である。これらを規準式と比較し、その差をみると、切片では、$(E_i-E_0)p$、勾配では$-(E_i-E_0)f$、地代消失距離では$\frac{a_0}{f}[(\frac{E_0}{E_i})-1]$ということになる。

(5)式は、(4)式が次の2つの段階をへて変化したものと考えればわかり易い。

(1) 収量変化の影響

先ず、収量が$E_0 \to E_i$に変化し、生産物単位面積当りの生産費は変化がなかったと仮定した場合の変化である。地代消失距離$\frac{(p-a_0)}{f}$は変化せずに切片が$E_0(p-a_0)$から$E_i(p-a_0)$に、勾配が$-E_i f$に変化する。（点線）また他方で、単位面積当り収量の変化と併行して、生産費も$(E_i-E_0)a_0$だけ変化する。従って、切片は収量が変化したため生じた粗収益の変化額$(E_i-E_0)p$、との差、

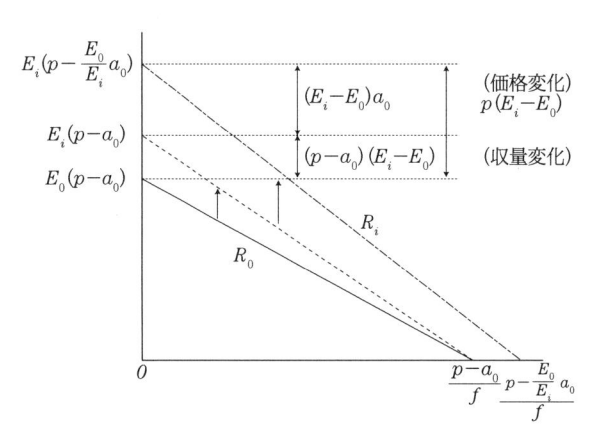

図3−8　豊度差に基づく地代函数の変化
　　　　（差額地代の形成論理）

$(E_i-E_0)(p-a_0)$ だけ基準線よりシフトすることになる。

(2) 生産費変化の影響

次に、収量E_iに変化がなく、単位重量当りの生産費が、a_0から$(\frac{E_0}{E_i})a_0$に変化した場合には、既に見たように第1段階の変化線（点線）を基準にして上方に平行移動することになる。すなわち、切片が第1段階の変化を基準にして、$(E_i-E_0)a_0$だけ変化し、地代消失距離は$\frac{[p-(\frac{E_0}{E_i})a_0]}{f}$となる。

以上の2段階の変化を総合したものが、さきに示した基準線R_0（実線）から対照線R_i（破線）への変化である。ちなみに、切片について、第1段階の変化量と第2段階の変化量を加えれば、総合変化量に一致することは次式に示す通りである。

$$(p-a_0)(E_i-E_0)+(E_i-E_0)a_0=(E_i-E_0)p \quad \cdots\cdots\cdots(6)$$

以上によって、差額地代の構成部分を、収量Eと生産費aの変化組合せとして把握することができた。図3-8における2地代函数直線R_0、R_i間の差が差額地代である。この差額地代の大きさは、市場距離の大小によって差が出る。つまり、市場に近づくに従ってその差が大きくなり、遠のくにつれて小さくなってくる。このことは、もちろん距離要因が介在することによって、位置による差額地代が都市近郊により多く存在することを示している。従って、R_0、R_i間の差として示されている差額地代部分には、位置を基礎とする差額地代と豊度を基礎とする差額地代とが統合（合算）されているのである。[3]

なお、位置と豊度の両要因を統合した統合差額地代が市場近傍において大きく、市場

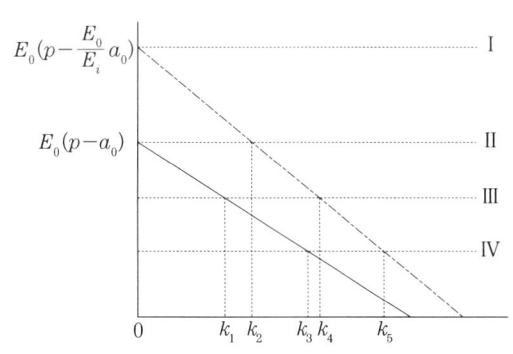

図3-9 豊度・位置両差額地代の統一的表示

を遠ざかるに従って小さくなることは、当然ながら同一豊度でも市場近傍ではより有利であり、市場競争力を有することを示している。このことは、都市近傍では豊度差がより大きく現れ、遠隔地ではより小さく現れることを示している。[4]

以上で、位置と豊度とを組合わせた統一的な統合差額地代論を展開することができた。[5] これによって、両差額地代を統合した新たな《豊度》（Ⅰ、Ⅱ、Ⅲ、Ⅳ）の把握が可能となる。例えば図3－9において、基準線の市場（k_0）における地代 $E_0(p-a_0)$ は、対照線のk_2地点の地代と同一水準にある。これは距離も含めた《豊度》Ⅱに分類される。同様に、基準線k_1地点の距離地代と対照線のk_4地点のそれとは同一であり、これらは《豊度》Ⅲということになる。要するに、自然的な土壌条件の「豊度」と、「位置の有利性」とを総合的な《豊度》として統一的に表現しうるのである。

この統一された総合差額地代の大小によって、同一作目間の競争力を市場距離も含めて考察することができる。この比較を異作目間に拡大すれば、全作目相互間の競争力も比較可能となる。[6]

注
1) 地代論は通常限界原理によって説明されている。しかし、ここの議論ではこれらは直接には関係しない。
2) レッシュは2作目・2等級の場合について類似した作図を行なっている。(Lösch, op. cit., p.88, Fig.19. 訳書、104頁)
3) この差を数式的に示せば、(8)、(9)式及び 図3－8から次のような関係式がえられる。$R_i - R_0 = (E_i - E_0)(p - fk)$ この式から明らかなように、距離要因が関係していることは事実であるが、それが問題になるのは当然異地点間の比較の場合である。
4) 異作目間の集約度と立地配置については、種々述べられている。(例えば、ブリンクマン、前掲書、参照）ここでは、同一作物間の比較でもこのことが明らかなこと、作図上からもそれが明瞭に示されていること、などが指摘できる。
5) このような視点からの地代論の統一的展開によって、現状分析立地論の主産地形成論など実践的課題への適用が可能になる。しかしここではこれ以上立ち入らない。
6) 大川一司「地代理論の二形態―Single crop theoryとAlternative-use-rent cost theory―」(『農業経済研究』、14－1)、参照。

3　独占地代論への拡大適用

　先の考察で明らかにしたように、競合する作目間の圏域形成は、理論的には図3-5で示すようなプロセスで達成される。関係する作目の需要が存在する限りにおいて、それらの立地は保証され、従って生産の地域分担が実現し、圏域が形成される。これが理論的帰結であった。しかし、現実には必ずしもそのようになるとは限らない。その理由は、理論的考察で前提した諸条件が現実においては必ずしも満たされない場合があるからである。例えばある作目の生産が資源賦存の偏在性のため、技術的に特定地域のみで可能な場合がその例である。

　次に、理論的に考察した圏域形成の条件や、パラメーターの差異・変化の応用問題として、それを独占地代論に拡大適用してみよう。比較静学の分析結果は、この問題にどのように適用されるのであろうか。

　先ず、ある作目の耕作が自然条件によって特定地域（市場からk_1地点）に限定されている場合を考えてみよう。[1] これは、いわゆる独占地代が発生する場合である。[2] 前節の設例に従って問題の作目をⅠ、Ⅱとし、Ⅰ作目の耕作が市場からk_1地点まで可能だとしよう。[3]（図3-10）Ⅰ作目とⅡ作目は、共に当該経済圏内から供給されなければならず、それらの作目に対する需要が存在するという前提は今までの場合と同様である。

　このような場合、仮に作目Ⅰ、Ⅱの地代函数直線が、実線Ⅰ、Ⅱのような形

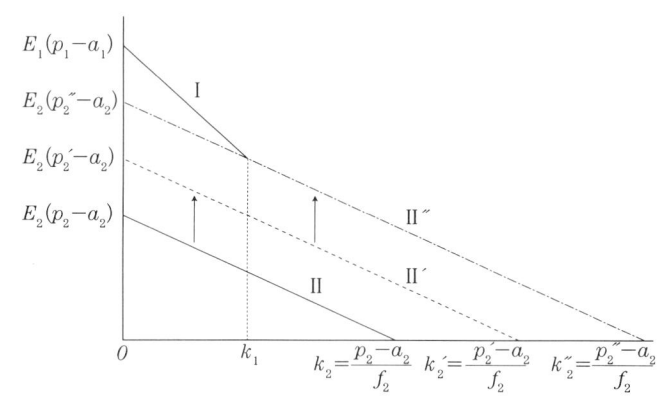

図3-10　局限された自然条件による圏域形成（独占地代）

で存在したとすれば、如何なる立地変動が生ずるであろうか。

　前提により、I作目は市場からk_1までの地域でしか生産できない。そしてこの地域で生産された産物に対しては、当初与えられた価格水準で需要が存在する。もしk_1地点からII作目の地代消失点、$k_2=\dfrac{(p_2-a_2)}{f_2}$までの範囲でII作目の需要がまかなえるとすれば、I作目とII作目は価格変化を伴わないで、しかも2地代直線は交わらないで、現実に圏域が形成されることになる。すなわち、$0 \sim k_1$の範囲がI作目圏（内圏）となり、$k_1 \sim k_2$がII作目圏（外圏）となるであろう。

　しかし、もし$k_1 \sim k_2$の範囲内の生産でII作目の需要がまかなえないとすれば、II作目の価格は騰貴するが、その価格上昇は ちょうどこの需要を満たすに必要な範囲までである。この価格騰貴に伴って、II作目の地代函数直線は上方に平行移動し、作目圏は$k_1 \sim k_2'$と拡大する。

　これらの変化は、理論的には圏域形成理論のモディフィケーションであり、独占価格、独占地代が形成される場合といえる。[4] すなわち、I作目価格p_1が、その栽培が$0 \sim k_1$地域に極限されるために生ずる独占価格である。また、独占地代は図3-10において、II作目地代函数直線を上方に平行移動させて、k_1地点でI作目地代函数直線の限界線と接するようなII作目価格p_2''が生ずる場合のII、II″函数直線間の距離（価格p_2'の場合）である。[5] なお、ここで独占地代はあくまでI作目のそれであることは言うまでもない。その大きさは次のように計算できる。さらにII作目の需要が多く、その価格がp_2''では、

II作目価格p_2''の場合：$E_2(p_2''-a_2)-E_2(p_2-a_2)$
$$=E_2(p_2''-p_2)$$

　p_2''の大きさは、k_1の大きさが明らかであるから、k_1点におけるR_1を求め、これをR_2に代入すれば容易に算出することができる。

$$R_1=E_1(p_1-a_1)-E_1 f_1 k$$

$$R_2 = E_2(p_2'' - a_2) - E_2 f_2 k$$

$k = k_1$ において、$R_1 = R_2$

$$\therefore \quad p_2'' = \frac{〔R_1 + E_2 a_2 + (E_2 f_2 k_1)〕}{E_2}$$

注
1) 独占地代も差額地代の場合に準ずる。
2) Dunn, ibid., pp.66〜70. 訳書、67〜72頁。阪本楠彦、前掲書、258〜259頁。なお、生産が特定地方に限定される原因は自然条件のみに限らない。例えば牛乳生産などのように、生産物の輸送の難易による場合も含まれる。
3) マルクス、長谷部文雄訳『資本論』(青木文庫)、⒀、1077頁。
4) 阪本、前掲書、259頁。(第5-3図参照)
5) この独占地代は、概念としては狭い意味であるが、図3-10においてはその他の項目が入り込みうる。

4　古典立地論と比較有利性原理

　リカードに始まる比較有利性 (Comparative advantage) の原理は、貿易理論、地域間交易理論として広く応用され、[1] また精緻化されてきているが、既に第1章で指摘したように、この原理を農業立地論へ適用した研究も少なくない。前述のように、ブラック (John D. Black) はその著『生産経済学入門』[2] の中で、1部6章を充てて農業生産の特化問題を論じている。その後のアメリカの農業経済学者や土地経済学者は、いずれも比較有利性の原理を農業立地に応用している。それらの理論家には、ヘディ (E. O. Heady)[3]、バーロー (R. Barlowe)[4]、などがいる。また、我が国では金沢夏樹教授もダンの農業立地論とともに比較有利性の原理を用いた作目選択の理論をバーローに準じて論じている。[5]

　このように、生産経済学、土地経済学、ないし農業経営学を専門とする理論家の多くが農業立地問題をチューネン理論よりもリカードの比較有利性の原理に依拠している場合が多い。研究の状況はこのようであるが、チューネン・モデルと比較有利性の原理は、もともと相対立する理論ではなく、両者は統合しうる理論として関連づけることができる。つまり、その統合はダンの地代函数

式を媒介項とすることで、チューネン・モデルの特殊ケースが比較有利性の原理であると論証できる。

その検討は簡単に別稿で行っているが、[6] さきの豊度差額地代論の場合と同様、ダンの地代函数式の輸送費項(Efk)を捨象した場合($k=0$)の特殊解が比較有利性の原理である。ここでは、このような形で比較有利性の原理をチューネン農業立地論に包摂統合する必要性と可能性を示すにとどめる。

注
1) Ricardo, D., *On the Principle of Political Economy and Taxation*, 1817. 小泉信三訳『経済学及び課税の原理』(岩波文庫版)、上巻、第7章、外国貿易、125～150頁。Ohlin, B., *International and Interregional Trade*, Cambridge, 1933. 木村保重訳『貿易理論—地域および国際貿易』、ダイヤモンド社、昭和45年。Harrod, Roy F., International Economics. 藤井茂訳『国際経済学』(全訂新版)、実業之日本社、昭和51年。
2) Black, John D., *Introduction to Production Economics*, Part One, Chapt.VI. Part Two, Chapter V～X.
3) Heady, Earl O., *Agricultural Economics*. 川野重任監修・斉藤・中山・高橋・川勝・森・土屋訳『現代農業経済学』。
4) Barlowe, R., *Land Resource Economics*. 1958.
5) 金沢夏樹、『農業経営学講義』、第7章、立地の理論、『現代の農業経営』、第9章、農業立地と主産地形成。
6) 拙稿「農業立地の現状分析理論」、『流通経済大学論集』、Vol.32, No.2（1997）、「チューネン立地論の現実的展開」、梶井功編『農業問題の外延と内包』、農山漁村文化協会、1997、参照。

第4節　動態理論への拡大適用—比較静学の応用事例—

1　経済発展と技術革新の影響

現状分析立地論の課題は、一定時点での具体的なレベルでの課題解明である。従来この段階では、「孤立国」モデルで前提されている前提が緩和され、前節の分析で検討したように取り除かれる。それは、自然的立地条件の均質性であり、あるいは経営条件などである。問題となる地域の具体的な気象条件、地

勢・地形、土壌条件をはじめ、農業経営の形態（企業、小農＝家族経営、等）のほか、土地所有、耕地面積規模、労働力、施設・機械装備、などの経営諸条件が現実に即して考察される。

また以上の個別条件とともに、他方でその置かれた国民経済の発展段階や、農産物に対する需要の趨勢、所得水準、価格体系、交通輸送の発達、都市化、などの外部経済諸条件も与件として当然前提される。

この段階での考察は、あくまで一定時点での考察であり、いわばクロスセクション分析である。経済発展にともなう都市化、生産・流通技術などの技術革新、あるいはその他の時間経過に関連する動態的問題は、まだ問題の対象にはなっていない。しかし、この動態理論への展開なしには、地代函数を基礎とする立地理論の統合問題は終わらないのである。そこで、最後にこの動態理論がどのように展開可能かをみておこう。[1]

まず、問題の性格を個別にみると、経済発展・成長の過程で顕著な現象に都市化の進展がある。それは都市近郊の土地利用を変更する大きな圧力となって、近郊農業の基盤を侵食する。その結果、近郊野菜産地は他地域への移動を余儀なくされ、産地の立地移動を発生させる。

このような具体的レベルでの立地問題は、チューネン圏の外延的な拡大変更問題であり、経済立地論的課題として処理できる。つまり、前節までの理論的成果を踏まえて、都市近郊の土地利用の制限と理解できるからである。それは理論的には、独占地代論の応用例としての、近郊での非農業地域の設定となる。すなわち、非農業的土地利用の地代負担に従来の野菜作を主体とする近郊農業が対抗しえない結果、そこから外縁地域へ撤退する。

次に、経済発展など外部経済条件の変化で立地論に影響する要因に、交通輸送の発達と技術革新がある。その影響が直接的であることも改めて指摘するまでもない。すなわち、交通輸送手段の技術革新の一般的傾向は、多様化と高速化を伴いながら、運賃率を低下させる方向に作用する。それは輸送手段の多様化や運賃率(f)に直接的に影響し、産地の遠隔化に強いインパクトを与える。その影響については、すでに理論的には媒介変数の変化として考察した。従っ

て、ここでは理論的にはそれ以上に何も付け加えることはない。ただ、その変化が主に動態過程として発生することを指摘するにとどめておこう。

なお、産地段階では以上にともなって、新たな経営管理問題が発生する。すなわち、これらの輸送手段・流通技術の変化を考慮しながら、作目選択と出荷市場の選択を行なう必要性が生ずるからである。これは経営立地論の作目選択問題であり、それは交通輸送の技術革新によって大きく影響を受けることになる。

他方、外部経済条件の変化として、動態論に強く結びつくのがマクロ的な制約条件であろう。例えば人口増や食生活の変化、その結果としての個別品目の需要量、価格水準、所得弾力性、などへの影響である。これらの条件変化は、品目別価格変化として比較静学の応用例として解決できる。

以上、動態立地論の展開に関連する要因として、(1)都市化の進展、(2)交通輸送手段の発達と技術革新、(3)食糧需要量の変化と価格・所得要因、などを簡単に検討したが、これらの課題はいずれも先に検討した比較静学理論で処理できる課題である。従って、動態立地論は、その限りで新たな理論を必要とせず、比較静学の応用で充分対応することができるのである。[2]

以下では、補足的に産地段階の生産技術、基盤整備の問題、流通・加工技術の影響、など、立地動態論に関連する問題を簡単に検討することにする。

注
1) ダンは、その著書、第3章、動態的要因に関する考察、において、比較静学として、(1)需要決定要因の変動、(2)供給決定要因の変動、(3)これらの相互関係、を考察する。その後、「真の動学」として、蜘蛛の巣定理によって均衡成立過程の分析で章をしめくくっている。これによっても、ダンの関心が均衡論にあることがわかる。この点、本書の目的が産地競争力の分析とその形成要因の考察であるのと異なる。Dunn, op. cit., Chap.6 (pp.71～85). 訳書、73～89頁。
2) Dunn, ibid. 訳書、同上。

2 流通・加工技術の発達—その立地論的意義—

ここで流通・加工技術というのは、主に生鮮野菜・果実などの品目の鮮度保

持技術を意味する。例えば、野菜を中心に産地段階で普及している予冷処理、[1] 冷蔵車・冷蔵コンテナなどによる輸送、その他の鮮度保持技術である。これらの技術の発達と普及は、交通輸送手段の技術発達とあいまって、生鮮品目をそれまで不可能であった遠隔市場に出荷することを可能にした。そのことを通じて、遠隔産地の形成を促すことになる。このような産地形成の促進要因の１つが流通技術の発達・普及である。

また、遠隔産地からの出荷とともに、鮮度・品質を保持することによって、価格形成を有利にする。この点では、単に遠隔産地に限らず、近郊産地でも品質の保持・向上によって価格形成上有利に作用することに変わりはない。ただ、立地論的意味では立地移動の側面が動態論的課題として強調されねばならない。

その立地理論との関連をみると、それは一方で出荷経費を増加させるが、他方で価格形成を有利にする。また、価格形成の有利性によって、価格を遠隔出荷に耐えうる水準まで引き上げ、新産地の形成とともに従来の既存産地でも有利に作用する。しかし、それは一方で出荷経費、より具体的には運賃を中心とする出荷経費の増加をもたらす。

従って、その増加費用を支払ってもなお剰余がでれば産地形成は可能となる。その地代函数への影響は、出荷経費としての運賃率(f)、生産費(a)の増加と価格(p)の上昇として処理できる。この問題もすでに前節で検討ずみの課題である。動態論としての新たな理論的課題は特に発生しない。

なお、ここで関連して付言しておけば、本来の農産物の加工問題があるが、[2] これは農産物を原料とする工業立地論の課題である。その動きが近年の地域活性化の一環としての特産品開発とも関連し、農山村問題の重要課題になってきている。[3] この問題については、農業立地論と工業立地論の統合問題として、後で（第６章）理論的に検討する。[4]

注
1）全農施設・資材部『青果物予冷施設のてびき』昭和57年、参照。
2）その嚆矢は、チューネンの穀物火酒加工の事例であろう。(Thünen, op. cit.,

Erster Abs 29, SS.197〜199. 訳書、253頁以下。なお、詳しくは、注4)、及び第6章、参照。)
3) 拙稿「過疎農山村の特産品開発とマーケティング」、『農村研究』、第63号。
4) 拙稿「農産加工の立地論的検討」、『農村研究』、第68号。(本書、第6章)

3　生産技術の革新と土地基盤整備

　この問題も動態立地論の重要課題であることは言うまでもない。農産物の品種改良、栽培技術の発達、作業技術の進歩、土地改良や用排水施設・畑地灌漑などの基盤整備、病害虫防除技術の進歩など、いずれをとっても長期的に農業立地の変動要因となる。例えば、稲の品種改良は稲作を北海道まで普及させた。また、南九州における畑地灌漑は、交通輸送の技術革新ともあいまって、京浜市場出荷を可能にする遠隔産地の形成に貢献した。[1]

　これらの問題は、経済発展など時間経過に伴って出現する立地移動の問題であり、すぐれて動態論的課題である。しかし、その立地理論的意味は、前節で検討した自然条件の優劣、経営条件の差異、その他の地域経済条件の差異とほとんど変わらない。いずれも、地代函数の媒介変数に反映されて、産地の競争力の構成要素となる。従って、図3－1の独立変数のひとつを構成するが、新たな理論問題は発生しない。

　以上、簡単に主要な動態論的課題の検討を行ったが、それらはいずれも地代函数の比較静学で考察した理論成果の応用事例であることがわかる。これらは、地代函数を媒介して関連する立地理論の相互関係を検討したものである。孤立化法の方法論に即して、立地理論課題を系統的に整理しながら相互に位置づけ、体系相互間の脈絡を確認する方法でその統合化の方向を見出そうとする試みである。

　もちろん、必ずしも充分問題点を解明したとはいえない面も残るが、一応理論の整理はなしえたのではなかろうか。もっぱらダンの地代函数式の比較静学的検討とその成果を応用した理論展開である[2]。残された課題については、今後の課題として改めて検討する必要がある。

以上、本章全体を通じて概略検討したように、ダンの明示的な地代函数式の定式化は、自然条件の理論的包摂、経営立地論の展開契機の創出などによって、従来未展開に終わっていた現状分析的な立地理論の展開を可能にし、動態論的問題の解決方向を提示したといえよう。また、理論的には位置と豊度の両差額地代論の統合を可能にするとともに、チューネン農業立地論の中に比較有利性の原理を包摂・位置づけることを可能にした。このように、関連する隣接理論との相互関連性を明確にし、それらを総合・統一する基礎を提供したのがダンの地代函数式とその比較静学的展開といえるのである。また、方法論的にそれを可能にしたのが「孤立化法」の定式化であった。これらの成果は、第Ⅱ部の立地変動の動態実証分析の基礎理論として、本書で重要な意義を有している。

注
1）第Ⅱ部、第6章で、この問題の実証分析を行う。
2）第1節、注1）、参照。

第4章
産地形成と産地組織化の理論

第1節 産地形成と産地組織化

1 産地形成問題の接近視点――理論的課題と実践的課題――

　産地形成[1]という場合、その概念は多面的かつ広汎な問題領域を包含している。例えば「産地」の概念[2]の多様性のほか、「産地形成」のそれも多様な領域が含まれる。作目選択に始まり、生産・流通の全般にわたる技術的・経営的領域、その他産地の組織化問題、さらに農業地域計画、市場対応問題、等々がすべて産地形成問題に含まれ、研究対象課題となるのである。

　このように、産地形成問題はその問題領域の多面性と広汎性のため、視点の差異とウェイトの置き方によって全然相異なる問題を対象としているかのような印象を受ける場合も少なくない。そして相互の問題領域の関連性と位置づけが不明確なままで、「群盲象をなでる」類の議論が多いといってよい。

　この種の問題を理論の首尾一貫性を保ちながら整理し、相互の位置づけを行なうことは重要であるが、その全面的な接近を試みることは当面ここでの課題ではない。しかし、その第1次接近としてまず産地形成概念に存在する2つの側面、すなわち実態分析と実践的・政策的側面を明確に区別しておきたい。この二側面を区別することによって、産地形成の曖昧な概念規定からくる混乱を避け、問題に正しく接近することが可能になるからである。

　以上のように、産地形成概念には多様な個別問題とは別に、はじめに明らかに区別しておかねばならない2つの視点が存在することである。その第1が理論的ないし現状認識的視点であり、第2は政策的・実践的視点である。従来、この2つの視点は、必ずしも明確に区別されず、それが問題の整理を不十分なままに残し、その結果議論を混乱させる傾向があった。

そこで、以上の2つの視点を若干補足説明すると、第1の理論的視点、ないし現状認識的視点というのは、産地がどのような経済論理と法則性に即して形成され、農業生産の地域特化がどのように歴史的・地域的に進展するかを、客観的法則性の把握に主眼を置いて究明する視点である。つまり、産地形成の実態分析といってよい。

それは立地論、交易理論、地域分析などの理論に依拠しながら、農業生産の地域特化、産地形成の実態把握、およびその形成論理と法則性の究明が対象課題となる。第2の実践的課題にも当然理論的側面はあるが、それはここでいう客観的法則性を目的－手段関係に結びつける技術論的性格のものであり、それと区別して客観的法則性にウェイトを置く理論を、とりあえず理論課題と呼んだのである。

これに対して、第2の政策的・実践的視点というのは、現実の農業地域を対象に産地形成を政策的に推進しようとする視点である。それは具体的には昭和30年代後半以来、いわゆる主産地形成論が論議された視点といってよい。

そこでは、いわゆる選択的拡大部門を中心に、既存産地の強化拡大をはかり、あるいは新規に有利作目を選択し、競争力のある産地を実践的に形成する立場である。この場合、与えられた地域の立地条件に即して有利作目を選択し、生産を軌道に乗せ、出荷販売を有利に実行するすべての問題が関係する。[3] それは農業地域計画や農業経営組織化の中心課題でもある。

以上の2つの視点、あるいは課題領域は、相互に密接に関連し、それらが全体として産地形成の課題を構成しているといえよう。以下では、以上の視点から産地形成の課題を2つに区分し、それぞれについて問題点を整理検討し、相互の関連性を見ることにしたい。

注
1）主産地形成について、全般的な問題点と論説を紹介解説した資料として、農林省農政局農政課編『主産地形成論』、昭和38年、参照。また、理論的な問題を検討したものとして、山田定市「主産地の展開構造」、北海道大学『農径論叢』17、41～43頁、昭和35年、参照。

2）拙稿「野菜産地の地域性」、『農業構造改善』第12巻、第3号、昭和49年。（本書、第Ⅱ部、第6章、第1節）
3）拙稿「農業立地と作目選択」、金沢夏樹編、『農業経営』（農林省農業者大学校通信講座、経済Ⅲ）、第2章、所収、昭和49年。

2　産地形成の理論的課題
(1)　産地形成の理論的検討

　一般に、産地形成の基礎理論としては、主に第1～2章で検討したチューネン、ブリンクマン、レッシュ、ダンなど、いわゆる古典農業立地論とその発展理論が考えられる。そして、これらの理論は、たしかに農業立地現象を理解し、基本的な問題を把握する基礎理論として有効であるが、実践的な産地形成理論としては直接的にはそのままで有用とはいえない面がある。

　その理由は、例えばチューネンのように、農業生産に最も関係の深い自然的立地条件が捨象され、理論が専ら距離要因に基づいて構成されているためである。従って、生産の地域特化の基本的な理解には有効ではあるが、産地形成の具体的・実践的指針を導く理論としてはそのままの形では通用しにくいのである。

　同様のことがブリンクマン、レッシュ、ダンなどの立地理論についてもいえる。既に考察したように、理論の性格はそれぞれ異なるが、いずれもそのままの形では現実に通用しにくい共通の弱点がある。もっとも、ブリンクマンの場合、問題はより具体的な次元で処理されている。また、レッシュ、ダンの場合にも、それは空間均衡論的方向での理論の発展に大きく貢献した。しかし産地形成の基礎理論としては限界があるといってよい。

　農業立地論の以上のような性格と限界のため、産地形成の基礎理論としては、既に考察したように、リカードの貿易理論に依拠する「比較有利性の原理」（比較生産費説）が援用される場合が多かった。そして、この理論は農業立地論の限界を補完する形で産地形成の基礎理論として有効であったといえよう。[1]

　しかし、この比較有利性の原理にしても、またおのずから限界もあった。すなわち、それは、もともと貿易理論であることからも明らかなように、その理

論の成立する前提が、資本、労働力、その他の資源移動が制限されている2国間の生産分担・特化であり、2国間の絶対的な生産力較差をそのまま認めた上での理論である。この点、資源移動が十分でないにしても、理論的には制約のない1国内における生産特化の場合とは、前提条件が異なっている。また、競争力を示す局面が生産費に限られている点も問題である。[2] このような理由により、その立地理論への包摂と統合が必要であり、その統合は既に第3章で試みた。

(2) 産地形成・発展論と産地競争力論

では、いかなる理論が産地形成の基礎理論として実践的に有効であり、それは具体的に如何なる理論であるかが次の課題となる。ここでは、それは(1)定性的・構造的な産地形成・発展論と、(2)定量的・機能的な産地競争力論の2つを中心に構成されるべきであると理解している。このような視点から、以下の考察で問題点を検討することにしたい。

(1)の産地形成・発展論では、産地が資本主義経済と農業生産力の発展に即して、また、地域的・個別的立地条件の制約を受けながら、いかに生成・発展、あるいは衰退・消滅するかを地域構造論的に問題にする。農業生産の地域特化が経済発展論として歴史的・動態的に検討され、対象となる領域も広汎に拡大してくる。立地論的にいえば、経済立地問題を中心に、生産特化、立地移動、産地間競争など、生産から市場・流通にいたる一連の問題がこの領域に含まれる。

(2)の産地競争力論は、伝統的な農業立地論、相対的有利性の原理、空間価格均衡論、その他の計量計画手法、等の理論的成果を目的に応じて選択的に応用し、しかもそれらを統合する形で成り立つ定量分析領域である。しかし、この定量化はいろいろ限界のあった抽象的立地理論を具体化し、相互に矛盾することなく、競争力構造が明示的に定式化されることが必要である。つまり、現状分析理論段階での統合である。

以上のような産地競争力理論は、第3章で試みたように、チューネン以来の

抽象的な立地論を、具体的条件を参酌して現実的に展開して成り立つ性格のものである。それは現実適用可能な実践的立地論の展開であり、ダンの地代函数式と方法論（孤立化法）の一般化を用いた産地競争力指標化で可能になる。[3] この産地形成の理論的側面を主に古典立地論を中心に検討したのが本書の第1〜3章であった。

このような定式化は、空間価格均衡論、その他の計量手法との結びつきを可能にし、(1)の定性的法則性の究明とも相まって、次の産地形成の実践的課題に答えうる理論となりうるであろう。次に、以上と関連する産地形成の実践的課題を検討する。[4]

注
1) 例えば、金沢夏樹「農業立地と地域計画」、『農業と経済』、第27巻、第1号、山田定市「主産地形成の理論―相対的有利性と地代をめぐって―」、『農経論叢』20、昭和38年、参照。
2) 拙稿「市場競争力の理論的検討」、『農業および園芸』、第48巻、第4号、(第4章、第3節) 参照。
3) 拙稿「農業立地論の方法論的考察」、『農業技術研究所報告』H41号、昭和45年。(第3章、第3節)
4) 理論と実践の関連については、拙稿「経営研究と技術問題」、児玉賀典・小笠原璋編『現代農業経営の課題』、第8章、参照。

3 産地形成の政策的・実践的課題

(1) 産地形成と立地政策との関連

産地形成を現状認識的に客観的な実態としてみた場合[1]、以上で述べたような理論的・法則解明的問題が存在する。産地形成の実践的課題は、この法則性に即して全国的にみて如何に適正な生産の地域特化をはかり、効率的な生産の地域分担関係を実現するかがその中心課題となる。また個々の地域については、それぞれの立地条件を勘案して、地域の適作目を選択し、その産地形成をいかに推進するかが課題である。[2]

このような発想は、戦前においては「適地適産」政策として存在したが、それが最も鮮明な形をとって時代の潮流となるのは、昭和36年以降、農業基本法

施行に始まる農業生産の選択的拡大と作目別地域分担が農業政策の中心課題となり、主産地形成が議論の焦点となってからである。その背景には、我が国の高度経済成長に伴って、農業をとりまく内外経済条件の急激な変化があった。そしてその一環として農業立地変動を促す諸条件が顕著になったことが考えられる。

いずれにしても、このような立地問題は、先にみた産地形成発展論からも明らかなように、我が国経済と農業の歴史的発展過程で生起した問題であり、それに適切に対処するためには、それがどのような論理で生起したかを正しく認識し、その発展方向を正しく把握し、その上で適切な立地（生産・流通）政策を講ずることが必要となる。

このような役割を果すことを期待されるのが、さきにあげた構造分析的な産地形成・発展論であり、この問題の検討を欠いた立地政策は十分その目的を果すことはできないであろう。またその前提として、産地競争力論の具体的な分析によって、各作目の競争力が実践的・計量的に検討されねばならないのである。

要するに、産地形成の実践的課題は、基礎理論としての構造的法則性と、競争力の計量的検証を前提して成り立つものであり、それに基づかない実践では成功が期待できないし、また合理的な立地配置とはなりえないのである。

(2) 地域分担問題―マクロ的視点―

ところで、実践的な産地形成の課題には、当然また別の局面が存在する。例えばマクロ的にみた、今まで述べたような基礎理論に依拠する、全国的視点からの立地動向把握と関連計画・施策の問題である。そこでは、外国貿易を含めて、国の食料需給計画が品目別に明らかにされる必要がある。またそれに基づいて、品目別・地域別の生産分担が目標として示されねばならない。[3]

この点では、今まで政策的に主要農作物の需給見通しや、農業生産の地域分担などが策定され、それなりの政策努力はなされてきたが、必ずしも以上で述べたような基礎的検討を踏まえたものとはいえない面がある。その中でも基本

的な問題である食料自給率などについても、近年の情勢変化でようやく課題に真剣に取組むことが必要という認識が一般化した状況にあり、具体的細目では充分検討されていないのが実情であろう。

また、農業生産の地域分担についても、計量的手法に基づいて試算された成果はあるが、その試算にあたっては、かなり慎重な基礎データの検討・吟味と、構造的・法則的問題点の検討を踏まえた処理が必要である。従って、以上で指摘したような立地論的法則性に依拠しない試算・目標設定は、現実の立地政策の実践的課題に十分応えられない側面があり、同時に危険も伴っている。

しかし、それは理論的検討や適用方法に問題があるのであって、全国的視点から以上のような需給計画や地域分担計画が必要でないことを意味しない。むしろ、そのような計画が十分な基礎理論の検討に則して策定されねばならないのである。そしてこれが実践的な産地形成問題の第1の課題といえよう。その領域は、立地政策論、需給動向分析、その他の生産・流通技術の発達展望と関連政策など、農業政策全般に関係する領域である。

(3) 作目選択と前提条件の検討

第2の課題は、作目選択と産地形成の前提条件に関連する実践課題がある。[4]この中には、第1の全国的な地域農業計画や、全国的な地域開発計画を踏まえて、それぞれの与えられた地域で如何に具体的に有利な作目を選択し、産地形成を図るかという問題が含まれる。

ここでは、既存作目と新規導入可能作目の両方について、如何なる部門が有利であり、その場合どのような技術体系と土地基盤整備をふまえて生産を行なうか、その出荷市場はどこか、その場合の運賃・出荷経費はどの程度になり、その差引き後の純収益（地代）はどの水準に落ち着くかが検討される必要があろう。

この検討で意味をもってくるのが、さきの基礎理論で見た産地競争力であり、これが具体的条件とそれを前提にした各パラメーターの数値を基礎に検討されねばならない。そして各パラメーターは、生産物の価格、収量、生産費、出荷

経費（運賃、包装資材費、等）、個別経営規模（作付面積）、産地規模、などそれぞれの生産技術や市場流通条件を明示的に含んで検討されるべきである。これらが具体的数値の検討と併せて十分吟味されねばならない。

　特に、収量、生産費などは、各産地で確立しうる技術水準や団地化・基盤整備のあり方などによって大きく左右される。また価格や出荷経費なども出荷市場、輸送方法、包装規格、など市場対応の仕方や産地規模、出荷組織如何によって大きく変ってくる。これらの各項目を技術、経営、経済の各視点から個別に検討し、それぞれの実行可能性や危険負担など各般の検討が必要であり、全体を統括することが産地競争力検討の内容を構成する。

　従って、産地競争力の検討は単に数式的に示された各パラメーターを、抽象的な数値として検討することではなく、立地条件に即して、作目、作型、品種まで具体化し、それによる技術水準、作業体系、生産費も想定し、しかも出荷市場と期待価格等を想定しながら、具体的な技術問題や経営問題、さらに市場対応問題を検討することである。

　この検討には、生産から出荷販売までのすべての業務が含まれる。そこで個々の具体的な技術的・経営経済的な側面や、産地の集団組織的な問題や前提条件がどれほど徹底的に検討され、その解決と目標達成にむけて全体調整が行なわれるかが産地形成の実践過程を大きく左右し、成否の鍵を握ることになる。

　この過程は、一応産地形成の個別計画段階とでも言うべき領域であり、その中心に作目選択と産地競争力の検討、および関連する生産・流通・組織全般に及ぶ前提条件の徹底吟味が含まれる。

(4) **実践活動と産地形成主体**

　第3に、狭い意味の産地形成の実践課題がある。これは第2の個別計画に即して実際に生産を行い、販売し、収益をあげる生産・経営活動の全体領域を含んでいる。この課題は、実際の生産・経営それ自体であり、この実践がうまくいかなければ、前段の計画がいかに立派であってもそれは「画餅」に終わりかねない。つまり、今までの計画はこのような形で実践されて意味があるのであ

り、また実行すべく詳細な検討が計画段階で要求されるのである。

　ここで、若干この実践段階の問題点を整理すると、それはまず何よりも生産技術が確立されないならばその後の全てがご破算になることである。従って技術確立のための努力は、当事者としての農家はいうまでもなく、普及所、試験場、その他すべての関係主体・機関が参画して行なわれる必要がある。また実際成功した事例をみると、そのような関係者の協力体制が整っている場合が多い。

　産地形成の技術確立の重要性と関連して、技術指導のあり方や産地形成のイニシアティブをとる主体が何かがまず問題となる。すなわち、農業生産の地域特化が出現するごく初期の段階では、果樹、野菜、などでは、さきに第2章、第3節の人間的要因で見たように、いわゆる篤農家や市場などの技術指導で産地が形成される場合が多かった。これは産地の発展段階からいえば、いわゆる特産地段階に対応した技術指導体制である。

　これに対して、国家やその要請をバックにした団体・企業などが指導に当るのが米麦を中心とする基礎食料部門であり、また、養蚕、タバコなどの工業原料作目であった。これは戦前期の産地形成の指導体制を代表している。このような国家的な指導体制は、昭和23年の農業改良助長法の成立とも相まって、国及び都道府県などの試験研究機関の整備や普及事業の強化となり、それは昭和36年の農業基本法の施行によって決定的となった。

　産地形成のイニシアティブは、以上でみたように、たとえばそれが篤農家、あるいは上層農家など、農家自体の内発的な発想に基づくものから、漸次、国家や団体・企業の介入する程度が大きくなり、それは最近における畜産部門のインテグレーションにみられるように、商業資本の主導で農家独自の発想はますます小さくなってきている状況も進んでいる。もちろん、農家自身の発想と努力で成功している事例も当然存在する。

(5)　産地組織化とマーケティング[5]

　また、産地形成の主体と関連して重要なのは、産地の農家（経営）を如何に

組織するかという問題である。これについては農家自身のリーダーシップと指導が重要であることは言うまでもない。いわゆる指導者と目される人々が、長期間にわたって生産から流通までの全過程を指導し、産地を育成・リードしてゆく問題である。

これは、単に技術面の指導に限らず、場合によっては農家（経営）相互間の利害の対立を調整し、人の和を保ちながら共通の目標に向かって歩調を揃えるという組織化行動であって、これなしには産地の永続的な発展は望めない。実際、産地形成を達成し成功している場合をみると、いずれもこのような優秀なリーダーが存在していて、長年にわたって努力した結果であることが多い。

そして、このようなリーダーシップが発揮される領域は、勿論生産技術については言うまでもないが、それを前提として、出荷販売面の分野でそれが重要になってきている。その際、その形態は部門や立地条件、その他の事情で異なるが、農協、同連合会（園芸連、果実連、野菜連、花き連、等）などの系統を通じて、市場経由の販売を行なう場合と、独自に生協、スーパーなどと直結するいわゆる「産直」などの場合とがみられる。

いずれにしても、このような市場対応のウェイトが、商品経済の進展と併せて産地形成機能の重要な役割を担ってきつつあることである。つまり、市場対応（マーケティング）の領域の実践活動が産地形成に果す役割は益々大きくなり、今後そのウェイトはさらに大きくなってゆくものと思われる。

ただ、注意しなければならないことは、単に自己の産地のシェアを拡大し、他産地を打倒するという量的競争による市場対応というよりは、産地の特色を生かし、品質面の向上により、品質競争・製品差別化で勝負するのが今後の方向であろう。

従って、それぞれの産地の特色を生かし、需給調整も兼ね果たすような産地組織化と、市場対応が望まれてきている。このことを認識して産地形成を図ることが重要であり、実際にそのような動きが出てきていることをここで強調しておこう。産地形成の課題といっても、過剰生産の発生と関連して「調整問題」のウェイトが大きくなってきているからである。[6]

何故なら、競争は必然的に過剰を発生させ、たとえ「産地間協調」が簡単に実現しえない問題であっても、その方向で努力することが必要であり、それが立地論の存立する大前提—つまり相互の有利性に基づいて無駄な競争や資源利用を是正すること—でもあるからである。

以上、産地形成の課題を理論的課題と実践的課題に区分して問題点を概略検討した。問題の性格と領域の関係で残された領域もあるが、産地形成の課題は以上述べた種々の理論的問題の整理と現実問題の反省に基づいていかに理論的課題と実践的課題を結びつけるかが重要であり、そのギャップをいかに埋め、両者を統一するかということである。これが産地形成の古くて新しい課題といえるであろう。

注
1) 柏崎文男「農産物の主産地形成とその展開」、農村市場問題研究会編『日本の農村市場』、昭和32年、拙稿「日本農業変貌の立地論的考察」、阪本楠彦・梶井功編『現代日本農業の諸局面』、第1章、昭和45年。(第2部、第1章、所収)、等参照。
2) このような意味で、実践的課題は立地政策論と密接に関連し、その具体的事例が「基本法」農政と言ってよいであろう。また方法論的には、政策目標策定の一手法として空間均衡論が援用されてきた。武藤和夫「主要作目の立地配置と地域農業」、『農林統計調査』第20巻、第8号、「農業生産の地域分担計画に関する一試論」、『農村研究』、第31号、昭和45年、農林省農林水産技術会議事務局『主要作目の立地配置に関する研究』(研究成果43)、昭和45年。農林省『農業生産の地域指標の試案』、昭和45年。
3) この課題に対しては、空間均衡論等を援用した地域分担計画がガイドポストとして策定されている。前掲、農林省『農業生産の地域指標の試案』。
4) この問題は、本章、第2、3節、および第5章で詳しく検討する。
5) 詳しくは、第3節、参照。
6) この問題の検討は、最近過剰問題が顕著となった段階で広汎に行なわれている。全国農協中央会『1980年代日本農業の課題と農協の対応』、昭和55年。梶井功編『農産物過剰』、明文書房、昭和56年。

第2節　産地間競争と産地競争力[1]

1　産地概念―「特産地」と「主産地」―[2]

　生産力が低く経済社会が未発達な段階においては、チューネンが想定した「孤立国」に近似した経済圏が現実に存在したことは容易に想像できる。この段階では1つの中央都市（消費地）を中心に孤立的経済圏が形成され、基本的にはその経済圏の範囲内でほぼ自己完結的な経済生活が営まれていたと思われる。

　この段階の生産はその置かれた自然条件を基礎に、そこで生産可能な産物が生産され、それらの品目のうち自己地域需要を上回る剰余がでれば、それが他の地域へ流通する状況が漸次発生したと思われる。これらの当該経済圏を越えて広域流通を行なう地域産物がいわゆる「特産物」と呼ばれたのである。

　このように、生産力が低く、経済活動が小経済圏中心に行なわれている段階で、限られた産物が広域流通を行なうような場合の産物が「特産物」であり、その産地を「特産地」と呼んだのである。それは、ミカン、ブドウ、リンゴ、その他の果樹のように、気象条件に強く規制される場合や、大根、ゴボウ、人参、のように土壌条件に制約される場合、あるいはその他の条件（技術、人為的規制等）による場合が考えられる。

　これに対して時代が進み、交通輸送、技術発達、その他経済社会の発展に伴って、以上のような孤立的経済圏の壁が弱まり、国民経済が広域的に統合され、全国的な経済圏が形成されると、徐々に広域流通体制が整ってくる。いわゆる国民経済の形成である。この傾向はさらに進んで近年では全地球的な世界経済圏を出現させる。それは社会、文化、その他に及ぶグローバリゼーション時代の到来である。[3]

　ところで、生産力の発展と交通輸送条件の変化を基礎に、国民経済の範囲で全国規模の流通が、特産物だけでなくその他の一般品目について、それぞれの立地条件の有利性に基いて産地形成が進展し、その産物が全国的に流通する場合に、これらの産地が「主産地」と呼ばれている。これが昭和30年代以降の状

況であつた。このような「主産地」は高度経済成長に伴って、主要な農業政策として強力にその形成が推進されたことは周知のとおりである。

この「主産地」をさきの「特産地」と区別する特徴としては次のような点が指摘できる。すなわち、(1)国民経済の発展段階が異なること、(2)特に交通輸送機関の発達により広域大量流通経済が実現していること、(3)全国規模で生産立地が競争力に従って展開する条件が整っていること、(4)特殊品目に限らず、一般品目についても生産特化が進んでいること、(5)立地条件としても自然的立地条件だけでなく、その他の立地条件（土地基盤整備、産地組織化、など）が関与して産地が形成されていること、(6)また全国的流通を行なう大規模産地が形成されていること、などである。[4]

要するに「特産地」の特徴は、経済発展の初期段階で特殊な立地条件、あるいは人為的な規制などによって、いわば独占的地位にあることであろう。いわば閉鎖的経済条件と限られた需要のもとでの、極端に言えば無競争産地といえるのである。

これに対して、「主産地」の特徴は、経済の発展した段階で、産地間競争を前提し、その競争を通じて成り立つ産地であり、競争が常態の産地である。従って「主産地」がその地位を確保してゆくためには、常に生産・流通両面において競争力を高め、競争に勝ち残る必要がある。その産地の具備すべき条件は後程考察することにして、ここでは「主産地」が「特産地」と異なり、競争を前提して成立していることを強調しておきたい。

なお、産地の類型はその視点により種々可能であるが、その分類基準は産地の形成・発展の視点に立って、歴史的・動態的に把握する必要がある。このような視点に立って初めて産地間競争を立地動態論の中心課題として正しく位置づけできるのである。

注
1) 前掲、Mighill, R. and J. D. Black, *Interregional Competition in Agriculture*, Harvard University Pres, 1951. 堀田忠夫『産地間競争と主産地形成』、明文書房、昭和49年。

2）前掲、拙稿「農業立地と作目選択」、「野菜産地の地域性」等で歴史的・産地発展論的区分を試みている。（前章、第1、2節、参照）なお、堀田氏は前掲書で産地を「主産地」と「単なる産地」に分類し、前者を「組織化された産地」、後者を単なる「地域的集積」としての「均質地域」（前掲書、23頁）と表現している。ただ、この区分では産地が歴史的発展概念として存在することの認識が欠けており、産地形成と産地間競争の分析概念としては不充分であり、明確な規定とは言えない。
3）第5章、及び第2部、第3〜5章でそれぞれについて考察する。
4）これらの大型産地の形成発展として主産地形成は理解されるが、その形態は種々である。具体的な地域特化については、第Ⅱ部、第1章、参照。

2 産地間競争の本質

　産地間競争は、このように小経済圏から全国的な広域国民経済圏が成立する過程で必然的に発生する現象である。その誘発条件は、交通輸送の発達と技術革新、都市の発展と需要条件の変化、それに伴う農産物の全国規模での流通、などである。[1]

　以上の外部経済条件に触発されて、生産段階においても栽培技術の発達が地域間の自然条件の格差を縮小し、経営の発展と資本蓄積は従来の半自給的・多角経営から脱却して有利部門の選択的拡大を図るようになってくる。この過程で生産は、それぞれの立地条件と経営条件に従って生産の特化が進行することになる。

　このようにして、いくつかの複数産地が結果的に同一品目に特化する状況になり、それらの産地は同じ市場、あるいは異なる市場に共通の品目を出荷することになる。その結果、需要条件とも関連して産地間競争が必然的に発生してくる。

　産地間競争がどのような論理で発生するかは、一応以上のような関係として説明がつく。それは経済発展を基礎に外部経済条件が変化して、国民経済を構成する地域経済の再編・統合過程で発生する現象である。このような視点に立って、産地間競争の本質は何かを明らかにする必要がある。

　産地間競争で問題になるのは、産地間競争の本質は何かということである。通常、競争という場合、それはある目的に向かって関係者が相競うことである

が、産地間競争の場合は一体何を目標にして競っているのであろうか。

　この問題で重要なことは、産地間競争がいかなる契機で発生するかということである。産地は当初から他産地との競争を意図している場合もあるが、結果的に競争関係に立たされる場合も多い。たまたま同一品目の生産に特化した結果として、関係産地が競争する結果になることもある。この点を認識することが重要であろう。

　このような意味で、産地間競争はそれぞれの産地が発展を企図しながらも、いくつかの産地が競合することによって、一応所期の目的を達成するか、あるいは必ずしも目的通りの結果がえられないか、という形の競争である。それは本質的にはいわば「生存競争」という性格が強い。この競争の本質を理解することが競争力や産地形成を問題にする段階で重要になってくる。

　そこで、産地間競争を分類すると、大きく分けて2つのタイプに分類できる。その1つは直接的競争であり、他は間接的競争である。前者は同一時期に同一市場へ同じ品目を出荷する場合の競争である。後者にはそれ以外の場合が全て含まれる。

　直接的競争では、関係する産地の立地条件、産地規模、その他によって品質、鮮度、規格、等級、数量などが具体的に示され、それが需要条件とも関連して評価され、一定の価格が形成される。この価格水準に産地間の差異が出るとすれば、それは一応この直接的競争の結果とみて差し支えない。

　しかし、産地間に価格差が生じたとしても、それは必ずしも産地の存続、消滅にすぐそのまま結びつくとは限らない。市場価格は産地間競争の一局面を示すが、産地が存続するか否かは、他に運賃、生産費、収量、規模など、種々の要因が関係してくる。直接的競争はこれら全体のうち、価格を基礎とする市場競争に関係するに過ぎない。もちろん、価格が重要な要因であることはいうまでもない。

　他方、産地間競争の間接的競争は如何なる性格のものであろうか。それは異なる市場や異なる時期に特定品目を出荷する産地間に発生する関係であり、それを表面的に理解すれば一見競争関係が発生しないかに見える。しかし、価格

形成が単一市場の需給関係だけでなく、その他全体の市場の需給関係を通じて決まることを理解すれば、直接同一市場に出荷しなくても競争関係が発生することがわかるであろう。

　このように、産地間競争には、実際には直接的競争と間接的競争の両面があるといってよい。また産地の市場対応も、特殊な場合を除けば直接的競争はなるべく避けて、出荷期をずらし、あるいは別の新市場を開拓する方向で対応する場合も多い。何故なら価格形成は未開拓市場を開拓する方が有利であり、出荷量の少ない時期（端境期）の方が有利であるからである。

　このような産地の対応が、結果的に新市場（需要）の開拓となり、市場間の需給調整に役立ち、また野菜などにみられるように、作型の分化を前提した周年出荷に繋がるのである。例えば、早熟、促成栽培による前進出荷や抑制栽培による後退出荷は、ともに出荷期をずらして価格形成を有利にする市場対応であり、その結果が周年出荷を実現することになる。[2]

　このようにして、産地間競争は直接的競争と間接的競争とを交錯させながらも、全体の需要量に規制されて相互に競争関係を強化してゆく。しかもその競争は、単に価格だけでなく、その他の要因を総合した全面的な競争となり、その競争力が問題になるのである。

　次に、産地間競争を規制する要因は何か、それがどのような形で競争力に関わってくるのか、それをどのような指標で把握するか、など産地間競争の競争力の構造的把握と指標化の問題を検討してみよう。

　従来、産地間競争や競争力については抽象理論としては議論されても、[3] それはあとでみるように、比較生産費説や地代比較という段階にとどまり、競争力に関係する各要因について総合的に、しかも定量的に把握しえないきらいがあった。この問題を克服する努力が前章までの考察である。

注
1）詳しくは、第Ⅱ部、第3〜5章、参照。
2）この問題については、第2部、第6、7章、参照。特に施設園芸の作型分化に

顕著に見られる。
3）堀田、前掲書、第5章、参照。

3　産地競争力の構造と指標化

　産地の発展・衰退は種々の条件に左右される。例えば技術的には、「いや地」（連作障害）などによる病虫害多発、品質・収量低下などにより産地が危機に陥り、その存続を不可能にする。また経営経済的には、価格、出荷経費、生産費の大小は、いずれも産地の発展、あるいは衰退を左右する重要な要因である。

　しかし、これらの各要因は、それらが同じ方向に並行的に作用するのではなく、産地の置かれた立地条件や経営条件によって、各個別々に不規則に作用する。産地に有利に作用する場合もあるし、反対に不利に作用する場合もある。従って、産地の競争力を最終的に判断するためには、競争力に影響する全ての要因を総合的に統合・相殺し、しかもそれを計量数値として把握することが必要になるのである。

　従来は、収量、価格、生産費、運賃、など競争力に影響する要因を個別に検討し、その結果を総合判断して競争力を判断する場合が多かった。例えば、比較生産費説などがこのような場合である。しかし、これらは競争力を表現する方法としては不充分であり、必ずしも競争力を正確かつ充分に表現しているとは言えない。

　重要なことは、これらの要因間の相互関連とそのウェイトを反映しながら、しかもそれを一定の計量数値として指標化することである。このような目的に合致するのが地代函数であった。これはさきに第1〜3章でみたように、その競争力を地代（R）で表し、それを関連媒介変数とともに距離の函数として定式化したものである。その表式化はいろいろ可能であるが、最も簡単でかつ競争力要因をその内部に包括しうるものとしてはダンの地代函数式があった。（第3章、第1節）[1]

　この地代函数式で明らかなように、さきにみた競争力要因が地代函数式の構

成要素として統合されている。このようにダンの地代函数式の明示的定式化は、ダンが意図した一般均衡論体系化の貢献とともに、あるいはその目的以上に、競争力構造の明確化と指標化に貢献している。

この式を構成する媒介変数の収量(E)、価格(p)、生産費(a)、運賃率(f)そして変数の市場距離(k)などは、それぞれ与えられた産地の競争力局面を規制し、その総合結果がどのように競争力を構成するかを地代＝純収益(R)の大きさで表示する。

もし、ある作目の地代函数式が与えられれば、その競争力局面を個々のパラメーターによって検討することにより、その産地の何処に問題があり、競争力向上のために如何なる方策が必要か、などの検討ができるのである。この点については、あとで具体的に検討する。

なお競争力概念は、ダンと同様に単位面積当たりで比較するのが一般である。これは国民経済的視点からの土地利用計画や、経営規模同一という個別経営の場合にはそれでいいが、経営規模や産地規模の異なる産地間競争力を表す指標としては不十分である。

何故なら、個別経営の競争力は単に単位面積当りの競争力では充分でなく、個別経営の作付規模を考慮した総地代＝総純収益が問題になるからである。従って、産地競争力はダンの函数式に規模を考慮した形で表現するのが妥当であろう。[2]

また、産地間競争を検討する場合には、個別経営の作付規模と同時にその集積としての産地規模を考慮することが市場対応、産地の生産組織化、その他で重要である。このような意味で規模概念は個別経営と産地の両面から重要な地位にあるといえる。そして個別規模は生産段階における規模の経済に関連して生産費と強く関連する。また、産地規模は個別経営規模と同様、土地、機械・施設の利用共同（Nutungsgemeinschaft）[3]の視点から生産費節減に貢献する。同時に有利な市場対応（マーケティング）の面でも価格形成上重要な意味を有している。[4]

注
1）ただし、この段階では競争力は単位面積当たりで示されている。なお、詳しくは、本章、第3節、参照。
2）第3節、競争力概念の理論的検討、参照。
3）Brinkmann, Th., op. cit. 訳書、第3章、第2節、75〜93頁。
4）これらの課題は、ダンの「企業レベル」での理論的課題として重要であるが、ここではそれぞれを直接的には取り扱わない。しかし、それは生産費、流通経費、価格等として地代函数のパラメーターに反映される。その限りで理論的には問題はない。

第3節　競争力概念の理論的検討

1　競争力概念の定義[1]

　前節で検討したように、産地の形成・発展で問題になるのがその競争力である。それは長期投資を必要とする果樹や畜産などは言うまでもなく、野菜のように生産過程が短期で作目導入が比較的容易な場合でも、競争力の有無をよく確かめる必要がある。そうでない場合には導入も簡単であるが、すぐ撤退ということにもなりかねない。

　そこで問題になるのが、競争力を総合的に如何なる指標で計測するかという問題である。一般的にはまず生産費の大小が考えられる。しかし、それのみでは問題は解決しない。ほかに収量や品質が粗収益に大きく関与するからである。そのほかに競争力に関係する要因も多い。

　次に引き続き検討するように、競争力に関係する指標はいろいろあるが、いずれも競争力の限られた一局面を示すが、それのみでは競争力を全面的に表示しているとは言えない。従って全面的に競争力を示す指標が必要になる。厳しい産地間競争や外国産輸入農作物との競争に対応するためには、生産費や収量・品質等関係する要因をすべて組込んだ競争力概念の定義とその計量指標化が必要となる。その指標は競争力に影響する諸要因相互間の関係を構造的に示し、各要因のウェイトの大小が明示的に計数値として明らかになることが重要である。

このような産地競争力について、その問題点の整理を次に試みることにする。そのため、一般に用いられている競争力概念を選定し、その比較検討を通じて産地競争力の構造的指標化を試みることにする。ここで直接問題にするのは、個別競争力が全体の総合競争力にどう統合されるか、換言すれば競争力の要因相互間の構造的把握と総合指標化の試みである。[2]

注
1) 競争力概念の理論的検討としては、例えば、R. L. Mighell and J. D. Black, *Interregional Competition*, Chap.2, pp.13〜37. ただし、ここでは単純な需要、供給線の交点座標として価格水準が示されているのみである。また、比較有利性と立地論との関連については、Thünen, A. Weber、E. H. Hooverなどと関連させて検討している。(ibid., pp.20〜22)
2) 本節は、第1〜3章の理論的展開の補足的説明である。

2 競争力概念の分類

一般に競争力に関連する用語は多い。例えば「市場競争力」、「国際競争力」、「産地間競争」などである。そのほか直接競争力と表現しなくても、実質的には競争力を表現する概念もある。例えば「比較有利性」などがその一例である。

そこで、ここではさきに示した競争力の構造分析と計量指標化を行なうために、次の4つの概念を選定する。すなわち、(1)比較有利性（生産費）、(2)立地競争力（輸送費）、(3)市場競争力（価格）、及び(4)産地競争力（純利益＝地代）である。これらの概念は必ずしも一般的に慣用されているものではないが、地代函数式に対応させて便宜的にそう呼ぶことにしたい。

(1) 比較有利性（生産費競争力）

リカードによる貿易理論が比較有利性の原理に基づいており、それがハロッドなどにより発展させられ貿易理論の中核になっている。[1] また、立地理論ないし国内における生産の地域特化の理論として比較有利性の原理を援用している場合が多く、[2] この点については既に検討した。

このように、比較有利性の原理は商品生産の国際分業、ないし国内的な地域

分業（特化）の発生する根拠を、当該商品（最少2商品）の生産費の格差に求め、その絶対的大小ではなく、相対的な比較有利性（Comparative advantage）によって生産特化が起こることを示している。その場合、労働力、資本など資源に流動性がないことが前提されている。比較有利性の検討は省略するが、この原理が生産費に着目した理論である点がこの概念の特徴である。

言うまでもなく、比較有利性の原理は、その理論の展開目的が国際貿易の進展と貿易品目の国際分業、ないし生産特化を説明するためのものであり、それ自体が直接的に競争力を示すものではない。しかし、間接的には生産特化した商品の競争力を示していると見てよいであろう。

従って、当面の競争力概念との関連で問題になるのは、本来の比較有利性の原理が競争力を示す概念として適切か否かということよりも、それが生産費を基礎にする理論である点にある。ここで競争力概念の1つに、比較有利性の原理をあげたのは、競争力要因として費用、とくに生産費が競争力の重要な要因であり、その1つに生産費があることである。

このように、生産費は競争力を示す重要な指標であり、それは具体的には生産物の単位重量当たり生産費(a)、あるいは単位面積あたり生産物の生産費(Ea)として示すことができる。[3] これは生産段階に対応する競争力であり、その背後に生産技術と立地条件が暗黙のうちに前提されている。

しかし、生産費が競争力の重要な局面であるとしても、それのみで充分競争力を示しうるかといえば必ずしもそうとはいえない。この概念が競争力指標としてとりあえず利用できるのは、厳密にいえば当該農産物の価格(p)、と収量(E)が一定の場合、したがって粗収益(Ep)が一定で、運賃その他の出荷経費も一定の場合に限られる。これに近い農産物を探せば食糧管理法下の米などが考えられる。[4]

この競争力は、野菜などのように収量差が大きく、かつ価格の個別格差および変動幅の大きい品目には当てはまらない。この点に生産費のみの競争力表示に限界があり、それがあくまで競争力の1局面を示すものであり、この点を補正する概念が必要なことがわかる。

(2) 立地競争力（輸送費競争力）

　チューネンの立地理論は、農産物を農場から市場に運搬・出荷するのに要する費用、つまり輸送費（運賃）の大小によって作目の立地配置が決まることを理論的に示している。[5] この理論は、費用要因のうち特に輸送費に着目し、その大小によって立地現象を説明したものであり、すでに見たように立地理論として古典的地位にある。ここでは、このような形の競争力をチューネンの立地論にちなんで、とりあえず「立地競争力」と呼ぶことにしたい。

　その内容は、立地条件の空間要因を克服する費用を問題にしていることである。ここであえて「空間要因」と限定したのは、次の点を明確にしたいためである。すなわち、立地条件の中には、気候、土壌、などのように、一定の場所に帰属する属性があり、これらは収量、生産費に反映されて、さきに示した「比較有利性」の競争力カテゴリーに分類される要因である。従って、ここでは「立地競争力」といっても、生産に関係する自然的立地条件を除外し、輸送費に関連する「空間要因」に問題を限定しているのである。チューネンは気候、土壌などの条件を一定と前提して、立地要因を空間要因のみを問題にした。

　この輸送費用に等しい「立地競争力」は、具体的にはその農産物の自然的属性（嵩張るか否か、腐敗しやすいか否か、など）、収量の大小（E）、市場距離の遠近（k）、輸送手段の性格（鉄道、トラック、フェリー、など）（f）によって異なってくる。これらの各要因の組合せによって、実際の運賃の大きさが異なる。その差異は運賃の大小関係で計量的に示される競争力指標である。その大きさに逆比例して競争力を表示する。

　もし、市場が多数存在していて、その市場距離が異なれば、どの作目を栽培し、どの市場へ出荷すれば輸送費を最小にしうるかが問題となる。この種の問題がいわゆる空間価格均衡論の課題となる、この理論を実際に応用したものが農業生産の地域（分担）指標として示されている。[6] また、以上の理論を単一品目についてみたものが「輸送問題」[7] である。これらの問題点は、「空間価格均衡論」[8] の場合には、各市場の価格が均衡価格として決定され、「輸送問題」の場合には各市場の需要量と産地の供給量が制約条件として与えられてい

るが、その本質は輸送費を基礎とした競争力理論であるといえよう。

いずれにしても「立地競争力」も、さきの生産費による競争力同様、競争力の1局面を表しているに過ぎず、これのみでは充分な競争力概念とはいえないのである。古典立地論がそのままでは不充分な理由もここにある。

なお、立地競争力について、その特徴を補足すれば、この競争力概念には市場、輸送手段、などの選択の幅があり、それは次に検討する「市場競争力」が単にマーケティング活動に関連する競争力要因ではなく、「立地競争力」と相互に補完する関係にあることを示している。

(3) 市場競争力（価格競争力）

以上の2つの概念が、費用要因を中心に生産および輸送サイドから競争力を示したものであるのに対して、市場段階での競争力を示すものが「市場競争力」、具体的には価格である。この「市場競争力」はしたがって、市場段階の流通・マーケティングに関連する競争力概念であり、特に価格形成に注目した競争力である。

価格形成に影響する要因としては、例えば一般的には(1)品質（味、色沢、鮮度）、(2)数量（荷口の大きさ、連続出荷の可能性、市場占有率）、(3)出荷方法（輸送手段、分荷方法、規格・等級・選別、予冷その他、品質保全処理）、(4)出荷販売対応（マーケティング活動）、(5)その他、制度的要因などが考えられる。そして、これらの要因は相互に関連して農産物の価格形成や出荷経費、輸送費などに影響を及ぼす関係にある。

以上の要因は、それを産地あるいは生産段階までさかのぼれば、産地の立地条件（気候、土壌）、技術水準などの経営条件、産地形成の段階・程度と産地規模、といった諸々の生産要因とも密接に関連している。

このように、「市場競争力」に影響を及ぼす要因は多様であって、それらは単に流通段階だけでなく、生産・産地段階の立地条件、技術水準、経営条件、産地規模、などと複雑に関連する。これらの諸要因が市場における価格形成を通じて総合されて「市場競争力」となる。

要するに、「市場競争力」は、農産物の競争力を市場・流通段階で捉えたものであり、それには今まで見てきた種々の要因が関与する。それらが市場における価格形成、銘柄確立、需給調整などに独自の力を発揮するものとして認識されるとき、それを「市場競争力」と呼ぶのである。

なお、ここで注意しなければならないことは、以上で見た経済的な「市場競争力」要因のなかで、最後にあげた制度的要因が大きく関連してくることである。例えば、産地と市場との歴史的なつながり、セリの方法、卸売市場法の性格と規制条件、その他市場を取り巻く諸々の人間関係や慣習、などが価格形成を通じて「市場競争力」に大きく影響するからである。「市場競争力」の形成要因のうち、この社会経済的・制度的要因の占めるウェイトが、その他の場合に比して特に大きいことに注意する必要がある。

このように、歴史的・社会的要因が強くからむことが、市場の実態分析を困難にし、また、「市場競争力」とは何か、その規制要因は何か、という問題への接近を困難にしてきたといえる。

ただ、いずれにしても価格形成に影響する要因はすべて「市場競争力」の中に包摂される。それらの要因は最終的には価格に集約されて、計量指標化された競争力を表示する。それは、品目別、品種別、産地別、作型別、規格等級別、市場別、出荷日別というように、具体的な価格水準として把握される。そしてこの個別価格の背後に、今まで述べてきたような諸々の要因が介在している。

この価格に集約される「市場競争力」も、また今までの他の競争力と同様に、充分な競争力概念ではない。これらは次の「産地競争力」として統合されて、十全な競争力概念となるのである。

(4) 産地競争力（経営純収益競争力）

以上の3つの競争力概念は、それぞれ生産費、輸送費、価格というように、それぞれの競争力局面に焦点を絞った部分競争力であった。これに対して、ここで仮に「産地競争力」[9]と呼ぶ概念は、以上をすべて総括した総合競争力概念である。つまり、競争力の総合指標化の目的は、個別的な競争力局面を問題

にするのではなく、それらを前提して産地段階における経営の競争力を総合的に問題にすることである。

　このような統合競争力概念が何故必要かは、今まで(1)〜(3)でみた部分競争力概念が、いくつかの前提を置かなければ完全・有効な競争力指標になりえないことから明らかであろう。例えば、生産費がいくら安くても、運賃が多くかかり、価格が安ければ何ら現実的な競争力にはなりえないからである。

　重要なことは、生産費、運賃、価格といった部分競争力指標を農業経営という視点から総括統合することである。それは、収益から費用を差し引いて、純収益を算出することで個々の部分競争力が経営の統合競争力に集約できる。これは農業経営の立場からは至極自明であり、そして現実にもそのように実践されている。そのため改めて取り上げる必要がなく、意識的に競争力の構造分析としては問題意識にのぼらないのかもしれない。

　もちろん、この純収益概念は経営の目標として、粗収益から経営費を差し引いて算出されることが示されている。しかし、この算式を単に示すだけでなく、それに関与する上述諸要因を構造的に総合し、問題の局面を正しく位置づけることが重要である。ここでいう統合の意味とその指標化は、このような問題意識で産地形成や産地競争力問題の分析指標として改めて検討する必要性を強調しているのである。十全な産地競争力は、経営からみた純収益概念によって適切に表示可能となる。

　なお、蛇足ながら付言すれば、純収益概念は経営学ではつとにその基本概念として問題にされ、殊更取り上げる必要性がないかにみえる。しかし、これを個別競争力を統合する概念と位置づける認識には、また立地論として別の意義があるものと言えよう。

注
1) D. Ricardo, *On the Principle of Political Economy and Taxation*, 1817. 小泉信三訳『経済学及び課税の原理』（岩波文庫）、上巻、第7章、参照。Roy F. Harrod, *International Economics*, 1933. 藤井茂訳『国際経済学』、実業の日本社、昭和41年。
2) 金沢夏樹、前掲「農業立地と地域計画」、『現代の農業経営』、東大出版会、昭

和42年。山田定市、前掲「主産地形成の理論―相対的有利性と地代をめぐって―」、参照。
3) ダンの地代函数式（第1章、第4節）、参照。
4) 米は食糧管理法の下では農業経営にとって運賃負担のない作目の1つである。また、第Ⅱ部、第3章、参照。
5) Thünen, J. H. v., *Der isorierte Staat*, op. cit. 訳書、『孤立国』。
6) 農林省『農業生産の地域指標の試案』、昭和45年。
7) T. C. Koopmans, Optimum Utilization of the Transportation System, *Proceedings of the International Statistical Conference*, 1947.
8) 第1章、第2節、注3)、4)、参照。
9) この点は次項、3で引き続き検討する。拙稿「市場競争力の理論的検討」、『農業および園芸』、第48巻、第4号、参照。

3 「産地競争力」概念による統合[1]

以上の各競争力をダンの地代函数式に対応させてみると、次のような関係になる。

$$R = Ep - Ea - Efk \quad \cdots\cdots(1)$$

Ep：単位面積当り粗収益（市場競争力）
Ea：単位面積当り生産費用（生産費競争力）
Efk：単位面積当り運賃（立地競争力）

(1)式では競争力は単位面積当りに表示されているが、これは農場経営の部門当りに表示してはじめてその作目の意義が明らかになる。ここでは、次の(2)式のように経営部門全体の規模(s)、つまり(1)式に規模(s)を乗じた純収益総額でみることが重要と考えている。

$$R' = s[E(p-a) - Efk] \quad \cdots\cdots(2)$$
$$ = sE(p-a) - sEfk$$

ただし、$R' = Rs$（経営部門総地代＝純収益）
　　　　s：経営部門規模（当該作目作付面積）

第 4 章　産地形成と産地組織化の理論　149

　作目の競争力は、目的に応じて種々ありうる。例えば単位重量当たり、単位面積当たり、などが従来一般的に用いられてきた指標である。しかし、それだけで十分かというと話はまた別である。これらの指標は、一応考察のワン・ステップとして有効ではあるが、それで対応できない問題もでてくる。

　例えば単位重量当りにみると、収量が異なる場合が考慮できない。また単位面積当りにみると、収量は競争力の中に包含されてくるが、作付規模は考慮の対象から除外される。しかし、現実の産地の競争力を示すためには、個別経営の作付規模も包摂した経営部門当りの競争力が問題なのである。

　何故なら、当該作目を経営部門として採用するか否かは、それが経営全体でかなり大きなウェイトを占めるか否かで決まるからである。この目的に応じて適切な指標を作成する必要がある。これが「産地競争力」概念である。この概念を導入する理由もこの点にある。

　このような問題意識に基づいて、産地競争力を経営部門の総作付面積について示すのが(2)式である。これは、ダンの地代函数式(1)に経営規模（当該作目作付面積：s）を掛けた形になっている。これは内容的にはダンの地代函数式と同じであるが、それを作目選択の基準指標とするために修正したものである。

　このように経営部門当りに競争力を示す必要性は、「立地競争力」を問題にする段階で、特に遠隔地で発生する。つまり遠隔産地を考えると、「市場競争力」(p) と「生産費競争力」(a) が充分競争に耐える大きさであっても、「立地競争力」(fk) がそれを減殺するような状況にある。そこでは、単位面積当りにみれば競争力は弱く、産地形成はおぼつかない。地代函数グラフの地代消失地点近傍をみると、その地代は低水準にあるからである。

　しかし、遠隔産地の競争力は実際にはこのような場合が多い。しかしながら、それでも現実に産地形成がみられる。その成立根拠は「産地競争力」が規模を考慮して経営部門当り総額で表示することによって理論的にも解決がつく。いわば"規模の経済"と"薄利多売"的方式による経営発展の方向である。例えばアメリカ、オーストラリアなどの大規模畜産経営を想起すればその意味は理解できるであろう。我が国の場合では、第Ⅱ部、第5～6章の実証分析でみる

南九州の遠隔野菜産地や北海道の野菜新産地などの場合がこれに該当する。

経営規模は、技術体系、基盤整備、その他、生産段階での生産費の規制要因であるが、これを産地規模について考えると、それは荷口単位の大型化、連続出荷の可能性、などと関連してマーケティング活動の基盤を作る条件になっている。産地形成も産地規模の拡大によりいわゆる流通・市場段階で「規模の経済」を発揮することに貢献する。このような意味で、産地形成が「市場競争力」の形成要因に関与していることを強調しておきたい。

以上、4つの競争力概念を既往の理論からとりあげて、個々の部分競争力概念が産地競争力概念に総括統合される関係をみてきた。そして、(1)式に示す競争力は、(2)式の産地競争力として部門総純収益に結び付けられてはじめて十全な競争力の計量指標化に役立つことを示した。そしてこの産地競争力は、この場合にはじめて産地間競争や作目選択の基準指標として有効な指標になりうることを提唱したものである。[2]

注
1) 前掲、拙稿「市場競争力の理論的検討」、「遠隔地における野菜作経営の発展条件」、『農業経営研究』No.20、昭和48年。
2) この経営における作目選択のレベルでの競争力として「産地競争力」概念を導入した意義は、その実践的適用の上から重要な意味をもつことに注目する必要がある。

第4節　圏域形成理論の現状分析適用[1]—競争力比較の理論—

理論と現実との間には常にギャップが存在する。従って、抽象理論を現状分析に適用する場合には、そのギャップを方法論的に除去する必要がある。それは抽象的な「純粋理論」、「原理論」から、具体的な「現状分析」への理論の展開である。この段階で、前提条件が満たされないことによる理論の修正が必要になる。

本節では、この前提条件が満たされない状況において、さきに第1章で検討

した理論的成果を利用して、それを産地間競争力の分析に適用する方法を提示する。これは圏域形成の条件を現状分析に適用して、競争力を比較検討する応用問題である。[2]

1　競争力比較の方法

今、この経済圏で耕作される作目をn個とし、その中から任意の作目を取り出して、それを基準作目(S)とし、その他の比較する作目群($n-1$個)を対照作目(C)と呼ぶことにする。その場合、各地代函数グラフのY軸切片と地代消失距離は、次のように表現される。

		Y軸切片	地代消失距離
基準作目	(S)	$E(p-a)$	$\dfrac{(p-a)}{f}$
対照作目	(C)	$E_i(p_i-a_i)$	$\dfrac{(p_i-a_i)}{f_i}$

（ただし、$i=1, 2, 3, \cdots, n-1$）

この$n-1$個の対象作目群は、基準作目に対して次の4つのグループに分類される。[3]

(1)　内圏グループ

$E(p-a) < E_i(p_i-a_i)$

$\dfrac{(p-a)}{f} > \dfrac{(p_i-a_i)}{f_i}$　　($k > k_i$)

(2)　外圏グループ

$E(p-a) > E_i(p_i-a_i)$

$\dfrac{(p-a)}{f} < \dfrac{(p_i-a_i)}{f_i}$　　($k < k_i$)

(3)　絶対有利グループ

$E(p-a) < E_i(p_i-a_i)$

$$\frac{(p-a)}{f} < \frac{(p_i-a_i)}{f_i} \quad (k<k_i)$$

(4) 絶対不利グループ

$$E(p-a) > E_i(p_i-a_i)$$

$$\frac{(p-a)}{f} > \frac{(p_i-a_i)}{f_i} \quad (k>k_i)$$

この関係を図示したのが図4－1である。[4] これら4つのグループのうち、(1)、(2)が圏域形成の条件を満たす場合であり、(3)、(4)が満たさない場合である。(1)は基準作目に対して内圏を形成し、基準作目が外圏となる。

(2)はその逆で、基準作目が内圏、対照作目が外圏となる。これに対して圏域形成の条件を満たさない場合のうち、(3)は基準作目より絶対的に有利な作目であり、(4)は絶対的に不利な作目である。

(3)は市場競争力が最も強く、逆に(4)は最も弱い。従って、(3)はどこでも有利であるが、地代が市場近傍で最も大きく、一般にこのような作目は市場近傍で優先的に耕作される。[5]

(4)はどこでも不利であるが、その選択が最後にまわされ、ほかの作目が全部耕作された後にはじめて耕作される。つまり、当該作目に対する需要があり、その意味で地代が消失しない限りにおいて、市場遠隔地において栽培される。特に自然条件、作付方式などの制約がない場合に生産される。

以上の結果、地代の大小からみた競争力は、圏域形成グループの(1)、(2)についてみると、その競争力順位は市場距離によって異なる。関係2作目の圏域境界点の前後で

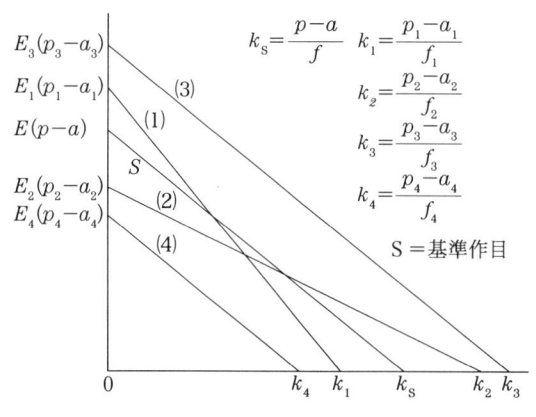

図4－1　基準作目と比較対照作目の競争力関係

順位は逆転する。例えば相隣接する(1)と基準作目(S)の境界線をk_1とすれば、この点においては次の図4－2に示すように、(1)＞(S)から(1)＜(S)となる。それより市場に近い領域ではどの地代函数線も交わらない。従って、この範囲内においては、圏域を形成する(1)、(2)グループのみならず(3)、(4)グループも含めて、n個の全作目の競争力序列が明らかになる。

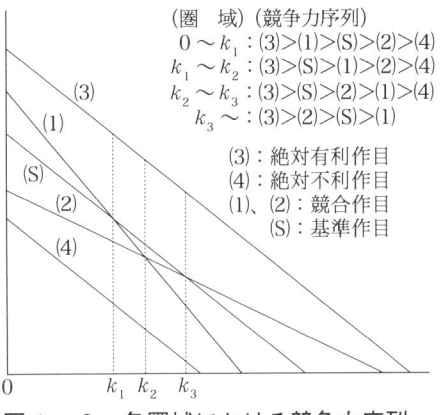

(圏　域)　(競争力序列)
$0 \sim k_1$: (3)＞(1)＞(S)＞(2)＞(4)
$k_1 \sim k_2$: (3)＞(S)＞(1)＞(2)＞(4)
$k_2 \sim k_3$: (3)＞(S)＞(2)＞(1)＞(4)
$k_3 \sim$: (3)＞(2)＞(S)＞(1)

(3)：絶対有利作目
(4)：絶対不利作目
(1), (2)：競合作目
(S)：基準作目

図4－2　各圏域における競争力序列

例えば図4－2に示すように、$k_0 \sim k_1$の範囲においては、(3)＞(1)＞(S)＞(2)＞(4)の競争力関係にある。これが$k_1 \sim k_2$の範囲になると、(3)＞(S)＞(1)＞(2)＞(4)となって、(1)作目と(S)作目との競争力が入れ替わる。

以上は全国レベルでみた作目間競争の比較方法であるが、これは地域段階、企業段階の比較にも拡大適用できる。

全国レベル（産業レベル）の作目間競争では、作目ごとに１つの地代函数が描かれる。この地代函数の数は、作目(h)の数(l)(＝エル)だけ存在する。

$$R_h = E_h(p_h - a_h) - E_h f_h k \cdots\cdots\cdots\cdots\cdots(1)$$
（ただし、$h = 1, 2, 3, \cdots, l$）

これに対して、地域間競争を取り扱う第２段階では、作目(h)別・地域(i)別の組み合わせの数($l \cdot m$)ほど地代函数が存在する。

$$R_{hi} = E_{hi}(p_{hi} - a_{hi}) - E_{hi} f_{hi} k \cdots\cdots\cdots\cdots\cdots(2)$$
（ただし、$h = 1, 2, 3, \cdots, l$, $i = 1, 2, 3, \cdots, m$）

更に、出荷市場が多数の場合、すなわち、任意の作目(h)の任意の産地(i)

について、その出荷市場(j)がn個存在するとすれば、この作目・産地の地代函数式は、更に次のように分化する。

$$R_{hij} = E_{hi}(p_{hij} - a_{hi}) - E_{hi} f_h k_{ij} \cdots\cdots\cdots\cdots\cdots\cdots\cdots\cdots\cdots\cdots\cdots(3)$$
（ただし、$h = 1, 2, 3, \cdots, l$、$i = 1, 2, 3, \cdots, m$、$j = 1, 2, 3, \cdots, n$）

この段階では、地代函数式の数は更に増加して$l \cdot m \cdot n$個になる。これらの地代R_{hij}の大きさを比較することによって、i地域でh作目を耕作し、それをj市場に出荷した場合の市場競争力が相互に比較される。これを基準にして、i地域で如何なる作目(h)を選択すべきか、そしてその場合、如何なる市場(j)に出荷すれば有利かが比較検討できる。[6]

2　競争力付与目標の設定

次に、逆にある産地が目標とする一定の競争力を獲得するためには、関係するパラメーターは如何に変化しなければならないか、という競争力向上・付与対策問題を考察する。つまり、今までの考察で明らかにした現実の競争力を前提して、それらの競争力を上昇させる場合の目標設定の問題である。これは先の位置・豊度を総合する地代函数の変化を競争作目・産地間に拡大する応用問題である。作目選択と技術向上、あるいは市場選択によって、産地として如何なる対策を講じなければならないかの対応策の設定問題である。

問題の関係産地の作目を、例によってⅠ、Ⅱとし、その地代函数式を次のように示すことにしよう。

$$R_1 = E_1(p_1 - a_1) - E_1 f_1 k_1 \cdots\cdots\cdots\cdots\cdots\cdots\cdots\cdots\cdots\cdots(4)$$
$$R_2 = E_2(p_2 - a_2) - E_2 f_2 k_2 \cdots\cdots\cdots\cdots\cdots\cdots\cdots\cdots\cdots\cdots(5)$$

この場合、(4)式と(5)式とが圏域形成の条件を満たすか否かは問題ではない。何故なら、関係産地のⅠ、Ⅱ作目の地代函数において、その市場距離k_1、k_2は

変わらず、そこでの地代はそれぞれ既知であるからである。その他のk_3、k_4についても同様である。(4)、(5)式を図示したのが図4－3である。この作図においては、Ⅰ作目がⅡ作目に対して絶対有利作目として示されている。

今、Ⅰ、Ⅱ作目のk_1～k_4の地点の地代（水準）を比較すると、その大きさは図によって明らかなように、$R_1(k_1) > R_1(k_2) > R_2(k_1) = R_1(k_3) > R_1(k_4) = R_2(k_2)$という関係にある。

この競争力を前提すれば、k_1地点でⅡ作目を作るよりも、k_2地点でⅠ作目を作る競争力が強い。その差は、$R_2(k_1) - R_1(k_2)$である。その他の地点・作目間比較が同様に可能である。

この差が明らかになれば、その格差を解消する方策が明らかになる。先に比較した例で考えると、k_1地点のⅡ作目がk_1地点においてⅠ作目・k_2地点と同一競争力水準を得るためには、Ⅱ作目の価格、収量、あるいは生産費がどのように変化すれば良いか、が(6)式を解くことで明らかになる。例えば収量をどの程度増加すればいいか、その目標が示される。それは問題とする地代函数式(5)の左辺R_2をⅠ作目のk_2地点の地代$R_1(k_2)$で置き換え、そのときの収量をXeとして求められる。

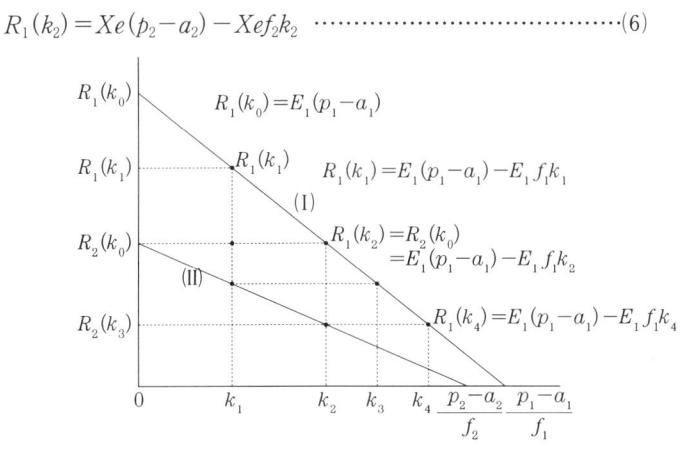

$$R_1(k_2) = Xe(p_2 - a_2) - Xef_2 k_2 \cdots\cdots\cdots\cdots\cdots\cdots\cdots\cdots\cdots\cdots\cdots (6)$$

図4－3　2作目・異地点間の競争力関係

$$Xe = \frac{R_1(k_2)}{[(p_2 - a_2) - f_2 k_2]}$$

このXeがⅡ作目のk_1点における目標収量である。収量がXe以上になれば、作目Ⅰ(k_2)の地代水準になり同等に対抗できる。これは他のパラメーター（価格p、生産費a）についても同様に計算できる。すなわち、Xp、Xaについて同じ方法で解けばよい。

このような関係は、異作目の産地間競争力の比較分析だけでなく、同一作目の産地間競争についても拡大可能である。ただその場合、価格は一応同一水準にあるとみなされるので、収量と生産費の問題にしか応用できない。

以上の競争力比較の方法は、第Ⅱ部、第3章、第2節で実証分析に適用する。

注
1) 拙稿「農産物の市場競争力と地域間競争」、『東北農業試験場研究報告』、第34号、昭和41年。
2) 立地論と「市場競争力比較理論」との間にも差がある。従来、立地論については比較的明解な理論が展開され、1圏1作目（作付方式）で圏域が形成されることが明らかにされている。しかし、産地競争力比較ではこの考え方にとらわれる必要はない。任意の地域（産地）には、多数の作目が現実に、又は可能性として立地し、それは市場価格ならびに市場距離の異なる複数の市場へ出荷する場合も想定されている。従って、作図上市場は単一市場として描かれていても、それは異なる市場と理解することも可能である。
3) 用語は同心円圏域モデルと同一であるが、意味は、注2）で述べているように異なっている。なお、パラメーターが圏域形成の条件を満たす場合には、このような分類ではあまり意味がない。
4) 作図は特徴を明確に示すために模式的に描いてある。実際には全般的に勾配はゆるやかになり、需要量との関係如何によっては絶対不利グループの作目(4)も耕作される可能性がでてくる。なお、第2部、図3-11、12、参照。
5) このように言えるのは、地代の大きい順に作目が選択されるという前提を認める限りにおいてである。作目選択の優先順位を参酌しなければ、必ずしもこのようには言えない。
6) 実際の作目選択においては、ここで検討されていない要因、たとえば需要量、耕地面積、労働力、その他の経営条件が重要であり、これらを総合して問題を検討しなければならない。産地競争力は1つの指標として意味を持つということである。なお、第2章、第3節、1、経営条件と作目選択の機構、参照。

第 5 章
作目選択と産地・市場流通条件

第1節　作目選択と経営・産地条件[1)]

1　作目選択と経営条件

　作目がある地域に立地するためには、地代函数式に示される個別競争力を前提して、それらを総合した地代が充分大きいことが前提条件である。このような競争力の検討は、産地形成を推進する場合に、まず検討しなければならない重要事項である。

　この段階で、地代函数式に組込まれる媒介変数は、作目選択にあたって考慮すべき出荷市場、期待価格、予想収量、生産費、出荷経費、作付規模、などを点検する重要項目であり、個別競争力に関係する問題の発見に役立つ。

　例えば、技術的に見て検討対象となる作目が栽培可能か否か、もし可能とすればその収量はどの程度期待できるか、望ましい作型はどれか、といった事項が自然的立地条件（気象、土壌、水利用、地形）を検討する段階で明らかにされねばならない。これは収量（E）で明らかになる競争力である。生産条件が明らかになれば、出荷期、出荷市場、運賃、価格、生産費なども順次検討することができる。

　これらの経営・経済関係の諸条件が明らかになれれば、それをさきの地代函数式にあてはめて、その他の個別競争力と同時に産地競争力が試算できるであろう。

　作目選択は、以上のように技術的・経営経済的に見て、当該品目が栽培可能性を持ち、かつ経済的に充分競争力を持つと判断される場合に実行可能となる。しかし、以上でみてきた事項に問題がなければ、その作目がすぐそのまま栽培可能かというと、必ずしもそうではない。そこにはもうひとつの制約条件が残

されている。それは作目選択を規制する経営条件である。

　それは一般的には、土地（面積）、労働力、資本、技術、といった経営要素や経営者能力などである。作目選択はこれらの諸条件が許す限りにおいて行われるのであり、既に検討したように、この点に作目立地が単なる植物の分布や技術的栽培可能性と異なる点であった。作目選択という意思決定が、以上あげた経営的諸条件に強く規制される行為であることを認識することが重要である。

　このことは、産地形成の実態認識を問題にする理論課題として、第2章、第3節で既に検討した。ここでは重複する面もあるが、実践的・組織論的視点から敷衍して問題点を整理しておく。

　その場合強調しておきたいのは、これらの経営的諸条件がその生産力水準や農業構造を強く反映していることである。つまり、経営条件は外部経済的条件の反映であり、歴史的発展段階としての生産力段階、その具体化としての資本蓄積、商品生産の進展、などが統合された結果が経営条件の内容を構成していることである。

　このように見てくると、過去の一切の歴史と発展経過を背負った産地が、その全体で対応する意思決定が作目選択であり、その限りにおいては作目選択はきわめて歴史的・発展論的な行為といえる。産地の生産力の高さ、資本蓄積の程度、経営発展の段階が、最終的には作目選択を制約し、農業立地を規制しているのである。

　例えば、具体的に我が国の農業生産の地域特化と産地形成の実態を見ると、一定の発展プロセスが存在することがわかる。すなわち、水利可能な土地はすべて開田され、残りが畑地、樹園地、草地、山林、原野として利用される形態である。そして水田以外の土地利用としては、水田生産力とも関連して、資本蓄積と経営発展の程度にしたがって、普通畑作物や野菜などから始まり、順次投資額の大きい、しかも長期的投資を要する作目へと利用が高度化してゆく。このような歴史的発展の結果が、現在の地域的な生産特化であり、それを基礎とする産地形成である。（第II部、第1章、参照）

　この関係は一般の工業発展のパターンとも類似する。工業生産の発展は、通

常、軽工業から重工業へと発展する。同様に、農業においても作目選択は、初期投資や運転資金の少ない露地野菜や普通畑作物から始まり、漸次多額の資本を要する果樹、畜産、施設園芸などへと進むのが一般である。これは経済発展が遅れ、生産力が低く、技術もない段階ですぐ重工業がスタートできないのと類似する。

要するに、作目選択は、経営発展と不可分に結びついており、経営発展の程度と資本蓄積に大きく制約される。そして経営発展は、同時にまた産地の社会経済条件、とくに生産力の発展段階に強く規制されている。このように、農業立地は生産力水準と経済の発展段階との相互規定的関係にあるといえよう。

2　作目選択と立地条件

これと類似した関係は、近郊、中間地、遠隔地などの立地条件と、作目選択との関係にもみられる。すなわち、近郊地域では生産力の高い地域と同様に、作目選択の選択肢が多くその幅が広い。[2] これに対して遠隔地においては、どの作目をとっても地代は小さく、それから有利部門を選択しなければならない。その結果、選択作目は限られてくる。[3]

近郊では、多数の競争力のある作目から最適の作目を選ぶ問題であり、その際に経営条件がそれを制約する問題であったが、遠隔地では競争力の低い作目群の中から、適作目を選択せざるを得ない問題である。そしてその解決は、単位面積当たりではなく、全経営部門当たりで競争力を把握する形で理論的には解決することを産地競争力で検討した。(第4章、第2節、参照)

単位面積当たりで競争力が弱い作目に競争力を付与するためには、その作付規模を拡大して、総額で問題を解決しなければならない。つまり、限界地域で競争力の低い産地が、ほかの有利な産地に対抗する方法は、面積規模の拡大による総収益の増大を図ることが唯一の方法となる。従って、そのような作目選択の可能性は、その地域での土地条件などが現実に規模拡大の可能性を有するか否かにかかってくる。

先に産地競争力に規模をふくめ、経営部門当たりで表示する必要性を主張し

た理由は、以上のような問題を理論的に解決するためである。立地条件に関係なく規模条件が問題であることは言うまでもない。しかし近郊ではあまりそれを問題にせずにすむが、遠隔限界地では常に留意すべき重要課題である。そして面積規模を常に作目選択と結びつけて検討し、併せてその実現の可能性を検討しなければならない。

このように、作目選択の幅と現実の立地配置の対応関係は、地域別にみた特化作目部門数の多寡として具体的に示されている。例えば、後掲、第Ⅱ部、表1－4、図1－3、表2－1～2に示すように[4]、都市近郊では、作目選択の幅が広く、かつ経営条件に従って、それらが自由に選択でき、その結果多様な作目を立地させているのである。部門数が多いことと併せて、大経営が多いことは、近郊で競争力の強い経営が経営発展を達成した結果といえよう。

これに対して遠隔地では、単位面積当たりの競争力が全般的に不利であり、これを克服する方法が既に指摘した規模条件によって総収益を増大させる方法であった。しかし規模拡大は、資本装備と基盤整備を必要とし、これが土地所有、資本蓄積などの経営・経済条件で制約されると、遠隔地での競争力発揮の道は大きく狭められてくる。ここに遠隔地における産地形成と経営発展の困難性が存在する。

作目選択と経営発展、あるいは経営立地条件は、以上でみたような相互規定的関係にある。現実の作目立地は、経営主体の選択行為を通じて実現するが、作目それ自体の競争力と立地現象との間には中間項として経営が介在することを見逃してはならない。この過程での経営の諸条件が作目選択を制約する関係にあるからである。

純粋理論としては、普通競争力の存在はそのまま立地現象に結びつく。しかし経営問題としては必ずしもそうとはならない。経営主体が介在することによって、競争力がイコール立地実現とならない点に経営立地論の必要性と存在理由があるといえよう。

このような関係が、理論的にも立地論とともにさらに産地形成論が必要な理由でもある。後者は前者を前提して、農業経営および産地を如何に組織するか

という問題に関係し、その段階で農業経営の性格が重要な意味を持つのである。

注
1) 第1章、第4節、第4章、第1節、参照。実証分析としては、拙稿「日本農業変貌の立地論的考察」、阪本楠彦・梶井功編『現代日本農業の諸局面』第1章、(第2部、第1章、所収)、参照。
2) 拙稿「都市近郊農業の発展論理」、『農業経済研究』、第42巻、第1号。(第2部、第2章、第1節、所収)。
3) 第Ⅱ部、第2章、第1節、参照。
4) 同上、及び前掲、拙稿「日本農業変貌の立地論的考察」等参照。

第2節　作目選択と需要・流通条件

1　需要条件と作目選択

　作目選択は、経営レベルでの具体的な問題対応であり、その際に重要なのが上述の競争力、経営条件と併せて、市場サイドの需要・流通条件である。ここではまず需要条件からみてみよう。[1]

　作目選択に当たっては、いわゆる有利部門の選択的拡大が一般的に議論されている。しかし、この場合特定産地にとって、具体的に何が有利部門かは必ずしも明確とは言えない。そこで最初に考慮すべき課題は、今後如何なる作目の需要が伸びるかを確かめることである。生産段階の作目選択は、その前提条件としてまず需要条件を展望して適切に判断する必要がある。このような観点から、生産の選択的拡大作目の選定基準として重要になるのが、これから需要が伸びる品目は何かを適切に見極めることである。特に経済成長期に考慮すべき点は、所得増加に伴う需要の所得弾力性といえよう。[2]

　このようなマクロ的な需要の動向と併せて、より具体的には直接出荷を行なう市場の需要実態と展望である。つまり、出荷を予定する地域（都市）市場の品目別・時期別需要量がどの程度存在するかを確認することである。この問題は、具体的には需要・供給函数を当該品目について試算・計測できれば、先ほど検討した産地競争力とも関連させて、市場選択と市場対応も含めた作目選択

の基準として利用可能になる。

　例えば、市場別・時期別に特定品目の需要・供給函数が明らかになれば、それぞれの市場における需要量と期待価格が明らかになる。この期待価格を地代函数式にその他のパラメーターとともに当てはめれば、出荷期（作型）別・市場別の地代（純収益）が試算できる。これらを産地条件と対応させれば、当該産地の有利な作型や市場が一応の選択基準として示されるであろう。

　この場合に、以上の諸条件を空間価格均衡論の手法によって計測すれば、その解として適正出荷量が算出される。[3] しかし、これらは一定の前提条件の下で数値を求めるもので、ここまでの試算を行うか、あるいは上記したような地代水準にとどめるかは目的によって異なる。いずれにしても、作目選択はその競争力の検討と平行して、このような需要条件を勘案して決定されねばならないであろう。

　ただ、実際の作業順序としては逆になるのが普通である。つまり、まず需要条件を検討し、出荷市場や出荷時期を明らかにすることが第1段階である。次に、以上を前提して産地競争力を試算するのが第2段階となる。この期待総地代（収益）が所期の目標に近づく時、作目選択の意思決定が行われることになる。[4]

　この段階においては、問題は単に作目の選択に限らず、個別経営としての作付規模、産地としては産地規模をふくめ、しかも技術体系や出荷市場などを具体的に前提した作目選択となる。さきにみた産地競争力段階で問題にした作付規模、産地規模が、ここでは需要条件と関連して具体的に問題になるであろう。前者（個別経営規模）は生産費を規制し、また経営条件との関連できまる関係にあるが、後者（産地規模）はそれと関連する産地形成の課題であり、組織論の課題でもある。

　産地規模が問題になる段階で、それは需要条件と密接に関連してくる。同時に出荷流通条件との関連もでてくる。何故なら、産地が市場対応を行う場合に、その条件として産地規模が一定の規模を必要とするからである。その流通機能を遂行するのに必要な最小単位があり、それ以下の産地では充分なマーケティ

ング機能が遂行できないからである。[5]

　この産地規模は当然品目によって差異があり、また市場の性格によっても異なる。しかし、その基準としては、輸送単位、上場単位、実需単位、などが考えられる。これらを前提して、望ましい産地規模を考えねばならない。産地が組織され、農協、県経済連などのように系統組織によって市場対応を行う場合には、以上の問題は一産地の問題から全県的問題になってくる。これは組織全体の産地形成の問題であり、その品質、規格、出荷量を下部組織間でどう調整するかという問題とも関連してくる。[6]

注
1) 需要条件という場合、立地論的に問題となるのは、静学的には一定の価格を前提した需要量である。そこではダンの表現を借りればDn（n作目の需要量）として存在する。（Dunn, op. cit., p.23. 訳書23頁）しかし、動態的にみると、需要の強さも考慮した需要弾性値として把握する必要がある。ここでの考察は後者を重視する視点である。
2) Dunn, op. cit., pp.71〜75. 訳書、73〜76頁。
3) 試算事例としては、例えば武藤和夫「《自立経営》の経営経済的分析（Ⅱ）―白菜生産地における生産・出荷の《空間均衡モデルによる解明》―」、農技研報告H35号、昭和41年。
4) これらの作目選択は、経営計画の一環としてリニア・プログラミングの手法を適用して試算されている。
5) 詳しくは次節で述べる。なお、これらの課題は共同販売論として多くの研究があるが、文献は省略。
6) これらの規模に対応して、生産費・出荷経費（a）が規定されてくる。産地規模の拡大は、生産段階および出荷段階において「規模の経済」（Economy of scale）をコスト面で追求すると共に、栽培技術の高位平準化、市場交渉力の強化、等により市場競争力（p）を強める効果も期待できる。この両面の強化が産地組織化の経済目標となる。

2　流通条件と作目選択

　品目の特性によってその立地が強く規制されるのは当然であるが、同時に市場・流通条件によっても大きく影響される。そこでまず明らかにすべきことは、市場の所在位置（場所）、産地からの距離、その規模・性格などの実態

である。[1] 関連して、輸送手段、流通機構、出荷組織、などの内外条件が作目選択上重要な点検事項になってくる。[2]

　流通条件としてまた産地段階で問題になるのが出荷組織である。これは産地形成と裏腹の関係にあり、産地形成が進むのと並行して出荷組織も形成される。しかし、生産力の低い地域や段階では、必ずしもそのように進展せず、集出荷業者に販売するケース、あるいは個別的に出荷する場合もみられる。このような対応は、往々にして生産者に不利な場合が多い。

　出荷の組織化は、このように、その置かれた立地条件と産地の生産力段階に規制されるが、流通条件と生産条件を適正にマッチさせて、不利な条件を克服することが重要である。生産単位が流通単位より小さい場合に、出荷単位を確保し、品質、規格を統一する上で重要な役割を演ずるのが農協などの出荷組織である。しかし、出荷組織がその機能をよりよく遂行しようとすれば、それは単に個別品目の生産後の選別処理（品質・規格統一）のみでは不十分であり、生産段階まで遡った組織化が必要になってくる。[3]

　それは当然、品種、作期・作型、栽培技術、作付面積、その他の指導・統制を傘下の産地全体について行うことになる。生産面でこのような指導・統制を行うことが流通段階で適切なマーケティングを可能にする前提である。それが可能な場合に、はじめて適切な出荷が可能になり、マーケティング機能を的確、かつ効果的に発揮することができる。

　従って、出荷組織の発展と強化は、必然的に生産面の組織化を必要とし、それは生産段階における品種、栽培技術、作付面積などを強く規制することになる。作付面積はこのような形で、当該作目だけでなく、前後作や生産構造、ひいては経営形態全体に大きく影響する。

　次に、流通機構ないし流通業者の影響はどうであろうか。この点を歴史的発展プロセスとして概観すると、生産が流通業者、あるいは商人資本に規制される程度は、生産力の低い段階において特に強かった。例えば、肥料・米穀商などが肥料を前貸しして、特定作目の作付けを支援したり、市場関係者が「山まわり」（産地指導）をして産地育成を図るとか、種苗業者が種子を持ち込んで

生産者に試作させる、などは普通に行なわれていた行為である。[4]

　また、最近における商社による畜産関係のインテグレーションなどは、飼料、仔畜、飼養技術まで一切を契約飼育という形で農家を指導し、産物をすべて買い上げる形で生産を系列化している事例である。採卵鶏、ブロイラー、肉豚、肉牛などはこの動きが著しい分野である。酪農においては、乳業会社との結びつきがそれ以前から強かったことは周知の通りである。[5]

　このインテグレーションと類似した動きで最近著しいのが、青果物などの「産地直結」の急増傾向である。これは産地が直接、市民消費団体、スーパー、生協などと、栽培方法、価格、取引数量、などを予め契約して、長期安定的に取引を行うものである。[6] このような傾向は、従来の青果物市場流通（セリ）が大口需要者に対してコスト高になる流通機構の不利を回避し、また産地としては市場手数料をカットして流通コストの節減を図る動きである。また、有機栽培など品質面の差別化によって、流通業者と産地が結びつく場合も多い。このような外部条件の変化が、生産サイドに変化をもたらしている事例は他にもいろいろ存在する。

　このように、インテグレーション、流通機構の条件変化、産地直結の動き、契約栽培、などにみられる流通条件の変化は、直接あるいは間接に、産地形成のあり方に大きな影響を及ぼし、作目選択の幅を大きく変えようとしているのが近年の動向である。

　しかし、作目選択は本来、産地の主体的行為であるはずである。現実に以上のような流通サイドからの働きかけがあり、多様な形態が分化するにしても、基本的な産地形成の方向はあくまで生産者自身による生産と流通の組織化であるべきであろう。もちろん、その場合、消費者の品質・安全性指向のニーズを前提として、それを基礎に産地競争力を強める方向が基本的な姿であり、それが本来の市場対応の方向であるのは言うまでもない。

注
1）市場の性格という場合、需要面と制度面を区別する必要がある。また、前者に

ついては高級品、大衆品、差別化製品といった同一商品群内での分化、つまり「市場細分化」（Market segmentation）が見られ、それぞれの量的大きさ（需要量）が問題となる。
2) 拙稿「出荷流通施設と産地形成」、「低温流通施設の機能と問題点」、「選果流通施設と市場対応」、農業技術研究所資料、昭和49年～51年。
3) 拙稿「出荷組織と需給調整」、農技研『専門別総括検討会議報告』、昭和52年。
4) 雑穀奨励会『大豆生産構造の改善に関する研究』、昭和38年。拙稿「取り残された国産大豆」、『農林統計調査』、第19巻、第2号、昭和44年。
5) 吉田忠『農産物の流通』、家の光協会、昭和55年、等参照。
6) 神奈川県『生鮮農産物流通とスーパーに関する調査』（農政情報29）、昭和47年、九州農試『山村における地域農業の形成と農業の市場対応』、昭和52年。

3　外部経済条件の影響

そのほか、物的流通技術の革新、たとえば高速道路の開通、そのネットワークの拡大、鉄道の電化・複線化と高速化、海上輸送、コールドチェーンの進展、など流通条件の変化は、従来交通・輸送条件が不利なために出荷が困難であった地域に新しい作物の導入を可能にし、それに刺激されて大型主産地の形成が触発される場合も発生する。京浜市場を対象とする東北・北海道、あるいは南九州などの新産地の形成がその例である。[1]

同様に関連するのが産地における基盤整備の進展である。[2] これは経済基盤の変化であり、流通条件とともにそれが契機になって、作目選択と産地形成に影響する場合である。例えば、畑地灌漑が野菜産地の形成を促し、施設園芸の進展に貢献している事例はこの関係を如実に物語っている。[3]（第Ⅱ部、第7章）

しかし全体的に、直接作目選択に強力に影響するのが農業政策であろう。農業基本法による有利部門の選択的拡大や、その他の農業政策が作目選択に大きな影響を及ぼしてきた。また、最近の稲作の作付制限と転作は、休耕・転作助成金の交付などの財政措置にバックアップされて、直接的に作目選択に強く影響してきた。それをどう評価するかは改めて検討しなければならない課題であるが、当然ながらその影響が大きいことは否定できない。そのような意味で、さきの生産の地域分担とも関連して、慎重な検討が望まれる。[4]

このように、農業立地政策は当面する最も重要な課題であり、そのための理論の実践的展開が急務となっている。[5] 特に具体的政策は、その及ぼす影響が大きく、利害の対立も大きい。それだけに、掘り下げた問題分析とそれを基礎にした説得力ある立地政策が望まれる。その前提として、何よりもまずより具体的次元における立地論の展開が必要になる。

要するに、流通をはじめとして、作目選択を規制する条件は複雑・多様であり、それらの問題が産地形成と流通システム化という形で統一的に把握されねばならないであろう。この総合化が達成されるとき、農業立地と作目選択の問題は統一的に理解されるものとなる。

注
1) 詳しくは、第Ⅱ部、第4〜5章で検討する。
2) 同、第6章、第3節、参照。
3) 同上、参照。
4) 拙稿「稲作転換における作目選択について」、『静岡県菊川町における地区再編農業構造改善事業について』、昭和53年、「地域農業の再編のための主要作目の選択と農業経営の複合化」、『群馬県高崎市における農村地域農業構造改善事業について』昭和55年。
5) 最近の特徴として、過剰問題との関連で、これらの立地政策はますます重要になってきている。梶井功編『農産物過剰』、明文書房、昭和56年、参照。

第3節　市場対応と販売管理[1]

1　経営主体と販売主体

　一般に経営主体と販売主体は、経営の発展が初期段階においては一致するのが普通である。販売活動は経営活動の一部であり、それは生産活動と共に経営活動を構成する。経営発展の初期段階では、ことさら経営主体と異なる別の主体を必要としないからである。この段階では、生産単位と流通単位が共に小さく、生産物は他者の媒介なしにその生産主体によって直接販売されるのが一般である。

しかし、このような現象は単に経営の発展が未発達な場合だけではなく、逆に発展した段階でも見受けられる。例えば、アメリカなどにおける農畜産物の販売活動をみると、経営発展が進み、生産性の高いファミリーファームや資本制農場の場合でも、生産主体としての農場が独自に販売を行っている。むしろそのほうが普通である。経営規模が大きくなって、かえって販売規模が確保され、主体的なマーケティングが遂行できるからである。

従って、経営規模や経営発展は経営機能分化の唯一の条件とは考えられない。また、我が国における農産物の販売活動をみると、個別経営は零細であるが商品経済に大きく組込まれており、輸送手段の発達や市場の大型化に伴って、大量の荷をまとめて出荷する共同出荷の傾向を強めてきた。

販売主体が生産主体から分離して共同出荷を担当する傾向は歴史的には大正時代末期ごろから出現する。全国的な鉄道網の整備と中央卸売市場法の制度整備などが契機になったと言えよう。[2]

このように、我が国における青果物の生産流通の実態をみると、経営主体と販売主体は一致しないようになる。その原因は従来の個別出荷での不利な取引を脱却し、他方で市場条件の変化に対応した共同出荷が有利であるためである。そこでは個別経営は生産を中心に出荷までの業務を分担するが、販売は任意出荷組合、あるいは農業協同組合などの出荷組織（団体）に販売業務を委託する体制に移る。いわゆる共同販売の始まりである。[3]

もちろん、部分的に集出荷業者に売却して販売業務から離れるか、一部の商品を近隣地方市場へ出荷することはある。しかし、大部分の商品は共同販売へ移行してゆく。この経営機能の一部を外部の組織へ委託することは、いわゆる"機能外化"である。共同販売は、販売機能が外化される典型的な場合である。そしてこの機能を分担するのが任意組合や農業協同組合などの出荷組織である。

経営機能の外化は販売機能に限らず、生産過程においても水利、防除、機械利用、栽培受委託などで逐次実施され、それぞれの外化組織が協業組織や共同利用組織として形成されてきている。[4]

そのなかで、水利用の水利組合などと共に、最も早く機能の外化が行われた

第5章　作目選択と産地・市場流通条件　　169

のが販売機能であった。その理由は販売業務が生産活動から切り離しやすいためといえよう。

　そこで、個別経営機能のうち、どのような機能が、いかなる条件と契機で外化されてゆくかが農業組織の形成発展の論理を追及する上で重要な課題になってくる。この理論的検討は、農業経営の集団組織化など、その中心課題の１つであるが、現段階では必ずしも理論が確立しているとはいえない。これらは協業組織論や生産組織論、あるいは協同組合論として別途検討しなければならない重要課題である。[5]

　従って、ここではそのような課題分野の１つに出荷組織の形成発展問題が含まれることを指摘するにとどめる。以下では、簡単に販売機能の外化と関連して発生する個別経営主体と販売主体との関係をみてみよう。

　まず、出荷組織の概念規定であるが、ここではとりあえず生産物の出荷販売業務を個別経営に代わって遂行する集団組織と定義しておこう。このなかには、時代により種々異なった形態や制度面の差異があるが、一般的には農家が自由意志で必要にせまられて結成する小グループの任意組織から、制度的に組織される農業協同組合（農協）、その連合会（都道府県、全国）までの幅がある。小集団の任意組合（出荷組合、同業組合）、制度的裏づけのある農会、農業組合、農業協同組合（総合，専門別）、これらの旧村単位、あるいは市町村段階の単位農協を、郡・県段階でまとめた連合会（全販連・全農）などである。[6]

　これらの出荷組織は、商品経済の進展と交通輸送手段の発達、市場流通機構の変革、その他の社会経済条件の変化に対応して、出荷販売機能をより有効に遂行するために形成されてきた。つまり、外部経済条件の変化に対応して、個別経営で単独に対処するよりは経営集団として組織を結成し、その組織に販売機能を遂行させることがより有効という状況で発生・発展してきた組織である。

　その業務は、主に零細な個別経営で対処し得ない機能―市況の収集、出荷、決済関連業務、など―が外化組織に委託される場合が多い。

　例えば、交通輸送手段の発達に伴って遠隔市場へ出荷する場合、荷口の大型化（貨車、トラック）が必要であり、そのためには共同でロットを確保するこ

とが必要となる。また、市場情報の収集、市場への上場、代金の決済（精算）、など個別経営で単独には対処しえないマーケティング機能が多く含まれる。市場の整備統合、流通単位、あるいは産地規模の大型化と出荷圏の全国的拡大、などは以上のような共同出荷の必要性を益々増大させてきている。

従って、出荷組織は、農業生産の発展、特に立地条件や産地形成の程度、あるいは商品経済の進展と交通輸送条件の変革に対応して、組織の形態と大きさでは、インフォーマルな小組織からフォーマルな大組織へ、制度的には任意の団体から法律制度等の裏づけのあるものへ、また対象地域としては集落などの狭域から市町村、郡、県などの広域組織へと発展してきた。現在の出荷組織は、これらの各種組織が混在し、しかもそれらが相互に各種機能を補完分担して、重層的な出荷組織のヒエラルキーを形成している状況が実態である。[7]

注
1）拙稿「農産物の市場対応と販売管理」、児玉賀典編『農業経営管理論』、地球社、昭和50年。「マーケティングと差別化」、『農業経営通信』No.110、昭和51年、『出荷組織と需要調整』、農技研、昭和52年。
2）勝賀瀬質『青果物流通の実態』、農山漁村文化協会、昭和40年、飯岡清雄『疏菜果実取引の新研究』、農業青果同好会、昭和37年、卸売市場制度五十年史編さん委員会『卸売市場制度五十年史』（全6巻）、昭和53～4年、参照。
3）ただし、近郊産地の場合にはかなり最近まで個人出荷がみられる。
4）前掲、小倉武一編著、『集団営農の展開』、御茶の水書房、昭和51年、高橋正郎『日本農業の組織論的研究』、東京大学出版会、昭和48年、等参照。
5）児玉賀典「農業経営の展開と営農集団」、小野誠志「営農集団と市場対応」、『生産組織』、141～269頁、森鳰隆「集団化と運営管理」、『経営管理の理論と実際』第7章、195～212頁、長野県農業試験場『集団的生産組織』昭和47年。拙稿「出荷組織と需給調整」参照。なお、関連して小倉武一編著『日本と世界の農業共同経営』御茶の水書房、昭和50年。
6）拙稿「出荷組織と需給調整」、参照。
7）拙稿、「都市近郊における野菜の出荷組織と市場対応」、農業技術研究所、『野菜・畑作物の生産流通に関する調査研究』No.4、昭和48年、参照。

2　農業経営集団組織の形成発展

出荷組織が以上のように重層化し、相互に機能を分担してマーケティング活

動を遂行していく組織体制の場合、その販売管理がいかなる特徴を備えているかが次の検討課題となる。

しかし、この問題に立ち入る前に、一般に生産組織や出荷販売組織が農業経営集団組織としていかなる論理と条件で形成発展するかを簡単に整理しておこう。なお、農業経営集団組織[1]には生産段階の協業組織や、機械・施設の利用組織も含めて、一般企業組織との対比でその組織的特徴を検討することにしたい。

言うまでもなく、ここで農業経営集団組織と呼ぶ組織には、個別小農経営（家族経営）が構成メンバーとなる狭義の生産組織（協業組織、受委託組織、等）、水利用、共同防除、機械・施設利用、などの生産手段の共同利用組織、あるいは生産物の共同販売を目的とする出荷販売組織（任意出荷組合、農協、等）などが含まれる。この外に農業経営機能が外化することに対応して、各種の集団組織が形成される可能性があり、種類が多様化する。

これらの農業集団組織と、他の一般企業組織とを区別する特徴は、それが農業の産業的特性に関連するのではなく、その組織が小農経営（農家）を、直接あるいは間接に構成メンバーとするか否かという点にかかわる。また、個別経営の機能を外化し、その外化組織がその機能を代行する組織（エージェント、Agent）である点に特徴がある。

もし、以上の要件を欠けば、たとえそれが集団活動を伴うとしても農業集団組織とみなすことは適当でない。例えば商社によるインテグレーションは含まれない。従って、農業集団組織は、あくまで個別小農経営を農業生産の単位として発生する組織であって、小農の存在が前提となる。そのうえで、個別小農経営で対応しにくく、分離して集団的に対応するほうが効率的な各種機能を外部組織に委託する。その組織が農業経営集団組織である。

農業経営集団組織が形成される条件は、一方で制度的に個別小農経営（家族経営）の存続を前提することであり、他方で主に生産手段の大型化など技術革新が進展し、その効率的利用を行なうのが目的である。しかし、これらが必要条件ないし重要な契機であっても、充分条件ではない。以上に加えて、個別経

営規模が機械・施設の性能に合わせて充分拡大できない条件が存在する。このことが決定的意味を持っている。そしてそれには土地所有制度（零細所有と所有権移転の硬直性等）が強く関連する。

従って、かつては水利用の水利組合や共同出荷組織のように、かなり古くから農業経営集団組織が形成されてきた場合もあるが、一般的な傾向としては戦後における大型機械や施設の導入に伴って、各種の集団組織が形成されてきた。この点は一般工業において産業革命期の協業の進展に共通する類似性を持っている。そして経営管理の必要性が、この段階で発生してきた。農業経営においても、経営管理の必要性とその成立する前提条件が個別小農経営を対象とする段階よりは、その集団組織を含めた段階で出現するのである。

要するに、農業経営管理問題は、個別小農段階ではアメリカなどの大規模家族経営を対象にした場合と、我が国や一部旧大陸などの個別規模が零細で、大型機械や施設を共同で利用するような場合、あるいは農産物の販売や市場対応が集団的対応を必要とするような状況で発生する。そしてその対象は、個別経営とその外化された各種機能の集団組織を全体的に統合する管理問題となる。

これらの統合が一定の地域的広がりを持つとすれば、それはまた地域農業組織論の範囲とも対応する可能性を持っている。その大きさがどの程度の地域が望ましいかは、地域の立地条件や集団組織の性格で異なるが、いずれにしてもこの段階で農業経営管理理論の問題が出現する条件が整うのである。その地域的広がりは、一般的にいえば生産段階の組織では生産手段等の性能に規制されて相対的に小さく、流通段階では流通単位の大型化に伴って大きくなる傾向が強い。従って、地域農業の組織化、ないし管理は、農業経営集団組織管理の一分野として、全体を総合する問題として位置づけられる。[2]

もちろん地域農業といっても、その範囲は小は市町村程度から、大は順次広域営農団地、都道府県、さらに数県からなる地域ブロック、というように拡大する。そしてこの対象地域の大きさによって管理局面は当然異なってくる。その場合、どの機能をどの程度の地域的範囲で管理するのが望ましいか、また各機能を統合する主体としてどのような組織が望ましいか、が課題となる。例え

ば、政策的に推進されている事例として広域営農団地がある。[3] しかし、地域農業も単独に存在するのではなく、重層構造として存在することに留意すべきである。

注
1) 一般的には"生産組織"、あるいは"営農集団"という名称が多く使われている。しかし、ここではより一般的概念として考えておきたい。なお"共同経営"とここでいう"農業経営集団組織"とは、前者が単一経営に統合されているのに、後者が個別経営を残存させている点が異なっている。前掲『日本と世界の共同経営』参照。
2) 沢辺恵外雄・木下幸孝編『地域複合農業の構造と展開』、農林統計協会、昭和54年。高橋正郎・森昭『自治体農政と地域マネージメント』、明文書房、昭和53年。
3) 高橋正郎「営農団地」、吉田寛一編『農業の企業形態』、農業経営学講座2、所収、地球社、昭和54年。

3　組織的管理の領域

　本題にかえって、農産物販売主体の集団組織は、販売活動については重層構造を形成しており、それぞれが各種機能を分担するのが普通の形態である。しかし、組織化が低い任意出荷組織の段階では、他の組織とは関係なくマーケティング機能を単独で遂行している場合もある。[1]

　従って、組織的にマーケティング機能を遂行する場合、出荷組織の形成発展程度と形態が当然問題になってくる。例えば任意出荷組合のみですべての販売活動を遂行している段階では、個別農家と任意出荷組織との間の業務分担と調整はあっても、その後のマーケティング活動は任意出荷組合がすべて行なうことになる。そのため業務分担関係は少なく、組織問題は単純である。このような意味で、業務内容が多彩で万般にわたる大規模組織問題とは異なる。

　これに対して、出荷組織が農協、県経済連といった重層構造を形成している場合には業務分担が行われる。その分担関係は農協と経済連の、それぞれの組織の強弱と活動の程度で、異なったものになる。農協がほとんどの業務を遂行して、経済連は単なる名目的な存在の場合もあれば、また実質的に業務を分担

して、農協は集荷、選別、包装までを担当し、経済連は市場選択、分荷、販売などの業務を分担する場合もある。[2]

このように、出荷組織が複雑な業務分担を行なう段階で、どのような組織形態でどのように業務分担するのが望ましいかが出荷組織化、あるいはシステム化の課題となる。そしてこの課題は、生産段階の技術向上や経営条件、交通輸送や市場・流通機構、あるいは消費の地域的動向などに大きく左右され、その望ましいシステム化は異なってくる。

いずれにしても、これらの出荷面での組織化を通じて、マーケティング機能が物的流通と商取引の両面で、より効率的かつ経済的に低コストで遂行できるシステムを如何に形成するかが第一の課題である。組織的管理は、そのようなシステム自体の形成も含めて、その適正な運営管理を行なって、マーケティング機能を最高度に発揮することが目標となる。

この場合、注意しなければならないのは、すべての農業経営集団組織がそうであるように、個別小農経営を構成メンバーとすることによって、その意思決定に独自の困難が伴うことある。すなわち、意思決定が民主的な構成メンバー1票主義であったり、利害の調整に多くの時間を必要とし、迅速な意思決定ができにくく、種々困難な調整問題が起きてくる。そしてその適切な処理を誤まれば組織自体の崩壊を招く危険が常に内在することである。[3]

農協の共販が叫ばれながら、それが常に障害に突き当たり、協業組織が形成されても必ずしも長期存続できにくい理由は、以上の点にある。これは農業経営集団組織に本質的に内在する組織的特性であって、このハンディキャップをいかに克服するかが農業経営集団の成否を左右するのである。従って農業経営集団の組織管理の重要課題は、その組織理論の進化と安定的な運営管理原則の確立に主目標が置かれねばならない。そしてこの理論的検討は現段階では必ずしも充分とはいえないであろう。

この点については、別途検討すべき課題であるので、ここではこれ以上立ち入らない。そして出荷組織の機能分担からみたマーケティング機能をやや一般的に検討してみることにしよう。その内容は、生産物を商品化する過程で発生

するすべての業務が含まれることになる。[4]

その主要な機能を大きく分類すると次に示す機能が重要となる。すなわち、(1)市況・情報活動、(2)選果・包装・出荷、(3)組織化・販売管理、(4)需給調整、などである。もっとも、これらの機能は必ずしも十分理論的に整理した結果に基づくものではないが、マーケティング機能の全体を概略カバーすると思われる。今後のマーケティング活動で重要性を増してくる機能も含めて全体的に検討すべき事項である。

第1の市況・情報活動は、市況の入手伝達、他産地の動向把握、販売促進活動（宣伝・PR）などが含まれる。これらの活動は、個別小農経営が直接遂行するのが困難な分野である。同時に、生産・販売活動を実施するうえでの共通の前提条件となっている。従って、少なくとも類似した条件を持った産地全体、具体的には県程度の広がりを持った組織、たとえば経済連などで分担することが望ましい機能である。そして、実際にもそのような場合が多い。

これに対して、第2の選果・包装・出荷関連業務は、多数農家の条件の異なる圃場で生産される不揃いの個別生産物を商品に仕上げる過程で不可欠な業務である。特に個別経営としては生産量が零細で、しかも圃場も数箇所に分散し、それぞれ土壌条件やその他の立地条件が異なっている。これらの圃場の生産物を規格化する業務が選果作業である。

これは、集団活動としての共同販売の基礎業務であり、その意義は今日でも少しも失われていない。この中には、予冷処理や後で問題にする製品差別化問題も含まれる。また、共同選果をどのような産地規模を対象に実施するか、その考え方と集荷・選果方法、検査、精算など一連の問題がこのなかに含まれる。[5]

第3の販売管理・組織化は、狭義のマーケティング活動全体とその前提条件整備が含まれる。これは具体的には、市場選択、出荷上場、出荷調整、その他一切の販売業務と産地段階での品種選定、作期・作型、栽培指導、などの組織化問題が含まれる。それぞれの産地の産物を、最も有利に販売するための各種の業務がすべてこの中に入る。その適正な管理が価格形成を有利にし、経営成果に大きな影響を及ぼす。そして従来のオーソドックスな販売管理論は、この

面について多く関説している。[6]

　最後の需給調整は、個別産地のみでは解決できない多くの問題が含まれる。特に青果物や畜産物（牛乳）のように、過剰化傾向が顕著になった段階で、生産調整も含めた形で全国的視点から対処すべき問題である。これは関係産地が協力して対応すべき生産調整施策の必要性である。このような問題の管理は、いうまでもなく広域産地や全国的組織（県経済連、全農、等）が中心とならねば実施できない性格のものである。そしてこのような組織による生産販売管理が今後益々重要になってくるといえる。[7]

　以上でみた各種のマーケティング機能を、各段階組織および農家との間の相互調整を行いながら、適正に行っていくことが組織的管理の領域を構成する。これは、単に一産地内の個別小農経営と農業経営集団との関係にとどまらず、全国の関係作目の全経営とその組織化問題に拡大する。それは大きく農業経営政策や価格政策とも強く関わる問題でもある。[8]

注
1）拙稿「都市近郊における野菜出荷と市場対応」、参照。
2）一般にみられる重層組織の業務分担は、このような形態が普通である。農業技術研究所：『野菜・畑作物の生産流通に関する調査研究』（No.1～10）、昭和48～52年、参照。
3）朝日新聞社『新しい農村』（各年版）には、このような困難を克服して農業経営集団組織を成功させた事例が多く紹介されている。
4）マーケティング機能の分類は種々行われているが、例えば、Kohls, R. L., *Marketing of Agricultural Products*, 1955、参照。
5）市場をはじめとする情報活動では、アメリカの場合には全国的ネットワークが発達していてマーケティング活動の基礎条件を具備している。Shepherd, G., *Marketing Farm Products*, Iowa State University Press, 1949. 我が国においても、近年、情報通信技術の発展に合わせて漸次整備されつつある。
6）小野誠志『農業経営と販売戦略』、明文書房、昭和48年。農林省園芸局『野菜選果場調査報告書』（昭和43～45年）、参照。
7）拙稿「出荷組織と需給調整」、『野菜の需給調整と産地組織化』、『野菜畑作物の生産流通に関する調査研究』（No.10）、昭和52年、等参照。
8）農林省『野菜需給価格研究会中間報告』、昭和52年。

4　産地組織化と市場対応—マネージリアル・マーケティング—

　需給調整は、以上で簡単に検討したように、単一産地のみでこの問題を処理することは困難であり、また出荷段階だけでなく、生産段階まで遡って、生産調整まで含めて考えねばならない性格のものである。このような意味で、農業の生産・流通全体にかかわる問題であり、特に農業経営集団を対象とする場合の組織化問題が密接に関係する。これは、流通問題の発想の転換を要求する、いわゆるマネージリアル・マーケティング（Managerial marketing）概念の適用が有効な領域と思われる。[1]

　一般企業のマーケティング理論に占めるマネージリアル・マーケティング概念を簡単に説明すると、[2] それは販売管理機能を市場指向的（market-oriented）に総括統合する中核概念と位置づけられる。すなわち、マーケティング機能を、市場調査その他によって消費者ニーズ（要求・要望）を探り、それを製品計画に反映させて、差別化した新製品を開発し（市場について言えば市場を細分化し）、その製品をあらゆる媒体を通じて広告・宣伝し、その新規需要を創造・開拓してゆく諸活動として認識するものである。このように、製品計画から販売に至るすべての活動が、市場指向的に一体的に統合されるものと位置づけられる概念がマネージリアル・マーケティングである。

　マネージリアル・マーケティング概念で、特に強調せねばならない点は、それが単に販売過程だけでなく、生産過程まで遡って全体を包摂する統合概念である点である。この概念の出現は、"作ったものを売る"段階から、"市場の要求するものを作って売る"段階への発想の変換であり、市場条件の変化に対応して、マネージリアル・マーケティング概念の拡大と普及が進展していると理解できるのである。このマネージリアル・マーケティング概念の一般化とともに、販売管理の概念と領域も一層拡大してきたといってよい。[3]

　このように、一般企業のマーケティング活動は、業務行程としては生産の後に販売が続くのが順序であるが、マネージリアル・マーケティング概念はこれを理論的には市場（販売）を前提として、その後に生産が続く論理に問題を逆転させ、全体を再構成するものである。つまり、まず何よりも先に市場のニー

ズが基礎にあり、その上に対応するマーケティング理論を再構成する。このような発想で販売管理を行う必要性を理論的に示すのがこの概念である。

現実の企業組織が実際にそのような理論によりマーケティング活動を実践してきているのも事実である。また、生産部門から販売部門が別個の独立企業に分離する場合（販売会社）であっても、マーケティング機能から見た生産と販売の一体性は強固に保たれているといってよい。

これに対して、農業の場合をみると、一般に生産は個別小農経営が分担し、販売機能が外化された出荷組織（出荷組合、農協等）に委託される形をとっている。両者の関係は経営主体（農業経営）と一部機能を代行するエージェント（出荷組織）との関係にある。[4] 生産・販売の意思決定は経営主体としての個別小農経営が行い、その一部をエージェントが代行する、というところにシステムとしての農協経営集団組織の本質がある。そして、そこに集団組織運営の困難さと脆弱性があることはすでに指摘した通りである。従って、農業においても、この経営主体とエージェントとの緊密性を保ったうえで、いかにマネージリアル・マーケティング機能を発揮しうるかが組織化の課題となる。

しかし、経営主体とエージェントとの意志は、両者の関係からみて本来一体化しているべきであるが、現実には往々にして乖離してくる場合が多い。その原因は一方で生産過程を分担する個別経営が意思決定主体であり、他方外化した集団組織は1つの限られた範囲での意思決定を行うが、それが一般企業と異なる運営原理と制約のもとに行われるためである。つまり、農協の販売事業にみられるように、個別小農経営がそのエージェントを自己のエージェントと正しく認識することが困難な状況が常に発生するからである。[5]

農産物の共同販売で常に直面する問題は、個別経営主体とエージェントとの間の意識的ズレと、それに起因する両者の一体感の稀薄化といってよい。その理由は、農業の場合、一般企業と異なるいくつかの問題点を持っている。すなわち、一般企業の場合のマーケティング活動が一企業組織内部の問題であるのに対して、農業の場合は個別小農経営集団を対象に、その意思決定を誘導するという方法で、しかも生産活動の一部と販売活動の大部分を外化させた形で、

マーケティング活動を推進しなければならないからである。しかも、外化された販売組織は数段階の重層構造を持ったヒエラルキーを形成している。

このようなシステムで、一方的に上からの命令ではなく、下からの意志の集約という組織化方法をとりながら、協議制によって意思決定を行うには多くの困難を伴うのである。そしてその場合、その意思決定と実行を円滑に行うためには、下からの意志の集約（上向組織化）と、上からの決定事項の浸透（下向組織化）とがうまくマッチして行なわれること、換言すればシステムのフィードバック機能が柔軟に上下に作動していることが不可欠である。このようなシステムをどう機能させるかが農業におけるマネージリアル・マーケティングの課題となる。[6]

従って、問題は本来一体化が図られるべきでありながら、常に乖離が進む経営主体とエージェントとの間、あるいはエージェント相互間で、全体の意思統一を図り、一般企業にみられるマーケティング活動を農産物マーケティングでいかに実行してゆくかということに帰着する。[7]

要するに、産地形成、産地組織化、あるいは産地システム化の課題は、以上のような農業経営集団組織と、その運営上の特質を十分踏まえたうえで、いかに個別経営主体とエージェントとの一体化を確立し、またマーケティング視点からは製品管理や生産計画まで含めたマーケティング活動を実質的に推進していくかということである。そしてその集約された問題が近年の需給調整の課題といえる。

このような視点から産地の実態をみると、優秀な産地ではマネージリアル・マーケティングの萌芽ともみられるシステムを独自に確立している場合も多い。すなわち、すぐれた産地の出荷組織は、常に作目・品種選択（製品計画）や、作期・作型選択まで遡って生産計画をたて、全体を総括する立場で栽培技術や栽培面積などの統制を行っている場合が多く見られる。当然ながら農業においても"生産物を集荷して売る"段階から、"需要のある品目（品種も含めて）を開発して、規格・品質を揃えて生産する"段階にきているのである。品質管理も集選果場段階からはじまるのではでなく、圃場段階、さらに遡って作目選

択の企画時点から実施されるべき課題になる。[8]

　このような生産・販売一体化を、単一の産地の内部関係だけでなく、産地相互間にまで拡大し、需要と供給のバランスをとることが必要であり、近年それをいかなる形で実施するかが政策的にも重要な課題になってきている。農林水産省としては、それを全農などの自主的調整に委ねる考え方をとっており[9]、このような視点からも需給調整機能を全国的出荷組織の1つの重要な機能とすることが注目されねばならない。ここでは、その方法についてこれ以上立ち入らない。

　以上、産地形成と産地組織化の理論を一般的に検討した。その問題領域は広汎にわたっており、それぞれについてのさらに掘り下げた検討が必要であるが、ここではそれらを立地理論とマーケティング論とも関連させて問題点を検討した。これは、さきに第3章で考察した立地理論の統合を産地形成・組織化の課題と関連させるものである。このような意味で、本章は今までの立地理論の総括的位置を占め、農業立地変動の主体的側面の総括と位置づけられる。

注
1) Kerry, E. J., *Marketing: Strategy and Function*, Prentice Hall, Inc., 1965. 村田昭治訳『マーケティング・戦略と機能』、昭和48年、145〜209頁、参照。
2) 同上、59〜80頁。
3) 拙稿「出荷組織と需給調整」参照。
4) 同上、166〜7頁。
5) 拙稿「野菜の需給調整と産地組織化」、27〜36頁。
6) 同上、30〜36頁。また『出荷組織と需給調整』165〜7頁。
7) 拙稿「野菜の需給調整と産地組織化」30〜36頁。
8) 拙稿「"農業の町"を築いた農協」、『新しい農村77』、昭和52年。下舞隆夫「野菜の品質管理と技術構造―植木スイカ栽培の事例―」、『農業経営通信』、No.110、昭和51年。
9) 前掲、『野菜需要給価格研究会中間報告』参照。

第6章
農産加工の立地理論

第1節　農産加工の立地論的課題[1]

1　農産加工の立地論的意義

　農産物の加工問題は、最近における国内需給の供給過剰傾向、世界経済のグローバリゼーションによる輸入農産物の増加、あるいは「一村一品」運動などにみられる特産品開発のブーム的動向、などを反映して種々の視点から注目されてきている。[2]

　その接近視点には、例えば地域活性化の一環として地場資源を活用した農林畜産物の加工がある。「一村一品」運動に代表される各地域の立地条件や農産物の種類に応じて、それを加工原料として利用する製品開発の場合である。この地場資源活用型の農産加工の特徴は、市場遠隔の過疎農山村での山菜、雑穀、豆類などを原料とする漬物、調味料、酒類などの在来伝統食品への加工が中心である。[3]

　この過疎農山村の地域活性化方策の一環として、特産品開発はそれぞれの立地条件と原材料の種類、および加工方法の組合せによって、多様な種類の製品を生みだしている。その開発原理は、それぞれの地方色を生かした製品差別化として、マーケティング理論的にも評価・整理できる。この問題は別稿で一部検討した。[4]

　しかし地域特産品開発が基本的にマーケティング理論の製品差別化に合致するとしても、農産加工問題がそれのみで完結するものではない。そこには製品開発を推進する主体、例えば農協や任意組合などの運営管理や組織化問題が当然存在する。それは農協加工事業として古い歴史を有する。[5]　そしてこの農協加工事業は、単に「一村一品」運動にみられる地域特産品の枠を越えた食品加

工企業経営として、一般の大規模経営レベルに達している場合もある。[6]

　従って、農協の加工事業には一般食品加工業の組織・運営と異なる側面があるとしても、食品加工業としては共通の問題領域を有している。ただ、「村おこし」的な農産加工が立地条件の悪い零細弱小産地での少量加工的性格が一般に強いのに対して、農協加工事業の場合は大型主産地で大量加工事業として成立発展している。そのような経営では一般食品加工企業と共通の問題領域を有していて基本的には何ら異ならないのである。

　この大規模農協加工事業では、一方で原料農産物の産地形成が一定規模に達し、原料供給が安定的に行われることが前提されている。他方、特産品的な加工事業では原料農産物を未加工のまま青果物（野菜、果物）、あるいは雑穀・藷類、食肉・鮮魚などとして出荷するよりは有利なことが需給関係から明らかな場合である。このような状況は一般的には供給過剰や輸入増大傾向の強い時期に発生する。

　供給過剰的な需給関係のもとで製品差別化が有効なマーケティング原理であることは別稿で指摘した。[7] 加工指向も同じような需給関係のもとで出現する。加工自体が典型的な製品差別化であることも自明である。つまり、加工は原材料を全く別個の商品に転化させることであり、加工こそが本来の製品差別化、典型的な製品差別化というべきであろう。

　要するに、農産加工はそれが過疎農山村の地域特産品の風土食品加工であれ、あるいは伝統加工法の特色を生かした漬物類・調味料などの素朴な加工品であれ、また大型主産地の企業経営的農協加工事業の場合であれ、いずれも上記の原料素材の形態変化をともなう本質的な製品差別化であって、そこにはマーケティング理論とともに関連する理論的問題が存在している。

　本章は、それらの理論的問題から立地論的視点を選び、その理論的考察を試みるものである。

注
1) 拙稿「農産加工の立地論的検討」、『農村研究』第68号、平成元年。

2) 関連する文献は多いが、たとえば桑原正信編『農協の食品加工事業』、家の光協会、昭和48年、青森地域社会研究所『農産加工による地域振興』、時潮社、昭和57年、竹中久二雄・白石正彦編著『地域経済の発展と農協加工』理論編、実態編、時潮社、昭和61年、参照。
3) 製品開発の事例としては、ふるさと情報センター『ふるさとガイド―特産物と宅配―』昭和61年、に詳しい。
4) 拙稿「過疎農山村の特産品開発とマーケティング」『農村研究』、第63号、昭和61年。
5) 前掲『農協の食品加工事業』、竹中久二雄「農協加工事業の政策と展開」、前掲編著、第1章、参照。
6) このような企業的大型加工事業の典型として、愛媛県青果連のミカンジュース加工事業がある。その加工事業の規模は売上げ246億円、果汁1万8千t（昭和52～3年）となっている。若林秀泰『ミカン農業の展開構造』、明文書房、昭和55年、139～40頁。また、市町村や農協レベルの加工事業としては北海道池田町のワイン加工、富良野町の農産物加工事業（ワイン、トウモロコシ、等）などの事例がある。ほかにも大型産地の県経済連レベル、あるいは農協レベルでの加工事業の例は多い。前掲『農産加工による地域振興』の事例等、参照。
7) 前掲、注4) 拙稿、15～8頁。

2 古典立地論の農産加工問題―チューネンの火酒加工―

　農産加工を立地論的視点からとりあげた研究には、やはりその嚆矢にチューネンの『孤立国』[1]がある。すなわち、第1部、第2編、第29章、火酒醸造（Branntweinbrennerei）において、チューネンは穀物を原料とする火酒醸造について次のように述べている。

　「穀物は運搬費があまり高くつくから、畜産圏からは都市へ輸送されない。しかしもしも穀物を価格との割合上運搬費を要すること少なき製造品に変形するならば、農業はこの畜産圏の比較的近い部分においてまだなお有利に経営されうる。このような製造品の1つは火酒である。それは100シェッフェルのライ麦から得られる酒精は、ライ麦25シェッフェルの重量しか有していないからである。」[2]

　チューネンがここで明らかにしている興味ある指摘は、都市からの距離が最も遠隔な「孤立国」の最外縁の畜産圏において、通常の穀物形態で出荷する場合には採算のとれない穀物生産も、それを火酒に加工することによって成立つ

ことを示していることである。この場合、チューネンはもっぱら原料穀物と加工製品（火酒、酒精）との重量減損関係に基づいて、その運送費の低下を根拠に穀物生産が可能とし、穀物の火酒への加工の意義を明瞭に指摘している。

このチューネンの説明は、100シェッフェルのライ麦を原料にして醸造加工すれば、その4分の1（25シェッフェル相当）に重量が減少した火酒（酒精）が得られる技術関係に依拠するものである。この説明はさしあたり加工新製品の価格や加工費などの問題を考慮せずに、加工が原料穀物の運送費を4分の1に減少させるという単純な形で問題を処理している。そしてそれはそれなりに説得的であるが、加工問題としてはさらにたち入った考察が必要になってくる。

つまり、チューネンの上述の説明は、火酒の原料穀物の立地を原料（穀物）と製品（火酒）との重量減損関係から説明したにとどまり、加工製品の工場立地を直接的にはとり扱ってはいないからである。火酒醸造（穀物加工）の立地問題としては、火酒の価格、生産費（原料費＋加工費）、運送費、などの要因を立地問題に直接関連させた検討が必要となる。ここでは当然、農業立地論（原料農産物の立地）と、それを前提した工業立地論の課題が重なって存在することになる。

このようにみてくると、農産加工の立地問題は、農業立地論の領域としては原料農産物の立地問題があり、加工に関連しては工業立地問題があり、両者（農業立地論と工業立地論）が交錯した領域として理論的に接近処理しなければならない課題であることがわかる。[3] このような視点からの農産加工問題への接近は従来あまり試みられていないので、[4] ここでは上記のチューネンの説明もふくめて、考察を試みることにする。問題の性格を明確にするために、まずチューネン・モデルを明示的に定式化したダン（E. S. Dunn, Jr.）の地代函数式と第2章、第2節の比較静学成果を手掛りにして、上述の穀物の火酒醸造加工を検討することにする。その基礎となるダンの地代函数式は第1章、第4節に示しているが、後の考察の都合上、再度(1)式を掲げる。[5]

$$R = E(p-a) - Efk \quad \cdots\cdots\cdots(1)$$

第6章　農産加工の立地理論

この式を用いて、さきにみた市場から遠隔な外縁畜産圏での穀物栽培の条件をみると、通常の穀物（未加工）のままでの出荷が不可能な条件としては、畜産圏との関係から$k＞$OXの場合である（図6－1、参照）。しかし考察は$k＞$OAについて地代消失点以遠、$R＜0$で行うことにする。これは(1)式の右辺から次のような条件として示すことができる。

$$E(p-a)-Efk<0 \cdots\cdots\cdots(2)$$
$$\therefore\ E(p-a)<Efk$$
$$p-a<fk$$
$$\frac{(p-a)}{f}<k$$

(2)式は、その変形で明らかなように、今問題にしている畜産圏での穀物生産が、地代が運送費よりも小さくなることを示している。すなわち、単位面積当りまたは単位重量当たりについて、それぞれ地代が運送費より小さく、そこでの穀物生産が不可能になることを示している。検討は正確には$k＞$OXで行うべきであるが、比較静学で考察する都合上、その加工立地点（図上のB）が地代消失距離$\frac{(p-a)}{f}=$OAより大きく、地代消失地点の外側にある場合について検討する。

(2)式は畜産圏で穀物を生産し、穀物のまま加工せず出荷する場合の条件である。このままでは「穀物は運搬費があまり高くつくから、畜産圏からは都市へ輸送されない。」[6]こ

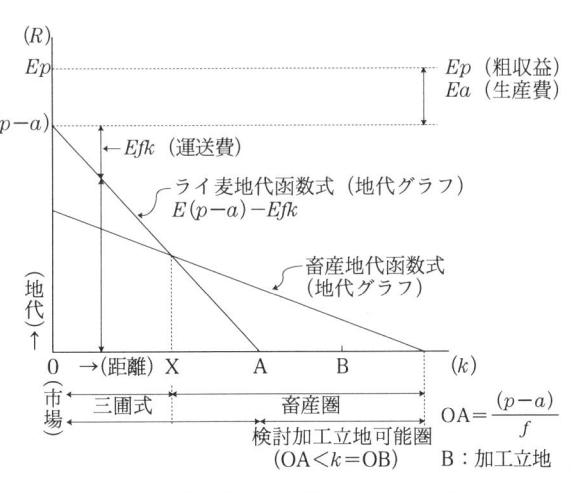

図6－1　三圃式圏と畜産圏（加工立地）

第Ⅰ部　農業立地の現状分析理論

とは明らかである。

　では、どうすれば地代が運送費を上まわって黒字として残りうるのか。その1つが醸造加工による重量の減損であることはチューネンが説明している通りである。この条件をまず一般的に(2)式から導くと、それぞれの式の不等号が逆になった(3)式であることも自から明らかである。

$$E(p-a) - Efk > 0 \quad \cdots\cdots\cdots\cdots\cdots\cdots\cdots(3)$$
$$\therefore \quad E(p-a) > Efk$$
$$\therefore \quad p-a > fk$$
$$\frac{(p-a)}{f} > k$$

　これらの条件式は、前述のようにそれぞれ面積当り、あるいは単位重量当りにみた地代が運送費より大きいこと、また市場からの距離が地代消失距離より大きいことを示している。そして、このような条件が備わる要因としては、地代函数式を構成するパラメーター（E、p、a、f）と変数（k）の変化が考えられる。当面、問題にしている畜産圏での立地（位置、図6－1のB）は与えられて不変とすれば、変化が可能なのは残余のパラメーターとなる。そして、チューネンの叙述で変化する要素となるのは、穀物100シェッフェルが火酒に加工されることによって25シェッフェル相当の重量に減損することである。

　今、加工による原料の重量減損率をα、原料重量をE、加工製品の重量をE'とすれば、チューネンの火酒加工の重量減損関係は次のようになる。すなわち、E＝100シェッフェル、E'＝25シェッフェル、重量減損は100シェッフェル－25シェッフェル＝75シェッフェル（重量表示）、重量減損率αは$\frac{(100-25)}{100}$（シェッフェル、重量）＝0.75ということになる。

　チューネンは、以上のような重量減損が穀物の火酒への加工で起これば、畜産圏で穀物（ライ麦）の生産立地が可能になると説明する。

　この関係をさきの(2)式、(3)式にあてはめると、(2)式の(3)式への転化は原料の減損率が75％（α＝0.75）の場合に可能となるのである。この場合、穀物価格

(p)、生産費(a)、および運賃率(f) については変化がないと前提されていることに注意する必要がある。

この関係は次のような関係式で示すことができる。すなわち、未加工の場合の$E(p-a)<Efk$が、加工によって(4)式に転化するのである。

$$E(p-a)>E'fk \cdots\cdots\cdots\cdots\cdots\cdots\cdots\cdots\cdots\cdots\cdots\cdots\cdots\cdots(4)$$
ただし、$E(1-\alpha)=E'=0.25E$
$\alpha=0.75$ $(0\leq\alpha\leq1)$

この(4)式が、原料穀物が市場遠隔地の畜産圏、ここでは例えばBに立地する条件式であって、この関係が成立つかぎりにおいて、原料作物の立地と加工業の立地が可能となることを明らかにしている。ただ、ここで注意しておきたいことは、(4)式ではあくまで醸造加工を原料と加工製品の重量減損関係からもたらされる運送費の減少の結果として説明していることである。このことは、$E(p-a)>E'fk$の右辺を$0.25Efk$とおきかえることによっても可能である。つまり、運賃率が(3)式の4分の1になることによって(3)式から(4)式が導きだされることを示している。(図6-2、参照)

しかし、上述の(4)式の右辺の$0.25Efk$への置換、つまり$E(p-a)>0.25Efk$という条件は、単に重量が4分の1($E'=0.25E$)となる場合だけでなく、運賃率(f)または距離(k)が同様に4分の1となる場合 ($f'=0.25f$, $k'=0.25k$) も同じ結果をも

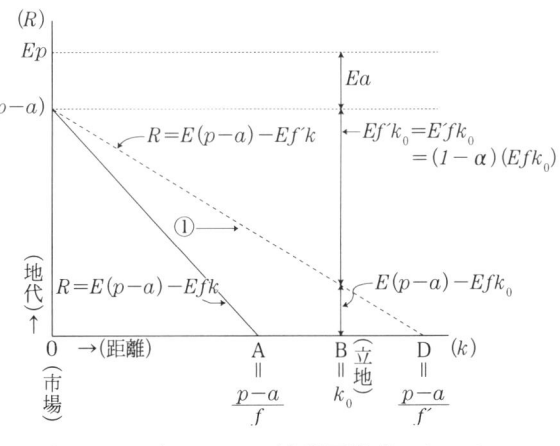

図6-2 加工による地代函数式のシフト

図中:

(R)
$OM = E(p-a)$
$ON = (1-\alpha)E(p-a)$
$OM - ON = E(p-a)(1-1+\alpha) = E(p-a)\alpha$

L ─────────── Ep
           Ea
M ─────────── $E(p-a)$
  $f' = (1-\alpha)f$ に変化した場合の地代函数グラフ
  $(E-E')(p-a) = \alpha E(p-a)$
N ─────────── $E'(p-a) = (1-\alpha)E(p-a)$
  ③ ← ② ← ①→

$E' = (1-\alpha)E$ に変化した場合の地代函数グラフ

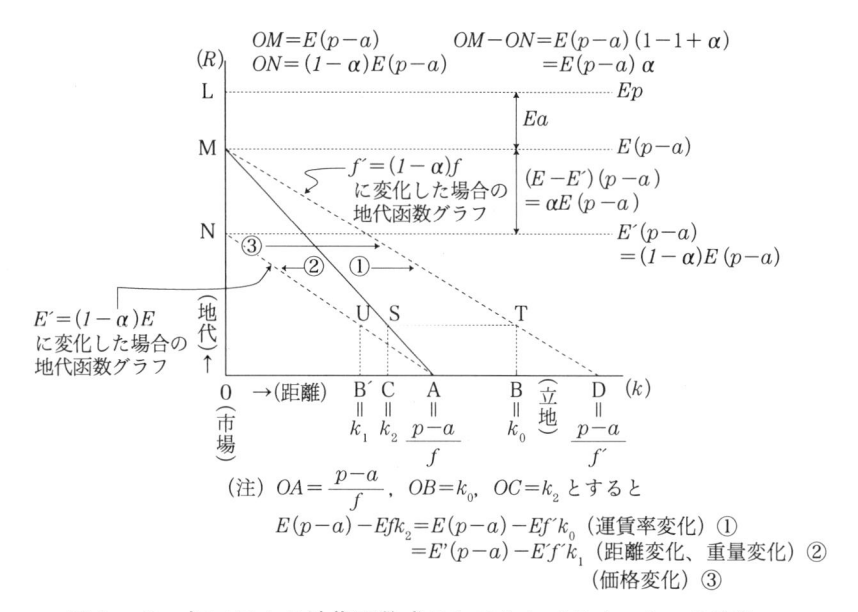

(地代)
         U S   T
0 →(距離) B' C A   B   D (k)
  (市場) ‖ ‖ ‖   ‖   ‖
        k_1 k_2 $\frac{p-a}{f}$ k_0 $\frac{p-a}{f'}$
                                 (立地)

(注) $OA = \frac{p-a}{f}$, $OB = k_0$, $OC = k_2$ とすると

$E(p-a) - Efk_2 = E(p-a) - Efk_0$ (運賃率変化) ①
$ = E'(p-a) - E'f'k_1$ (距離変化, 重量変化) ②
$ $ (価格変化) ③

図6−3 加工による地代函数式のシフトとパラメーターの変化

たらす。つまり、$E(p-a) > 0.25Efk$ という不等式関係は、収量(E)、運賃率(f)、あるいは距離(k)の間で相互に代替的に運送費Efkを4分の1に減少させる作用がある（図6−3、参照）。それはB=k_0のほか、B'=k_1、C=k_2である。

ただ、チューネンの説明では畜産圏は位置的には不変であり、距離(k)は固定されているから（図6−3ではB）、ライ麦が火酒原料として立地しうるための条件変化は収量（重量）の減損か、運賃率低下の2つの場合とみることができる。この関係を図6−3でみると、B（OB=k_0）の位置では地代が赤字〔$E(p-a) < 0$〕であったライ麦生産が、BTの大きさの地代を生じさせるためには、(1) $f \to f' = (1-\alpha)f = 0.25f$, に変化する場合と、(2) $E \to E' = (1-\alpha)E = 0.25E$, に変化する場合（地代はB'Uの大きさ）、の2通りである。

これらのパラメーターの変化（収量E、運賃率fの変化、または変数＝距離kの変化）は、相互に代替的に読みかえて、B点のライ麦火酒加工の競争力（地代＝BT）がもとの地代函数式（穀物での出荷）のC点、つまり市場からの

距離がOC＝k_2における地代＝CSに、また重量が4分の1に減損した場合のB′点（市場距離OB′＝k_1）の地代B′Uに、ともに一致することが作図上からも明らかである。これはパラメーターの変化に対応して、SがT、またはUへシフトした場合であることを示している。[7] この分析が地代関数式の比較静学的考察（第3章、第2節）の応用例であることも明らかであろう。

注
1) Thünen, J. H. v., *Der isorierte Staat in Beiehung auf Landwirtschaft und National ökonomie*, Hamburg, 1826. 近藤康男訳『孤立国』、『著作集』、第1巻、農山漁村文化協会、昭和49年、所収。
2) 同訳書、253頁。
3) チューネンは、火酒加工の輸送費節約効果と関連して、畜産圏での火酒加工の有利性についてもふれている。「火酒はここ（畜産圏―引用者）から非常に廉価に供給することができ、孤立国の他地方（いわんや都市自身）はこれと競争することは…できない。なぜなら穀物および木材が3倍の価格を有し、かつ名目上の労賃が非常に高い都市において火酒を製造するのは…少くも2、3倍の費用がかかる」と。（同、253頁）この指摘は明らかに工業立地論的視点からのそれであるが、チューネンの考察はそれ以上進まずに終っている。
4) 立地論的接近を試みた数少ない論文として、たとえば増井好男「立地論と農協加工事業」、前掲、竹中・白石編著（理論編）、第4章、がある。
5) Dunn, E. S., *The Location of Agricultural Production*, p.4. The University of Florida Press, 1954. 阪本平一郎・原納一雅共訳『農業生産立地理論』、8頁、地球出版、昭和35年。
6) 『孤立国』（訳書）、253頁。
7) ダンの地代函数式のパラメーター（E, p, a, f）の変化が地代函数グラフにどのような変化をもたらすかについては、第3章、第2節、2、参照。

第2節　農産加工の立地論的接近―地代函数式適用による―

1　農・工両立地論の統合

　穀物（ライ麦）の火酒醸造加工が農業立地論的にどのような意義を有するかは前節で概略明らかにした。しかし、チューネンの火酒加工の事例で考察された問題は、原料穀物が火酒に醸造されることによってその重量が4分の1に減

損し、それにともなう運送費節約が可能になること、その結果穀物のままでの出荷では成立ち得ない畜産圏におけるライ麦生産（原料作物）が可能になること、を示したに過ぎない。つまり、それは運送費のみの節減による原料穀物（ライ麦）の立地根拠を明らかにしたにとどまり、火酒加工の立地問題には直接ふれていないのである。

そこで、次にこれらの残された加工問題を工業立地論的視点から検討してみよう。[1] すなわち、ここでは穀物（ライ麦）を原料とする火酒醸造の工業立地論的問題が中心課題となる。従って立地主体は、加工業の火酒醸造業であって、その原料として穀物（ライ麦）が利用されるかぎりにおいて、前節で検討した穀物立地が前提され、関連してくる。例えば原料価格、原料供給量、生産費、その他である。

以下の考察では、前項との関連を明らかにし、農業立地論と工業立地論の統一的理解に少しでも近づくために、[2] 同じ火酒加工の場合について工業立地論的課題を中心に検討することにしたい。

もちろん、その場合の課題は農産加工であって、工業立地論のうち当面する加工問題に関連する理論的側面に対象課題を限定する。また加工製品は、火酒（ワイン、焼酎、ブランデー）にかぎらず、その他の漬物、味噌、ハム、ソーセージ、あるいはその他の農産加工品に拡大適用することが可能になる。

なお、農産加工の理論的考察という場合、その前提を明確にしておく必要がある。まずその第1は、加工業の立地論的課題といっても、ここではその最適立地を求めるのが目的ではなく、ある特定場所、たとえば市場から遠隔な過疎農山村（前掲、図6－2～3のB点）における加工業の成立の可能性を探るための立地論的考察である。

レッシュ（August Lösch）は立地問題を2つに分けて、(1)「ある特定の作物がどこで栽培されるか」、(2)「ある特定の場所で（またはある特定の経営で）何が生産されるか」[3] を区別しているが、ここでの考察はこのレッシュの(2)の経営が位置的に与えられている場合の、加工立地問題の考察である。それは農業立地論の領域では作目選択とその競争力の分析が中心となるが、加工業

立地問題では製品計画と加工経営の収益性分析が中心となってくる。

このような分析の中で、原料調達コストや加工費、製品価格、製品運送・販売費などが問題となる。ウェーバー（Alfred Weber）[4]やフーヴァー（E. M. Hoover）[5]の加工業立地論でとり扱っている分析手法が応用できるのはこのような側面であるが、以下の考察においては、これらの理論と関連する加工立地問題には直接的にはふれない。

第2の前提は、ウェーバーをはじめとする工業立地論では、原料供給地と市場が位置的に与えられている場合の、加工立地が輸送費用の最小地点にきまる関係を明らかにする。これが輸送指向論である。また労働も以上とは別の場所に与えられていて、その場合の労働費の大小に応じて輸送指向論できまる最適立地が修正される関係を考察する。これが労働指向論である。[6]これが工業立地論の基礎となっている接近方法であるが、本項では原料供給地、工場立地、および労働供給地が同一地点にあり、三者が一致する場合を前提していることである。[7]

もちろんこの場合、加工工場を原料作物産地のなかのどの位置に建設するかという立地問題もあるが、その問題は産地を点から面に拡大して、その圏域の中心が最適な工場立地となるか、あるいは出荷市場への最短地点であることで対応できる。[8]また労働力についても集落として集まっている場合と、散居制で分散している場合が考えられるが、これについても原料作物の圃場分散と同様に考えてその中心地に労働が存在するとみなして当面差支えないであろう。

いずれにしても、本項の考察の中心課題は、伝統的な工業立地論の工場最適立場を求める課題ではなく、大局的にみれば原料供給地、労働供給地、および加工工場立地が同一場所に存在している場合の加工問題が中心となる。この前提は過疎農山村における「村おこし」運動などの地場資源活用型の農産加工の場合に当てはまる。

農協加工事業の広域大型産地を対象とする加工場の立地問題にはウェーバー型の工場最適立地の選定問題が存在するが、この問題はここではふれない。この課題は加工施設とともに、産地集出荷施設の適正立地配置問題として、現実

的には重要な課題であり、改めて検討する必要があるからである。

さて、本論にかえって、またチューネンの火酒加工の事例に即して、問題点を検討することにしよう。

今、火酒加工の地代（収益）函数式を(1)式に準じて示せば(5)式の通りである。[9]

$$R' = E'(p' - a') - E'f'k \quad \cdots\cdots\cdots\cdots\cdots\cdots\cdots\cdots\cdots\cdots (5)$$

ただし、R'：単位面積当り火酒醸造地代
　　　　E'：単位面積当り火酒製品容量
　　　　p'：火酒単位容量当たり価格
　　　　a'：火酒単位容量当たり生産・加工費
　　　　f'：単位容量当り・距離当り運賃率
　　　　k：市場からの距離（定数：前提により一定）

(5)式について若干補足説明すれば、R'はライ麦の地代函数の考察面積について、それを火酒に加工した場合の醸造地代（純収益）である。また、E'はその収量Eを加工してできる火酒の容量（重量表示）であって、これはチューネンの説明例にしたがえば$E' = 0.25E$、つまり100シェッフェルの原料ライ麦から25シェッフェル重量相当の火酒（酒精）が生産されることを示す。これは原料の加工による減損率（α）が0.75であることから、$(1-\alpha)E = (1-0.75)E$、従って、$E' = 0.25E$となる。

また、a'は火酒単位容量当り生産・加工費であるから、その構成要素としては原料費と加工費が含まれている。今、生産されたライ麦がそのまま加工にまわされるものとし、その加工費＋追加副原料費を$\hat{a}$とすれば、a'は次のようになる。すなわち、$a' = (\frac{Ea}{E'}) + \hat{a}$である。これをさきの$E' = 0.25E$で置きかえると $a' = (\frac{Ea}{0.25E}) + \hat{a} = 4a + \hat{a}$となる。その結果(5)式は次のように変形される。

$$R' = E'(p' - 4a - \hat{a}) - E'f'k$$

第6章　農産加工の立地理論　　193

$$= E'[p'-(4a+\hat{a})]-E'f'k \quad \cdots\cdots\cdots\cdots\cdots(6)$$

(6)式を図6－2～3と対応させてグラフに示したのが図6－4である。ただし、作図は前図と同様、原料減損率（α）が0.75、あるいは運賃率が75％減少したものとしては示されず、一般式で示されている。すなわち、(7)式で示したのが図6－4のグラフの函数式であり、以下ではこの(7)式と図6－4に即して農産加工立地の問題点を検討することにしたい。

$$R'=E'p'-E'\left[\frac{a}{(1-\alpha)}+\hat{a}\right]-E'f'k \quad \cdots\cdots\cdots\cdots\cdots(7)$$

(7)式は、(1)式のパラメーター変化として導出されるが、そのプロセスを図6－4でみると、原料穀物（ライ麦）の地代函数式は、図6－3でもみたように、加工による重量減損の結果を運賃率（f）の変化として①→で示すシフトが第1の変化である。これは図6－3では$E→E'$の変化にともなうシフト②→の変化であり、その代替効果として$f→f'$が起きる。しかしこの場合、(2)式、(3)式の左辺は変化しないのでシフト③→の変化が起きるということであった。

図6－4では、まだ加工費（$E'\hat{a}$）が考慮されていない。そこでこの加工費を

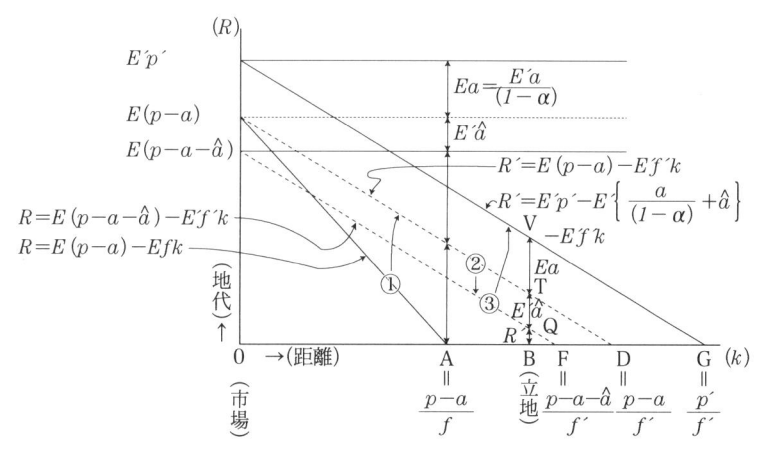

図6－4　加工による地代函数式のシフトとパラメーターの変化

差引くと、その地代函数グラフのシフトは②→の変化で示される。この地代函数のグラフは、火酒の価額(Ep')を穀価(Ep)相当額で表示した場合の火酒加工地代函数式で示したものである。そして、その場合の火酒の価格は$E'p'=Ep$、従って$p'=\dfrac{Ep}{E'}=\dfrac{Ep}{0.25E}=4p$いう関係にある。つまり、容量を4分の1に減らしたかわりに、火酒の価格は4倍になった場合を示している。一般式で示せば、$p'=\dfrac{Ep}{E'}=\dfrac{Ep}{E(1-\alpha)}=\dfrac{p}{(1-\alpha)}$となり、加工原料減損率が$\alpha=0.5$の場合は$p'=2p$、$\alpha=0$の場合は$p'=p$となる。

以上は加工による重量減損と加工費を考慮した場合に、原料穀物の地代函数式でその収益性(競争力)がどのように変化するかを示したものである。その結果、図6－4で加工原料減損率がαの場合に、加工製品(火酒)価格が$p'=\dfrac{p}{(1-\alpha)}$の条件で、B(工場立地)でも地代$R'=BQ$が生ずることを示している。その大きさは、$BQ=R'=E'p'-\dfrac{E'a}{(1-\alpha)}-E'\hat{a}-E'f'k_0$である。

しかし、この地代函数グラフは、価格p'を穀価で換算した場合に$p'=\dfrac{p}{(1-\alpha)}$の水準での競争力を示している。しかし通常は原料価額(Ep)が製品価額($E'p'$)に等しいことは少ない。つまり、加工は今まで検討した原料の重量減損(運送費節約)とともに、加工による付加価値の増加があって、しかもその増加が加工費(追加副原料費を含む)を上まわる場合に行われるはずである。この関係は次の不等式で示される。

$$E'p' \geqq \dfrac{E'p}{(1-\alpha)} + E'\hat{a} \quad \cdots\cdots\cdots\cdots\cdots\cdots\cdots(8)$$

$$\therefore \quad p' \geqq \dfrac{p}{(1-\alpha)} + \hat{a}$$

$$\therefore \quad p' - \hat{a} \geqq \dfrac{p}{(1-\alpha)}$$

(8)式は、加工品価格が、重量減損率(α)と加工費($\hat{a}$)との関係で、一定水準以上でなければ加工の意義がないこと、そしてそのための条件を示している。これは庭先価格、つまり加工地が即市場(運送費＝0)の場合のp'の条件であり、市場が遠隔の場合にはこれに運送費($Ef'k$)が追加的に必要となる。従って、加工品価格はその後で加工企業の利潤(地代)を確保する水準まで高まる

第6章 農産加工の立地理論 195

必要がある。この条件は(7)式の地代R'が0より大きいこと、つまり$R' \geqq 0$、従って$E'p' - E'\left[\dfrac{p}{(1-\alpha)}\right] - E'f'k \geqq 0$、あるいは同じことであるが$E'p' \geqq E'\left[\dfrac{p}{(1-\alpha)}\right] + E'\hat{a} + E'f'k$、単位容量当りには$p' \geqq \dfrac{p}{(1-\alpha)} + \hat{a} + f'k$が加工品価格の条件となる。

図6－4でいえばB（加工立地）がそれぞれの地代函数グラフの地代消失地点（F, D, G）の左側にあるようなp'水準にあることを意味している。その場合の地代水準（B点における）は、さきに示したBQのほか、BT＝BQ＋QT（＝$E'\hat{a}$）、BV＝BQ＋QT＋TV$\left[=\dfrac{E'a}{(1-\alpha)}\right]$となる。

それぞれの場合は、作図からみてBQの地代水準ではBQ＜BT、BQ＜BVであるから、これは原料生産費も加工費も補償しえない地代水準である。BTの場合にはじめて加工費が補償され、またBVの場合には加工費と原料生産費がそれぞれ補償されてBQの地代が残る地代水準であることがわかる。

要するに、加工品の価格は$p' \geqq \dfrac{p}{(1-\alpha)} + \hat{a} + f'k_0$（ただし、$k_0$＝OBの市場距離にある加工立地B点の場合の価格）という価格水準になる必要がある。

この関係をより明確にするために、図6－4の地代函数グラフを逆転させて費用函数（CF）グラフとして示したのが図6－5である。これは原料費＋加工

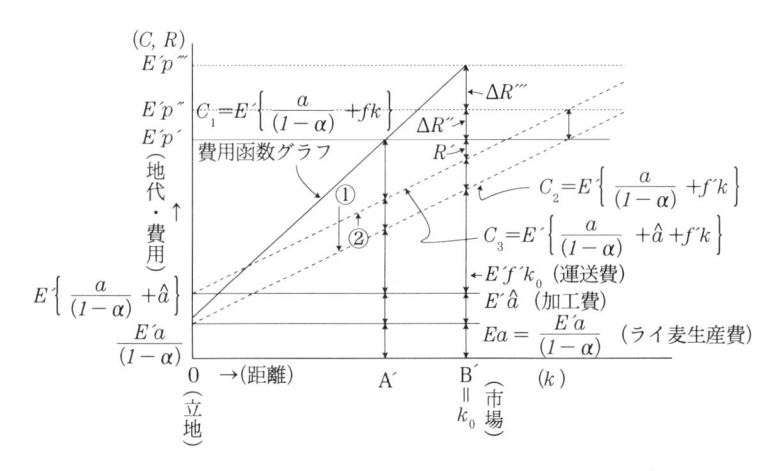

図6－5 地代函数の費用函数への変換

費(C)と運送費(F)との合計額が距離の函数として示されており、この費用と粗収益($E'p' \sim E'p'''$)との差が地代（収益）として示されている。そして価格水準p', p'', p'''によって地代の大きさが変化する関係が図6－4よりもわかり易い。すなわち、価格の$p' \to p''$の変化は$\Delta R''$、$p'' \to p'''$では$\Delta R'''$の地代増加をもたらすことがわかる。

もちろん、この関係はさきの図6－4の場合と実質的には変らないが、工業立地論で一般的に使われている作図法に合せて地代函数グラフを費用函数にかえ、耕作圏を市場圏として示すことにより価格が地代（純収益）水準と市場圏の範囲をどう規定しているかをより簡単に示すことに役立つといってよい。なお、グラフのシフト①→は費用函数の$C_1 \to C_2$への変化を、シフト②→は$C_2 \to C_3$の変化をそれぞれ示している。

注
1) ただし、ここではウェーバー流の伝統的な接近方法はとらず、ダンの地代函数式に依拠する。その理由はウェーバーの工業立地論が運送指向論や労働指向論として費用最低立地を求める部分均衡論分析にとどまっているからである。また、ダンの地代函数式のほうが運送費、生産費、価格も考慮した総合的な考察が可能であることにもよる。
2) 従来、立地論は部門ごとに農業立地論、工業立地論、などとして展開されているが、それらの統合が1つの課題と考えられる。そのためには方法論的に裏づけられた立地論の深化が必要となるが、ここでは問題の所在を指摘するにとどめる。
3) Lösch, A., *Die räuliche Ordnung der Wirtschaft*, Stuttgart, 1939. 篠原泰三訳『レッシュ経済立地論』、大明堂、昭和43年、47頁。
4) Weber, A., *Über den Standort der Industrien*, Erster Tl., Reine Theorie des Standorts, Tübingen, 1909. 篠原泰三訳『ウェーバー工業立地論』、大明堂、昭和61年。
5) Hoover, E. M., *Location Theory and the Shoes and Leather Industries*, Cambridge, 1936. 西岡久雄訳『フーヴァー経済立地論』、大明堂、昭和43年。
6) 前掲、『ウェーバー工業立地論』第3、4章。なお、このような視点からウェーバーの理論は、当面の加工業の立地問題にそのままの形で適用するには若干難点がある。何故ならウェーバーの輸送指向論は、ダン地代函数式の運送費についての議論であり、労働指向論もその一部を構成する労働費の地点間較差に関する議論であるので、不十分な分析に止まらざるを得ない。

7）この場合の立地図形は直線となり、その一端に市場が立地し、他の一端に加工工場、原料、労働力が立地している場合である。
8）このような問題に対する理論的モデルとしては、レッシュの市場圏（Market area）を供給圏モデルに読みかえると理解しやすい。
9）ここでは、加工を農業の1つの独立部門と考えて、地代函数式を適用するが、これは農工両立地論の統合のための1つの試みという意味を持っている。このことを断っておく必要がある。

2　関連問題と若干の補足

　以上の考察においては、農産加工の立地論的問題を、チューネンの火酒醸造加工の事例に基づいて検討した。その中心課題の1つは、農産加工による原料の重量減損によって、原料農産物がその原料未加工産品の出荷では競争力のない畜産圏（ここの検討はライ麦の地代消失距離）以遠の圏域でも立地しうる根拠を、ダン地代函数式の比較静学的成果の応用によって理論的に明らかにすることであり、その目的は一応達成されたといってよい。

　また、第2の課題は原料農産物の上述のような立地可能性を前提して、農産加工業の立地論的接近を試みたことである。これらの課題は農業立地論と工業立地論の交錯する領域であって、両立地論を統合する上での理論的問題に若干の予備的考察を試みようとするものであった。火酒醸造加工という考察の範囲が限定されていた関係で、農産加工の立地理論的課題も限られた側面に片寄ってはいるが、同じく地代函数式の応用によって農林畜産物を原料とする地場資源活用型の加工業の成立する条件を製品価格、加工費、原料費、運賃率、原料減損率、などとの関連で概略理論的に明らかにしたといえる。

　そこで、最後にこれらの理論的整理に基づいて、関連する立地問題と応用可能領域について補足的なコメントを加えておくことにしたい。

　まず、農産加工の立地論的特徴としては、地場資源活用型に対象を限定した場合には、前述のように原料供給地、労働力所在地、および工場立地の三者が位置的に一致した場合の加工問題であり、その市場圏の大きさを市場距離との関連で地代（純収益）の大小として把握しようとするものであった。従って主に運送費、労働費、或いは資源調達費の多寡を中心に分析するウェーバーの工

業立地論モデルよりは、チューネン・モデルの適用が有効であり、その上で部分的にウェーバー理論を導入して統合することが必要となってくる。その基礎的な理論的考察が不十分ではあるがここでの主内容を構成する。

次に、その適用対象領域についてみると、それはチューネンの火酒醸造に近似する加工部門としては穀物（麦、トウモロコシ、ソバ、など）や薯類（甘薯、馬鈴薯）の焼酎加工が考えられる。また、原料は果実にかわるが、ワイン、あるいはブランデーなども各地で「一村一品」運動や「村おこし」の一環として数多く作られている。これらの酒類加工はそれぞれの地域の農産物を原料とし、その風土の加工法や新しい製品の開発もふくめて製品差別化の典型として一種のブームを作り出し、多様な製品が全国的に生産されている。

また、大豆、麦、を原料とする味噌加工も、酒類に劣らず各地で試みられている農産加工品といってよい。そのほか、原料は種々であるが、漬物類も「故郷の味」として見直されて、風土色豊かに全国各地で生産されている。最近の食物の安全性に対する関心の強さや本物指向を反映した需要の多様化が、これらの地域特産物の加工製品化を支えている。その差別化要因として「手作り」に代表される「少量生産」があり、これが機械大量生産の一般同類商品と競争して市場参入を可能にする条件の1つである。これは「安全性」（安心）、「高品質」とともに「手作り」、「本物」などの特徴を備えた差別化商品として価格形成力を持ってくる。

同様のことが畜産物加工（ハム、ソーセージ、乳製品）についてもいえるであろう。またここではくわしい考察はできないが、畜産、あるいは養蚕業についても本章で検討した立地論的考察がほぼそのままの形で適用可能な農業部門といってよい。何故なら、畜産も養蚕も、飼料作物、あるいは桑葉を原料とする「有機」的加工と考えられるからである。整理が必ずしも十分ではなく、残された問題もあるが、農産加工の問題提起にはなったであろう。

第II部

立地変動の動態実証分析

第1章
日本農業の地域生産特化[1]

第1節　生産特化の分析指標

1　経済発展と農業生産の特化

　日本経済の高度成長に伴って、我が国農業は従来の日本農業のイメージを一変させる変貌をみせている。[2] 農業基本法の制定と構造改善政策によって、その影響は広汎かつ多面的であって、農業人口・農家戸数の減少、兼業化の進展、機械化技術の普及、集団栽培・協業経営・請負耕作などの出現、企業的経営の発生、過疎現象、などに及んでいる。これは農業の全面的な構造変化を意味する。

　この変化は、日本経済の高度成長と資本主義の構造変化に伴う再編過程の一環であり、農業の視点に立てば確かに国民経済の条件変化によって誘発された外生的な性格が強い。しかし、農業部門内の生産力の向上と経営発展による影響も当然認められる。さらに農業基本法に始まる一連の構造政策、例えば自立経営の育成、構造改善事業、有利部門の選択的拡大と主産地形成、などの政策的影響も強く関係する。これらの諸要因が相互に影響しあい、その総合結果が日本農業の変貌過程として展開していると理解すべきであろう。

　日本農業の構造変化は、従って単に農業生産の生産過程の限られた局面だけでなく、農業部門の構成、つまり生産される作目の種類と組み合わせまで遡って検討しなければならない課題である。その際、どこでその作目が生産されるかが問題になる。近年、農業生産の地域分担など、立地論的視点からの分析の必要性が強調されるのは、このような問題意識によるのである。[3]

　第Ⅱ部は、第Ⅰ部の理論的考察を実証的に分析・検証する。その序章的意味で、本章ではまず、以上のような視点と問題意識から農業生産の地域特化の現

状を把握する。これは経済の高度成長と条件変化が農業の地域構造変化にどのように関連するかを次章以下で立地論的視点から実証的に分析し、その動態過程を分析するスタートラインの確認を意図している。その地域特化と産地形成の実態検証が中心課題である。[4]

なお、農業生産の地域特化は、国民経済の発展に伴う商品生産の進展と関連させて明確にする必要がある。その発展プロセスの一局面に農業生産の地域特化が含まれる関係にある。このように、我が国農業が大きく変貌する直前の、いわば経済成長の基点段階における生産立地の実態分析である。接近方法は、まず作目別に地域集中度係数（Coefficient of Localization）[5]によって、作目別の生産集中（地域生産特化）の特徴を分析し、各作目の商品的性格を検討する。次に、このような性格規定に即して、各作目の特化係数（Coefficient of Specialization）[6]を地域（都道府県）別に計測し、生産立地配置が実際にどのような分布を示すかを分析する。

注
1）拙稿「日本農業変貌の立地論的考察」、阪本楠彦・梶井功編『現代日本農業の諸局面』所収、昭和45年。
2）東畑精一『日本農業の展開過程』、参照。戦前期の日本農業の停滞的状況と比較すれば、昭和30年代後半以降の変化が顕著なことは明白である。
3）経済構造の変化を地域的に、生産集中、特化現象として把握する試みは、まず工業生産で現われている。経済企画庁は『経済白書』（昭和36年版）で、製造工業について特化係数を計測して、付表46（556～7頁）に掲載している。なお、この指標の意味と算式については、注5）参照。
4）地域開発の視点から、日本農業の地域特化を扱っている論文には、地域開発センター『経済成長下の地域農業構造』所収論文、特に第6、7章、参照。
5）地域集中度係数は、Florence, P. Sargantによって考案された指標である。Florence, P. Sargant, *Investment, Location, and Size of Plant*, University Press of Cambridge, 1948. なお、Isard, W., *Methods of Regional Analysis*, pp. 249～258. 参照。
6）特化係数については、Isard, W., op. cit., pp.270～279、参照。前掲、『経済白書』、昭和36年版では、その応用として製造工業の地域集積の指標として特化係数が計測されている。

2　地域集中度係数と特化係数

(1)　地域集中度係数の性格

地域集中度係数の算式は、次の(1)式に示す通りである。なお、記号は後の特化係数との関係で地域・作目には同一記号を使用する。作付面積についての計測例である。

$$LC_{ij} = \frac{1}{2} \sum_{j=1}^{n} \left[\frac{A_{ij}}{A_{tj}} - \frac{A_{it}}{A_{tt}} \right] \times 100 \quad \cdots\cdots\cdots\cdots\cdots\cdots\cdots (1)$$

($j = 1, 2, 3, \ldots n$)

ただし、LC_{ij}：i 作目の地域集中度係数
　　　　　　A_{ij}：j 地域の i 作目面積
　　　　　　A_{tj}：j 地域の全作付面積
　　　　　　A_{it}：全国の i 作目作付面積
　　　　　　A_{tt}：全国の全作付面積

この指標は、ある作目がどこに集中して生産されるかを、作目の栽培面積等について計測するものである。その数値が大きいほど特定地域に集中して生産され、小さいほどどこでも生産されることを示す。この数値を横軸に産地数（％）、縦軸にシェア（％）の累加算値としてグラフ上にプロットすれば、図１－１に示すように、対角線を弦とする弓状カーブが描ける。これが地域集中度曲線（Localization curve）である。

地域集中度係数とこの曲線との関係は、曲線上で対角線との距離が最大となる値に対応している。その特徴は、弓が大きく絞られているほど、またその値が早く左に寄っているほど、産地が集中していることを示す。その形状によって種々作目ごとの集中の特徴を知ることができる。[1]

(2)　特化係数の算式と特徴

特化係数は生産の特化を地域（産地）の視点から表示する目的で考案された

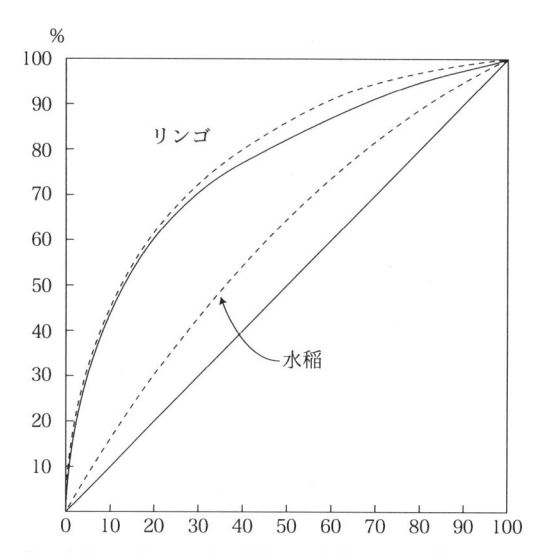

204 第Ⅱ部　立地変動の動態実証分析

注：点線は昭和30年度、実線は38年度を示す。（篠原、論文より引用、合成）

図1－1　リンゴと稲（米）の地域集中度曲線（昭和30、38年）

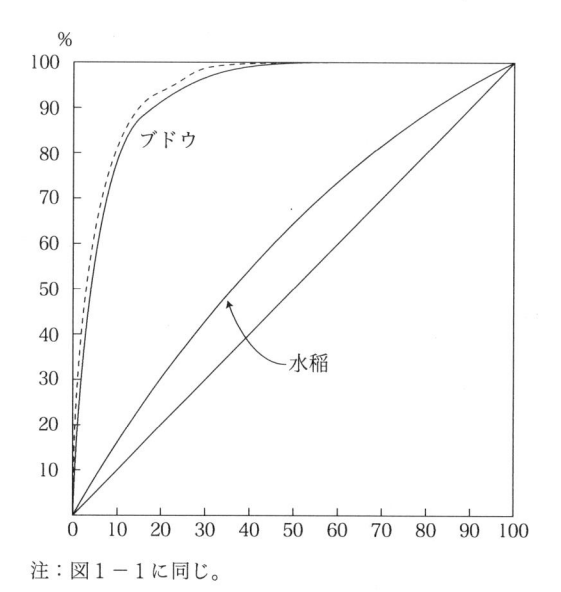

注：図1－1に同じ。

図1－2　ブドウと稲（米）の地域集中度曲線（昭和30、38年）

係数である。これは前述の作目視点からの集中度係数とともに、農業生産にかぎらず生産・加工・サービス業の地域特化の指標として利用できる。地域集中度係数と特化係数の両指標を相互補完的に使用すれば、立地の特化問題を計量的に分析する有力なツールとなる。[2]

その算式は、(2)式の通りである。なお、ここでも作付面積で計測した場合である。

$$S_{ij} = \frac{\dfrac{A_{ij}}{A_{tj}}}{\dfrac{A_{it}}{A_{tt}}} \quad \cdots\cdots\cdots\cdots\cdots\cdots\cdots\cdots\cdots\cdots\cdots\cdots (2)$$

ただし、S_{ij}：j 地域・i 作目の特化係数
　　　　A_{ij}：j 地域・i 作目の作付面積
　　　　A_{tj}：j 地域の全作付面積
　　　　A_{it}：全国・i 作目の作付面積
　　　　A_{tt}：全国の全作付面積

特化係数の意味は、その算式(2)に示すように、ある産地の特定作物が全国平均（1.0）に比してどの程度強く、あるいは弱く特化しているかを示す。その数値が1.0以上の場合に、その数値が大きいほど強く特化していると判断するのである。

以上の方法で算出した(1)地域集中度係数と、(2)特化係数を使用して、次節以降で具体的に各作目の集中・特化を検討することにしたい。

注
1）篠原泰三「農業生産の地域分化の趨勢について」、前掲『経済成長下の地域農業構造』、第6章、所収、昭和42年。
2）その応用例は、前掲『経済白書』（昭和36年）の我が国の製造業の地域特化である。

第2節　立地配置と作目の性格

1　生産特化と主産地の条件

　先ず農業生産の地域特化が全国レベルでどのように進展しているかを検討しなければならないが、その前に問題の所在を簡単にみておくことにしたい。

　農業生産の地域特化は、改めて説明するまでもなく、それぞれの立地条件を前提して、各地域がその有利部門に専門化することを意味する。この農業生産が地域的に専門化するための条件、あるいは既に専門化している主産地が備えている条件を整理する必要がある。その具体的な性格を予めみておこう。

　その個別経営からみた生産条件には次のような特徴が指摘できる。(1)経営部門が単純化し、特定部門に専門化する。(2)その生産力が高く、(3)従ってまた生産費も低いことである。このような生産条件に加えて、(4)規模拡大によって生産量も多く、(5)その販売量も多い。その結果、(6)農業経営の全販売金額に占める当該部門の割合も大きい、などである。

　また、これを産地についてみれば、(7)当該地域に以上の経営類型が集積し、産地形成が進んでいる。(8)当該産地で生産・販売される農産物が一定規模に達し、その商品化が有利になる。その結果、(9)全国市場に出荷することが可能になる。しかも、(10)当該地域商品の市場占有率が大きい。また、(11)他産地と比較して流通過程が合理化され、(12)市場対応関係が有利であり、道路・鉄道などの交通・輸送条件が整備されて物流面で有利性が発揮できる。

　要するに、生産条件としても、市場対応・流通条件としても、農業生産の産地間競争を有利に展開して当該部門の特化を遂行できる競争力を有することである。これらが主産地が具備すべき条件である。実際、既に主産地化している産地をみると、以上の条件を備えている場合が多い。

　以上のような主産地の条件を念頭において、次に各作目の特徴を地域集中度係数について検討することにしたい。

2 地域集中度係数の作目性格[1]

　農林省統計表に掲載されている作物数は約90品目、家畜数は10種程度である。約100品目が生産されていることが分かる。（表1-1、参照）これらの作目の作付面積は、水稲が約300万haであり、マイナー・クロップでは100ha程度の品目もあり、品目間には大きな開きがある。

　そこで、作付面積の多い上位10品目を順に列挙すると、水稲に次いで、小麦、甘藷、春植馬鈴薯、大豆、裸麦、陸稲、六条大麦、ミカン、二条大麦、が続く。その大半が米、麦、大豆の穀類とイモ類であり、第9位にようやくミカンが登場するにすぎない。そして上位10品目で全作付面積の4分の3を占めている。

　また、これを類別に栽培面積でみると（後掲、表1-3、参照）、大半が主食の米麦生産にあてられ（57.2％）、これに次いで野菜（8.5％）、飼肥料作物（8.3％）、豆類（6.6％）、イモ類（6.4％）、果樹（4.8％）、工芸作物（4.7％）、の順になっている。

　これらの作目から約30の代表的品目を選び、その地域集中度係数を計測したのが表1-2である。本表は篠原泰三教授の計測結果を、[2] 地域集中度係数の小さい品目（どこでも栽培されている）から順次大きい品目（特定地域で生産されている）へと配列し直したものである。

　地域集中度係数の変化と、作付面積（家畜頭数）の変化を対比してみると、そこには興味ある立地変動の傾向が読みとれる。昭和30年から38年にかけてその変化を確かめると、作目別の盛衰の特徴が明瞭になる。その特徴と傾向はおよそ次のようなものである。

　まず、第1に地域集中度係数は、大根、水稲、ナス、結球白菜、キャベツなどの主食や野菜などで小さく、リンゴ、落花生、ミカン、茶、などの果樹・工芸作物で大きくなっている。これは、前者が我が国のどこでも栽培可能な作物であると同時に、主食や生鮮野菜としてある程度どこでも生産される作目であるからである。いわば各地域で自給する必要がある作物や、畜産（乳牛、肥育牛、豚、鶏）のように自然条件や土地条件の制約が少ない作目が全国的に立地することを示している。また、逆に自然条件に制約される度合の大きいリンゴ、

表1－1　作目別作付（栽培）面積（昭和40年）

(単位：千ha)

順位	作目	作付面積(%)	順位	作目	作付面積(%)	順位	作目	作付面積(%)	順位	作目	作付面積(%)
1	水稲	3,123 (47.6)	26	キュウリ	35	51	ヒエ	11	76	アサ（大麻）	1
2	小麦	476 (7.3)	27	タマネギ	34	52	ササゲ	11	77	シットウイ	1
3	甘藷	257 (3.9)	28	ソバ	31	53	カブ	9	78	メロン	1
4	春植馬鈴薯	202 (3.1)	29	トウモロコシ	30	54	イ	9	79	ハナヤサイ	1
5	大豆	184 (2.8)	30	ナス	30	55	雑カン	8	80	ネーブル	1
6	裸麦	177 (2.7)	31	ネギ	30	56	エンドウ	8	81	ライ麦	1
7	陸稲	132 (2.0)	32	クリ	27	57	アワ	7	82	ハゼ	0.4
8	六条大麦	132 (2.0)	33	非結球白菜	24	58	未成窯大豆	7	83	ヤクヨウニンジン	0.3
9	ミカン	115 (1.8)	34	ホウレンソウ	24	59	タケノコ	7	84	ラミー	0.3
10	二条大麦	113 (1.7)	35	ニンジン	24	60	ゴマ	6	85	セロリ	0.3
11	小豆	108	36	ブドウ	23	61	ミツタマ	5	86	パセリ	0.3
12	大根	98	37	カボチャ	23	62	アマ	5	87	コリヤナギ	0.2
13	インゲン	92	38	モモ	21	63	レンコン	5	88	ヘチマ	0.2
14	葉タバコ	86	39	エンドウ	19	64	アスパラガス	5	89	コウマ	0.2
15	菜種	85	40	トマト	19	65	キビ	4	90	ワタ	0.1
16	落花生	67	41	ゴボウ	19	66	シロウリ	4	91	リョクトウ	0.1
17	リンゴ	66	42	日本ナシ	19	67	ビワ	3	総計		6568
18	エンバク	62	43	ソラマメ	16	68	ピーマン	3	区分		構成比(%)
19	テンサイ	60	44	ナツミカン	15	69	レタス	3	1～10位		74.8
20	結球白菜	50	45	コンニャク	15	70	オウトウ	2	11～20位		11.8
21	茶	49	46	サトウキビ	13	71	ジョチュウギク	2	21～30位		5.6
22	キャベツ	43	47	ウメ	12	72	ハッカ	2	31～40位		3.6
23	里芋	39	48	インゲン	12	73	コウゾ	2	41～60位		3.5
24	スイカ	38	49	ソラマメ	11	74	ホップ	2	61～91位		0.7
25	柿	38	50	秋植馬鈴薯	11	75	モロコシ	1	総計		100.0

資料：『第42次農林省統計表』。

ミカン、その他の果樹類は、それぞれの適地に局限されて栽培される。

第2に、多少の例外はあるが、地域集中度係数の小さい作目は短期間で回転する生育期間の短い一年生草本が多い。これに対して係数の大きい作目は、果樹、茶、桑のように多年生の木本が主体である。これらの部門を経営に導入するには、単に自然条件に恵まれているだけでなく、経営が一定水準の経営発展段階に達し、長期投資に耐えうる資本蓄積と経営能力を備える必要である。このことは第Ⅰ部で考察した。

従って、長期的投資を伴う果樹類や工芸作物の地域集中度係数が大きいのは、自然条件の限定性のほかに生産力が高く、商品生産が進展していることが前提条件となる。このような経済的・経営的条件がまた地域集中度係数を大きくすると思われる。[3]

第3に、以上との関連で地域集中度係数の序列は、日本農業の商品生産の発展方向を示すと理解することができる。この点は畜産を除けば一層明瞭になる。すなわち、日本農業の商品生産の発展は、米、麦、大豆、雑穀、などの基礎食糧、及び大根、ナス、白菜、キャベツ、キュウリ、などの野菜類の地域的自給生産から、漸次、工芸作物や果樹が商品作物として導入され、その商品生産によって展開したことを示している。

それを可能にしたのが、米を基礎とする生産力の発展であった。[4] このように、米には基礎食糧であり、そのためまた基幹商品となる特殊な地位が与えられる。そして米プラスαという形で商品生産が展開したといえる。

次に、昭和30年から38年にかけて、地域集中度係数がどう変化したかを係数でみると、そこには1つの傾向が明らかに読みとれる。すなわち、全般に各作目は地域集中を強める傾向があるのである。[5] 具体的には31品目中22品目の係数が大きくなっている。これに対して係数が減少したのは9品目であり、このうち6品目（大根、水稲、結球白菜、キャベツ、乳用牛、豚）が係数の最も小さいグループ、すなわち普遍的作物（家畜）に属する。地域集中度係数が大きくて、その数値を低下させた品目にはリンゴ、ブドウ、大麦があり、これは従来の産地以外で生産が増加した作目である。[6]

その変化が起きる原因は何かが明らかにされる必要がある。そのことは各作目の作付面積（家畜頭数）の増減・推移をみれば明らかになる。（表1－2参照）すなわち、地域集中度係数と作付面積（飼養頭数）の動向を対比して、作目を次の3グループに区分することができる。(1)地域集中度係数の減少が作付面積（家畜頭数）の増加と併行した作目群、(2)地域集中度係数が増加し、作付面積が減少した作目群、そして(3)地域集中度係数が増加し、作付面積も増加した作目群、である。

第1のグループは、さきに普遍的な基礎食糧作物と呼んだ作目と、酪農、養豚、養鶏、などの畜産部門からなるグループである。米を除いてその作目をみると、いわゆる生鮮野菜と成長畜産部門である。

第2のグループは、それまで作付面積が大きかった作目が作付を減少して、残存地域が主産地的色彩を強めた品目である。これはいわゆる衰退作目であり、この中には豆類（大豆、小豆）、麦類（裸麦、小麦）、役畜（役馬、役牛）などが含まれる。

第3のグループは、従来の果樹、工芸作物などの主産地が、ますます新植や作付増加によって主産地的性格を強め、独占的地位を強化しているグループである。これには3類型がある。すなわち(1)リンゴ、茶、ミカン、などのように独占的性格の強いものである。りんごの係数は小さくなっているが、このグループに含めた方が妥当である。次に、(2)桃、ブドウ、のようにその集中が中程度のもの、さらに、(3)柿、日本梨、のように独占的性格の弱い品目である。品目により段階的な差異があるのは恐らく果樹の植生的な適性の差によるものであろう。

以上のように、作目別の地域集中度係数と作付（飼養）動向との対比は、種々の興味ある事実を明らかにする。この立地変動を日本農業の資本主義的発展と商品生産の進展との関連で整理すると問題の性格が明らかになる。そして立地変化の実態が正しく理解できるのである。

この点をやや図式的に表現すれば、日本農業はまず地域自給的生産として米麦、野菜、雑穀、イモ類の生産から出発し、生産力の発展に伴なって順次その

第1章　日本農業の地域生産特化　211

表1－2　地域集中度係数と生産の趨勢（昭和30～38年）

作目名	地域集中度係数 昭和30年	昭和38年	増減	作付面積（家畜頭数） 昭和30年 千ha（頭）	昭和38年 千ha（頭）	指数 昭和30=100	商品化率 %
大　　　根	12.9	12.7	－0.2	94	105	111	54
水　　　稲	15.6	14.9	－0.7	2,930	3,159	108	65
ナ　　　ス	17.1	17.2	＋0.1	29	31	105	65
結球白菜	22.9	20.6	－2.3	31	47	155	67
キャベツ	22.3	21.2	－1.1	24	42	177	78
乳用牛	29.9	23.9	－6.0	421	1,145	272	97
豚	27.6	21.8	－5.8	825	3,296	400	
鶏	15.0	22.4	＋7.4	45,700(羽)	98,450(羽)	216	85
キュウリ	20.5	24.2	＋3.7	25	34	139	76
スイカ	26.3	29.0	＋2.7	25	39	157	75
大　　　豆	26.5	29.0	＋2.5	388	235	61	47
役肉用牛	23.8	31.0	＋7.2	2,636	2,337	89	
柿	29.1	31.2	＋2.1	31	40	121	
日本ナシ	30.1	31.6	＋1.5	11	19	175	96
小　　　麦	25.6	31.7	＋6.1	669	589	88	60
馬鈴薯	33.7	34.2	＋0.5	213	199	94	47
小　　　豆	31.3	35.4	＋4.1	136	123	90	58
葉タバコ	38.5	39.7	＋1.2	76	73	97	100
玉　　　葱	39.3	40.9	＋1.6	22	34	155	84
大　　　麦	43.6	42.8	－0.8	437	319	73	39
菜　　　種	34.6	45.4	＋10.8	209	142	68	97
モ　　モ	45.2	45.4	＋0.2	10	21	204	96
ブドウ	46.7	45.9	－0.8	8	21	254	96
甘　　　藷	37.3	46.7	＋9.4	380	316	83	71
桑	46.9	52.2	＋5.3	189	162	86	100
裸　　　麦	48.3	54.6	＋6.3	567	251	44	27
馬	43.2	55.3	＋12.1	927	471	51	
茶	56.9	57.4	＋0.5	39	49	127	
ミカン	62.6	65.6	＋3.0	40	88	222	97
落花生	67.2	70.6	＋3.4	26	62	250	80
リンゴ	73.9	72.7	－1.2	48	65	137	93

資料：『第42次農林省統計表』、『農産物の商品化に関する統計』（昭和38年）。
注：篠原泰三『農業生産の地域分化の趨勢について』（日本地域開発センター『経済成長下の地域農業構造』所収、昭和42年）より引用。

商品化が進み、他方で工芸作物、果樹、畜産、が導入される。そして、歴史的には後発のグループは漸次前者にとってかわることになる。このような大きな商品生産の歴史的発展の中で、地域の特殊性、自然条件、作目の特性、などとの関連で全国的に生産の地域特化が進展する。[7]

　例えば、一方には果樹のように産地が特定地域に集中して発展する作目がある。しかし、これには前述の3タイプに分かれるように、自然的制約の強いも

のから弱いものまでが含まれ、それによって産地の性格が異なる。他方、自然的制約を受けにくい部門は、酪農、肥育牛、養豚のように、むしろ産地が分散する形で生産を拡大してゆく。そしてこのどちらにも発展できない地域に、大豆、小豆、麦類、菜種、などが残存することになる。雑穀、豆類、イモ類などの主産地は、このような意味で「とり残された主産地」である。[8] このような商品生産の歴史的発展と作目の特徴を正しく認識した上で、主産地の特徴を分析する必要がある。

注
1) 前掲、篠原「農業生産の地域分化の趨勢について」、参照。
2) 同、篠原論文、160頁より引用。ただし、数字の解釈は著者独自のものである。
3) 経営・経済的条件が作目選択に及ぼす影響については、従来余り触れられていない。しかし、現状分析立地論ではこの点の認識が重要であることは既に指摘した。(第Ⅰ部、第2章、参照)
4) 果樹農業の展開地域は、水稲生産力も高い場合が多い。梶井功『農業生産力の展開構造』、弘文堂、昭和36年。(著作集、第1巻、所収) 桑原正信・森和男編著『果樹産業成長論』明文書房、昭和44年、ほか。『水稲生産力図説』、参照。
5) 篠原、前掲論文、159頁以下、参照。
6) 例えば、リンゴについては青森以外の東北諸県で新植が多い。後掲、表1-11、参照。
7) このような仮説は、必ずしもまだ十分検証されてはいないが、ここではそれが今後の課題であることを指摘するにとどめる。
8) 前掲、拙稿「取り残された国産大豆」、『農林統計調査』、第19巻、第2号。

3 特化係数計測原数値の特徴

次に特化係数を使用して地域別に問題点を考察する。特化係数は、さきにその算式に示したように、全国の平均的な生産部門構成に対して、各地域が如何なる部門で特化(専門化)しているかを示すものである。その係数は前述のように、各地域の部門別構成比を対応する部門の全国平均構成比で除して算出する。その数値が全国平均(1.0)より大きいほど当該地域がその作目で特化していることを示す指標である。[1]

特化係数は、その算式で明らかなように、地域と部門に共通する統計数値が

あれば、どのような項目についてでも計測できる。一般的には、品目別作付面積、産出額、農家数（類型別）などについて計測される。[2]

ここでは、農業生産の地域特化（専門化）をより適確に把握するために、次の3つの指標について計測し、それらの(3)計数を総合して判断することにする。すなわち、(1)農作物の作付面積（作物類別）、(2)農業粗生産額（生産物類別）、(3)農産物販売額第1位部門別農家数（経営類型部門別）、である。[3]

これら3つの特化係数は、単独では必ずしも所期の分析に十分な指標となりえない面がある。しかし適当な統計資料が存在しないため、便宜的にこれらを使用する。3つの特化係数を重ねて使用すれば、個別にそれを使用した場合に出現する欠陥を相互に補完して回避できるからである。先ずそれぞれの特化係数の特徴をみておこう。

作付面積を基礎とする特化係数は、[4] 第1に、部門が農作物に限定されていて畜産関係が充分表示できない欠陥がある。第2に、小面積でも収益をあげうる野菜、施設園芸、などが充分特化係数に反映できない。第3に、作付面積では商品生産が充分把握しきれない。つまり、自給的な作付面積も含まれるため、単に作付面積のみでは自給生産と商品生産とを区別できない。このような意味で、作付面積による特化係数は、物財的な生産を強く反映する。従って、商品生産を問題にする立地論の分析指標としては第1次接近的意味を持つにすぎない。

次に、粗生産額による特化係数は、[5] 単に農産物だけでなく、畜産物についても各地域の特化を知りうる長所がある。同時に統計資料があれば、高級野菜、施設園芸などについても、より適確に生産特化の情況が把握できる。この指標をより商品生産に近い次元で問題にするには、生産された農産物に価格を乗じた「粗生産額」ではなく、商品化された「販売額」をとるのが適当である。しかし一般的に言えば、作付面積による特化係数の不備を補って、商品生産をよりよく反映しうる指標ということができる。

以上2つの特化係数の不備を補うのが、農産物販売額第1位部門別農家数による特化係数である。[6] もっとも、我が国の農業生産は単一作目による専作経営よりは複合経営が一般的であり、販売農産物の第1位部門の農家数による特

化係数は、基幹作目別経営を基礎とする指標として意味がある。特に経営が作付方式に規制された自給的生産（複合経営）から脱して、商品生産（単一経営）へと発展する時、その発展方向を示すという意味で重要である。

このように、これら3つの特化係数は、それぞれ長所と短所があるが、これらを併用すればそれぞれ相補って、商品生産に基づく地域特化の傾向を把握することができる。以下の分析では、これらの3つの特化係数を計測し、主として作目類別に、生産の地域特化の特徴をみることにする。

なお、特化係数の具体的分析に進む前に、さきほど抽象的に各特化係数の特徴についてふれた点を具体的なデータで簡単にみておくことにしたい。表1－3は、後ほど使用する特化係数を計測するために使用した基礎統計資料であり、作付面積、粗収益、販売額1位部門農家数、などの作目類別対応関係が示されている。

ところで、作付面積、粗収益、類型別農家数、の各欄を作目別に比較すると、特化係数相互間の関連が明瞭に示される。そこにはおよそ4つのグループが区別できる。そして、これらは前述の地域集中度係数で示した作目別の特徴とほぼ一致する。

第1は、稲（米）である。稲は作付面積では44.2％、粗収益で43.8％、米を販売第1位部門とする農家数では57.8％である。いずれも全体の5割前後を占めている。これによって、米が我が国農業生産に占める特殊な地位が数値的にも明らかである。

第2のグループは、麦に代表されるグループである。麦類は作付面積で13％を占めているが、粗収益では3.3％、麦を販売収入の第1位とする農家数では2.7％と少ない。同様の傾向が、イモ・雑穀・豆類についてもいえる。（同順序で14.1％、4.0％、6.6％）これらは、さきほどの分析では衰退作目として分類したグループである。これは作付方式などの関係で作付は依然残っているが、収益性が低く、経営としてはこれらの作目を基幹作目とする経営が少ないことを示している。

第3のグループは、成長部門と見られる果樹、野菜、畜産、などのグループ

表1－3　特化係数計測原数値とその構成比、および作目分類対応（昭和40年）

	作付面積 実数 千ha	作付面積 構成比 %	粗収益 実数 10億円	粗収益 構成比 %	農家数 実数 千戸	農家数 構成比 %
稲　　（米）	3,255	44.2	1,233	43.8	2,745	57.8
麦　　　類	961	13.0	92	3.3	126	2.7
イ　モ　類	470	6.4	77	2.7		
甘　　藷	(257)	(3.5)			314	
馬 鈴 薯	(213)	(2.9)				6.6
雑　　　穀	84	1.1	38	1.3		
豆　　　類	486	6.6				
野　　　菜	628	8.5	257	12.7	240	5.1
果　　　樹	351	4.8	204	7.2	281	5.9
高 等 園 芸					27	0.6
花　　　卉			17	0.6		
工 芸 作 物	348	4.7	141	5.0	404	8.5
飼肥料作物	611	8.3				
畜　　　産			547	19.4		
酪　　農					115	2.4
養　　豚					108	2.3
養　　鶏					81	1.7
その他					55	1.2
桑　（養蚕）	164	2.2	72	2.5	204	4.3
その他(加工)	11	0.2	17	1.5	51	1.1
総　　　計	7,367	100.0	2,795	100.0	5,665	100.0

資料：『第42次農林省統計表』、『農業所得統計』（昭和40年）、『1965年農業センサス』。
注：ラウンドの関係で、各欄の計は総計に必ずしも一致しない。（　）は内数を示す。

である。このグループについては様相が一変する。すなわち、野菜では作付面積は8.5％に対し、粗収益が12.7％、農家数が5.1％である。同様の傾向が果樹・畜産にも見られる。これは、これらの部門が商品生産としては、既に稲作に次ぐ重要なウェイト（果樹・野菜・花き20.5％、畜産19.4％）を占める段階に達しているが、まだ経営としてはそれぞれの専業経営に充分発展しきっていないことを示している。いわば、経営として発展途上にある部門ということができる。（農家数比率は、果樹・野菜・花き11.6％、畜産7.6％）

これに対して、工芸作物・養蚕などでは農家数の割合が大きい。米も傾向としてはこの中に含まれる。このうち工芸作物では4.7％の作付面積に対して粗収益5.0％、農家数8.5％と、構成比が増加する。養蚕もそれぞれ2.2％、2.5％、4.3％、と順次大きくなる。これらの作物は、前述の成長部門・発展途上の作目とは逆に既に充分発展し、成塾しきった部門といえる。戦前の商品生産の発

展がこれらの部門を中心に発達したことは統計的にも示されている。

以上を整理すると、日本農業の商品生産の発展は米生産力の発展に伴ない、工芸作物、養蚕、そのほか一部の果樹の商品生産が進展し、その結果戦前には米と繭に代表される商品生産が中心であった。[7] これは商品生産としては、いわば「軽工業」段階にたとえられる。これが商品生産の進展につれて、果樹や畜産などの多額の資本の長期投資を必要とする「重工業」的段階へ発展する。現在は、いわばこのような転換期に相当すると言えよう。[8] これは地域集中度係数の作目別特徴ともほぼ一致する傾向である。

注
1) 前掲、経済企画庁『経済白書』(昭和36年)では、製造工業の特化分析にこの指標が適用されている。
2) 粗生産額について特化係数を計測したものには、大脇知芳「農業生産の地域別特化の動向」、『経済成長下の地域農業構造』、第7章、参照。また類型別農家数については、例えば、大谷省三編『現代日本農業経済論』、農山漁村文化協会、昭和38年、などがある。
3) 対象年度は、昭和40年度である。なお、利用統計で若干年度が一致しない場合は、近い年次の統計で補完する。
4) 拙稿、「農産物の地域間需給構造」、『東北農業試験場研究報告』、第29号、参照。(第3章、所収)全体的な鳥瞰をうるためには、作付面積の特化係数のみでも十分役立つ。
5) 大脇知芳「農業生産の地域別特化の動向」、参照。
6) 白井晋「商品生産の地域的分化と主産地化」では、昭和35年、40年(中間)のセンサス・データによる比較分析を行っている。(前掲、大谷編『現代日本農業経済論』第4章)。
7) 山田勝次郎、『米と繭の経済構造』、参照。
8) ここで強調したいことは、作目の盛衰がその技術的・経営的性格によって大きく左右され、それが経営の発展法則に従っていることである。なお、経営発展が段階的に進むことを酪農経営について分析した論文に、児玉賀典「酪農規模拡大のメカニズム」、昭和42年、がある。

4 作目特化の地域集中傾向

ところで、表1-3の部門別構成比を基礎に、それぞれの特化係数を都道府県別に計測し、特化係数の低い作目を一応除外して、特化係数1.0以上の作目

数を都道府県別に整理したのが表1－4である。その特徴をまず作付面積でみると、最大の場合が6部門である。そのほか最も多い頻度は3部門の府県であり、46都道府県中12府県がこれに入る。このような特化係数の分布を示す原因は、1つには各都道府県内部の地域構造が多様なためであり、[1] 畑作地帯のように作付方式の多様性に原因がある場合も見られる。[2] 要するに、気候、土壌、地形、などの自然的立地条件に最も強く影響された作目数の分布である。

　農業粗収益による分布は、以上のような自然的条件の差異に加えて、商品生産の進展と作目の商品的性格が特化係数を大きくしている。そして、16部門分割のうち最も分布の多いのは6部門であり、分化が最も多い場合で9部門となっている。部門数が多いのは気候が温暖なために作目が多様化している場合（徳島、熊本）と、都市近郊のために多様化している場合（群馬、埼玉、千葉、愛知、大阪）である。そして、作付面積で部門数の多い青森や福島などは、粗収益ではむしろ部門数を少なくしている。

表1－4　都道府県別特化係数1.0以上部門数（昭和40年）

特化係数1.0以上部門数	作付面積 11部門	粗収益 16部門	農家数 13部門
1	秋田、新潟、石川、福井(4)	富山、石川(2)	秋田、山形、新潟、富山、石川、福井、滋賀(7)
2	栃木、富山、滋賀、京都、和歌山(5)	宮城、新潟、福井、滋賀(4)	島根、佐賀(2)
3	宮城、山形、茨城、群馬、埼玉、三重、大阪、兵庫、奈良、島根、山口、香川(12)	秋田(1)	北海道、青森、宮城、茨城、三重、奈良、山口、福岡(8)
4	岩手、千葉、岐阜、静岡、愛知、岡山、広島、愛媛、佐賀、長崎、大分(11)	青森、山形、山梨、和歌山、高知、佐賀(6)	岩手、福島、栃木、群馬、長野、広島、鹿児島(7)
5	北海道、東京、山梨、鳥取、徳島、福岡、熊本、宮崎、鹿児島(9)	福島、岐阜、三重、京都、島根、岡山、愛媛(7)	山梨、岐阜、京都、大阪、兵庫、和歌山、鳥取、香川、愛媛、長崎、熊本、大分(12)
6	青森、福島、神奈川、長野、高知(5)	北海道、岩手、静岡、奈良、広島、山口、福岡、熊本、大分、宮崎、鹿児島(11)	埼玉、千葉、岡山、宮崎(4)
7		茨城、栃木、東京、神奈川、長野、兵庫、鳥取、香川(8)	静岡、愛知、高知(3)
8		群馬、埼玉、千葉、愛知、大阪(5)	徳島(1)
9		徳島、熊本(2)	東京、神奈川(2)

資料：『第42次農林省統計表』、『農業所得統計』（昭和40年）、『1965年農業センサス』。

これを要するに、農業粗収益による都道府県の特化係数1.0以上の部門数分布は、全体として部門数を増加させ、商品生産の特化を示すが、これは主として関東以南において顕著である。換言すれば、各都道府県の商品生産の発展段階がこの分布を特徴づけている。しかし、これではまだその生産経営までは明らかにしえない。これを示すのが次の指標である。

農産物販売収入第１位部門の農家数による分布は、以上のほかにさらに新しいファクターを追加したものとなる。それは経済の発展段階とでも言うべき条件である。すなわち、自然条件と社会経済的条件に加えて、その両条件が相乗された資本蓄積と経営の発展段階が加わった場合の結果である。

これは、農業経営部門数22について、一方でその９部門に特化している都県（東京、神奈川）があるのに、他方で裏日本地域では１部門にしか特化しえない県（裏東北、北陸の諸県）がある。作付面積が自然的立地条件を反映するのに対して、農家数は社会経済的立地条件に対応し、都市近郊か遠郊かによって大きな差異がでる。そして都市近郊ほど分化が大きい。

これは、いわゆる自由式農業圏的特徴であって、個別経営は専門化して分化するが、都市近郊地域全体としてはバライェティに富む結果となる。[3] そしてこれを可能にする論理が、作目立地が経営を媒介して実現する経営発展の論理である。

これら３つの特化係数の分布は、作付面積から粗収益へ、さらに農業経営部門別農家数へという順序で、農業が商品生産へ組込まれる程度を示している。これはさきにみた表１－３のそれぞれの構成比の特徴とも一致する。

従って、農家数による特化係数の部門数分布は、以上のような意味ですべての要因を統合した結果を示すということができる。これを図示したのが図１－３である。

図１－３から明らかなことは、表日本と裏日本とでは明らかに差が出ていることである。つまり、日本海沿岸には特化係数が１つの県が多い。いうまでもなくその作目は稲（米）であり、これは自然条件、特に降雪による土地利用の制約にも原因がある。つまり、米のみしか作れない場所で米を作っていること

を示している。[4]

次に表日本について
みると、一般に特化係
数の数が多くなってい
る。この傾向は表日本
のうちでも温暖な地域
に多い。例えば、関東、
東海地域の太平洋岸、
四国、九州の太平洋岸
などである。そして都
市からの距離的遠近よ
りは温暖な気温に基づ
く生産特化という性格
が強い。

このように、日本の
農業生産の地域特化は、
部門数をとった場合に、

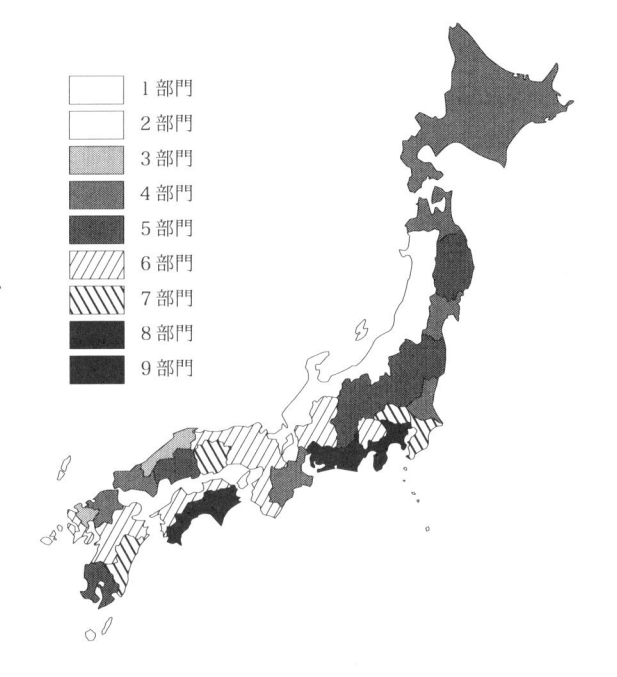

```
□ 1部門
□ 2部門
▨ 3部門
▨ 4部門
▨ 5部門
▨ 6部門
▨ 7部門
■ 8部門
■ 9部門
```

図1－3　特化係数の集中地域分布（1.0以上部門数）

表・裏日本という降雪・降雨量の多寡、水田率の大小による水田と畑地との比率、南北による緯度差、温度差、土壌や地形の多様性、などの自然的要因を基礎に、市場距離、経営と生産力の発展などの社会経済的条件、などが複雑に影響しあって図1－3のような生産立地の特徴を示しているのである。[5]

注
1) 県単位で統計資料を利用する関係上、このような傾向がでてくる。しかし、どちらかといえば地形の複雑な場合に多く見られる。
2) この分化は、気象条件、とくに温暖な地域に多い。作付面積別の差が主に自然条件に基礎を置くからである。
3) 自由式農業圏という場合、従来は複合経営的な視点が重視され、個別経営内での作目選択の多様性とその結果の複合経営として議論される場合が多かった。個別経営の多角化による経営組織論的理解である。これに対して、経営は単一作

目であるが、その多様な経営が地域的に集積して複合化すると理解するのが本論の視点である。(表1－4、図1－3、参照)なお、この点の詳しい検討は、次の第2章、第1節、3で行なう。
4) 最近の「総合農政」の下に推進されている稲作転換政策に対する反応にも、このような事情を反映したものが見られる。例えば、秋田、山形、などの米作地帯では、「今後も稲を作るし、それ以外に道はない」という声が聞かれる。
5) 現状分析立地論では、以上のファクターをすべて考慮した立地配置が問題となる。レッシュのいう「全面的な立地指向の問題」である。

第3節　特化係数による立地分析─作目別・都道府県別─

1　米麦・イモ類・豆雑穀

(1) 稲（米）

稲は改めて指摘するまでもなく、米が主食であることから我が国の農業生産の中核的作物であり、全国的に栽培されている。普遍的作物であると同時に、重要な商品作物であるが、これは先の分析でも明瞭である。作付面積で44.2％、粗収益で43.8％、農産物販売額で米が1位である農家数は57.8％である。しかし、このように一般的な作物ではあっても、米に特化した主産地といえる産地がないわけではない。

作付面積、粗収益、販売額第1位部門農家数の3つの特化係数がほぼ1.0以上（若干、1.0以下を含む）の府県を選び、これらの地域が全国の総作付面積、総収穫量、総販売量に対して、どのような地位にあるかを示すのが表1－5である。また、これらの産地を地図に示したのが図1－4である。

この両図表で明らかなように、稲の主産地が他の作目に比して、24の府県に拡大している。これは地域集中度係数が、大根に次いで小さいことと対応している。また稲の特化係数の偏差が小さいことも関連する。もっとも、ここにあげた主産地は必ずしも3つの指標のすべてで特化係数が1.0以上ではない準主産地も含まれる。しかし、いずれにしてもこれらの24府県で作付面領の57.4％、総収量の60.8％、販売量の65.9％を占めている点に注目すべきである。

その地域的立地配置は、東北、北陸、山陰、北九州となっている。裏日本で

第1章　日本農業の地域生産特化　221

表1－5　稲（米）の産地と関連指標（昭和40年）

	特化係数			実数					構成比又は指数				
	作付面積	粗収入	農家数	作付面積	総収量	販売量	10a収当量	生産費	作付面積	総収量	販売量	10a収当量	生産費
				千ha	千t	千t	kg	円/150kg	%	%	%	(全国指数=100)	
青森	1.04	1.14	1.07	83	387	263	475	7,733	2.6	3.1	3.7	122	85
岩手	1.01	1.31	0.94	87	379	235	443	8,098	2.7	3.1	3.3	114	89
宮城	1.40	1.54	1.43	121	560	416	470	6,680	3.7	4.5	5.8	121	74
秋田	1.77	1.70	1.58	121	540	420	454	8,191	3.7	4.4	6.3	116	90
山形	1.47	1.52	1.38	103	506	397	496	7,895	3.7	4.1	5.5	127	87
福島	1.01	1.11	1.05	115	492	294	440	7,209	3.2	4.0	4.1	113	79
栃木	1.14	1.04	1.23	107	337	235	340	8,948	3.5	2.7	3.3	87	99
新潟	1.67	1.65	1.57	189	853	625	453	9,126	3.3	6.9	8.7	116	100
富山	1.77	1.77	1.62	76	318	231	418	9,078	5.8	2.6	3.2	107	100
石川	1.60	1.56	1.47	53	226	148	428	10,109	2.3	1.8	2.1	110	111
福井	1.76	1.74	1.58	49	208	149	429	9,072	1.6	1.7	2.1	110	100
岐阜	1.12	0.97	1.16	64	206	59	327	9,675	1.5	1.7	0.8	84	107
三重	1.26	1.12	1.19	69	216	101	319	9,134	2.0	1.7	1.4	82	101
滋賀	1.54	1.65	1.62	62	234	125	380	9,952	1.9	1.9	1.7	97	110
京都	1.38	1.01	1.14	37	115	37	313	10,558	1.1	0.9	0.5	80	116
兵庫	1.39	0.93	1.32	94	269	87	286	12,895	2.9	2.1	1.2	73	142
奈良	1.28	0.99	1.21	27	104	22	389	10,278	0.8	0.8	0.3	100	113
鳥取	1.02	0.94	1.07	31	109	60	352	8,424	0.9	0.9	0.8	90	93
島根	1.31	1.30	1.23	49	180	104	372	9,715	1.5	1.5	1.5	95	107
岡山	1.11	0.93	1.03	81	275	135	340	9,662	2.5	2.2	1.9	87	107
山口	1.22	1.13	1.30	62	225	120	363	9,568	1.9	1.8	1.7	93	105
高知	1.09	0.77	0.73	39	109	50	283	9,248	1.2	0.9	0.7	73	102
福岡	1.09	1.13	1.36	94	415	229	444	8,154	2.9	3.3	3.2	114	90
佐賀	1.05	1.38	1.41	55	281	196	512	6,268	1.7	2.3	2.7	131	69
計				1,868	7,544	4,739	—	—	57.4	60.8	65.9	—	—
総計	1.00	1.00	1.00	3,255	12,409	7,187	390	9,077	100.0	100.0	100.0	100	100

資料：『第42次農林省統計表』、『農業所得統計』（昭和40年）、『1965年農業センサス』。

　降雪が多く、気象的条件に恵まれない寒冷地と、日本海沿岸に偏っている。[1] もともと温暖な場所を原産地とする稲が、逆の環境に立地していることは、しばしば稲が立地法則を無視しているような印象を与える。[2] しかし、果して稲は立地法則によらずに作られているのであろうか。答は否である。以上のような誤った見解が出るのは、第Ⅰ部、第1章で既に検討したように、栽培技術論[3]と立地論を混同するところに原因がある。[4]

　もちろん、稲が寒冷地において栽培できるのは、品種改良や栽培技術の進歩に負うところが大きい。稲が気象条件的には恵まれない地域で生産されるのは、

米が主食として地域的に自給生産ができるまでに普及し、[5] その段階で商品生産的色彩を強めた結果である。つまり、その主産地化の論理は、気象条件に恵まれない地域が、米以外の作物の商品化が不利な条件下で、背水の陣として米の生産力の向上と商品化を図った結果である。[6] 商品生産に立脚する立地論の立場からは、作目選択を制限された地域における一種の「とり残された主産地」という性格を米ももっているのである。[7]

図1-4　稲の産地

立地論的にみて、米は立地法則を無視して作られているという見解が誤りであることは言うまでもない。それは立地論を商品生産的視点に立ち、それを正しく認識することで解決する。確かに稲は自然的条件からみて、一見不適切な地域に立地しているかにみえる。しかし、これは栽培技術的意味においてあって、立地論はこのような条件を前提した上で、商品生産という立場から問題に接近する。従って、米以外の商品作目が作れない場所では米を作るのが立地法則なのである。

一種の「とり残された主産地」といい、背水の陣というのは、米以外に商品化する作目が少ないとすれば、当然その生産力を伸ばす努力が払われる事情を指している。これが東北、北陸において稲の生産力が高められた主要な原因であった。[8] 東北、北陸で稲作に特化するのは、繰り返しになるが決して立地法

則が無視されているわけではないのである。

　最近の主産地化の動きや開田ブームも、このような意味で立地法則にかなっている。例えば東北地域における畑作地帯の開田ブームがその例である。その論理は米以外に見るべき商品作物の少ない生産力の低い畑作地域では、米が最も安定し、収益性が高いからである。[9] また立地法則に則した動きといえよう。

　なお、作目の選択の幅について付言すれば、東北、北陸、山陰などの地域では、自然条件によって作目選択の幅が狭められているだけでなく、経済的立地条件（輸送費）からみても選択の幅が狭い。これらの地域で特化係数1.0以上の部門数が少ないことをみたが、このような現象が生ずる根拠は、自然的条件による作物栽培可能性の制限に加えて、経済的立地条件からくる選択の制限性に起因している。

　要するに、稲（米）の立地はこのような意味で、その商品の特性にそった立地配置を示している。そして食糧管理制度の改訂や米価政策、その他有利部門の選択的拡大などに関係なく、一部の地域は今後とも依然米を作らざるをえない。[10] これらの地域が表1－5、図1－4に示す地域である。米の生産力の発展はこのような捨身の地域で達成されるのである。

(2)　麦類

　麦類は、その作付面積からみれば、米に次ぐメジャー・クロップに属する。すなわち2位の小麦が47万6千ha、6位の裸麦が17万7千ha、8位の六条大麦が22万2千ha、10位の二条大麦が2万3千ha、などである。4麦合計で89万8千haとなり、全作付面積の13.7％となる。

　しかし、このような作付面積の優位と裏腹にその経済的地位は低い。それは全作物粗収益の2.7％のシェアを占めるにすぎない。作付面積と粗収益を対比すれば、収益性の低い作物であることが明らかである。このような麦の作目的性格が、如何にして生じたかが問題である。

　まず米と同様に、3つの特化係数の組合せによって、麦の産地を選別すると表1－6、図1－5の通りである。麦も比較的広範に作付けられている。しか

し、米より特化係数の偏差は大きい。このように特化係数の偏差の大小と、地域集中度係数の大小は当然ながら関連している。

ところで、麦の産地は主として関東一円、[11] 伊勢湾周辺、中・四国瀬戸内地域、山口・北九州地域の4ヶ所である。そのほか関東の周辺県と北海道にかなりの作付がみられる。米が裏日本に分布するのに対して、麦は表日本の湾周辺や内海部に多い。その特徴は、水田、畑地の両方において、土地利用・栽培上の制約がかなり強いことである。すなわち、関東の場合は、畑作としての作付方式の一環として麦が作られている。[12] また、西日本においては、水田裏作として作られる。いずれの場合も、主役ではなく脇役的な作物である。これが麦の作目的特性である。

表1－6　麦産地と関連指標

	特化係数			実　数				構成比又は指数			
	作付面積	粗収入	農家数	作付面積	総収量	販売量	10a収当量	作付面積	総収量	販売量	10a収当量
				千ha	千t	千t	kg	%	%	%	
茨　城	2.01	2.48	3.95	86	278	165	314	9.6	11.0	13.6	116
栃　木	1.86	2.36	2.48	52	147	66	271	5.8	5.8	5.4	100
群　馬	1.94	1.67	1.31	44	113	62	248	4.9	4.5	5.1	92
埼　玉	1.79	1.76	3.66	48	136	80	269	5.3	5.4	6.6	100
千　葉	1.40	1.24	0.65	45	135	65	380	5.0	5.4	5.4	104
東　京	1.41	0.73	3.31	6	16	5	247	0.7	0.6	0.4	91
神奈川	1.26	0.76	2.83	11	30	14	260	1.2	1.2	1.2	96
山　梨	1.14	0.94	0.95	9	28	12	282	1.0	1.1	1.0	105
愛　知	1.15	0.76	2.49	26	68	36	250	2.9	2.7	3.0	93
三　重	1.10	0.94	0.80	18	44	21	256	2.0	1.8	1.7	95
兵　庫	1.06	0.76	1.26	21	52	31	224	2.3	2.1	2.6	83
岡　山	1.26	1.12	1.44	27	76	40	275	3.0	3.0	3.3	102
山　口	1.19	1.09	0.61	18	50	16	298	2.0	2.0	1.3	110
徳　島	1.47	1.70	3.52	16	47	37	282	1.8	1.9	3.1	104
香　川	2.24	2.45	3.23	26	87	75	310	2.9	3.5	6.2	115
愛　媛	1.41	1.45	1.18	23	75	43	312	2.6	3.0	3.5	115
福　岡	1.75	1.97	1.01	44	134	107	308	4.9	5.3	8.8	114
佐　賀	1.55	1.97	0.32	24	76	48	320	2.7	3.0	4.0	118
長　崎	1.79	2.55	0.94	30	94	41	309	3.3	3.7	3.4	114
熊　本	1.61	1.85	0.42	50	126	64	247	5.6	5.0	5.3	91
大　分	1.62	2.18	0.59	28	89	37	318	3.1	3.5	3.1	118
計	—	—	—	652	1,901	1,065	—	72.5	75.4	87.8	—
総　計	1.00	1.00	1.00	899	2,521	1,213	270	100	100	100	100

資料：『第42次農林省統計表』、『農業所得統計』（昭和40年）、『1965年農業センサス』。

しかし、土地の高度利用の必要性がある間は、全面的に姿を消すまでにはいたらない。しかし、労働力が逼迫してくると、最初に耕作から離脱するのが冬作の麦である。[13] このような麦のワキ役的性格が、収益性が低いにもかかわらず、作付面積としては依然第2位作目の地位を保っている理由である。

立地論的な競争力からは麦は単独では到底他作目に太刀討ちできないが、土地狭少な我が国の土地利用高度化の必要性から、結合生産に支えられてようやく命脈を保っているにすぎない。従って、経済事情が悪化すれば、最初に衰退の一途をたどらざるをえないであろう。これが自給的生産段階で主役を演じた麦が、商品生産段階でたどらねばならない運命ともいえる。実際、貿易による麦輸入が始まると、その生産は急激に減少してゆく。

図1-5　麦の産地

(3) イモ類・豆雑穀

　イモ類は主に甘藷と馬鈴薯に分れる。前者は温暖地に生育し、後者は寒冷地に適する作目的性格があり、この作物特性がそのまま立地配置にも現われている（表1-7、図1-6、参照）。すなわち、甘藷は、関東、東海、四国、九州の太平洋岸に栽培され、馬鈴薯は、北海道、東北、それに関東の一部（東

京・神奈川)、九州の一部（長崎）に作られている。この関東以南の産地は甘藷と共存する独特の産地といえる。

当然ながら、甘藷と馬鈴薯はともに畑作地帯に多い。また工業原料としての用途と、野菜用との区別があり、これは輸送性が大きいことと関連して、独特の商品的特性となっている。

豆類には、大豆、小豆、インゲン、エンドウ、などが含まれている。（表1-8、図1-7、参照）このうち大豆と小豆は、北海道、岩手、福島、宮城、青森などに多い。インゲンとエンドウも北海道が主産地である。これに対して、落花生が関東の千葉、茨城で栽培されている。これらの主産地の占めるウェイトは、大豆は作付面積で51.6％、収穫量で53.0％である。インゲンでは、それぞれ92.6％、95.4％、落花生は67.2％、72.0％である。

ここで注目されるのは、豆類が、関東以北の畑作地帯で作られていることで

表1-7　イモ類産地と関連指標（昭和40年）

	特化係数			実数								構成比			
				甘藷				馬鈴薯				甘藷		馬鈴薯	
	作付面積	粗収益	農家数	作付面積	総収量	販売量	10 a 当り収量	作付面積	総収量	販売量	10 a 当り収量	作付面積	販売量	作付面積	販売量
				百ha	千t	千t	10kg	百ha	千t	千t	10kg	％	％	％	％
北海道	3.35	2.74	3.44	—	—	—	—	928	2,211	1,491	238	—	—	43.7	72.3
茨城	1.31	1.30	0.62	150	332	281	221	35	62	26	177	5.8	8.1	1.6	1.3
千葉	1.86	1.26	0.74	161	404	392	251	30	49	32	163	6.3	11.3	1.4	1.6
東京	1.91 / 1.50	1.63	1.44	22	38	22	170	14	22	17	153	0.9	0.6	0.7	0.8
神奈川	1.50 / 1.43	1.67	0.89	36	58	43	161	28	47	36	166	1.4	1.2	1.3	1.7
愛知	1.79	1.15	1.00	110	196	174	178	34	37	21	111	4.3	5.0	1.6	1.0
三重	1.56	1.26	1.26	67	124	100	186	7	8	1	112	2.6	2.9	0.3	0
愛媛	1.34	0.85	1.29	58	105	66	182	19	27	12	148	2.3	1.9	0.9	0.6
高知	2.25	0.89	2.22	63	80	50	127	6	7	2	119	2.5	1.4	0.3	0.1
長崎	4.74 / 1.68	4.19	5.34	213	394	302	185	63	117	47	179	8.3	8.7	3.0	2.3
熊本	1.46	1.15	1.43	122	231	169	189	21	32	9	163	4.8	4.9	1.0	0.4
宮崎	5.06	4.00	3.79	268	598	484	223	18	24	11	142	10.4	14.0	0.9	0.5
鹿児島	6.38	5.59	5.93	645	1,361	983	211	50	71	7	152	25.1	28.4	2.4	0.3
計	—	—	—	1,915	3,921	3,066	—	1,253	2,714	1,712	—	74.5	88.5	58.9	83.1
総計	1.00	1.00	1.00	2,569	4,955	3,466	193	2,125	4,056	2,061	193	100	100	100	100

資料：『第42次農林省統計表』、『農業所得統計』（昭和40年）、『1965年農業センサス』。

ある。落花生の千葉、茨城を除いて、地形的に不利な山間地域に多い。ここでも立地条件の不利な僻遠の地に豆類がとり残されていることがわかる。[14]

雑穀も豆類とほぼ同じような立地条件の地域に残っている。（表1－9、図1－8、参照）ただ、豆類と異なる点は雑穀が全国的に分布していることである。北海道や、青森、岩手、長野、愛媛、高知、熊本、宮崎、鹿児島などの山間地域である。

図1－6　イモ類の産地

凡例：
- 甘藷主産地
- 馬鈴薯主産地
- 馬鈴薯準産地

このように、イモ類、雑穀は、立地条件のよい場所では競争力が弱く、いわゆる商品生産としての農業生産から脱落していった作物であり、立地条件の不利な地域で細々と生産を維持している。その極端な例が雑穀である。そしてこれらの作物が僻遠の地に残存している理由は、これらの地域での商品生産の作目選択の幅が狭く、たとえ収益性は低くてもこれらの作目を作らざるを得ないからである。このような立地も、米の場合と同様立地法則にかなっている。[15] また、これらの作目の残存に貢献している条件の1つが、輸入物が大半を占める状況のなかで、国産ものに安全性や品質の面で希少性が出てきていることである。

表1-8 豆類産地と関連指標

	特化係数 作付面積	特化係数 粗収益	特化係数 農家数	大豆 作付面積 百ha	大豆 収穫量 百t	小豆(落花生) 作付面積 百ha	小豆(落花生) 収穫量 百t	インゲン(エンドウ) 作付面積 百ha	インゲン(エンドウ) 収穫量 百t
北海道	2.61	8.15	3.44	329	429	442	532	834	1,262
青 森	1.05	1.31	0.31	86	112	33	33	(43)	(64)
岩 手	1.72	2.08	0.56	171	222	49	37	8	7
宮 城	1.05	0.83	1.00	106	138	28	23		
福 島	1.00	1.15	0.22	111	141				
茨 城	1.22	2.62	0.62	35	44	(194)	(423)		
千 葉	1.82	4.31	0.72			(255)	(561)		
長 野	1.14	1.23	0.35	118	148	26	19	12	12
計	—	—	—	956	1,234	631 (449)	693 (984)	854 (43)	1,281 (64)
総 計	1.00	1.00	1.00	1,841	2,297	1,084 665	1,079 1,366	922 (91)	1,344 (90)

資料：『第42次農林省統計表』、『農業所得統計』(昭和40年)、『1965年農業センサス』。
注：( ) 内はそれぞれ落花生、エンドウを示す。

図1-7 豆類産地

第1章　日本農業の地域生産特化　　229

表1－9　雑穀産地と関連指標

	特化係数			トウモロコシ		アワ		ソバ		キビ		ヒエ(モロコシ)	
	作付面積	粗収益	農家数	作付面積	収穫量	作付面積	収穫量	作付面積	収穫量	作付面積	収穫量	作付面積	収穫量
				百ha	百t	百ha	百t	百ha	百t	百ha	百t	百ha	百t
北海道	1.91	8.15	(3.44)	107	231	9	12	62	64	8	11	29	41
青　森	3.83	1.31	(0.31)	26	103	17	26	19	19			31	67
岩　手	3.78	2.08	(0.56)	10	21	37	39	19	13	1	1	49	80
長　野	1.91	1.23	(0.35)	29	136	10	15	14	10			(77)	(78)
愛　媛	1.28	0.54	(1.29)	14	24	16	20			1	1	(62)	(89)
高　知	1.02	0.38	(2.22)	8	11	4	3						
熊　本	2.32	1.77	(1.43)	18	20	237	550	11	7	10	14		
宮　崎	1.38	0.85	(3.79)	3	4	19	25	18	21				
鹿児島	2.56	0.69	(5.93)			126	165	69	81	2	2		
計	－	－	－	215	550	475	855	212	215	22	29	109 (139)	188 (167)
総　計	1.00	1.00	1.00	301	753	66	108	313	301	37	44	112 (583)	190 (656)

資料：『第42次農林省統計表』、『農業所得統計』（昭和40年）、『1965年農業センサス』。
注：（　）内はモロコシを示す。

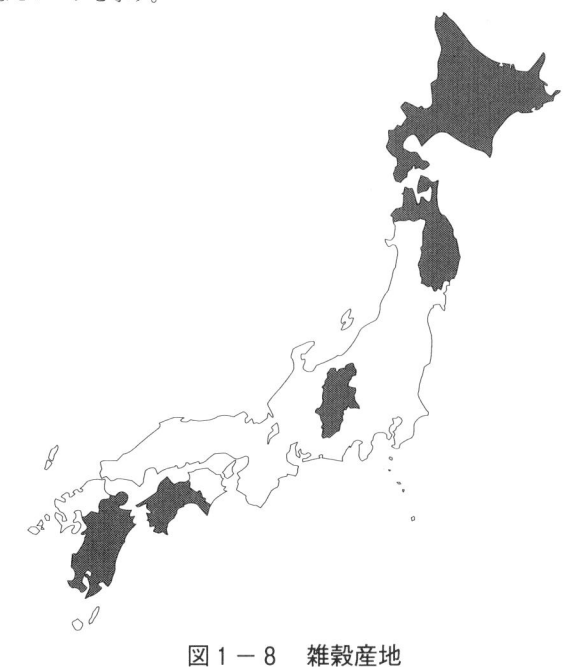

図1－8　雑穀産地

注
1） 特化係数の変化・推移については、昭和25〜36年の分析がある。前掲『経済成長下の地域農業構造』、第7章、185〜187頁。
2） 渡辺兵力「農業の地域的分化と資源利用」、『農業と経済』、第34巻、第10号。なお、氏は、稲についてその立地を問題にしている。「資源利用」にウェイトを置く論文のせいか、立地論と栽培技術論との混同が見うけられる。(第Ⅰ部、第1章、参照)
3） 栽培技術論を代表するものとして、野口弥吉『水田農業立地論』、昭和32年、がある。野口氏は、「現在農業立地論という学問があるわけではない」と述べ、農業立地論の提唱を議論しているが、その趣旨は栽培技術論的分布論である。また、世界的規模で栽培植物の分布を問題にする場合も、ほぼ類似する視点からの議論である。例えば、中尾佐助『栽培植物の起源』(岩波新書)、昭和41年。
4） 栽培技術論が、自然条件を基礎に成立する技術学であるのに対して、立地論はそれを前提して成り立つ社会科学であることである。この認識が欠けるところに議論が分かれる基本的な問題がある。(第Ⅰ部、第1章、参照)
5） この時期が具体的に何時かについて、東畑精一氏は米に対する需要の所得弾性値がプラスからマイナスに転ずる昭和12年ごろとしている。『日本資本主義の形成者』(岩波新書)、昭和39年、参照。その根拠は、大川一司『食糧経済の理論と計測』、昭和21年、による。
6） 例えば、田中稔『稲の冷害』、東北農業試験場『東北地方稲作技術総合検討会―座談会の記録』、昭和43年、中鉢幸夫『庄内稲づくりの進展』、鎌形勲『山形県における稲作技術の展開』、東北農業試験場『寒冷地稲作技術水準に関する研究』など、参照。
7） 拙稿「とり残された国産大豆」、農林統計調査、第19巻、第2号。なお、ほぼ同じようなニュアンスの表現として、「Residual な型での主産地の誕生」がある。(嶋倉民生『経済成長下の地域農業構造』、第9章、253頁)
8） 『日本農業発達史』別巻、上、昭和33年。農林省大臣官房調査課『東北農業生産力の発展構造の分析』。
9） 稲作以外の、主要畑作物の粗収益(10a当たり)を、実態調査資料(昭和37年度)によって確認すると、小麦0.9万円、大豆1万円、トウモロコシ1.1万円、菜種1.3万円、馬鈴薯2.4万円、となっている。岩館興一『青森県上北農業における畑作の現状と問題点』、東北農業試験場研究資料、No.13、昭和43年、参照。
10） このような状況の下で、米の積極的な消費宣伝に乗り出す産地もでてくる。例えば秋田県での試食会開催等の動きである。
11） 趨勢としては、関東のウェイトが大きくなる傾向がある。『経済成長下の地域農業構造』、第7章、187〜8頁。
12） 茨城県の畑作大麦作付け方式は、前作には陸稲が最も多く、次いで落花生、大豆、葉タバコ、蒟蒻、野菜などである。また後作(間作)としては、ほぼ同じ作目に甘藷が付け加わる。二石清春・多賀康博「麦生産費の統計的分析」、『農林統計調査』、第19巻、第2号。
13） 著者の茨城県下農業聴取調査資料による。

14) 前掲、拙稿「とり残された国産大豆」、参照。
15) 土地単位面積当たりに収益（地代）の低い作目が市場遠隔地に立地することは理論的に明らかであるが、現状分析立地論では原理論的な「１圏１作目」の圏域形成論理ではなく、低作目群からの選択論理である点に注意。詳しくは次章、参照。拙稿「農産物の市場競争力と地域間競争」、『東北農業試験場研究報告』、第34号。

2 野菜・施設園芸

野菜類は、作付面積からみた地域集中度係数が最も小さいグループに属する。つまり、どこでも栽培される作物である。しかし、これを商品生産の視点からみると、都市近郊で栽培される最も典型的な作物である。その理由は、生鮮品のために遠隔地からの出荷が不利なことによる。従って必ずしも全国的に栽培される作目とは言えない。[1)]

表１－10と図１－９は、この関係を明瞭に示している。すなわち、野菜の主

表１－10　野菜の産地と収穫量（類別）

	特化係数			収穫量					
	作付面積	粗収益	農家数	未成熟	豆類	瓜類	果菜	葉菜	根菜	洋菜
				百t	百t	百t	千t	千t	百t
埼　玉	1.61	1.77	2.41	236	723	1,235	243	208	52
千　葉	1.58	1.77	2.21	327	125	790	242	229	97
東　京	3.68	2.11	6.82	137	1,225	771	94	66	21
神奈川	2.91	2.15	5.47	131	232	702	152	109	60
山　梨	1.37	0.76	1.12	96	165	231	49	47	－
静　岡	1.38	1.32	1.56	138	707	1,077	150	157	－
愛　知	1.93	1.70	2.41	171	1,361	879	270	226	124
岐　阜	1.04	0.85	0.67	86	220	333	78	74	33
京　都	1.57	1.56	2.49	37	261	282	69	61	12
大　阪	3.01	2.06	5.51	63	229	474	183	54	1
兵　庫	1.07	1.12	0.96	64	379	627	213	60	34
奈　良	1.76	1.69	1.99	45	330	682	41	33	14
和歌山	1.57	1.10	1.25	76	159	111	89	46	29
広　島	1.03	0.99	1.18	87	433	456	111	104	27
徳　島	1.44	1.50	1.10	66	446	220	47	120	－
高　知	0.90	2.46	0.97	40	726	231	23	41	90
福　岡	1.13	1.17	0.84	92	537	624	157	115	21
計	－	－	－	1,892	8,258	9,725	2,211	1,750	315
総　計	1.00	1.00	1.00	38,107	20,260	1,231	4,913	4,610	1,554

資料：『第42次農林省統計表』、『農業所得統計』（昭和40年）、『1965年農業センサス』。
注：（　）内はモロコシを示す。

産地とみられる地域が大都市周辺に集中しているのが分かる。例えば京浜市場に対しては、千葉、埼玉、東京、神奈川、山梨、静岡、などがある。同様に、中京市場に対しては愛知、岐阜、静岡、が考えられる。また、京阪神市場には京都、奈良、大阪、和歌山、兵庫、徳島、高知、といった府県が対応する。そのほか、広島を中心とする瀬戸内工業地帯には広島が、北九州には福岡がある。これらの野菜産地は、すべて大都市の周辺地域である。これらの外縁をさらに、準主産地と呼ぶべき産地がとりまいている。

図1－9　野菜の主産地

これらの地域では、単に野菜の栽培が多く、その粗収益が大きいだけでなく、それが経営としても成立していることを図1－9が示している。つまり農産物販売額第1位部門が野菜の農家が、近郊でかなり多くみられる。[2)] また、近郊野菜圏とみなされる範囲がどの程度の拡がりかも明らかである。

このような野菜の産地を規制する条件は、都市の存在と市場距離である。それは農業立地論で常に例示されるように、生鮮野菜が腐敗しやすく、近郊で生産されざるをえないからである。

なお、東北以北においては、このような野菜の産地がみられない。逆に温暖な場所では大都市が近くになくても野菜の産地になっている場合がある。それは単に需要の存在だけでなく、それに対して生産が対応できる自然的条件が整

第1章　日本農業の地域生産特化　233

わねばならないことを意味する。そして、このような立地配置は、特別の技術や施設を必要としない露地野菜に対応しているといえる。[3]

これに対して施設園芸の産地をみると、それは都市近郊にも多いが、自然条件に恵まれた地域の場合が多い。[4]（図1-10、参照）その立地配置は、関東、東海、および和歌山、高知、宮崎、などの温

図1-10　施設園芸産地

暖な太平洋岸県、それに大阪、岡山、香川などの瀬戸内の府県である。これらの立地配置から、施設園芸の立地を規制する要因を考えると、(1)温暖な気候条件に加えて、(2)施設その他の資本投下を可能にする資本蓄積、及び(3)それを支える特殊技術の有無、などがある。

都市近郊という条件は、それが単独で施設園芸の立地に作用したというよりは、都市近郊であるために可能となった資本蓄積や技術蓄積を通じて、施設園芸の経営発展が促されたとみるべきであろう。同様の論理が、温暖な地域についてもいえる。すなわち、高知や宮崎などの遠郊に施設園芸の特化がみられるのは、温暖な気候条件に恵まれて、促成栽培が早くから発達し、それらを基礎に技術や資本の蓄積がこれを可能にしたのである。[5]

234　第Ⅱ部　立地変動の動態実証分析

注

1) Thünen, J. H., *Der isolierte Staat*, 訳書、第3章、参照。なお、ここでの立地原理は輸送費が市場に近接するために少ない「運賃原理」とともに、生鮮品のため都市近傍で生産される必要がある「鮮度原理」の、二重の制約を受けている。
2) 1965年中間農業センサスの大規模経営調査によれば、全国の野菜作経営の大きい割合を関東地域が占めている。
3) 野菜作のうち、施設園芸については以上の分析は当てはまらない。露地野菜と施設園芸では経営的性格が異なる。前掲『高度経済成長下の地域農業構造』、188～191頁。
4) 澤田収二郎、「宮崎県蔬菜作の経済的研究」、(1)、(2)、『農業経済研究』、第22巻、第3、4号、久保佐土美、「南国蔬菜地帯の展開と其集約経営について」、『農業経済研究』、第4巻、第2号、など参照。
5) この点については、その論理を第Ⅰ部で理論的に検討した。

3　果樹・畜産

(1)　果　樹

　果樹は地域集中度係数でみたように、最も地域性の強い作目であった。これらは、地域集中度係数の大きさによって、局地性の強いものから弱いものへ、3つのグループに区分される。すなわち、(1)リンゴ、ミカン、(2)桃、ブドウ、(3)梨、柿、の順である。このような3つの果樹グループがどこに立地しているかを、表1-11～13、図1-11でみると、その立地が明らかになる。

　まず、最も独占度の大きいリンゴとミカンについてみてみよう。この両者は立地配置では北と南の両極に分離する。最も気候条件の制約の強い果樹であ

表1-11　果樹産地指標（その1）

	特化係数			リンゴ			
	栽培面積	粗収益	農家数	栽培面積 計	成園	収穫量	販売量
				百ha	百ha	千t	千t
青　森	3.09	3.29	3.30	255	243	572	499
山　形	1.55	1.01	0.96	40	32	67	49
長　野	2.14	1.67	2.22	150	123	261	216
計	―	―	―	445	398	900	764
総　計	1.0	1.0	1.0	656	557	1,132	945

資料：『第42次農林省統計表』、『農業所得統計』（昭和40年）、『1965年農業センサス』。

第1章　日本農業の地域生産特化　235

表1-12　果樹産地指標（その2）

	特化係数			ミカン				夏ミカン			
	栽培面積	粗収益	農家数	栽培面積計	成園	収穫量	販売量	栽培面積計	成園	収穫量	販売量
				百ha	百ha	千t	千t	百ha	百ha	百t	百t
神奈川	1.59	1.17	2.01	33	27	45	48				
静　岡	2.50	2.51	2.52	148	109	235	201	12	9	239	196
大　阪	2.06	1.42	1.96	25	19	33	30				
和歌山	6.44	5.72	6.92	95	61	133	125	25	19	534	403
広　島	1.80	1.93	1.90	64	37	99	86	5	4	77	91
山　口	1.24	1.07	1.45	30	14	35	28	10	7	139	120
徳　島	1.65	1.63	1.43	28	18	41	37	3	2	26	10
香　川	1.61	1.47	1.28	36	19	36	36	2	1	29	23
愛　媛	4.13	4.22	4.72	151	95	229	204	34	26	706	678
佐　賀	1.78	1.39	1.29	85	49	75	62	3	2	35	36
長　崎	1.81	1.19	0.98	91	24	53	38	4	3	42	40
大　分	1.59	1.29	1.32	60	27	56	44	7	4	75	69
熊　本	1.16	1.07	1.00	74	32	71	61	10	3	54	46
計	－	－	－	920	518	1,141	1,000	115	80	1,956	1,712
総計	1.0	1.0	1.0	1,152	633	1,317	1,133	150	101	2,289	1,948

資料：『第42次農林省統計表』、『農業所得統計』（昭和40年）、『1965年農業センサス』。

表1-13　果樹産地指標

	特化係数			ブドウ			モモ			カキ		
	作付面積	粗収益	農家数	栽培面積	収穫量	販売量	栽培面積	収穫量	販売量	栽培面積	収穫量	販売量
				百ha	千t	千t	百ha	千t	千t	百ha	千t	千t
青　森	3.09	3.29	3.30	19	21	17						
山　形	1.55	1.01	0.96				16	30	24	21	19	12
長　野	2.14	1.67	2.22	(9	27	26)	16	15	13	13	10	2
山　梨	2.57	3.07	3.15	37	48	47	27	39	38	5	7	4
神奈川	1.59	1.17	2.01									
静　岡	2.50	2.51	2.52							9	10	6
大　阪	2.06	1.42	1.96	11	13	11						
和歌山	6.44	5.72	6.92							19	21	16
鳥　取	1.32	1.50	1.95	(24	55	52)				10	8	3
岡　山	1.11	0.86	0.88	23	28	23	17	11	7	14	13	6
広　島	1.80	1.93	1.90							11	13	5
香　川	1.61	1.47	1.28	6	5	8				7	8	8
愛　媛	4.13	4.22	4.72							15	18	14
計	－	－	－	96 (33	115 82	106 78)	76	95	82	124	127	76
総計	1.0	1.0	1.0	226 (191	225 346	174 294)	210	229		383	346	

資料：『第42次農林省統計表』、『農業所得統計』（昭和40年）、『1965年農業センサス』。
注：( ) 内は日本ナシを示す。

236　第Ⅱ部　立地変動の動態実証分析

る。[1] このような気象条件を基礎に、地形、生産力の発展、資本蓄積、先覚者の存在、などの種々の要因が働いた結果が現在の立地配置を実現した。

リンゴについては、[2] 青森と長野がこのような産地である。この両県で栽培面積の61.7％、収穫量で73.6％、販売量で75.7％を占めている。そのほか、東北の岩手、山形、秋田、福島に1万7千haの栽培

■　みかん
／／　りんご
▒　その他

図1－11　果樹産地

面積がある。これらの東北諸県は、未成園の割合が大きく、新興産地である。これらの地域へのリンゴ産地の拡大が、さきほどみた地域集中度係数の若干の低下をもたらしたと思われる。青森、長野、東北諸県の3つをあわせたシェアは、栽培面積で87.7％、収穫量で93.0％、販売量で93.5％となっている。

リンゴの立地は、その栽培適地のうち、青森、長野、などの旧産地から順次、気候条件の類似するその他の近隣県へ普及している段階といってよい。[3]

他方、ミカンは神奈川以南の暖地に立地する。産地としては、静岡周辺（静岡、神奈川）、和歌山周辺（和歌山、大阪）、四国（愛媛、徳島、香川）、中国（広島、山口）、九州（大分、佐賀、長崎、熊本、福岡）、などである。これらの地域でミカン栽培面積の79.9％、収穫面積の86.6％、販売量の88.3％を占めている。夏ミカンでは、それぞれ76.7％、85.5％、87.9％である。このうち、特に主産地といえるのは、静岡、和歌山、愛媛の3県である。この3県のシェ

アは、ミカン販売量の46.8％、夏ミカン販売量の65.6％である。

ミカンの産地は、静岡、和歌山、愛媛のような温暖で、地形としては傾斜地の多い地域にまず立地し、その後順次中国、九州の温暖地域へと産地を拡大・移動していった。[4] このような産地移動は、自然条件としては栽培可能であるが、それまで資本蓄積や技術的制約から栽培できずにいた地域で、生産力の発展に裏づけられて出現している。[5]

産地間競争は、このような段階で発生する。同じことが、リンゴについてもいえるであろう。今後、リンゴとミカンがどのような立地変動を示すかは興味ある分析課題といえよう。

次に、桃とブドウをみてみよう。地域集中度係数が果樹の中では中間にあることは、自然条件の制約が比較的少ないことを示す。現実の立地配置もこのことを示している。表1－13、図1－11で明らかなように、北は山形・福島から南は福岡まで栽培されている。この傾向は、桃よりブドウの方に強い。そのほか、梨とブドウが同一地域に重なって立地する特徴がある。

それぞれの立地配置は、ブドウでは、山形、山梨、大阪、岡山、福岡が産地である。これらの府県に共通する条件は、山形、山梨が、ともに盆地であり、大阪、岡山は、瀬戸内海に画した地域で、ともに降雨量の少ない地域に属することである。従って湿度が低く乾燥する地域である。この条件がこれらの地域にブドウが立地した自然的基礎条件である。従って、その立地を規制する要因は、気象条件のうちでは温度とともに、それ以上に降雨量が少なく湿度が低いことである。[6]

これに対して、桃の産地もほぼブドウと同じ地域に重なって立地する。すなわち、(1)東北の山形、福島、(2)中部地域の山梨、長野、愛知、それに(3)瀬戸内の岡山、香川の3地域である。ただ、多少異なる点はブドウより産地が拡がっていることであろう。

これらの地域は、桃もブドウもともに全体の5割（栽培面積）から7割（販売量）を占めている。

最後に、日本梨と柿のグループはどうであろうか。まず梨の産地をみると、

それは福島、茨城、千葉、埼玉、長野、鳥取、である。この6県で全体の栽培面積の46.6％、販売量の59.9％を占める。主産地のシェアが少し小さくなっているのは、地域集中度係数が示すように、梨がその他の地域でも栽培されているからである。

次に、柿の主産地については、このような普遍的性格がさらに強まって、かなり広範囲の地域で栽培されている。その比較的大きい県をとれば、山形、福島、岐阜、愛知、奈良、和歌山、岡山、香川、愛媛、福岡、などである。このような分布は、地域集中度係数が、果樹の中で一番小さいことに対応している。

なお、山形、福島、長野、山梨、岡山、などは幾種類かの果樹が重なって立地する。このような生産立地は、地域内部での立地分化を示す場合と、個別経営内部での多部門複合経営の場合がある。この立地のオーバー・ラップが何によって起るかは、立地変動と経営発展という立場から興味ある問題であるが、ここでは立入らない。ただいずれにしても、これら数種類の果樹の栽培が可能な自然的条件に裏づけられていることは確かである。

(2) 畜産（酪農・養豚・養鶏）

果樹が独占的傾向を強めながら、成長部門としての地位を高めているのに対して、畜産は自然的条件や土地条件の制約が少ないために、一般に立地を選ばず普及することによって商品生産を進展させている部門である。この傾向は、既に地域集中度係数の分析で明らかにした。しかし、同じ畜産でも部門によって幾分その様相を異にする。以下、順次、酪農、養豚、養鶏の立地配置とその特徴をみてみよう。

まず、酪農についてその主産地をみると、表1－14、図1－12の通りである。この図表から明らかなように、酪農は、北海道、東北、関東、および四国に立地している。[7] 最南の徳島を除けば、関東以北に立地することが分かる。つまり、図式的な分類をすれば、酪農は北方型の畜産ということができる。このことは、酪農が全国的に普及する傾向にあるとはいえ、なお依然その主産地は限定されていることを示す。

第1章　日本農業の地域生産特化　239

表1－14　酪農地域関連指標

	特化係数			乳牛頭数	生産乳量
	飼料作付作目面積	粗収益	農家数		
				千頭	千t
北 海 道	3.32	3.35	6.70	208	664
岩　　手	1.33	1.83	2.99	42	119
宮　　城	0.54	0.93	1.01	25	73
栃　　木	0.68	1.28	1.07	25	95
群　　馬	0.61	2.00	1.64	34	134
埼　　玉	0.23	1.38	1.01	27	126
千　　葉	0.20	1.40	1.38	39	160
東　　京	0.54	3.10	2.30	14	64
神 奈 川	0.43	3.03	2.58	30	128
長　　野	1.52	1.40	1.39	33	128
徳　　島	0.59	1.60	1.22	15	52
計	—	—	—	492 (55.6)	1,743 (54.1)
総　　計	1.00	1.00	1.00	885	3,221

資料：『第42次農林省統計表』、『農業所得統計』（昭和40年）、『1965年農業センサス』。

　ところで、酪農がこれらの地域に立地する論理は何であろうか。一般的にいえば、それは需要的要因と供給的要因から説明できる。つまり、牛乳の用途による立地配置である。具体的には、生乳需要（市乳）と乳製品原料の需要である。[8] 前者が都市の周辺に立地する近郊酪農であり、後者が遠郊酪農である。さきの主産地を分類す

図1－12　酪農地域

れば、関東と四国が市乳供給を目的とする近郊酪農であり、北海道と東北が原料乳としての遠郊酪農といえる。

この両タイプは、それぞれ生産・経営構造も異なってくる。すなわち、近郊においては、飼料構造は濃厚飼料にたよる、いわゆる「粕酪農」的性格を有しており、多頭飼育の企業経営的性格が強い。これに対して北海道や東北では、その飼料基盤は牧野や飼料作物である。このことは北海道と東北の飼料作物の特化係数に表れている。[9]

このように、図1-12にみる酪農の立地は、酪農の商品的性格（市乳・原料乳）のみならず、飼料基盤、特に牧草耕作と牧野の存在を許す広い土地の有無によって大きく左右されることを示唆する。そしてこの両者によって規制される生産的・経営的特徴と酪農の2つのタイプが対応する。

次に、養豚の立地は如何なる特徴を有するであろうか。さき地域集中度係数でみた養豚の経営的特徴は酪農とほぼ類似するが、その立地配置は多少異なっ

表1-15 養豚地域関連指標

	特化係数 粗収益	特化係数 農家数	飼養頭数	出荷頭数
			千頭	千頭
岩　手	0.83	2.81	32	115
宮　城	0.80	1.19	51	149
茨　城	2.09	1.41	146	668
群　馬	1.98	1.50	71	336
埼　玉	1.43	1.07	97	466
東　京	3.06	4.01	42	639
神奈川	2.20	2.64	79	373
静　岡	1.35	1.79	67	229
愛　知	1.80	1.16	95	369
鳥　取	0.94	1.18	16	18
島　根	0.70	0.98	11	17
長　崎	1.39	2.04	36	94
宮　崎	1.00	2.08	27	67
鹿児島	1.19	3.00	95	243
計	－	－	865 (50.8)	3,783 (55.9)
総　計	1.00	1.00	1,702	6,787

資料：『第42次農林省統計表』、『農業所得統計』（昭和40年）、『1965年農業センサス』。

ている。(表1-15、図1-13) 養豚の立地は、東北、関東、東海、山陰、南西九州である。東北と関東は酪農の立地と一致するが、北海道に代わって、山陰と南西九州が登場する。これらの西日本の産地は、暖地ではあるが市場から遠く離れた遠隔地である。

このような地域で豚が飼育されるのは、養豚が土地の制約が比較的少なく、かつ資本所

図1-13 養豚地域

要額が酪農などより少なくて参入できる部門であることによると思われる。つまり、生産力のあまり高くない地域でも飼養可能な家畜が豚ということであろうか。従って、関東、東海地域の残滓利用養豚と、東北、山陰、九州のそれとは、おのずから経営的性格が異なる。[10] 酪農を北方型畜産と呼ぶならば、養豚は全国型畜産といえるであろう。そして養豚の立地は、輸送がきくことと生産に資本蓄積をあまり要しないことから、都市周辺とは別に僻遠の地域にも立地しているのである。

最後に養鶏を簡単にみておこう。養鶏の立地の特徴は、明らかに前2者と対照的な特徴を示している。(表1-16、図1-14、参照) すなわち、それは酪農の北方型と対比して、いわば南方型畜産とでも呼ぶべき性格で、西日本への産地の集中がみられる。また、養豚が海岸線にそった周辺部に立地するのに対して、養鶏は内陸部にも進出し、しかも全域的に飼養されている。そしてその

表1－16　養鶏地域関連指標

	特化係数		飼養羽数	産卵量	ブロイラー
	粗収益	農家数			
			十万羽	百万個	十万羽
東　京	2.32	4.78	16	374	5
神奈川	2.21	2.25	29	664	6
山　梨	1.19	1.20	14	276	8
岐　阜	1.83	2.51	28	610	11
静　岡	0.95	1.52	39	904	11
愛　知	1.26	1.81	48	1,034	6
大　阪	2.78	1.77	34	675	2
兵　庫	2.23	1.79	37	871	19
和歌山	1.31	1.50	13	259	3
鳥　取	1.22	1.04	7	142	7
島　根	0.73	0.89	8	157	2
岡　山	1.61	1.98	37	766	4
広　島	1.17	1.45	25	523	4
山　口	1.17	1.22	16	355	3
徳　島	1.51	1.54	16	334	7
香　川	1.57	1.42	16	392	9
愛　媛	1.39	1.16	28	595	3
福　岡	1.53	1.27	39	895	11
長　崎	0.99	1.16	16	313	5
計	－	－	466 (52.9)	10,139 (54.5)	126 (57.5)
総　計	1.00	1.00	881	18,625	219

資料：『第42次農林省統計表』、『農業所得統計』（昭和40年）、『1965年農業センサス』。

　産地は、東海、山陰、長崎が少し例外を示すが、豚が飼養されない瀬戸内海周辺地域と関東、東海地域、および北九州に集まる。このような立地配置を示す理由は、(1)土地の制約が少なく、かつ(2)飼料の制約も少ないこと、そして(3)生産が短期間に回転すること、などのために市場近傍において集中的に生産されるためと思われる。[11]　この点で、養豚が遠心的立地配置を示すのに対して、養鶏が市場求心的立地配置を示す原因といえよう。

　以上、酪農、養豚、養鶏は、地域集中度係数からみると相互にあまり差がないかにみえるが、生産の立地配置は、その生産的・市場的性格を反映して、かなり違っていることが明らかになる。

第 1 章　日本農業の地域生産特化　243

図 1 −14　養鶏地域

注
1) 第 I 部、第 4 章、参照。
2) リンゴの導入契機は、明治維新政府による殖産興業政策の一環として、果樹苗木配布払い下げに端を発する。経済企画庁総合開発局『東北地方における果実・野菜の生産・流通に関する調査報告書』、昭和42年、174頁、参照。
3) リンゴの産地形成については多数の文献があるが、とりあえず桑原正信・森和夫編著『果樹産業成長論』、明文書房、昭和44年。
4) 同上。松田延一『果樹の主産地形成のための展開手順に関する研究』、昭和39年。
5) 「原理論」、「純粋理論」としては、耕境の拡大は優等地から劣等地への拡大が順序であるが、現状分析立地論としては逆の展開がありうる。それは歴史的条件やその他の事情が関与するからである。
6) 瀬戸内農業の、ミカン、ブドウについては永友繁雄編著『地域開発と農業の展開』、明文書房、昭和42年、前掲『果樹産業成長論』、等参照。
7) 最近における酪農経営の発展が、一般的に飼養農家数の減少、経営当たり飼養頭数の増加で進展していることは、統計的に明らかである。しかし、地域に

よってその発展パターンは異なる。児玉賀典氏は、飼養農家率と1経営当り飼
　　養頭数の組み合わせにより、3つのタイプを区別している。1純農村型、2都市
　　酪農型、3開拓地型、である。地域としては、1が北海道・東北、2が関東・
　　四国、3にその他が該当するとしている。児玉賀典「酪農規模拡大のメカニズ
　　ム」(農林水産技術会議資料)、昭和42年。
8) 酪農が、その製品の需要性格によって立地を異にすることは既にチューネンに
　　よって明らかにされている。すなわち、飲用乳は都市近郊の自由式農業圏で、
　　加工原料乳は最外縁の畜産圏で、それぞれ生産される。この立地分化は、我が
　　国でもみられるが、より典型的にはアメリカなどで顕著である。W. H. Vincent
　　(ed.), *Economics and Management in Agriculture*, 1962. 和泉庫四郎、他訳『農
　　業の経済学』、206〜209頁。E. Higbee, *American Agriculture*, John Wiley and
　　Sons, Inc., 1958. Chap.20.
9) 飼料構造に関する研究としては、東北農業試験場『東北地域における酪農飼料
　　構造の研究』、関東東山農業試験場、『関東東山地域における酪農飼料構造の研
　　究』、等参照。
10) 九州において、イモ類と養豚の結びつきが顕著なことは一般的に知られている。
　　また特化係数の相関が強いことも指摘される。前掲『高度経済成長下の地域農
　　業構造』、211〜2頁。類似した結合生産がアメリカのコーンベルトでみられる。
　　(USDA, *Guide to Agriculture, USA*, revised ed., 1964)
11) このような養鶏生産の特殊性のために、一時漁業資本がこの部門に参入し、大
　　規模経営が出現するなどの傾向がみられた。

4 養蚕・工芸作物

　養蚕と工芸作物は、商品生産の段階としては、成熟しきった斜陽作目的性格
を有している。かつては我が国の資本主義発展期において、主要な商品作目と
して指導的役割を演じたが、一般農産物の商品生産と生産力の発展に伴って、
その主役の座を果樹や畜産にゆずった作目である。このような性格規定に対し
て、「軽工業」的作物と呼ぶことが可能であろう。その典型が養蚕である。

　養蚕の立地は、表1−17、図1−15に示すように、畑作地帯、特に山間地域
に残っている。東北(山形、福島)、関東東山(群馬、埼玉、東京、神奈川、
山梨、長野、岐阜)、山陰(島根)、四国(徳島)、九州(熊本)などである。
これは、豆類や雑穀と同じように、とり残された主産地を形成している。しか
し、これらの地域にとっては、重要な商品作目である。[1]

　例えば、昭和40年度の粗生産額農産物順位をみると、山梨では養蚕が第1位、

表1-17 養蚕地域指標

	特化係数			掃立量	収繭量	粗収益順位
	作付面積	粗収益	農家数			
				千箱	千t	
山　形	2.17	1.20	0.78	138	4	3位
福　島	2.85	2.20	1.62	306	9	3位
群　馬	7.64	8.40	10.38	790	23	2位
埼　玉	3.34	3.40	4.62	394	12	3位
東　京	1.50	0.83	1.14	14	0.4	
神奈川	1.28	0.76	1.28	29	0.8	
山　梨	9.14	9.52	9.92	411	12	1位
長　野	4.92	4.56	3.80	486	15	2位
岐　阜	2.18	1.44	1.81	98	3	4位
島　根	1.22	0.96	0.94	40	1	
徳　島	0.92	0.88	1.22	42	1	
熊　本	0.94	1.28	0.77	128	4	
計	－	－	－	2,876 (80.7)	86 (80.0)	

資料:『第42次農林省統計表』、『農業所得統計』(昭和40年)、『1965年農業センサス』。

群馬、長野ではそれぞれ第2位、山形、福島、埼玉ではともに第3位、岐阜では第4位となっている。

他方、その他の工芸作物では、必ずしも全部が斜陽作目とはいえないが、かなり早くからそれぞれの地域の特産物として発達し、現在なお有力な商品作目として残っている場合が多い。これは、表1-18、図1-16に示

図1-15 養蚕地域

表1－18　工芸作物産地指標

	特化係数			代表作目
	作付面積	粗収益	農家数	
北海道	1.42	1.26	0.72	テンサイ
青　森	1.81	0.78	1.11	テンサイ、葉タバコ、ナタネ
岩　手		1.44	1.92	葉タバコ
福　島	1.17	2.10	1.93	葉タバコ、コンニャク
茨　城	0.83	1.40	1.87	葉タバコ
栃　木	0.58	1.16	1.33	葉タバコ
静　岡	3.07	2.26	3.23	茶
岡　山	1.53	2.76	2.03	葉タバコ、イ
広　島	1.53	1.26	1.32	葉タバコ
徳　島	1.37	1.72	2.29	葉タバコ
香　川	1.15	2.34	2.29	葉タバコ
高　知	1.93	1.74	1.47	葉タバコ
熊　本	1.55	2.10	1.38	葉タバコ、イ
大　分	1.27	1.52	1.32	葉タバコ、シットウイ
宮　崎	1.00	1.56	1.00	葉タバコ
鹿児島	2.72	3.04	2.15	葉タバコ、ナタネ、茶、サトウキビ
計	－	－	－	
総　計	1.00	1.00	1.00	

資料：『第42次農林省統計表』、『農業所得統計』（昭和40年）、『1965年農業センサス』。

すように、テンサイ（北海道、青森）、葉タバコ（青森、岩手、福島、茨城、栃木、岡山、広島、徳島、香川、高知、熊本、大分、宮崎、鹿児島）、菜種（青森、鹿児島）、蒟蒻（福島）、茶（静岡、鹿児島）、藺草（岡山、熊本）、七島藺（大分）、サトウキビ（鹿児島、沖縄）などである。

　このような工芸作物は、各産地の自然的立地条件のほかに、特殊な歴史的条件によって規定されている場合が多い。そして、その需要が比較的安定しているため、全面的に衰退せずに命脈を保ってきたということができる。

　以上によって、各作目が商品として如何なる性格を有し、それが如何なる立地配置を示すかを特化係数で分析した。この分析から導き出される結論は、農業の立地配置とその変動は、商品生産の発展過程の中に位置づけてはじめて正しく把握できるということである。そしてその場合、作目の立地は経営を媒介して実現するのであり、このような視点から作目の特徴と経営との関連が問題

第1章　日本農業の地域生産特化　　247

図1-16　工芸作物産地

になる。本章では、そのような作目の立地配置を規制する要因を、作目と地域の両側面から分析した。その結果、先に第Ⅰ部で考察した理論的問題を、統計的にも実証したといえるであろう。[2]

注
1) 一般に特産品的な産物は、全国的に見ればマイナー・クロップに属するが、その特産地においては基幹作目である場合が多い。養蚕、その他の工芸作物などもこれに該当する。
2) これらの経済成長が始まる時期の実態をふまえて、その後の立地条件の変化に対応して立地の動態変化がどのように進むかを分析するのが続く第Ⅱ部での課題である。

第2章
都市化と近郊農業の立地問題

第1節　近郊農業の立地理論

1　都市化と近郊農業

　近年の我が国経済の高度成長は、一方で都市への人口集中を強めるとともに、他方で農山村地域の過疎問題を発生させている。また、経済発展と都市化の急速な進展が、都市近郊農業を変貌させ、従来の近郊農業の概念では律しきれない問題を発生させている。それに伴って、「近郊農業」あるいは「大都市圏農業」を如何に位置づけるかが重要な課題になっている。[1]

　例えば、都市近郊地域、特に大都市圏域において、農業、商工業、および住宅的利用の相互間で激しい土地利用競争が発生している。[2] 新都市計画法がこのような事態に対処し、それを主として非農業的利用の立場から調整しようと意図したものであることは明らかである。[3]

　しかし、それがたとえ都市的土地利用からの発想であっても、あるいはそのために返ってその影響は大きく、近郊農業に対して強いインパクトを与えている。特に都市化のテンポが急速な大都市近郊において、市街化区域、あるいは市街化調整区域としてその規制を直接受ける場合がそうである。また、現在は都市計画法の規制を直接受けない周辺地域でも、いずれ近い将来に同じ問題に直面するのは必至である。その波及的影響はまぬがれない。

　このような段階で、近郊農業ないし大都市圏農業が如何なる問題に直面し、またそれに如何に対処すべきか、が重要な課題になっている。[4] これらの問題に対して、適切な解答と指針を示すためには、近郊農業の発展論理と発展方向を正しく見極め、その上で将来展望を正しく構想することが不可欠である。このような問題意識と現実認識の下に、都市近郊農業を位置づけることが必要で

ある。

　本章は以上のような視点から、農業立地変動論の具体的課題として、近郊農業の発展論理を主として生産力の発展と資本蓄積、換言すれば農業経営の発展との関連で明らかにしようとするものである。特に前章で統計的に明らかにした近郊地域の多数作目の並存立地と、チューネンの自由式農業概念の理論的検討が中心課題となる。

　従来の都市近郊農業論には種々の理論的問題が存在し、未解決のまま残されている。このことをまず明らかにするのが第一の課題である。そして、その理論的矛盾を解決するために従来の「自由式農業」の理解・解釈の修正を提唱する。具体的には、それは近郊での立地原理を「原理論」、「純粋理論」的な「1圏1作目（作付方式）」的原理から、それに代わって経営構造と関連する作目選択原理の導入の必要性を提起する試みである。

　ただ、上述の議論はそれが「純粋理論」レベルでの場合であり、問題を「現状分析」レベルで考えれば矛盾とはなりえない。この点は第Ⅰ部、第4章、第4節、および続く第3章、第2節の考察で明らかとなろう。

　従って、ここでの考察は、従来の近郊農業論の理論的理解に問題が存在することを指摘し、理論の接近レベルについて問題提起を行なうことである。当面の検討はこのような問題に注意を喚起すること、そしてそれによって問題解決の方向を示すことである。

注
1) 都市農業問題研究会・横浜市農政局（渡辺兵力）『都市農業の計画』、昭和44年。なお、これらの問題を取り扱った文献には、国会図書館『都市化と農業』（レファレンス文献要目、第12集）、昭和44年参照。また、「都市農業」関連文献については、本章、第2節、注、参照。
2) イギリスの国土利用を大土地利用（Major use of land）視点から研究した文献として、L. D. Stamp, *The Land of Britain, － Its Use and Misuse －*, Longmans, 2nd ed., 1950, がある。また、直接的に都市化と農業の問題を取り扱かった文献としては、G. P. Wibberley, *Agriculture and Uban Growth*, Michael Joseph Ltd., London, 1959, 上野福男訳『都市発展と農業』、大明堂、昭和45年、等参照。我が

国の土地利用については、和田照男『現代農業と土地利用計画』、東大出版会、昭和55年。早川和男『空間価値論』、勁草書房、昭和48年、等参照。実態調査としては、神奈川県『都市計画利用と農業的土地利用との調整に関する研究』、昭和43年。全国農業構造改善協会『神奈川県茅ヶ崎市農業の実態と振興方策』昭和44年。
3) 都市計画法（昭和43年6月15日法律第100号）第1、2条。
4) 全国農業会議『新都市計画法下の農業』、昭和44年、参照。

2 近郊農業の古典的規定

　近郊農業という場合、先ず明らかにしなければならないのが、チューネンの古典的規定であろう。周知のように、チューネンはその著『孤立国』[1]において、近郊農業の性格を「自由式農業」（Freie Wirtschaft）[2]と規定し、近郊農業を主として立地論および経営方式論的視点から分析した。考察の都合上、先ずその要点をみておこう。

　チューネンは、先ず都市近郊に如何なる部門（作目）が立地するかを、次のように述べている。すなわち「都市の近傍においては価格に比して重量が大きく、または、かさばって都市への運送費膨大なために、遠方よりとうていこれを輸送しえざる生産物が栽培されねばならぬ」。「また腐敗しやすきもの、新鮮なうちに消費せねばならないものも同じである」。[3] チューネンはその作目に、高等園芸（施設園芸）のカリフラワー、レタス、イチゴ、また牛乳と飼料作物のクローバー、干草、藁、その他、馬鈴薯、キャベツ、カブ、等をあげている。[4]

　これらの品目は、その使用価値的属性が生鮮品のため、あるいは遠方より輸送すると輸送費が多く必要なために遠距離輸送が困難であり、都市の近傍で生産されねばならないものである。そして、「都市から遠くなるに伴い、土地は漸次に価格に比して運送費を要すること少なき作物の生産を示す」。[5] その結果、自由式農業の外側に、順次、林業、輪栽式、穀草式、三圃式、畜産圏が立地する。[6] 以上が、いわゆるチューネン圏の成立する根拠の説明であり、チューネンの立地論が以上のような考えに基いて展開されている。

　近郊農業は、作目的には以上のような特徴を有するが、経営（組織）的には如何なる特徴がみられるのであろうか。ここで有名なチューネンの自由式農業

の規定をみてみよう。

　チューネンは、さきほど概観した立地論的考察のあとで、自由式農業について次のように述べている。すなわち「吾々は各作物にとって土壌が最適状態にあるような作付順序とするが、価格関係上この土地に不利な作物を単なる輪作のために栽培するということをしないであろう。ここにいわゆる自由式農業—作付順序になんらの拘束を受けない—が現れる」。[7]

　従って、近郊地域では純粋休閑耕が消滅する。その理由は、第1に「地代があまりに高いため耕地の大部分を利用せずにおくことを許されない」からである。第2に「肥料を無限に買うことができるから、地力は高められ、作物は休閑耕による土地の注意深い耕耘(こううん)をしなくても、その可能収穫量の極大に近づくことが出来る」からである。[8] 第1点が近郊における土地利用集約化の原因であり、これがさらに経営集約化の前提条件となる。また、第2点が自由式農業の展開する生産力的基礎である。チューネンはこのような認識に立っているのである。

　なお、ここで注意しなければならないのは、自由式農業圏とその他の圏域との間に存在する差異であろう。すなわち、作目の種類（数）と同一圏内に立地する作目相互間にみられる結びつきの差異である。先ず自由式農業圏においては、先にみたように、その立地作目には独特の性格があるが、作目相互間には何ら特別の結合紐帯はない。そこでは極端に表現すれば「不特定多数」と言いうる多様な作目が立地する。この傾向は生産力の発展に伴って、さらに顕著になってくる。

　これに対して、その他の圏域においては、輪栽式、穀草式、及び三圃式にみられるように、それぞれの生産力の発展段階と技術水準に制約されて、作目の種類と数が限定される関係にある。これらの関係は、生産力段階と技術水準（主として地力維持のための）に規制された一種の結合生産とみなされる。このような結合生産から個別作目を開放したことに自由式農業の意義がある。それが生産力の全体的な発展—都市の発達と市肥（Stadtdünger）[9] の利用—に裏付けられている点にチューネンにおける立地論と生産力発展論との関連をみ

ることができる。

　以上、作目立地および経営方式の両面から、チューネンの自由式農業の特徴を概観した。ここでチューネンが述べている事項は、その本質において現在でも妥当する。しかし、現在の都市近郊農業、あるいは大都市圏農業の実態をみると、その特徴が全面的に自由式農業の規定と一致するとは言えない。この変化は経済の発展と生産力の上昇に伴う都市化の進展の影響であり、その差異を明らかにする必要がある。重要なことは近郊農業の本質と現象形態を区別することである。

　例えば、一般的に指摘される都市近郊農業の特徴は、生鮮品目（蔬菜、牛乳、等）の生産、集約的栽培（経営）、技術水準の高位性、などであるが、現在の近郊農業では粗放経営や低技術水準の経営も同時に存在する。むしろ大規模経営と零細経営、集約経営と粗放経営、技術水準の高い経営と低い経営など、多様な経営が併存するのが近郊農業の特徴がある。このような現象が都市近郊でみられるのは、後程ふれるようにそこに、経営発展の条件が存在すると同時に、他方で他産業への就業機会も多く、高地価による土地売却のチャンスも多いなど、農業に不利な状況も存在するからである。その結果、農家の階層分解のテンポも急速に進むためと思われる。

　このように、現実の都市近郊の土地利用をみると、耕作放棄や荒し作りも多くみられる。この傾向は都市化が急激な大都市圏において顕著である。これらの現象は、一見チューネンが「耕地の大部分を利用せずに置くことを許されない」[10]と述べていることと矛盾するかに見える。

　しかし、現在都市近郊地域でみられる耕作放棄は、一部は近隣地域が市街地化し、また汚水の流入やその他、物理的に耕作が不可能なためであり、また一部は所有者が脱農して既に売却され、耕作されないまま放置されるケースも多いのである。この現象は、農業的土地利用から都市的土地利用へ移行する過程で発生する過渡的な現象形態であって、それはチューネンの規定と矛盾するものではない。[11]

　これらの現象は近郊地域、ないし大都市圏域での土地利用が、単に農業部門

の内部問題ではなく、都市的利用も含めたより高次の利用区分が必要となり、その調整が必要な段階にきたことを示している。従って、この段階で土地利用を規制するのは、農業部門（作目）のみの収益性ではなく、一般商工業や住宅的利用を含めた場合の収益性である。都市的土地利用を反映した地代（地価）が利用を規制する。都市的土地利用の地価が土地利用を規制するのは、一般に農業的土地利用に比較してその（収益）地価水準が高いからである。[12]

従って、チューネンの自由式農業の古典的規定を、現代の都市近郊農業分析に適用する場合には、両者の時代的背景、換言すれば生産力の発展段階の差異を勘案して、その本質的な側面のみが適用されねばならない。また経済発展に伴って展開した本質的な変化が追加されるべきであろう。

経済の発展と都市化の進展による都市機能の変化と、農業サイドの生産力（技術）の発達、等の質的変化を考慮せずに、自由式農業の古典的な諸規定をそのまま現代の都市近郊農業に適用しても、充分問題が解明されないのは当然である。[13]

ところで、以上でみた近郊農業の実態的変化を前提して、チューネンの自由式農業論を近郊農業理論として点検すると、それは理論的に必ずしも充分展開されていない側面が存在することが分かる。例えば近郊地域（自由式農業圏）に多数の作目が立地する論理がその一例である。近郊立地の根拠は、遠隔地からの出荷では、その運送費が高いことによって説明されている。

しかし、それは必ずしも当該作目の近郊地域での有利性を積極的に論証するものではない。運搬性能がないことや輸送費が高いために、近郊で生産されねばならないという消極的な説明に終わっている。つまり「この圏は遠地から輸送するとあまり高価となるすべての生産物を都市に供給せねばならない」。[14] そのため「不特定多数」の「残余」作目が、近郊で生産されることになる。しかし、価格の高騰による高地代発生の論理や、近郊立地作目相互間の関係については詳しくは触れられていない。

このように、理論展開が必ずしも十分ではなく、明確さを欠くことは、経営方式論についてもいえる。例えば先ほどみたように、生産力の発展に伴って経

営方式が、三圃式、穀草式、輪栽式、自由式、の順序で対応する関係にあるとしても、それらは生産力の歴史的発展段階による作目立地の規制というより、生産力発展段階の結合生産の型として理解されている。

このような認識自体はなんら誤りではないであろうが、その理論的整理が十分でないことを認識する必要がある。特に自由式農業について、経営方式論と立地論が理論的に整合・統一されていないきらいがある。市肥利用による作付け順序からの開放と、多数作目が近郊地域に立地することとの間の理論的結びつきが、生産力の上昇、資本蓄積、経営の発展という経営機能との関連で必ずしも明確でないのである。

要するに、チューネンにおいても経営立地論の展開が不十分なままに残されていることである。そこに農業立地論の理論的問題が存在することを認識する必要がある。[15] もちろんここで敢えてチューネン理論の未展開や規定の不明確さを指摘するのは、チューネン自身に問題があるのではなく、その後の研究で自由式農業の概念理解に混乱をきたす遠因が『孤立国』の記述にあることを指摘して問題の所在を明らかにするためである。[16]

しかし問題は、都市の発展とその影響が大きく、それに伴なって近郊農業も質的に変化して近郊農業の古典的規定にそぐわなくなっている。従って、現代の近郊農業が直面する課題に適確に答え、正しい政策を推進するためには、より包括的に現実を把握する近郊農業を理論的に位置づけることが必要であろう。

注
1) Thünen, J. H. v., *Der isolierte Staat*, 1826. 近藤康男訳『孤立国』、『著作集』、第1巻、所収。
2) 訳書、第3章、40〜42頁。
3) 同、40頁。
4) 同、40〜42頁。
5) 同上。
6) 同、42頁。なお、この関係を付録『孤立国の図解に対する説明および注意』で示している。(296頁)
7) 同、42頁。

8) 同、41〜42頁。
9) 櫻井豊「自由式農業論」(1)、(2)、(3),『農業経済研究』第23巻、第4号、第24巻、第1、2号。
10) 『孤立国』、訳書、42頁。
11) このような現象を、チューネン理論の破綻と主張する論者が経済地理研究者に見られる。これは反論の余地もない誤った理解であり、都市的土地利用との関連を無視した、農業の現象面のみにとらわれた表面的な理解に起因している。
12) 都市的利用と農業的利用を統一的に把握した理論に、William Alonso, *Location and Land Use*, Harvard University Press, 1964. 折下功訳『立地と土地利用』、朝倉書店、昭和41年。Raleigh Barlowe, *Land Resource Economics*, Prentice Hall. 1958. 参照。
13) 前掲、櫻井論文、参照。
14) 『孤立国』、41頁。
15) 金沢夏樹「農業経営研究と農業地域計画」、『農業経営通信』No.65、参照。
16) 前掲、櫻井論文、参照。

3 近郊農業の理論的検討

ところで、最近における近郊農業、あるいは大都市圏農業は、いかなる様相を示しているであろうか。理論的検討に先だって、我が国の実態について、2、3の統計資料でその特徴をみてみよう。

先ず、商品生産の進展と経営専門化の視点から、1965年農業センサスによって、農産物販売収入が第1位の部門別農家数の特化係数（都道府県別）を計測する。その結果が表2-1である。この表で明らかなように、東京と神奈川で13部門のうち9部門で特化係数が1.0以上になっている。これは首都圏地域には殆んどすべての作目が立地しており、それはいわゆる近郊品目の野菜や牛乳等の生鮮品目に限らないことを示している。

このように、自然条件によって制約を受けない作目が総て立地する点に注目する必要がある。そのほか、静岡、愛知（各7部門）、埼玉、千葉（各6部門）、京都、大阪、兵庫、和歌山（各5部門）などの近郊地域に立地作目の多様化がみられる。温暖な気象条件による多様化（徳島8、高知7、岡山、宮崎、各6部門）と併せて、それ以上に近郊地域で多様な品目が生産されていることに注目すべきである。

第2章　都市化と近郊農業の立地問題

表2－1　農産物販売収入第1位部門別農家数による特化係数（1965年）

都道府県	稲	麦類	イモ雑穀豆類	施設園芸	野菜	果樹	工芸作物	酪農	養豚	養鶏	その他畜産	養蚕	その他作物	部門数(1.0以上)
東　京		3.31	1.44	2.65	6.82			2.30	4.01	4.78		1.14	6.33	9
神奈川		2.83		4.00	5.47	2.01		2.58	2.64	2.25		1.28	2.03	9
埼　玉		3.66			2.41			1.01	1.07			4.62	1.23	6
千　葉	1.03			1.39	2.21		1.46	1.38					1.31	6
静　岡				7.81	1.56	2.52	3.23		1.79	1.52			3.05	7
愛　知		2.49	1.00	3.47	2.41				1.16	1.81			1.39	7
京　都	1.14				2.49					1.66	1.41		1.10	5
大　阪				1.88	5.51	1.96				1.77			2.49	5
兵　庫	1.32	1.26								1.79	1.77		1.27	5
和歌山				1.11	1.25	6.72				1.50			2.64	5
岡　山	1.03	1.44		1.86			2.03			1.78	1.03			6
徳　島		3.52			1.10	1.43	2.29	1.22		1.54	1.11	1.22		8
高　知			2.22	11.74			1.47			1.09	2.45	1.10	2.62	7
宮　崎			3.79	2.53			1.00		2.08		4.09		4.41	6
（算出基礎）														（合計）
農家数(1,000戸)	2,745	126	314	27	240	281	404	115	108	81	55	204	51	4,753
同上%	57.75	2.65	6.61	0.57	5.06	5.92	8.50	2.43	2.28	1.71	1.16	4.29	1.07	100.0

資料：農林省『1965年農業センサス』。
注：都道府県は、特化係数1.0以上の部門数が5部門以上のものを掲載した。また、1.0未満の特化係数は省略した。

　次に、同じく1965年農業センサスの大規模経営調査によって、農業粗収益が3百万円以上の農家の地域別分布を示すのが表2－2である。今、ごく大雑把に、関東、東海、近畿の3地域を近郊地域と仮に呼ぶことにして、そこに出現する大規模経営を統計からみると、大規模経営の大半が近郊地域に集中する。すなわち、3～5百万円層で北海道を除く全国の66.1％、5～7百万円層では同じく74.0％、7百万円～1千万円層で76.5％、1千万円以上になると80.6％がそれぞれ近郊地域に立地する。その中でも関東がどの階層でも全体の3分の1以上を占めている。しかも粗収益階層が大きいほど近郊地域の占める割合が大きく、そして1千万円以上層では全体の8割が近郊に立地している。これは大規模経営の近郊集中立地を示す興味深い数字である。

　以上の2つの統計資料から言える結論は、都市近郊にはチューネンが指摘したように、種々のタイプの作目（経営）が立地し、しかもそれらの作目の生産

表2－2　大規模経営の近郊地域への集積（1965年）

地域	部門	3～5百万円		5～7百万円		7～10百万円		1千万円以上		計	
		戸	%	戸	%	戸	%	戸	%	戸	%
全国（除北海道）		4,542	100	1,294	100	771	100	624	100	7,231	100
関東		1,554	34.2	577	44.6	279	36.2	214	34.3	2,624	36.4
東海		815	17.9	221	17.1	163	21.1	113	18.1	1,312	18.2
近畿		634	14.0	159	12.3	148	19.2	176	28.2	1,117	15.4
近郊計		3,003	66.1	957	74.0	590	76.5	503	80.6	5,053	70.0
（部門別内訳）											
関東	水稲	－		－		－		－		－	
	果樹	43		8		－		－		51	
	園芸	103		10		6		－		119	
	酪農	572		186		62		50		870	
	養豚	324		172		76		54		626	
	養鶏	312		201		135		110		958	
	養蚕	－		－		－		－		－	

資料：農林省『1965年農業センサス・大規模農家調査報告書』。
注：部門別内訳は、参考として関東のみ記載した。

が経営的には大規模経営によって担当されていることである。多種・多様な作目が近郊に立地する点では、チューネンの古典的規定の指摘に問題はない。しかしそれらの作目が経営的に如何なる形で立地するかという点では、近郊農業の立地原理は必ずしもチューネンの自由式農業の記述では十分とは言えない面がある。従来の研究では自由式農業という場合には、どちらかと言うと経営組織論的に野菜作経営にみられる多角経営と理解されている傾向が強い。それは都市近郊で自由な作目選択とその組合せが1経営内部において多品目の複合経営を可能にするからである。そして我が国における研究でも、自由式農業のイメージは、個別経営の単品専作化という理解は少ないように見受けられる。

しかし、現実の近郊農業の実態をみると、確かに野菜作経営にみられるように、限られた品目による多角経営も存在するが、大部分はそれぞれの単一部門に専門化した経営が多いのである。そしてそれはまた当然と言っていい。何故ならそのような専門化を通じてこそ経営発展は可能であり、大規模経営の出現する根拠もそこにあるからである。

また、チューネンが示したような近郊品目だけでなく、自然条件に制約されない殆どの品目が近郊に立地する理由も、多角経営的な自由式農業の理解では

説明困難なのである。ともあれ、問題なのはこれらの多様な作目（経営）が何故近郊に立地するかという説明論理である。

なお、ここで注意しなければならないのは、以上で述べた近郊農業の発展的・積極的側面とともに、他方で近郊農業の衰退的・消極的な側面も当然存在しており、この点も見逃してはならないであろう。経営発展（資本蓄積）を達成した大規模経営の出現は、近郊農業の楯の一面であって、他面には都市化の波に押し流されて、脱農してゆく多数の経営が存在する。

既に指摘したように、近郊地域においては、市場条件に恵まれているため、経営発展の契機も多いが、同時に兼業機会や高地価等の脱農促進要因も強い。この条件が近郊地域において階層分解を強力に推進する。

このように、一部の限られた経営は資本蓄積と経営発展を達成して、大規模経営として残存するが、大多数の経営が脱落してゆく。この一部の選ばれた経営が、これまで検討してきた専作・大規模経営である。当面の議論は、近郊農業の積極的側面であるが、それは以上のような全体像の中に正しく位置づけて理解されねばならない。

ところで、本題の近郊地域に多様な作目が立地する論理は如何なるものかを考えてみよう。チューネンのこの点の説明は、立地論的に遠郊で生産できない作目が近郊で生産されねばならないと述べるのみである。もちろんその場合、その裏腹の関係として近郊に立地する作目の価格が高騰して、高地代を生まねばならないと付け加えている。例えば牛乳価格について、「他のいかなる生産物によってもこれ以上の利益があげられないほど、高くならねばならぬ」と述べ、また、乾草、藁について「これらの生産物は騰貴し」と言っている。しかし、より立ち入った考察はみられない。[1]

他方、経営方式論的に自由式農業が説明論理として登場する。それは既に概要を引用したように、休閑耕、作付順序、等の拘束から開放されて、自由に作目を選択できるという論理である。そしてそれを可能にするのが、都市からの肥料の購入であり、[2] それによる地力の維持・向上の可能性である。つまり、都市に隣接している立地条件が、都市からの肥料の購入を可能にし、この肥料

の生産力的基礎の上に、多種類の作目が耕作できると言うのである。

しかし、ここでチューネンが述べているのは、あくまで耕作の技術的可能性であり、生産力的基礎ができたことを示しているにすぎない。近郊作目のそれぞれがはたして立地するか否かは別問題であり、その積極的な説明論理が必要となる。その根拠が立地理論的に説明されねばならない。つまり、近郊立地作目の相互間で地代がどのような水準にあり、如何なる根拠と関連で近郊に共存するかが立地論的に明らかにされる必要がある。しかし、この点の論述がないことは既に指摘した。[3]

要するに、従来の研究においては、しばしば述べたように、その立地論と経営方式論が理論的に必ずしも統一されていない面がある。遠くから見ると連続しているかにみえた雪山の稜線も、近づいてみるとそこに大きなクレバスが横たわっていたとでもいえようか。この断絶を理論的にいかに埋め、立地論と経営方式論をどう矛盾なく統一するかが近郊農業論に課せられた理論的な課題といえる。その解決は、理論の抽象レベルを考慮することで可能になるが、次に如何なる点が「純粋理論」段階で問題であり、どのような矛盾が存在するかを、チューネンの論述に即して理論的に立ち入って考察することにしたい。

先ず、第1に指摘しなければならないのは、1圏1作目（作付方式）的なチューネン立地論の基礎原理と近郊地域における多数作目立地との理論的関連である。つまり、同一圏内に立地する作目が、相互に如何なる関連で立地するかの説明論理である。

この場合、自由式農業圏以外の圏域における作目相互間の関係は、既に指摘したように、生産力段階的に規制された結合生産という性格が強い。それらは、実際は三圃式、穀草式、輪栽式等にみられるように、複数作目が立地していても、個々別々に切り離すことは不可能であり、それらは単一作目と同様にみなして、1つのセットとして考えなければならない結合生産である。

しかし近郊地域での複数作目の並存立地は、その他の圏域の場合と同一には論じられない。すなわち、近郊作目の相互間には、それらの2、3の作目が多角経営として同一経営内で生産される場合があっても、一般には単一専作経営

第 2 章　都市化と近郊農業の立地問題　261

として立地し、地域全体とて多様な経営類型が立地するのである。その際、近郊地域の各作目が専門化した大規模経営として立地することは既に統計資料で明らかにした。

　要するに、近郊地域においては、そこに立地する作目を1つのセットとみることはできない。それぞれを実際にそうであるように、独立した作目として把握し、その上で共存立地が説明されねばならない。

　もしそうならば、自由式農業圏における近郊立地作目相互間の地代水準は、如何なる関係にあるかが次の課題となる。その場合、各地代関数式は相互にどのような関係にあるかが検討される必要がある。そしてその場合、1圏1作目（作付方式）的な立地原理との関連が問題になってくる。

　そこで、次に議論の混乱を避けるために、蛇足ながら1圏1作目（作付方式）的な立地原理は如何なるものかを補足しておこう。

　今、近郊地域近傍に、Ⅰ、Ⅱ、Ⅲ、という作目（作付方式）が立地し、それが相互にどのような立地配置を示すかを地代水準との関連で示したのが図2－1である。1圏1作目（作付方式）的原理というのは、同図に示すように、地代の高い作目がただ1つだけ、それぞれの圏域に立地することを意味する。すなわち、(a)圏ではⅠ作目が、(b)圏ではⅡ作目が、そして(c)圏ではⅢ作目がそれぞれ立地し、それ以外は立地し得ないと言うものである。このような原理でチューネン圏が一般に説明されていることは周知の通りである。

　この原理は、輪栽式や穀草等の作付け方式をそれぞれセットとして考え、作付方式を構成する個々の作目の独立性が認められない限りで、自由式農業圏以外においては矛盾なく成立する。しかし自由式農業圏では、その他の圏域で有効な原理は否定され、新たな原理が必要になる。もし新たな原理の導入なしに、理論の首尾一貫性を保とうとするならば、その唯一の条件は近郊に立地するすべての作目が、同一の地代函数式で示されねばならないことになる。

　それは、図2－1において、Ⅰ作目の地代函数式にすべての近郊立地作目が一致する地代函数式を有する場合である。このような現象は、収量、価格、生産費、運賃率がすべて全作目を通じて同じ場合にしか起こりえない。このよう

な現象が仮に例外的に生ずる可能性は否定できないが、近郊に立地する総ての作物間で起こるとは考えにくい。また実際問題として都市近郊に殆んどすべての作目が立地しており、それらの作目間で地代函数式、従って地代水準に明白な差異があるのも事実である。[4]

従って、近郊地域（自由式農業圏）において、1圏1作目的な立地原理を貫くことは、理論的にも、また実際問題としても困難である。そこで一応以上の点には一歩譲り、地代函数式がすべて一致する条件は満さないとしても、地代水準が他の圏域より高い条件のみを求めれば、各作目間には如何なる関係が存在するかを次にみてみよう。

今、図2－1の(a)圏を拡大して、そこにおけるⅠ、Ⅰ′、Ⅰ″、3品目の相互関係を示したものが、図2－2、2－3である。図2－2においては、チューネンが述べているように、遠郊で生産されない作目が近郊で生産されるために、それらの作目が同一程度の地代を生む場合の条件が示されている。市場における地代水準は近似するが、地代函数式は異なる場合である。

しかし、このような地代函数式がある場合には、3つの作目の間では1圏1作目的原理からは最も競争力の強いⅠ″作目のみが立地して、Ⅰ、Ⅰ′の両作目は駆逐される。図に示すような形では近郊に立地しないのである。この両作目が、図2－2に示すような形で(a)圏に立地するためには、絶対的な有利性を有するⅠ″作目のみが立地するという1圏1作目的原理の否定と同時に、更にいかなる論理によって、競争力の差異があるにもかかわらず、しかもそれぞれが独立しているにもかかわらず、Ⅰ、Ⅰ′、Ⅰ″、の全品目が何故、同時に立地するかを説明する原理が必要になる。

図2－3は、(a)圏の内部において、さらにミクロの圏域がⅠ、Ⅰ′、Ⅰ″、の間

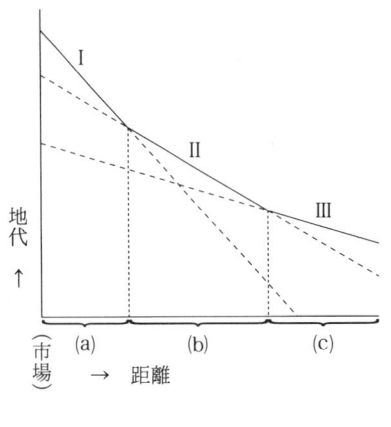

図2－1

第2章　都市化と近郊農業の立地問題　263

に形成される場合が仮に想定されている。つまり、図2-1に示したのと同じ関係が、地代水準が高い形で、しかも(a)圏の限られた範囲内で起こる場合である。しかし、このような事態は種々の矛盾なしには生起しえない。何故なら、第1に近郊地域には、その他の地域に立地する総ての作目が立地するので、Ⅰ、Ⅱ、Ⅲ、と、Ⅰ、Ⅰ'、Ⅰ"、という作目は一致しなければならないからである。

　もしそうならば、図2-1の(a)圏に同じ作目からなる縮小版的な圏域が図2-3のような形で成立することはあり得ないからである。もし、敢えて以上のようなことが起こり得るとすれば、(a)圏とその他の(b)、(c)圏とが切り離されて、独立に存在するような場合しかありえない。このような仮定は立地論の大前提を否定することである。

　以上で明らかなように、図2-2、図2-3に示すケースは、いずれも1圏Ⅰ作目（作付方式）的原理の否定なしには成立しえない。そして、それぞれの場合に種々の矛盾が生じてくる。

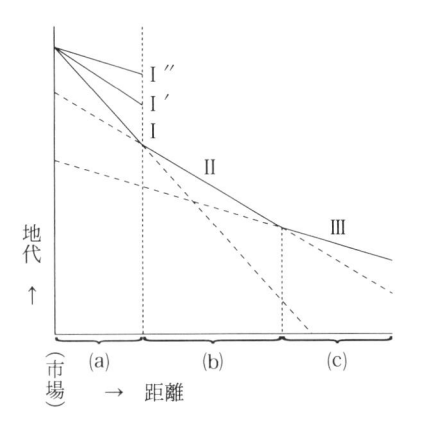

図2-2

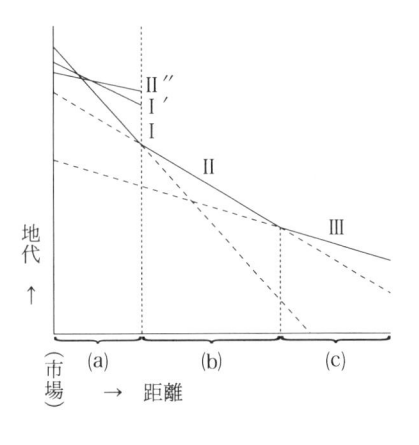

図2-3

　以上、仮定の前提にしたがって、2、3の可能性を検討してきたが、いずれもより一層の混乱を招き、ますます1圏1作目的原理の否定と、それに代わる新たな立地原理の導入の必要性を論証する結果に終った。近郊農業の理論的検討が、それまで見逃がされていた立地理論の矛盾を暴露する結果になったとい

える。

　ここで問題点を整理しておこう。先ず第1に、近郊作目について、従来の立地論の伝統と、1圏1作目的原理に従えば、それはその他の作目とは別個の作目グループに属するという認識に立ち、区別して議論がなされるのが普通であった。しかし、現実には近郊作目とその他の作目との区別は存在せず、しばしば述べたように、自然条件に制約を受けない品目は殆どすべて近郊に立地している。このような実態の認識が必要である。

　第2に、近郊作目はそれらを1つのセットとしてまとめて考えることはできない。個々の作目は相互に結びついて結合生産を構成するのではなく、独立した作目として認識しなければならない。この点は、その他の作付方式（たとえば輪栽式）において、個々の作目の独立性がなく、1つのセットとして考えられているのと異なる。自由式農業と呼ばれる意味も、このような個々の作目の独立性を前提している。そして、現実の近郊作目が主として専門化した大規模経営によって生産されていることが、個々の作目の独立性を実証している。

　第3に、以上のように近郊作目を認識した上で、それらの作目相互間で地代水準、従って地代函数式がどのような関係にあるかが解明されなければならない。その場合、3つのケースが考えられる。すなわち、(1)近郊作目がすべて同一の地代函数式をもつ場合、(2)地代函数式は異なるが、近郊で地代水準が等しいか、あまり差がない場合（図2－2）、及び(3)近郊作目相互間で、近郊地域にミクロの圏域が形成される場合（図2－3）である。これらのいずれの場合も現実的でなく、理論のより一層の混乱を引き起こす。

　第4に、以上の総合的な帰結として、絶対的有利性に基礎をおくチューネンの1圏1作目（作付方式）的な作目立地原理が再検討されねばならないという結論になる。今までみた種々の理論的矛盾を解決するためには、適用した理論自体の適否が検討されねばならないのである。

　以上の整理で明らかなように、近郊農業を理論的に検討すると、いわゆる自由式農業論には理論的整理が不十分な面が解明すべく残されていることが明らかになった。近郊農業の検討は、はからずもチューネン立地論の「1圏1作

目」原理の矛盾を露呈する結果になるのである。つまり、絶対的有利性に基づく1圏1作目（作付方式）的な立地原理は、自由式農業圏には適用できず、それに代わる新たな原理が必要になるのである。それなしには、チューネン立地論の統一性が破綻することになるからである。[5]

従って、近郊農業の位置づけも、新しい原理の導入によって、より明確になるものと思われる。では、1圏1作目的な立地原理に代わる新たな立地原理は如何なるものであろうか。次にこの点を検討することにする。

注
1) チューネン『孤立国』、40〜41頁。
2) この肥料は、Stadtdüngerと呼ばれる購入肥料であり、いわゆる都市で購入する「金肥」に相当する。しかし、その時代的背景からいって、化学肥料でないことは十分理解できる。この点、前掲、櫻井論文で指摘されている通りである。
3) もっとも、チューネンは第20章「特に馬鈴薯栽培よりみたる第1圏」において、これらの作目が輪作体系内で共存することを示唆している。その文言から判断すると、この共存は作付順序に拘束されない輪作（結合生産）とも受け取れる。（訳書、189頁、参照）
4) 拙稿「農産物の市場競争力と地域間競争」、『東北農業試験場研究報告』第34号、昭和41年。（第3章、第2節、参照）
5) このような結論は、本文でも指摘したように、あくまで「純粋理論」、「原理論」的意味においてである。「現状分析理論」としては必ずしも「1圏1作目」原理にこだわる必要はない。次項4及び第3章、第2節の実証分析で検討するように、現実には多様な地代関数を持った作目が共存し、その中から各経営条件にマッチする作目が選択されているのが実態である。

4　経営発展と多様化の論理[1]

チューネンは、自由式農業を従来の休閑期や作付順序から解放された、いわば新しい生産力段階に照応する経営方式、と認識している。[2] それは従来の経営方式が地力維持を目的とする一種の結合生産であり、その制約から解放された経営方式と理解するものであった。このようなチューネンの理解をさらに一歩進めて、新しい生産力段階と作目立地との間に一定の論理を介在させて、その相互関連を見ようとするのがここでの問題提起である。[3]

では、新しい生産力段階と作目立地はいかなる論理で結びつくのであろうか。結論を先に述べれば、それは生産力の発展が資本蓄積を可能にし、その蓄積と経営発展の程度に応じて作目の選択肢（部門数）を規制するという考えである。この媒介項を挿入することで近郊における多様な部門の並存立地が説明可能になる。

　それは、次の２つの論理に集約することが出来る。すなわち、第１は作目選択における経営媒介論理であり、第２は集積の論理、あるいは選択作目固定化の傾向である。そしてその基礎に絶対的な有利性に基づく１圏１作目（作付方式）原理から離れて、農業経営の選択機能に基づく１圏多作目原理への移行が前提される。

　先ず、第１の作目選択における経営媒介論理とは如何なるものであろうか。それは、一言にして言えば、作目の立地はその作目の有利性ないし競争力の有無のみで実現するものではなく、経営の選択行為に媒介されてはじめて顕在化するという考え方である。この点は既に第１部、第４、５章で検討済みであるが、ここで繰り返し敷衍しておこう。

　この論理を要約すれば、作目の選択は個別経営の資本蓄積と経営発展の程度に従って、選択可能な作目の種類と数が異なる。つまり、生産力の発展段階が低く資本蓄積が低ければ、選択可能な作目の種類は限定される。しかし、生産力の上昇と資本蓄積・経営発展が進めば、漸次選択可能な作目は多くなり、種々の作目の選択が可能になる。[4]

　この仮説に従えば、資本蓄積の低い小経営、あるいは生産力の低い地域においては、回転が早く、短期で収穫可能な作物や、特別の技術や資本投下を必要としない作目が選択される。例えば、稲、麦、大豆、露地野菜、などの基礎食糧的色彩の強い作目である。商品生産の発展段階の低い地域や経営に照応する作目は、このような品目に限られる。

　この段階から、漸次生産力が高まり、資本蓄積が進展するに従って、畜産、果樹、施設園芸、などのように長期かつ多額の資本投下を必要とする部門の選択が可能になってくる。すなわち、資本蓄積の大きい経営ほど、従ってその資

本蓄積を可能にする生産力の高い地域ほど作目選択の幅が広くなり、その結果各種の経営形態（部門）が出現することになる。自然条件を捨象してこの論理を一般化すれば、生産力の高い地域ほど経営形態はバラィエティに富むことになる。

このように、生産力の発展段階、従って資本蓄積と経営の発展段階を、作目立地の可能性と結び付けるのが、ここでいう作目立地における経営媒介論理である。これを近郊農業に適用すれば、地域全体としては立地条件に恵まれ、生産力が高いことが推測できる。しかし、個別の経営をみると、階層分解が激しく、経営条件を異にし、また資本の蓄積の程度を異にする種々の経営が存在する。

他方、市場近傍においては全ての作目が遠隔地より高地代を生むことも自明である。これは同一作目を比較する場合であるが、地代水準の異なる作目間の比較でも言えることである。つまり、地代函数式を比較して、その地代水準が低い作目でも、近郊における地代水準は、高い作目の遠隔地点の地代より高い場合が多い。（図2－1、Ⅲ作目の市場近傍の地代水準が、Ⅱ作目の(a)、(b)境界点の地代水準より高い。）

このように、一方で経営条件の異なる種々の経営が存在し、他方で全ての作目が市場に近いために、かなり高い水準の最低地代が近郊で確保されれば、個々の経営は自己の経営条件と資本蓄積に見合った部門を選択し、それぞれの経営が成立する。この点に近郊農業多様化の契機が生ずる。これに次の第2の集積論理、換言すれば選択作目固定化の傾向が作用する時、多種多様な経営が出現するのである。

では第2の集積の論理、ないし選択作目固定化の傾向、とは如何なるものであろうか。それは一般産業立地論において、資本がある地点に物的資本（構造物）、例えば製鉄所や工場として投下・固定された場合、その不可動性に牽引されて、その後の資本投下がその周辺に誘引され、立地が集積する傾向を意味している。[5]

ただ、農業の場合、機械・施設等は商工業に準ずるが、その他の習得技術、

耕地面積、労働力、など他要因が固定的なために、一旦作目を選び何等かの資本投下を行えば、その変更は容易ではなく、他の作目選択が制約される。このことを「集積の論理」と呼んだのである。より端的には作目変更の困難性というほうが分かりやすい。

実際、自由式農業が休閑、作付順序、などに拘束されずに、作目選択が自由に可能である場合にも、それはあくまで経営がスタートする時点においてである。一旦作目が選択されれば、その後は一般に自由な品目の組合せが可能と思われる野菜作経営においてさえ、品目は固定的性格が強く、新たな作目の選択はそれほど自由ではありえない。[6]

何故なら、いかなる品目を栽培するかは、市場条件と同時に、その個別経営の経営条件、例えば、耕地面積、労働力、土壌条件、等によって大きく左右されるからである。各個別経営は、たとえ同一の市場条件に恵まれたとしても、自己の経営要素を最大限に活かすような形で品目とその組合せを選択する。そして、このような個別経営条件が瞬時に変更しえない以上、[7] 作目の転換も市場条件の変化によって自由には行われないのである。

いわんや、野菜以外の部門については作付期間が長期化し、資本投下額が大きくなってくる。[8] また資本構成も固定資本の割合が大きくなり、いわゆる有機的構成が高まる場合が多い。そのほか農業者が万能選手的な技術者であることが期待されるとしても、すべての部門の技術を習得することは必ずしも容易ではない。[9]

このように、固定資本や技術蓄積との関係で、一旦ある部門が選択されると、その部門はある期間継続せざるを得ないのである。農業経営のように、比較的固定資本額の少ない場合においても、[10] 以上で見たようなその他要因との関連で、いわゆる集積の論理、あるいは選択作目固定性の傾向、はそれなりに存在する。

以上で、作目立地（作目選択）における経営媒介論理と集積の論理を概観した。近郊地域における多数作目の立地は、以上の2つの論理が総合的に作用した結果にほかならない。そして、現実の作目立地が、その絶対的有利性のみに

よって実現するのではなく、作目の有利性と経営の個別条件との相互関係から、各個別経営の選択論理と経営機能の継続的性格によって立地する理由も明らかになったであろう。

この点に、図2－1におけるⅡ、Ⅲの作目が駆逐されずに(a)圏に立地する根拠がある。現実の作目立地を支配している原理は、近郊地域で典型的にみられるような1圏多作目的な、経営構造的な有利性の原理である。

従って、1圏1作目（作付方式）的な絶対有利性の原理は「純粋理論」、「原理論」段階では妥当であるが、「現状分析」段階では上述のような修正が必要になってくる。このような立地原理の修正を通じて、近郊作目の多数併存立地が矛盾なく説明できる。この関係は他圏域の現状分析的な競争力比較に同様に適用できる。この分析は次の第3章、第2節で行なう。

要するに、近郊地域における多数作目立地と経営形態の多様性は、単に自由式農業という従来の古典的概念で片付けられるものではなく、生産力の発展と資本蓄積、換言すれば経営発展との関連で機能的に把握されて初めて正しく理解できるのである。そして、それには「現状分析理論」への理論展開が前提されるのである。

注
1）第Ⅰ部、第4章、第3節、参照。
2）『孤立国』、40～41頁、第18章（11～71頁）、参照。
3）熊代幸雄『比較農法論』、御茶の水書房、昭和44年、61、66頁、参照。
4）拙稿「農業立地論の方法論的考察―現状分析論序説」、農業技述研究所報告、H第41号、昭和45年。（第1部、第1章、第2～4節）
5）江沢譲爾「工業立地分析」、日本地域開発センター『日本の地域開発』、昭和40年。
6）近郊地域の調査によれば、作目転換は、忌地現象（連作障害）等の発生によって止むを得ず行うという場合が多い。
7）例えば、世代の交替の観点からは30年、労働力構成の変化としては10年、などのように、経営条件の変化には多年月を要する。しかし、最近ではこの変化が早まっている傾向が見受けられる。
8）果樹の場合を考えると、育成期間は4年（ブドウ）～14年（ミカン）と長く、10a当りの育成価額（昭和42年）も7万円（栗）～45万円（ミカン）と多額になる。（農林省統計調査部『農畜産用固定資産評価基準』）

9) 前掲、拙稿「農業立地論の方法論敵考察」（第1部、第1章、第2節）、参照。
10) ただし、生産力の上昇にともない、アメリカなどでは農業の方がより多額の固定資本を必要するようになる。アメリカの場合は近郊農業にこのような傾向が見られる。Edward Higbee, *Farms and Farmers in an Urban Age*, The Twentieth Century Fund, New York, 1963.

5　日本農業の将来像

　以上において、近郊農業の存在形態と多作目の並存立地を理論的に考察した。近郊地域には、経営形態、規模、集約度を異にする様々な経営が存在するが、これらの経営は一部少数の大規模専業経営と大多数の第1，2種兼業経営へと常に階層分解を遂げてゆく。近郊地域には常に経営発展の可能性と脱農化の契機が併存し、このことが階層分解のテンポを急激なものにしている。

　このような状況の下で、都市近郊農業の発展論理をみると、その発展方向は既に近郊地域に出現している大規模専業経営（企業的経営）の方向しか考えられない。一部の大規模経営と多数の零細経営への階層分解はアメリカなどでは既に顕著にみられる現象である。[1] 我が国においても同様の現象が近い将来に生起することが予想される。その前哨線を近郊農業に見ることができる。

　このような意味で、近郊農業の分析は日本農業の将来の姿を予測する手がかりとなる。特に都市化の急激な進展と交通機関の整備・改善が急テンポで進展する状況の下では、単に農業経営の発展論理からみた展望としてでなく、市場距離の短縮（輸送費低減）という視点からも、日本農業全体が近郊農業的色彩を強く帯びてくることが予想される。[2] そうであれば、日本農業の将来はますます近郊農業の性格を強めるのであり、近郊農業の分析はこのような視点からも検討されねばならない課題であろう。

　以上のような展望との関連で近郊農業の位置づけが理論的に重要である。[3] 本章ではこのような問題意識の下に、主として立地論の側面に問題を絞って検討し、問題提起を試みた。結論として、近郊農業の分析はいわゆる自由式農業という経営方式論的接近のみでは不充分であり、立地論の深化と併せて、生産力発展論、資本蓄積論、ないし経営発展論といった視点の導入と、その動態的

把握が必要になってくる。近郊農業はこれらを総合化することによって的確に把握されるのであり、正しい位置づけができるといえよう。

注
1）Higbee, E., *Farms and Farmers in an Urban Age*.
2）渡辺兵力「農業の地域的分化と資源利用」、『農業と経済』第34巻、第10号、参照。
3）関連として、Gean Gottmann, *Megalopolis, The Urbanized Northeastern Seaboard in the United States*, The Twentieth Century Fund, Inc., 1961. 木内信蔵・石水照雄共訳『メガロポリス』、鹿島出版会、昭和42年、参照。

第2節　都市農業の現代的意義

1　都市農業の残存論理

　近郊農業の立地問題について、前節では理論的問題を中心に検討した。本節では近郊農業の発展形態である都市農業を対象に、その生成の論理と実態を検討する。まず都市農業とは如何なる概念かについて、やや一般的に見ておくことにしたい。[1]

　「都市農業」と一般にいう場合、現在ではまだ必ずしも統一した概念規定が与えられてはいない。しかし、そこには少なくとも従来の「近郊農業」とは質的に異なる側面が存在する、という理解は存在するように思われる。本論の目的は、「都市農業」の明確な概念規定を行なうことではない。しかし、一応次のように「都市農業」を理解して議論を進めることにする。[2]

　すなわち「都市農業」とは、国民経済の急速な発展に伴い、都市化が急激かつ無秩序に進展し、都市と農村の境界が不鮮明になった地域（ラーバン・エリア、Rurban area）が形成され、そこに残存する農業が「都市農業」という理解である。従来は農村（Rural）と都市（Urban）との間に一定の境界線があり、両者は地域的にも機能的にも異なるものとして存在していた。しかし農業地域に都市的利用が蚕食的に拡大し（Spraul）、両者が無秩序に混じりあって、その境界が不鮮明になって都市農業地域（Rural-urban area）が形成される。

その地域に存在する農業が「都市農業」という理解である。[3]

　もっとも、このラーバン・エリアは「都市農業」が論議される以前から農村と都市の接線に一定の幅をもってベルト状に存在していたと思われる。しかし、かつての近郊農村と都市とが接触するこのラーバン・ベルトの幅は比較的狭く、かつ一定の秩序を保った都市化の最前線として存在したといえる。このことは、特に都市化が比較的緩慢に進行する時期においてそうであった。

　従って、ここで「都市農業」を問題にする場合のラーバン・エリアと「近郊農業」のラーバン・ベルトとを区別することが重要である。「都市農業」と「近郊農業」とを区別する本質的な差異を明確にすることが、都市農業を理解する第一歩であるからである。

　このように理解すると、幅の狭いラーバン・ベルトが「近郊農業」に対応し、その幅が広く地域的に拡大するラーバン・エリアが「都市農業」に対応することは一応明らかであろう。また、前者が経済発展の比較的緩慢、かつ秩序を保って進展した時代、あるいは地域についての概念であるのに対して、後者が急速かつ無秩序な都市化を前提し、いわゆるスプロール（Urban spraul, 蚕食的都市化）が広汎に進展しつつある地域についての概念であることがわかる。

　そこでは、都市機能を支える道路、公園、上下水道、その他の基盤整備も充分ではなく、他方、農業サイドからみると高地価による土地売却、兼業機会の増大と脱農傾向、その他農村秩序と生産基盤が漸次崩壊してその存在が脅かされている地域である。

　従ってラーバン・エリアは、以上のように都市にとっても、また農業にとっても好ましくない過渡的状態にある地域である。その実態は両方にとってメリットよりもデメリットが大きく、都市と農業の両サイドからともに整備が急がれる地域でもある。

　「都市農業」は、まさにこのような地域に存在する農業であり、少なくとも実態はスプロールによる都市公害（排水汚染、など）をはじめ、農地利用上の困難、高地価と宅地並課税、その他の障害が存在する。これらのハンディキャップを背負いながら、残存しているのが実態である。「都市農業」を問題

にする場合には、先ず現実認識としてのこのラーバン・エリアに存在する農業を正しく把握することから始めなければならない。

　もちろん、「都市農業」問題は、以上のような「都市農業」の実態把握のみで終わる性格のものではない。否、むしろ以上のような実態把握によって問題を解決するのが目的である。現実の好ましくない状況を変革し、もし都市農業を必要とするのであれば、そこに都市と調和のとれた農業を確立するのが究極の目標となる。現実の姿の対極に理想像としての「都市農業」が常に問題にされねばならない。そして、この「現実」と「理想像」とを対置して、前者を後者に変革する論理と方策を追求するところに「都市農業」と取り組む実践的意義がある。

　従って、ここで注意すべきことは、ラーバン・エリアの農業形態や、その生産・流通がそのまま「理想像」の「都市農業」ではないことである。「理想像」としての「都市農業」は、そこに残存しつづけた農業生産力を生かしつつ、それを都市機能の中に調和的に包摂し、再編成してゆくときに成り立つものといえる。それが具体的にどのような姿を示すかは、それぞれの地域の立地条件と生産構造（作目、技術、経営、集積規模、流通）との関連で決まるのである。

　「都市農業」の理解とそれに取り組む姿勢を一応以上のように考えた上で、次に具体的な都市農業の現状・実態把握を試みることにする。

　まず初めに、都市化と農業生産の展開、あるいは経営発展の関係を一般的に考えると、その影響には積極的なプラス面と、消極的なマイナス面の二側面が存在する。つまり、都市化は、一方で農業生産と農業経営の発展に貢献すると同時に、他方で農業の存立する基盤を常に崩壊させているのである。

　では、それは如何なる方法でその影響がでるのであろうか。まずマイナス面から先にみると、都市化は常に農村から土地を奪い、労働力を引抜き、農村生活の慣習を変え、農村に対立して進入する"外部からの侵略者"という性格を有している。

　その影響は種々あるが、地価高騰による土地売却の増加、就業機会の増大と兼業化・脱農の進展、スプロールによる農業生産基盤の崩壊、などである。こ

のようにして、近郊農村の農業撤退、つまり農家の階層分解を促進している。これが都市化の主要な悪影響といえよう。この悪影響を如何にして阻止するかが課題となる。

注
1）都市農業については、以下のような文献が存在する。前掲、都市農業問題研究会（渡辺兵力）『都市農業の計画』。農政調査委員会『都市農業―農業と緑の最前線―』、昭和48年。神戸賀寿朗『都市農業―展開と戦略』、明文書房、昭和50年。南・梅川・和田・川島・共編『現代都市農業論』、富民協会、昭和53年。都市近郊農業研究会『都市化と農業をめぐる課題』、農林統計協会、昭和52年。農林省農林水産技術会議事務局『都市拡大と近郊農業・都市農業の対応』、昭和48年。埼玉県社会経済総合調査会『埼玉県の都市農業』、昭和50年、地域社会計画センター『都市農業の実態と問題点』、昭和51年、等。
2）前掲、拙稿「都市近郊農業の発展論理」（本章、第1節）。前掲『埼玉県の都市農業』、特に拙稿、第3章「埼玉県都市農業の展望と課題」、同「大都市圏農業の市場対応」、国民経済研究会『農業立地の展開構造』、第3章、等、参照。
3）ラーバン（Rurban）の用語は、Rural（農村）と Urban（都市）とを結合した造語である。拙稿「埼玉県都市農業の展望と課題」、「都市農業の生産・流通組織化」、注2）資料所収。

2 都市農業の形態と特徴[1]

都市農業が生成・展開する最大要因は急激な都市化である。それは一言で都市農業といっても、その形態は立地条件と発生時期によって種々性格が異なっている。すなわち、都市化が早い時期に始まり、それが進展した段階の都市農業もあれば、逆に最近になって都市化が急激に押し寄せ、問題が顕在化した段階の都市農業も存在する。

このように、地域経済条件から都市農業の性格が異なるとともに、農業生産の内部条件によっても都市農業は種々性格を異にしている。例えば、作目も軟弱野菜、普通露地野菜、花き・花木、その他施設園芸や畜産、果樹など、種類が多く、その残存形態も個別点在型から、ある程度の団地集団型まで存在する。

従って、都市農業の内容は、当然具体的な立地条件と場所によって大きく異なり、そこに存在する問題も当然異なってくる。そしてそれを規制する条件は、

外部的な都市化の進展と内部的な農業生産の諸条件（作目、土地面積、労力、その他）であり、両者の相互作用の結果が現実の都市農業の形態と性格を規制することになる。

そこで、続く次の実態分析では、都市化がかなり進んだ段階の都市農業として、東京都練馬区と三鷹市、また都市化の性格がやや異なる事例として、埼玉県の戸田市と浦和市の4地区を選定し、そこに存在する都市農業の現状を分析し、問題点を検討することにする。その視点は、今まで都市農業がいかなる論理で生成・残存するか、また今後都市農業が残存し続ける上で、どのような問題に直面しているのか、である。その他関連する問題を検討することにしたい。

なお、その前に若干問題点を整理すると、既に述べたように都市農業は、いわゆる近郊農業が都市化に巻き込まれながらも、なお生産力を維持し続けている場合であり、この基本点の認識が後ほど検討する種々の議論と密接に結びついてくる。

例えば、作目の種類はかつての近郊産地の作目と密接に関連し、練馬のキャベツ、江東3区の小松菜、その他それぞれの産地の特産品が残っている。もちろんその場合、かつての近郊産地段階の作目と異なる場合もある。練馬の大根からキャベツへの作目の変化がその例であり、作目の変遷もみられる。

しかし、長期的にみた作目の立地移動と、露地から軟弱・集約作目への転換は一応認められるが、それは都市農業にともなう変化というよりは、忌地（連作障害）、その他の技術的要因による場合が多い。多くの場合、従来からの近郊作目が都市農業の中核作目としても残っているのが実態である。

このように、かつての都市近郊農業は、都市の周辺部への拡大に伴って、それらの作目が後背地へ立地移動し、そこでは露地野菜から施設・集約・軟弱作目へ変化することを示している。ただ、これは都市化が緩慢かつ秩序を保って進行した時期の、そして長期的にみた場合の現象であって、この推移は都市農業にはそのままにはあてはまらない。

近郊農業の場合は、都市化地域では農業は原則として消滅するのであり、近郊産地の作目変遷や立地移動は、市街化既存産地の消滅に伴う供給条件の変化

を前提して、残存する近郊産地が対応する結果である。そこでは都市近郊が後背地の農業地域へ後退する変化はあっても、そこでの作目選択はその他の地域での場合と原理的には異ならない。

これに対して、都市農業の作目立地は、既に作目選択の余地は殆ど残さず、外部の都市化の空間的制約（建物、住居等からの包囲）や、忌地（連作障害）現象に抗して、なお農業生産を継続・維持してゆかざるを得ない。この状態では当該作目に対する土壌条件の有利性と、その技術水準の高さに裏付けられた生産力の高さが存在し、それを基礎に生産が継続できるのである。

このように、いわば限界状態での作目選択の選択肢の幅は非常に狭く、むしろ最後の切札として既存の高水準技術を維持する場合が多い。その結果、新たに別の作目を選択するという可能性は、世代の交代などの特殊な場合を除けば非常に少ない。この点が近郊農業の場合と大きく異なる点であり、都市農業における作目選択の硬直性が存在する。

従って、都市農業の残存形態は、孤立残存的な経営が主であるが、若干集団的に存在する場合もある。その他、所在場所の土地面積の広狭、労働力の有無など、いわゆる立地条件と経営条件との関係で種々異なる。このような農家の経営構造と都市農業の残存形態を明らかにすることが重要である。

次に、都市農業の現状と問題点を個別事例的にみる前に、まず都市化が比較的新しい埼玉県の全県的な傾向から、問題の所在を概観的に確かめることにしたい。

注
1）前項、注1）～3）の諸資料、参照。この他に多数の資料が存在するが、詳細は省略する。

3 都市農業の問題点—埼玉県の検証—[1]

まず埼玉県全域について、具体的数字をみることにする。表2-3は、昭和35年から最近（昭和48年）までの耕地面積の推移を示している。高度経済成長

下の首都隣接地域であり、都市化が最も急激な地域の1つである。このような立地条件を反映して、耕地面積が大きく減少していることがわかる。

すなわち地目別には、水田面積が昭和35年の8.3万haから48年の10数年間に約7.4万ha（指数89）に減少する。（約9千ha減）また畑面積は同じ期間に8万haから5.5万ha（指数68）へ2.5万ha（32％）減少する。畑面積の減少は主として普通畑の減少である。この耕地面積減少の原因は、都市化に伴う農地の住宅、その他の農外用途への転用である。その転用実績（農地法第4、5条による）を同じ時期について示したのが表2－4である。

補足的に説明すれば、過去10数年間に毎年2～3万件（最低1.5万件、最高4.6万件）が許可され、その累計は約41万件に達している。面積的には1～2.7千haが毎年転用され、その累計は2.2万haとなる。転用面積の地目別内訳は、水田7.8千ha、畑14.2千haで、畑が水田の2倍の面積である。また用途別には、住宅12.5千ha、工鉱業用地3.8千ha、公共用地0.9千ha、その他4.8千haとなっている。

この用途別転用面積で明らかなように、転用は主に住宅用地への転用であり、その割合は全転用全面積の57％に達する。このことから、宅地化の容易な畑地の転用面積が多いことも理解できる。要するに、埼玉県の場合、農地転用の圧力となる主原因は宅地需要であり、首都圏の人口増加に対応するベットタウン化の影響である。

表2－3　埼玉県耕地面積の推移（昭和35～48年）

（単位：千ha）

年度	田（指数）	畑（指数）	畑 内 訳					
			普通畑	果樹	桑	茶	牧草
昭和35年	82.7（100）	80.1（100）	59.3	2.6	15.4	2.3	－
40	81.0（98）	70.5（88）	50.8	2.8	14.4	1.5	0.6
45	77.9（94）	58.5（73）	38.0	3.0	14.4	2.1	0.5
46	76.3（92）	57.2（71）	35.9	3.1	14.6	2.4	0.5
47	75.1（91）	55.6（69）	34.1	3.3	14.5	2.5	0.5
48	73.5（89）	54.8（68）	33.5	3.4	14.2	2.6	0.4
増減	（－）9.2	（－）25.3	（－）25.8	（＋）0.8	（－）1.2	（＋）0.3	（－）0.2

注：埼玉県農林部『埼玉の農林水産業』（1974）による。

いずれにしても、このようなペースで農地の転用が進み、それに伴って農業の存立基盤が崩れつつあることが明らかになる。他方、農業生産を担当する主体の農家戸数や労働力について、その都市化の影響をみたのが表2－5、2－6である。

まず、表2－5によって農家戸数および専・兼業別戸数の動向をみると、農

表2－4　農地法第4、5条による農地転用実績（埼玉県、昭和35～48年）

(単位：ha)

年　次	許可件数	許可面積	同左地目別内訳		主　要　用　途　別　面　積			
			田	畑	住宅	工鉱業用地	公共用地	その他
昭和35年	15,368	909	275	634	356	374	40	139
36	19,979	1,229	308	920	480	525	37	186
37	19,862	1,050	279	771	471	347	39	193
38	25,153	1,476	362	1,114	678	495	68	234
39	29,496	1,475	496	980	793	272	85	320
40	29,196	1,266	401	865	751	162	78	275
41	30,170	1,406	479	927	845	142	163	255
42	30,556	1,424	456	968	874	137	72	341
43	32,363	1,560	593	967	1,035	109	63	354
44	46,059	2,656	1,003	1,654	1,700	333	78	546
45	31,784	2,292	981	1,311	1,303	376	52	561
46	31,007	1,758	805	953	1,177	146	28	408
47	35,385	1,837	752	1,084	1,101	200	85	450
48	31,368	1,690	633	1,057	985	176	15	500
累　計	407,746	22,028	7,823	14,205	12,549	3,794	903	4,762
(構成比)%	－	(100)	(35.5)	(64.5)	(57.0)	(17.2)	(4.1)	(21.7)

注：『埼玉総合研究』第3号（1974）所収資料による。公共用地（学校、公園、運動場）、その他（道路、鉄道、その他の建物施設等）。

表2－5　専兼別農家戸数の推移（埼玉県、昭和35～48年）

(単位：千戸)

年　次	農家総数（指数）	専業農家戸数（構成比）	兼　業　農　家		
			戸数（構成比）	1種（構成比）	2種（構成比）
昭和35年	166 (100)	61 (36.5)	105 (63.5)	59 (35.5)	46 (28.0)
40	156 (94)	35 (22.3)	121 (77.7)	65 (41.7)	56 (36.0)
45	146 (88)	22 (14.8)	124 (85.2)	56 (38.5)	68 (46.8)
46	144 (87)	18 (12.7)	126 (87.3)	49 (33.9)	77 (53.4)
47	142 (86)	19 (13.5)	123 (86.5)	42 (29.7)	81 (56.8)
48	140 (84)	18 (12.8)	122 (87.2)	38 (27.5)	84 (59.7)

注：埼玉県農林部『埼玉の農林水産業』(1974) による。

家総数は昭和35年の16.6万戸から、48年の14万戸に減少する。(指数84、2.6万戸減)同時に経営構造的には、専業農家数が同期間に6.1万戸(構成比36.5%)から1.8万戸(同12.8%)へ減少し、兼業農家は10.5万戸(同63.5%)から12.2万戸(同87.2%)へ増加する。兼業農家の中ではⅠ種兼業が減少し、Ⅱ種兼業が激増している。

次に表2－6によって、農業就業人口の推移をみると、過去10年間に就業人口総数は34.7万人から25.4万人(指数73)に減少し、約10万人が減少したことになる。そしてその内容を見ると、当然ながら男子労働力の減少が著しい。基幹的農業従事者数についてもほぼ類似した傾向が見られる。

以上、都市化に伴う影響を、農業生産の基礎条件の耕地面積、農家戸数、および就業人口についてみた。そしてこれらの基本的な条件変化と同時に、多様な要因が農業生産の基盤をゆり動かしている。それらが総合・集約される一般的な現象が農民層の分解である。

ここで対象とする都市農業地域は、現在はスプロールが進行し、農業生産にとって好ましくない情況にあるが、かつては近郊産地として野菜をはじめ、畑作、果樹、畜産、その他の部門で都市への食糧供給機能を果たしてきた地域である。都市化はその近郊農業経営の中で競争力の弱い経営を脱落させ、少数の限られた農家のみを残してきた。

表2－6　農業就業人口および基幹的農業従事者数の推移(埼玉県、昭和35～48年)

(単位:千人)

年度	農業就業人口 総数(指数)	男(指数)	女(指数)	基幹的農業従事者数 総数	男	女
昭和						
40. 2. 1	347 (100)	147 (100)	200 (100)	—	—	—
41.12. 1	326 (94)	136 (93)	190 (95)	285 (100)	126 (100)	159 (100)
42.12. 1	300 (86)	124 (84)	176 (88)	274 (96)	119 (94)	155 (97)
43.12. 1	302 (87)	128 (87)	174 (87)	271 (95)	120 (95)	151 (95)
45. 2. 1	308 (89)	126 (86)	182 (91)	220 (77)	108 (86)	112 (70)
46. 1. 1	283 (82)	118 (80)	165 (83)	224 (79)	107 (84)	117 (74)
47. 1. 1	270 (78)	108 (73)	162 (81)	198 (69)	94 (75)	104 (65)
48. 1. 1	254 (73)	99 (67)	155 (78)	—	—	—

注:埼玉県農林部『埼玉の農林水産業』(1974)による。

この階層分解は、短期間に急激に進行するため、農業から撤退する脱農者にとっても、また不利な条件のもとで農業を守る場合にも、多大の被害をもたらす。この傾向は埼玉県に限らず、その他の首都圏地域の実態にも見られる。その被害を回避するため、残存農業の生産条件を都市機能と調和させて整備し、その生産力と食糧供給機能を都市の緑地機能と結び付ける試みも出てきている。それが「生産緑地」の発想である。

以上、都市化のマイナス面を中心に問題を検討したが、議論はようやく都市化の影響の積極的なプラス面を問題にしうる段階にきた。次にこの点の検討を試みる。いわば都市化と共存する農業への政策対応である。

まず、第1に都市化の進展は農業生産にとっては需要を増加させる望ましい条件変化である。それは農産物需要を拡大させる農産物「市場」の拡大である。そしてこれらの需要（市場）を前提として近郊農業が発展してきたのも事実である。

第2点として、都市における食糧需要との関連で、近郊産地の農産物販売の有利性がある。都市に近いことで出荷・販売を有利にするメリットがあり、貯蔵性・輸送性の低い野菜、その他生鮮品の商品化が近郊で有利となる。この条件に支えられて都市近郊に野菜産地が形成され、また市乳や食肉卵の需要に対応して、都市酪農や養豚など畜産の発展がみられた。これは鮮度原理による有利性である。

第3に、以上の点と関連して、都市近郊地域では出荷・販売経費が少ない有利性がある。特に出荷・輸送費が少ない運賃原理の有利性が、遠郊・遠隔産地と比較した近郊産地の有利性の最大要因である。繰り返し指摘するように、チューネンの立地論はこの距離要因に基づく運送費指向論である。

第4に、都市近郊では自然条件および技術条件が許す限りにおいて、都市が需要するあらゆる品目を自由に、かつ多種類生産することができる。しかもそれは他の産地に比較していずれの品目も、より低コストで出荷販売できる。この点に都市近郊で生産品目が多様化する1つの根拠がある。[2]

第5に、農業経営にかぎらず経営は一般に、年々生産を継続的に繰り返す営

業行為（Going concern）であり、単年度の有利性が毎年くりかえされると、当然その差は加速度的に大きく開いて行く。その有利性の程度が大きければ、永年の間に農業経営の資本蓄積が進むことも明らかである。このような論理が近郊において農業経営が発展する根拠でもある。

このように、都市の発展と人口の集積は、さきにみたマイナス面の影響と同時に、プラス効果も併せ持っている。従って、都市近郊でその有利性を生かして農業経営を営めば、どの部門に限らず経営発展を達成しうる条件が存在し、実際にもそれを実現して残存しているのである。これが都市近郊の大規模経営である。[3]

都市近郊では、以上のような経営条件の有利な一部の農家が、それぞれの部門で専門別に特化し、しかも経営規模拡大に成功する契機が存在する。しかし同時に、都市化のマイナス面の影響を受けて、残余の農家が脱落してゆけば、後には経営発展を成し遂げた農家が点在的に、部門別のバラィェティを保ちながら残存する状況になる。都市農業地域の農業経営の存在形態は、理論的・図式的には以上のようなものと考えられる。[4]

実際、以上の理論仮説は統計的にも実証される。この点は既に第1章、および本章、第1節で、都市近郊における多品目（部門）特化の実態を1965年について考察した通りである。（表1－4、図1－3、表2－1～2、参照）この表1－4は、1965年の部門別特化の実態を示したものであり、これに対して表2－7～8は、1970年農業センサス資料に基づいて、5年後の実態を特化係数で示している。

これらを比較対照して明らかなことは、細かな特化係数の変化は別にして、一部の府県では特化部門を増加させ、他の都府県では変化がないか、減少していることが分かる。減少した都府県は、東京（9→8）、愛知（7→6）、徳島（8→7）、など都市化の進展でマイナス面の影響が強まった地域である。また、表2－7には示されないが、京都（5→4）もこのグループに入る。しかし、全体を総合すれば1965年から70年の5年間に部門の特化は進んだといえる。

表2－7に示すように、1965年当時には特化部門数が4以下であった県が新

282　第Ⅱ部　立地変動の動態実証分析

表2－7　農産物販売金額1位部門別農家数による特化係数(1970年)(その1)

都府県	稲	麦類	イモ雑穀豆類	施設園芸	野菜	果樹	工芸作物	酪農	養豚	養鶏	その他畜産	養蚕	その他作物	部門数(1.0以上)
東　京		2.50	2.67	2.00	7.11			1.92	4.44	4.23			8.28	8
神奈川		3.19	1.11	3.50	5.51	2.27		2.44	2.19	2.54		1.07	2.78	10
埼　玉		3.19		1.40	2.45				1.00	1.00		4.51	1.50	7
千　葉				1.90	2.60		1.68	1.72	1.00				1.07	6
静　岡		1.00	1.17	6.20	1.51	2.31	4.26		1.94	1.76			2.85	9
愛　知		2.62		3.60	2.64				1.44	2.15			1.50	6
大　阪				1.70	4.89	1.89				1.69			2.85	5
兵　庫	1.27							1.40		2.00	1.00		1.14	5
岡　山	1.08	1.50		1.60			1.84	1.08		1.61				6
徳　島		4.69		1.30	1.23	1.58		1.44		1.61		1.14		7
高　知			1.89	9.10	1.04		1.56			1.00	1.06	1.49	2.21	8
宮　崎			2.17	2.50			1.12		2.25	1.08	6.44		3.36	7
(算出基礎)農家数(1,000戸)	2,857	72	163	47	243	325	294	114	73	61	71	185	62	(合計)4,567
同上%	62.6	1.6	3.6	1.0	5.3	7.1	6.4	2.5	1.6	1.3	1.6	4.1	1.4	100

注：農林省『1970年農業センサス』による。掲載は、表2－1の都府県のうち、特化係数1.0以上の部門数が昭和45年においても5以上の都府県について示した。

表2－8　農産物販売金額1位部門別農家数による特化係数(1970年)(その2)

都府県	稲	麦類	イモ雑穀豆類	施設園芸	野菜	果樹	工芸作物	酪農	養豚	養鶏	その他畜産	養蚕	その他作物	部門数(1.0以上)
岩　手	1.07						1.44	2.72	1.61		1.31			5
茨　城	1.01			1.10	1.24		1.69		1.81					6
群　馬		4.25		1.60	1.13		1.08	1.76	1.75	1.00				7
山　梨		1.12		1.30	1.23	3.42				1.15		10.29		5
長　野					1.36	1.83		1.20				3.32	1.86	5
奈　良	1.10			2.00	1.75					1.15			3.43	5
鳥　取	1.01				1.17	1.83		1.12	1.75					5
香　川		2.00		1.10		1.35	2.30			1.61			1.28	6
長　崎		2.81	5.72		1.07	1.82			2.06	1.38	2.50			7
熊　本	1.08		1.17			1.47	1.89		1.50		1.44		1.64	6
大　分	1.08	1.06				1.52			1.08				2.43	5

注：農林省『1970年農業センサス』による。掲載県は、1965年センサスでは特化係数1.0以上の部門数が5未満であったが、1970センサスで5以上となった場合を示す。

たに11県も特化部門数を5以上に増加させている。これらの県の交通立地条件は中間地域に位置する諸県である。それは都市化が全国的に進展し、他方で交通手段の発達とも相まって、従来の中間地域が近郊的色彩を強めたことを示す

第2章　都市化と近郊農業の立地問題

結果である。

　他方、都市近郊における経営発展と資本蓄積を実証的に示したのが前節の表2-2である。すなわち、1965年当時に大経営とみなされる農産物販売額3百万円～1千万円以上の農家数の地域別分布である。この統計によれば、その7～8割（総合平均70％、1千万円以上80.6％）が都市化地域に集中している。そしてその部門は、養鶏、酪農、養豚、園芸、果樹の順で多い。

　なお、都市化地域の大規模経営の中に畜産部門のウェイトが高いことは、畜産公害との関連で注目しておく必要がある。都市農業の実態認識として、今後のあり方を検討するためには検討すべき重要事項であるからである。

　以上によって、都市化の進展が農業生産、部門特化、経営発展、などにどのような影響を及ぼすかを、先の理論的考察に続いて実証的に検証し、都市化が積極的に農業生産と経営発展に大きく寄与していることを統計的に明らかにした。

　しかし、問題は「近郊農業」段階で農業生産に大きく貢献した立地条件とその有利性が、「都市農業」段階にきて漸次減殺されて、デメリットが強まってきていることである。同時に農業サイドからも、畜産公害に見られるように、都市機能を阻害する要因も強くなっている。さらに宅地並課税や相続税などのように、税制面からの規制も強くなってきた。

　このような情況の下で、その農業生産力を維持したまま、経営的にも存続する基盤を確保する方法が、都市機能に農業を「生産緑地」として組み込むことである。このような試みが2～3の自治体で追求・試行されている。その具体的な政策は後節（都市農業実態調査）で触れるが、ここでは理想像的都市農業に到達する前の中間的・過渡的形態もふくめて、その存在形態をみておくことにしたい。

　その第1は、都市化の進展にもかかわらず、既存産地が団地的に存在する場合である。例えば川口市における安行の植木産地、入間市、所沢市、狭山市などの狭山茶産地、同じく、ニンジン、ゴボウ、などの野菜産地、の事例である。その他同様の事例は他にも存在する。例えば、練馬のキャベツ産地や、横浜市

神大寺の野菜団地などがこのタイプに属する。[5]

　第2は、観光農園（果樹園、イモ掘園、花き園、牧場、等）にみられる生産とレクリエーション兼用の生産形態である。この中には第1形態ほど本格的な生産ではなく、その規模も必ずしも大きくなく、また団地を形成しているとは限らない。その特徴は、生産は農家が担当し、収穫段階で緑と休息を求める来訪者に開放して商品化をはかり、収穫・出荷の労働を消費者に任せてコストを節減するタイプの生産である。

　第3は、貸農園などのように、土地はさらに細分化され、その利用方法も借り手が自由にできる、生産よりは利用者の趣味（ホビー・レクリエーション）中心の土地利用形態である。[6] これはもともと耕作放棄畑や休耕中の耕地を、団地や新興住宅の住民相手に、レジャー農園、家庭菜園、などとして貸出すものである。北足立郡伊奈町や戸田市の事例のように、法律的にはなお問題があるにしても、未利用地に緑を回復する試みにはそれなりの意義がある。

　以上の3つのタイプは、第1から、順次第2、第3というように、農業生産力の担い手としての機能は低下するが、緑地機能としての意義とその役割は存在する。いずれにしても、これらの「生産緑地」に対しては、北足立農政連絡協議会が要請しているように、「農用地区域に準じて強力な助成（補助、融資）措置」を要望している。また、その他税制面の優遇措置や保守管理面の費用負担なども、公園、遊園地に準じて検討してほしいということである。[7]

　その論拠としては、地方財政面からみて、以上のような緑地管理費を負担した場合でも、市街地としての公共施設整備を行なうよりは、「生産緑地」として管理したほうが財政負担は少なくてすむからである。このような視点から「生産緑地」は、住民負担の軽減につながると言うものである。

　最後に、都市農業の展望であるが、その「理想像」はそれぞれの立地条件や作目、団地規模、その他によって当然異なってくる。しかしその「理想像」がどのようなものであれ、その実現のためには、並々ならぬ努力が要求される。それは後で川口市の事例にみるように（第4節）、農業振興計画と都市計画とを統合する地域計画として実施されるとき、はじめて住民福祉に貢献する緑地

機能を発揮するものとなる。
　以上、埼玉県の都市農業を事例として取り上げ、今後の展望にも若干ふれたが、今後の施策を進めてゆく上での問題は少なくない。さしあたっては、既に指定をうけている農業振興地域の農業と、これら市街化区域内の都市農業とを、どう関連させて全体の施策を行うかが課題である。また、他地域の都市農業の実態と比較して、今後の都市農業対策を展開するうえで参考にすべきであろう。この点にいては、改めて第4節の政策課題でとりあげる。

注
1） 主に前掲、拙稿『埼玉県の都市農業』（第3章、他）による。
2） この関係は、第1章、第1節で検討したが、それは図1－3に明瞭に示されている。
3） 第1章、表1－4、図1－3、参照。
4） このような情況下では、分散立地する農業経営を広域的にいかに組織するかが課題となる。例えば園芸産地の例として、拙稿「園芸広域団地の実態と展望」、全国農業改善協会『広域営農団地整備計画の基本構想』（愛知宝飯地区調査）、昭和49年、第3章。
5） この傾向は殆んどの場合にみられる。例えば、東京都練馬産地の場合、その供給量は依然大きく、東京都中央卸売市場のキャベツ総供給量中に占めるシェアは6月、11月で4割を保っている。詳しくは、続く第4節で検討する。
6） これは、ドイツのクラインガルテン（Kleingarten）を模した近年の新しい動きである。
7） 第4節、参照。

第3節　都市農業の実態と対応

1　東京練馬区の実態と特徴[1]

　練馬区は、かつては練馬大根の産地として有名であった。しかし、現在では都下有数のキャベツ産地であり、初夏キャベツ（6月）では東京都卸売市場入荷量の42％、秋冬キャベツ（11月）の36％（昭和49年度）、のシェアを占めている。
　このような実態は一般には必ずしも知られていないのではなかろうか。何故

なら東京の真中の練馬区内に、現在このような野菜産地が残存することは、近くの住民以外は想像できないからである。しかし実際に区内には873ha（地区全面積の18％）の耕地が存在し、キャベツ、カリフラワー、その他野菜を中心に、春夏（6〜7月）、及び秋冬（10〜11月）の時期に東京市場へキャベツを供給し、そのシェアも3〜4割の重要な産地である。

そこで、調査地として練馬区の練馬農協管内を選定し、その都市農業の実態をみることにする。まず練馬区全体の概要を2、3の統計数字でみると、練馬区域面積は47.01km^{2}であり、そのうち耕地面積が873ha（全面積の18.6％）を占めている。ちなみに練馬区人口は54.4万人であり、将来人口（昭和60年）では80万人前後を想定している。

練馬区域には練馬、大泉、石神井の3農協があるが、この中から練馬農協の状況をみると、組合員数は822名（正組合員743名、準組合員79名）である。この正組合員が農家戸数と一致し、その専・兼業別内訳をみると、専業282戸、兼Ⅰ186戸、兼Ⅱ275戸である。専業農家が多いことに注目する必要がある。

他方、管内の耕地面積は280haであり、地目は畑地である。農家1戸平均耕地面積は37a（専業農家63a、兼Ⅰ農家34a、兼Ⅱ農家14a）であり、大きい農家は1.5ha前後の耕地を所有し、そこにキャベツを中心に野菜類、花木などを栽培し、施設園芸も立地する。

従って、大きい農家の場合は、夏、秋2回キャベツを栽培すれば、延べ3ha程度のキャベツを耕作することになる。その結果、農作物の販売額も500万円以上が69戸、300〜500万円が94戸であり、農業からかなりの収入を得ていることが明らかである。先に特化係数でみた農業収入第1位部門経営（野菜作）の実態がこの数字からも伺える。

なお、最近の主要作目の作付動向を示せば表2−9の通りである。品目により増減傾向は異なるが、品目別作付面積と生産量（49年）は大きい順に、キャベツ110ha（3.300t）、カリフラワー35ha（700t）、大根17ha（595t）、馬鈴薯18ha（360t）、ニンジン10ha（200t）、それに植木・果樹55haなどである。

また、表には示されないが、施設園芸農家が23戸（温室11戸、ビニール・ハ

表2－9　主要作目作付面積（練馬農協、昭和45～49年）

(単位：ha)

年　度	キャベツ	カリフラワー	大根	馬鈴薯	ニンジン	植木果樹	総作付面積
昭和45年	90	53	7	23	15	25	213
46	95	55	10	22	12	28	222
47	98	40	12	27	10	50	237
48	100	30	16	18	9	53	226
49	110	35	17	18	10	55	245
指数(45年基準)	122	66	243	78	67	220	115
生産量(t)	3,300	700	595	360	200	—	5,155

注：練馬農協資料による。

ウス12戸）、畜産農家が10戸（酪農1戸、養豚5戸、養鶏4戸）などが存在する。これらの経営形態から明らかなように、練馬農協管内の都市農業は野菜経営が中心であり、それもキャベツが主要な品目である。しかし依然として畜産農家も残存している。

　なお、参考までに農地の類別区分をみると、全農地280haのうち、A農地が56ha、残りの224haがC農地である。そして後程みるように、農家の関心はいわゆる宅地並課税にどう対処するかである。従って「都市農業といえば宅地並課税」と言うように関心が強い。

　また、その課税の具体的な実態（課税額）は、練馬区の場合は10a当りA農地で28万円（最高35万円）、C農地で960円である。この差が非常に大きく、C農地も宅地並みに課税されればその影響はさらに大きくなる。農家の関心が宅地並み課税に集まるのも止むを得ない状況にある。

　これに対して、農業生産からの収益は、とうてい上記の課税額には及ばない。例えば、キャベツの場合を見ると、収量が30c/s（15kg詰め）で単価が500円としても、10a当たりで15万円にしか粗収益はならない。これではとうてい税金の負担はおろか生産費も償えない。

　以上の課税に対応する方法は、現状ではいろいろ制約があるにしても、生産緑地の指定を受けて実質的に対応するしかない。練馬区全体で現在実際に国の生産緑地指定の申請をしているのは32件、10ha程度である。

そのほか、政治的に宅地並み課税に反対する運動を展開するのも1つの選択肢である。実際この調査と同時に、「都市農政推進協議会」を結成して署名運動を展開し、その他の政治運動も展開して一応の成果を上げている。その他、都独自に23区を対象にする「農業緑地」を設定し、宅地並み課税の50%を還元する方法や、後ほどみるように、三鷹市など市独自の生産緑地制度も検討・実施されている。このように、都市農業を担当する農家にとっては、宅地並み課税は最大の関心事であり、その反対運動を通じて農業を守ってゆくべく懸命に努力しているのが実状である。

問題が実態から政策面にそれたが、ここで都市農業のイメージを明確にするために、調査農家の事例を紹介しておこう。練馬農協管内のH氏の場合である。氏は出荷組合関係の役員をしており、農業経営規模は平均より大きく、練馬の代表的な都市農業経営と見てよい。

経営主は46歳で、耕地は畑が1haあり、ほかにアパート8戸、駐車場300坪を所有している。農外収入は、家賃が月々16万円（2万円×8戸）と駐車場からの収入がある。このように、一方で安定的な農外収入を確保しながら、他方で農業を継続してゆくのが平均的な都市農業経営の姿である。

生産品目は、野菜を中心に耕作している。すなわち、主要野菜は初夏キャベツ、秋キャベツがそれぞれ80a、馬鈴薯が20a、カリフラワー20a、その他である。これらを合計すると作付延面積は2haとなる。これら野菜作からの収益は当然品目により、また同じ品目でも収量と価格により異なるが、単純に10a当りの平均を20万円とみて、農業粗収益は400万円となる。

練馬の都市農業は、以上で明らかなように、野菜経営であっても、その品目はキャベツ主体の粗放な露地野菜経営である。従って単位面積当たりの収益は低く、これを面積でカバーする面積支配的野菜経営である。この種の経営類型は都市化・高地価地域では一般に成立しにくいが、それが練馬区の市街化区域に存在していることに注目しなければならない。

その理由は次のように推察される。すなわち、先に都市農業が残存する理由として述べたように、都市農業はいわゆる近郊産地が急激な都市化の進展にも

かかわらず、その保有する農地や農業技術を前提して、利害得失を総合的に判断して対応する結果である。特に生産手段から資産に転化した土地所有者として行動する。このことが都市農業の形態を規制し、土地利用の仕方を規制するのである。

練馬の場合もその例外ではありえない。かつての畑面積の広い近郊露地野菜産地が、自己の所有する土地、労力、野菜作技術、その他の経営条件を前提し、他方で当該地域における農外的土地需要の増大と高地価、貸家需要と家賃水準、駐車場需要と今後の展望、等を踏まえて全経営的に対応する結果が、先ほどみたような農業経営形態であり、農外的土地利用（貸家、駐車場、等）であった。

この段階での農家の判断と対応は、決して単純なものではなく、土地は家の新築や子弟の進学、冠婚葬祭等の臨時的支出以外はなるべく手放さないようにし、しかも危険分散と安定的収入を考えながら、総合的に土地利用を考えているのである。このような判断は、いわゆる「線引き」（土地利用区分）に際して、自己の所有する土地を市街化区域と調整区域に適当な比率で配分する対応行動をとらせる。

従って、農業経営者であると同時に、資産（土地）所有者でもある農家は、単に野菜経営からの所得を最大にすることよりは、それと併せて貸家、駐車場、その他の農外収入も含めて長期的かつ安定的に、最大の収入を得る土地利用の組合せを選択するのである。その際には野菜作も貸家も同列であり、農家経営全体として収入を最大にする行動をとる。これは経済人として当然の対応といわねばならない。

要するに、農業経営者と資産（土地）所有者の二面性を持つ農家が、都市化に巻き込まれる過程で、その土地利用を総合的・全経営的に判断する結果が利用形態を規制するのである。そしてこの点の理解を欠くと、都市農業の土地政策や関連施策が充分効果を発揮しえなくて、混乱のみを招く結果になりかねないのである。

ところで、練馬の都市農業は、このように都市に取り囲まれた残存農業としては決して集約的でもなく、また単位面積当たりの収益性もそれほど高くない。

しかし、それにもかかわらず、そのような形態で都市農業が存在しているのは、それなりの残存論理があるということであった。この点を理解することが重要なのである。

このことは都市化・高地価地域では、その高地代に耐えうる高収益作目が立地するという単純な単位面積当たりの収益性比較や、地代負担能力の比較による都市農業論の批判を含んでいる。また、近郊産地段階での作目の立地移動や粗放露地作目から集約施設作目への作目交替・変化の理論を、そのまま都市農業にあてはめることの危険性も指摘している。

確かに一般的にいって、高地価地域では地代負担能力のある産業や作目が競争に耐えて生き残ることは理論的にはその通りであろう。しかし、それはその土地の所有者の経営・経済的性格を抜きにした、単なる空間的地片の面積当たりの地代比較にすぎない。このような議論は実態説明としては有効ではない。既に検討したように、作目立地が経営構造を媒介して実現するのと同様に、土地所有者の経済・経営構造を媒介して、その土地利用、立地移動・変遷が理解されねばならないのである。[1]

ところで、練馬農業の実態から若干後程問題にする都市農業の収益性や地代問題に筆が進んだが、野菜の流通やその他の実態について補足しておこう。

まず、生産とともに重要な流通形態をみると、現在練馬キャベツの80％は東京都との間で契約出荷を行なっている。すなわち、昭和48年以来初夏キャベツと秋キャベツは東京都と出荷供給契約を結んでいる。これは価格補償制度とともに、生産、供給、価格、などの安定を図ろうとするものである。

練馬農協もこの制度に参加するために、農協下部組織として出荷組合を結成し、出荷は個別出荷であるが、規格の統一や品質向上に努め、共同出荷に準じた取り扱いを受けている。

この東京都との都下農協の契約出荷実績を、昭和49年産の初夏キャベツと秋冬キャベツについて示したのが表2－10、11である。まず、表2－10で初夏キャベツの実績をみると、練馬農協をはじめ7農協が出荷し、約36万c/s、売上金額1.4億円、平均単価388円、補給対象数量32万c/s、補給金額6,259万円で

ある。

　練馬農協の昭和50年度の実績は14.4万c/s、売上金額5,557万円、平均単価385円、である。その全量が補給対象数量であり、補給金も3,088万円に達している。練馬農協が全体の3分の1以上を占めている。

　表2－11の秋冬キャベツは、契約出荷農協数は17農協に増加しているが、数量、金額等はそれほど増加せず、初夏キャベツを数割上回る水準に落ち着いている。ただ、平均単価はかなり高い。総量・総額に対する練馬農協のシェアも、初夏キャベツとほぼ類似した大きさである。つまり、練馬農協のウェイトは全体の4分の1程度を占め、産地は重要な役割を担っている。

　東京都との契約出荷は、既に述べたように、昭和48年産秋キャベツから始まり、現在に至っている。農家としては、この制度が続いて欲しい希望はある。しかし補償金は容器代程度にしかならず、また保償金をもらうようでは駄目だという受け止めかたが一般的である。

　価格はc/s（15kg詰）当り800円以上で売れないと採算がとれないが、苦しいけれど生産を続けているという。そして生産者の再生産の確保と消費者の物価安定とは、必ずしも両立しないことへの疑問が出ている。平均単価385円（練馬、昭和50年度初夏キャベツ）という再生産も不可能な価格でどうして出荷するのか、という疑問も聞かれるが、これに対する答は先に問題にした長期的展望に立った土地利用、という理由以外にはありえない。

表2－10　都下産契約キャベツ出荷実績（昭和49年、初夏キャベツ）

農協	出荷数量 c/s	仕切金額 千円	平均単価 円	補給対象数量 c/s	補給金 千円
練　馬	110,450 143,978	45,797 55,571	414 385	96,407 143,978	17,075 30,880
大　泉	102,902	40,863	397	89,778	16,416
石神井	85,677	31,138	363	77,919	17,044
保谷市	47,749	17,987	376	43,905	8,801
田無市	7,195	2,306	320	7,195	1,725
日野市	3,567	894	250	3,465	1,133
国立市	2,118	779	367	1,772	399
合　計	359,658	139,764	388	320,440	62,592

注：練馬農協契約そ菜出荷組合資料による。練馬下段は50年産実績を示す。

表2－11　都下産契約キャベツ出荷実績（昭和49年、秋冬キャベツ）

農協	出荷数量	仕切金額	平均単価	補給対象数量	補給金
	c/s	千円	円	c/s	千円
練　　　　馬	107,376	47,697	444	95,706	14,838
大　　　　泉	98,343	41,814	452	88,150	14,379
石　神　井	63,048	28,843	457	53,563	7,883
保　谷　市	72,477	29,953	413	68,043	10,944
田　無　市	10,835	5,025	463	9,012	1,424
日　野　市	2,934	1,242	423	2,508	427
東久留米市	11,823	5,319	449	10,111	1,632
八　王　子	7,841	3,409	434	6,640	1,072
霞	3,886	1,411	363	3,611	808
砧	4,283	2,364	552	2,865	275
第　一　清　瀬	4,412	1,628	368	4,051	860
七　　　　生	2,290	880	384	2,152	406
東　秋　留	4,654	1,650	354	4,479	1,003
羽　村　町	10,222	3,658	357	9,666	2,143
千　　　　歳	6,759	3,380	500	5,847	721
瑞　穂　町	7,091	2,346	330	6,970	1,746
武蔵野市	6,201	2,813	453	5,205	831
合　　　計	424,475	183,431	432	378,579	61,394

注：練馬農協契約そ菜出荷組合資料による。

　問題は、従来個別出荷が中心であったため、品種統一も難しく、現在28品種程度が作られている。また規格も個別農家で区々であったため、規格統一をしても不揃いであったり、最初の段階では重量が不足することもあった。農家サイドでは規格が厳しいという感じを持ったが、最近ではこれらの点は改善されてきている。ただ、出荷については都は共同出荷を希望していたが、最初に述べたように個人出荷を続けている。

　なお、練馬農協の出荷組合員数は現在39名であり、自主規制をモットーに、相互に迷惑を掛けないように規格統一や品質向上に勤めているという。出荷は豊島青果板橋市場（高島平）にダットサンで出荷（前出Ｈ氏の場合）している。

　市場は1時間程度で出荷できる距離にある。出荷は午前中に荷造り、午後出荷である。出荷計画に基づいて出荷した数量、価格は、都物価局と農協に市場別日報として送られ、代金は信連、農協経由で個人口座に振り込まれる。

　以上、簡単に都の契約キャベツ出荷状況と関連する問題を見てきたが、そのほか都市農業の流通問題としては、産地直結やレジャー農園、即売会、などが

ある。また園芸センターの開設や家庭菜園同好会との講演会など、地域住民との交流と都市農業の理解を深めるための各種行事を積極的に行なっている。

例えば、レジャー農園は農協が受託する方法で申込みをとったところ、1.2ha程度の申込みが来ている。（1区画5坪、料金6,000円）また農協青年部が「請負耕作班」を作り農地を管理する方法で5件ほど請負い、甘藷、トウモロコシ、キャベツを栽培し、それを幼稚園や小学校に開放していたが、面積が50a程度となり、今年は中止したという。

そのほか、園芸センターの開設（49年5月）や野菜、果実、花きなどの即売会、講演会などを開き、地域住民との繋がりを強めようと努力しており、それぞれ好評を博しているという。

ただ、問題点としては、キャベツ収穫後に葉が腐廃して悪臭が出たり、また枯葉が風に吹かれて渦を巻いたりするなどして、住民のクレームが出たことがある。そのほか、農薬の匂いに敏感に反応し、保健所に電話がかかることもある。

しかし、他方で梅園や栗園に対しては、花見や散歩道として残して欲しい、という声も聞かれる。いずれにしても、都市農業には問題もあり、またメリットもあるということである。それぞれを適切に評価し、デメリットを除去する努力が払われねばならないが、長所もまた十分評価してゆくことが大切であろう。

このように、都市農業はその置かれた環境がラーバン・エリアということから、その生産・流通問題のほかに混住社会に付随する種々の問題に直面する。文字通り都市と農業が同居している練馬の実態は、これらの各種の問題の所在を明らかにする事例である。

では、他地域の都市農業はどうであろうか。次に三鷹市の実態を見てみよう。

注
1）本章、第1節、参照。また、第Ⅰ部の理論的考察でも、現実の立地現象が経営の選択行為を媒介して実現すること、経営立地論としてはこの点の理解が重要なことを強調した。

2 三鷹市の都市農業対策[1]

　都市農業の特徴は、都市化の進展過程と密接に関連し、それぞれの地域の既存作目と農業経営の構造に強く規制されることは既に述べた通りである。このような意味で、同じく都市化が進んだ地域の都市農業といっても、三鷹市の場合はその性格が練馬と幾分異なっている。三鷹市は立地条件からいえば、都市周辺・近郊地域の性格を残し、農業に好都合な基礎条件を残存している。そして実際にも、農業を守り、緑を残す意思と姿勢が強く感じられる地域である。それは市の生産緑地条令（昭和47年7月）をはじめ、各種の関連施策に示されている。

　そこでまず、三鷹市の地域的特徴を概観すると、面積は16.8km^2、人口が15.8万人である。そこに昭和50年現在で268haの農地が残っている。地目は畑250ha、樹園地1.8ha、水田25aなどである。練馬と同様に畑地が主体である。なお、市全域が市街化区域であり、農地の区分はA農地が50％を構成している。（表2-12、参照）

　このような農地の種類別構成から明らかなように、現在宅地並み課税が実施されている面積の中でA農地は少ないが、B農地を含めると全体の5割に達する。これに対して、市は独自の条令で生産緑地の保護と推進をはかり、また「三鷹市緑地保全要綱」（昭和48年4月）に示すような方法で「謝礼」を出すこ

表2-12　耕地面積の推移（三鷹市、昭和35～50年）

年　度	耕地面積合計	内　訳 田	内　訳 畑	内　訳 樹園地	指　数（昭和35年＝100）合　計	畑	樹園地
	ha	ha	ha	ha			
昭和35年	487	4.49	435	7.3	100	100	100
37	449	2.76	405	16.0	92	93	219
39	431	2.10	391	18.9	89	88	259
41	375	1.29	340	21.7	77	78	297
43	352	0.80	323	20.7	72	74	284
44	333	0.92	295	29.1	68	68	399
45	305	0.61	279	26.3	63	64	260
46	294	0.54	268	20.2	60	62	277
47	277	0.03	251	20.2	57	58	277
50	268	0.03	250	17.5	55	58	240

注：三鷹市農協資料による。

とを決めている。

　ちなみに、「保全緑地」というのは「3,000m^{2}以上の農業生産の行われている土地」であり、市長は所有者の同意のもとに保全緑地を指定する。期間は10年以上で、指定した緑地の所有者に対して「1,000m^{2}当たりを単位として年額一定額を支払う」ことになっている。

　このような施策は、国の生産緑地制度の先駆的事例であり、この時期に東京都、神奈川県、埼玉県などが実施する。その他の地方自治体（市）としては三鷹市のほか、府中市、藤沢市、川口市、所沢市、などで類似する緑地対策が実施されている。この考え方を引き継ぎ、一般化したのが国の生産緑地制度である。（「生産緑地法」、昭和49年6月1日、法律第68号）

　なお、三鷹市の農地の種別農地面積と農業緑地の指定面積、及び奨励金額を示せば表2－13の通りである。すなわち、A農地は13.8haであり、そのうち指定緑地が3.5ha（25.6％）である。またB農地は139ha、そのうち50.7ha（36.4％）が緑地に指定されている。A、B農地合計153ha（制度対象面積143.4ha）に対する指定面積合計は55.2haであり、その割合は36％（37.8％）である。また、奨励金額は48年91.7万円、49年1,297.7万円である。

　詳しい検討は省略するが、三鷹市の耕地面積の推移は、表2－12に示す通りである。すなわち、昭和35年当時487haあった耕地は50年現在で268ha（指数35年基準55）に減少する。地目別には水田の4.5haは殆ど全滅し、畑は435haが250ha（同指数58）に減少する。これに対して樹園地は絶対値では小さいが、7.3haが17.5haに増加している。これは植木・花木などの増加である。

表2－13　農地面積と緑地指定面積・奨励金（三鷹市、昭和48〜49年）

農地	総面積	制度対象面積	指定面積 48年	指定面積 49年	指定面積 計	奨励金額 48年	奨励金額 49年
	千m^2	千m^2	千m^2	千m^2	千m^2	千円	千円
A農地	138	119	35	－	35	917	12,977
B農地	1,392	1,315	－	507	507	－	
C農地	1,619	－	－	10	10	－	
計	3,149	1,434	35	517	552	917	12,977

注：三鷹市農協資料による。

以上を具体的な農地転用件数と面積で示したのが表2-14である。農地法第4、5条関係を合計して320～660件、面積で15～35ha程度が毎年転用されたことになる。このような土地転用の結果が表2-12にみるような耕地面積の減少をもたらした。いずれにしても、過去15年間に耕地の半分近くが農外利用に転化されたのである。

以上によって、農地面積とその動向を中心に三鷹市の農業生産の基礎条件を概観したが、次に経営主体の側面から農家数の動向をみると表2-15の通りである。まず、農家総数は昭和43年に580戸であったが、5年後の48年には495戸（指数85）に減少する。特に専業農家は210戸から40戸（指数19）に減少し、第1種兼業も228戸から146戸（指数64）に減少する。これに対して、第2種兼業

表2-14 農地転用件数および面積（三鷹市、昭和35～47年）

年 度	法第5条 件数	法第5条 面積	法第4条 件数	法第4条 面積	合計 件数	合計 面積
	件	千m²	件	千m²	件	千m²
昭和35年	595	319.5	74	35.0	659	354.5
37	262	129.8	123	67.0	385	196.8
39	261	101.3	166	115.5	427	216.8
41	254	80.8	135	62.3	389	143.2
43	226	85.8	123	54.1	349	140.0
44	207	81.4	140	106.4	347	187.9
45	199	82.9	122	69.8	321	152.7
46	257	113.1	122	68.2	379	181.2
47	223	113.7	112	57.4	435	171.2

注：三鷹市農協資料による。

表2-15 兼業別農家数および農業就業人口の推移（三鷹市、昭和43～48年）

年 度	農家総数	専業農家数	第1種兼業農家数	第2種兼業農家数	農業就業人口
	戸	戸	戸	戸	人
昭和43年	580	210	228	142	3,435
44	572	213	139	220	3,431
45	515	64	169	282	2,294
46	500	50	165	285	1,817
47	495	48	155	292	1,830
48	495	40	146	309	1,825
48年指数 (43=100)	85	19	64	218	53

注：三鷹市農協資料による。

は142戸から309戸（指数218）に増加している。

このような条件の下で、三鷹市の農業生産の特徴をみると、主要作目はやはり野菜である。主な品目は、キャベツ（夏20ha、秋20ha）、馬鈴薯（20ha）、カリフラワー（17ha）、ブロッコリー（10ha）、ウド（10ha）、葉物（ホウレンソウ、小松菜、春菊等、10ha）、トマト（5ha）、キュウリ（5ha）、ナス（2ha）、などである。その他イチゴ、トウモロコシ、白菜、大根、なども少面積作られている。

畑面積約250haのうち、210ha前後が以上の野菜生産に当てられており、その他で大きいのは植木である。約35〜40ha（畑全体の15％）がこれらの植木・花木である。ほかに温室が20棟（4,950m^2）あり、14〜15戸が花き栽培経営である。品目は鉢物（貸鉢）、ラン、シクラメン、プリムラ、サイネリア、などが栽培されている。また表2－16に示すように畜産も少し残っている。

参考までに主要作目ごとに結成されている農業振興団体をみると（表2－17、参照）、園芸振興会（137名）、西洋野菜研究会（41名）、ウド生産組合（30名）、イチゴ組合（25名）、畜産研究会（53名）などがある。これらの団体に対して、市、農協などから168万円（昭和49年）の補助金が出ている。

これらの部門別団体とともに、青年部、婦人部、その他の団体の活動が活発であり、それを通じて都市農業の確立と宅地並み課税反対運動を展開している。

表2－16 家畜飼養戸数および飼養頭羽数（三鷹市、昭和35〜47年）

年度	牛 戸数	牛 頭数	豚 戸数	豚 頭数	鶏 戸数	鶏 頭数
	戸	頭	戸	頭	戸	羽
昭和35年	26	260	220	906	287	15,352
37	19	279	189	2,127	256	18,570
39	12	152	138	3,212	171	24,334
41	8	158	113	4,260	111	22,166
43	5	102	82	4,479	86	21,518
44	3	35	60	3,667	62	13,569
45	3	34	63	4,821	50	10,919
46	5	187	62	3,423	21	7,150
47	5	187	82	2,832	21	6,350
50		150		900		5,800

注：三鷹市農協資料による。

表2-17 三鷹市の農業振興団体と事業量（昭和49年）

団体名	会員数	予算額	うち助成金	備考
	名	千円	千円	
三鷹市西洋野菜研究会	41	849	180	カリフラワー ｝共販 ブロッコリー
三鷹市園芸振興会	137	1,614	150	緑化事業部 ｝ 花き部
三鷹市ウド生産組合	30	811	90	10～20a（1戸平均）
三鷹市イチゴ組合	25	381	60	1戸平均5a栽培 つみとり園切替（49）
三鷹市畜産研究会	53	937	280	糞尿処理関係
三鷹市農協青年部	69	1,290	120	農政、新品種試作、市内産野菜直売
三鷹市農協婦人部	589	1,974	300	生活用品共同購入、健康管理、講習
三鷹市資産管理研究会	566	1,774	500	
計	1,510	9,631	1,680	

注：三鷹市農協資料による。

詳しくは触れないが、これらの運動が農業委員会や「都市農業確立実行委員会」を通じ、三鷹市の農政施策に関する「建議」（昭和46年10月）や「要望書」（昭和47年11月）となり、「緑の保護および緑化推進条例」（昭和47年7月）となって結実したといってよい。そして、それは都全域の「都市農業推進協議会」や「東京農業を守る会」など、他の団体との連携プレイや住民運動の推進に大きく貢献していのである。

　なお、ここで三鷹市の都市農業の特徴として忘れてならないことは、生産と流通の両面で団地化と共販が可能であり、また実際もそれが実行されていることである。

　例えば生産団地について、都の「野菜生産団地育成事業」（昭和49年より5ヵ年継続事業）として、「三鷹東部」が「八王子」とともに第1年度の指定を受けている。農家数172戸、面積は75haで、キャベツを主体にカリフラワー、馬鈴薯の3品目が対象である。

　施設としては出荷場、貯蔵庫、防除機格納庫が、機械機具としてはトラック1台（運搬用）、トラクタ1台（38Hp）が整備される予定である。またこれと

関連して、野菜、花木を市民に供給する「園芸センター」(660m^2) が設置された。事業費は1,200万円、うち3分の2が都および市の助成である。

このような生産面の団地化や施設・機械類の整備に対応して、流通面においても共同出荷がキャベツを中心に実施され、また一部は検討中である。それはキャベツの都との契約出荷に関連させて、カリフラワーなどの共同出荷を検討している。もっとも、このことは多摩青果市場が近くにあることとも関係し、それが幸いしている面もある。

以上のように、三鷹市の場合は、市、農協、農業委員会、それに上述の各種団体が一体となって都市農業を守り、確立してゆく努力が払われており、その積極的な施策と組織化運動が評価されるであろう。

注
1) 前掲『都市農業の実態と問題点』、参照。

3　浦和市の都市農業対応[1]

(1)　立地条件と農業概要

浦和市は、周知のように、埼玉県の中央南部に位置し、政治、経済の中心都市である。面積は71km^2、世帯数102万世帯、人口31万人から成る。大宮、川口両市と並ぶ、埼玉県の3大都市の1つである。これらの3市は首都圏に近接する100万都市として、県人口447万人の2割が集中し、都市化の最も激しい地域である。

浦和市の社会経済指標を示せば表2-18の通りである。詳しい検討は省略するが、農業関係の基礎指標は、農家戸数3,021戸、農家人口1.7万人、経営耕地2,347haである。

先ず、浦和市地域の地理的概況をみると（図2-4、参照）、浦和市は東西に広く、その中間に国道17号線、国鉄京浜東北線が南北に走り、また最近はこれと南浦和で交叉して国鉄（JR）武蔵野線が開通した。このような交通条件の変化は、従来比較的農業的色彩をとどめていた東西の地区にも、都市化、住

300　第Ⅱ部　立地変動の動態実証分析

表2-18　浦和市勢の概要（昭和45～48年）

区　分	項　目	単　位	数　量	備　考（調査時期）
土地人口	土　地　面　積	km²	7,103	47.10.1
	世　帯　数	戸	102,230	48.10.1
	人　口　総　数	人	310,516	48.10.1
農業	農　家　戸　数	戸	3,021	45.2.1
	農　家　人　口	人	17,344	〃
	経　営　耕　地　面　積	ha	2,347	〃
商業	商　店　数	店	4,169	47.5.1
	従　業　者　数	人	18,055	〃
	商　品　販　売　額	百万円	17,523	〃
工業	工　場　数	工　場	800	47.12.31
	従　業　者　数	人	18,976	〃
	製　造　品　出　荷　額	百万円	14,866	〃
その他	普通会計当初予算	百万円	16,213	48年度
	小　学　校　数	校	30	48.5.1
	（生　徒　数）	（人）	(27,878)	
	中　学　校　数	校	15	〃
	（生　徒　数）	（人）	(10,872)	

注：埼玉県統計課『埼玉県のすがた '74』による。

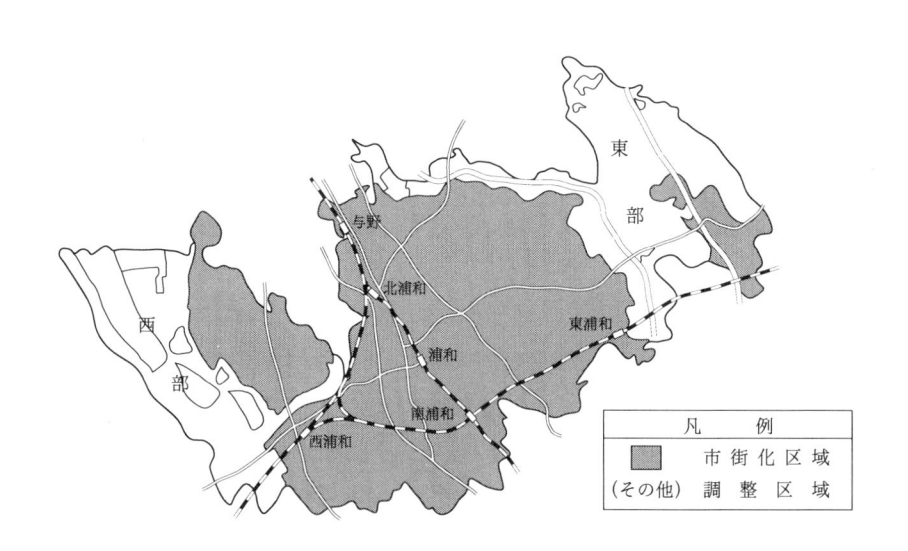

図2-4　浦和市土地利用区分図

宅化の波が浸透することになる。

　農業生産と関連する地形的特徴は、浦和市の西部に荒川が流れ、それに沿って沖積層からなる水田地帯が存在する。現在ではその面積は狭くなったが、浦和市の中で残された農業地域の1つである。水田＋兼業の経営類型を中心に、かつては陸田などがあり、豆類も生産されたが、現在では畜産と施設園芸が若干残っている。

　これに対して、東部は市の主要農業地域である。地形的には起伏が多く、土質的には関東ローム洪積層よりなり、高台と低地から「シマチ」を形成している。低地には芝川、綾瀬川が流れる水田地帯である。この両河川沿線の高台には350年の歴史を有する植木産地がある。農産物は、低地では水稲のほか、クワイ、ハスなどがあり、台地では植木とともに、ヤマトイモ、里芋、ショウガ、甘藷、などの「土もの」が主体である。その他、果樹・苗木生産（リンゴ等の委託育苗）や花木（モモ、ウメ、ユキヤナギ）の「枝もの」の生産に特色がある。

　浦和市としては、この東部地区を中心に低地の基盤整備を行い、水田の畑地化や施設整備などを実施している。もともとこの地域は、基盤整備は明治期に土地改良事業を実施した歴史を有する地区である。現在はいわゆる「見沼三原則」（後掲資料参照）により土地利用等開発行為が凍結されており、その線に沿ってこの地域を農用地として如何に残存させるかが課題である。

　次に、浦和市農業の特徴を統計で示しておこう。表2－19は、主要農産物の品目別農業所得であるが、総額24.4億円のうち、耕種が20億円（83％）、畜産が4億円（17％）を占めている。大きい品目は、野菜7.5億円（31％）、花き5億円（21％）、種苗・苗木（2億円、8％）である。これらの数字は、都市化が進んでいるとはいえ、まだかなりの農業生産が残っていることを示している。

　以上の農業生産を担当する農家を、経営類型別に示したのが表2－20である。資料は少し古いが、浦和市には自立志向農家とみなされる農家が714戸存在する。そのうち単一部門の専業経営が171戸（23.9％）、複合経営が543戸（76％）である。単一部門の専業経営では稲作（米）がその大半を占め、そのほか花木、野菜、花き、養鶏などの専作経営である。複合経営では野菜、米、花き、養蚕

表2−19　浦和市の品目別農業所得

作　目		農業所得 (昭和47年)	構成比		備　考 (作付面積、昭和44年)
			全体	細分	
		百万円	%	%	ha
耕	米	471	19.3	23.3	1,690
	麦　類	8	0.3	0.4	200
	雑穀豆類	6	0.2	0.3	100
	イモ類	78	3.2	3.9	194
	野　菜	746	30.6	36.9	739
	果　実	11	0.5	0.5	…
	花き	503	20.6	24.9	48
	工芸作物	1	0.1	0.1	−
種苗	種苗苗木	197	8.1	9.7	301
	小　計	2,021	(82.9)	100	
畜産	肉用牛	7	0.3	1.7	…　頭
	乳用牛	77	3.2	18.5	302
	豚	74	3.0	17.8	2,500
	鶏	258	10.6	62.0	124（千羽）
	小　計	416	(17.1)	100	−
加工農産物		−	−	−	−
合　計		2,437	100	−	−

注：『市町村別農業所得統計』(昭和47) および『浦和市の農業』(昭和45) による。

表2−20　浦和市の自立志向農家の実態（昭和45年）

(単位　戸)

基幹部門	専業経営戸数	副部門（複合経営）								合　計
		主穀	そ菜	花き	果樹	酪農	養豚	養鶏	養蚕	小計	
主　穀	115	・	157	17	3	2	11	5	1	196	311
そ　菜	9	201	・	10	2	1	−	−	−	214	223
花　き	37	45	16	・	11	−	1	1	−	74	111
果　樹	−	6	1	1	・	−	−	−	−	8	8
酪　農	2	8	8	−	−	・	−	−	−	16	18
養　豚	−	5	5	−	−	−	・	−	−	10	10
養　鶏	8	14	3	5	3	−	−	・	−	25	33
養　蚕	−	−	−	−	−	−	−	−	・	−	−
計	171	279	190	33	19	3	12	6	1	543	714

注：浦和市『浦和市の農業』(昭和45) による。

とその他の部門が結びつく類型が多い。

　それぞれの経営類型を、専業農家数、経営規模、及び所得水準で示すのが表2−21である。専業農家が露地野菜、露地野菜＋米、花き・植木経営に多いこ

表2-21 経営類型別専業農家数、所得水準および経営規模（浦和市）

経営類型	戸数	所得水準	経営規模	備考
花き植木	74	180～200万円	施設 12a / 露地 20a	主穀＋露地野菜がほかに101戸ある
施設野菜	3	160万円	1,500m^2	
露地野菜	147	150万円	100a	
果樹	1	150万円	60a	
酪農	8	192万円	24頭	
養豚	2	200万円	肥育 83頭 / 繁殖 3頭	
養鶏	3	100万円	3,000羽	
計	238 (339)	—	—	（ ）内は上記をふくめた専業農家

注：北足立農林事務所資料による。

表2-22 果樹苗木生産状況（昭和40～44年、浦和市）

(単位 a、千本)

品目	昭和40年 面積	本数	41年 面積	本数	42年 面積	本数	43年 面積	本数	44年 面積	本数
ナシ	103	191	67	71	64	73	45	50	38	41
モモ	68	66	58	57	25	25	60	55	61	55
リンゴ	387	560	407	532	430	544	224	291	179	225
イチジク	7	10	4	11	1	1	—	—	1	1
カキ	394	452	280	282	264	280	273	282	189	215
ウメ	409	467	352	390	349	413	365	415	296	341
オウトウ	41	46	34	73	178	191	66	71	74	89
アンズ	21	24	16	14	47	49	27	29	26	29
スモモ	111	141	102	109	101	122	66	75	72	95
クリ	21	22	14	15	6	7	2	3	0	0
ブドウ	40	62	43	63	82	117	35	57	58	92
サクラ	247	267	211	221	321	340	365	375	332	362
計	1,908	2,307	1,588	1,837	1,868	2,162	1,528	1,703	1,327	1,545
栽培者数(人)	323		288		311		288		247	
圃場数	779		678		734		650		577	
検査本数		1,649		1,347		1,756		1,352		1,184

注：『浦和市の農業』（昭和45）による。本数は作付本数を示す。

　と、所得水準が100～200万円前後であること、またそれに対応する規模が示されている。所得は税金対策の関係から若干低水準の数値と思われるが、経営的視点から今までの統計を補う意味で示されている。

　これらの資料で明らかなように、浦和市の農業は植木（苗木）、花き、野菜

表2-23 農地転用状況（浦和市、昭和40～44年）

(単位 千m²)

地区	昭和40年 件数	面積	41年 件数	面積	42年 件数	面積	43年 件数	面積	44年 件数	面積	累計 件数	面積	(参考) 経営耕地面積
木崎	233	101	156	81	185	43	168	57	199	62	941	345	1,446
谷田	209	53	218	45	169	40	206	57	185	70	987	265	2,228
三室	79	24	120	29	105	23	95	21	76	24	475	120	3,163
尾間木	89	27	121	40	62	13	85	24	92	24	449	128	3,095
六辻	174	94	189	84	102	75	151	77	131	71	747	401	1,133
土合	320	109	303	101	291	121	289	110	430	265	1,633	706	3,491
大久保	103	39	129	61	127	50	182	68	293	89	834	307	3,724
西浦和	48	26	90	24	89	32	113	47	97	59	437	188	1,277
美園	76	28	78	25	60	31	86	42	241	142	541	268	2,716（大門） / 3,794（野田）
旧市内	7	3	7	1	2	1	3	1	1	1	20	7	12
計	1,338	504	1,411	492	1,192	428	1,378	504	1,745	807	7,064	2,736	26,079

注：『浦和市の農業』（昭和45）による。経営耕地面積は昭和44年の数字である。

などを中心に、都市化に抗して残存しているのである。そして、今後ますます進む都市化の中で浦和市の農業が残存し続ける方向も、以上のような実態の中に探ることができる。

なお、以上を補足する資料が、果樹・苗木生産状況（表2-22）と農地転用状況（表2-23）であるが、この両表は浦和市農業のおかれている状況を象徴的に示している。

(2) 土地利用と緑地関連施策

浦和市の場合、都市計画法に基づく利用区分、つまり市街化区域と市街化調整区域の線引きが昭和46年8月25日に行なわれた。その概要は前掲・図2-4から明らかなように、先に検討した東部および西部の農業地域が市街化調整区域であり、残りの中央部が市街化区域である。後者の面積が大きく、土地改良区12のうち7改良区がこの中に含まれる。その面積構成は、次掲・表2-24に示すように、市域面積7,103haに対して、市街化区域4,390ha（61.8％）、調整区域2,713ha（38.2％）となる。

この利用区分は、埼玉県内の市街化区域の平均値（34市平均43.8％）よりかなり高い数値である。市街化区域は、既存市街地と宅地化の容易な隣接台地

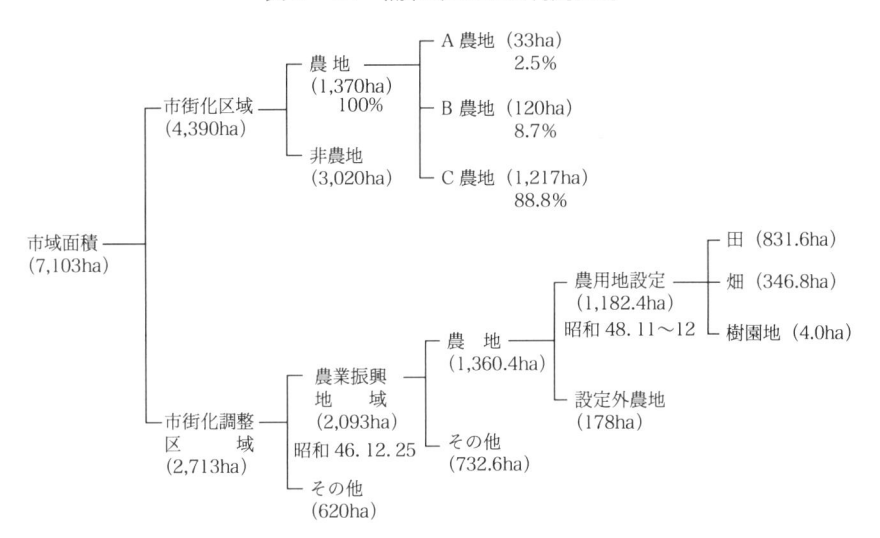

第2章　都市化と近郊農業の立地問題　305

表2-24　浦和市の土地利用区分

```
市域面積──┬─市街化区域──┬─農　地──┬─A農地（33ha）2.5%
(7,103ha) 　(4,390ha)　 (1,370ha)　├─B農地（120ha）8.7%
　　　　　　　　　　　　100%　　　└─C農地（1,217ha）88.8%
　　　　　　　　　　└─非農地
　　　　　　　　　　　(3,020ha)
　　　　　└─市街化調整──┬─農業振興地域──┬─農　地──┬─農用地設定──┬─田（831.6ha）
　　　　　　　区　域　　　(2,093ha)　　　(1,360.4ha)　(1,182.4ha)　├─畑（346.8ha）
　　　　　　(2,713ha)　　昭和46.12.25　　　　　　　　昭和48.11～12　└─樹園地（4.0ha）
　　　　　　　　　　　　　　　　　　　　　　　　　　└─設定外農地
　　　　　　　　　　　　　　　　　　　　　　　　　　　(178ha)
　　　　　　　　　　　　　　　　　　　　└─その他
　　　　　　　　　　　　　　　　　　　　　(732.6ha)
　　　　　　　　　　　　└─その他
　　　　　　　　　　　　　(620ha)
```

（畑、山林）が中心であり、低地（水田）と遠隔台地が調整区域である。用途指定（市街化）区域内にも農家が点在し、またあとでみるように農用地も残っている。そこでは見沼用水地区に一般的にみられる市街化区域居住、調整区域所有といった所有・利用の不一致が指摘できる。

　以上の線引きと土地利用区分を総括整理したのが表2-24である。それぞれの内訳を補足説明すると、市街化区域4,390haのうち、その3分の1の1,370ha（31.2%）が農地である。その内訳はA農地33ha（2.5%）、B農地120ha（8.7%）、C農地1,217ha（88.8%）である。

　他方、市街化調整区域については、総面積2,713haのうち、2,093haが昭和46年12月25日に農業振興地域に指定された。このうち、農地は1,360haであり、その中で農用地に設定されたのが1,182ha、設定外農地が178haである。農用地設定面積の地目別内訳は水田832ha、畑347ha、樹園地4haである。

　この表に示すように、農地は市街化区域と調整区域に、それぞれ1,360～70ha存在している。このような実態を前提すれば、市街化区域内の農業をどのように位置づけるか、またその対策として如何なる施策を実施するかが重要な政策

課題になってくる。

　浦和市は、「生産緑地」をどのよう定義するかは一先ずおくとして、都市にとって緑地空間が絶対必要条件であるという基本認識に立って、市街化区域農業を重視する。そして後でみるように、農業生産緑地保全事業、見沼三原則、公害対策、課税対策、などの施策を具体的に実施している。

　市としては、都市農業をどう考えるかに関係なく、市街化区域内農業と調整地域内農業を切り離すことはできない。このような視点から、浦和市全体の農業振興計画との関連で、市街化区域農業のあるべき姿を検討し、上記の諸対策を具体的に検討することにしよう。

　既に指摘したように、浦和市は昭和46年末に農業振興地域を設定し、48年末に農業用地を設定した。これらの農業振興地域は、東部の三室、尾間木、木崎の地区と、西部の大久保、土合地区であり、それぞれの地域性に即して土地基盤と近代化施設等の整備をはかり、農業生産と経営の安定振興を図ろうとするものである。対象地域の土地利用の現状と将来目標を示せば表2－25、表2－26の通りである。

　次に、市街化区域内の農地の実態、利用および課税状況を1表にまとめたのが表2－27である。すでに検討した事項は省略してその他の問題を補足すると、農地区分ではA、B農地は少なく、C農地が大半を占めている。1筆平均面積は、A農地は狭く4.16a、B農地5.47a、C農地4.62aである。農家は、市農家総数3,021戸のうち、2,521戸（83.4％）が当該地域に居住し、「市街化区域居住」である。居住と利用が分離する特徴を数字的にも裏付けている。品目別作付面積は水稲、野菜、植木が大きく、市全体とほぼ同じ傾向を示す。宅地並み課税は昭和48年度から実施されたが、最高11.8万円、最低3.4万円、平均3.5万円となっている。

　以上が市街化区域内農業の実態であるが、区域内農地面積の最近の推移を参考までに示せば表2－28の通りである。利用データによって、同一年度の数字に若干の相違があるが、大凡の見当をつけるには差し支えない。この表によれば、ここ1～2年で1～2割の農地が減少し、その程度はA、B農地で大きく、

表2-25 土地利用の現況と将来目標（浦和市）

(単位 ha)

地 目	現在面積 実数	構成比	目標面積 実数	構成比	備 考（増 減）	
農 用 地	1,360	65.0	1,300	62.1	△60	農用地設定1,182
山 林 原 野	251	12.0	234	11.2	△17	
宅 地	103	4.9	123	5.9	20	
工 場 用 地	16	0.7	20	1.0	4	
道路公共施設	96	4.6	166	7.9	70	
そ の 他	267	12.8	250	11.9	△17	
計	2,093	10.0	2,093	100		

注：浦和市『農業振興地域整備計画書』（地域指定、昭和46年度）による。

表2-26 農用地設定地区の現況と将来目標（浦和市）

(単位 ha)

地 区	現況面積 田	畑	目標面積 田	畑	増減面積 田	畑	備 考（田畑計）
木 崎	47.0	0.8	47.0	0.8	—	—	47.8
三 室	190.9	19.3	19.0	191.2	△171.9	171.9	210.2
尾 間 木	102.8	18.6	102.8	18.6	—	—	121.4
土 合	41.5	8.3	41.5	8.3	—	—	49.8
大 久 保	128.8	38.7	128.8	38.7	—	—	167.5
大 門	136.2	62.6	42.3	156.5	△93.9	93.9	198.8
野 田	184.4	198.5 (4)	36.9	346.0 (4)	△147.5	147.5	386.9
計	831.6	346.8	418.3	760.1	△413.3	413.3	1,182.4

注：浦和市『農業振興地域整備計画書』（地域指定、昭和46年度）による。
　　野田（　）内は樹園地を示す（畑計にはふくまない）。

C農地で小さいことがわかる。

　最後に浦和市の緑地関連施策を見ておこう。その主要施策は、昭和49月4年から実施された「浦和市農業生産緑地保全に関する事業」である。これは「要綱」によれば、市街化区域内の「居住環境又は自然環境の維持ならびに農業経営の安定と都市緑地の確保」を目的とする。その内容は、B農地のうち1000m^2以上（全体の60％）の集団農地を対象に、その所有者の申請に基づき「農業生産緑地」を指定登録し、当該農地について「毎年度予算の範囲内で当該農地の固定資産税、都市計画税相当額以内の奨励金を交付する」ものである。初年度約30haがその対象になった。

308　第Ⅱ部　立地変動の動態実証分析

表2-27　市街化区域内農地の実態、利用および課税状況（浦和市）

項　目	面積筆数			主要作目作付面積		宅地並課税状況
	面積	筆数	1筆平均面積			
	ha			水　稲	360 ha	48年度課税額 （10a当り）
市街化区域総面積	4,390	－	－	野菜（露地）	490	最高　117,900円
農地面積	1,300	28,005	4.64a	〃（施設）	3.2	最低　33,600〃
A農地	25.6	615	4.16a	花き（露地）	50	平均　35,100〃
B農地	98.1	1,972	5.47a	〃（施設）	11	前年度課税額 （10a当り）
C農地	1,176.3	25,418	4.62a	植　木	198	
田	433	－	－	麦　類	15	最高　738円
畑	867	－	－	陸　稲	1.8	最低　102〃 平均　456〃
農家数 （戸）	総　数 2,521	専　業 339	兼　業 2,182	果　樹 計	1.1 1,125	最近売買地価 （3.3m²当り） 150万～20万

注：北足立農林事務所資料による。

表2-28　市街化区域内農地面積（浦和市）

（単位　ha）

年　次	市街化区域農地面積			A　農　地			B　農　地			C　農　地			宅　地 平均価格
	地積	比率	指数	地積	比率	指数	地積	比率	指数	地積	比率	指数	
													円／m²
昭和47年	1,203 1,370	100 100	100 100	33 33	2.5 2.5	100 100	120 120	8.7 8.7	100 100	1,217 1,217	88.8 88.8	100 100	21,796
49	1,169 1,300	100 100	85 95	24 26	2.1 2.0	73 79	88 98	7.5 7.5	73 82	1,057 1,176	90.4 90.5	87 97	21,796

注：北足立農林事務所資料、その他による。

　この事業の考え方は、目的に従って農用地固有の課税額を超える部分を返す、というものであり、その効果と必要性があると考えるのである。単位を1,000m²としたのは、それで集約的農業を経営すれば生計が立てられる広さを基準にした。なお、A農地を除外したのは、1筆当り面積が小さく、また全体に占めるウェイトも小さいからである。

　そのほか関連施策として、畜産関係公害対策事業（糞尿処理1/3補助10件）、草刈条令、相続税問題など、農業を保護維持するとともに、都市と農業との調和を求める多様な努力が払われている現状である。

注
1) 前掲、『埼玉県の都市農業』、第2章、埼玉県都市農業の実情、A浦和市。なお、この資料では他に川口市（次項）、大宮市、川越市などの主要都市についてもその実態が調査されている。ただし、ここではその他の都市は取り上げない。

（参考資料）
　1．見沼田圃農地転用方針（三原則）
（昭和40.3.5　第5回県政審議会で決定）
1．八丁堤以北県道浦和岩槻線、締め切りまでの間は将来の開発計画にそなえて現在のまま原則として緑地として維持するものとする。
1．県道浦和岩槻線以北は適正な計画と認められるものについては開発を認めるものとする。
1．以上の方針によるも芝川改修計画に支障があると認められる場合は農地の転用を認めないものとする。
　2．見沼田圃の開発について（三原則補足）
（昭和40.5.10　第7回県政審議会で決定）
首都圏整備関係法の改正（昭和40.6.29）に伴う首都圏整備計画の改訂により本地域の開発方向が決定されるまで、暫定的に次の措置を行なう。
1．大宮駅から約2kmまでの地域ならびに与野駅から約1.5kmまでの地域で開発しても比較的支障の少ない別図に示す地域については、農地の転用を検討する。
2．その他の地域については、昭和40年7月31日までに農地転用の申請を受理したものに限り、農地の転用を検討する。
　3．見沼田圃の取り扱いについて（三原則補足）
（昭和44.11.5　県政審議会決定）
都市計画法に基づく区域分の設定に関連して見沼田圃の取り扱いを次のとおりにする。
1．全域を調整区域にする。
2．八丁堤以北県道浦和岩槻線および締め切りまでの間は、行政指導および土地の買取により緑地を保全する。
3．県道浦和岩槻線以北は、可能な限り緑地を保全する方針で、都市計画法及び農地法により規制をする。
　㊟見沼田圃開発の可能性については今後の検討議題とする。

4　川口市の地域・農業対策[1]

(1)　川口市の立地条件と農業概況

　川口市は、周知のように国鉄京浜東北線に沿って、荒川を境に東京と隣接す

る埼玉県の表玄関であり、鋳物と植木の町としても知られる。この2つの産物が象徴的に示しているように、川口市は恵まれた交通地位によって早くから工業化、都市化が進み、多くの工場が立地する。同時に東京のベットタウン的性格も早くから備えていた。他方、これらの市街化（工業化）区域の後背地には350年の歴史を有する伝統的な「植木産業」と都市近郊農業地域が残存している。

以上のような川口市の実態を、具体的な数字で示すのが表2－29である。市の特徴を2、3の指標で概観すると、人口は約33万人で埼玉県第1位であり、工場も多く立地しその数は4,573（昭和47年）を数え、また埼玉県第1位である。県工場総数2,765の16.5％を占める。また工業従業者数は約6万人、産出額は351億円に達している。

しかし、同時に農業関係指標を見ると、そこにまだ農家が2,177戸存在し、農家人口1.3万人、経営耕地面積1,542haが残っている。その農業所得も、後掲・表2－33で明らかなように18億円に達する。工業・商業関係出荷売上額と比べるとそのウェイトは低いが、農業生産としては無視できない額である。これらの農業を都市と共存させながら、どう維持してゆくかが、市が直面する課

表2－29　川口市勢の概要

区分	項目	単位	数量	備考（調査時期）
土地人口	土地面積	km^2	55.67	47.10.1
	世帯数	戸	105,785	〃
	人口総数	人	329,658	〃
農業	農家戸数	戸	2,177	45.2.1
	農家人口	人	12,920	〃
	経営耕地面積	a	154,212	〃
商業	商店数	店	5,997	47.5.1
	従業者数	人	20,977	〃
	商品販売額	百万円	14,845	〃
工業	工場数	工場	4,573	47.12.31
	従業者数	人	59,196	〃
	製造品出荷額	百万円	35,127	〃
その他	普通会計当初予算	百万円	19,588	48年度
	小学校数	校	35	48.5.1
	（生徒数）	（人）	(32,152)	
	中学校数	校	14	〃
	（生徒数）	（人）	(10,911)	

注：埼玉県統計課『埼玉県のすがた、'74』による。

第2章　都市化と近郊農業の立地問題　311

題である。

　川口市農業の具体的な検討に先立って、市全体の地理的立地条件や地形、その他の地域的特徴を概観しておこう。(図2－5参照)既に指摘したように、川口市はその南端で荒川をへだてて東京都に、また直接に鳩ヶ谷市に接し、東は草加、越谷、北は浦和、西は蕨、戸田の各市に取り囲まれ、鳩ヶ谷市を内側に囲い込んだC字型の地域から成り立っている。

　Cの下半分が市街化地区であり、北西、東南方向に京浜東北線が走り、これとほぼ平行してその東側を産業道路が走っている。そのほか、新荒川大橋を起点として放射状に分岐する国道122号線(バイパス)があり、東北縦貫高速道路などに接続する。

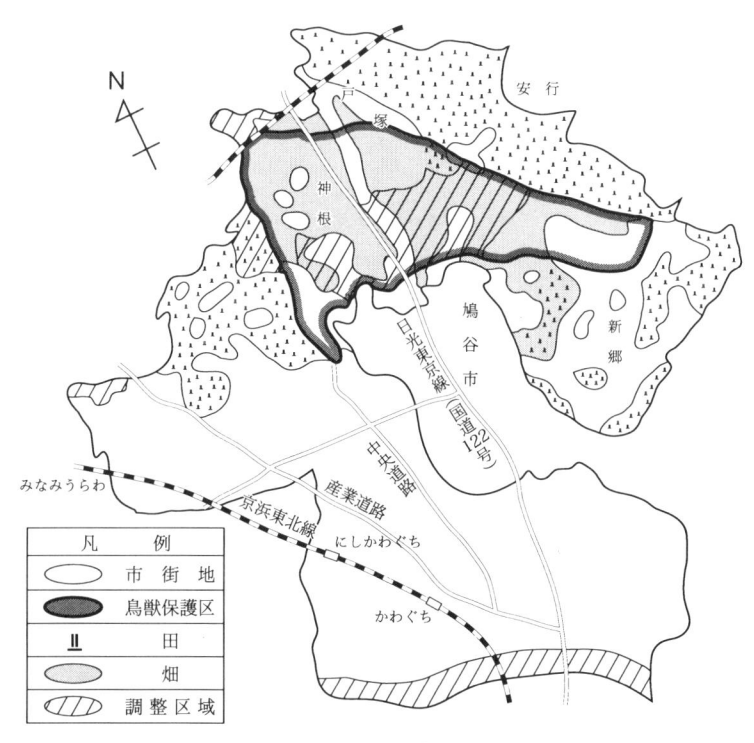

図2－5　川口市土地利用区分図

312　第Ⅱ部　立地変動の動態実証分析

　Cの上半分が農業地域であり、そこには上記道路を横切って県道・鳩ヶ谷－草加線、浦和－越谷線が東西に通り、また東京外郭環状線（当時計画中）が接続予定である。そのほか国鉄武蔵野線も開通している。地域のほぼ中央に、国道122号線と外郭環状線を結ぶインターチェンジが開設予定であり、また首都高速道路が伸びてくる計画である。（図2－6）

　以上、川口市の位置と立地条件をやや詳しく述べたが、それは川口市の置かれている立地条件を正しく把握し、その上で農業保護施策、ないし生産緑地対策を強力に推進しなければならない状況を理解するためである。

　川口市の地域的特徴は以上のように、南部は水田地域と市街化地区であり、旧川口市街地、横曽根、南平柳、青木、上青木、などの地区から成り立ってい

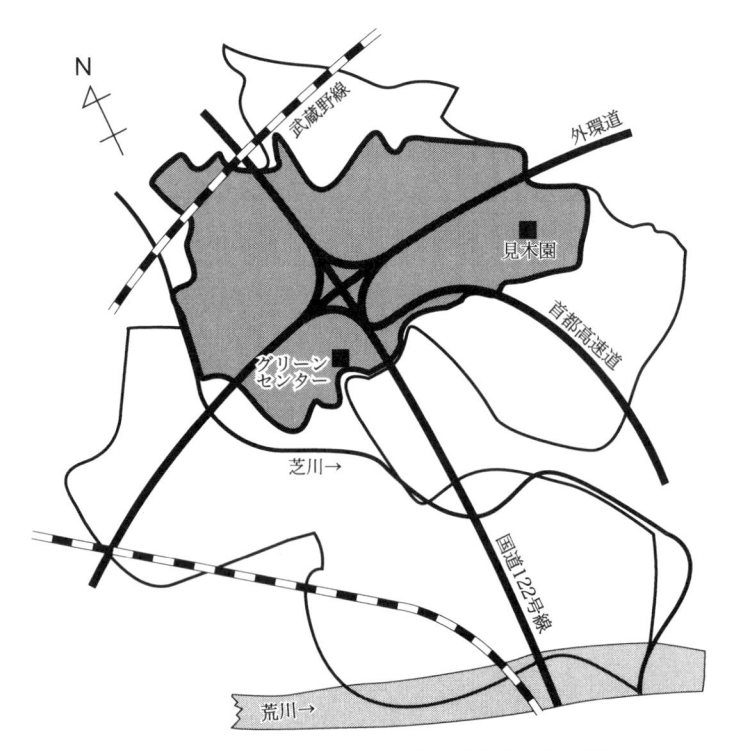

図2－6　川口市の交通条件と樹園都市区域

る。上青木を除き既成市街地である。(図2－5、参照)

　これに対して、北部の神根、戸塚、安行、新郷、などで構成されるのが畑地域であり、伝統ある花木・植木地帯である。これらの地域を対象に、市では「樹園都市構想」を策定し、当該地域に存在する約1,600haの緑地の保全を図るべく各種施策を鋭意推進中である。しかし前掲図で明らかなように、地域中央は各種道路が交錯する交通の要衝であり、外部経済条件としては都市化を促し、緑地保全に障害となる要因が多い。

　そこで、以上の地域的特徴と関連させて、土地利用や区画整理事業等の歴史的経緯を振り返ってみると、旧都市計画法に基づく区画整理事業は、大正時代から昭和初期まで遡ることができる。すなわち、戦前の事業としては、①横曽根錦町（大正～昭和初期、100ha）、②南平柳地区耕地整理事業（昭和戦前期開始、戦後34年市営事業として再開、400ha）、③上青木・青木地区区画整理事業（昭和14年開始、戦時中断、戦後47年北部区画整理事業として県営移管）などがある。

　このように、区画整理事業は都市化の進展に伴って戦前から実施されてきたが、そして一部では仮換地処分まで終戦時に済んでいたが、これが農地改革等により混乱し、その再開は上記①～③事業の経過でも明らかなように、戦後の30年代まで遅れることになる。

　戦後の区画整理事業の再開を促した要因は、いうまでもなく我が国の経済復興による生産拡大と土地需要の増大であろう。それは、具体的には昭和30年頃からの農地転用の増大傾向として現れ、開発は35年ごろから急テンポで進んだ。これらの動きに対応して、昭和34年にはすでに指摘したように、南平柳地区の区画整理事業が市営で再開されている。また、39年頃には芝地区（旧芝村－蕨、西川口、南浦和周辺、600ha）、41年頃から新郷地区の一部（194ha）、45～6年には戸塚地区（武蔵野線東川口周辺400ha、160万m^2）で、それぞれ市営の区画整理事業として始まる。この間に、昭和43年には新都市計画法が施行され、それに基づいて川口市は後で述べるように昭和45年8月に線引きを行なっている。

　要するに、首都近接的な地域の立地条件が急速な都市化を促し、それに対応

314   第Ⅱ部   立地変動の動態実証分析

表2－30 川口市農地転用実績（昭和40～49年）

(単位 m²)

年　月	件　数	構成比	面　積	構成比
	件	％	m²	％
40年	1,307	9.14	620,257	10.32
41	1,252	8.75	452,446	7.53
42	1,338	9.35	510,892	8.50
43	1,382	9.65	598,388	9.95
44	1,483	10.36	745,881	12.41
45	1,328	9.28	751,553	12.51
46	2,021	14.13	691,029	11.50
47	2,135	18.40	967,864	16.11
48	1,567	10.94	671,183	11.17
累　計	14,313	100	6,009,493	100
49年1～8月	628	－	212,344	－

注：川口市資料による。

して区画整理事業が次々に開始され、その面積は1600ha（市営1500ha、県営100ha）にも達する。これは市全面積5,566haの28.7％に相当する。（後掲、表2－31、参照）それと同時に、農地の転用が進み、その昭和40年から現在までの累計は、1.5万件、622haに達している。（表2－30、参照）

(2) 土地利用区分と市街化区域内農業

　ところで、以上の都市化に対応して、農業サイドではどのような対応をしてきたのであろうか。その前に、川口市の市街化区域と調整区域の線引き（昭和45年8月実施）の実態をみてみよう。

　この関係を図示したものが表2－31である。まず具体的な数字から見ると、市域面積5,566haのうち、4,844ha（87％）が市街化区域、722ha（13％）が同調整区域である。市街化区域の割合が大きく、これは蕨、鳩ヶ谷（共に100％）、草加（90％）に次ぐ高率である。このように市街化区域割合が大きいことは、ある意味では今まで見てきた川口市の都市化の進展を反映するといえよう。しかし他方で、「樹園都市構想」のような川口市が志向する発展方向とは矛盾することも明らかである。

　何故このような線引きになったかは、後で触れることにして、表2－31を引

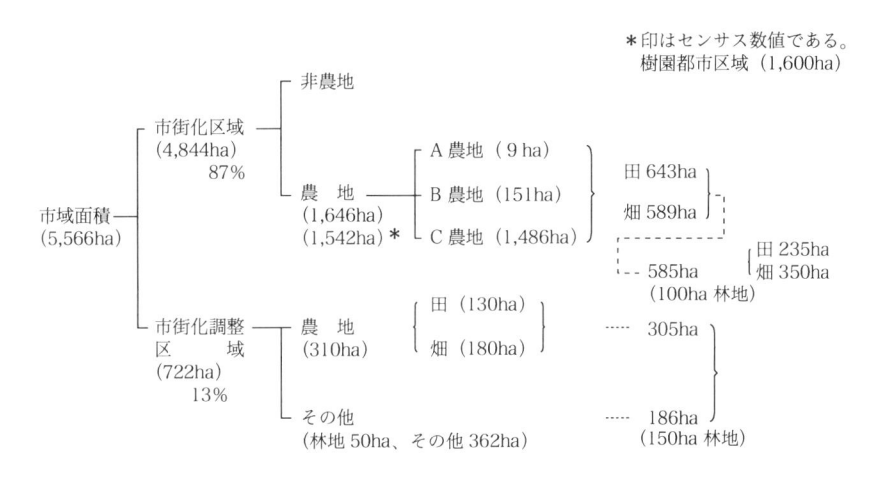

第 2 章　都市化と近郊農業の立地問題　315

表 2 -31　川口市の土地利用区分

```
                                                       ＊印はセンサス数値である。
                                                         樹園都市区域（1,600ha）
                        ┌ 非農地
           ┌ 市街化区域 ┤
           │ (4,844ha)  │            ┌ A 農地（  9 ha）   ┐ 田 643ha ┐
           │   87%      │ 農　地   ┤ B 農地（151ha）    ├ 畑 589ha ├┐
           │            └ (1,646ha)   │                    │          ││
市域面積 ┤              (1,542ha)＊ └ C 農地（1,486ha）┘          ──┤
(5,566ha) │                                                 ┌ 田 235ha │
           │                                             585ha 畑 350ha │
           │                                            (100ha 林地) ──┘
           │                        ┌ 田（130ha）┐
           │ 市街化調整 ┌ 農　地 ┤              ├ ……… 305ha
           │ 区　域    │ (310ha)  └ 畑（180ha）┘
           └ (722ha)   │
                13%    └ その他                        ……… 186ha
                         (林地 50ha、その他 362ha)      (150ha 林地)
```

き続き検討してみると、以上の矛盾が具体的に示されている。すなわち、その問題点は農用地の大部分（固定資産税賦課面積では、1,646ha、センサス面積では1,542ha）が市街化区域に存在することである。そして調整区域内にはわずか310ha（市街化区域のうちの5分の1相当面積）しか存在しない。

市街化調整区域（722ha）の地域別内訳は、①荒川河川敷（171ha）、②芝川沿岸（65ha）、見沼用水跡地（56ha）、③安行地区（406haのうち、水田地区を除く畑地帯240ha）、その他24haなどである。これらの数字は表2-32と必ずしも正確には対応しないが、その面積が狭く、しかもその場所が安行を除けば「樹園都市構想」区域と必ずしも一致しない矛盾が指摘できる。

なお、市街化区域内農地の実態はあとで検討するとして、まず「樹園都市構想」区域1,600haの所在区域別・利用別内訳をみておこう。それは、市街化区域内に1,109ha（69％）があり、その内訳は耕地が585ha（田235ha、畑350ha）、林地100ha、非農地424ha、である。他方、市街化調整区域の面積は491ha（13％）であり、うち耕地305ha（田125ha、畑180ha）、林地150ha、その他186haである。

川口市の市街化区域と調整区域の線引きの実態と、それに対する「樹園都市構想」区域の実態は以上の通りである。次に市街化区域農地の実態と利用状況

表2－32　市街化区域内農地の実態、利用および課税状況（川口市）

項目	面積筆数			主要作目作付面積			宅地並課税状況
	面積	筆数	1筆平均面積				
	ha		a			ha	48年度課税額 （10a当り）
市街化区域 総面積	4,844	－	－	水　稲 野菜（露地）	517 187		最高　　147,070円 最低　　 19,390〃
農地面積	1,232	34,479	3.57	〃　（施設）	1.5		平均　　 42,558〃
A農地	10	305	3.27	花き（露地）	33		
B農地	151	5,258	2.87	〃　（施設）	18		前年度課税額
C農地	1,071	28,916	3.70	植　木	200		（10a当り）
田	643	－	－	果樹苗木	27		最高　　　768円
				果　樹	1		最低　　　256〃
畑	589	－	－	計	985		平均　　　512〃
農家数 （戸）	総数 1,844	専業 451	兼業 1,393	乳用牛 豚 鶏	45 450 10	頭 〃 万羽	最近売買地価 （3.3m²当り） 150万～20万

注：北足立農林事務所資料による。

等を表2－32に示すと、市街化区域4,844haのうち、農地面積は1,232ha（25.4％）であり、その内訳は、A農地10ha、B農地151ha、C農地1,071haである。また、地目別には、田643ha、畑589haである。参考までにその農地1筆の平均面積をみると、A農地が3.27a、B農地は2.87a、C農地3.70a、平均3.57aとなっている。

次に農家数は、総数で1,844戸が存在し、全市農家2,177戸の85％を占める。内訳は専業農家451戸、兼業農家1,393戸である。また、主要作目の作付面積は、水稲が依然として第1位を占め517ha、次いで植木（果樹・苗木を含む）が228ha、野菜・花き240haである。畜産としては鶏が10万羽、豚450頭、乳牛用45頭程度で、そのウェイトは低い。

なお、農用地の宅地並課税状況は、最高14.7万円（10a当たり）、最低1.9万円、平均4.3万円である。また、参考までに最近の土地の売買価格をみると、3.3m²当たり20万～150万円と高いことがわかる。

以上が市街化区域内農業の概況である。既に指摘したように、現実の川口市の農業は、そのウェイトから見て、これらの市街化区域内農業によって代表されている。これらの市街化区域農業も含めて、川口市全体の品目別農業所得と経営類型別専業農家数、および経営規模を示せば表2－33、34の通りである。

花き（植木、苗木）、野菜、米などが所得、経営類型のいずれでも多く、市農業の中核であることが明らかである。また、ウェイトは低いが、畜産経営も少数残存する。

最後に、市街化地区内の農地面積の最近の動向を示したのが表2－35である。この表で明らかなことは、データによって数値上の差異はあるが、昭和47年か

表2－33　川口市品目別農業所得

(単位　百万円)

作　目		農業所得	構　成　比		備　考
耕地	米	142	7.8	8.8	
	雑穀・イモ類	34	1.9	2.1	
	野　菜	432	23.7	26.7	新郷（レタス、セロリ、ショウガ、小松菜）
	果　実	16	0.8	1.0	神根（軟化）
	花　き	838	46.0	51.9	
	種苗・苗木	153	8.4	9.5	安行地区
	小　計	1,615	(88.6)	100	
畜産	乳用牛	31	1.7	15.0	
	豚	30	1.7	14.5	
	鶏	146	8.0	70.5	
	小　計	207	(11.4)	100	
合　計		1,822	100	－	

注：「市町村別農業所得統計」（昭和47年）による。

表2－34　経営類型別専業農家数、所得水準および経営規模（川口市）

経営類型	戸数	所得水準	経営規模	備　考
	戸	万円	a	
花き植木	195	180～200	施設　12 露地　20	施設＋植木 主穀＋露地野菜 の複合経営が、このほかに88戸存在する。
施設野菜	56	150～180	施設　250 m² 露地　75 a	
露地野菜	91	100～120	50	
果　樹	1	170	40	
酪　農	3	160～180	15 頭	
養　豚	2	100～130	150 頭	肥育
養　鶏	15	130～150	4,000～5,000 羽	
計	361 (451)			（　）内は上記88戸をふくめた専業農家数

注：北足立農林事務所資料による。

表2－35 市街化区域内農地面積（川口市）

年 次	農地面積 地積	構成比	A 農 地 地積	構成比	B 農 地 地積	構成比	C 農 地 地積	構成比
	ha	%	ha	%	ha	%	ha	%
昭和47年	1,647 (1,483)	100	31	1.9	170	10.3	1,445	87.8
49 (A)	1,504	100	10	0.6	137	9.1	1,357	90.3
(B)	1,232	100	10	0.8	151	12.3	1,071	86.9

注：北足立農林事務所資料による。

ら49年にかけて、全体で数百haが減少し、農地の種類別には構成比減少率としてはA農地が大きく減少しているが、絶対値としてはC農地の減少が大きい。これを要するに、市全体で農地の転用が進展していることであり、その実態は前掲表2－32の通りである。

(3) 「樹園都市構想」と都市農業対策

　川口市の立地条件と、その農業の実態は以上の通りであるが、それはもちろん自然発展的にそのような姿になったのではない。都市化の圧力が強ければ強いほど、それに対応してそれ以上に農業と市民生活を守ってゆく姿勢と努力が、現在の川口市の農業を残したと言っても過言ではない。

　その推進主体がK氏（農業技監）を中心とする市当局、および市農業委員会の永年の努力であった。川口市のように都市化の激しい地域で、これほど農業保護政策を積極的に実施している事例も珍しい。本来は都市化が激しいほど、川口市のように都市計画と農村計画を統合する地域計画が住民福祉の立場からは必要なはずである。しかし、一般には都市化の波に押し流されて、積極的に緑地確保施策を推進している事例は少ないのが実状である。

　では、川口市は具体的にどのような都市農業対策を実施してきたのか。次にその概要を検討するが、その中心はいわゆる「樹園都市構想」であり、それと関連する各種の対策である。それは都市計画と農村計画を統一する地域計画であり、行政指導ということができる。

　まず、以上のような諸施策が構想される基本的な考え方を、K氏の発想に基

第 2 章　都市化と近郊農業の立地問題　319

づいて整理すると、①都市農業をどう認識するかが問題であるが、②農業を都市と共存共栄しうるものと考えており、③単に市街化区域農業とは必ずしも考えない、ということである。この考え方の中に、都市全域を対象として、都市と農村が調和を保って発展することが両サイドにプラスとなり、かつそれが地域全体の福祉につながる、という姿勢を感ずることができる。

「樹園都市構想」は、以上のような発想に基づいて、安行、戸塚、神根、等の市東北部の緑地帯約1,600haを如何に保全するか、が昭和32年頃に問題になったことに始まる。当時、都市計画的構想はまだなく、昭和35年にこの問題が農業委員会に諮問され、これに対する答申が出されたのがマスタープランとなっている。

その構想は、350年の歴史をもつ「植木産業」、と水系にしたがって発達した緑地を残すことが大切であり、それを残すためには農業を残さねばならない、という発想で農業を中心に都市計画を策定した。そのため、農業をどう残すかの「意向調査」を実施し、これと関連させて「樹園都市構想」地域を中心に市街化調整区域を設定しようとした。しかし、この考えは結局実行されず関連法律等の関係で、上位計画地区のみを残すという形で線引きが行なわれた。この点については既に述べた通りである。

なお、線引きが実施される直前の、昭和44年3月に実施した農家の意向調査の結果を参考までに掲げれば表2－36の通りである。全体を通じて、市街化区域編入希望は、戸数では40.2％、面積では39.5％であり、市街化調整区域編入希望は、戸数で42.9％、面積で60.5％である。地区別には戸塚、安行、神根、新郷の順で調整区域編入希望（面積）が多く、これらの地区が調整区域に指定されれば問題は比較的少なかったのである。

このように、川口市ではその急速な都市化にも関わらず、農業を存続させてゆこうとする下からの意向があり、その芽を積極的に伸ばす方向で、既に行なわれた土地利用区分（市街化、調整区域設定）を自主的に再検討しようとした。それが昭和45年に全国農業構造改善協会に委託した「川口市・樹園都市建設に関する調査報告書」であった。[2] その調査報告書は46年3月にまとめられたが、

320　第Ⅱ部　立地変動の動態実証分析

表2－36　市街化区域・調整区域別編入希望戸数および面積

(単位　戸ha)

地 区	区域編入希望戸数				同 左 面 積			昭和43現在在	
	市街化区域	調整区域	1部市街化区域	合 計	市街化区域	調整面積	総面積	耕地面積	10年間耕作希望
新　郷	169 (45.2)	140 (37.4)	65 (17.4)	374 (100)	105 (47.7)	115 (52.3)	220 (100)	319 (100)	72 (22.6)
安　行	85 (23.2)	141 (38.5)	140 (38.3)	366 (100)	81 (34.3)	155 (65.7)	236 (100)	339 (100)	36 (10.6)
戸　塚	126 (39.1)	163 (50.6)	33 (10.3)	322 (100)	61 (31.3)	134 (68.7)	195 (100)	421 (100)	55 (13.1)
神　根	256 (46.1)	260 (46.9)	39 (7.0)	555 (100)	147 (42.4)	200 (57.6)	347 (100)	417 (100)	126 (30.2)
前　川	16	1	—	17	—	—	—	22 (100)	1 (4.5)
青　木	3	—	—	3	—	—	—	52 (100)	3 (5.8)
横曾根	6	—	—	6	—	—	—	12 (100)	1 (8.3)
合　計	661 (40.2)	705 (42.9)	277 (16.9)	1,643 (100)	394 (39.5)	604 (60.5)	998 (100)	1,582 (100)	294 (18.6)

注：川口市農業委員会『農業継続に関する意向実態調査報告書』（昭和44.5）による。下段
　　（　）内は構成比（％）を示す。

それと相前後して同5月には川口市農務課から「川口市樹園都市構想」を公表している。

その内容は既に一部ふれたように、対象地域約1,600haについて「市街化区域と市街化調整区域とを一環とし、且つ農業計画と都市計画を一体とした総合的地域開発を農業サイドから誘導推進することとを目的とするものであり、…『農業および農業者と、人間の生活と居住の環境との関係』を重視して『都市的構造と農業構造とを完全融合・調整せしめた近代的地域構造』の実現を図ることを究極の目標とする。」（川口市農務技監、「樹園都市建設事業」促進対策要綱（試案）、昭和45年12月）。

この基本的方向に即して、具体的には、①樹園都市計画の地域（設定）、②人口配分計画、③緑地計画、④道路、交通計画、⑤排水計画、⑥農村住宅団地計画、⑦流通業務団地計画、⑧貯水池計画、⑨園芸農業振興施設計画、⑩上下水道その他の諸計画、が立てられることになる。

以上のうち、直接関係するのは、③緑地計画と⑨園芸農業振興計画であろう。

この点を補足説明すると、③は鳥獣保護区域（昭和43年設定）を中心に、約1,100haを安行武南県立自然公園地域として存続せしめ、うち、樹園都市地域の33%（516ha）について、森林公園、水郷公園、グリーンセンター、鳥獣保護林、登録園芸生産緑地、その他として整備しようとするものである。また、⑨は、上述と関連して、生産緑地団地取得、植物総合取引センター、グリーンセンター農業施設、等の整備を図ろうとするものである。

このように、樹園都市構想は多面的であるが、その中で代表的な施策である生産緑地登録制度について要点を紹介すると、その骨子は次のようなものである。すなわち、都市計画区域内に存在する「生産緑地」のうち、原則として30a〜1ha以上の恒久的な花き、植木、造園業用地（温室、鉢物、および造園用施設を含む）を対象に援助的措置を講じようとするものである。

それは、登録期間によって第1種（10年以上、恒久農地）、第2種（5年以上10年未満、恒久的農用地）に区分され、第1種生産緑地は「農振法上の農用地区域内農地と同等」、第2種生産緑地は「都市計画法上の市街化調整区域農地と同等」の取り扱いとして規制措置を講じる。第1種は許可制、第2種は届出制となり、指定替えは5年ごとに行なう。援助措置としては、固定資産税、都市計画税のほか、相続税、譲渡所得税について「農地評価」により賦課するものとし、また保有税は課さないというものである。

この制度は昭和48年から実施されたが、その考え方は46年頃から「登録園芸生産緑地」として計画に織り込まれている。そして47年度には予算はとれたが、宅地並課税は延期された。一見、宅地並課税救済策のようであるが、その本質は全く異なるものだとK技監は強調している。この制度は線引きが誤っているという前提で、その手直しを実質的に行なうものだという。

従って、「樹園都市構想」に即して、花き、植木、造園業（畑地）のみが対象であり、水田農業は対象から除外されている。そして、暫定的に3年間、在宅並課税相当額を補助することにした。その結果、500haの申請があり、うち424haを認可した。地区別登録実績は表2－37の通りである。なお、登録計画面積は300〜500ha、うち集団園芸生産緑地300ha、市街化区域内230ha、調整

表2-37 「川口市都市農業生産緑地」登録面積と交付金額（昭和48年度）

(単位 m², 円)

地区	市街化区域 B農地 面積	金額	C農地 面積	金額	合計 面積	金額	市街化調整区域 面積	金額	合計 面積	金額	件数
新郷	469	275	467,636	302,760	468,105	303,035	—	—	468,105	303,035	120
安行	—	—	1,024,041	502,927	1,024,041	502,927	190,300	71,058	1,214,341	573,985	255
戸塚	—	—	1,424,167	556,577	1,424,167	556,577	40,759	13,175	1,464,926	567,752	338
神根	—	—	759,994	372,505	759,994	372,505	297,087	108,997	1,057,081	481,502	221
芝			14,365	6,394	14,365	6,394	—	—	14,365	6,394	3
前川	8,913	5,051	4,242	2,436	13,155	7,487	—	—	13,155	7,487	3
青木	894	296	5,332	4,750	6,226	5,046	—	—	6,226	5,046	3
南平柳	2,978	1,436			2,978	1,436	—	—	2,978	1,436	1
計	13,254	7,058	3,699,777	1,748,349	3,713,031	1,755,407	528,146	193,230	4,241,177	1,948,637	944

注：川口市農務課資料による。

表2-38 昭和47年度川口市農業振興資金利子補給対象事業種目及び利子補給率等一覧表（資金別）

貸付資金名	貸付対象事業種目	貸付金額の限度	償還期限	左の内据置期間	基準貸付金利	利子補給の内訳 国・県	市 補給率	市 補給期間	貸付金利（農業者負担分）
農業近代化資金	温室施設	200万円	12年以内	3年以内	9.0%	3.0%	5.5%	5年	0.5%
	ビニールハウス	200	12年以内	3年以内	9.0	3.0	5.5	5	0.5
	植物低温保管施設	200	12年以内	3年以内	9.0	3.0	5.5	5	0.5
	農園自動灌水装置	200	7年以内	2年以内	9.0	3.0	5.5	3	0.5
	造園用クレーン車	200	7年以内	2年以内	9.0	3.0	5.0	3	1.0
	農舎	200	12年以内	3年以内	9.0	3.0	2.0	2	4.0
	耕作用トラクター	200	7年以内	2年以内	9.0	3.0	2.0	2	4.0
	養鶏施設	200	12年以内	3年以内	9.0	3.0	5.5	5	0.5
	温室施設（共同）	1,000	12年以内	3年以内	9.0	3.0	6.0	5	0
	ビニールハウス（共同）	1,000	12年以内	3年以内	9.0	3.0	6.0	5	0
	花き球根共同購入	500	5年以内	1年以内	9.0	3.0	3.0	1	3.0
	ヒナ共同購入	500	5年以内	1年以内	9.0	3.0	3.0	2	3.0
農協単独資金	温室施設				8.0	—	6.5	5	1.5
	植物低温保管施設				8.0	—	6.5	5	1.5
	農園自動灌水装置		各農協により、差異がある。		8.0	—	6.5	3	1.5
	研修生等宿舎				8.0	—	6.5	5	1.5
	温室施設（共同）				8.0	—	6.5	5	1.5
	ビニールハウス（共同）				8.0	—	6.5	5	1.5
	花き球根共同購入				8.0	—	3.0	1	5.0
	ヒナ共同購入				8.0	—	3.0	2	5.0

区域内70haである。

　以上が、川口市の生産緑地登録制度であるが、これは緑地が必要なときにそれが放棄されるという現実の動きに対して、具体的な施策を通して都市農業を

位置づけようとする貴重な努力といえよう。なお、参考までに川口市で行なっている農業振興資金利子補給制度を示せば、表 2 −38の通りである。

注
1) 前掲、『埼玉県の都市農業』、第 2 章、B川口市。
2) 全国農業構造改善協会、『川口市・樹園都市建設に関する調査報告書』、昭和46年 3 月。

第 4 節　都市農業の政策的課題

1　土地利用区分の問題点

　都市農業の概念規定と関連して、現実問題として明確にしなければならないのが市街化区域農業と農業振興地域との関連であろう。[1] 本来、都市計画法に基づく線引きが適切であり、市街化区域内の農業がネグリジブルであれば、このような問題提起自体無意味ということになる。しかし、これまでの調査で明らかなように、現実には上記の 2 つの前提が成り立たず、法律の趣旨にもかかわらず、両者の関係を検討する必要が現実に存在するのである。そこで、市街化区域農業と農業振興区域との関連に焦点を絞って、政策的問題点を検討してみよう。

　まず埼玉県の事例について、都市計画法による「線引き」（土地利用区分）の概要を統計的に確かめると、都市計画区域には77市町村、26.2万ha（全県面積の69％）が関係している。このうち、 8 市町村を除く69市町村が線引きを実施し、うち市街化区域は6.4万ha（17％）、市街化調整区域は16.2万ha（43％）である。残余の 8 市町村（3.5万ha、 9 ％）が上記の区分を定めない都市計画区域である。

　これに対して、農業振興地域は16.2万ha（43％）であり、その内訳は農用地区域が74市町村に関係する約7.5万ha（20％）、上記以外の農業振興地域が8.7万ha（20％）となっている。これらのうち、12.2万haは調整区域内の農振地域に

あり、うち農用地が5.2万ha存在する。

　他方、市街化区域内の農地をみると、2.6万ha（昭和47年現在）〜2.3万ha（昭和49年現在）が存在している。これをさきの調整区域内農振地域農用地5.2万haと対比すれば明らかなように、それは無視できない面積であり、両者を合わせると7〜8万haになる。これは県下の全耕地面積12.8万ha（昭和48年）の55〜62％に相当する。

　このように、面積的にみた市街化区域内農業のウェイトはまだかなり大きく、さらに粗収益その他を勘案すれば、そのウェイトはさらに大きいと思われる。そしてこれらの実態をふまえれば、都市計画法の趣旨はそれなりに理解しても、過渡的処置としては市街化区域内農業についても農業振興地域に準ずる指導、普及、助成措置を講ずることを要望している。

　その理由は、今まで見たように、市街化区域内にかなりの農地が残存している実態があり、それと裏腹の関係として、市街化区域と調整区域の線引きが必ずしも適切ではなく、線引きに当たっては、市街化区域のとり方が広すぎた傾向があったからである。

　その原因は、一方で都市化の進展が急激で、その趨勢値を引き伸ばして面積を設定したことが行政サイドの問題として考えられる。また農家サイドでも、農家の利害関係が一様でなく、とくに農業を諦めて脱農を志向する場合には、自己の所有地が市街化区域に編入されるほうが、地価高騰が期待できて有利であるため、住民の意向もそれを是認、ないし希望したという事情もある。[2]

　この傾向は単に脱農志向農家に限らず、農業を継続してゆく意思を十分有する農家の場合でも、農地の一部は市街化区域に保有して、必要な場合にはそれを売却して対応しようとする行動である。川口市の実態調査では、このような農家が全体の16.9％存在している。これに市街化区域希望40.2％を加えると57.1％になる。そして、これをあながち農家のエゴイズムと非難するわけにもいかないのである。[3]

　そのほか、大半の線引きが行なわれた段階では、まだ宅地並み課税問題も起きておらず、市街化区域を拡大して設定することに対しては余り抵抗がなかっ

たのが一般の場合であった。その結果が、実態とかけ離れた市街化区域の過大拡張となったといえよう。

2　市街化区域農業への政策対応

このように、線引きの経緯や農家の資産保有意識と危険分散的対応から、市街化区域はその適切妥当な面積を上回って設定され、そこには優良な農用地を多く包摂することになった。それは確かに線引きの不手際であるが、それは農家もその責任の一端を担うべき性格のものであって、都市サイド、行政、農家の3者が共同で犯した過誤というべきであろう。

もし、線引き自体に誤りがあるとすれば、それは以上のように理解すべきであり、それから生ずる問題も当然共同して責任を負うべきである。もし市街化区域内の農業も、振興地域並みに面倒をみるべきであると主張する根拠があるとすれば、それは以上のような理由によるといえよう。

第2の根拠としては、現存する地域農業の生産力を維持するためには、市街化区域と農業振興地域を分離し、両者を切り離して後者のみを対象に施策を講ずるよりは、両者を併せて対応するほうが効果的であるという理由である。従来通りに指導、普及、基盤整備、融資、その他の対策を行なえば政策効果が期待できると主張する。

この点は、他の個所でも述べたように、市町村段階の農政担当者が等しく希望していることであり、それは実態調査、あるいは北足農政連絡協議会の要請にも示されている。

第3に、都市農業は別途検討したように、いわゆるラーバン・エリア（Rurban area）に存在する農業であり、それは線引き以前に実態として存在し、機能しているものである。従って、それを人為的に、しかも政治的かつ利害の対立する中で区分しても、機能的には切り離せない面があり、それを無理に切り離せば全体の機能が損なわれることになる。

第4に、市町村財政から判断した場合、現在の市外化区域が都市機能を充分発揮するまで整備するには、莫大なインフラ投資が必要であり、そのための財

政措置と農政的な代替措置（助成予算）を比較衡量すれば、農業機能を残存させて「生産緑地」として管理するほうが格段に安上がりとなる現実的判断も働くのである。そして、このような判断と対応はまた適切といわねばならない。

　何故なら、市町村の財源は有限であり、限られた財源を有効かつ適切に運用するのは当然であるからである。そして、都市機能を長期的な展望と計画に即して段階的に整備してゆくことが肝要であり、そのための暫定措置、将来の整備をより容易にする保守管理、と理解する判断も成り立つ。

　以上、市街化区域農業と農業振興地域は切り離さずに、一括して従前どおりの施策指導を施すことが必要と主張する根拠を概略のべた。しかし、ここで市街化区域の農業を従前通りに取り扱っては、何のための都市計画法であり、土地利用区分かという批判が当然起きるであろう。

　例えば、都市的土地利用と農業的土地利用とを明確に区分し、都市と農業が無秩序に"共存"するのを整理し、無駄なあるいは目的にそぐわない投資や整備に一定の基準を与えるのが都市計画法の立法趣旨ではないか、と。

　確かにこのような批判なり反論はそれなりの意味があり、正しい面が多い。しかし問題は、以上の反論に一歩譲って、立法趣旨には賛成するとしても、先に指摘したような線引きの実態といきさつを想起すれば、原則を強く主張する意味はうすらいでくる。

　もし都市計画法に即した都市と農業の土地利用区分と、それに即した整備をそのまま推進するとすれば、その前にまず線引きをやり直し、正しい線引きが実現した段階でそれを主張すべきではなかろうか。もしそれが現実問題として不可能であれば、線引きは一応そのままにして、運用面でその誤りを修正するより他に適当な方法はない。農業振興地域並みに市街化区域農業の面倒をみるべきというのは、このような妥協策の１つであることはいうまでもない。

　以上の方策とは別に、線引きそれ自体を修正すべきであると主張する例も一部には存在する。川口市などはその一例である。このような運動を展開すること自体は別に反対する理由はないし、またそれはそれで進めるべきである。しかし一般的な場合には線引きの過誤をアフターケアー的施策で処理しようとす

第2章　都市化と近郊農業の立地問題　327

るのが平均的な対応であり、また現実的でもあるからである。

　また、以上のような形の諸施策を通じて実質的に対応する方向は、さきの財政的考慮とも関連して、市街化区域を整備する都市計画と農村計画の統合という視点からも重要であることを指摘しておこう。[4]

　なお、念のために更に付言すれば、市街化区域農業を振興地域並みに優遇すべきであるといっても、それはあくまでそこに存在する農業の実態に即して判断すべきである。その機能が明らかに衰退している場合には、機械的にそれを振興地域と同様に取り扱うことは無意味である。従って、その判断は各個別事例に即して、ケース・バイ・ケースに行い、その優遇期間も期限を切って行なうべきであることも当然である。

　要するに、現在の過渡的段階においては、市街化区域と農業振興地域の農業を切り離して対応することは、機能保全、財政投資、都市・農村計画からみて無理があり、それを強行すれば振興地域農業自体まで阻害する結果を招くことになる。従って、都市計画法の趣旨にはそぐわないとしても、以上のような対応策をとることが暫定的な措置としては、止むを得ない現実的な対応であり、それが都市農業を生かす道でもあるといえよう。

注
1）前掲、『埼玉県の都市農業』、第3章、埼玉県都市農業の展望と課題、2、参照。
2）第3節、1、練馬区の都市農業において、農業経営者と資産保有者の二面性が土地利用対応について現れることは既に指摘した。この意識が利用区分（「線引き」）でもみられる。
3）同上。
4）前掲、早川『空間価値論』、『土地問題の政治経済学』、東洋経済新報社、昭和52年。

第3章

鉄道輸送と産地競争力
― 鉄道輸送の実証分析 ―

第1節 農産物の輸送 ― 地域間需給構造 ―

1 農産物流通と鉄道輸送[1]

　農業の商品生産が進展すれば、生産がより強く市場条件に規制されることになる。近年、主産地形成[2]、すなわち農業生産の地域特化が重要な課題になっているが、この問題に接近するためには、各地域の自然的立地条件とともに、市場の需要条件などの外部経済条件が一層重視されねばならなくなる。例えば、生産物に対する需要量（絶対量と弾力性）、市場距離と道路・鉄道など輸送手段の発達整備状況などである。これらの外部経済・市場条件を十分考慮した上で各地域の進むべき生産方向と対応が検討課題となるであろう。[3]

　このような視点から、各農産物の主産地が地理的に何処に形成されているかを第1章で概略検討した。[4] 次に、これらの主産地がどの市場と強く結びついているかの解明が課題となる。[5] この点の具体的解明は、単に農業生産の地域特化の実態把握（現状分析）に留まらず、今後の生産計画（農業地域計画）を策定する上から重要になる研究分野である。

　そこで本節では、主産地形成を規制する市場条件分析の一環として、主要農産物がどの消費地（市場）に出荷されているかを明らかにする。つまり、各品目の地域間需給構造の解明である。すぐ後で示すように、現在農産物の出荷は近郊産地を除いて、大半が鉄道輸送に依存している。このような実態を踏まえて、鉄道輸送統計の分析によって、産地・市場関係を分析する。[6]

　その予備的考察として、全国規模での農産物流通を、鉄道輸送統計に依拠して把握するのが本節の課題である。その手順は、全貨物輸送量に占める鉄道輸送のウェイトを把握し、農産物の地域間流通と全国的な市場配置、換言すれば

全国レベルでの地域間の需給構造を解明する。まず序論的考察として、鉄道輸送の実態を次の4点について概観する。すなわち(1)農産物の輸送量と輸送距離、(2)市場供給圏と輸送手段、(3)市場配置とその規模、(4)主要市場の産地別供給量構成、などである。

(1) 輸送量と輸送距離

　昭和34年の輸送統計によれば、航空輸送を除く全貨物輸送量1,186億トン・キロのうち、鉄道輸送は505億トン・キロ（42.6％）、トラック輸送168億トン・キロ（14.2％）、海運513億トン・キロ（43.2％）である。

　近年（昭和30年代当時）、経済復興と道路の発達整備に伴って、トラック輸送の比重が漸次増加する傾向にあるが、鉄道輸送はなお依然支配的な地位を占めている。海運を除く陸上輸送については、鉄道輸送の割合は77％、約8割の圧倒的なウェイトである。（統計数値は、後掲、表4－1、参照）

　全輸送量に占める鉄道輸送のウェイトは以上のような状況にあるが、では農産物は鉄道輸送の中でどのような地位を占めているのであろうか。表3－1は、同じく昭和34年度について、鉄道による農産物の輸送量と輸送距離別分布を品目別に示したものである。

　具体的に見ると、輸送トン数の多い品目は、米、麦、飼料などであるが、この3品目で全農産物の6割強を構成する。その他、比較的比率の大きい品目には、リンゴ、野菜、甜菜などが含まれる。

　まず、平均輸送距離（キロ）をみると、全品目平均が242キロであるのに、農産物の平均は435キロ、畜産物556キロと長い。この数字は農産物が一般に長距離輸送品目であることを示している。また、これは農産物の産地が遠隔地に形成され、出荷市場が遠く、その市場圏が空間的に広いことを明らかにする。

　品目別の平均輸送距離は、長距離品目では、馬鈴薯、リンゴ、ミカン、などがあり、これらの品目は、第1章で明らかにしたように、産地が南と北に限定されていて、しかも輸送に耐えうる品目である。中距離品目には、「その他の果物」、野菜、甘藷、大豆が含まれる。その特徴は産地が比較的分散していて、

第3章　鉄道輸送と産地競争力　331

表3－1　農産物の輸送量と輸送距離（全国　昭和34年）

品目	輸送トン数		トンキロ		輸送距離別構成比（輸送トン数＝100）				トン平均輸送キロ
					0～100	101～500	501～1,000	1,000～キロ	
	千トン	%	百万トンキロ	%	%	%	%	%	キロ
米	3,605	30.4	1,360	26.4	18.6	54.6	23.2	3.6	377
麦	2,070	17.5	470	9.1	29.7	58.7	10.1	1.5	227
大豆	380	3.2	152	3.0	9.8	70.8	9.1	10.3	401
甘藷	379	3.2	172	3.3	6.0	66.0	16.9	11.1	453
馬鈴薯	348	2.9	358	6.9	2.8	25.9	17.2	54.1	1,029
野菜	809	6.8	557	10.8	1.3	40.3	34.9	23.5	688
リンゴ	848	7.2	732	14.2	0.7	19.9	45.4	34.0	863
ミカン	324	2.7	268	5.2	1.6	26.0	41.8	30.6	827
その他果物	443	3.7	309	6.0	0.9	37.7	37.8	23.6	699
甜菜	669	5.6	79	1.5	49.1	50.9	—	—	118
葉タバコ	367	3.1	140	2.7	24.5	45.1	24.5	5.9	382
飼料	1,620	13.7	561	10.9	10.1	70.7	15.2	4.0	347
計	11,862	100.0 (8.9)	5,158	100.0 (15.5)	16.6	52.2	21.2	10.0	435
畜産物	486	(0.3)	270	(0.8)					556
貨物合計	137,919	(100.0)	33,339	(100.0)					242

注：1. 日本国有鉄道『鉄道統計年報』（昭和34年）。
　　2. 数字は、昭和34年度内に、国鉄及び連絡社線発送に係る車扱貨物で、国鉄線を輸送したものが計上されている。
　　3. 本表品目の内容は下記（　）内のものがふくまれている。麦（大麦、小麦、裸麦、割麦、圧麦）、大豆（脱脂大豆を除く大豆）、甘藷（生甘藷、干甘藷）、馬鈴薯（生馬鈴薯、干馬鈴薯）、野菜（根菜、茎菜、葉菜、その他野菜全部、及び筍、未熟の豆類等）、ミカン（ミカン、夏ミカン、ダイダイ、レモン）、その他果物（ナシ、カキ、モモ、バナナ、西瓜等の生果物）、飼料（牧草、混合飼料、穀物の糠、乾蛹）、畜産物（牛、馬、豚）。

輸送性が比較的低い品目である。近距離品目には、葉タバコ、米、飼料、麦、甜菜が含まれる。これらは米・麦のように、その流通が何らかの統制を受けているものか、工業原料農産物である。

　次に、輸送量を重量と距離を綜合したトン・キロで見た場合はどうであろうか。この指標は、各品目の輸送重量と輸送距離の積であるから、両者の組合わせでその大きさが総合的に表示される。輸送量の指標としてはトン・キロが妥当な指標である。

　この指標でも米は1位で動かないが、2位にはリンゴがきて、以下、飼料、野菜、麦などの順位になっている。ほぼ輸送重量の場合と類似した傾向である。

(2) 市場出荷と輸送手段の関係

表3-1で、輸送距離別の輸送量分布をみると、大半が100〜1,000キロに集中し、100キロ未満と1,000キロ以上の割合は非常に少ないことが分かる。このことは鉄道輸送が農産物の出荷において、距離的には100キロ以遠の出荷を分担していることを示している。

このように、鉄道輸送が農産物出荷において、どのような役割を果たしているか、つまり市場出荷と輸送手段との関係を示したのが表3-2である。この表によって京浜市場への野菜出荷の鉄道輸送比率、つまり全出荷量に占める鉄道輸送の割合を地域別にみると、近隣の関東が0.9％、東山が18.2％と低く、東海で79.9％、その他100％と高くなっている。これは関東地域からの東京市場出荷は、鉄道は殆ど利用されず、99％までがトラック輸送であることが分かる。

表3-2 東京都中央卸売市場出荷の産地別・鉄道輸送比率（昭和34年）

(単位：％)

		関東	(東京)	(その他)	東山	東海	東北北陸	近畿中国	北海道	四国九州その他	計	実数(千トン)
地域別構成比	蔬菜	74.7	(14.4)	(60.3)	4.1	8.3	2.1	6.7	2.1	2.0	100	941.3
	甘藷	86.1	(13.8)	(72.3)	0	12.0	0	0	−	1.9	100	25.7
	馬鈴薯	26.0	(4.7)	(21.3)	1.9	4.8	12.9	0	51.5	2.9	100	93.7
	リンゴ	0	(0)	(0)	13.5	0	86.5	0	−	−	100	88.3
	ミカン	6.2	(0)	(6.2)	0	11.6	0.	28.2	−	54.0	100	169.7
	その他果物	21.2	(1.2)	(20.0)	29.0	2.9	16.4	20.9	−	9.5	100	101.2
鉄道輸送比率	蔬菜	0.9	(0.8)	(1.1)	18.2	79.9	126.0	114.2	156.8	129.9	24.2	228.1
	甘藷	12.1	(1.4)	(14.1)	230.1	78.9	790.4	※	−	212.0	24.6	6.8
	馬鈴薯	2.7	(8.9)	(1.3)	51.9	64.1	122.4	※	116.8	166.7	88.2	82.6
	リンゴ	346.0	(※)	(79.0)	19.2	0	191.0	※	※	−	168.1	148.4
	ミカン	0.4	(100.0)	(0.1)	932.0	46.0	300.0	118.2	−	77.6	80.8	137.1
	その他果物	0	(0)	(0)	44.8	290.7	110.3	336.0	−	486.0	150.6	158.1

注：1. 日本国有鉄道『府県別発着関係主要貨物噸数年報』（昭和34）、東京都『東京都中央卸売市場年報』（昭和34）。
2. 鉄道輸送比率は中央卸売市場取扱高(A)に対する東京都内着鉄道輸送量(B)の百分率(B/A×100)である。したがって100％以上の数値を示すものは、東京都内に着荷しているが、中央卸売市場に出荷されないものがあることを示す。※印は中央卸売市場出荷が少ないか、あるいはないのに、鉄道輸送着荷があってその数値が極端に大きく（1,000％以上）なるものである。
3. 鉄道輸送比率の計実数値は東京都内着鉄道輸送量の合計を示す。

そして、輸送距離が遠くなるに従って、トラック輸送の割合が低下し、逆に鉄道輸送比率が上昇してくる。その他の品目についてもほぼ類似した傾向がみられる。

以上の輸送手段別の分担関係を多少図式的に示せば、市場から100キロ未満は近郊トラック輸送出荷圏であり、100キロ以遠が道路条件、運賃、機動性、荷損傷の有無、などの関係でトラック・鉄道両手段の競合供給圏を構成している。そして、道路条件によって異なるが、250キロ以遠が鉄道輸送供給圏となる。また、この分担比率は輸送手段の発達とともに変化する。（後掲、図4－1、参照）

(3) 市場の規模と産地別供給量

このような輸送手段別の供給構造を前提して、鉄道輸送からみた市場規模を示したのが、表3－3である。品目によって販売量、生産量中に占める鉄道輸送量の比率は異なるが、一応そのような資料使用上の制約の範囲内で各地域の需要量の大きさをみると、米、馬鈴薯、野菜については関東、近畿の大消費地の割合が大きく、多少の例外はあるが、ほとんど同地区の人口構成比を上まわっている。これは、これらの大消費地が中継地として機能していることがその理由である。例えば、野菜などは大消費地に一旦出荷されて、その後近隣市場へ一部転送される。いわゆる転送問題に関係する。

これに対して、麦、大豆、甘藷などは大消費地より、その他の地域の消費が大きい。これは、これらの品目が加工原料としての利用割合が大きいため、おそらくその加工工場所在地域の構成比が大きくなるためであろう。また、生産が地域的に限定されている品目では、当然ながら全国的に出荷され、生産地以外の割合が大きい。

何故このような需要構造を示すのかは、人口、所得、工場立地、その他の条件を考慮して需要量が地域別に具体的に解明される必要がある。しかし、ここではこれ以上立ち入らない。

表3－3　農産物の地域別市場規模（昭和34年）

(単位：%)

	米	麦	大豆	甘藷	馬鈴薯	野菜	リンゴ	ミカン	その他果物	人口	非農業人口(都市人口)
北海道	5.9	7.1	13.0	10.7	7.9	13.7	8.3	14.3	19.5	5.4	4.4
東北	2.6	4.8	9.9	22.0	6.7	8.9	4.2	12.7	6.8	10.0	7.4
関東	37.1	32.2	16.5	7.3	36.2	37.6	25.0	48.6	38.8	24.7	29.6
北陸	1.1	2.8	5.9	3.1	4.3	5.4	5.4	9.4	3.0	5.6	5.0
東山	2.8	6.8	21.8	4.5	2.4	1.6	2.1	3.5	1.4	4.7	3.6
東海	11.1	8.8	7.6	6.6	9.3	5.5	9.5	2.5	3.4	9.0	9.8
近畿	25.3	10.8	6.0	11.8	22.4	21.4	21.3	6.3	13.0	15.0	18.6
中国	3.6	6.5	4.5	9.7	3.2	2.2	7.5	2.2	4.0	7.4	6.5
四国	1.2	1.8	1.1	0.5	1.6	0.3	3.2	0.1	0.6	4.4	3.5
九州	9.3	19.4	13.9	23.8	6.0	3.4	13.5	0.4	9.5	13.8	11.6
計	100.0	100.0	100.0	100.0	100.0	100.0	100.0	100.0	100.0	100.0	100.0
実数(A) (千トン)	3,605	2,070	380	379	348	809	848	324	443	93,419 (千人)	59,333 (千人)
商品化量(B)	9,626	1,868	196	4,328	1,590						
生産量(C)	12,501	3,724	426	6,981	3,251	8,948	887	934	954		
(A)/(B) %	47.3	110.8	194.0	8.8	21.9						
(A)/(C) %	38.8	55.6	89.3	5.5	10.7	9.0	101.1	34.7	46.5		

注： 1. 日本国有鉄道『府県別発着関係主要貨物噸数年報』（昭和34年）、総理府『国勢調査』（昭和35年）、農林省『農林省統計表』（昭和34年）。
2. 人口、非農業人口の数字は昭和35年、その他はすべて昭和34年の数字。
3. 生産量は『農林省統計表』による推定実収高。但し、米は水陸稲合計、麦は三麦（小麦、大麦、裸麦）合計、馬鈴薯は春植・秋植合計、野菜は『農林省統計表』掲載全品目と未成熟豆類の合計、その他果物は果樹類合計からリンゴ、ミカンを差引いた残余である。
4. 商品化量は上記実収高に全国平均商品化率（『農産物の商品化に関する調査報告』昭和34年）を乗じて推定算出。

　次に、2大消費地の関東・近畿の両市場について、市場と産地との関係を示したのが表3－4である。地理的関係から、当然ながら関東市場が自地域以外に北海道、東北、東海、などと結びつき、近畿市場が近隣の東山、東海、中国、九州などと結びついている。その他注目すべき点は、両市場とも全国各地から供給を受けていることである。これは我が国における農産物市場が、関東・近畿の2大市場を中心にし全国的規模で成立していることを示している。

　なお、鉄道貨物輸送のその後の年次別推移を示せば、表3－5～7の通りである。ただし、以下の分析は昭和30年代の分析であることを断っておく。

表3－4　関東・近畿市場の産地別供給割合

(単位：%)

(関東市場)

	北海道	東北	関東	北陸	東山	東海	近畿	中国	四国	九州	計	実数(千トン)
米	6.4	60.0	23.2	9.4	0.1	0.1	0.3	0.5	0	0	100	1,336
麦	0	1.9	93.1	0.1	1.8	2.0	1.1	0	0	0	100	667
大豆	17.3	20.1	50.6	0.9	2.8	2.8	2.0	0.4	－	3.1	100	62
甘藷	－	0.1	66.0	0.3	0.2	14.3	0.5	0.6	7.2	10.8	100	28
馬鈴薯	70.8	16.4	2.1	0.1	1.9	2.3	0.8	1.4	0	4.2	100	125
野菜	12.9	11.4	3.3	0.5	3.0	22.8	36.2	0.9	7.0	2.0	100	302
リンゴ	0	98.2	0	0	1.7	－	0.1	0	－	－	100	212
ミカン	－	0	1.1	0	0.1	12.4	20.2	19.6	36.2	10.4	100	158
その他果物	－	10.6	0	1.6	8.2	6.2	27.5	17.1	25.4	3.4	100	173
牛	13.7	51.7	3.1	11.2	2.5	3.1	3.8	6.7	0.4	3.8	100	70
豚	3.7	32.0	0	11.5	9.9	6.5	0.2	3.9	0.1	32.2	100	71

(近畿市場)

	北海道	東北	関東	北陸	東山	東海	近畿	中国	四国	九州	計	実数(千トン)
米	0.4	0.6	3.8	55.6	0.4	0.2	12.6	13.1	2.7	10.6	100	914
麦	0	0	14.1	0.2	3.5	3.1	38.0	12.8	1.1	27.2	100	224
大豆	14.3	4.5	5.2	5.0	6.3	16.4	40.7	4.4	0.4	2.8	100	23
甘藷	0	－	5.2	6.1	0.2	60.0	3.8	8.3	4.4	12.0	100	45
馬鈴薯	44.4	10.1	1.4	0.8	13.0	2.8	2.7	12.0	1.9	10.9	100	78
野菜	6.4	12.2	11.4	2.6	25.2	12.0	4.5	7.7	6.1	11.9	100	174
リンゴ	－	78.0	0	0.2	21.6	0	0.2	0	－	0	100	181
ミカン	－	－	0.2	－	－	1.3	14.7	42.4	28.6	12.8	100	20
その他果物	0	6.0	0.1	4.3	13.3	2.8	9.5	39.8	19.9	4.3	100	57
牛	0.9	16.4	15.2	7.5	8.7	0.9	3.2	19.3	0.8	27.1	100	102
豚	－	0	0.4	0.4	0.1	1.7	0.9	31.4	6.9	58.2	100	14

注：日本国有鉄道『府県別発着関係主要貨物噸数年報』(昭和34年)。

表3－5　鉄道貨物輸送量

年度	総計	輸送トン数（千トン） 国鉄 合計	車扱	コンテナ	小口扱	民鉄 合計	車扱	コンテナ(小口扱)	総計	輸送トンキロ（百万トンキロ） 国鉄 合計	車扱	コンテナ	小口扱	民鉄
昭和25	158,284	129,010	125,977	－	3,033	29,274	28,579	694	31,733	31,193	30,298	－	895	540
30	193,419	160,246	156,478	(122)	3,769	33,173	32,638	535	43,254	42,564	41,219	－	1,346	690
35	238,199	195,295	192,236	(322)	3,059	42,904	42,533	371	54,515	53,592	52,449	(…)	1,144	923
40	252,472	200,010	196,994	(1,906)	3,015	52,463	52,311	152	57,299	56,408	54,819	(1,197)	1,590	890
44	252,629	197,171	189,589	(7,314)	7,582	55,458	55,416	41	61,133	60,167	54,886	(5,225)	5,281	965
45	255,757	198,503	189,538	(8,715)	8,965	57,254	57,167	86	63,423	62,435	56,087	(6,301)	6,348	988
46	251,266	193,296	182,801	(10,292)	10,495	57,970	57,802	168	62,247	61,250	53,586	(7,626)	7,665	997
47	239,369	182,450	169,913	(12,394)	12,538	56,919	56,643	275	59,524	58,561	49,116	(9,419)	9,444	963
48	228,842	175,669	161,710	(13,843)	13,959	53,161	52,857	304	58,337	57,405	46,961	(10,422)	10,444	932
49	205,819	157,705	144,847	(12,812)	12,858	48,114	47,915	198	52,452	51,583	41,820	(9,754)	9,763	869
50	184,428	141,691	129,577	12,114	－	42,737	42,553	184	47,347	46,577	37,199	9,378	－	770
51	186,024	140,916	129,381	11,533	－	45,110	44,929	181	46,305	45,526	36,504	9,022	－	779
52	175,164	132,037	122,020	10,106	－	43,129	42,955	174	41,333	40,587	32,552	8,034	－	746
53	178,759	133,343	123,057	10,286	－	45,416	45,206	210	41,204	40,413	32,025	8,387	－	791
54	183,847	136,393	124,906	11,487	－	47,454	47,212	242	43,088	42,284	32,959	9,325	－	803
(％)	(100.0)	(74.2)	(67.9)	(6.2)	－	(25.8)	(25.7)	(0.1)	(23.4)	(23.0)	(17.9)	(5.1)	－	(0.4)

資料：国鉄－国鉄情報システム部『鉄道統計年報・月報』。
　　　民鉄－年度計・運輸省大臣官房情報管理部『地方鉄道業・軌道業統計書（輸送量分）』月系列・運輸省大臣官房情報管理部『民営鉄道輸送統計月報』。
注：1．小口扱は国鉄については49年10月より，民鉄については50年4月よりコンテナ及び一般の小口扱に分離され，後者は小荷物に統合された。従って国鉄のコンテナは49年度までは小口扱の内数であり，民鉄の50年4月からの小口扱はコンテナのみである。また，車扱には無賃分を含む。
　　2．民鉄の月計値は暫定値である。

表3－6　国鉄主要品目輸送量（農産物）

（単位：千トン　百万トンキロ）

年度	米 トン数	トンキロ	麦類 トン数	トンキロ	果物類 トン数	トンキロ	鮮魚・冷凍魚 トン数	トンキロ
昭和25	2,414	548	2,044	286	1,346	1,017	1,459	891
30	2,999	1,059	2,796	639	960	726	1,963	1,437
35	3,921	1,531	1,775	471	1,645	1,316	2,548	1,990
40	4,549	1,671	1,998	506	1,737	1,664	2,550	2,130
44	4,530	1,738	1,638	408	1,372	1,431	1,817	1,718
45	4,961	2,043	1,559	360	1,366	1,474	1,643	1,744
46	5,792	2,519	1,524	369	1,273	1,387	1,514	1,696
47	5,057	2,391	1,299	291	1,143	1,283	1,018	1,192
48	4,175	2,101	1,299	253	975	1,094	763	816
49	4,073	2,138	1,131	265	782	893	618	695
50	3,716	1,980	1,081	250	647	751	482	561
51	3,481	1,993	1,110	259	486	558	381	401
52	3,131	1,817	1,013	215	470	552	270	260
53	3,066	1,823	944	218	383	455	310	341
54	3,264	1,820	958	220	411	481	263	264

資料：国鉄情報システム部『主要品目別貨物統計年報』。

表３－７　国鉄品目別・距離帯別輸送量（車扱貨物の有無賃合計）（昭和54年度）

(単位：千トン)

品目 \ 距離	合計	1〜20	21〜50	51〜100	101〜200	201〜300	301〜400	401〜500	501〜600	601〜700	701キロ以上	1トン平均輸送キロ(キロ)
合　計	124,906	4,356	23,581	19,450	28,942	15,377	9,238	5,317	3,957	3,332	11,356	259.8
(‰)	(1000.0)	(34.8)	(188.8)	(155.7)	(231.7)	(123.1)	(74.0)	(42.6)	(31.7)	(26.7)	(90.9)	
穀　　物	4,699	7	98	378	891	490	555	422	450	328	1,080	472.7
野菜・果物	708	0	0	0	1	4	2	4	4	6	686	1,319.3
その他の農産品	1,913	8	13	160	582	406	240	82	72	66	283	389.2
畜産品	22	—	—	0	6	1	2	4	0	1	7	612.4
水産品	339	0	0	2	4	7	4	4	6	50	263	1,041.9

資料：国鉄『主要品目別貨物統計年報』。
注：品目については、原資料をもとに運輸省『輸送統計に用いる標準品目分類』により組み替えたものである。

注
1) 拙稿「鉄道輸送と農産物流通」、『農業経済研究』、第35巻、第４号。
2) 主産地形成を問題にする場合、その視点には大きく分けて２つがある。すなわち、現状分析（実態把握）的なものと農業政策論（実践的方策）的なものである。この点は既に第Ⅰ部、第４章、で検討した。ここでは、主産地形成を後者の政策的立場を前提し、その上で前者視点の実態分析である。なお、主産地形成の考え方については、農林省農政局農政課論『主産地形成論』、昭和38年、等参照。
3) 金沢夏樹『農業立地と地域計画』、『農業と経済』27－１、平野蓄「地域農業計画策定に関する試論」、『農業と経済』27－11、参照。
4) 第１章では、日本農業の生産特化、つまり主産地形成の現状を、現状分析視点から全国規模で分析した。他に、柏崎文男「農産物の主産地形成とその展開」、農村市場問題研究会偏『日本の農業市場』所収、昭和32年、などがある。
5) このような問題意識の論文として、例えば平川輝夫「主産地と市場はどう結びつくか」、『農林統計調査』、12－４、がある。
6) ここでの分析は、使用した資料の制約から、農産物流通を全面的にはカバーし得ない限界がある。しかし鉄道輸送が農産物流通で大きな割合を分担していることから、十分とは言えないがそれなりに意味がある。

2　産地・市場結合関係の分析指標[1] ―「産地・市場緊密度」―

(1) 分析指標導入の意義

次に、農産物の地域間需給関係の具体的な分析方法として、「産地・市場緊密度」(Intimacy Coefficient, IC_{ij}) と呼ぶ指標を導入して、産地と市場の関係をさらに係数的に検討することにする。その目的は、国民経済内部の複数産地と

複数市場を対象に、それらの産地と市場が相互にどのような需給結合関係にあるかを明らかにするためである。それは、前述の鉄道輸送統計を利用して、2つの指標、すなわち、(1)産地の市場分荷率(S_{ij})と、(2)市場の産地占有率(D_{ij})を算出し、それを基礎に両者を統合する指標として計測する。

この(1)、(2)の指標は、それぞれ単独でも有用な指標であるが、この両指標からさらに市場緊密度(IC_{ij})を計測する意味は、産地と市場が多数存在する場合に、多数の産地・市場関係をすべて係数として表示し、その中から主要な結合関係を摘出するためである。

その算式は後掲する(1)式の通りである。この指標によって、各主産地がどの市場と強く結びついているかが簡単に抽出でき、相互に比較可能になる。また必要とあれば、その構成要素の市場分荷率と産地占有率に遡って、それぞれの特徴が分析可能である。

なお、実証分析に先だって、第1章の分析と一部重複するが、要約的に主産地の特化係数（表3－8）と供給量シェア（表3－9）を見ておくことにする。地域別にみた作目の特徴は以下の通りである。[2]

先ず、表3－8をみると、水陸稲では、北陸、東北、近畿、中国、の順で特化係数が大きい。これらの地域は、作付面積から判断すれば米の主産地である。麦類では、関東、四国、九州、東海、中国、近畿が主産地であり、特化係数は1.0以上である。また甘藷は、九州、四国、東海、関東が主産地である。九州の特化係数が、2.56であることは一般常識とも一致する。これに対して、北海

表3－8　農業生産の特化係数（作付面積、昭和35年）

	水陸稲	麦類(6麦計)	甘藷	馬鈴薯	雑穀	豆類	蔬菜	果樹	工芸作物	飼肥料作物	桑	採種圃その他
北海道	0.52	0.59	—	3.80	2.14	2.82	0.55	0.23	1.50	2.82	—	1.00
東　北	1.28	0.49	0.17	1.12	1.67	1.25	0.89	1.64	0.66	0.59	1.27	1.00
関　東	0.93	1.50	1.22	0.60	0.72	0.81	1.35	0.45	0.59	0.33	1.73	1.00
北　陸	1.65	0.11	0.44	0.68	0.33	0.71	0.94	0.39	0.43	1.51	0.55	3.00
東　山	0.86	0.99	0.37	0.72	1.19	0.93	0.97	2.03	0.51	1.27	4.32	5.00
東　海	0.98	1.17	1.54	0.52	0.33	0.53	1.34	1.39	1.57	0.46	0.64	2.00
近　畿	1.28	1.01	0.37	0.48	0.09	0.52	1.27	1.39	0.79	0.67	0.27	2.00
中　国	1.14	1.11	0.68	0.52	0.33	0.71	0.90	1.16	0.87	1.12	0.32	1.00
四　国	0.90	1.40	1.56	0.48	0.83	0.51	0.94	1.90	1.07	0.75	0.50	1.00
九　州	0.83	1.29	2.56	0.48	1.10	0.59	0.90	0.81	1.62	0.86	0.27	1.00

道は馬鈴薯の主産地である。豆類、雑穀についても、北海道と東北が主産地となっている。

他方、野菜、果樹、などのいわゆる成長部門の場合は、野菜は総合的にみて、関東、東海、近畿、の大都市周辺地域が主産地である。また、果樹については、東山、四国、東北、東海、近畿、中国の数値が大きい。果樹の特化係数が大きい地域は、それぞれの地域で品目が異なるが、その理由は各品目の生産が気候的に特定地域に限定されるからである。さらに、工芸作物、飼肥料作物、桑などについても、それぞれ関連品目の主産地が明らかである。

以上は、どの地域がいかなる作物の主産地であるかの、文字通りの概要であるが、その結果は常識的な判断とも一致する。

次に、これらの主産地が供給量（商品化量）でどのようなウェイトを占めるかを、全国商品化量のうち各地域の占める構成比（市場占有率）で示すと表3－9の通りである。これによれば、特化係数でみた主産地（特化係数が1.0以上の地域）の割合が圧倒的に大きい。例えば水稲では、東北25.1％、北陸13.8％、関東13.4％、近畿8.4％、九州8.6％の順序で大きく、これらの地域で商品化量全体の69.3％を占めている。

表3－9　商品化量中に占める各地域の構成比（％　昭和35年）

	水稲	陸稲	大麦	裸麦	小麦	大豆	小豆	甘藷	馬鈴薯	菜種	マユ	生乳	鶏卵
北　海　道	8.1	−	0.2	0.1	1.9	39.4	83.4	0	70.5	6.7	−	21.1	4.3
東　　　北	25.1	12.9	5.6	0.5	6.6	25.3	5.5	0.3	6.3	18.2	14.6	11.2	7.2
関　　　東	13.4	65.2	68.8	2.6	40.0	4.0	1.8	30.5	5.9	8.2	36.3	23.5	19.1
北　　　陸	13.8	0.2	0.3	−	0.4	6.6	1.3	0.5	1.6	4.1	2.4	2.9	4.3
東　　　山	5.4	2.0	8.9	1.8	4.5	8.6	1.2	0.9	1.7	3.8	29.8	6.8	6.7
東　　　海	5.6	3.6	4.3	9.7	9.1	1.4	0.5	12.3	1.7	6.6	4.2	6.2	14.2
近　　　畿	8.4	0.1	4.4	18.4	3.0	2.6	0.3	1.6	2.3	8.0	1.8	10.9	11.8
中　　　国	7.8	0.2	5.4	12.0	5.9	3.3	1.8	2.2	4.5	2.5	6.5	12.1
四　　　国	3.8	0.3	0.0	26.2	4.1	2.0	0.7	5.7	1.9	1.8	2.9	4.1	7.4
九　　　州	8.6	15.5	2.1	28.7	24.5	6.8	3.5	46.0	5.9	38.1	5.5	6.8	12.9
計	100.0	100.0	100.0	100.0	100.0	100.0	100.0	100.0	100.0	100.0	100.0	100.0	100.0
実数（千トン）	7,638	186	554	458	958	211	108	3,523	1,705	255	111	1,806	7,629（百万個）

注：1．農林省『農林省統計表』、『農産物の商品化に関する調査報告』（昭和35年）。
　　2．「商品化量」は「推定実収高」に各地域の「商品化率」を乗じて算出した。但し、地域区分の関係で次の地域は（　）内の地域の商品化率を代用した。関東（南関東）、中国（山陰・瀬戸内の平均）、四国（瀬戸内）、九州（北九州）。

同様に、麦類については、大麦では関東と東海以南の主産地で85.0％、裸麦では97％、小麦で86.6％と圧倒的割合を占めている。大豆では北海道と東北で64.7％、小豆では88.9％、馬鈴薯は76.8％である。また甘藷では、関東、東海、四国、九州で94.6％、繭は東北、関東東山で80.7％となっている。

このように特化係数でみた主産地は、その生産・供給面だけでなく、市場占有率においても圧倒的な比重を占めることが分かる。従って、特化係数及び市場占有率の大きい「主産地」が、現実においても主産地を形成しているか、あるいは形成しつつあると判断できよう。

(2) 分析指標の算式

次に、市場分荷率(SS_{ij})、産地占有率(DD_{ij})、および産地・市場緊密度(IC_{ij})について、その算式と相互関係を示そう。

まず、ここで使用する「産地・市場緊密度」(IC)から説明すると、それは(1)式によって算出する。指標の表現形式は、なお検討の余地があろうが、ここではとりあえずこの算式で計測する。

$$IC_{ij} = \sqrt{SS_{ij} \times DD_{ij}} \quad \cdots\cdots\cdots (1)$$

IC_{ij}：i産地とj市場との緊密度
SS_{ij}：i産地からj市場への分荷率（％）
DD_{ij}：i産地のj市場占有率（％）

また、その構成要素の分荷率SS_{ij}と占有率DD_{ij}は、次式の通りである。

$$SS_{ij} = \frac{S_{ij}}{S_{it}} \, 、 DD_{ij} = \frac{D_{ij}}{D_{jt}} \quad \cdots\cdots\cdots (2)$$

S_{ij}：i産地からj産地への出荷量
S_{it}：i産地の全出荷量
D_{ij}：j市場のi産地からの入荷量
D_{jt}：j市場の全入荷量

では、産地・市場緊密度IC_{ij}は、どのような意味と特徴を有するであろうか。また、このような指標が産地と市場の関連性を分析する指標として適切であろ

第3章　鉄道輸送と産地競争力　341

うか。この点を次に少し補足説明しておくことにしたい。

　先ず、産地・市場緊密度の構成要素、つまり分荷率SS_{ij}と占有率DD_{ij}の意味は、前者がi産地の全販売量のうち、j市場へ出荷する比率を示しており、[9]また、後者はj市場でi産地ものが占める割合を示す数値である。従って、これらの数値は、それぞれ$0 <= SS_{ij} \leq 1$、$0 \leq DD_{ij} \leq 1$、百分率で表示すれば、$0 \leq DD_{ij} \leq 100$、$0 \leq DD_{ij} \leq 100$ の範囲内にある。この場合、これらの数値が大きいほどi産地とj市場の結びつきが大きいとみなすのである。そして、この数値の大小によって、産地と市場の結合関係を比較し、その性格を明らかにしようとするものである。

　この両指標を百分率で表し、それを組み合わせてグラフに例示したのが、図3－1である。このグラフは、縦軸に分荷率、横軸に占有率を取り、任意に$SSab$（a産地のb市場分荷率）を25％、$DDab$（a産地のb市場占有率）を80％としている。この指標の意味は、a産地の全販売量のうち、b市場へ出荷している割合が25％で全体の4分の1であるが、b市場でa産地ものが占める割合は8割であって、a産地ものが支配的地位にあることを示している。以上で明らかなように、両比率の組合せは、a産地・b市場がどのような関係で結びついているかを縦と横の両座標で明瞭に示すことができる。

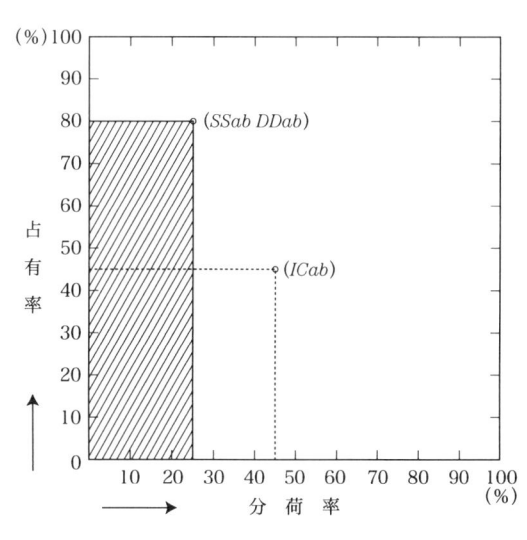

　なお、前に指摘したように、産地・市場緊密度を計測する前に、分荷率、占有率として単独で考察することも当然可能であり、その検討も重要である。また計算の労も少なくてすむ。ただ、ここでは前述した理由

図3－1　産地・市場緊密度の幾何学的意味

により、まず緊密度で考察し、その後で具体的な内容を考察する方法に従っている。

今、百分率で表した分荷率と占有率の積を図3－1の例で具体的に求めると、$SSab \times DDab = 25 \times 80 = 2,000$ となり、この数値が斜線を施した部分の面積となる。この面積の平方根、つまりそれを正方形に変形した場合の一辺の長さがここで求める産地・市場緊密度の数値である。図3－1の例に従えば、$ICab = \sqrt{2,000} \fallingdotseq 44.7$ となる。

この産地・市場緊密度の係数化は、その結びつきの大きさは一義的に明瞭になるが、さきにみた分荷率、占有率の組合わせ分析と比較して、逆に結びつきの性格と内容が不明確になる。しかし、産地と市場が多数存在する場合、その組合わせを第1次接近として比較することを可能にする。

従って、この産地・市場緊密度は、算出手続としては最終的に出る係数であるが、分析の順序としては、産地と市場の結合の大きい組合わせを第1次接近的に選別する役割を果たす。この結合が大きい産地・市場の組合わせが明らかになれば、それらを分荷率と占有率で再検討することも可能であり、その結合の性格を明らかにすることが可能となる。

ただ、場合によっては、緊密度計測を省略して、直接図3－1の分荷率、占有率をグラフに表示して、その座標の位置で問題を簡略考察することももちろん可能、かつ有効である。実際の分析ではこの方法が一般的であり、以下の実証分析ではこの方法を併用している。これは結合関係の年次別変化を座標の移動で把握できるメリットがある。従ってどの方法によるかは分析の目的と状況に応じて選択すればよい。

次に、具体的に産地・市場緊密度を算出して、主要農産物の地域間需要構造を分析することにする。

注
1）拙稿「農産物の地域間需給構造」、『東北農業試験場研究報告』第29号、昭和39年。
2）地域としては、全国規模で分析を進める関係上、ここでは数県にまたがる10地域

区分に従った。地域を県、あるいはそれ以下にしても問題の性格は変わらない。
3）ここでいう占有率は、従来「地域自給度」、「地域依存度」と呼ばれた指標を拡大し、より一般化したものといえる。なお、山田勇「地域経済分析について—産業関連分析の応用—」、『経済研究』11-4、参照。

3　農産物の地域間需給構造

初めに、地域の表示方法について説明しておこう。全国を10地域に区分し、北から順次、北海道1、東北2、関東3、…、四国9、九州0、の識別番号で表す。そして括弧内は、前が産地、後が市場を示すことにする。例えば、（2、3）は東北産地から関東市場へ、また（3、3）は関東産地から自地域市場への供給、つまり地域内自給を表示する。これは対角線上に並ぶ。表及び図の地域は、この識別番号で示されている。

(1)　米・麦

表3-10は、米の産地・市場緊密度を算出し、それを表示したものである。先ず明らかなことは、米の需給関係が地域的に「自給的」色彩[1]が強いことであろう。これは多くの産地の緊密度が対角線近くに並んでおり、かつ大きな数値となっていることで明らかである。しかし、米の主産地についてみると、自地域供給的色彩が薄れ、大市場との結びつきが強くなる。

例えば、東北産米は自地域との緊密度（以下、自給度と呼ぶ）[2]は25.6であるのに、関東市場との結びつきが強く、緊密度は66.6と大きな結合関係を示す。そのほか東海市場との緊密度も21.2とかなり大きい。これに対して、北陸産米の自給度は13.1であまり大きくなく、地域外市場との結びつきが大きい。すなわち、緊密度の大きい市場は、近畿（61.3）、東海（13.7）、関東（12.4）などである。そのほか特化係数から米の主産地とみなされる近畿、中国は、前者は大消費地で自給的性格が強くなり、また後者は近隣の近畿（24.1）、四国（13.8）との結びつきが強い。

産地の市場分荷と市場の受入れ傾向をみると、関東市場は自地域からの供給に加えて、東北、北海道、北陸から供給を受け、近畿市場は北陸、中国、四国

産米の供給が多い。また、東海市場は、東山、東北、北陸産米の供給市場である。その他の市場はおおむね自地域からの供給で需要を満たす状況である。(表3－11、参照)

このように、米は地理的に市場に近い産地から供給され、その輸送距離が短いのが特徴である。[3] このような米流通の特徴は、米が全国各地で生産可能であり、その品質も生産時期も殆んど変らないためであろう。同時に、米の流通が食糧管理法により管理されているため、かなり適正な地域間の需給調整が行

表3－10　米の産地・市場緊密度（昭和34年）

市場＼産地	北海道1	東北2	関東3	北陸4	東山5	東海6	近畿7	中国8	四国9	九州0
北海道1	77.6	1.7	0	0	－	0	0	0	－	－
東　北2	0	25.6	3.7	0	0	0	0	1.0	－	0
関　東3	13.1	66.6	41.5	12.4	0	0	0	1.0	0	0
北　陸4	0	0	6.3	13.1	0	6.1	3.8	1.4	－	0
東　山5	0	5.5	7.8	5.4	33.3	10.8	0	0	－	3.0
東　海6	6.6	21.2	8.6	13.7	29.4	24.1	1.4	1.0	－	0
近　畿7	0	0	5.6	61.3	1.0	0	32.8	24.1	11.7	14.9
中　国8	－	0	0	0	0	0	2.6	54.2	0	11.0
四　国9	－	－	0	－	0	0	1.4	13.8	54.3	1.0
九　州0	－	－	0	0	0	0	0	0	1.7	82.8

注：表中「－」記号は全然需給関係がないことを示し、「0」は多少需給関係はあるが、数値が小さいことを示している。

表3－11　米の産地別市場分荷率（％、昭和34年）

市場＼産地	北海道	東北	関東	北陸	東山	東海	近畿	中国	四国	九州	計
北海道	64.0	0.8	0.1	0	－	1.3	0.2	0.7	－	－	5.9
東　北	0	7.4	1.8	0.1	0	0	0.6	0.7	－	0	2.6
関　東	27.1	74.0	74.4	16.7	0.8	2.0	3.3	2.9	0.3	0.1	37.1
北　陸	0	0.1	1.9	3.0	0.2	5.5	2.1	0.6	－	0	1.1
東　山	0.1	1.7	3.9	2.0	34.9	15.9	0.7	0.4	－	1.5	2.8
東　海	7.6	15.5	8.5	10.1	59.9	70.2	2.6	1.5	－	0	11.1
近　畿	1.2	0.5	8.5	67.8	4.2	4.5	85.8	47.8	46.6	21.2	25.3
中　国	－	0	0.3	0	0	0	2.7	39.1	0	5.9	3.6
四　国	－	－	0	－	0	0.1	0.8	5.6	48.8	0.3	1.2
九　州	－	－	0.6	0.3	0	0.5	1.2	0.7	4.3	71.0	9.3
計	100.0	100.0	100.0	100.0	100.0	100.0	100.0	100.0	100.0	100.0	100.0
実数(千トン)	312	1,088	418	748	98	48	134	249	54	457	3,605

第3章　鉄道輸送と産地競争力　　345

なわれる結果でもある。

　表3－10の緊密度を分荷率と占有率の両要因に分解して図示したのが図3－2である。この図は、さきに表3－10で明らかにした米の産地・市場関係の特徴のほかに、次のことが明らかになる。すなわち、各地域の自給度[4]の座標をみると、それらは概ね3つのグループに分類され、それによって産地・市場関係の特徴が明瞭になってくる。

　第1のグループは、いわゆる米の主産地の自給度で、分荷率が小さく、占有率が大きい特徴を有する。このことは、商品化全量のうち、自地域供給量は少ないが、それで自地域の需要はほぼ充足する。このタイプに該当する地域は、東北（2.2）と北陸（4.4）である。

　第2のグループは、消費地とみなされる地域で、その自地域への分荷率は大きいが、占有率は小さい。これは販売量の殆んど全量が自地域に供給されているが、その地域の全需要量を満たすにはほど遠く、他地域産地からの供給に大半を頼らざるを得ない地域である。このタイプには、関東（3.3）、近畿（7.7）が分類される。

　第3のグループは、前2者の中間にあるグループで、この中には中国（8.8）のように主産地型のものと、北海

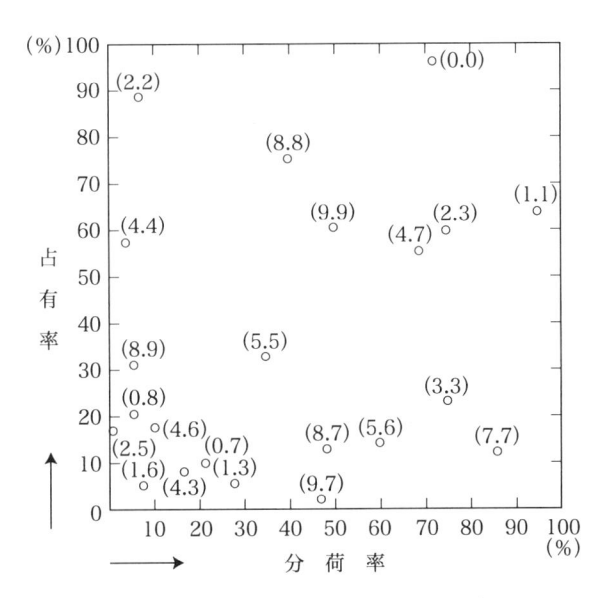

図3－2　米の緊密度分解座標（昭和34年）

注：図表中の数字は、地域番号をそれぞれ表示している、また前の数字は産地を、後は市場を意味する。

道（1.1）のように消費地型のものとがある。また東山（5.5）のように分荷率、占有率ともに小さい消費地型のものと、九州（0.0）のように分荷率、占有率ともに大きい、本来の地域内自給的性格の産地が含まれる。

このように、自給度の検討は主産地と消費地を区別するのに役立つが、この主産地と消費地が東北－関東（2.3）、北陸－近畿（4.7）の形で強く結付くことは、図3－2で明瞭に示されている。

以上で、昭和34年における産地と市場との結合関係を分析したが、このような地域間需要関係が形成された経緯はどうであろうか。表3－12は、その経過を年次別に見るために、自給度の数値が大きい産地・市場緊密度の事例を選んで推移をみたものである。これによると、自給度は昭和27年以降殆どの地域で急速に低下する。これはもちろん絶対量が減少する場合もあるが、それと同時に自地域外への販売量の増加が自給度の低下をもたらしたと思われる。

この傾向は、各地域とも商品化の進展があったことによって顕著になる。この関係は東北、北陸産米の市場緊密度の変化にも明瞭に示されている。例えば、東北産米と関東市場との結びつきは、昭和27年には48.6であったが、30年には54.4、34年には66.6と大きくなる。また北陸産米の近畿市場との結びつきも、昭和27年46.7、30年48.3、34年61.3と同様の傾向を示す。以上の関係を図示したのが図3－3である。

要するに、米の地域間需給構造は、その生産条件、流通条件を反映して、なお依然地域内での自給的色彩が強いが、他方で地域外出荷を強化している。特

表3－12　米の産地・市場緊密度の推移（米）

産地 市場	自地域 昭27年	昭30年	昭34年	東北 昭27年	昭30年	昭34年	北陸 昭27年	昭30年	昭34年	中国 昭27年	昭30年	昭34年
北海道	95.8	90.5	77.6	－	－	－	－	－	－	－	－	－
東　北	46.5	32.6	25.6	－	－	－	－	－	－	－	－	－
関　東	59.8	52.4	41.5	48.6	54.4	66.6	13.8	11.0	12.4	－	－	－
北　陸	28.0	12.9	13.1	－	－	－	－	－	－	－	－	－
東　山	65.3	31.0	33.3	－	－	－	6.7	2.2	5.4	－	－	－
東　海	50.4	47.0	24.1	19.8	26.1	21.2	5.8	4.3	13.7	－	－	－
近　畿	53.6	47.4	32.8	10.5	10.7	－	46.7	48.3	61.3	11.0	7.0	24.1
中　国	74.8	66.5	54.2	－	－	－	－	－	－	－	－	－
四　国	47.1	39.3	54.3	－	－	－	－	－	－	12.6	11.9	13.8
九　州	96.4	83.0	82.3	－	－	－	－	－	－	－	－	－

第3章 鉄道輸送と産地競争力　347

に東北、北陸などの主産地は、近隣大消費地との結びつきをますます強化していることが分かる。

米と同じタイプに属する品目に麦がある。その産地・市場緊密度をみると、（表3－13、参照）米と同じように自給度が大きく、かつ対角線周辺に緊密度の大きい数値が集中している。ただ、麦の場合には、鉄道輸送量中にかなり多量の輸入麦が含まれることを考慮する必要がある。従って、麦については厳密な意味で産地市場関係を表現しているとは言えない。

しかし、その他の点については米に類似した傾向がみられる。ちなみに麦の緊密度とその変化を示せば図3－4の通りである。

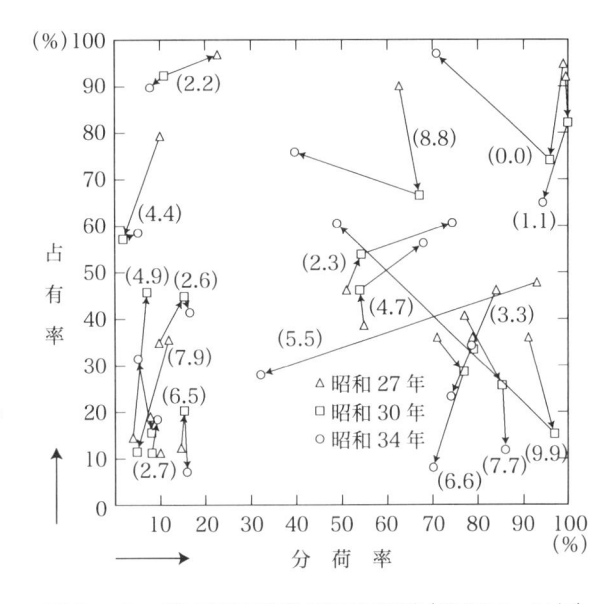

図3－3　米の緊密度分解座標推移（昭和27〜34年）

表3－13　麦の産地・市場緊密度（昭和34年）

産地 市場	北海道1	東北2	関東3	北陸4	東山5	東海6	近畿7	中国8	四国9	九州0
北海道1	83.5	28.3	4.3	—	0	0	0	0	0	—
東　北2	0	27.9	21.0	15.3	1.7	0	0	—	—	—
関　東3	0	6.1	80.4	0	5.6	4.1	2.0	0	0	0
北　陸4	—	0	9.9	27.1	8.5	17.8	2.6	0	0	0
東　山5	—	0	15.1	0	14.9	43.9	1.0	0	0	0
東　海6	—	0	21.0	1.4	19.1	30.0	10.2	1.0	0	0
近　畿7	0	0	7.0	0	6.4	3.6	41.8	13.1	2.0	23.1
中　国8	0	—	1.0	0	0	0	33.6	37.2	3.0	5.0
四　国9	—	—	0	—	—	0	5.4	6.4	53.3	0
九　州0	0	0	0	0	2.8	0	3.8	38.7	19.6	66.6

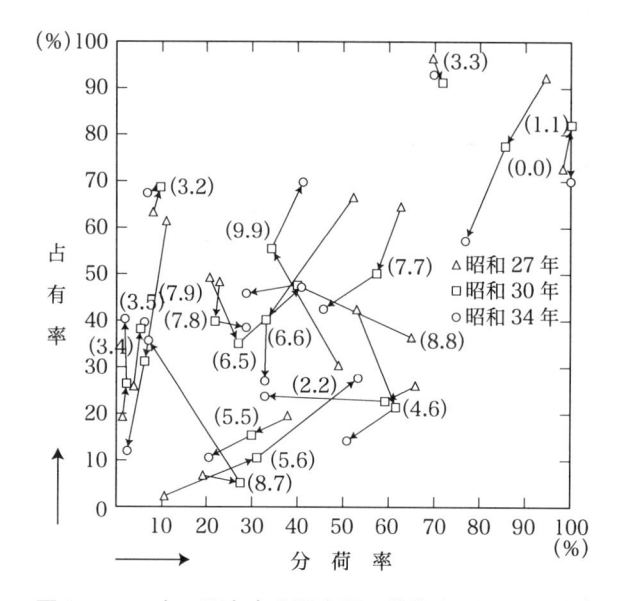

348　第Ⅱ部　立地変動の動態実証分析

図3－4　麦の緊密度分解座標の推移（昭和27～34年）

(2) リンゴ、ミカン、馬鈴薯

　生産地が全国的に分布する米、麦が以上のような特徴を示すのに対して、生産が特定地域に限定されている品目はどのような産地・市場緊密度を示すのであろうか。それをリンゴについて示したのが表3－14である。

　この表に示すように、リンゴの主産地は東北（青森）と東山（長野）であるため、それぞれ全国各地に出荷・供給していることが分かる。その場合生産量の関係で、青森産ものは全国各地へほぼ均等に分荷・供給されるのに、長野産ものは関東以南が出荷市場となっている。このように、産地が限定されている品目は、全国市場を対象に生産が行なわれ、その裏腹の関係として輸送距離を大きくしている。[5]

　このような品目は、その産地の独占性が自然条件などで非常に強固でないかぎり、たとえ現時点で主産地であっても、常により有利な立地条件の産地、例えば近距離で輸送費の少ない産地との産地間競争の脅威にさらされる。この傾向はリンゴの場合にはまだ明瞭に表面に現われていないが、東北内部において

表3-14　リンゴの産地・市場緊密度（昭和34年）

市場＼産地	北海道1	東北2	関東3	北陸4	東山5	東海6	近畿7	中国8	四国9	九州0
北海道1	34.5	27.6	0	—	0	0	0	—	—	—
東北2	—	22.3	—	0	—	0	—	—	—	—
関東3	0	53.6	0	0	2.0	—	1.4	0	—	—
北陸4	—	21.1	0	3.7	9.9	1.4	—	—	—	—
東山5	—	11.7	0	0	10.1	—	—	—	—	—
東海6	—	26.2	0	0	17.2	2.0	—	—	—	—
近畿7	—	39.3	0	2.4	26.0	0	2.6	0	—	0
中国8	—	20.6	1.0	0	20.8	0	2.2	5.3	—	1.0
四国9	—	14.1	0	0	12.5	—	2.0	1.4	3.4	—
九州0	—	29.7	1.4	1.0	22.2	0	5.5	0	11.6	

　青森以外の地域に新植産地が増加する傾向にある。またリンゴ以外の梨、桃、ブドウなどの果樹では、産地間競争が表面化している。[6] この点の分析はこれ以上立ち入らないが、リンゴの産地・市場結合関係が以上のような性格を備えていることを指摘するにとどめる。

　リンゴにみられる産地独占的性格は以上述べたような傾向を有しており、輸送費的には産地間競争において不利な立場にあるが、他方供給独占効果として、その供給が適切であれば、商品の規格化、流通、価格形成、などで有利な立場に立つことができる。

　この関係は表3-14を分荷率と占有率に分解・図示した図3-5で明らかである。すなわち、東北（青森）産リンゴの場合、その各市場分荷率は小さいが、各市場での占有率は全て大きい。これは青森産リンゴが各市場で独占的地位にあることを示している。これに対して、長野産リンゴの分荷率は、青森産より多少大きいが、市場占有率は小さい。従って長野産の価格形成、その他の市場影響力は小さいとみなされる。このような関係が長野地域で新植果樹の選択に当たって、リンゴよりは梨などが選ばれる理由である。[7]

　要するに、分析対象時点ではリンゴの産地・市場関係はほぼ固定していたと言える。また年によって多少の変化は見られるが、その全国的な需給関係もほぼ均衡を保っている。（表3-15、参照）ただ、青森産りんごと長野産ものの市場分荷率は、年によって殆ど変化がないが、占有率には変化がみられる場合

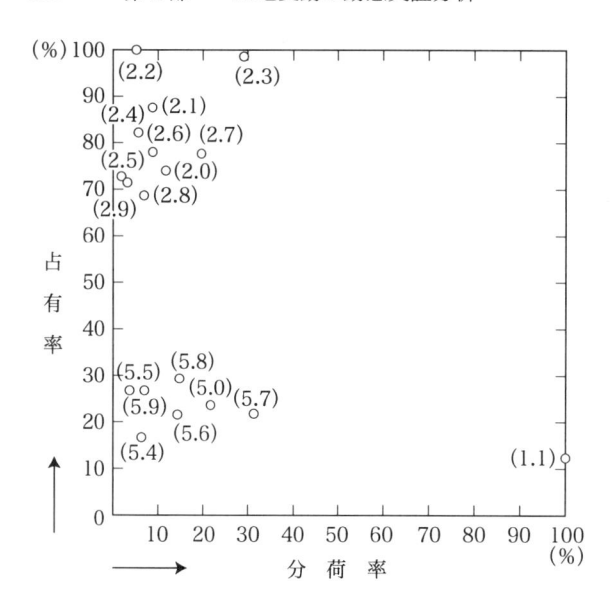

350　第Ⅱ部　立地変動の動態実証分析

図3-5　リンゴの緊密度分解座標（昭和34年）

がある。これは両地域のリンゴの豊凶が一致せず、それが影響すると思われる。ちなみに、昭和30年度は青森産が不作であった。[7]

次に、ミカンの場合をみると（表3-16、参照）、リンゴと同様に産地独占的性格が強い。しかし、その産地・市場関係はこの2品目間で多少異なっている。その特徴は、輸送先が全て自地域より北の市場になることである。例えば、関東産は東北市場と結びつき、東海産は北海道、関東市場と、中国産は関東、近畿、また四国・九州産は関東の各市場と、それぞれ強く結びつく。このような傾向は、これらの北方市場の消費が多いのではなく、鉄道以外の輸送手段による供給が統計に含まれないためと思われる。

表3-15　リンゴの産地・市場緊密度推移（昭和28～34年）

市場＼産地	東　　北 昭28年	昭30年	昭34年	東　　山 昭28年	昭30年	昭34年
北海道	21.3	24.2	27.6	0.0	1.4	0.0
東　北	21.7	23.1	22.3	0.0	0.0	0.0
関　東	51.3	51.5	53.6	6.4	9.8	2.0
北　陸	19.1	16.8	21.1	10.6	14.0	9.9
東　山	11.9	9.8	11.7	9.7	10.5	10.1
東　海	24.5	21.4	26.2	19.2	23.6	17.2
近　畿	40.9	33.4	39.3	26.9	40.0	26.0
中　国	24.3	17.4	20.6	15.8	26.3	20.8
四　国	16.3	13.3	14.1	7.8	13.1	12.5
九　州	34.3	27.6	29.7	8.4	22.9	22.2

また、馬鈴薯の場合には、その産地配置が類似しており、主産地は北海道と東北である。馬鈴薯は輸送性が優れており、遠距離輸送に耐えうることから、馬鈴薯の産地・市場関係はリンゴ、ミカンと類似した傾向を示している。

表3-17でその特徴をみると、北海道産の馬鈴薯が全国各地と高い緊密度関係で結ばれている。その他産地の馬鈴薯も、その結びつきの程度は小さいが、全国市場に出荷・供給されている。これはリンゴなどと同様、馬鈴薯の耐輸送性が大きいこと、それとともに需要タイプが野菜の需要型に属するためである。

また、表3-17を分荷率、占有率に分解した図3-6によると、北海道産の全国市場との結合関係がより明瞭になってくる。つまり、その結合関係は分荷率は小さいが、占有率は大きいことである。換言すれば、北海道産の全販売量のうち、各市場出荷の分荷率は小さいが、各市場ではそれぞれが需要量の4～

表3-16 ミカンの産地・市場緊密度（昭和34年）

産地 市場	北海道 1	東北 2	関東 3	北陸 4	東山 5	東海 6	近畿 7	中国 8	四国 9	九州 0
北海道1	24.4	3.7	0	1.0	—	23.4	42.9	2.0	2.0	2.0
東　北2	—	11.4	28.3	0	0	46.9	8.9	1.0	2.8	1.7
関　東3	—	0	4.1	0	1.7	17.8	28.2	35.2	51.4	26.2
北　陸4	—	0	8.8	7.6	4.2	24.6	16.2	10.6	8.1	0
東　山5	—	—	4.5	1.4	4.7	9.5	17.2	5.7	1.7	3.6
東　海6	—	—	10.5	—	0	5.9	3.7	1.7	17.0	0
近　畿7	—	—	0	—	—	0	7.3	27.5	14.5	11.5
中　国8	—	—	0	—	—	0	0	8.1	13.8	16.9
四　国9	—	—	—	—	—	—	—	0	5.2	—
九　州0	—	—	—	—	—	—	0	0	—	20.8

表3-17 馬鈴薯の産地・市場緊密度（昭和34年）

産地 市場	北海道 1	東北 2	関東 3	北陸 4	東山 5	東海 6	近畿 7	中国 8	四国 9	九州 0
北海道1	35.4	0	0	0	—	0	0	0	—	—
東　北2	22.8	14.2	5.8	0	0	1.7	0	5.1	0	0
関　東3	53.8	27.2	8.3	0	4.3	10.5	4.0	3.6	0	9.8
北　陸4	18.3	6.9	5.7	12.2	4.6	2.0	2.0	0	—	0
東　山5	7.1	2.4	4.0	0	18.0	1.0	2.6	11.7	—	1.4
東　海6	17.4	19.9	6.9	0	13.4	2.0	4.0	12.7	—	4.2
近　畿7	26.5	13.1	4.3	5.7	23.7	10.0	10.8	22.9	12.4	20.1
中　国8	11.6	4.2	8.2	—	6.0	—	5.1	4.0	—	14.3
四　国9	11.2	3.0	1.7	—	3.0	—	4.4	1.7	7.4	0
九　州0	17.9	2.4	1.7	—	10.3	—	1.4	1.7	—	22.3

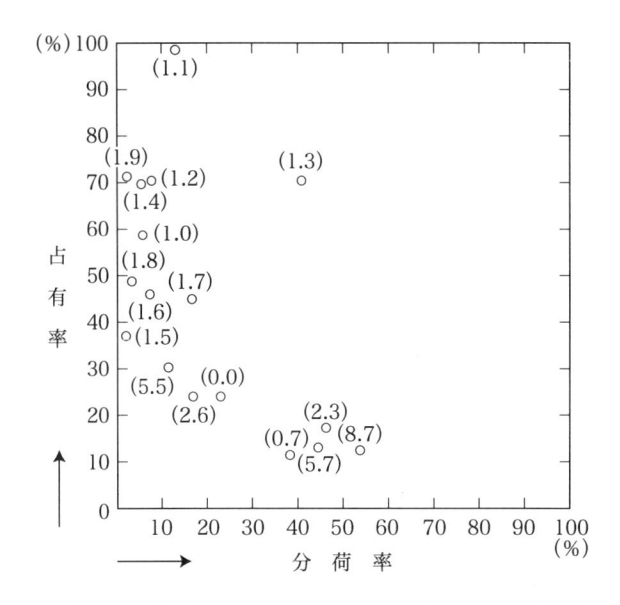

352　第Ⅱ部　立地変動の動態実証分析

```
(%)100  ○
        (1.1)
  90
  80
        (1.9)      (1.3)
  70    ○ ○(1.2)   ○
占       (1.4)
  60    ○(1.0)
有  50  (1.8)
     ○
率  40  ○(1.7)
        (1.6)
        ○
  30    (1.5)
        ○    (0.0)
  20    (5.5)○
        ○         (2.3)
           (2.6)  ○ ○
  10              (0.7) (8.7)
                  ○
                  (5.7)
   0
     10  20  30  40  50  60  70  80  90 100
                                          (%)
                  分  荷  率
```

図 3 − 6 　馬鈴薯の緊密度分解座標（昭和34年）

7 割という圧倒的なシェアを占めている。これに対して、近畿市場と東山、中国、九州産との結びつきは、分荷率が 4 〜 5 割で大きいが、占有率は 1 〜 2 割の範囲内にある。このことは、これらの産地が市場の価格形成で支配的な地位に立ち得ないこと、従って各市場への影響力は小さいことを示している。以上の 2 グループのほかに、その中間的性格のものとして、自給型（東山−東山、九州−九州）、近隣型（東北−東海）、などの産地・市場関係が存在する。

以上のような馬鈴薯の産地・市場関係の年次別変化を見ると（表 3 −18、参照）、北海道産は関東以北市場との結びつきが大きく、それ以遠の市場とは逆に小さくなっている。また、東北産は、全般に結合関係が弱化する傾向にある。このことは、馬鈴薯の流通は主産地ものは全国市場を対象に供給されるが、その地位は漸次低下してきている。このような遠距離輸送ものの地位の低下は、輸送費に比して馬鈴薯価格が小さく、これが馬鈴薯の遠距離市場出荷を不利にしているためである。

このように、たとえ産品の物的属性が長距離輸送に耐えうる品目でも、その価格に占める運賃比が大きい品目では、常により近距離産ものとの産地間競争にさらされる。このことが馬鈴薯で明らかになっている。なお、主要な産地・市場関係の推移をグラフに示したのが図 3 − 7 であるが、検討は省略する。

表3-18 馬鈴薯の産地市場緊密度推移（昭和28～34年）

市場＼産地	北海道 昭28年	北海道 昭34年	東北 昭28年	東北 昭34年
北海道	33.3	35.4	—	—
東 北	17.0	22.8	14.1	14.2
関 東	43.1	53.8	38.2	27.2
北 陸	13.6	18.3	7.8	6.9
東 山	11.0	7.1	—	2.4
東 海	15.8	17.4	19.4	19.9
近 畿	31.0	26.5	31.3	13.1
中 国	11.7	11.6	11.3	4.2
四 国	12.1	11.2	—	3.0
九 州	20.8	17.9	7.1	2.4

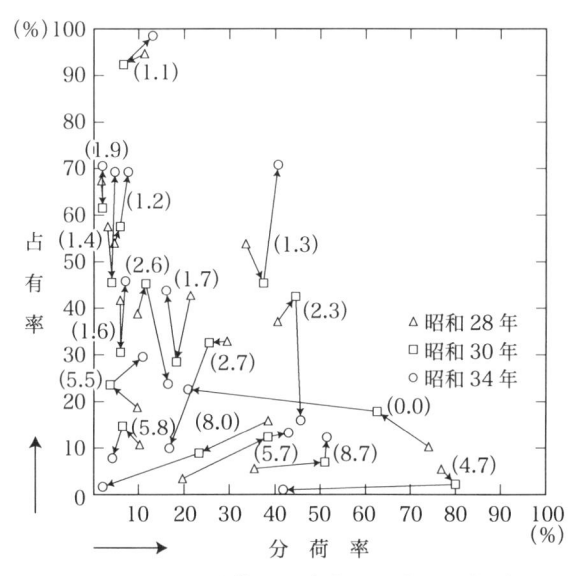

近畿	東山 昭28年	東山 昭34年	東海 昭28年	東海 昭34年
	8.0	23.7	11.4	10.0

近畿	近畿 昭28年	近畿 昭34年	中国 昭28年	中国 昭34年
	9.9	10.8	13.3	22.9

近畿	四国 昭28年	四国 昭34年	九州 昭28年	九州 昭34年
	—	12.4	4.4	20.1

図3-7 馬鈴薯の緊密度分解座標の推移（昭和28～34年）

(3) 野菜、「その他果物」

　産地・市場緊密度の傾向には、以上の米・麦型とリンゴ・馬鈴薯型があるが、野菜は以上のどのタイプにも属さない独自の産地・市場関係を示す。（表3－19、図3－8、参照）その特徴は、産地と市場が一定の関係で結びつく明瞭な法則性を示さないことである。しかし、その内容を具体的に考察すると、各産地はほぼ均等に全国市場と結びついていることが分かる。このような産地と市場の結びつきは、北海道の野菜が九州まで市場を開拓し、逆に九州産が北海道市場へ進出していることに示されている。

　野菜の流通がこのような特徴を示すのは、ここで野菜に総括する品目の中には出荷期の異なる品目が多数含まれるためである。つまり、野菜を品目別にみると、それぞれ出荷期が産地ごとに異なり、その品目については産地独占的性格を備える。このように、出荷期が異なる産地独占的な産物が、全国市場を対象に出荷される。その結果、北海道から九州へ、また逆に九州から北海道へと、出荷が交錯する現象が現れる。野菜は、その対象を鉄道輸送品目に限れば、その結合関係は産地独占型（リンゴ・馬鈴薯型）に属するとみられる。

　ちなみに、東京市場に出荷される鉄道輸送品目には、以下の品目の産地がある。

玉葱：北海道、大阪、兵庫、和歌山。
キャベツ：北海道、岩手、青森、福島、石川、愛知、静岡、大阪、兵庫、岡山。
人参：北海道。
白菜：山形、福島、宮城、長野、山梨、愛知、静岡。
キュウリ：石川、高知。
トマト：長野、山梨、高知。
スイカ：新潟、愛知、静岡、四国4県。
カボチャ：岡山、四国4県、宮崎、熊本。
大根：長野、山梨。
レンコン：徳島。
タケノコ：福岡、鹿児島、熊本。

第3章　鉄道輸送と産地競争力　355

表3－19　野菜の産地・市場緊密度（昭和34年）

市場＼産地	北海道1	東北2	関東3	北陸4	東山5	東海6	近畿7	中国8	四国9	九州0
北海道1	30.8	15.8	28.4	6.6	0	7.8	11.3	4.3	2.6	1.0
東　北2	5.5	15.0	17.6	5.2	0	5.4	25.3	1.0	2.4	0
関　東3	22.2	19.6	6.0	2.4	6.0	36.2	44.5	3.0	18.1	5.3
北　陸4	5.8	1.0	9.3	8.1	4.2	12.4	16.9	0	6.0	2.4
東　山5	0	2.0	2.2	4.1	4.3	15.1	4.7	0	0	3.1
東　海6	7.8	14.3	6.8	2.0	19.7	0	7.8	0	5.8	6.6
近　畿7	8.3	16.0	15.9	9.3	38.8	14.4	4.1	20.8	12.0	24.3
中　国8	5.1	6.2	2.0	0	8.9	0	3.3	8.1	3.0	8.2
四　国9	1.0	1.0	1.0	0	1.0	0	1.4	3.6	9.4	1.4
九　州0	3.1	4.2	6.0	－	1.4	0	9.2	10.4	6.6	18.4

これらの品目は、それが各市場の全出荷量中に占める割合は小さいが、それぞれの産地が既に全国市場を対象に出荷される、いわゆる主産地が形成されている品目である。

表3－19に示される野菜の産地・市場関係は、このような品目が総合された結果である。これをグラフに示せば（図3－8、参照）、各産地とも市場分荷率、

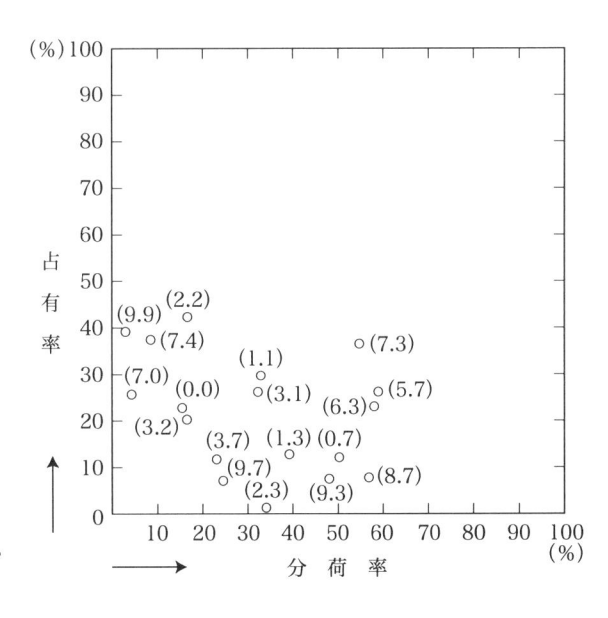

図3－8　野菜の緊密度分解座標（昭和34年）

占有率ともに小さく、産地と市場が特別に密接に結びつくケースは少ない。野菜がこのような産地・市場緊密度を示す原因は、野菜の輸送性が小さいこと、価格中に占める運賃比率が大きいこと、そしてそれが多数品目の複合緊密度であること、に関係する。つまり、全品目を一括すれば、各品目の特徴が相殺さ

356 第Ⅱ部 立地変動の動態実証分析

図3-9 野菜の緊密度分解座標推移
（昭和27〜34年）

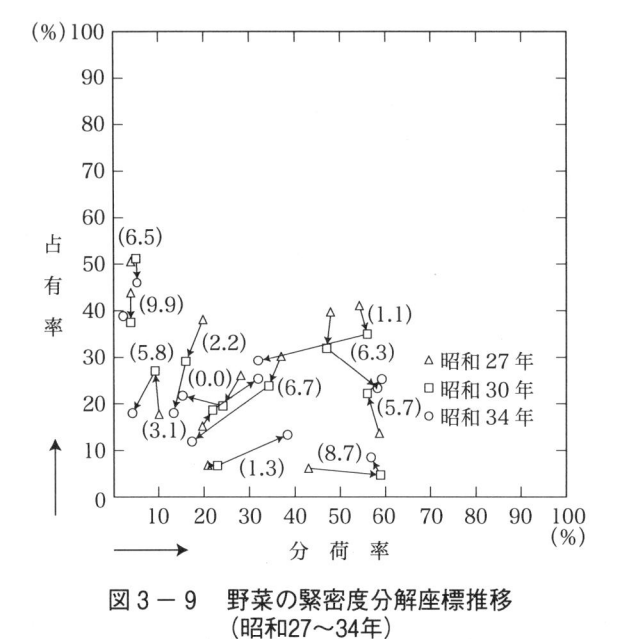

また、産地・市場緊密度の推移は図3-9の通りである。一般的な傾向として産地・市場緊密度は、自給度も含めて漸次低下する傾向にある。

野菜と同様に、多くの品目が含まれる「その他果物」についても、その産地・市場緊密度はほぼ野菜と類似した傾向が見られる。（表3-20、参照）しかし、ミカンのように関東、北陸以北の産地から南日本市場への出荷が少ないのが目につく。これは北日本地域が，果物の産地であるとともに、それ以上に消費地的な性格が強いことによると思われる。つまり、自地域で生産されたものは自地域、あるいはより北方市場へ専ら出荷・供給し、南方市場へ出荷する余裕が

表3-20 「その他果物」の産地・市場緊密度（昭和34年）

産地 / 市場	北海道 1	東北 2	関東 3	北陸 4	東山 5	東海 6	近畿 7	中国 8	四国 9	九州 0
北海道1	37.7	41.9	8.8	31.0	3.0	4.2	18.8	4.1	1.4	0
東 北2	－	7.6	23.5	25.7	3.8	2.8	17.4	4.7	2.2	1.0
関 東3	－	17.9	0	3.7	18.0	16.2	37.7	22.4	40.1	12.0
北 陸4	－	0	0	2.2	1.7	11.1	18.4	6.3	4.1	1.0
東 山5	－	1.4	0	2.6	0	24.7	4.5	2.4	2.0	0
東 海6	－	12.5	0	0	19.7	4.4	3.3	2.2	9.6	2.4
近 畿7	0	5.8	0	5.8	16.9	4.1	7.5	30.1	18.1	8.7
中 国8	－	0	－	0	5.6	0	0	29.2	5.2	8.1
四 国9	－	0	－	－	4.3	0	0	10.0	3.0	－
九 州0	－	0	－	1.0	12.5	－	5.6	39.4	8.1	11.8

ないことを示している。いずれにしても、このような産地・市場関係の未分化なタイプでは、品目ごとにそれぞれ産地間競争が激しい状況にある。

(4) 大豆・甘藷

以上、産地・市場緊密度によって、主要な産地と市場の結びつきのタイプを考察してきた。その他の品目は、その特徴は明瞭ではないが、以上の3タイプのいずれかに属することが分かる。次にその中から、残された大豆と甘藷を考察することにしたい。

先ず、大豆の産地・市場緊密度は表3-21に示す通りである。その特徴は、大豆の主産地が北海道、東北であり、その産物は広く全国に出荷・供給されている。そのため、その緊密度は小さい。これに対して、主産地とは言えない関東、東海、近畿、中国などが近隣市場と結びついて係数が大きい。

このような傾向は、大豆の流通が国内産大豆だけでなく、輸入大豆が含まれているためである。また大豆が加工原料として消費される割合が大きいため、直接消費地より工場所在地に多く出荷されることが係数が偏倚する原因とみられる。

図3-10は、その年次変化の推移をグラフで示したものである。地域自給度が、北海道（1.1）、九州（0.0）、関東（3.3）で急速に大きくなるが、他方で関東－東山（3.5）、関東－東北（3.2）、近畿－四国（7.9）、近畿－中国（7.8）な

表3-21　大豆の産地・市場緊密度（昭和34年）

市場＼産地	北海道 1	東北 2	関東 3	北陸 4	東山 5	東海 6	近畿 7	中国 8	四国 9	九州 0
北海道 1	75.1	0	0	0	—	—	0	—	—	—
東　北 2	10.8	20.1	34.1	1.0	0	0	0	—	—	0
関　東 3	14.7	30.5	33.8	4.0	7.6	4.6	2.6	1.0	—	3.3
北　陸 4	10.0	3.6	18.1	6.4	3.0	11.2	11.2	0	1.4	0
東　山 5	6.1	4.3	56.0	0	11.0	21.6	6.0	—	—	0
東　海 6	11.0	12.9	15.7	0	9.0	15.1	13.1	1.0	—	0
近　畿 7	7.3	4.1	2.0	15.2	10.3	16.7	32.2	6.9	3.7	1.7
中　国 8	1.0	0	0	0	0	1.7	40.4	21.7	—	10.2
四　国 9	0	0	0	—	1.0	0	28.7	3.3	11.3	0
九　州 0	1.0	0	0	—	0	0	2.6	21.4	0	87.3

358 第Ⅱ部 立地変動の動態実証分析

図3-10 大豆の緊密度分解座標推移（昭和27～34年）

どの緊密度も急激に増大する。これらは大豆の加工工場の存在地域と最寄輸入港との関係増大として理解する必要がある。

最後に甘藷について簡単に見ておくことにしよう。甘藷の主産地は、特化係数と市場占有率から見て、関東、東海、四国、九州である。表3-22も、この主産地については産地独占的傾向を示している。しかしリンゴ、馬鈴薯とは異なり、甘藷の地域自給度が大きく、他市場との緊密度が小さい。これは産地が限定されていて産地独占的性格を示すが、しかしリンゴほど一般的でないため、むしろ地域自給度が大きい米麦型の特徴を併せもつためと理解できる。

表3-22 甘藷の産地・市場緊密度（昭和34年）

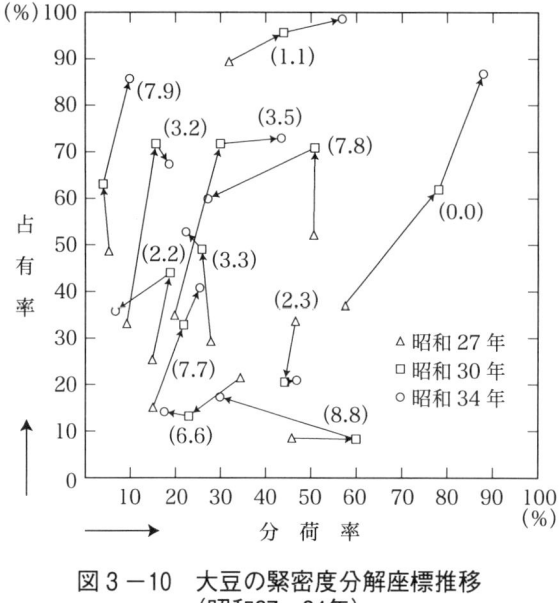

市場＼産地	北海道 1	東北 2	関東 3	北陸 4	東山 5	東海 6	近畿 7	中国 8	四国 9	九州 0
北海道1	21.3	3.0	42.0	8.1	0	4.0	2.8	0	0	0
東 北2	-	10.0	66.5	0	-	2.2	1.0	-	3.0	1.4
関 東3	-	0	27.0	0	0	10.8	1.7	1.0	11.8	4.7
北 陸4	-	-	17.9	12.8	-	4.3	0	-	6.1	3.0
東 山5	-	0	20.2	0	14.1	14.6	-	0	3.1	1.7
東 海6	-	-	20.5	0	3.3	24.4	-	0	13.0	1.7
近 畿7	0	-	2.6	17.8	1.0	58.0	16.8	22.0	9.1	6.7
中 国8	-	-	0	-	-	0	-	12.4	1.0	15.2
四 国9	-	0	0	-	-	-	-	-	41.6	-
九 州0	-	-	0	-	0	-	-	1.4	-	80.2

注
1)、2) ここで「自給的」というのは、あくまで「地域的な需給関係」についてであって、「農業生産」についてではない。用語が多少紛らわしいが、従って「自給度」という場合も、本文で説明するような意味である。「地域自給度」（前掲、山田論文、参照）と内容が異なる点に注意されたい。
3) 前掲、拙稿「鉄道輸送と農産物流通」参照。
4) 同上、参照。
5) 例えば、美土路達雄「果樹生産地の階層性と市場」、『農林統計調査』11－7、参照。
6) 細野重雄「伊那ナシの生産と市場」、『農業総合研究』8－2、参照。
7) 青森県『青森農林業の推移と問題点』、昭和35年、199頁。

4　要　約

　主産地形成については、第Ⅰ部、第4章、第1節で考察したように、2つの視点が存在する。その第1は、現状分析的視点であり、第2は、農業立地政策（農業生産計画）的視点であった。本節では鉄道輸送の輸送実績を基礎に、前者の現状分析視点から主要品目の地域間輸送の実態解明を行った。以下は、その主産地形成に対応する市場・流通条件結果の要約である。

1．産地形成が進展するための条件、あるいは主産地が具備すべき条件は、各農産物が産地間競争で勝ち残るために必要な条件であり、生産条件はいうまでもなく、市場・流通条件についても有利性を有することが基本的な前提条件となる。
2．地域間の需給関係を明らかにするために、主産地形成の現状を分析した。その指標に地域ブロック別に「特化係数」、「市場分荷率」、および「市場占有率」を算出し、産地－市場関係を係数的に考察した。これらの指標によって、現段階においても作物ごとにそれぞれ主産地が形成されていることが明らかになった。
3．産地と市場の結びつきを明らかにする方法として、「産地・市場緊密度」を考案し、それによって産地・市場関係を分析した。その結果、そこには品目別におよそ3つのタイプが存在することが明らかとなる。

(i) 米・麦タイプ

主産地は形成されているが、全国各地で生産されており、その結びつきは東北、北陸を除けば自地域供給的色彩が強く、産地の出荷・供給は自地域か、あるいはその近隣市場に限られている。従って輸送距離は小さい。これは米・麦の流通が食料管理法で管理されていることにも関係する。

(ii) リンゴ・馬鈴薯タイプ

すでに主産地が形成され、しかもその産地は特定地域に限定されている。このような産地独占的品目は、当然その出荷・供給は全国市場を対象に出荷されている。当然、その結果、輸送距離が大きい。このタイプは各市場への分荷率が小さいが、それぞれの市場占有率は大きい。このような性格は産地独占効果として価格形成に有利であるが、輸送費の負担が大きい。

(iii) 野菜タイプ

野菜、「その他果物」がこのタイプに含まれる。野菜はその耐輸送性の関係で一般には近郊品目であるが、輸送性が大きい品目では、それぞれ主産地が形成され、それらが品目、出荷期などの相違によって、全国市場を対象に出荷されている。しかし産地・市場関係は分荷率、占有率ともに小さく、他の品目のような産地・市場関係はみられない。

4．産地・市場緊密度の推移から商品経済の進展を見ると、米などでは自給度が低下して、漸次産地と市場の結びつきは増大する傾向にある。しかし、馬鈴薯、野菜などは、遠距離地域間の緊密度は低下する傾向にある。その低下原因は、産地間競争がますます激化する中で、その価格の対運賃比が小さい品目で長距離輸送が不利となり、地元市場仕向けの比率が大きくなることによると思われる。

第2節　産地競争力の実証分析[1]―鉄道輸送の競争力比較―

1　鉄道輸送の運賃率

　地代函数式を現状分析に適用する場合、先ず現実の運賃率(f)を明らかにする必要がある。運賃率は輸送手段ごとに当然異なる。トラック輸送と鉄道輸送では、運賃率に大きな差があり、また同じ鉄道貨物輸送でも「車扱い」と「小口扱い」で異なる。

　このように、立地論の現状分析においては、どの運賃率を適用するかが重要になる。[2] その選択基準は、如何なる問題を、如何なる視点から考察するかによるのである。例えば近郊野菜を対象にする場合はトラック輸送の運賃率が妥当である。しかし全国レベルで立地配置を問題にする場合は、輸送手段の輸送分担率によって、どの輸送手段を選択すべきかがきまる。ここでは前節の輸送実態に即して、鉄道輸送の運賃率を適用して産地競争力の実証分析を行うことにする。

　その根拠は、鉄道輸送のウェイトが遠距離輸送で大きく、全国レベルでの作目競争力と産地間競争を分析する研究目的に妥当であるからである。[3] また国鉄運賃率が全国一率であり、このことは多数市場を前提した立地論問題に接近する上で好都合である。鉄道輸送を利用する限り、市場はどの市場に出荷しても、市場と産地との距離のみを問題にすればよいからである。我が国における鉄道網の整備と、国鉄の運賃率が全国一率であることが、立地論を現状分析に適用する上での方法論的問題を解決する。

　このような意味で、地代函数式の運賃率を鉄道貨物運賃率に限定し、それを適用した農産物の市場競争力と産地間競争の実証分析が当面の課題である。そのために、先ず鉄道輸送運賃率の性格と特徴を、国鉄輸送貨物運賃率について考察する。

　国鉄の貨物運賃率は大別して小口扱いと車扱いに分れ、また後者は品目等級と距離によって異なる。（表3-23、参照）この等級は、品目の重量当り価格の大小によって、14の等級（普通等級10、特別等級4）に区別されている。

普通等級は一般貨物に対する等級であり、特別等級は国民経済上重要と認める品目に対する優遇等級である。普通等級が適用されるか、あるいは特別等級が適用されるかによって運賃が大きく異なってくる。

例えば、1等級の貨物1トンを50km輸送する運賃は517円である。これが4等級の貨物の場合は330円であり、また特別等級の24等級が適用されると242円となる。この運賃表は重量別・距離帯別運賃である。これを基礎に地代函数の運賃率(f)を算出する必要がある。運賃率(f)が地代関数グラフの勾配であり、それは地代消失距離を規定することは理論的に既に考察した。これに対して上述の距離帯別運賃は階段状の形状となる。[4]

各等級にどの品目が区分されるかを農産物について示したのが表3-24である。この等級表によると、米・麦などの主食をはじめ、野菜、大豆、甘藷、馬鈴薯、などが特別等級で取り扱われる。他方、普通等級にはリンゴ、ミカン、その他果物、スイカ、イチゴ、などの果実、家畜の牛、馬、豚、などが含まれる。特別等級が適用される品目が、米、麦、大豆、甘藷などの主食に偏っていることは、戦後の食糧不足時代の当時、何よりも先ず主食を全国的に確保し、その輸送を円滑に行う必要性があり、それが運賃率等級に反映されたためといえよう。

現在時点でこれらの等級区分を見ると、需要の弾力性の小さい品目が優遇さ

表3-23 国鉄車扱物運賃（トン当り円）

kmまで	普通										特別			
	1	2	3	4	5	6	7	8	9	10	21	22	23	24
50	517	420	355	330	317	307	294	284	272	259	307	284	262	242
100	878	713	603	559	538	521	499	483	461	439	521	483	444	411
200	1,304	1,059	896	831	799	774	741	717	685	652	774	717	660	611
300	1,730	1,406	1,189	1,103	1,060	1,027	984	952	908	865	1,027	952	876	811
500	2,582	2,098	1,775	1,646	1,582	1,533	1,469	1,420	1,356	1,291	1,533	1,420	1,308	1,211
1,000	4,625	3,758	3,180	2,949	2,833	2,746	2,631	2,544	2,429	2,313	2,746	2,544	2,342	2,168
1,500	6,588	5,352	4,529	4,200	4,035	2,911	3,747	3,623	3,459	3,294	3,911	3,623	3,335	3,088
2,000	8,609	6,994	5,918	5,488	5,273	5,111	4,896	4,735	4,520	4,305	5,111	4,735	4,358	4,036
2,500	10,630	8,637	7,308	6,777	6,511	6,311	6,046	5,846	5,581	5,315	6,311	5,846	5,381	4,983
3,000	12,651	10,279	8,697	8,065	7,749	7,511	7,195	6,958	6,642	6,326	7,511	6,958	6,405	5,930

注：盛岡鉄道管理局『貨物運送のしおり』（昭和37年）、または、運輸大臣官房審理室『運輸審議会半年報』（昭和36年）による。

れ、果物や畜産物などの、いわゆる成長部門品目が冷遇されている印象を受ける。しかし、この運賃等級表については、それが決められた時代的背景を考慮する必要がある。[5]

では、以上のような品目の等級区分は、それらの作目の市場競争力と立地配置にどのような影響を及ぼすであろうか。運賃率(f)が小さくなることは理論的には勾配を緩やかにし、地代消失距離を大きくする作用がある。従って、特別等級の品目は運賃負担を小さくして遠隔地での栽培を可能にする。換言すれば優遇等級の作目立地に遠心的作用を及ぼすのである。[6]

これに対して普通等級の品目は、特別等級とは逆の影響を受けて求心的作用を及ぼす。勾配が大きく急傾斜となるため、地代消失距離が短くなる。これは市場に近い場所での栽培を有利にする。

なお、表3－24で明らかなように、同一等級の運賃率が適用される品目には数品目が含まれる。例えば24等級には、米、大麦、小麦、裸麦、生大根、菜類、果実類、玉葱が含まれている。これらの品目間では運賃率は同一であるから、それら相互間の市場競争力を検討する場合には、運賃率が同一という前提で議論を展開しているブリンクマンやレッシュの検討結果がある程度妥当する。[7]

表3－23～24に示すように、農産物は品目ごとに適用される等級が異なり、その場合の距離帯別運賃が明らかになる。しかし、表3－23は「単位重量（トン）当り距離帯別運賃」であるから、これは地代函数式の運賃率(f)ではなく、

表3－24　貨物運賃等級表（農畜産物関係）

等級		主要代表品目
普通	2	落花生、バナナ、葉タバコ、除虫菊、子牛、豚
	3	エヒ、アワ、キビ、亜麻種、ゴマ、ビワ、イチゴ、馬、牛、緬羊
	4	ナシ、カキ、モモ、ブドウ、ミカン、山羊
	5	リンゴ、スイカ、牧草
	7	ワラ
特別	21	ソバ、トウモロコシ、菜種、牧草種子、干甘藷、干馬鈴薯、乳製品、鶏卵
	22	エンバク、大豆、豆類、苗木、乳
	23	生甘藷、生馬鈴薯、配合飼料
	24	米、大麦、小麦、裸麦、生大根、菜類、果菜類、玉葱

注：前掲表注『貨物運送のしおり』、普通等級1、6、8～10には該当品目なし。

このままでは適用できない。これを地代函数の運賃率(f) として利用するには、一定の修正を施して運賃率に変換する必要がある。それは次の方法で算出することが可能である。

表3-23から等級別・距離別の運賃率を算出する手順と算式は次の通りである。すなわち、距離k_0とk_1との間の運賃率は、距離k_0の運賃F_0とk_1の運賃F_1との差を、k_0とk_1の距離、つまり($k_1 - k_0$)で割ることで算出できる。

$$F(k_0, k_1) = \frac{(F_1 - F_0)}{(k_1 - k_0)} \quad \cdots\cdots\cdots(1)$$

(但し、$F_0 < F_1$、$k_0 < k_1$)

この算式で等級別・距離別に運賃率を算出した結果が表3-25である。これによると、国鉄の運賃率は等級と距離によって、かなりの差があることが明らかである。簡単にその特徴をみると、1,500kmまでは運賃率は暫時低下し、遠距離ほど有利になっている。これは長距離輸送ほど運賃率が低下する、いわゆる長距離輸送経済（Economy of long haul）が一応存在することを示す。しかしそれは顕著とはいえない。[8]

このように、距離別運賃率に多少差があるが、ここでは便宜的に0～2,000km

表3-25　等級別・距離別運賃率（トンキロ平均運賃）

(円)

等	級	0～50	50～100	100～500	500～1,000	1,000～1,500	1,500～2,000	0～2,000km
普通	1	10,340	7,220	4,260	4,086	3,926	4,042	4,305
	2	8,400	5,860	3,463	3,320	3,188	3,284	3,497
	3	7,100	4,960	2,930	2,810	2,698	2,778	2,959
	4	6,600	4,580	2,718	2,606	2,502	2,576	2,744
	5	6,340	4,420	2,610	2,502	2,404	2,476	2,637
	6	6,140	4,280	2,530	2,426	2,330	2,400	2,556
	7	5,880	4,100	2,425	2,324	2,232	2,298	2,448
	8	5,680	3,980	2,342	2,248	2,158	2,224	2,368
	9	5,440	3,780	2,238	2,146	2,060	2,122	2,260
	10	5,180	3,600	2,005	2,044	1,962	2,022	2,153
特別	21	6,140	4,280	2,530	2,426	2,330	2,400	2,556
	22	5,680	3,980	2,342	2,248	2,158	2,224	2,367
	23	5,240	3,640	2,160	2,068	1,986	2,046	2,179
	24	4,840	3,380	2,000	1,914	1,840	1,896	2,018

注：前掲『貨物運送のしおり』、『運輸審議会半年報』による。

表3－26　農産物運輸成績（昭和34年）

品目	トン数 千トン	%	トンキロ 百万トンキロ	%	運賃 億円	%	トン平均 輸送キロ キロ(km)	トン平均 運賃 円	トンキロ平均 運賃 円
米	3,605	30.4	1,360	26.4	30	24.6	377	839	2.23
麦	2,070	17.5	470	9.1	12	9.8	227	580	2.56
大豆	380	3.2	152	3.0	3	2.7	401	873	2.18
甘藷	379	3.2	172	3.3	4	2.8	453	905	2.00
馬鈴薯	348	2.9	358	6.9	6	4.8	1,029	1,701	1.65
甜菜	669	5.6	79	1.5	3	2.3	118	424	3.59
野菜	809	6.8	557	10.8	11	9.2	688	1,396	2.03
リンゴ	848	7.2	732	14.2	20	15.8	863	2,289	2.65
ミカン	324	2.7	268	5.2	7	5.9	827	2,230	2.70
その他の果物	443	3.7	309	6.0	9	7.3	699	2,025	2.90
葉タバコ	367	3.1	140	2.7	5	4.4	382	1,457	3.81
飼料	1,620	13.7	561	10.9	13	10.4	347	789	2.28
計（平均）	11,862	100.0	5,158	100.0	123	100.0	435	1,035	2.38

注：日本国有鉄道『鉄道統計年報』（昭和34年）による。

の平均運賃率を算出して利用する。農産物の輸送実績（表3－26）をみると、農産物の輸送距離は品目別に異なり、短距離品目で118km、長距離品目で1,000kmの開きがあるが、平均435kmである。

注
1）拙稿「農産物の産地間競争と市場競争力」、『東北農業試験場研究報告』第34号、昭和41年、参照。
2）現状分析的な研究事例としては、ブリンクマンが引用しているセッテガスト（H. Settegast）の作製した数字がある。訳書、96〜98頁。我が国では、錦織英夫氏の次の論文がある。「内地農業地域性の基礎」、『昭和農業発達史』、富民協会、昭和12年、参照。
3）鉄道輸送の輸送分担比率については、拙稿「鉄道輸送と農産物流通」、『農業経済研究』35－4、本章、第1節。
4）Hoover, E. M., *The Location of Economic Activity*, 1948. （McGraw-Hill, Paper backs, p. 21）
5）昭和初期の青果物の貸切運賃および級別品目については、前掲、錦織論文、394頁参照。
6）第Ⅰ部、第3章、第1節、参照。
7）ブリンクマンは、市場作目立地に及ぼす牽引力を土地所要量（収穫M）と節約指（E＊）の大きさで説明している。（訳書、98〜103頁）。収量と節約指数の積が地

代指数であるから（G ＝ M・E＊）、牽引力は地代指数で決まることになる。ダンはこの結論が理論的に不十分であることを指摘している。(Dunn, op. cit. pp. 100-101, 訳書106～107頁）なお、地代指数G（節約指数E＊）は、地代関数グラフの勾配であるから、その変化がどのような影響を及ぼすかは、第Ⅰ部、第3章、第1節で検討した。なお、レッシュ、訳書、48～54頁。
8）その後改訂された新運賃率では、長距離輸送経済（Economy of long haul）が認められず、長距離輸送と短距離輸送との運賃率の差が消失している。

2　競争力の比較方法—圏域形成理論の応用—

主要作目の産地競争力を全国段階、あるいは「産業段階」（Industry level）で明らかにするのが次ぎの課題である。[1]　そのため、先ずパラメーターに全国平均数字を用いて、主要作目の地代函数式を具体的に示してみよう。表3－27は、以上のような意図のもとに、主要作目の地代函数式のパラメーターをまとめて示したものである。

この表のパラメーターを地代関数の一般式、$R=E(p-a)-Efk$、に代入することによって、容易に各作目の地代函数を明示することができる。例えば、米の地代関数式のパラメーター、つまり地代水準、勾配、地代消失距離などは、具体的には次の数値が与えられる。

$E=0.398$（トン/10a）

$p=66,780$（円/トン）

$a=39,713$（円/トン）

$f=2,018$（円/トン・キロ）

$E(p-a)=10,773$（円）

$Ef=0.803$（円/km）

$\dfrac{(p-a)}{f}=13,413$（km）

これらにより、米の地代函数式は次のように表示される。

$R=10,773-0.803k$

これら各作目の地代函数式をグラフに示したのが図3－11である。この図を見ると、各作目相互間で圏域形式の条件が満たされるか否かが検討できる。す

表3-27 主要農産物の地代函数パラメーター

(トン、円、km)

等級	品目	運賃率 f	収量 E	価格 p	生産費 a	勾配 Ef	純収益 p−a	切片 E(p−a)	地代消失距離 $\frac{p-a}{f}$
24	米	2.018	0.398	66,780	39,713	0.803	27,067	10,773	13,413
	小麦	〃	0.252	34,250	37,167	0.509	(−)2,917	＊	—
	大麦	〃	0.298	32,290	34,381	0.601	(−)2,091	＊	—
	結球白菜	〃	2.433	8,100	3,410	4.910	4,690	11,411	2,324
	大根	〃	2.784	7,100	2,890	5.618	4,210	11,720	2,086
	玉葱	〃	2.303	13,400	6,550	4.648	6,850	15,776	3,394
23	馬鈴薯	2.179	1.764	12,400	4,050	3.844	8,350	14,729	3,832
	甘藷	〃	1.887	10,100	4,550	4.112	5,550	10,473	2,548
22	大豆	2.368	0.135	54,200	25,533	0.320	28,667	3,870	12,106
21	菜種	2.556	0.137	55,150	53,983	0.352	1,167	＊ 156	456
5	リンゴ	2.637	1.756	28,400	12,350	4.615	16,050	28,184	6,086
4	ミカン	2.744	2.003	44,600	18,260	5.496	26,340	52,759	9,599
	ナシ	〃	1.763	38,000	26,010	4.838	11,990	21,138	4,370
	モモ	〃	1.115	45,500	20,280	3.060	25,220	28,120	9,191
	ブドウ	〃	1.331	41,000	31,843	3.652	9,157	12,188	3,337
2	葉タバコ	3.497	0.207	295,00	331,800	0.724	36,800	7,618	—

注：1．等級、品目、運賃率は前掲表『貨物運送のしおり』、収量、価格、生産費は農林省統計調査部『ポケット農林水産統計』(1962)。
　　2．菜種は田畑作。麦類(＊)は出荷前赤字、菜種も類似水準にある。

なわち、既に考察したように、圏域形成の条件は関係する2作目の地代函数線がグラフ上で交差することであった。例えば、表3−27から米と結球白菜を選んで、それぞれの切片 $E(p-a)$ と地代消失距離 $\frac{(p-a)}{f}$ を示せば次の通りである。

	$E(p-a)$	$\frac{(p-a)}{f}$
米(I)	10,773	13,413
結球白菜(II)	11,411	2,324

以上の関係から、圏域形成の条件〔$E_2(p_2-a_2) > E_1(p_1-a_1)$、$K_2 < K_1$〕が満たされ、結球白菜IIが内圏、米Iが外圏という形で純粋理論的には圏域が形成されることになる。[2] この圏域境界点距離(k)、およびそこでの地代水準(Rk)は次のように(1)、(2)式を$R_1 = R_2$とおいて解くことにより計算できる。

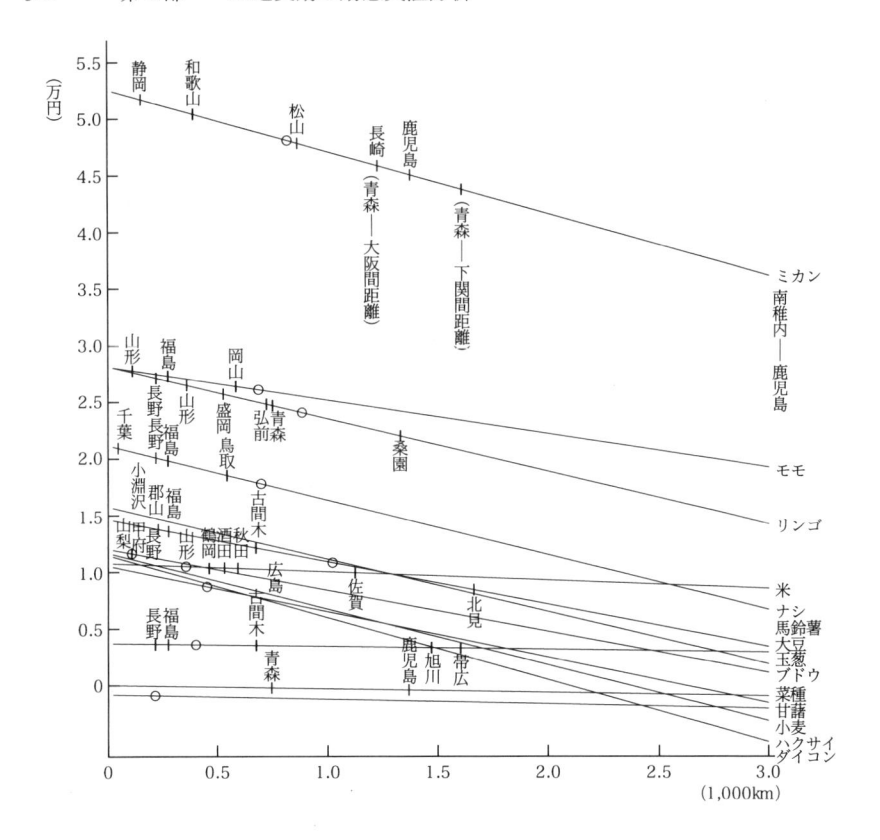

368　第Ⅱ部　立地変動の動態実証分析

図3－11　作目別地代函数線と東京市場に対する各産地（駅）の地位
　　　　○印は品目別平均輸送距離（東京基点）

$$R_1 = 10.773 - 0.803k \cdots\cdots\cdots\cdots\cdots\cdots\cdots\cdots\cdots (1)$$

$$R_2 = 11.411 - 4.91k \cdots\cdots\cdots\cdots\cdots\cdots\cdots\cdots\cdots (2)$$

(1)、(2)式を解けば、圏域境界点距離は、$k ≒ 155.3 (km)$ となる。またそのときの地代水準も、これを(1)式に代入することで、次式の結果がえられる。

$$R_1 = 10.773 - 0.803 \times 155.3$$

$$\therefore\ R_1 = R_2 = 10.648$$

これは市場から約155kmの距離で米と結球白菜の地代が同じ大きさになり、

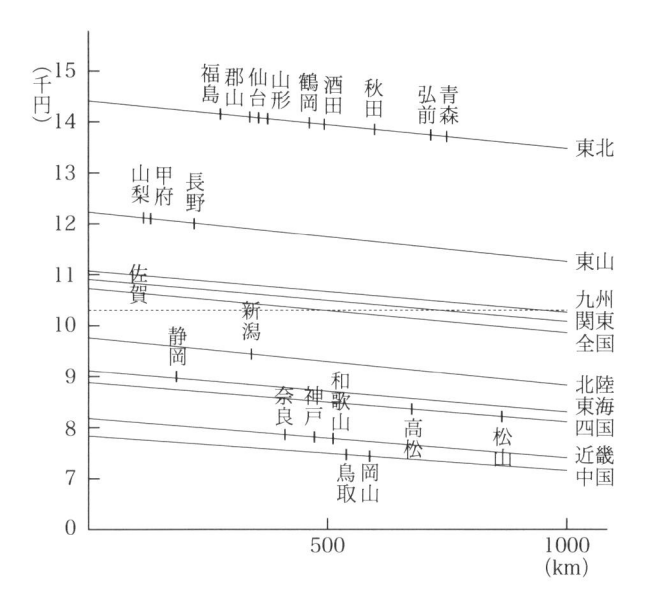

図3-12 米の産地別地代函数線及び東京市場に対する各産地駅の地位

　その値は10,648円であることを示している。従って、理論的な圏域形成問題としては、市場から155kmまでは結球白菜の供給圏であり、その外側に米の供給圏が形成される関係を示している。

　このように、表3-27及び図3-11から、各作目の圏域形成の条件を現状分析に適用して、競争力関係を検討することができる。しかし現状分析ではすべての場合に圏域形成の条件が満たされるとは限らない。第Ⅰ部、第4章、第4節（圏域形成理論の現状分析適用）で考察したように、任意の基準作目Sに対して、その他の対照作目Cは、(1)内圏グループ、(2)外圏グループ、(3)絶対有利グループ、及び(4)絶対不利グループ、の4グループに分類される。(1)、(2)が圏域形成の条件を満たす場合であり、(3)、(4)が満たさない場合であった。

　この関係を示したものが表3-28である。この表によって、任意にある作目を基準作目にとった場合の、その他の作目の競争力関係が明瞭に示されている。[3]

例えば、米を基準作目にとった場合には、内圏作目(1)としては、結球白菜、大根、玉葱、馬鈴薯、リンゴ、ミカン、桃、梨、ブドウ、など大部分の品目がこのグループに含まれる。絶対有利グループ(3)と外圏グループ(2)には該当品目がない。そして絶対不利品目には、甘藷、大豆、麦、菜種、が含まれる。

　このような実態は、かなりの品目が市場近傍では米より競争力が強いことが理解できる。この関係は、米が遠隔地で栽培される可能性を理論的に示している。米と同じ傾向を示すのが大豆である。

　また、結球白菜を基準品目にとった場合は、絶対有利品目(3)は、玉葱、馬鈴薯、リンゴ、ミカン、桃、梨、ブドウ、などである。他方、内圏品目(1)には大根、外圏品目(2)には米、甘藷、大豆、が入ってくる。つまり、野菜の代表的品目の白菜に対するその他品目の競争力関係は、米、甘藷、大豆を除けば、絶対的に有利なことがわかる。このタイプには、大根、玉葱、馬鈴薯、甘藷、が属する。

　次に、果樹の代表としてミカンを基準作目にとってみると、米と大豆が外圏グループ(2)に入るほかは、すべて絶対不利グループに分類される。これは、ミカンが絶対的に有利な作目であることを意味する。リンゴ、梨、桃、ブドウ、などもこのタイプに属している。

　最後に、以上のいずれにも属さない品目がある。それは麦と菜種である。この両品目に対しては、その他の品目はすべて絶対有利グループ(3)に分類される。これは、この両作目がどの品目よりも不利な作目であることを明らかにしている。その原因は、麦のように出荷以前の地代（純収益）が既に赤字になっているか、あるいは菜種のように赤字にならないまでもそれに近いレベルにあるからである。この場合はグラフ座標でＹ切片が（−）になる。

　以上の比較によって、基準作目に対するその他作目の競争力関係が明瞭になるであろう。そして各作目間の競争力関係から、各作目は具体的に次の４つのタイプに分類される。

　(I)果樹タイプ、(II)野菜タイプ、(III)米・大豆タイプ、(IV)麦・菜種タイプ。

表3-28 主要品目の競争力序列

基準品目	(3)絶対有利品目	(1)内圏品目	(2)外圏品目	(4)絶対不利品目
米		結球白菜、大根 玉葱、馬鈴薯 リンゴ、ミカン ナシ、モモ ブドウ		甘藷、大豆、菜種 麦
麦	全品目			
結球白菜	玉葱、馬鈴薯 リンゴ、ミカン ナシ、モモ ブドウ	大根	米、甘藷、大豆	菜種、麦
大根	玉葱、馬鈴薯 リンゴ、ミカン ナシ、モモ ブドウ		米、結球白菜 甘藷、大豆	菜種、麦
玉葱	リンゴ、ミカン ナシ、モモ		米、馬鈴薯、大豆	結球白菜、大根 甘藷、ブドウ 菜種、麦
馬鈴薯	リンゴ、ミカン ナシ、モモ	玉葱	米、大豆	結球白菜、大根 甘藷、ブドウ 菜種、麦
甘藷	米、玉葱、馬鈴薯 リンゴ、ミカン ナシ、モモ ブドウ	結球白菜、大根	大豆	菜種、麦
大豆	米	結球白菜、大根 玉葱、馬鈴薯 甘藷、リンゴ ミカン、ナシ モモ、ブドウ		菜種、麦
菜種	米、結球白菜 大根、玉葱 馬鈴薯、甘藷 大豆、リンゴ ミカン、ナシ モモ、ブドウ			麦
リンゴ	ミカン		米、大豆、モモ	結球白菜、大根 玉葱、馬鈴薯 甘藷、ナシ ブドウ、菜種、麦
ミカン			米、大豆	結球白菜、大根 玉葱、馬鈴薯 甘藷、リンゴ ナシ、モモ ブドウ、菜種、麦
ナシ	リンゴ、ミカン モモ		米、大豆	結球白菜、大根 玉葱、馬鈴薯 甘藷、ブドウ 菜種、麦
モモ	ミカン	リンゴ	米、大豆	結球白菜、大根 玉葱、馬鈴薯 甘藷、ナシ ブドウ、菜種、麦
ブドウ	モモ、馬鈴薯 玉葱、リンゴ ミカン、ナシ		米、大豆	結球白菜、大根 甘藷、菜種、麦

この4タイプの間では、その競争力は大凡、(I)＞(II)＞(III)＞(IV)、という序列になっている。しかし、この序列は距離によって修正されねばならない。その調整を行う必要があるのが、それぞれの基準作目に対して圏域形成条件を満たしている、(I)、(II)のグループである。

次に、圏域形成グループについて、競争力が交替する交点座標、換言すれば圏域境界点の市場からの距離と、その場合の地代の大きさを表3－29に示すことにしよう。

この表で明らかなように、関係する2作目の組合せにより圏域境界点の距離が種々異なっている。例えばリンゴと桃は市場近傍の41kmで順位が交代する。大豆とミカンの場合は遥か遠く9,446kmで交替することが分かる。その中間に種々交替が起きている。問題のすべての交点座標を距離の順に並べると、相隣接する2交点間では地代函数線は交わらないので、この区間の範囲では(I)、(II)グループだけでなく、(III)、(IV)グループも含めて、その競争力の比較が可能となる。

先ず、市場から41kmまでの範囲で競争力をみると、その順位は次のようになっている。

ミカン＞リンゴ＞桃＞梨＞玉葱＞馬鈴薯＞ブドウ＞大根＞白菜＞米＞甘藷＞大豆・菜種＞麦。この順位が41kmの地点でリンゴ＞桃の順位が交替して桃＞リンゴとなる。また、155kmでは米と白菜の順位が入れ替わり米＞白菜となる。更に197kmでは大根と米が順位を交替する。以上、順次、表3－29に示されるような距離で競争力順位が変わることになる。

ただ、さきに表3－26でみたように、農作物の輸送実績は総合で435kmであり、最も輸送距離の大きい馬鈴薯で1,029kmである。また、国土の地理的な範囲をとってみても、青森から鹿児島までは1,969.3kmである。更に北海道を考慮してもせいぜい3,000kmの範囲内にある。従って考察の範囲を上述の範囲に限定しても問題はないことが分かる。

このような根拠によって、作目の競争力は市場距離によって変動するが、大凡の見当をつける意味で、農産物の総合平均輸送距離435km前後の競争力順位がそれぞれの競争力とみても差し支えない。すなわちその順位は次の順位となる。

第3章　鉄道輸送と産地競争力　373

表3－29　圏域境界点の座標

基準作目	競合作目	k (km)	R (円)
米	結球白菜	155	10,649
	大　　根	197	10,615
	玉　　葱	1,301	9,728
	馬 鈴 薯	1,301	9,728
	リ ン ゴ	4,550	7,119
	ミ カ ン	8,947	3,589
	ナ　　シ	2,575	8,706
	モ　　モ	7,686	4,601
	ブ ド ウ	497	10,374
結球白菜	大　　根	436	270
	甘　　藷	1,175	5,642
	大　　豆	1,643	3,344
大根	甘　　藷	828	7,068
	大　　豆	1,482	3,394
玉葱	馬 鈴 薯	1,302	9,724
	大　　豆	2,751	2,989
馬鈴薯	大　　豆	3,081	2,886
甘藷	大　　豆	1,741	3,314
大豆	リ ン ゴ	5,641	2,065
	ミ カ ン	9,445	848
	ナ　　シ	3,824	2,646
	モ　　モ	8,850	1,038
	ブ ド ウ	2,496	3,071
リンゴ	モ　　モ	41	27,994

注：前掲表3－27から算出。

(1)ミカン、(2)桃、(3)リンゴ、(4)梨、(5)玉葱、(6)馬鈴薯、(7)ブドウ、(8)米、(9)、(10)大根、白菜、(11)甘藷、(12)大豆、(13)菜種、(14)小麦。

その順位が理論的には米が3,000km近くで4位に、また大豆が7位に上昇することを除けば、その他の品目間にはあまり変化が見られない。この順位はさきにタイプ別に示した競争力順位、すなわち(I)果樹＞(II)蔬菜＞(III)米・大豆＞(IV)麦・菜種、にほぼ一致する。

なお、競争力と輸送距離はほぼ比例しており、以上の競争力序列に現実の輸送距離も対応して大きい。(前掲、表3－26、及び、表3－29～30、参照) すなわち、主要作目の輸送距離は、(I)果樹タイプに属する馬鈴薯1,029kmが最も大きく、遠距離まで輸送されている。次いで(II)野菜タイプの野菜類が688km、

甘藷が433km、(Ⅲ)米・大豆タイプでは大豆401km、米377kmと続く。(Ⅳ)麦・菜種（工芸作目）タイプの葉タバコは382km、麦227km、甜菜118kmと最も輸送距離が短い。このように各作目はその市場競争力に応じて、実際にも輸送距離が大きいことが分かる。[4]

ちなみに、各作目の平均輸送距離の地代(R)と単位面積粗収益(Ep)との比をとると、その大きさがほとんどの作目でほぼ40〜50％程度の水準になる。（表3−30、参照）すなわち、40％台の品目は、米39.4％、結球白菜40.8％、結球白菜40.8％、大根39.7％、玉葱40.6％、などがあり、いずれも40％前後の比率である。また、比率が50％に近い品目には、馬鈴薯49.3％、甘藷45.2％、大豆51.1％、リンゴ48.5％、ミカン54.0％、桃51.2％などが該当する。もっとも、梨（26.5％）とブドウ（17.7％）はその比率が例外的に小さい。しかしこの2品目を除けば、各作目がその平均輸送距離でほぼ40〜50％の地代（純収益）比率を示している。

以上を要するに、各作目はその市場競争力に比例して輸送距離が大きく、しかも各作目の平均輸送距離において、その比率が40〜50％の水準でほぼ均衡していることが明らかになった。

表3−30 平均輸送距離における収益率

品 目	トン平均輸送距離	同左地点地 代(A)	反 当粗収益 Ep(B)	比 率 $\frac{(A)}{(B)}$ ％
	km	円	円	
米	377	10,470	26,578	39.4
結球白菜	688	8,033	19,707	40.8
大 根	688	7,855	19,766	39.7
玉 葱	688	12,578	30,860	40.8
馬 鈴 薯	1,029	10,774	21,874	49.3
甘 藷	453	8,610	19,059	45.2
大 豆	401	3,742	7,317	51.1
リ ン ゴ	863	24,188	49,870	48.5
ミ カ ン	827	48,214	89,334	54.0
ナ シ	699	17,807	67,184	26.5
モ モ	699	25,981	50,733	51.2
ブ ド ウ	699	9,635	54,571	17.7

注：トン平均輸送距離は表3−26より、反当粗収益は表3−27より引用。

注
1) 第Ⅰ部、第4章、第4節、の実証分析である。なお、Dunn, op. cit., pp. 2-3. 訳書、2〜4頁。
2) 現状分析に理論的用語を用いる場合、その用法に注意する必要がある。例えば、ここで「圏域が形成される」と表現しても、理論的な孤立国モデルのように圏域が形成されることを意味しない。圏域境界点（距離）において競争力順位が逆転することを示すに過ぎない。ここでの問題はあくまで競争力比較であることに注意。なお、次注3）参照。また、この比較では、市場は同一であっても、異なっていても問題の性格は変わらない。
3) 当面の分析課題は、「競争力比較」であって「立地論」そのものではない。競争力分析は圏域形成を問題にする前段解の、作目選択の基準を示すのが目的である。他方、立地論は立地競争が均衡点に達した状態での、法則性が問題となる。両者は密接に関連しているが、視点が異なることに注意されたい。
4) 対象はあくまで鉄道輸送品目に限定されている。その位置づけは、前掲、拙稿「鉄道輸送と農産物流通」、本章、第1節、1、参照。

3　主要品目の競争力比較—地域別・都道府県別—

(1)　米

　我が国における米の主産地は、地域別の特化係数で見る限り、東北、北陸、近畿、中国の4地域であった。[1]（第1章、表1−5、図1−4、および、表3−31、参照）しかし、実際には東北と北陸の2地域が本来の主産地と言えるであろう。このような意味で、地代函数の比較は主産地について検討すればよいことになる。しかし他方で、米は全国各地で栽培されており、全国平均で全作付面積の約40.8％（最大北陸67.5％、最小北海道21.2％）（昭和35年度）を占める基幹作目である。この点を考慮して全地域の地代函数式を示すことにする。

　そのほか、米の地代函数式の考察が、必ずしも分析目的に十分合致しない面があることを断っておく必要がある。何故なら米は食糧管理法により運賃は生産者負担ではなく、食糧管理特別会計であるからである。従って、地代関数に運賃率を使用して問題を検討することは、この意味で実状にそぐわない面がある。しかし、他品目と比較する関係上、この分析では運賃も生産者負担として問題に接近する。そして、もし実態に対応させる必要があれば、地代函数式の運賃率を $f=0$ とおけばよいからである。

さて、以上のような前提で米の地域別パラメーターを示せば、表3−31、図3−13の通りである。この場合、運賃率(f)とともに価格(p)も地域間で同一とし、収量(E)と生産量(a)のみが異なっている。

この計算によれば、米の地域別の競争力は、東北＞東山＞九州＞関東＞全国＞北海道＞北陸＞東海＞四国＞近畿＞中国、という順位になる。この順位は、東北を除けば必ずしも特化係数の主産地で高いとは言えない。東北のように特化係数でも特化し、競争力も大きい本来の主産地と、北陸のように特化係数では主産地とみられるが、競争力は小さい地域とが混在する。また、県別に主産地の競争力を比較すると、山形＞佐賀＞秋田＞奈良＞福岡＞全国平均＞新潟＞兵庫の順で大きい。

いずれの場合にも、地代函数直線は平行し、勾配が競争力関係に影響しないことが分かる。運賃率が同じであれば、地代関数線は平行となる。従って米の競争力は、収量と生産費の比較、具体的には出荷前純収益、$E(p-a)$の順位と一致する。しかし、図では他作目と比較するため、特別24等級(表3−24)の運賃率を適用してグラフが描かれている。[2]

表3−31　米の地代函数パラメーター

地域	運賃等級	運賃率 f	収量 E	価格 p	生産費 a	勾配 Ef	純収益 $p-a$	切片 $E(p-a)$
全　国	24	2.018	0.398	66,780	39,713	0.803	27,067	10,773
北海道			0.397		41,267	0.801	25,513	10,129
東　北			0.455		34,913	0.918	31,867	14,499
関　東			0.392		38,840	0.791	27,940	10,952
北　陸			0.423		43,527	0.854	23,253	9,836
東　山			0.428		38,127	0.864	28,653	12,263
東　海			0.364		41,720	0.735	25,060	9,122
近　畿			0.378		45,093	0.763	21,687	8,198
中　国			0.354		44,520	0.714	22,260	7,880
四　国			0.355		41,673	0.716	25,107	8,912
九　州			0.370		36,713	0.747	30,067	11,125
秋　田	24	2.018	0.462	66,780	38,400	0.932	28,380	13,112
山　形			0.483		34,720	0.975	32,060	15,485
新　潟			0.435		45,607	0.878	21,173	9,210
兵　庫			0.380		47,933	0.767	18,847	7,162
奈　良			0.423		40,373	0.854	26,407	11,170
福　岡			0.390		38,793	0.787	27,987	10,915
佐　賀			0.429		33,167	0.866	33,613	14,420

注：運賃等級、運賃率は前掲表注『運送のしおり』、収量、価格、生産費は前掲表3−27注『ポケット農林水産統計』。

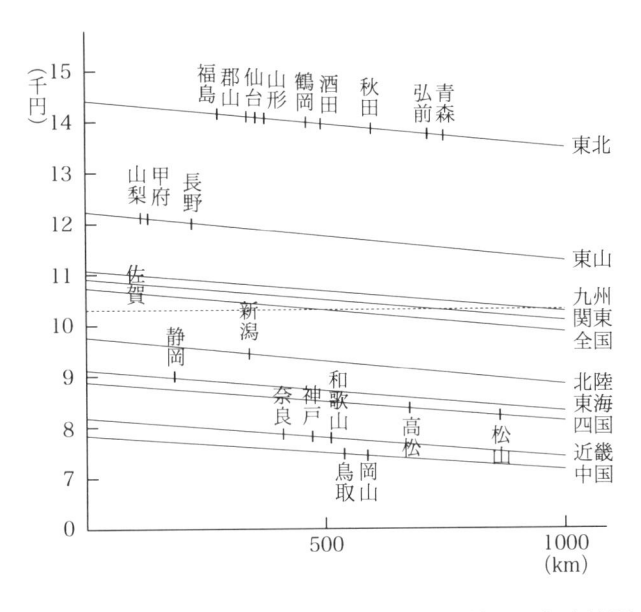

図3-13 米の産地別地代函数線及び東京市場に対する各産地駅の地位

(2) 馬鈴薯

　特化係数でみた馬鈴薯の主産地は北海道と東北であった。この両地域の他に、販売（商品化）数量が地域単位で大きい関東と九州、東山、東海地区を加えて、それぞれのパラメーターを示せば表3-32の通りである。またその地代関数グラフは図3-14に示されている。

　この図・表によって、産地別の競争力には大きな格差があることが分かる。例えば競争力が最も強い北海道をみると、収量が最も高く、また逆に単位重量当たり生産費は最も小さい。その結果、市場競争力は北海道＞全国平均＞東山＞東北＞関東＞東海＞九州の順位になる。このうち、東海と九州は価格12.4円／kgを前提とする限り、既に出荷前に赤字である。

　その他の地域については、北海道産は950km前後の距離の地代が、全国平均の出荷前($k=0$km)と同一水準にあり、また1,600kmで東山産とほぼ同一水準になる。その他地域産とは更にその差を拡大する。

この競争力比較で明らかなように、同一作目間の比較は出荷前純収益、$E(p-a)$の差が大きいため、運賃率(f)の影響力は小さく、殆どネグレジブルであることを示している。

表3-32 馬鈴薯の地函数パラメーター

地域	運賃等級	運賃率 f	収量 E	価格 p	生産費 a	勾配 Ef	純収益 $p-a$	切片 $E(p-a)$
全 国			1.764		4,140 (4,050)	3,842 (3,844)	8,260 (8,350)	14,562 (14,729)
北海道			1.998		3,858	4.354	8,542	17,067
東 北	23	2.179	1.771	12,400	8,056	3.859	4,344	7,693
関 東			1.641		8,820	3.576	3,580	5,875
東 山			1.675		6,230	3.650	6,170	10,335
東 海			1.286		13,300	2.802	−900	−1,157
九 州			1.436		13,550	3.129	−1,150	−1,651
青 森			1.761		8,080	3.837	4,320	7,608
福 島			1.800		7,860	3.922	4,540	8,172
埼 玉	23	2.179	1.558	12,400	10,870	3.395	1,530	2,384
長 野			1.894		6,230	4.127	6,170	1,686
愛 知			1.326		13,300	2.889	−900	−1,193
福 岡			1.365		13,970	2.974	−1,570	−2,143

注：運賃等級、運賃率は前掲表注『運送のしおり』、収量、価格、生産費は前掲表3-27表注『ポケット農林水産統計』。

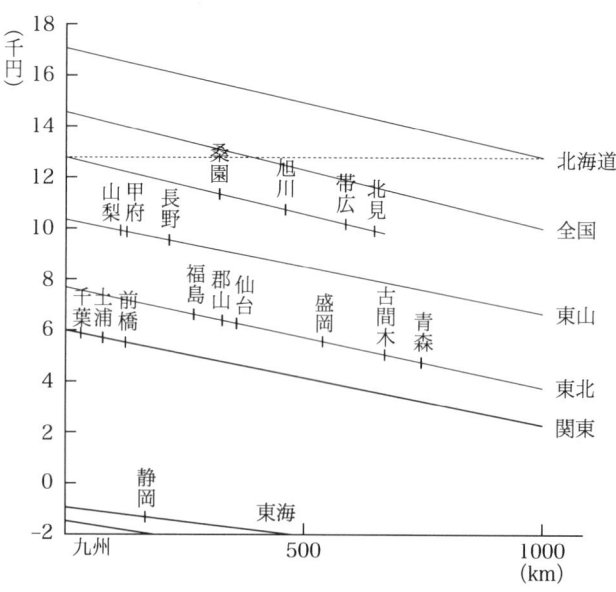

図3-14 馬鈴薯の地域別地代函数線及び東京市場に対する各産地駅の地位

(3) リンゴ

次に果樹の代表として、リンゴの産地別地代函数式を検討する。主産地のパラメーターを示せば表3－33の通りである。これらのデータから判断して、リンゴの運賃率は他品目に比べて大きいが、それにもかかわらず競争力は殆ど単位面積当たり地代、すなわち出荷前の純純益＝$E(p-a)$、によって決まる関係にある。

このことは、今までに考察した運賃率が小さい品目（米、馬鈴薯）などと同様、リンゴの競争力も収量と生産費によって決まることが明らかである。要するに、どの品目でも同一作目間の競争力を比較する場合は、収穫量と生産費をみるだけで充分であると言ってよい。

そこで、表3－33に基いてリンゴの競争力をみると、長野＞山形＞青森＞全国平均＞北海道の順位になっている。ただ果樹の場合、品種、樹令、樹令別面積構成、などの条件によってパラメーターの数値に大きな開きが出てくる。このことが普通作物と果樹が異なる点である。これは単にリンゴだけでなく、果樹全般について言える特徴である。

(4) 大豆

大豆は、その商品作目の特性から、米に類似する傾向を有している。しかし、その生産立地は北海道と東北に特化している。この主産地に東山と九州を加えてパラメーターを示せば次の表3－34の通りである。これを見ると、今までの品目と同様、大豆も地代（出荷前純収益）の差が大きく、運賃率は同じであるから勾配は平行して競争力に関係しない。

以上、米、馬鈴薯、リンゴ、大豆、の4品目について、地域・道府県別産地の地代函数を比較・考察した。これらの品目に限らず、同一品目間の競争力は運賃率が同じであることから、収量と生産費できまる関係が明らかとなる。このことは出荷市場が異なり、輸送距離が変化する場合にのみ輸送費に差が生じ、それ以外では競争力に関係しないことを示している。[3] 従って立地配置は生産費と収量によって決まる性格が強い。しかし、以上をもって輸送費を含めて市

表3-33 リンゴの地代函数パラメーター

地域	運賃等級	運賃率 f	収量 E	価格 p	生産費 a	勾配 Ef	純収益 $p-a$	切片 $E(p-a)$
全国			1.756		12,350	4,630	16,050	28,184
北海道			1.404		17,370	3,702	11,030	15,486
青森	5	2.637	1.758	28,400	12,360	4,636	16,040	28,193
山形			2.083		9,610	5,493	18,790	39,140
長野			2.362		8,790	6,229	19,610	46,319

注：運賃等級、運賃率は前掲第1表注『運送のしおり』、収量、価格、生産費は前掲第3-27注『ポケット農林水産統計』。

表3-34 大豆の地代函数パラメーター

地域	運賃等級	運賃率 f	収量 E	価格 p	生産費 a	勾配 Ef	純収益 $p-a$	切片 $E(p-a)$
全国			0.135		25,533	0.320	28,667	3,870
北海道			0.158		24,267	0.374	29,933	4,729
東北	22	2.368	0.137	54,200	37,367	0.324	16,833	2,306
東山			0.149		49,667	0.353	4,533	675
九州			0.108		34,067	0.256	20,133	2,174
青森			0.132		31,267	0.313	22,933	3,027
岩手	22	2.368	0.137	54,200	30,750	0.324	23,450	3,213
宮城			0.123		37,517	0.291	16,683	2,052
福島			0.129		49,933	0.305	4,267	550

注：運賃等級、運賃率は前掲表注『運送のしおり』、収量、価格、生産費は前掲第3-27注『ポケット農林水産統計』。

場競争力を分析する意味がないとは言えない。何故なら、市場距離の異なる出荷は当然あるからである。また、以上の結論それ自体が地代函数式の分析結果であり、立地論的考察によって明らかにされた結論だからである。

注
1）拙稿「農産物の地域間需給構造」、『東北農業試験場研究報告』第29号、本章、第1節、2参照。
2）この限りにおいて、米の輸送費による立地分析はあまり意味がない。なお、適用した運賃率(f)は、表3-24～26の特別24等級である。
3）コストからみて、距離はあまり問題にならないが、輸送時間、急速な市場対応、その他の関連で「空間」要因は依然重要である。ただ、傾向としてはこの「空間」要因が漸次そのウェイトを低下させてきている。

4　産地競争力と地域生産特化

　以上の分析結果は、市場から500kmの範囲においては、果樹、野菜、米、大豆、工芸作物という競争力序列を示している。しかし、現実の作目の立地配置をみると（前掲、表3－8～9、参照）、このような競争力関係を反映している場合もあるが、必ずしもそうでない場合もある。そこで次に、作目の競争力と現実の立地配置がどのように対応しているかを検証し、またそうでない場合の原因・理由を考えてみよう。[1]

　先ず、作目の競争力による立地配置は、産業段階（全国平均）の競争力分析では、市場に最も近接した内圏で果樹が、次いで野菜が栽培され、続いて順次、米、大豆、工芸作物という順序で立地し、「孤立国」的栽培圏を形成する。

　もちろんこの場合の立地配置は、気候、土壌、その他の自然条件、及び経営・経済的条件が国内全域で同一であり、すべての作目が栽培可能という前提に立つ場合の立地配置である。従って、このような前提が現実に満たされていれば、計算上与えられた作目立地と現実の立地配置が照応する。しかし、このような前提は現実には存在しない。

　他方、我が国に於ける中核都市を、関東（東京・横浜）、関西（大阪・神戸）、及び中京（名古屋）と考えて、[2] これらを中核市場と想定した場合の立地配置はどのように形成されるかが検証課題となる。この立地配置を主要作目の特化係数で示した表1－5～18、表3－8で再度点検してみよう。

　これらの表では、果樹等の特化係数は必ずしも市場近傍で大きいとは言えず、馬鈴薯も理論的には市場近傍に立地する作目であるが、実際には北海道などの遠隔地で栽培されている。従って、一見すると各作目の産地競争力は現実の立地配置に反映されていないような印象を与える。しかし、米、豆類、野菜、工芸作物などに関する限り、野菜が市場近傍において生産され、その他の作目が遠隔地で栽培されており、競争力から見た市場配置の理論に一致する。

　では、何故以上のように立地理論と現実が一致する作目と、そうでない作目に分かれるのであろうか。この点を解明するには、理論と現実が一致しない品目、例えば果樹、馬鈴薯について、より具体的に分析を行う必要がある。

先ず果樹の場合を考えると、その具体的品目には技術的・生態的性格を異にする果樹が含まれている。すなわち、一方にリンゴに代表される寒冷地果樹があり、他方に温暖地が生産適地のミカンが存在する。そしてその中間に梨、桃、ブドウ、などの中間果樹が入る。このような品目別分析によって明らかになるのは、一概に果樹といってもその中には生態的・栽培技術的条件を異にする種々の品目が含まれ、それらは品目の生態的・技術的性格に従って、我が国のどこでも栽培可能とは限らず、特定地域に栽培が限定されることである。

　つまり、これは最初に前提した技術条件、すなわち我が国の何処でも栽培可能という前提条件が満されないために起きる現象である。このことが、果樹が一般的に市場近傍に立地しない第1の理由である。

　第2に、このような自然条件の制約に加えて、果樹の競争力が大多数の品目で圏域形成の条件を満たさないほど絶対的に有利なことである。これは果樹が市場距離に関係なく、どこでも有利なことを示している。従って、需要が存在する限り、距離に関係なくその他の立地条件が最も良い場所で、その全需要量を満たす生産が行なわれることになる。[3]

　第3に、果樹栽培は、それが経営部門に導入され、生産が軌道に乗るまでにかなりの年月を要することである。例えば結果開始までの育成期間を樹種別にみると、リンゴが5〜7年、ミカン6〜8年、梨3〜7年（和梨3〜4年、洋梨6〜8年）、桃2〜3年、などと数年を要する。このように、果樹が結果を開始するまでの数年は収入が入らない。また結果を開始したとしても、幼木の収量は少ない。この期間の投資に経営が耐えるものかどうかが果樹導入の可否を左右する。この条件が満たされなければ果樹は栽培できない。この点は、さきに作目選択の経営条件として検討した。[4]

　第4に、これは果樹に限らないが、我が国における農業経営が、作付方式などの関係から単一部門経営ではなく、複合経営として数作目を組合せた結合生産であることである。そして、その総合年間収益が大きい作目が導入されることである。[5] 従って、複合経営の場合は、作目の競争力が直接的に立地に反映されない場合もある。また他方で、特定部門に特化した大規模経営が都市近郊

に立地する実態もある。このことは第1章で考察した。

　要するに、以上のような諸要因が協働して作用した結果が、果樹の生産立地が当面都市近郊に一般的に立地せず、それぞれの自然条件からみた最適地に立地する理由である。しかし、これらの条件が緩和されれば、果樹は漸次都市近郊で導入される可能性を強める。実際、自然的立地条件及び経営的条件が許す場合、よりよい立地条件を求めて果樹の立地が移動している。例えば、リンゴが市場に近い地域で増殖される傾向や、梨、桃などの立地移動や産地交替が以上の動向を裏づけている。[6]

　他方、地代函数の競争力と現実の立地配置が一致する作目群については、どう説明できるであろうか。まず、野菜グループをみると、その立地配置は都市近郊に多く、市場需要の7〜8割が近郊で生産・供給されている。これらの野菜で輸送性が大きい品目は、もちろん遠郊に輸送園芸産地が形成されている。しかし、現段階では近郊生産が多く、地代函数式で示される競争力がそのまま現実に反映される品目群とみてよい。

　次に、米、豆類をみると、これらも地代函数による競争力が現実の立地配置と一致する品目群である。特に米は作物生態的には温帯・熱帯性作物であるが、その生産地は漸次北上し、東北、北陸、北海道と拡大している。問題はこのような現象が立地論的にどう説明されるかである。

　さきの地代函数からは、米は主に野菜・果樹と圏域形成条件を満たす関係にある。その大きな要因は、米の地代函数の勾配がないことにより、野菜・果樹類の関数直線と交差するためである。(図3－11、参照) この運賃負担が制度的にないことは既に指摘した。その上、米の需要と価格は安定している。これらの条件が、米の収益性（地代）が距離とは無関係に、収量のみによって規定される関係にあることを示している。

　このような米の特殊性は、米の産地を収量(E)の多い地域へ、また生産費(a)の小さい地域へ、その立地を牽引する作用を果してきた。勾配（Ef）が小さいことが、作物立地に遠心効果を及ぼすことは既に明らかにしたが、勾配がない場合（$f=0$）には遠心効果は更に強くなる。このような諸要因、すなわち

食糧管理制度に基づく相対的高米価、価格の安定性、輸送費食管特別会計負担などの制度的要因と、東北、北陸等における生産力水準の高さ、及び生産費水準の低さなどが総合されて、水稲栽培の北進を促したといえる。

他方、豆類、とりわけ大豆をとってみると、その地代函数の地代切片（出荷前純収益）が小さく、かつ勾配も小さい。つまり米と同様、遠隔地指向作目である。ただ、米より出荷前に既に純収益が低いので、米より更に外圏で生産されることになる。[7]

これを現実の立地配置と対比すると、北海道と東北が主産地になっている。この立地配置には、自然条件が関連する面もあるが、それと同時に大豆の地代函数式に示される競争力が主な要因であることも見逃せない。

では、麦類や工芸作物グループの場合はどうであろうか。麦類は既に地代函数式の切片がマイナスになっている。これは出荷前にその地代が既に赤字であることを示し、麦類が単独には栽培されないことを示唆する。それにもかかわらず麦類が栽培されるのは、土地利用・輪作関係や保護作物として栽培されるためである。

例えば、作付方式との関連で耕作される場合がその例である。東北地域における、ヒエ－麦－大豆の2年3作の作付方式がその典型である。[8] また、水田裏作の場合には、野菜、葉タバコなどの保護作物として、収益性を度外視して耕作される場合もある。麦類が関東、東海、近畿などの市場近郊において耕作されるのは、以上のような理由によるのである。これは立地論が誤っているのではなく、むしろ麦類が以上の特殊機能を有する収益度外視作目であり、野菜などと結びついた結合生産であることを示しているに過ぎない。

最後に工芸作物をみると、その立地配置は、北海道、東海、四国、九州などが主産地である。（第1章、表1－18、図1－14、参照）これは、工芸作物の種類によって、自然的立地条件がその主要立地要因であるためである。例えば、ハッカ、除虫菊、茶、ラミー、菜種、甜菜（ビート）、葉タバコ、麻、などは、それぞれ自然立地条件に立地が強く影響される。また、これら作目の地代函数式の運賃率、収量、生産費、価格、などが総合的に作用して作目立地に遠心作

用を及ぼすことも見逃せない。[9]

　以上、簡単ながら、現実の価格、収量、生産費、運賃率を前提して、各作目の地代函数の相互関係と、現実の地域特化とを対比させて、農業立地論が実際の農業生産を規制しているか否かを検討した。その結果、我が国の農業生産の地域特化は、果樹などのように、一見地代函数の競争力と現実の立地配置が乖離しているかにみえる場合でも、また野菜、馬鈴薯、米、大豆などのように、理論と現実が一致している場合も、いずれも現実の農業生産は立地論に即して立地することが明らかになった。換言すれば、農業立地理論は現実に生きているのである。

注
1) 本節は、これまでの立地論、及び産地競争力比較の理論が、現実の立地配置に反映されているか否かを検証する考察である。従って分析視点が異なっている場合があることに注意。
2) 拙稿「鉄道輸送と農産物流通」参照。このような傾向は既に古く戦前期からみられる。前掲、錦織英夫「内地農業の地域性の基礎」、参照。
3) 前項の分析で明らかなように、輸送費よりも生産費のウェイトが大きいので、この傾向はさらに強くなる。これは輸送費以外の要因が介在しない限り、都市近傍より自然的立地条件に恵まれた場所に立地が牽引されることを示唆している。
4) 従って、果樹部門を導入するためには、単に自然条件だけでなく、経営自体の発展と資本蓄積が必要となる。その典型的部門が林業経営である。
5) 東北 7 県農業研究協議会（岩崎勝直・児玉宗一・木下幸孝）『畑作付方式の分布と動向』、農業技術協会、昭和33年。
6) 美土路達雄「果樹主産地の階層性と市場」、『農林統計調査』、第11巻、第 7 号。
7) ここでは、作目選択理論としての論理である点に注意。理論的には優位作目が需要を満たすまで耕作された後に、はじめて次善の作目が選択・耕作される。しかし実際には水田化できない場所が畑地として残り、大豆が外圏に栽培される。
8) 一応このような結論になるが、そのような場合は少なくなっている。
9) 錦織英夫、前掲「地域性の基礎」、392〜394頁、参照

第4章
交通輸送の技術革新と農業再編

第1節　交通輸送の技術革新

1　技術革新の動向[1]

　近年、我が国の交通輸送は顕著な変化を示している。そのテンポは石油危機以降、幾分減速傾向にはあるが、我が国が高速交通時代に到達しつつあるのは明らかである。例えば、新幹線や航空機利用の一般化、高速道路の整備、外洋長距離フェリーの就航、などである。このように、スピードアップと遠距離化を伴いながら、その普及・利用が進んでいる。

　このような状況の下で、陸上輸送（貨物輸送）も高速道路の整備に伴って、輸送車輌の大型化、走行スピードの高速化、輸送距離の遠距離化の傾向が顕著になっている。また海上輸送も、大都市圏と北海道・九州を結ぶ新たな外洋長距離フェリー航路が増え、輸送方式の多様化も顕著である。

　本章では、高速道路整備と関連して、交通輸送技術の発達が地域経済、とくに農業に及ぼす影響を考察する。この問題の考察に先立って、先ず交通輸送の技術革新が如何なる条件と論理で出現するかを検討しておこう。交通輸送の技術革新の意義を経済発展論的な視点から解明することである。

　言うまでもなく、これらの現象は一朝一夕に突然出現するものではなく、国民経済の発展を基礎に、経済力と科学技術が総合されて初めて出現するものである。それはその国の経済発展と技術力が融合した総合変化の一側面である。この点については、その論理を引き続き検討するが、その意味で高速交通時代の到来は歴史的に規定される面が強い性格の問題である。[2]

　従って、各国の歴史的背景と経済発展との関係で、その到来する時期は異なってくる。例えばアメリカでは、その国土の広さを克服する必要性と経済発

388　第II部　立地変動の動態実証分析

展によって、既に半世紀前に高速道路時代に入った。しかし我が国の場合は、戦後の復興期を経て、最近になってようやくその段階に到達しつつある状況である。

いずれにしても、このような技術革新は世紀を超えて達成され、その間に主要輸送機関の交替現象も起きる。いわゆる輸送方式の交替（モーダルシフト、Modal shift）である。我が国の陸上輸送の場合では、近年の鉄道から自動車輸送への主役の交替がその例である。まずその鉄道から自動車輸送へのウェイトの推移を統計資料で見ておこう。[3]

時代を遡って、戦後間もない時期の陸上輸送の主役を考えてみると、それは言うまでもなく鉄道輸送であり、前章で考察したように、長距離（地域間）輸送は専ら鉄道に依存する状況にあった。そして短距離の地域内輸送を鉄道と自動車輸送が分担していたのである。（表4－1～4、図4－1、参照）

表4－1　輸送機関別国内貨物輸送トンキロ及び分担率

年度	合計 百万トンキロ	指数	分担率	鉄道 百万トンキロ	指数	分担率	自動車 百万トンキロ	指数	分担率	内航海運 百万トンキロ	指数	分担率	航空 百万トンキロ	指数	分担率
昭25	—	—	—	33,849	53	—	5,430	4	—	25,500	17	—	—	—	—
30	81,787	23	100.0	43,254	68	60.4	9,510	7	11.7	29,022	19	35.5	1	0	0.0
35	138,901	40	100.0	54,515	86	39.3	20,801	15	14.9	63,579	42	45.8	6	8	0.0
36	156,227	45	100.0	58,496	92	37.4	26,572	20	17.0	71,149	47	45.5	10	14	0.0
37	161,583	46	100.0	57,233	90	35.4	32,429	24	20.1	71,909	48	44.5	12	16	0.0
38	180,984	52	100.0	60,120	95	33.2	42,031	31	23.2	78,818	52	43.5	15	20	0.0
39	184,271	53	100.0	59,893	94	32.5	47,215	35	25.6	77,143	51	41.9	20	27	0.0
40	186,346	53	100.0	57,298	90	30.7	48,392	36	26.0	80,635	53	43.3	21	28	0.0
41	209,502	60	100.0	55,894	88	26.7	64,912	48	31.0	88,664	59	42.3	32	43	0.0
42	244,323	70	100.0	59,546	94	24.4	81,093	60	33.2	103,641	69	42.4	43	58	0.0
43	270,210	77	100.0	59,929	94	22.2	101,452	75	37.6	108,777	72	40.3	52	70	0.0
44	315,084	90	100.0	61,132	96	19.4	119,864	88	38.1	134,023	89	42.5	65	88	0.0
45	350,656	100	100.0	63,423	100	18.1	135,916	100	38.7	151,243	100	43.1	74	100	0.0
46	362,022	103	100.0	62,247	98	17.2	142,668	105	39.4	157,026	104	43.4	81	109	0.0
47	389,123	111	100.0	59,524	94	15.3	153,610	113	39.5	175,873	116	45.2	116	157	0.0
48	407,114	116	100.0	58,337	92	14.3	140,979	104	34.6	207,648	137	51.0	150	203	0.0
49	375,768	107	100.0	52,452	83	14.0	130,770	96	34.8	192,406	127	51.2	140	189	0.1
50	360,779	103	100.0	47,347	75	13.1	129,701	95	36.0	183,579	121	50.9	152	205	0.1
51	373,405	106	100.0	46,305	73	12.4	132,619	98	35.5	194,321	128	52.0	160	216	0.1
52	386,905	110	100.0	41,333	65	10.7	143,095	105	37.0	202,294	134	52.3	183	247	0.1
53	409,464	117	100.0	41,204	65	10.1	156,065	115	38.1	211,971	140	51.8	224	303	0.1
54	442,035	126	100.0	43,088	68	9.7	172,888	127	39.1	225,786	149	81.1	273	369	0.1

資料：運輸省大臣官房情報管理部統計課。

第4章　交通輸送の技術革新と農業再編

戦後間もない時期に、道路条件がこのような状況にあったのは、戦前・戦中期の日本経済が道路などのインフラ整備を十分実施しうる経済力を備えていなかったからであろう。しかし戦後の経済復興期を経て高度経済成長が急速に進む状況の下で、その基礎条件のインフラ整備と交通輸送の技術革新が漸次進むことになる。すなわち、鉄道輸送の近代化と高速道路等の道路条件整備である。

表4－2　貨物自動車輸送トンキロ

(単位：百万トンキロ)

年　度	合　計	営業用	自家用
昭和25	5,430	2,380	3,050
30	9,510	3,740	5,770
35	20,801	9,639	11,163
40	48,392	22,385	26,006
44	119,864	58,135	61,730
45	135,916	67,330	68,586
46	142,668	72,050	70,618
47	153,610	76,515	77,095
48	140,979	73,367	67,612
49	130,770	72,044	58,726
50	129,701	69,247	60,455
51	132,619	72,789	59,830
52	143,095	80,020	63,075
53	156,065	86,873	69,192
54	172,888	98,190	74,698
(%)	(100.0)	(56.8)	(43.2)

資料：運輸省大臣官房情報管理部統計課『陸運統計月報』。

表4－3　貨物自動車（営業用・自家用）品目別距離帯別輸送量（昭和54年度）

(単位：千トン)

品　目	合計 (トン数)	1～ 10キロ	11～ 20	21～ 30	31～ 40	41～ 50	51～ 100	101～ 200	201～ 300	301～ 400	401～ 500	501 以上	平均 輸送 キロ
	5,258,277 (100.0)	2,162,050 (41.1)	1,045,637 (19.9)	508,475 (9.7)	344,054 (6.5)	200,580 (3.8)	471,502 (8.9)	273,930 (5.2)	99,462 (1.9)	55,353 (1.1)	29,525 (0.6)	67,709 (1.3)	32.88
穀　物	48,087	26,914	8,828	3,441	1,324	1,405	3,248	1,517	851	450	44	65	19.46
野菜・果物	85,417	35,679	12,698	10,453	2,746	2,281	7,671	5,281	3,238	1,588	724	3,058	53.07
その他農産物	24,609	10,423	2,964	3,825	1,328	796	2,837	1,186	283	174	591	202	33.88
畜産	39,157	6,101	5,351	6,812	3,117	3,349	7,364	4,758	784	422	221	878	53.77
水産	38,306	9,678	5,739	5,627	2,270	1,937	4,354	2,452	1,217	1,206	769	3,057	84.71

資料：運輸省大臣官房情報管理部統計課『陸運統計要覧』。

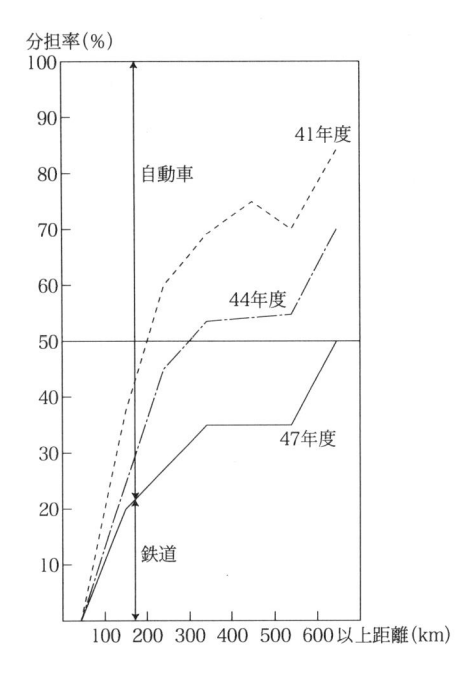

注：『陸運統計要覧』による。

図4－1　陸上貨物輸送の距離帯別分担率の推移

具体的には、鉄道での電化と複線化がそれであり、他方道路輸送関係では昭和40年代に高速道路の建設、既存道路の改善・整備（拡幅・舗装）が漸次進むことになる。この道路条件整備は、地域開発政策の一環として、モーダルシフトの基礎条件を整えることになる。

その状況は、表4－4の昭和50年代前後の実態に明瞭に示されている。この統計数字は、この時期に道路の実延長と拡幅・舗装などの改善整備が大きく進んだことを示している。その実態を具体的に見ると、道路の総延長は103万kmに達し、その平均改良率は24.9％、舗装率は27.4％となっている。それらを総合した改良・舗装率はまだ低いが、その原因は全体の8割を占める市町村道86万kmの改良率が17.5％と低く、また舗装率も18.1％と未整備なためである。主要幹線道路は概ね整備されており、高速道路は当然100％、一般国道の改良率89.5％、舗装率93.1％、都道府県道はそれぞれ55.5％、69.6％である。

このような道路条件の改良整備と併行して、自動車保有台数も増加してくる。表4－5はその推移を昭和30年代以降について示したものである。例えばトラックの保有台数をみると、昭和30年に約70万台であったのが、昭和47年には626万台に達し、10倍近くの伸率である。道路条件の整備と輸送手段（車輌）の増加が結びつくとき、いわゆるモータリゼーションが急速に進展するのである。

表4－4　道路整備の現況（昭和49年3月末の見込み）

道路種別	実延長	改良済 延長	改良済 率	舗装済 延長	舗装済 率
	(km)	(km)	(%)	(km)	(%)
高速自動車国道	1,214	1,214	100	1,214	100
都市高速道路	191	191	100	191	100
首都高速道路	108	108	100	108	100
阪神高速道路	83	83	100	83	100
一般道路　一般国道	32,861	29,414	89.5	30,601	93.1
都道府県道	138,164	76,714	55.5	96,205	69.6
主要地方道	38,383	29,504	76.9	30,968	80.7
一般都道府県道	99,761	47,210	47.3	65,237	65.4
国・都道府県計	171,025	106,728	62.1	126,806	74.1
市町村道	861,258	150,590	17.5	155,978	18.1
合計	1,032,283	256,718	24.9	282,784	27.4

注：一般道路の実延長は、昭和47年度末見込延長である。

表4－5　自動車保有台数（昭和30～47年度）

(単位：千台)

年度	トラック 普通	トラック 小型4輪	トラック その他	トラック 計	乗用車	軽貨物自動車
昭和30年度	160	95	438	693	158	
35	232	548	542	1,322	440	257
40	425	2,136	309	2,870	1,878	1,819
44	748	4,222	157	5,126	5,512	2,957
45	814	4,512	135	5,460	6,777	3,082
46	873	4,802	115	5,792	8,173	3,151
47	968	5,197	98	6,263	9,965	3,222

注：1．運輸省『運輸白書』（昭和48年版）による。
　　2．数字は年度末の台数である。

　このようなモータリゼーションは、いきおい陸上輸送のトラック輸送分担率を上昇させる。その変化を輸送手段別に、平均輸送距離の年次別変化で示したのが表4－6である。この表で明らかなように、依然、長距離輸送は国鉄が分担し、近距離輸送をトラックが分担している。この分担関係の基調は変らないが、しかしその輸送距離の分担比率は変化している。すなわち、国鉄の平均輸送距離が昭和30年から47年の間に、276kmから321km（指数116）の微増であるのに、自動車は16.7kmから29.5km（指数177）へと大きく伸びる。特に営業

392　第Ⅱ部　立地変動の動態実証分析

表4－6　国内貨物輸送機関平均輸送距離

(単位：km)

輸送機関	年　度（昭和）						
	30	35	40	44	45	46	47
国　　鉄	276.0	283.5	292.1	312.1	321.3	323.6	321.0
小口扱	357.0	373.9	530.0	696.5	708.1	730.3	756.1
車　扱	274.0	282.0	288.3	296.3	302.5	299.6	295.2
民　　鉄	20.8	21.5	17.1	17.4	17.1	16.5	16.9
自 動 車	16.7	18.0	22.1	28.8	29.4	29.7	29.5
営業用	23.7	25.3	33.7	59.4	60.5	60.3	58.6
普通車	28.6	32.1	40.1	70.7	71.1	70.6	66.8
小型車	7.2	10.2	14.4	17.5	17.6	17.8	21.0
自家用	14.0	14.4	17.0	19.4	19.5	19.6	19.8
普通車	16.9	17.5	19.5	23.2	23.4	23.4	22.6
小型車	8.6	10.5	14.2	15.5	15.5	15.5	16.3
内航海運	419.1	457.9	426.3	411.1	416.6	401.0	404.5
鋼　　船	66.80	642.7	527.3	352.3	448.0	422.9	424.5
木　　船	204.5	204.5	206.6	138.9	161.7	156.5	141.2
航　　空	…	…	643.7	644.7	652.2	661.0	692.8

注：運輸省『運輸白書』（昭和48年度版）による。

　用貨物（普通車）は28.6kmから66.8km（同234）へと2倍以上の伸長率を示している。自動車輸送が急速に分担率を増大しているのである。

　なお、同じ時期の自動車貨物輸送量を表4－7で見ると、輸送トン数は合計5.7億トンから52億トンへ10倍近い伸びである。また、重量と距離との積（重量t×距離km）のトン・キロでは、95億トン・キロから1,536億トン・キロへ16.2倍の伸びである。

　このように、道路整備と輸送手段（トラック）の増加に伴なって、輸送重量とトン・キロがともに大きく伸び、貨物輸送におけるトラック輸送の比率を高めてきたことが分かる。その結果、貨物輸送トン・キロは先に表4－2で見たように、年次を追って伸びている。昭和54年の距離帯別輸送量の推移も表4－3に示す通りである。

　以上のようなトラック輸送の地位の向上と関連して、特に重要な意味をもつのがそれを支えるインフラストラクチャ、つまり高速自動車道の建設・整備である。これが海上輸送と結びつくと、交通輸送システムはさらに高度化して統

表4－7　貨物自動車輸送量の推移

(単位：百万トン、百万トンキロ)

区分	年度	合計	営業用 計	営業用 普通車	営業用 小型車	営業用 特殊車	自家用 計	自家用 普通車	自家用 小型車	自家用 特殊車
輸送トン数	30	569	158	158	34	4	411	264	139	8
	35	1,156	381	381	110	14	776	422	336	17
	40	2,193	664	664	131	71	1,529	781	691	57
	44	4,165	979	979	105	132	3,186	1,629	1,426	131
	45	4,626	1,113	1,113	101	151	3,513	1,812	1,531	170
	46	4,796	1,194	1,194	90	180	3,601	1,901	1,492	208
	47	5,203	1,305	1,305	82	185	3,898	2,203	1,473	222
輸送トンキロ	30	9,510	3,740	3,420	240	80	5,770	4,460	1,200	110
	35	20,802	9,639	8,220	1,118	291	11,163	7,375	3,543	245
	40	48,392	22,385	18,582	1,885	1,918	26,006	15,199	9,821	986
	44	48,392	58,135	52,516	1,834	3,785	61,730	37,790	22,069	1,871
	45	119,864	67,330	61,222	1,774	4,335	68,586	42,343	23,807	2,436
	46	142,668	72,050	65,261	1,598	5,191	70,618	44,458	23,181	2,980
	47	153,610	76,515	69,303	1,723	5,488	77,095	49,722	24,041	3,332

注：運輸省『運輸白書』(昭和48年度版)による。

合され、トラック輸送のウェイトはさらに高まることになる。この点は次章で改めて考察する。なお、全国的な高速自動車道網の昭和50年代の実態は、表4－8、4－9、および図4－2の通りである。

ただ、ここで若干補足説明すれば、その後の石油ショックや省エネルギー対応、あるいは環境問題とも関連して、近年自動車輸送が見直されてきている状況にあることである。もちろんこの問題は改めて検討すべき重要課題であり、交通輸送の技術革新は環境問題と調和する技術開発を目指すべきである。ハイブリッド車やバイオ燃料の使用などが近年検討されているのもそのためである。ただ輸送効率を高める基本方向は変らないと言えよう。

最後に、鉄道から自動車輸送へ交替・シフトする時期を見ておこう。それは両機関の輸送分担率が均衡する距離の遠隔化で明らかになる。(前掲、表4－1、及び図4－1、参照) 例えば、一般貨物輸送で鉄道とトラックの分担率が50％で均衡・折半する距離を見ると、昭和41年には200kmであった。これは200kmより近くの輸送はトラックの比率が大きく、それ以遠の輸送は鉄道分担の割合が大きいことを示す。それが昭和44年には300kmに折半距離が伸び、さ

表4－8　国土開発幹線自動車整備状況

(昭和49年3月31日現在)

道　名	総延長(A)	基本計画 延長(B)	B／A	整備計画 延長(C)	C／A	供用延長
	km	km	%	km	%	km
中央自動車道（名　神）	190	190	100	190	100	190
〃　（富士吉田線）	93	93	100	93	100	85
東海自動車道（東　名）	346	346	100	346	100	347
小　　計	629	629	100	629	100	622
東北縦貫自動車道	756	756	100	727	96	184
中　央　〃	353	353	100	353	100	28
北　陸　〃	475	475	100	475	100	76
中国縦貫　〃	543	543	100	543	100	32
九州縦貫　〃	432	432	100	432	100	94
関　門　〃	9	9	100	9	100	9
小　　計	2,568	2,568	100	2,539	99	423
北海道縦貫自動車道	643	476	74	234	36	23
北海道横断　〃	418	284	68	24	6	24
東北横断　〃	515	274	53	16	3	－
関　越　〃	453	453	100	249	55	21
常　磐　〃	177	177	100	177	100	－
東関東　〃	122	102	84	76	62	29
東海北陸　〃	175	175	100	33	19	－
近　畿　〃	428	327	76	253	59	72
山　陽　〃	432	408	94	239	55	－
中国横断　〃	247	201	81	57	23	－
四国縦貫　〃	218	218	100	56	26	－
四国横断　〃	150	150	100	59	39	－
九州横断　〃	248	248	100	171	69	－
新東京国際空港線	4	4	100	4	100	－
その他の自動車道	86	－	－	－	－	－
小　　計	4,316	3,497	81	1,648	38	169
合　　計	7,513	6,694	89	4,816	64	1,214

注：建設省『建設白書』(昭和49年度版) による。

らに昭和47年頃にはさらに650kmへ飛躍的に伸びている。それ以内は殆どがトラック輸送に変ったのである。この傾向は今後更に強まるものと思われる。

　また、それぞれの時期の陸上輸送分担率は、昭和41年に鉄道が26.7％、自動車が31％であったが、昭和54年には前者が9.7％に低下し、後者が39.1％へ上昇する。また内航海運の分担率は42.3％から51.1％へ上昇する。航空便のシェア

第4章　交通輸送の技術革新と農業再編　395

表4－9　国土開発幹線自動車道網の概要（7,600km）

国土開発幹線自動車法による名称	起点	終点	延長(km)	重複する延長(km)	重複しない延長(km)	国土開発幹線自動車法による名称	起点	終点	延長(km)	重複する延長(km)	重複しない延長(km)
北海道縦貫自動車道	函館市	稚内市	620		620	東海北陸自動車道	一宮市	礪波市	180		180
北海道横断釧路線自動車道　北見線	小樽市	釧路市	340		340	伊勢線	名古屋市	伊勢市	130	50	80
		北見市	320	260	60	近　畿　名古屋大阪線		吹田市	200		200
東北横断青森線自動車道　八戸線	東京都	青森市	670		670	自動車道　和歌山線	松原市	海南市	60		60
		八戸市	630	540	90	舞鶴線	吹田市	舞鶴市	110	30	80
東北横断平新潟線自動車道　酒田線　　　　　秋田線	いわき市	新潟市	220		220	中国縦貫自動車道	吹田市	下関市	520		520
	仙台市	酒田市	150		150	山陽自動車道	吹田市	山口市	470	30	440
	北上市	秋田市	120		120	中国縦貫　岡山米子線	岡山市	境港市	140		140
常磐自動車道	東京都	いわき市	330		330	自動車道　広島浜田線	広島市	浜田市	110		110
東関東木更津線自動車道　鹿島線	東京都	木更津市	100		100	四国縦貫自動車道	徳島市	大洲市	230		230
		鹿島市	110	40	70	四国横断自動車道	高松市	須崎市	150		150
関越新潟線自動車道　直江津線	東京都	新潟市	280		280	九州縦貫　鹿児島線自動車道　宮崎線	北九州市	鹿児島市	320		320
		上越市	280	90	190			宮崎市	350	260	90
東海自動車道	東京都	小牧市	350		350	九州横断自動車道	長崎市	大分市	230		230
中央富士吉田線自動車道　長野線　　　　　西宮線	東京都	富士吉田市	90	70	20	小　　計			9,160	1,560	
		長野市	290	190	100	合　　計			7,600km		
		西宮市	550		550	関門自動車道	下関市	北九州市	12km		
北陸自動車道	新潟市	米原町	510		510	高速自動車国道新東京国際空港線	成田市	新東京国際空港	3km		

注：昭和41年度建設省策定『国土建設の長期構想』による。

はまだネグレジブルである。なお、品目別の分担率は表4－10に示すが、詳しい考察は省略する。

注
1）我が国の実態については、運輸省『運輸白書』（昭和43年度版、48年度版）、および関係統計資料、による。
2）このような問題に、主に自動車交通の側面から接近したものとして、例えば今野源八郎・岡野行秀編『現代自動車交通論』、東京大学出版会、昭和54年、がある。その内容は表題に即して、主に欧米と我が国における自動車輸送の特徴と自動車交通の意義に主眼を置いて、環境問題が深刻になった段階での自動車交通問題を検討した論稿である。その歴史的経緯については、特に第1章、自動車交通発達の歴史的序論、参照。また　同書の付録1、「道路交通近代化ノート」で補足している。その他、馬車輸送時代の特徴と有料道路（ターンパイク）建設についてもイギリスとアメリカの事例で触れている。
3）前掲『運輸白書』各年度版）、参照。

396 第Ⅱ部 立地変動の動態実証分析

図4－2 国土開発幹線自動車道図

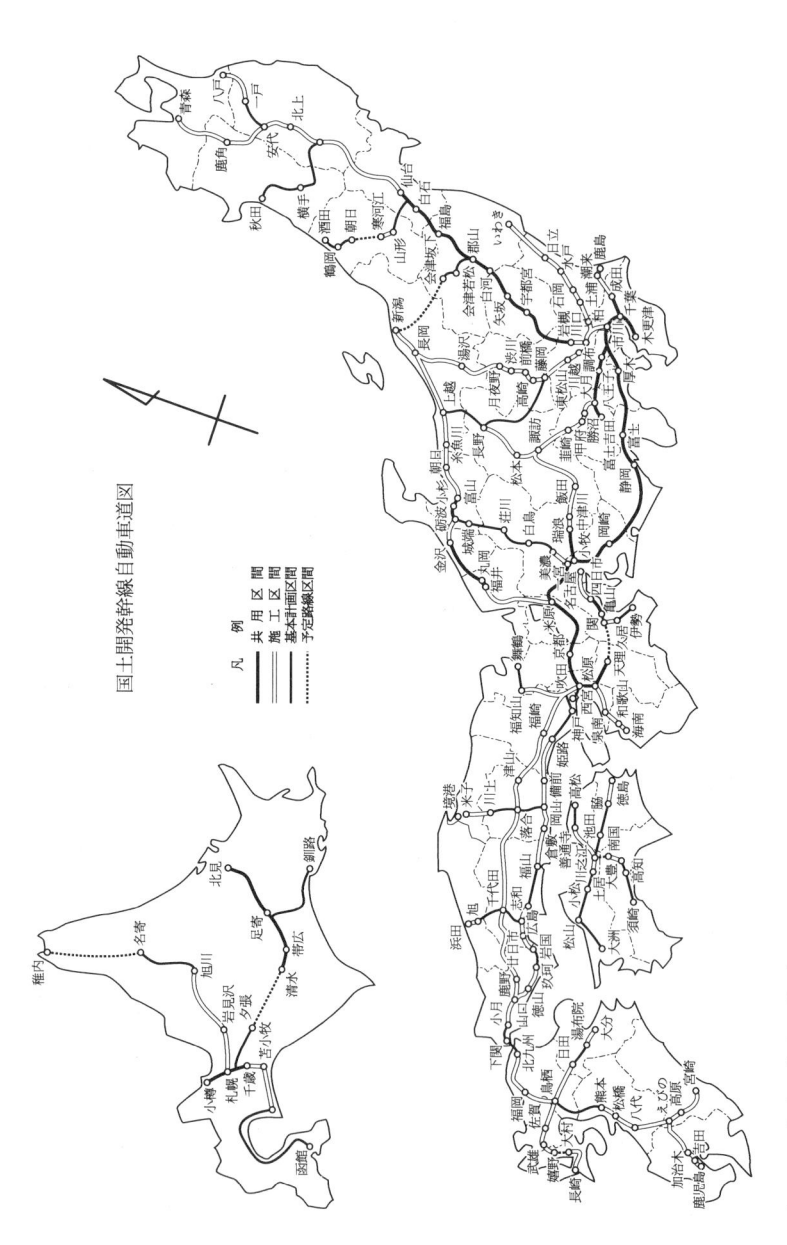

(49.4.1 道路局高速国道課)

表4-10　輸送機関別品目別輸送トンキロ分担率

(単位：％)

品目	年度　　輸送機関	昭和51年度 国鉄	自動車	内航海運	昭和52年度 国鉄	自動車	内航海運
	合計	*12.2	*35.5	*52.0	*10.5	*37.0	*52.3
一次産品	一次産品小計	8.4	30.6	61.0	7.0	33.6	59.4
	農畜水産品	28.2	55.7	16.1	27.4	57.6	15.0
	（穀物）	(43.6)	(12.9)	(43.5)	(42.4)	(14.4)	(43.2)
	（野菜・果物）	(23.5)	(74.1)	(2.4)	(18.9)	(80.6)	(0.5)
	林産品	10.6	74.1	15.3	7.8	85.5	6.7
	（木材）	(10.5)	(74.2)	(15.3)	(7.7)	(85.5)	(6.8)
	鉱産品	4.5	20.8	74.7	3.6	24.2	72.2
	（工業用非金属鉱物）	(4.5)	(3.0)	(92.5)	(4.0)	(3.7)	(92.3)
	（砂利・砂・石材）	(1.7)	(76.5)	(21.8)	(1.1)	(76.1)	(22.8)
二次産品	二次産品小計	11.0	31.1	57.9	9.5	32.0	58.5
	金属機械工業品	7.6	37.0	55.4	6.3	42.2	51.5
	（鉄鋼）	(5.0)	(17.6)	(77.4)	(4.2)	(17.1)	(78.6)
	（機械）	(13.7)	(71.1)	(15.2)	(10.5)	(77.3)	(12.2)
	化学工業品	10.9	16.9	72.2	9.6	15.8	74.6
	（セメント）	(10.4)	(8.3)	(81.3)	(7.9)	(5.5)	(86.5)
	（その他の窯業品）	(16.9)	(69.8)	(13.3)	(13.2)	(69.8)	(17.0)
	（石油製品）	(4.9)	(5.6)	(89.5)	(4.7)	(5.1)	(90.2)
	軽・雑工業品	17.2	63.9	18.9	14.0	64.7	21.2
	（食料工業品）	(17.4)	(73.3)	(9.3)	(14.2)	(81.8)	(4.0)
	その他	26.5	67.1	6.4	24.2	69.0	6.7

注：1. 運輸省情報管理部『陸運統計要覧』及び『内航船舶輸送統計報』より作成。
　　2. 合計欄の数値（*印）は民鉄、航空の輸送量を含めて計算したため、合計しても100％にならない。
　　3. 国鉄のコンテナはその他に含めて計算した。

（『運輸白書』昭和53年版による）

2　輸送機関交替の論理―モーダル・シフト―

　以上で概略見たように、我が国においては主要輸送機関が、高度経済成長期に鉄道から漸次トラック輸送に移行する。この傾向は特に地域間輸送において顕著である。高速道路の建設・整備と外洋長距離フェリー航路の開設・増加に伴って、長距離輸送でも自動車輸送が一般化する状況にある。我が国の場合にも一定のタイムラグを伴いながらモーダル・シフトが進展し、新たな交通輸送の革新時代を迎えている。なお、海上輸送については、改めて続く第5章で考察する。

このような交通輸送手段の交替現象について、問題の性格を明らかにするため、次にその特徴を経済発展論的視点から考察することにする。何故なら前述のようにモーダルシフトは優れて歴史的・経済発展論的な現象だからである。それが典型的に進展したアメリカの場合をまずみてみよう。[1]

それは数世紀をへて生起した歴史的現象であることが明らかでなる。建国期18世紀頃の状況は、ミシシッピ河や運河、五大湖等での舟運と、陸上輸送では馬車を中心とする中西部への馬車輸送に始まる。これに続いて19世紀中葉の鉄道普及と1869年の大陸横断鉄道の連結・開通による鉄道時代へと進展する。そして20世紀における道路整備・州間ハイウェイ建設を基礎に自動車時代へと推移する。新しい輸送手段の開発とインフラ整備が、時代を追ってその主役を交替させたのである。

この馬車輸送から鉄道、そしてさらに自動車輸送への主要輸送機関の交替は、また国土開発と西漸運動（Westward movement）の基礎条件であり、道路、鉄道等のインフラ整備が合衆国を経済・社会的に統合し、国民経済を実質的に成立させる歴史的役割を果たしたとも言えるのである。

このような歴史的過程がモーダルシフトの特徴を如実に示している。それは一方において科学技術の発達による輸送手段の技術革新があり、他方でそれを可能にする経済発展と基盤整備があって実現する関係である。また国土の地理的条件にも大きく影響される。従って、そのモーダルシフトのパターンは、何処でもアメリカと同じプロセスをたどるとは限らず、その順序が入れ替わることも当然起こりうる。

例えば、広大な国土の発展途上国などで、航空機利用が鉄道や道路交通より一足先に実現する場合もありうる。既に先進国では航空輸送が実現している時期に、輸送関連のインフラ整備を推進する段階で、鉄道・道路などのインフラ整備と空港整備を比較する時、前者がより多額の投資を必要とし、後者がより少額の投資ですむ場合である。

モーダルシフトのパターンはこのように、それぞれの国の歴史的な経済発展と、国土の地理的条件によって当然異なるものとなる。しかし、我が国の場合

第4章　交通輸送の技術革新と農業再編　399

には数十年の時期の遅れで、アメリカの場合と類似した鉄道から自動車輸送へのモーダルシフトが進展した。もっとも日本では馬車輸送の時代はなく、長距離輸送は水運（帆船による海上輸送）が江戸時代から明治初期まで続き、その後昭和戦前期までに鉄道時代に入る。しかしこの時期は全国的な鉄道網の整備が一方で進むが、他方で道路整備は相対的に遅れる。このことがこの時期と戦後初期の我が国の輸送形態を鉄道中心的なものにしたのである。[2]

その後、第2次大戦後には鉄道は電化、複線化、新幹線、などの技術革新によって独自の発展を遂げる。同時に、立ち遅れていた道路整備も経済成長期に進展し、鉄道から自動車輸送へのモーダルシフトも進むことになる。そして、東名、名神、中央を初め全国的にその他の高速道路が建設・供用されてくる。この高速自動車道網の整備が新たな自動車交通時代の幕明けとなった。

ただ先に指摘したように、昭和40年代における石油危機は、以上のようなモーターリゼーションの急速な進展と交通輸送体系のあり方に反省を促し、エネルギー利用の再検討を求めてきている。特に環境問題の視点から、地球温暖化の抑制対策の一環として見直される状況にある。一部に見られる道路輸送から鉄道輸送への回帰（逆モーダルシフト）である。このことは条件によって輸送機関の選択が変化することを意味する。モーダルシフトも時代と条件変化で当然変化し、逆行することもありうる。

注
1) 前掲、『自動車交通論』、及び詳しくは、今野源八郎『アメリカ道路交通発達論』、東京大学出版会、昭和34年、参照。なお、アメリカの建国過程の歴史地理学研究としては、Robert D. Michell and Paul A. Groves (ed.), *North America The Historical Geography of a Changing Continent*, Rowman & Littlefield, Totowa, New Jersey, 1987, Thomas K. Hinekley, *Transcontinental Rails*, The Filter Press, 1964, 参照。なお、拙稿「高速交通体系と農産物流通」、『農業構造改善』、第18巻、第4号、「道路整備の農業に及ぼす影響」、『道路交通経済』、No.14、昭和56年。
2) 我が国の鉄道の普及については、古くは鉄道院『本邦鉄道の社会経済に及ぼせる影響』、大正5年、などがある。

3 地域経済への影響—経済圏の拡大・統合機能—

まず、交通輸送の技術革新が、地域経済にどのような影響を及ぼすか、またその際如何なる問題が発生するかを次に検討する。それは道路の建設・整備が如何なる影響を経済空間的に関係地域に及ぼすかの問題である。その影響の仕方は、新規に高速道路が建設される場合と、既存道の改善整備とでは当然その態様と意義・役割は異なる。

しかし、その影響が異なるとしても、道路整備が経済圏を拡大し、従来比較的孤立的に存在した地方ローカル経済圏を統合し、より拡大した商品流通圏を形成する機能は共通する。その基本機能は、空間的な地理的距離を時間的に短縮し、また物流の輸送費を低減させて、人と財貨の移動摩擦を少なくすることである。その影響は道路類型的に当然異なり、高速道路などの高規格幹線道路ほど大きく、そのインパクトも経済社会全般に及ぶことになる。

経済社会の拡大統合という場合、その影響と内容は単に経済活動のみに留まらず、当然政治、文化など人間活動の全般に及ぶことである。経済的統合とともに、より均質な社会・経済圏が成立し、それが経済発展の契機となることは明らかである。

このように、交通輸送システムの高度化と改善整備は、人間活動の基本的な前提条件の変革であり、それを通じて社会経済全般に大きな影響を及ぼすことになる。しかし最も大きな影響は商品流通を円滑にし、それを通じて関係地域を統合する機能であろう。

要するに、それは交通輸送条件の整備と輸送手段の機能向上によって、経済圏の拡大統合を図り、大量の商品をより迅速かつ広域的に流通させる。同時に人間（労働力）の移動もより容易に行なわれる。その結果、ローカル地域経済圏の障壁が除去され、強力な中央経済圏の影響が全域により直接的かつ広範に及ぶことになる。

それを国民経済的なナショナル視点からみると、中央経済圏の影響がより強くローカル地方経済圏に及び、名実共により広範な国民経済が成立することを意味する。同時に一極集中的な集積の弊害も発生する。この傾向がさらに進む

と、近年みられるように国境の壁も除去されて、全地球的なグローバリゼーションの時代へと進展するのである。

その影響は直接生産と消費の両面に強く作用する。すなわち生産的には各地域はそのおかれた立地条件に即して、特定産業と産品への特化を促される。消費面においては全国的な統合市場圏が成立し、各種の商品がそれぞれの主産地から発達した交通輸送網を通じて流通する。この変革の契機を、高速道路の整備と交通輸送の発達がもたらすのである。

第2節　道路整備の意義とその影響

1　道路整備の農業への影響[1]

では、道路の改善整備は地域農業にどのような影響を及ぼすであろうか。この問題は前節の交通輸送条件の変化に関連して生ずる重要課題である。地域農業の再編要因に道路があるとしても、道路と農業との関連が問題になるのは、もちろん最近に始まったことではない。

それは農産物が商品化される時点で発生する。つまり農産物の販売を左右する前提条件が「販路」の確保であり、それは具体的には道路であり、また河川であった。道路条件は単に農産物の販売に限らず、その生産まで遡って経営組織まで規制する重要要因である。このことはつとにチューネンが『孤立国』で考察した課題であった。その理論的問題は、既に第Ⅰ部で検討した。

彼は北ドイツ・ロストック（Rostock）近郊で自らテロー農場（Gute Tellow）を経営し、その経験に基づいて、都市（消費地）からの距離が農業経営組織と作目立地にどのような影響を及ぼすかを研究した。その成果が有名な『孤立国』であった。[2] このチューネン理論は時代や条件が変化し、その現象形態が異なっても現在も生きているのである。

もちろん、馬車が陸上輸送の唯一の輸送手段であった当時と、輸送手段が高度に発達した現代とでは、問題の性格や局面が大きく変化する。先に考察したように、今日では輸送手段は多様化し、輸送効率は格段の進歩を遂げている。

高速道路等のインフラ整備と輸送手段の飛躍的な発達が、地理的距離は同じでも時間距離を大きく縮小する。このように空間摩擦を克服する手段は発達しても、交通輸送機関の発達が農業に及ぼす影響は常に問題になる。それは古くて新しい課題である。

注
1) 農政調査委員会「道路と農業」、「農村道路ネットワーク」、『日本の農業』No.19、48、関係する論文・調査報告書等は多数公表されている。以下は、前掲、拙稿「高速交通体系と農産物流通」、「道路整備の農業に及ぼす影響」、その他による。詳しくは参考文献、参照。
2) 既に第Ⅰ部で考察したとおりである。なお、近藤康男「チウネンとその時代」、前掲『著作集』第1巻、所収、参照。

2　道路の類型と高速道路の機能

　道路整備という場合、その具体的内容は多様であり、またその影響も異なる。また道路それ自体も種類・類型と性格が種々異なっている。従ってそれぞれ機能が当然異なる。また分類基準によって種々の名称が使用される。

　例えば、機能の大小で分類すれば、幹線道路と一般道が、管理主体からは国道、都道府県道、市町村道の区別がある。また利用目的により、生産道、生活道、観光道、林道などに区分される。その他、走行スピードによる高速道路と一般道、また特定の目的・役割を担うものでは国土開発道や国防道（ドイツのアウトバーン、アメリカの州間ハイウェイ）などがある。

　ただ、以上のような分類はあくまで便宜的なものであり、道路の特徴はいくつかの機能を兼備する点にある。つまり、汎用性の社会経済基盤（Infrastructure）がそれである。我が国の例で言えば、目下建設が全国的に進行中の高速道路、正確には「国土開発幹線自動車道」も、それは本来の目的のほかに、他の類型の性格も兼ね備えている。

　また、アウトバーンやハイウェイが当初国防目的で建設・整備されたとしても、それは当然産業道として多く利用され、経済発展に大きく貢献する。また観光、レジャー目的にも利用される。同様のことが我が国の高速自動車道や

スーパー林道、広域農道などについても言える。それらが当初の建設目的以外に種々の用途に供用される点に道路の特徴がある。

このような道路の多用途利用、つまり供用の汎用性が道路整備の影響を多面的にし、また複雑にするのである。ただ、その供用の汎用性はあくまで道路類型の持つ基本的性格の許容範囲内においてである。幹線高速道路の中心機能は、拠点都市、ないし経済圏を結ぶ地域間（Inter-regional, inter-city）道路である。それは地域内（Intra-regional）道路の一般地方道や生活道とは当然異なる機能と役割を担っており、相互に代替することはできない。

道路インフラ整備を具体的にみると、既存道の場合は、幅員の拡張、舗装等の路面改良、バイパス等による路線の変更・修正、幹線通過道と地方生活道との分離、などが具体的な内容となる。また新規建設は「国土開発幹線自動車道」に代表される。その建設は国土開発を担う基幹インフラであり、全国の地域を結ぶ連絡道として総延長7,600kmが建設される計画である。このうち、昭和53年度末現在で2,400kmが供用されている。[1]（図4－2、参照）

以上の道路改善・整備で重要になるのがこの高速自動車道であり、それは高速性、大量輸送性、機動性、などを備え、輸送効率を格段に高める。それは経済活動や生活上の空間摩擦（時間距離）を大きく短縮し、全国的に影響が波及する。

以上、道路の類型と性格をやや詳しく検討したが、その理由は道路の農業に及ぼす影響を多面的に考察し、その影響と意義を明確にするためである。以下の考察では国土開発幹線自動車道などの高速道路を中心に、その影響を検討することにする。

注
1) 建設省『建設白書』（昭和53年度版）、以降関係年度版による。なお、建設目標総延長は改訂が行なわれているが、必ずしも記述は訂正していない。

3 輸送技術の革新―輸送効率の向上―[1]

　道路整備と輸送手段の改良・高度化が、輸送機能を向上させ、その結果として輸送効率が向上することになる。輸送効率には、物流効率の側面と流通費を低減させる経済的問題がある。前者は単位輸送時間あたりの輸送量として計量的に把握され、それは所要労働量と対応させれば、また労働生産性として把握できる。後者はそれを費用的に把握する指標である。この問題を次に具体的にみてみよう。

　輸送量は通常トン・キロで表示される。この単位は輸送重量と輸送距離の積（$t \times km$）であり、単に輸送重量だけでなく輸送距離も含めた総合的な輸送量指標である。従って、この数値は輸送手段の大型化、スピードアップ、輸送距離の遠隔化、輸送頻度の増加、などに左右されて大きくなる。また、労働生産性もこの指標とほぼ併行して増大する。

　例えば、11t車にトレラー（7.5t）を連結したフルトレラー方式（18.5t）の場合を考えると、時速80kmで走行すれば、1時間当たりの輸送トン・キロは1,480トン・キロである。これを2人乗務（運転手）とすれば、その労働生産性は740トン・キロとなる。このような輸送効率は、高速道路の整備によって初めて発揮できる効率である。

　他方、普通国道を走行する場合の輸送量は、8t車、時速60km、1人乗務であれば480トン・キロになる。これを先のフルトレラー方式と比較すると、輸送量（トン・キロ）で32.4％、労働生産性で65％の水準である。

　この物的輸送効率は、前述の輸送の技術条件が総合されて実現するが、それは輸送コストに反映されて輸送費の低減に繋がる。つまり規模の経済によりトン・キロ当たりの運賃が低下するからである。しかし、ただ、ここで注意しておかねばならないのは、この輸送効率の向上が直接産地にストレートに有利に作用するとは限らないことである。何故なら単位トン・キロあたりの運賃率（f）が低下しても、遠隔市場に出荷すれば輸送距離（k）が大きくなり、産地にとって運賃負担が軽減するとは限らないからである。遠距離出荷をすれば輸送費はかえって増加する場合も起きる。

第4章　交通輸送の技術革新と農業再編　　　405

しかし一般的には高速道路の整備が、物的輸送効率を向上させ、費用低下に貢献する。そしてその効果は当然、近距離輸送よりも遠距離輸送でより大きい。（図4－3、参照）この点については、既に運賃率の低下として理論的に考察した。

最後に、高速道路整備の特徴と意義を整理すれば、次のように総括できるであろう。すなわち、それは上述の物的な輸送機能の向上、すなわち輸送手段の大型化、走行のスピードアップ、輸送距離の遠距離化、輸送頻度の増大, などが総合されて達成される。その前提条件が道路のインフラ整備と輸送技術の改善である。また、この輸送効率の向上は、費用を低減させて経済性を発揮させる。輸送効率の向上によって、それが運賃の低廉化を実現させる時、初めて輸送技術改善の意義があるといえよう。

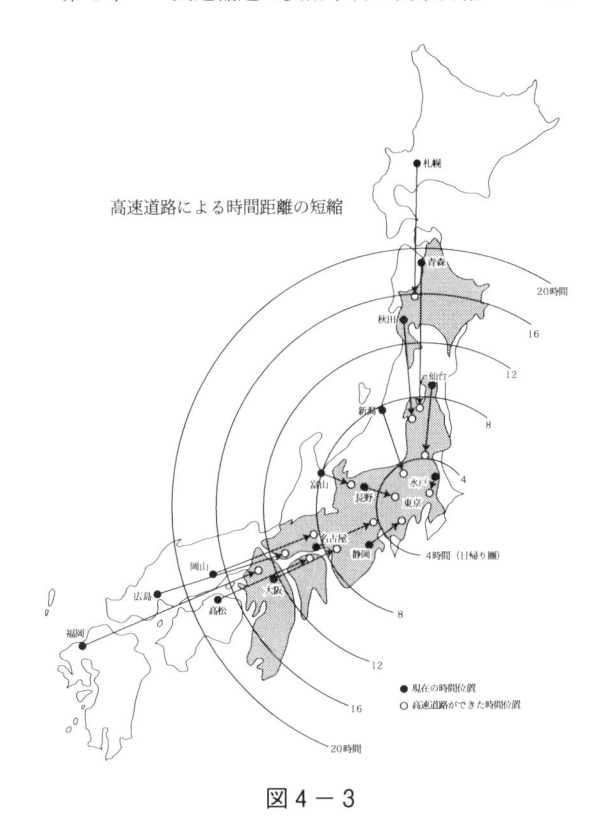

なお、参考までに、輸送エネルギー効率を、機関別・地域別に示せば、図4－4の通りである。

図4－3

注
1）前掲、拙稿「高速交通体系と農産物流通」、「道路整備の農業に及ぼす影響」。

エネルギー効率（kcal/人キロ）

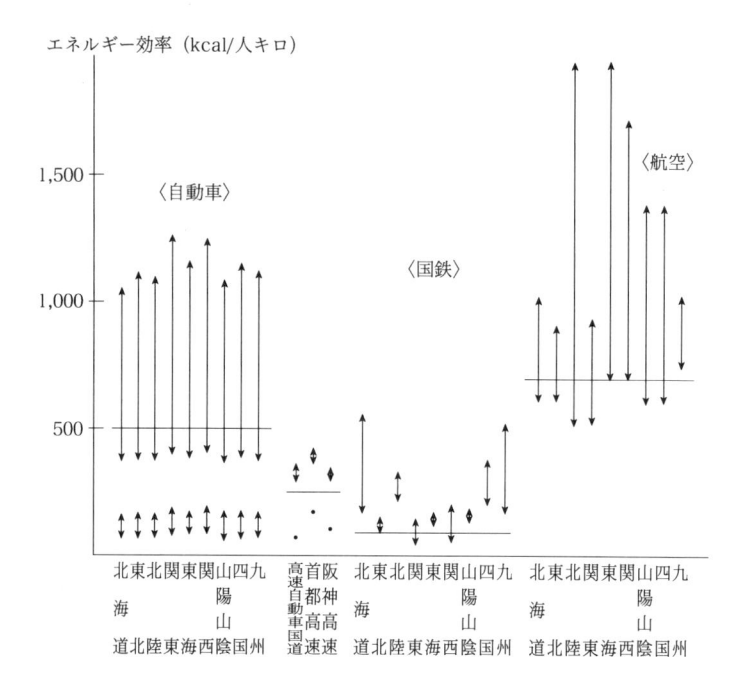

図中ラベル：〈自動車〉〈国鉄〉〈航空〉

横軸ラベル（各群）：北海道　東北　北陸　関東　東海　関西　山陰　山陽　四国　九州
（国鉄群の左に：高速自動車国道　首都高速　阪神高速）

注：1．機関別の横線は全国平均を示す。
　　　自動車は車種による広がりを示し、上方の横線は乗用車、下方の横線または点はバスを示す。高速道路も同じ。
　　　国鉄は路線による広がりを示している。
　　2．今野・岡野編『現代自動車交通論』による。

図4－4　機関別地域別のエネルギー効率の最少、最大値

4　輸送機能向上の意義―野菜出荷との関連―

次に、輸送機能の向上と農産物の輸送性との関連をみておこう。走行の高速性は時間的距離の短縮に関与するが、それは走行スピードに逆比例して短くなる。また車輌の大型化は大量輸送を可能にして単位重（容）量当たりの輸送費を低下させる。これらが経済性発揮の重要な前提条件であり、それが財貨や人の空間移動を容易にする。

また、トラック輸送の機動性が、最近における鉄道輸送の地位の低下と、トラック輸送分担率の増大、換言すればモーダル・シフトに大きく関係する。関

連する産地段階の市場対応と輸送手段選択については、その論理を実証的に後の第4節、1で考察する。

　輸送機能の高度化は、前述のような種々の要因が総合的に作用して達成されるが、各個別要因の持つ意味は問題の性格と輸送品目によって異なっている。農産物の場合に最も大きく関連するのが高速性と経済性である。それは農産物が主に生鮮品であり、その輸送性に関連するからである。すなわち、野菜、果物、牛乳、食肉、鶏卵、というように、生鮮品のウェイトが大きく、その制約から脱却する上で輸送のスピードアップ、つまり高速性が大きな意味を持つのである。

　また、農産物は一般に比価（単位容量当たり価格、価格／容量）が小さく、運賃の低下による経済性の向上は、農産物の販路拡大（遠隔市場出荷、市場圏の拡大）に大きく貢献する。そのほか機動性や確実性も少なからず関係する。例えば、野菜の需給関係は天候に左右されて大きく変動するが、そのような場合、荷不足の市場に敏速に出荷する市場対応が必要である。この輸送の機動性が市場間の需給調整に関与する。

　次に確実性については、それを表面的に理解すれば、安全確実に輸送が遂行されることである。しかし農産物の場合は、それが生鮮品の場合は輸送中の荷痛みや腐敗等が発生しやすい。また青果物市場のセリ時刻に遅れることなく搬入する必要がある。従って、輸送の確実性が非常に重要になる。

　要するに、農産物の輸送特性（生鮮性、腐敗性、廉価性）と、それらのハンディキャップを克服する条件（高速性、確実性、経済性）が結びつく時、輸送機能の向上が大きな意味を持つのである。この点を認識することが問題の所在と性格を明確にすることに繋がる。

　これは単に出荷販売上の問題に留まらず、生産段階まで遡って大きなインパクトを地域農業に及ぼす要因となる。それが直接、産地の立地移動や産地間競争を激化させるからである。このような影響が輸送機能の個々の要因と農産物の輸送性との関連から発生する。従ってこの関係を理論的に関連させて整理する必要がある。

なお、以上と関連して強調すべきことは、既に第2章で検討したように、農産物輸送を制約する2つの原理、つまり"鮮度原理"と"運賃原理"との関連である。前者は高速性に関連し、後者は経済性に関連する。この2つの制約原理は、既にチューネンの『孤立国』で示されているが、その意義が従来の立地論研究においては必ずしも十分整理されているとはいえない面がある。チューネン理論は、輸送の制約を"鮮度原理"で説明するのは都市近郊の「自由式農業」の場合であり、他の経営方式では専ら"運賃原理"によっているからである。(第2章、第1節、参照)

チューネンは"鮮度原理"の制約により、都市近郊に立地する品目にカリフラワー、イチゴ、レタス(チシャ)などの園芸作物と牛乳などをあげている。そして、「遠距離の荷車輸送に堪えないために都市まで担いでいかねばならず」と言って、輸送手段と荷痛みとの関係にも触れている。これは輸送の確実性との関連の指摘である。

この"鮮度原理"の制約を克服するのが、高速性であり確実性である。農畜産物のうち生鮮品が"運賃原理"と"鮮度原理"の二重の制約を受けるが、この制約を除去するところに輸送機能高度化の意義がある。

ただ、この"鮮度原理"の制約は、近年予冷処理や冷蔵・保冷・冷凍庫などの保鮮技術と輸送手段の利用によって幾分解消されてはいる。この物流技術の発達は、輸送の高速性と結びついてさらにその効果を発揮しうる条件である。いずれにしても、農産物輸送が2つの制約を受け、それを除去するのに貢献するのが高速交通体系に代表される輸送機能の高度化であることを重ねて強調しておこう。

以上、道路の整備によって実現する輸送機能の高度化が、農産物の輸送性のハンディキャップをどのように克服し、輸送性を高めてゆくかを個々の輸送機能―高速性、大量性、確実性、機動性、経済性―との関連で概略検討した。

第3節　高速道路と農業生産の再編

1　高速道路利用と競争力強化[1]

　高速道路の影響としては、一般的には以上で考察した特徴が指摘される。しかし、それが産地の競争力にどう関与するかはまだ十分明らかにされてはいない。では以上のような交通輸送の技術革新は、実際に農業生産にどのように関与するのであろうか。特に高速道路利用による高速性（輸送時間の短縮）が、如何なる論理で地域農業に変化をもたらすのか。次にこの点を理論的に整理しておこう。それは、およそ次の3点に集約される。(1)価格形成の有利性、(2)流通費用の低減効果、そして(3)以上を総合する産地競争力の向上効果である。

(1)　価格形成の有利性

　農産物、特に生鮮品の場合には、鮮度は価格形成に最も強く関係する要因である。もちろん、品質（栄養、食味、安全性）は鮮度以前の基本的な要因であり、それが価格形成に影響することは言うまでもない。しかし、これらの要因は生産される段階で既に決まっているか、あるいは出荷段階で与件として前提されている。この品質は、品種、作型、栽培技術、などによって大凡決まるからである。

　この品質を前提して、輸送時間の短縮が価格形成に如何なる影響を及ぼすかが課題である。品質それ自体は、一般商品の品質・性能と同様に商品自体が異なるのであり、この要因が価格形成に最も関係するのは当然である。ただ、これはマーケティングの製品差別化問題として対処すべきる課題である。

　従って、鮮度を問題にする場合には、同じ品質の商品が鮮度の良否如何によって、価格形成をどう有利にするか否かの問題である。あるいは品質の差異が鮮度によって更に強化されるか、減殺されるかの問題とも言える。そしてそれに輸送のスピードアップが如何に関与するかの問題である。

　野菜に代表される生鮮品が、輸送時間の短縮により価格形成が有利になることはいうまでもない。しかし、この輸送時間の短縮と価格形成の関係は、単に

輸送過程での数時間の短縮だけでなく、それ以上に大きな意味を有することに注意する必要がある。それは卸売市場における販売方法等の制度的条件に関係する。つまり、輸送過程での数時間の時間短縮は、単にその絶対的時間短縮に限られるのではなく、それを通じて卸売り上場日が早まるか、1日遅れるかを左右する。セリが1日遅れることは24時間の鮮度低下をもたらすことを意味する。[2]

例えば、市場の上場日（セリ販売日）は、輸送方法と市場距離の関係から、出荷の翌日売り、2日目売り、3日目売り、というように分かれる。そして輸送時間の長い遠距離産地ほど、当然セリ売りは遅くなり、出荷産品の鮮度は落ちてくる。その結果、価格形成は不利にならざるを得ないのである。

このような一般的条件の下で、翌日売りになるか、2日目売りになるかは、価格形成上決定的に大きな差異となる。従って、翌日売り地域から2日目売りに変わる境界地域以遠の産地、あるいは2日目売りから3日目売りに変わる産地において、高速道路を利用する意味が特に大きい。つまり、高速道路を利用するか否かが、輸送過程で短縮できる時間ではなく、セリ日が1日遅れる24時間の差となるからである。

このように、高速道路がその本来の機能を発揮するのは、近距離産地よりは遠隔産地においてである。それが具体的にどの程度の距離かは、品目、収穫調整に必要な時間、それを規制する経営規模、出発時刻、輸送時間、高速道路利用料、その他によって異なる。

この点を実態調査で確かめると、東名高速道路の場合に300km以内では利用が少なく、それ以遠において利用が多い実態が明らかになる。具体的には東京市場へ出荷する場合、静岡までの利用が少なく、愛知（豊川）以遠で利用が多くなってくる。

これは静岡の場合、高速道路を利用しなくても翌日売り出荷が可能であり、高速道路利用のメリットが利用料（2,000～3,000円）との関係で出ないからである。この問題は改めて第4節で検討する。もちろん、これは品目によって当然異なり、畜産物、花き、洋菜、果実など比価の大きい品目では距離に関係な

く利用される、菊川IC周辺のヒヤリング調査によると、静岡県においても東名利用は増加する傾向にある。

いずれにしても、高速道路が存在すれば、それを利用するか否かは出荷者の自主判断に任せられる。利用は流通経費との関連で有利性が発揮されるか否かによって選択できる。この判断は、後でみる産地競争力の問題として、総合的になされることになる。

そのほか、価格形成に関係する要因として、道路条件の整備が物理的に荷痛みを少なくする。また鮮度と関連して減耗率を低め、それが価格形成を有利にして全体の収益率を高めることである。

やや本論からそれるが、卸売市場制度と関連する問題を付言すれば、スピードアップと車輌の大型化がロットの大型化を促し、それが市場の産地評価に繋がることもありうるであろう。その理由は、小口荷を大口にまとめることでセリ時間を短縮させ、セリ売りの能率を向上させるからである。それが荷受全社の売り上げに貢献する。市場が大口荷の産地を優遇する傾向があるのはこのためである。同様の有利性が共販体制の確立に伴う系統大口出荷についても言える。これは価格形成を有利にする間接効果である。

注
1）前掲、拙稿「道路整備の農業に及ぼす影響」、等参照。
2）この市場上場の早期化が最も重要な効果である。静岡県、愛知県の産地調査でこのこのことが確認できる。

(2) 流通費用の低減効果

既に述べたように、流通費用が高速道路を利用することによって低減するか否かは簡単には言えない。それは高速道路がまだ有料道路であり、利用料を負担した場合になお輸送費の低下が実現するか否かは簡単には言えないからである。さらに、高速道路を利用する場合、一般的に遠隔市場出荷が多くなる。その場合、既に指摘したように確かに単位重量距離（トン・キロ）当たりの運送費は低下するが、一方で輸送距離が従前より伸びれば、単位商品当たりの輸送

費は必ずしも低下するとは限らないのである。

　しかし、このような制約があっても、先ほど見たように、高速道路を前提する大型車利用が輸送効率を高め、輸送労働の生産性向上に大きく貢献していることは明らかである。この輸送費の低減は、理論的には運賃率(f)の低下をもたらして、遠隔産地の競争力を強める方向に作用する。

　このことがまた輸送距離をさらに伸ばし、その結果必ずしも商品価格に占める輸送費割合を低減させないことも起きる。これは産地側からみた結果論的議論であるが、経済全体としては運賃率を低下させ、その供給圏を拡大することになる。

　また、流通経費の低減は、輸送過程の運賃低下とともに、関係する出荷の両端末における物的流通施設の改善整備により可能である。その装置化とシステム化が進めば、ロットの大型化による規模の経済が実現することにもなる。このような状況の下で、流通経費を最終的に節減することもできる。小規模選果場や非効率な集出荷施設に比べて、効率のよい集送センターや大型選果場が出荷経費を節減するからである。

　そのほか、包装資材などの調達も大量注文により単価を低下させる可能性も考えられる。しかし、これらの経費節減は、高速道路利用の直接的効果と言うより、それを契機に出荷組織の強化とシステム化による効果に過ぎない。それは高速道路を利用するか否かに関係なく、産地の組織化等で改善すべき事項である。

　このような面での流通経費の節減は、必ずしも高速道路利用の影響とは言えず、それは直接的には結びつかない。この点、先に見た輸送時間の短縮が直接的に高速道路と結びつくのと異なっている。流通経費関係で直接結びつくのは輸送費（運賃率）であり、他の流通経費は間接的に結びつくに過ぎない。

　以上の流通経費のように、その効果が直接的に明瞭でない場合に、その影響と効果を明確にする方法は、問題を具体的条件の中で検討するほかない。特定産地の輸送費や出荷経費等を高速道路利用の前後で比較し、どの程度節減効果があるかを分析する必要がある。

この問題は、理論的には価格形成や流通経費を総括する産地競争力の問題である。第Ⅰ部、第4章、第2節で検討したように、それは産地競争力を具体的条件の下で検証する実証分析の課題領域に属する。つまりそれは価格形成に関係する市場選択と分荷・出荷方法、その他市場対応・マーケティング問題を総合する問題領域となる。この点を次に見てみよう。

(3) 競争力の総括統合

高速道路が経済圏を拡大する論理は既に検討したが、それを産地の市場対応との関連で問題点をみれば、既存出荷市場の外に新たな対象市場が出現することである。これは需要条件が変化し、産地に対して新たな需要が発生する可能性を意味する。潜在的需要の顕在化といってもよい。

この「潜在的」需要は、高速道路の開通によって発生する需要であり、それがなければ発生しえない需要を意味する。これはあくまで可能性としての需要であり、それを顕在化させる条件が、上述の価格形成の有利性と流通経費の低減であり、それを基礎に産地の競争力が上昇する。それは、品質、鮮度などの品質・使用価値面の有利性を前提して、価格－流通費用関係の変化を通じて顕在化する。

このように高速道路の建設は、新たな輸送条件の変化を通じて、潜在市場、潜在需要を顕在化させる。この段階で従来の出荷パターンを変更する新たな市場選択問題が発生する。それは従来の産地－市場関係を一部、あるいは全面的に変更する問題である。産地間競争は新たな局面変化を起こす。その進展は、単に既存産地間だけでなく、新規に産地形成を図る「潜在産地」を含めた産地間競争となる。

従って、生産面においては新規作目の選択問題があり、しかも既に指摘したように農業部門だけでなく農外就業問題も含めた選択問題である。すなわち、特定産地の立地条件を前提し、農外就業も考慮して農業内部での作目選択を総合判断する課題である。

それは、具体的に如何なる作目を選択し、それをどの時期に生産して、どこ

の市場に、どのような輸送方法で、どの程度の数量を出荷するか、という問題となる。そしてその場合、個別経営と産地全体からみて、新規検討作目でどの程度の収益・所得を確保できるか、が問題となる。この段階でその実現可能性と競争力が試算されねばならない。

このようなに、市場選択はその時々の相場で左右されるのではなく、試算された産地競争力を前提して、作目選択段階で想定されている。実際、大型産地の市場適応を見ると、各市場の相場によって市場分荷数量が大きく変化する場合は少なく、それが調整されるのは極端な豊凶状況を除けば、予定出荷量の限られた範囲内に留まる。大型船が急激な舵が切れないのと同様に、一定規模以上の主産地の市場対応も、その出荷量の急激な方向転換は短期間では不可能である。

むしろ小産地や出荷量の比較的少ない産地が、相場によって市場選択を大きく変更する場合が多い。その結果さらに相場変動に拍車をかける結果を招くことにもなりかねない。このような市場対応は市場撹乱要因であり、それを回避する意味からも出荷組織の大型化と産地規模の拡大が重要になる。このことは純粋理論レベルでの市場選択理論と現状分析段階でのそれが異なることを示唆している。

注
1）拙稿「市場競争力の理論的検討」（前掲）、第1部、第4章、第3節、3、所収、参照。

2　産地再編の契機と論理—事例的考察—

以上のような交通輸送の技術革新は、農業生産にどのような契機と論理で具体的に関与するのであろうか。とくに高速道路の特徴である高速性が発揮される時に、輸送時間の短縮が地域農業にどのような関係で変化を及ぼすのであろうか。輸送のスピードアップと大量輸送が、高速道路沿線の産地に及ぼす影響を整理すると、およそ次ぎのような問題が関係していることが分かる。

その最大の作用は潜在的産地の顕在化である。これは前節でも部分的に検討したように、輸送時間の短縮に関連して発現する側面である。(前掲、図4－3、後掲、図4－5～6、参照)。高速道路の整備による走行のスピードアップが、一方で従来出荷が不可能であった既存産地を供給圏に編入する。他方でそれがまた新産地の形成を促し、特に野菜、果物、などの産地全体に大きな影響を及ぼすことになる。

新しい産地の出現は、直接的には産地間競争を激化させ、それを通じて産地・市場関係の局面変化を引起すことになる。その結果旧産地の再編を促進する要因となる。他方自然条件などの面で有利でありながら、交通地位に恵まれずに産地形成が進まなかった地域に、産地形成の契機を創出する作用がある。

このことは、東北道や東名道の沿線地域について後で具体的に考察するが、いずれにしても高速道路による輸送時間の短縮が、新規の作目の産地形成を促進し、あるいは産地規模の拡大・発展に大きく作用することが明らかである。この傾向は理論的に明らかであるが、実際にもそのことが実証される。

次にこの問題を事例的に見ておこう。その影響は高速道路に限らず、一般道路の整備やトンネルの開通、その他によっても引起される。例えば、昭和33年に国道20号線の新笹子トンネルが開通した。その結果、笹子峠の交通の難所が解消されて山梨県農業が大きく変貌したのである。[1]

すなわち、従来のヘアピンカーブの峠越えに比較して、輸送時間が1時間余り短縮される。同時に道路の舗装によって、輸送中荷傷みが起こり易い桃、ブドウなどの果実が品質劣化を起こすことなく出荷可能になる。その結果、甲府盆地を中心に果樹園の新植と産地形成が飛躍的に進んだのである。またイチゴなどの都市近郊型野菜の導入も進んで、国道20号沿線の土地利用と農業形態を大きく変えた。

その後、山梨県域には中央自動車道が開通する。それは京浜地域への輸送時間を更に短縮させて、野菜や花きなどの新作目の導入が促され、農業経営の形態が大きく変化した。例えば昭和IC近くの中道地区では、水田転作として未成熟トウモロコシの産地形成が進み、京浜市場をはじめ福島、新潟などへも出

荷されている。未成熟トウモロコシは収穫後鮮度が急速に低下して、早急な出荷が必要な品目である。そのほか、切バラや鉢物などを中央道経由で出荷する意欲的な新しい経営も出現してくる。

同じ中央自動車道（西宮線）沿線で大きな変化が起きているのが伊奈・飯田地域といえよう。この地域は、それまで伊奈谷と呼ばれ、京浜地区へはいうまでもなく、中京圏へもいくつかの難所があり、市場対応上のハンディキャップを背負っていた。それが中央道恵那山トンネルの開通によって、駒ヶ根ICから名古屋まで1時間半で結ばれたのである。その影響を受けて、沿線地域ではイチゴ、トマト、キュウリ、洋菜類、菌茸類、などの生産が伸びている。準高冷地という自然立地条件と、消費地に隣接する都市近郊的条件が結びついて、新しい野菜産地が形成されつつある。[2]

他方、目を北に転じて東北自動車道の場合をみると、その影響はさらに強いものがある。その理由は、東北縦貫自動車道は完成時には総延長が東京・青森間756kmに達する。国土開発幹線自動車道では最長路線であり、高速道路の有利性と影響が最も出やすいからである。その関係を図4－5～6で単純化して既存道と比較すると、どのような効果が期待できるであろうか。

北関東、東北地方の道路網

―― 国道4号線
―― 一般国道
…… 高速自動車道
　　（主要通過点を示す）

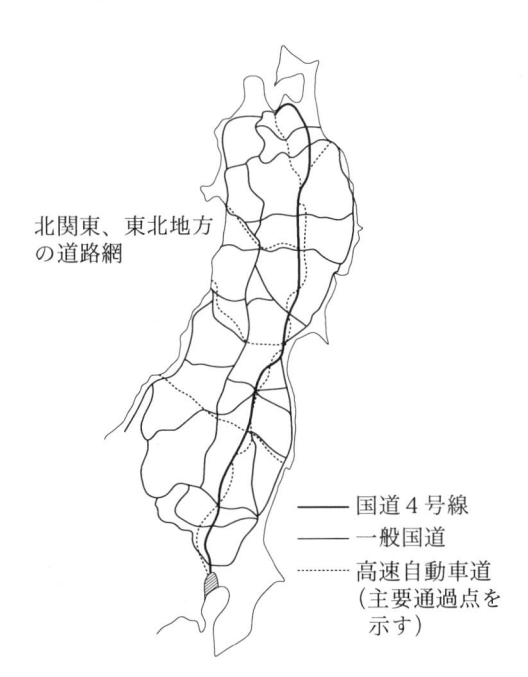

注：建設省道路局監修『道路地図・東北』（武揚堂42年版）による。高速自動車道の建設省の『国土開発幹線自動車道図』により書き加えた。
農政調査委員会『農村道路ネットワーク』（日本の農業74、昭和46年）より引用。

図4－5

第4章　交通輸送の技術革新と農業再編　　417

例えば、通常国道（国道4号線）での走行スピードを時速50km程度、高速道路では80km以上の高速走行が可能な場合を比較すると、輸送時間がこれで大きく短縮される。この関係を図4－6によって確かめると、その効果が明瞭に示されている。[3]

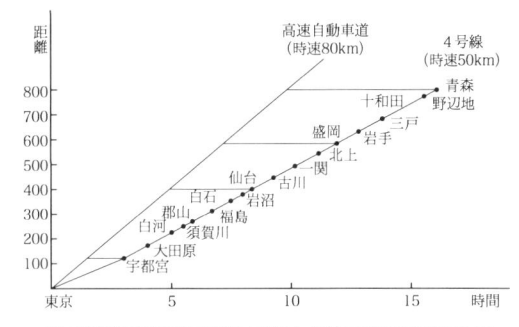

東北縦貫高速自動車道と国道4号線の時間距離の比較

注：農政調査委員会『農村道路ネットワーク』
　　『日本の農業』74、昭和46年、より引用。

図4－6

沿線地域への影響としては、福島から東京までの距離がほぼ300kmであり、その所要時間は4号線経由で6時間を要するが、高速道路を利用すれば3時間余りで東京に到着する。これは普通国道を利用した場合の北関東（図上では宇都宮、大田原、など）とほぼ同じ時間距離であることを示している。同様に高速道路を利用した場合の時間距離とそれに相当する普通国道の地点を対応させると、仙台（400km）が白河に、盛岡（ほぼ600km）が福島〜白石に、また青森（800km）が古川〜一関にそれぞれ相当する。

この時間距離の短縮と走行条件の改善によって、東北縦貫自動車道の供用区間が北に延びるのとほぼ対応して、東北の野菜産地も福島から岩手へ、そして青森へと北上して移動した。具体的には福島（須賀川）の夏秋キュウリの産地がまず形成され、それは京浜市場のほか名古屋市場まで出荷されている。しかし、その後岩手産キュウリの伸びに押されて、福島産は守勢に回ることになる。また岩手ではキュウリのほか、レタス、ニンジン、等の産地形成が進んでくる。そして最近では青森でナガイモなどの産地形成が進んでいる。[4]

このように、東北縦貫自動車道の整備は、その沿線にそって野菜産地を北上させ、順次既存産地の有利性を失わせる作用をくり返すことになる。つまり道路条件の変化が，新産地には有利に作用し、他の既存産地には不利に作用する。

このような経過で産地間競争が展開されてゆく。その結果として産地の再編が全面的に進展する。

また、東北縦貫自動車道沿線の福島と岩手、あるいは岩手と青森との間の産地間競争は、単に東北地域内の産地相互間に留まらず、その他の地域も含めて全国的に展開するのである。例えば福島産のキュウリの出現によって、それ以前の主産地の長野産が打撃を受ける。そして、しばしば述べたように、この新興産地の有利性は従来その地域が潜在的に持っている自然条件や、土地面積の広狭などの有利性が、輸送機能の高度化に触発されて顕在化する場合である。

もちろん、特定地域でどのような作目が選択されるかは、単純に道路条件のみでは決まらない。作目選択はそれぞれの地域の個別的条件が複雑に作用するため、道路条件のみできまるものではなく、その主要因の1つに道路条件があることである。しかし他の条件に比べて、交通輸送条件がかなり決定的意味を持つことも否定しえないであろう。

注
1) 前掲「道路と農業」、「農村道路ネットワーク」、等参照。前掲拙稿「道路整備の農業に及ぼす影響」、「高速道路と農産物の流通」、その他『中央自動車道沿線の農業調査報告書』、昭和51、52、53、55、58、62年、所収拙稿、参照。
2)、3) 同上、参照。
4) 河野敏明・森昭編著『野菜の産地再編と市場対応』、明文書房、昭和59年、参照。

3　産地再編と市場距離—"両刃の剣"的性格—[1]

要するに、高速道路の輸送機能の向上は、輸送時間の短縮と価格形成の有利性に支えられて、市場距離よって既存産地に多様な影響を及ぼすことになる。すなわち、それは近距離地域には不利に、遠隔産地には有利に作用する。一方で農業発展に貢献すると同時に、他方で農業生産の基盤を崩壊させる"両刃の剣"的性格も持っている。

このような性格が、立地条件によって産地の生産対応を異なるものにしている。例えば潜在産地には有利性が発生し、新たな産地形成を促すことで有利作

目の選択問題が課題となる。他方、近距離地域では産地の防衛策を講ずる必要性が強まる。

　理論的にも、また実際にも、輸送費が低下して有利性が発生するのは遠隔地である。これは地代函数の運賃率(f)の低下が遠隔地に有利に作用する場合である。従って高速道路のプラス効果は専ら遠隔地の産地競争力を強める方向に作用するといってよい。

　次に問題となるのは、では高速道路によって恩恵を受ける地域は具体的にどの程度の距離にあるかである。それは抽象的には、高速道路利用で有利性が発現する距離ということになる。それをさきの高速道路の利用事例などから判断すると、市場距離が300〜400km以遠の地域といえる。

　ここに示した距離は一応の判断基準であるが、東名高速道路の利用実態が示すように、この距離未満では比較的利用が少ない。その理由はこの近距離地域では輸送時間短縮のメリットが出にくく、輸送効率も普通道路に比べてそれほど大きくならないからである。その他、そこでは近郊産地的性格が強まり、都市化、工業化による影響が強く現れ、それが地価高騰、就業機会増大、労賃高騰、などを通じて、農業部門に不利に作用する。この点については、さきに都市農業の考察で検討した。（第2章）

　そこで次に、高速道路の影響をプラス面とマイナス面に分けて整理しておこう。先ず、プラス効果の側面を見ると、その最も顕著な影響は野菜生産の産地移動である。その移動類型には暖地型と寒冷地型の2つの展開方向が認められる。前者は、京浜市場を例にとれば、近隣地域（千葉、神奈川）から中間地域（静岡、愛知）、さらに遠隔の四国、九州（高知、宮崎）へと移動するケースである。冬期の温暖な気候の有利性に基づいた温暖気候指向型の方向である。後者は、長野・群馬などの高冷地や東北・北海道など、夏期の冷涼な気象条件を利用した高冷地・寒冷地型の展開方向である。

　しかし、その方向と性格が暖地型であれ、あるいは寒冷地型であれ、産地移動と遠隔産地の形成を可能にするのは、輸送機能の向上と予冷処理や冷蔵車利用等の保鮮技術の発達である。特に近年においては、東名、名神、中央、東北、

中国などの高速自動車道の建設・整備と外洋長距離フェリー（京浜、阪神、中京、などと北海道、四国、九州をそれぞれ結ぶ）の就航がそれを支援しているのである。

　これらの輸送条件の変化によって、従来、京浜、関西、中京、などの大消費地と周辺産地からなる野菜や牛乳等の地域需給圏（市場供給圏）が、その圏域の壁が崩れて相互乗り入れ的に全国的な統合市場圏を形成する。あるいは少なくともその前提条件が作り出されたといえる。そして実際の農畜産物の流通も、全国の大消費地に出荷が可能な大型主産地の形成と相まって、その生産物が全国的な広域流通を進展させていることに注目する必要がある。

　このような全国レベルの農畜産物の広域流通は、主産地形成の進んだ野菜、果実、畜産物（牛乳、食肉、鶏卵）で一般的に実現している。高速輸送体系の整備が、以上のような大型主産地の形成を促進する傾向は今後さらに進展するものと思われる。それは単に西南暖地だけでなく、高冷地や寒冷地も含めて、それぞれの自然的立地条件の有利性を生かした新産地の形成となる。その際、産地の大型化が同時に進展する。

注
1) 詳しくは、第4節3で検討する。

4　作目選択と経営組織再編——マイナス影響回避策——[1]

　以上、主に道路整備が産地形成を促し、産地間競争を激化させて地域農業の再編機能を果たす点をやや図式的に示した。主に直接的なプラス効果に焦点を絞った検討である。しかし、このようなプラス効果とともに、マイナスの影響も出現させるのが輸送技術の発達と都市化である。

　都市化とともに地価上昇が見られるが、それが農業の生産基盤を崩壊させることは第2章で考察した。また兼業機会の増加が農業労働力を農外に流出させる。あるいはその道路が通過道として沿線の農業団地を分断し、騒音公害の源泉と批判されることもある。そのほか流通面では、他産地の産物が沿線地域に

逆流しやすくなり、打撃を受けることも起こりうる。

　これらの影響は、道路が相互乗り入れ的にプラス効果とマイナスの影響をともに媒介する当然の結果であって、地域農業にとっては有利性を生かす努力とともに、マイナス影響を回避する対策を講ずることが重要になってくる。

　他方、経営にとっては、土地利用面で住宅、工場、道路用地などとして農用地の転用が進む。その結果、縮小された耕地規模で従来の所得水準を維持するか、あるいはそれ以上の所得を確保する必要性が生ずる。そのために、新たな作目選択と経営形態の変更を余儀なくされる事態も起きる。例えば集約的経営への方向転換は、このマイナス作用を回避する方策の一例である。

　その地域的な生産対応として、その中心課題に新規作目の選択問題が発生することを意味する。この作目選択は、狭い意味の農業部門内の新作目選択とともに、農外部門への就業選択も含めて考えるべき問題となる。このような状況を十分認識して対応する必要がある。

　一般的に言えば、都市隣接地域（近郊）農業の直面する問題は、高速道路の通過に限らず、都市化によって常に守勢に回らされている状況にあることである。そして高速道路の影響は農業部門以上に農外部門により早く、またより強く影響する。例えば工場や商業施設の立地は、低地価と低賃金労働力（とくに主婦・女性パートタイマーや高齢労働力）を求めて地方へ進出する。その結果、農業はより強く兼業機会に恵まれ、相対的に高い賃金の圧力にさらされて影響を受ける。

　このような外部経済条件の中で、農業を守り、農業を発展させる方向を見出すことが農業内部における作目選択として発生する。つまり、外部の高賃金攻勢に対抗して、それと同等、あるいはそれ以上の所得を実現する作目選択と経営規模の確保対策である。しかもそれが地域的に一定の産地規模を確保する形で、追求されねばならないのである。

　このような作目選択は、その地域が具体的に如何なる自然的立地条件を有するか、また高速道路によってもたらされる交通地位が具体的にどのようなものであるか、によって異なるのは当然である。しかし一般的に言って、この作目

選択は従来の限られた小経済圏を前提して存在した多品目・小面積栽培ではなく、いわゆる従来の近郊経営の多品目複合経営から脱脚して、少数の重点基幹作目を選択し、その規模拡大に向かう方向での選択となる。

それは、相対的に不利な零細品目を整理して、有利作目を選択するのが中心課題となる。この作目選択によって産地形成をはかり、全国市場を対象とする主産地を形成することが高速道路のマイナス影響を回避する対策となる。この点は、産地形成問題として第Ⅰ部で部分的に検討した。また次節で実証的に茨城県の場合を紹介する。

なお、道路整備が直接農業生産に及ぼす影響として、以上の高速道路の整備と共に、生産に近接する生産道の条件整備も必要である。つまり、農業生産に直接関係する農道や地方道の整備の必要性である。この点は、農業構造改善事業などで、土地基盤整備の一環として農道が整備されている。具体的には、広域農道や農免道などである。

以上、高速道路を中心に、それがどのようなマイナス影響を都市近接地域農業、とくにその生産面に及ぼすかを概略検討した。それは高速道路の及ぼす悪影響を如何に回避して最小限にとどめるかの問題である。

注
1）この点については、改めて第4節3で事例的に検討する。

第4節　高速道路整備と農産物流通

1　輸送手段選択の論理―野菜出荷との関連―

先に第1節において、国民経済的視点からモーダルシフトを統計資料で確認し、その意義を歴史的な経済発展との関連で考察した。すなわち、それは技術発達と経済発展とによって歴史的に出現する性格のものであることである。確かにそれは問題の経済的理解としては正しいであろう。

しかし、それを産地の輸送手段選択問題としてみると、そこにはまたそれを

支える産地の論理があるはずである。このような視点から次に、産地段階における輸送手段の選択問題をみておこう。輸送機能の高度化が、農産物出荷の輸送手段選択にどのような影響を及ぼすかが課題である。この点については既に第2節、4で理論的には述べたが、ここではその選択論理を産地段階の野菜出荷事例で考察する。[1]

　野菜出荷において、輸送手段の選択は種々の条件で変化する。例えば市場までの距離、交通輸送手段の発達程度、産地形成の段階と産地規模、予冷処理・冷蔵輸送・冷蔵庫など低温流通システム（コールドチェーン）、その他関連施設の整備状況などである。

　この中で最も影響の大きいのが道路、鉄道、海運などの輸送手段の発達と条件変化である。特に高速道路の整備に代表される道路条件の改善・整備は、モーダルシフトの基礎条件である。輸送技術の技術革新がモータリゼーションを進展させ、それに伴って貨物輸送も鉄道からトラック輸送へと大きく推移し、そのウェイトを高めている。(前掲、表4－1、参照)

　実際、野菜や果物などの青果物出荷をみると、トラック輸送の分担割合は益々大きくなっている。特にこの傾向が強いのが、鮮度保持と荷痛み回避を優先する野菜や軟弱果実（イチゴ、メロン、スイカ、など）の出荷である。その理由は、さきに考察した道路条件の改善によってトラック輸送が優位になるからである。それは、道路の舗装による震動減少、スピードアップによる輸送時間の短縮、産地と市場の両端末での荷役（積替作業）の減少、それに市場対応の敏速化と機動性の向上、などである。他方、貨車輸送は一部冷蔵コンテナ利用を除けば減少の一途をたどっている。

　一般に輸送手段の選択、つまりトラック出荷か貨車利用か、あるいは海上輸送か航空便か、については、その選択基準として考慮すべきいくつかの視点が存在する。すなわち、(1)運賃の大小、(2)利用上の便宜、(3)輸送時間と荷痛み・腐敗の危険性の有無、(4)積換・待時間の多少、(5)出荷先変更など市場対応上の容易さ、などである。

　出荷者はこれらを総合的に判断して、最も有利な輸送手段を選ぶことになる。

それは当然品目により、また産地の立地条件により、種々異なる。例えば切花のように、鮮度が最優先され、かつ重量・容積に比して価格が高く（比価が大）、十分運賃が負担できる場合には遠隔地から航空便で出荷される。また同じような性格を有する野菜類（万能葱、生椎茸）も既に航空便で"フライト野菜"の名称で出荷されている。

他方、玉葱、馬鈴薯、里芋などのように、重くて比較的腐敗しにくく、輸送性の大きい品目では、運賃が安いことが優先されて鉄道（貨車輸送）が選ばれ易い。この中間にトラック輸送があり、その比率が高くなっていることは既に考察した通りである。

問題はトラック輸送の優位を招いた原因は何か、それは如何なる条件と論理でそれが可能になったか、を産地段階の現場で確認することである。その理由は既に指摘したように、道路条件の整備によって、トラック、トレーラーなど大型車輛の使用が可能になり、輸送時間の短縮と市場対応の機動性などが相乗効果を発揮して、運賃の相対的低下と価格形成の有利性をもたらすことである。つまり少々運賃が鉄道より高くても、総合的にみてトラック輸送が有利という判断である。

他方で、野菜産地での予冷処理や冷蔵車使用など、低温・保鮮などの流通技術の革新にも大きく関連している。かつては輸送性の大きい品目だけが、輸送野菜として遠隔地から貨車で出荷されていた。「レールもの」という呼称にその特徴を残している。それを可能にしたのが鉄道輸送の割引運賃制度であった。（第3章、第1節）

しかし低温流通技術やスピードアップによる輸送条件の改善は、輸送野菜の種類を拡大し、遠隔主産地の形成とも相まって、トラック輸送を有利にする条件が整ってくる。すなわち運賃は相対的に低下して貨車運賃との較差を少なくし、他方でトラックの機動性が価格形成と市場対応などの面でトラック輸送のメリットを増大させるからである。

逆に貨車輸送は運賃では安いが、輸送に時間がかかり、かつては配車が少なく十分に利用できない不便もあった。また現在では配車の問題は少なくなった

が、輸送時間は依然長くかかり、低温流通技術が発達してきたとはいえ、鮮度を重視する野菜では不利は免れない。その他、例えば不測のストライキなどが発生すると被害も出る。このような輸送時間の長さや、待ち時間や積み替えなどが多く、柔軟・敏速な対応ができにくい欠点がある。このことが出荷者（農家）サイドの不評を買う原因である。

次に具体的な事例で問題点を検討してみよう。例えば長野県塩尻市の洗馬農協は、昭和49年の夏にレタス、白菜などを九州・小倉駅へ向けて冷蔵コンテナで輸送する実験をした。真空式冷却装置で予冷した葉菜類は品質変化も少なく、本格的なコンテナ輸送への夢が大きく広がった。しかしその後すべての出荷をトラック輸送に切り替えた。その理由は全面的にコンテナ輸送に頼れないため、トラックとの二本立てでは出荷作業に支障を来たすからである。

九州向け出荷は全体の15％程度を占め、コンテナ利用であるが、その他地区へはトラック便で出荷する。その際、コンテナ便は発車時刻の制約があるため、トラックが積荷を待っていてもコンテナが優先される。この調整に出荷担当者は苦労する。「先着車が優先して荷積みしたい」という農家サイドの希望もあり、この不都合を解決するためトラック出荷へ統一した。

そのほか、コンテナの寸法がフォークリフトや台座（パレット）と合わず、積み込みに手間がかかること、パセリやサヤエンドウなど小口の荷物が混載できないこと、などの不都合もトラック一本化への引き金になった。

同農協は当時、レタス116.4万c/s（10kg詰）、白菜28.1万c/s（15kg詰）、キャベツ29.5万c/s（15kg詰）程度を年間出荷したが、全てパネルバン型のトラック出荷だった。その後もコンテナ輸送には頼らない方針だという。

その理由は、当時既に道路網の整備が進んだことによる。例えば北陸方面への輸送でも、問題なのは松本から糸魚川に出る区間だけである。それでも午後2時に出発すれば翌朝には福井市場に持ち込めるほどトラック輸送は便利になった。

他方貨車は横持ち運送が多いので、その都度積替・荷積回数も多くなる。トラック出荷にはそれがないし、市場に直行できる利点がある。このような理由

で早堀里芋の「石川早生」や早堀甘藷までもトラック輸送に切り替えている。

また他の産地でもトラック輸送が進む傾向にある。鹿児島県経済連は、昭和49年4月、同県のトラック協会と正式に輸送契約を結んでトラック出荷が順調に進んでいる。出荷量は月ごとに変動があっても、年間契約により輸送力の不足に悩むことはない。当初計画のトラック出荷率80％も突破し、鉄道は「春馬鈴薯の一部の出荷に使っている程度」と同経済連は説明する。また「トラックは、貨車より運賃が4割ほど高いが、他に利点が多いので販売価格では有利」とも言っている。

このように、トラック輸送が貨車輸送に代替する原因は、結局トラックが現代の野菜輸送とマーケティングに適した輸送手段であることである。それは運賃では不利でも、大量、敏速、柔軟な市場対応がトラックではより容易にできるため、その特性が現代では重視されてきたということである。

また、この機能は高速道路や海上輸送（フェリー利用）と結びついて、より高度な物流システム化も達成できる条件を備えている。最近の傾向では、これらの輸送体系と予冷車、低温貯蔵庫（ストックポイント）などの出荷流通・需給調整施設とを結合する方向で整備が進められている。この総合的なシステム化が実現すれば、青果物の産地は遠隔地化の傾向をさらに強めることになる。

以上のような有利性によって、野菜・果実などの生鮮品のトラック輸送は、交通ゼネストなど不測の事態に影響を受けない事例も存在する。例えば国鉄ストで貨物列車が全面ストップした時も、東京市場への入荷量は前週よりもかえって増えた日があったという。輸送園芸産地が既にトラック輸送主体に出荷を切り替えていたため、国鉄ストの影響が出なかったのである。

なお、ここでトラック輸送出荷の産地競争力について、理論的関連を若干補足しておこう。[2] 先に検討した地代函数式にトラック輸送の場合のパラメーターをあてはめてみると、収量(E)、生産費(a)、距離(k)は変らずに、価格(p)と運賃率(f)がトラック輸送と鉄道で異なることである。従って、トラック出荷の有利性は、次の関係が成り立つ時に出現する。すなわち、今、トラックを1、鉄道を2の添字で示し、それぞれの出荷価格(p_1)、(p_2)と運賃率(f_1)、

(f_2)の関係が次の条件、つまり ($p_1-f_1k > p_2-f_2k$) を満たす時には、トラック運賃(f_1)が鉄道(f_2)より高くても ($f_1 > f_2$)、トラック出荷の純収益がより大きくなり、総合的にみてトラック出荷が有利ということになる。

このような事情が野菜出荷において、鉄道からトラック輸送へのモーダル・シフトを推進する産地の論理である。もちろん、その前提条件にさきに検討した社会資本の整備（高速自動車道、外洋長距離フェリー就航、大型車輌利用）、流通技術の革新（予冷処理、冷蔵車利用、保冷庫）、などの社会経済条件の変化がある。

注
1) 以下の検討は実態調査などに依拠しているが、個別論文・資料は後掲、参考文献、参照。
2) 第1部、第4章、第3節、参照。

2 遠隔市場出荷と需給調整機能

次に、既に考察した問題も含めて、高速道路の整備が如何なる機能・役割を流通過程で果たすかを総括的に整理しておこう。道路整備の流通に及ぼす影響のうち、最も大きいものの1つにこの"需給調整的"機能があるが、以下ではその関連問題を順次考察する。[1]

その第1は、さきに生産的影響として述べた市場圏の拡大と裏腹の関係として、産地段階の対応として遠隔市場への出荷を可能にすることである。この遠隔市場出荷は、運賃や他の条件が許せばスピードアップに比例して輸送距離を伸ばすことになる。すなわち、高速自動車道などの道路構造の改善や車輌の大型化、冷蔵車等の利用などが、輸送中の震動などの荷痛みを軽減し、それに高速性が結びつき、それが総合効果を発揮して遠隔市場への出荷を可能にする。

さきに福島産キュウリが、東北、東名の2つの高速道路を利用して、名古屋市場へ出荷されることを述べたが、道路整備はそのネットワークの緻密化によって、またフェリー等の輸送機関との連携プレーによって、出荷の足をさらに遠くまで延ばし、機敏な対応を可能にしている。例えば、長野産のレタスは、

中央、中国、九州などの高速自動車道を乗継いで、陸路のみで熊本市場まで出荷される。かつては広島市場が限界といわれていた。

　第2に、交通輸送のシステム化が長距離フェリーと陸路とを結合することで実現する。この問題は次章で改めて考察するが、九州（日向）から京浜（川崎）まではフェリーを利用し、その後を陸路で東北、新潟、長野方面へ走らせるパターンがその例である。このような方式は、輸送システムの発展から言えば、コールドチェーン化などとも相まって、我が国の物流が高次の統合システム段階に到達しつつあることを示している。

　この海陸結合一貫方式では、海上ではトレーラーヘッドを切離して積荷のみを輸送する方法が採用できる。その際、海上では運転手（通常、陸上2名）が乗務する必要がなく、また走行燃料も不要であり、車輛の減耗もない。これが輸送費を低下させる。（第5章、参照）

　第3に、市場間に需給の不均衡がある場合に、その調整対応が向上する。これは上述の交通輸送システム整備の効果として期待される機能である。市場対応の機動性が、市場間の需要が不均衡となった場合に、それを適切に調整することを可能にする。野菜等は生育が天候に左右されて需給の不均衡が起りやすい。この市場間の需給のミスマッチを、高速性と機動性を備えるトラック輸送が解決することである。産地や出荷団体等が適切に対応することによって、市場間の需給不均衡がより適切に調整可能となる。そしてこのことは物価安定にも貢献する。

　第4に、道路整備の生産への影響として既に述べたが、出荷・流通に直接関係する経済効果は、価格形成の有利性と運賃節減効果である。言うまでもなく、農業経営にとって最大の関心事は、生産物を如何に有利に販売するか、また他方で費用を如何に低下させるか、である。従って農家が市場を選択する際に、遠隔市場を選ぶか否かは、その場合の収益性如何にかかっている。遠隔市場への出荷は、一方で価格が有利に形成される条件があり、他方で運賃が相対的に低下し、この両者の差額として純利益がより多く残ることが前提条件である。

　物理的に野菜等の輸送性が増すことと、実際に遠隔市場へ出荷することとは

別問題である。この点は既に検討したように、輸送時間の短縮が可能なことで鮮度保持効果が大きく、価格形成を有利にすることで、その効果は一般的には大きい。また遠距離出荷ほどそれが大きくなることも、青果物市場でのセリ上場日を速める効果として考察した。

第5に、輸送時間の短縮に関連して、産地での収穫を午前中の"朝採り"から、午後の"夕採り"に変更することが可能になる。この収穫時間の変更は、産品の品質向上効果にも貢献する。例えばトマトでは、出荷から市場上場まで数日を要する。そのため完熟前に収穫・出荷するのが普通の場合である。しかしそれを十分完熟させて、味を良くして出荷すれば品質向上効果も期待できる。これは生産者にとっても、消費者にとっても望ましいことである。

第6に、運賃の低減効果は、農産物の価格が低いことによる輸送制約を除去する効果がある。これは道路構造上の改善や大型車輌等に基づく輸送の大量性と高速性によって実現される。それは農畜産物の場合に特に大きな意味を持つ。この経済性の発揮が市場圏拡大の実質的な前提条件である。

第7に、野菜、果実は収穫調整作業（選果・包装を含む）に多くの時間を必要とし、それが農業経営の規模拡大を規制している。従って輸送のスピードアップで市場出荷の出発時刻が遅くなれば、それだけ農家は収穫調整作業に充当する時間に余裕がでることになる。その結果、個別経営規模を拡大させ、農業所得を増大させることにも結びつく。これは市場圏の拡大と同様、生産と出荷流通の両面から個別経営規模の拡大効果を果たす場合である。

以上、道路整備がどのような論理で農産物の生産・流通に影響を及ぼすのかを産地の流通対応視点から検討した。その特徴は、農業生産が自然的立地条件に規制されるため、道路整備の影響が複雑となり、生産の立地移動についても複雑な作用を及ぼすからである。

また、農産物の輸送特性として、生鮮品が多く、かつ比価の小さい品目が多いため、道路整備の影響がその輸送制約を除去し、道路整備の意義が大きい。その効果は高速道路などの高規格道路の場合に特に顕著である。これらの点を輸送機能の高度化との関連で明らかにした。

要するに、高速性など各種の輸送機能の向上が、鮮度保持による価格形成の有利性だけでなく、野菜の新産地の形成、収穫方法の変更、経営規模の拡大、その他の生産から出荷・流通までを含めて複雑に産地間競争に影響し、地域農業の再編機能を果たすことが明らかになった。

注
1) 前掲、拙稿「高速交通体系と農産物流通」、「道路整備が農業に及ぼす影響」、等参照。

3　高速道路の整備と生産・流通対策—茨城県の事例—[1]

　次ぎに、高速道路の農業生産への影響と流通改善対策を、展望も含めて事例的に検討しておこう。茨城県は周知のように京浜市場に隣接し、東北、常磐の両高速道路が地域内外を通過する。その立地条件は、高速道路の利益よりは不利益を蒙る地域で、このような条件下で如何に農業を守ってゆくかが課題となる。実態調査に基づいて問題点を整理し、課題を検討しておきたい。以下では次の課題について検討する。すなわち、(1)問題の所在、(2)流通施設整備の課題、(3)出荷流通組織の強化再編、(4)地域農業の発展方向と作目選択、である。

(1)　問題の所在

　これまでの考察を踏まえて問題点を要約・整理すれば次のようになる。その第一は、道路整備が輸送時間を短縮し、同時に輸送単位の大型化を可能にする。それを通じて産地形成・拡大を促進する作用が強い。また産地の組織化と規模拡大を促すのと同時に、産地拡大に対応する関連施設の整備も必要になってくる。

　輸送手段の大型化に対応して、まずロット（荷口）の大型化が必要になる。その対応策としては、産地の統合が考えられる。これは産地が未組織の場合や組織化が弱い場合に、その強化を図ることと一致する。具体的には産地規模の拡大と、それに伴う集出荷段階の組織化が課題であり、それは共同販売、共同

計算体制の確立を必要とする。

また、産地が組織化されていても、その産地規模が小さい場合には、さらに産地形成を進めてその進展を図ることが重要になる。もしこのような条件が整わないならば、輸送過程の車輛の大型化やスピードアップのメリットは十分その効果を発揮し得ないからである。

このような輸送手段の大型化と、それに伴うロットの大型化は、以上のような産地の組織化とともに、産地（流通）施設の大型化と広域利用の契機を作り出す。例えば、従来市町村ごとに存在する単位農協の市場対応から、郡農協、あるいは県域を単位とする農協連合会（経済連、園芸蓮、野菜連、果実連、等）による広域的な市場対応への変化である。出荷流通施設（集選果場、予冷庫、ストックポイント）なども、単位農協の小規模のものから、規模の経済を発揮しうる数農協の大型広域選果場（集送センター）の共同利用の方向が有利となる。

出荷組織と施設利用の以上の変化は、輸送手段と出荷ロットの大型化に対応する方策であり、それが必要な前提条件になる。出荷、輸送、流通のシステム化は、その前段の生産まで遡り、収穫、集荷、選果などの行程の改善と組織化を綜合するトータルシステムの確立によって所期の効率が発揮できるのである。これらの前提条件を充足する体制を如何に確立するかが解決すべき課題である。以下で個別に問題点を検討する。

(2) 流通施設整備の課題

農産物の流通施設は、かつては雨露をしのぐ程度の集荷所に始まり、それが共同販売による規格の統一と出荷単位の大型化に対応して、施設も漸次大規模の集・選果場へ変化する。さらにそれが出荷調整と品質保全との関連、あるいは輸送手段（冷蔵車、保冷車）の発達、冷蔵庫、予冷庫、ストックポイントなど、いわゆるコールドチェーン・システムの整備に伴って、その一環を担う施設へと種類を拡げている現状である。

さらに、その規模も大量輸送および施設利用の経済性の視点から、ますます

大規模化し、利用も広域化する傾向にある。その背景に、道路、鉄道、海上輸送、などの交通輸送条件の変化と地域内の道路整備がある。道路条件は直接的に流通施設の種類、規模、その他を規制する。そして高速道路の整備に伴う流通施設のあり方も、このような問題の一局面として位置づけられる。

　どのタイプの施設であれ、外部条件の変化がその性格を規制し、その規模と立地配置を規制する。具体的には集送センター、集選果場、予冷庫、冷蔵庫などの施設整備と広域利用の立地配置問題である。そこで問題になるのが、これらの施設を一定の産地を前提して、どのような規模で、どこに建設すればよいかの問題である。

　これらの施設種類の具体的選定とその配置は、実際には産地の条件によって異なる。そして青果物、畜産物、その他農産物の産地形成の現状、および将来展望によっても当然異なってくる。

　従ってその望ましい姿は、具体的条件の下で検討しなければ明確な解答が出ない性格の問題である。しかし一般論的に考えて、産地規模、車輌と荷口の大型化、などに対応した一定規模のものを、高速道路のインターチェンジに隣接した場所に設置するのが有利であることはいうまでもない。

　その場合、対象となる品目の産地規模、地理的位置と地域内道路の整備状況（一般道、農道）、などを勘案して、重複輸送や隘路、輻輳のない集出荷ルートを確保することが重要である。これが輸送効率を高め、輸送コストを節減する方向である。

　なお、茨城県では常磐自動車道および東北自動車道の開通整備に対応して、具体的に集送センター等の建設を検討し、その種類、規模、設置場所、などの問題点を整理している。この点については後で改めて検討する。

　以上、やや一般的に流通施設のあり方と関連問題について述べたが、これらの施設について他に留意すべき問題がないわけではない。それは適正な操業度を確保するための適正規模の問題である。例えば、大量出荷に対応する目的で、施設を大きくすればそれで良いというものではもちろんない。どのような施設整備でも常に適正規模があり、それが適切に利用され、運営されてはじめて経

済性を発揮するからである。これは施設運営に関連する。

運営問題は、出荷組織と関連するので、ここではそれらの施設が生産－選果－集出荷－輸送の全過程を通じて一貫して合理化されて、はじめて本来の機能を発揮することを強調しておくにとどめる。

(3) 出荷組織の再編・強化

茨城県は首都圏に隣接しているが、この立地条件のせいか、出荷組織はまだかなり遅れており、問題を抱えている現状である。個人出荷がかなり多く残り、共同出荷を行っている出荷組織の割合も、県外出荷ではかなり高い事例もあるが、全体としてはまだ改善の余地を多く残している状況である。

このような実態に対し、県では「農業総合振興計画」を策定して改善策を立て、鋭意努力しているのが現状である。特に産地形成と産地組織化について、問題点の摘出と努力目標を掲げて具体策を推進している。その組織強化と再編の方向は、流通施設整備に関連させて組織化を推進する方向が示されている。例えば集配送センターと結びつけた産地組織化であり、それを梃子に出荷組織を強化するというものである。

その場合、産地の団地グループ、農協、経済連など、それぞれの段階ごとに組織化を推進する。それが生産、出荷の両面で統一され、連携プレイが可能な体制を作り出すことが目標である。それはしばしば述べたように、単に出荷段階だけでなく、生産（圃場）段階まで遡って全体を総合する組織化とならねばならない。

従って、問題は産地形成という大きな枠の中で、流通体制をいかに組織化するかという問題に帰着する。その場合、高速道路との関連で問題になるのが広域施設の利用を前提した農協間の連携問題であり、あるいは上部組織（経済連）段階における全県的組織化問題である。

この産地段階での集出荷施設整備、組織体制確立の必要性は、それが不備な場合には折角の輸送過程の効率化が十分その効果を発揮できない。このような意味で従来と異なる条件整備が産地段階で必要になる。

他方、施設利用を伴わない組織化は、経済連段階では従来からかなりの経験と歴史を有している。しかし数農協間の協同利用となる施設運営の組織化は、まだ経験が浅いのが実状である。広域集送センターなどの建設も比較的新しいし、その運営面では種々問題があることが実態調査で明らかである。ここでは問題の所在と解決方向を指摘する程度にとどめざるを得ない。いずれにしても、組織強化が重要ということである。

　その他、産地での出荷施設整備に関連して重要になるのが、消費地における関連する条件整備であろう。荷受体制、冷蔵倉庫（ストックポイント）、ドッキングヤード、などの関連流通施設の整備である。

⑷　流通組織化と生産対応

　高速道路の開通が"両刃の剣"であり、それが茨城県農業にどう作用するかは簡単にはいえない。しかし、一般的には茨城県の立地条件から、農業はメリットよりはデメリットを受ける可能性が強い。いずれにしても、それを契機に産地間競争が激化し、それを通じて生産特化が受動的に進まざるを得ない。その結果、真に競争力のある品目と産地のみが残存することになる。

　このような状況で問題になるのが、茨城県農業の発展方向如何ということになる。結論を先に述べれば、従来のローカル経済圏の壁が取り除かれ、いわば開放経済体制が広範に進展することが予測される。その場合都市化が激化する近郊的立地条件の中で、真に競争力のある作目を選択し、競争力の弱い部門を整理してゆかねばならないであろう。

　この将来の茨城県農業を担う競争力のある基幹作目を選定することは、現在の県農業の分析からは明らかにならない。この作目には、現在生産が多い主要作目であるとともに、新しい条件の下でも県外出荷が可能な品目がそれに該当する。それはやはり野菜、果実などの県特産的な生鮮品と畜産物となる。

　しかし都市化・工業化がますます進展する状況の中で脅威となるのは、流入する県外産農産物の増加というよりも、むしろ他産業の高労賃であり、それによって生ずる農業部門内の労働力不足であり、高地価によって蚕食される土地

利用のスプロール現象である。

　従って、現時点で重要なのは高速道路開通という交通地位の変化を踏まえて、その状況変化の下で有利な作目が何であるかを明らかにすることである。そして有利性が明確と思われる品目はまだ明らかではないが、それが明らかになった段階で、その積極的な産地形成と組織化を図ってゆくことが重要となる。

　また作目選択と関連して、その特化すべき基幹作目については団地化と経営規模の拡大によって生産性向上を図るとともに、あるいはその前提として、流通段階の組織化によって、生産・流通・地域の三位一体的システム化を目指すことが目標となる。

　以上、茨城県の事例を参考にして、高速道路などの整備で逆に不利益を蒙る地域での流通施設、出荷流通組織の強化、農業生産の対応問題、などを概観した。これを要するに、高速道路整備に伴う流通改善は、どのような立地条件の地域であれ、従来以上に生産から流通にいたる全過程を通じたシステム化が伴ってはじめて解決される性格の課題であり、それを全体で総合的に改善することが重要となるであろう。

注
1) 本項の記述は主に下記の調査資料、及び実態調査に依拠する。
　　常陽産業開発センター『常磐高速道路建設に伴う地域経済・社会への影響調査』、昭和46年。茨城県『茨城県流通業務施設整備に関する調査報告書』、昭和48年。茨城県農林水産部『農畜産物流通施設配置合理化に関する調査』、昭和50年。

4　高速道路の利用実態と問題点—東名高速道路の事例分析—

(1)　利用を規制する要因

　高速道路がどのような影響を農業に及ぼすかは、一般論としては今までの検討で凡そ明らかになった。しかし、実際問題として高速道路がどのように利用されているかは、また別問題である。農産物出荷で高速道路利用がどの程度の割合を占めるかは統計資料では明らかでないが、2、3の聞き取り調査は存在

する。それによると、東名高速道路の利用は沿線産地の市場距離や品目によってかなりの差があることが明らかである。[1]

その利用状況を品目別に見ると、畜産物の利用が最も多く、次いでは花き類がくる。逆に最も利用が少ないのが野菜という順序になっている。また産地の市場距離によって神奈川、静岡では利用が少なく、愛知以遠において利用割合が大きい。

この品目によって利用されるものと、そうでないものが何故生ずるかが問題である。また産地の立地条件によって何故利用に差が生ずるかということである。この利用に差がでる論理の解明が必要となる。

また畜産物の利用が多いが、これは鶏卵の場合には輸送中の破損卵率の低下が関係し、肉豚牛の生体輸送の事故防止などが利用する根拠として指摘されている。花き類は鮮度が最重視されるため、高速道路利用にメリットがあることが理由と言われている。野菜についても、鮮度が重要であることに変わりはないが、その割には花きより利用が少ない。その理由はおそらく両品目の価格差に1つの理由があろう。つまり野菜利用が少ない原因は、その単価（正確には比価、単位容量・重量当たり価格）が安いことであり、また上場日との関係で利用のメリットが出にくいためと思われる。

このように、高速道路利用を規制する要因として、品目のもつ使用価値的属性に左右されることは一応以上の利用実態から明らかである。しかし、そのほかに利用料負担能力からみた利用しやすさと、困難さがあることも事実である。つまり輸送する荷の価格が高ければ、高速道路利用料を支払っても充分採算がとれるが、価格が安ければその負担に耐えられないことである。

例えば、詳しくは後ほど具体的資料で検討するが、花きの場合、ケース＝100本詰めの価格が2,000円程度であれば、高速道路利用料は問題にならないという。このことから常識的に考えても、野菜の利用が低い原因はその単価が安いことによることがわかる。

そのほか、輸送のスピードアップが高速道路利用に大きく影響する。この場合重要なことは、市場のセリ開始時刻、都市交通規制（大型車の昼間乗入規

制）などに制約される輸送時間と産地出発時刻との関係である。この関係で、高速道路が利用されたり、あるいは利用されなかったりするのである。

たとえば、既に指摘したように、それは単に輸送過程の時間短縮にとどまらず、上場日の早晩に関係するからである。従来、翌日売りの出荷ができなかった産地が高速道路利用でその供給圏に編入される場合である。このことが、生鮮品の場合には輸送過程での数時間の絶対的な時間短縮以上に重要な意味を持つのである。この点を次に具体的な状況事例でみてみよう。

一般に青果物の上場は、市場が開かれる午前4～5時頃までに、荷は全て市場に卸されてセリを待つ状態になっている必要がある。そのためには、市場に午前零時～2時ごろまでに到着する必要がある。この時刻から輸送時間を逆算して、産地の出発時刻が決まる関係にあり、産地での集出荷作業がそれにあわせて調整されねばならない。

もし、選果作業などの関係で出発時刻の変更が困難であれば、輸送時間を短縮する方策が講ぜられる必要があり、そのために高速道路が利用されるという場合もある。先に述べたように、静岡での利用が少なく愛知で多くなる理由は、鮮度保持のため直接輸送時間を短縮するというよりは、出発時刻と市場到着時刻の調整という意味が強いのである。

高速道路利用は、このような形で従来出荷後2日目売りであった産地を翌日売りに編入させ、その供給圏を拡大することになる。これは神奈川などの近郊産地に対しては競合産地の出現を意味し、産地間競争の激化を促す。産地の立地条件は、このような市場対応と輸送時間を媒介して高速道路利用の差異が生ずる要因となる。

以上、産地の立地条件と品目により高速道路利用に差が生ずる原因を、品目の使用価値的特徴、利用料負担能力、輸送時間と出発時刻調整、などについて一般的に概観した、次にこの点を調査資料などに基づいて検証し、以上述べた点を補足しておこう。

(2) 東名沿線産地の出荷量と輸送時間

はじめに、東名高速道路の沿線産地から横浜市場に出荷する主要野菜の出荷量と平均価格を示せば表4－11の通りである。全体の出荷量を県別にみると、愛知が5,777トンで最も多く、次いで静岡3,294トン、岐阜492トン、三重184トン、となっている。この統計数字は、それが全て高速道路を利用するとは限らず、既に指摘したように、愛知は比較的利用が多く、静岡は殆ど利用されていない。また、岐阜と三重は東名沿線ではないが、利用の可能性がある後背地である。しかし、経済圏は中京、京阪神に属する関係からか、横浜市場への出荷量は少ない。

品目別には、愛知ではキャベツ（3,123トン）、白菜（1,828トン）、トマト（720トン）、キュウリ（363トン）、人参（315トン）、などが出荷量の多い品目である。静岡からは、トマト（944トン）、葱（415トン）、大根（402トン）、白菜（397トン）、レタス（358トン）、などが出荷されている。そのほかは、岐阜のトマト（423トン）が目につく程度である。なお、各品目の平均単価を産地別に示したが、これは後ほど高速道路利用料の負担能力を検討するうえでの参考資料として示している。従って、ここでは詳しくは検討しない。

表4－11 横浜市場に対する高速道路沿線県の出荷量および価格（昭和44年）

品目	静岡 数量(t)	静岡 平均価格(円/kg)	愛知 数量(t)	愛知 平均価格(円/kg)	岐阜 数量(t)	岐阜 平均価格(円/kg)	三重 数量(t)	三重 平均価格(円/kg)
ハクサイ	397	8	1,828	14	2	39	—	—
馬鈴薯	288	56	166	49	—	—	—	—
キュウリ	172	120	363	123	54	114	—	—
キャベツ	131	11	3,123	15	—	—	28	17
大根	402	12	64	10	—	—	—	—
トマト	944	127	720	125	423	106	156	98
ニンジン	33	34	315	34	—	—	—	—
葱	415	32	44	29	13	15	—	—
レタス	358	149	73	145	—	—	—	—
ナス	0	15	20	148	—	—	—	—
ホウレンソウ	—	—	—	—	—	—	—	—
カブ	—	—	—	—	—	—	—	—
甘藷	154	76	61	67	—	—	—	—
合計	3,294		5,777		492		184	

注：『神奈川農林水産統計年報』（昭和44～45年）による。

以上の出荷量のうち、実際どの程度が高速道路を利用しているかを示す資料はない。この点は個別に聞き取り調査によらざるを得ない。その実態調査を総合すると、野菜に関する限り、しばしば指摘したように、静岡までは利用が少なく、愛知でいくらか利用される実態が明らかになる。そして高速道路を利用するか否かのボーダーラインが静岡と愛知の間に引かれる。その原因は、先に一般的に指摘した上場日に対応する輸送時間の短縮であり、この点との関連が明らかになる。

　そこで、愛知県渥美地域の実態調査に基づいて、事例的に産地出発時刻と市場到着時刻、従って、その差としての所要時間（輸送時間）を例示してみよう。表4－12がそれである。この表は運送業者からの聞き取り調査によるため、一部東名を利用する場合と往復全線利用する場合を実態に則して例示している。また参考として、静岡から国道1号線を利用する場合が示されている。

　まず、渥美から出荷する場合に、一部東名を利用すれば産地を午後の3～4時には出発しなければならない。これに対して全線東名を利用すれば、豊橋を午後7時に出発すれば到着は若干遅れるが間に合う。この出発時刻を少し繰り上げれば、東名は全線使わなくても午前2時頃には到着し、積卸時間を数時間と見ても、大型車の乗り入れ規制を受けない時間帯に市街地区を脱出することができる。これを静岡の場合（国道1号線利用）と比較すれば明らかなように、高速道路を利用した愛知と、利用しない静岡が出発時刻、従って輸送時間からみると、同一の立地条件になってくる。

　要するに、高速道路は野菜の翌日売り出荷圏を静岡から愛知まで拡大し、神

表4－12　市場距離と輸送時間との関連（愛知県渥美地域）

産地	市場距離	出発時刻	到着時刻	帰着時刻	輸送時間	備考
	km	時　分	時　分	時　分	時間　分	
愛知・渥美	300～350	15～16	0：00	12：00	7．30	1部東名利用
豊橋	300	19：00	1：30	14：00	6．30	往復東名利用
豊橋	300	18～19	2：00	10～11	7～8	1部東名利用
静岡（参考）	100～300	18～20	0：00	6～8	4～6	国道1号線

注：1．輸送時間は往路の場合である。ただし、渥美の場合は聞取りによったため、出発時刻と到着時刻の差が輸送時間と一致しないがそのままにした。
　　2．静岡の場合は推定時間（荷卸時間として2時間をみた）。

表4−13 運送業者の時期別輸送品目事例

時　期	運送対象品目	備　考
10〜5月	秋冬野菜： キャベツ、エンドウ、メロン 洋菜、温室生花	地域産
7〜8月	夏野菜： スイカ	地域産
8〜10月	高原野菜	長野方面

注：愛知県渥美地域実態調査による。

奈川などの近郊産地の競争産地を大幅に広げたことになる。輸送時間と市場対応の関係で高速道路を利用するか否かが決まることはしばしば指摘したが、以上の調査がそれを証明している。そしてこの輸送時間の短縮（愛知の場合、2〜3時間）は出発時刻が3〜4時間遅れることで産地に時間的余裕を発生させる。

例えば収穫や集選果等の出荷調整作業である。また、市場上場日が出荷翌日売りか、2日目売りかによってそれが鮮度に反映される。野菜の場合、上場日の早晩が最優先される。このような市場対応の視点から、輸送時間の短縮と高速道路利用の意味が理解される必要がある。

ちなみに、渥美地域にある輸送業者の時期別野菜品目を示せば表4−13の通りである。10月から5月の秋冬野菜品目は、キャベツ、エンドウ、メロン、洋菜、温室生花が多く、7〜8月の夏野菜は、スイカが主要品目である。8〜10月の期間は地域外の長野方面に高原野菜の運送に「出稼ぎ」に行く。輸送業者としては産地集配センターの建設や、産地の体制確立により地域内での周年輸送を確保したい意向である。そのほか、東名利用料の割引なども希望している。この点については次に検討する。

(3) 高速道路利用料と品目別負担能力

高速道路の利用料負担能力、つまり利用料が品目別にどの程度の負担になり、それが高速道路利用とどのような関係にあるかを、次に具体的な試算事例で検討することにしたい。

表4−14は大型トラック（11トン車）の1車当たり積載数量と価額を2〜3

第4章　交通輸送の技術革新と農業再編　　441

表4-14　トラック1車当り積載数量と価額

品　目	荷姿規格	11トン車積載数量	価格 円/ケース	価格 円/kg	11トン車積載価額 千円
キャベツ	かご　　15kg	750ケース	225	15	169
	袋	750	150	10	113
		650	225	15	146
			150	10	98
レタス	ダンボール　10kg	1,000ケース	1,500	150	1,500
			1,200	120	1,200
			1,000	100	1,000
セロリ	ダンボール　10kg	1,000ケース	800	80	800
			700	70	700
エンドウ	ダンボール　4kg	2,000ケース	1,280	320	2,560
			1,200	300	2,400
			1,120	280	2,240
			1,040	260	2,080
ブロッコリー	ダンボール　4kg	2,000ケース	280	70	560
			200	50	400
			120	30	240

注：愛知県渥美地域実態調査により試算した。

　の品目について試算したものである。1車当たり価額は、荷姿に規制された実際の積載数量と価格によって決まるので、その組み合わせによって差異が出る。例えば、キャベツの場合、袋15キロ詰め、750ケース積みでは、キロ当たり15円とすると1車の価額は16万8,750円となる。これが積載量は同じでも、価格が10円になると1車の価額は11万2,500円と低くなる。

　この試算によると、1車当たり価額は10万から250万円の幅があり、品目によりかなりの差があることが分かる。この積載価額の差は、当然高速道路を利用するか否かを左右する大きな要因となる。特に、価格が安く高速道路を利用するメリットが少ない品目や産地の場合はそうである。

　次に、これらの積載価額中に運賃や高速道路利用料がどの程度の割合を占めるかを試算したのが表4-15である。ここでの運賃は、高速道路を豊川ICから利用し、積載重量は8～10トンとして計算した。高速道路利用は一部を利用する場合と、全線利用する場合の2通りが示されている。

　この試算によると、通常運賃の価格に対する構成比は、レタス、セロリ、エンドウ、などで2～5％、高速道路利用料も1％未満である。これに対して、

表4−15 野菜価額に占める運賃および高速道路利用料（東名）

品 目	積載荷価額(A)	運 賃(B)	高速道路利用料(東名) 全線(C)	一部(D)	構成比率 (B)/(A)	(C)/(A)	(D)/(A)	(B)+(C)/(A)
	千円	円	円	円	%	%	%	%
キャベツ	168	36,120	2,650	1,300	21.5	1.6	0.8	23.1
	97	〃	〃	〃	37.2	2.7	1.3	39.9
レタス	1,500	36,120	〃	〃	2.4	0.2	0.1	2.6
セロリー	1,000	〃	〃	〃	3.6	0.3	0.1	3.9
	700	〃	〃	〃	5.2	0.4	0.2	5.5
エンドウ	1,280	31,500	〃	〃	2.5	0.2	0.1	2.7
	1,040	〃	〃	〃	3.0	0.3	0.1	3.3
カリフラワー	280	31,500	〃	〃	11.3	0.9	0.5	12.2
	120	〃	〃	〃	26.3	2.2	0.1	28.5

注：1．積載荷価額は前掲表4−14による。
　　2．運賃は豊川IC−東京間（約300km）について、大型車の積載重量にしたがって試算した。

キャベツの通常運賃比率は22〜37％となり、高速道路利用料だけでも2〜3％の高率になっている。キャベツの場合には、通常運賃だけで相当な負担であり、そのような限界状態でさらに2〜3％の高速利用料を負担するのでは出荷そのものが困難になる。従って、このような品目では上場日が1日遅れても高速道路は利用されないのである。

表4−15は一部の品目について示したが、表4−11に掲げた品目はその価格水準からみて表4−15の上限と下限の範囲内にほぼ収まるから、1車価額中に占める運賃と利用料のウェイトは表4−15から類推してほぼ明らかになる。

要するに、運賃と高速道路利用料は、品目によってはあまり負担にならない品目もあるが、そうでない品目も多いことが明らかである。従って、農産物、特に野菜出荷で高速道路があまり利用されない理由は、その利用料負担能力に大きく関係することが分かる。この要因はさきに輸送時間の短縮で拡大した競合産地を、逆にまた減少させる作用がある。

注
1）愛知県『生鮮食料品の高速道路利用実態調査報告書』、昭和53年。その他聴き取り調査による。

第 5 章

海上輸送と農産物流通

第 1 節　海上輸送の動向と意義

1　海上輸送の動向

　輸送手段が時代とともに変化し、それを具体的に示すのがモーダル・シフト（Modal shift）であり、それは技術開発と経済発展に裏づけられて実現する。前章ではその実態を陸上輸送における鉄道からトラック輸送への交替・移動で考察した。モーダル・シフトを問題にする場合、重要なのはその変遷が経済社会の発展、社会資本の整備を前提して進展することである。

　その具体的な条件整備は、道路の建設・改善、鉄道の新規敷設・改良（電化、複線化）、運河の開鑿、港湾改良などである。農業の生産と出荷・流通も、この交通輸送のインフラ整備と技術革新に支えられて大きく変化する。本章では新しい動きを見せる海上輸送について、その動向と影響を農業生産・流通問題に焦点を絞って考察する。

　ところで、社会資本の投下額の大小から輸送手段の性格をみると、それが比較的少なくてすむのが水運（水上輸送）であろう。それは近代的な港湾整備や人為的に運河などを開鑿する場合を除けば、必要な社会資本投下は相対的に少額ですむ。海洋、河川、湖などは「自然の街道」であって、その利用で大量・長距離の貨物輸送が可能となる。

　このような性格のために、関係する輸送区間が海洋、湖沼、河川などの水面で繋がり、他方陸路が山岳などで遮られて未整備の場合には、舟運に頼るのが最も容易かつ安価な物資輸送の方法であった。

　歴史的な交通輸送の発達をみても、長距離輸送はまず舟運に始まる。陸上輸送では馬、駱駝などの背を利用する荷駄運搬、そして道路が不充分ながら整備

される段階で馬車利用に移る。その後経済発展に従って近代的な鉄道、トラック輸送、さらに航空機利用へと変遷してきた。

　このように水上輸送の歴史は古く、最も一般的な輸送方法であった。これは世界の何処でも経験した歴史的事実である。我が国の場合にも周囲を海に囲まれ、しかも河川が多く存在する。そのため、米、材木、薪炭などの重量物資は、この河川を利用して河口まで運ばれ、そこから帆船によって大坂、江戸などへ送られる。いわゆる北前船をはじめ、その他多様な航路が利用された海上輸送である。この海上輸送は、我が国で鉄道輸送が広く普及する大正時代まで、長距離輸送の主要な形態として重要な役割を担うのである。

　その後、鉄道が全国的に普及するに伴って、長距離輸送の王座は帆船から鉄道輸送へ移る。この推移はすでに前章、第１節でみたように、単に我が国だけでなく世界的にみられる歴史的現象である。その典型がアメリカの歴史的推移であり、それはミシシッピ河、あるいは五大湖地域を運河で結ぶ舟運の時代に始まる。そして西漸運動（Westward movement）に見られる馬車輸送と大陸横断鉄道の連結を経て、鉄道網の整備による鉄道時代、さらに自動車の普及に伴う道路・ハイウェイの時代へと推移する。同様の推移がヨーロッパでも見られる。

　以上、簡単に前章でみた交通輸送の発展と輸送手段の変遷を、水運について歴史的に長期的な経済発展との関連で概観した。ここで改めて蛇足的に輸送技術の歴史を振り返った理由は、海上輸送の位置づけを長期的な経済発展と時代的背景の中で正しく行なうためである。つまり海上輸送それ自体は決して新しい輸送方法ではなく、最も歴史の古い輸送方法であるからである。

　それを新しい輸送様式と位置づける理由は、それが鉄道やモータリゼーションなどの交通輸送の発達段階を一度経過し、それと統合された高次の輸送体系として回帰するからである。このような高次の輸送方式として長距離外洋フェリーを位置づけ、その特色と意義を明らかにするのが本章の意図である。

　このカーフェリーによる海上輸送がどのような特徴を有し、またモータリゼーションの後で出現する新しい輸送体系であるかは、後で改めて考察するこ

第5章　海上輸送と農産物流通　445

とにして、先ずカーフェリーによる海上輸送の動向を見ておくことにしたい。[1]

表5－1は、近年の長距離フェリーの就航状況を示したものである。その後、開業準備中の航路が開業し、昭和48年6月現在の航路数は20航路に増加する。

表5－1　長距離フェリー就航状況一覧

(昭和47年8月20日現在)

区分	事業者	航路名	使用船舶 隻数	使用船舶 トン数	航路距離	所要時間	運行回数 (日・往復)
運航中	阪九フェリー	小倉～神戸	4	6,500	452	14.30	1日2往復
	ダイヤモンドフェリー	大分・松山・神戸	3	4,600	399	13.00	1・1.5
	新日本海フェリー	小樽・敦賀・舞鶴	2	9,100	1,061	33.30	3・2
	川崎近海汽船	芝浦～苫小牧	1	2,400	1,020	35.00	4・1
	日本カーフェリー	川崎～細島	3	10,000	887	19.00	1・1
	関西汽船	大阪～別府	2	3,300	441	14.00	1・1
	セントラルフェリー	神戸・大阪～川崎	2	6,000	698	23.00	1・1
	日本カーフェリー	細島～神戸	2	6,000	450	14.00	1・1
	日本高速フェリー	鹿児島・高知・名古屋	2	11,300	980	29.30	3・1
	広島グリーンフェリー	広島～大阪	2	6,000	342	9.20	1・2
	日本沿岸フェリー	東京～苫小牧	2	7,900	1,058	30.00	3・2
	近海郵船	東京～釧路	1	9,200	1,120	30.00	4・1
	名門カーフェリー	門司・四日市(名古屋)	2	6,400	800	20.00	1・1
	日本カーフェリー	細島～大阪	1	6,000	450	13.00	2・1
	オーシャンフェリー	徳島～千葉	1	7,400	630	16.00	2・1
既免許開業準備中	関西汽船	細島～神戸	1	5,000	450	12.30	2・1
	太平洋沿岸フェリー	名古屋～大分	2	6,000	712	20.00	1・1
	〃	名古屋～仙台・苫小牧	2	8,000	1,330	34.30	2・1
	フジフェリー	東京・松阪・名古屋	2	6,700	442	14.00	1・1
	鹿児島商船	鹿児島～神戸	1	8,000	700	16.00	1・1
	日本高速フェリー	東京・新宮・高知	2	11,300	743	20.00	2・1
	四国海運	長浜～神戸	1	1,400	315	10.00	1・1
	大洋フェリー	苅田～大阪	2	5,000	463	13.00	1・1
	西日本フェリー	神戸～苅田	2	5,000	444	13.30	1・1
	名門カーフェリー	新門司～大阪	2	6,500	457	13.00	1・1
申請中	東日本フェリー	室蘭～鹿島	2	8,000	770	(未詳)	(未定)
	新東日本フェリー	苫小牧～鹿島	2	8,000	771		
	〃	苫小牧～仙台	2	5,000	565		
	川崎近海汽船	東京～苫小牧	3	8,000	1,058		
	日本沿岸フェリー	東京・鹿島・苫小牧	3	8,000	1,050		
	〃	東京～神戸	2	8,000	670		
	東北フェリー	東京～仙台	2	5,000	543		
	東九フェリー	小倉～東京	2	8,000	1,022		
	東西高速フェリー	東京・大分・三原	3	8,000	1,148		
	阪九フェリー	博多～大分	1	7,000	575		
	博多グリーンフェリー	博多～大阪	1	7,000	575		
	九州急行フェリー	東京・大分・苅田	3	14,000	1,050		
	日本高速フェリー	大阪～鹿児島	1	11,000	707		
	関西汽船	大阪～細島	1	6,000	469		

資料：運輸省調べによる。なお、日本カーフェリーの細島～広島航路が近く開航する予定である。(宮崎県『宮崎県農畜産物総合流通システム開発調査報告書』(昭和48年)、その他によって作製した。

そして全航路の合計距離は19,600kmに達する。これは本州周囲を6周する距離である。

また、現在の就航船舶数は42隻、29万総トンである。これに開業準備中の6航路、9隻、72,200総トンがさらに追加される。従って以上の開業準備中を含めた航路総数は26航路、就航船舶数は51隻、36万総トンに達するのである。

開業中の航路の平均値は、航路距離が980km、就航船舶は21隻、1隻当たりの平均船舶トン数は6,900トンである。これらの数値が、航路の長距離化、就航船舶の大型化、1航路当たり船舶数と運航頻度（多くが1日1便）、運航の高速化・スピードアップなどの特徴を明らかにしている。

フェリー航路が地域的に何処と結びつくかは、表5－1、図5－1に示されている。この図表により、北海道、四国、九州などと、首都圏、関西、及び中京圏を連絡することが分かる。いわゆる大消費地と主要産地の間の「海のバイパス」的機能を果たすことが期待されている。特に四国、九州と阪神との結びつきが最も強い。これは陸送よりも海上輸送が、地理的な距離と輸送時間の両面で、それを短縮する効果が大きいからである。これに次いで多いのが、北海道や九州と首都圏などを結ぶ1,000km以上の遠距離航路である。この場合にも同様のメリットが発生する。

なお、長距離フェリーの輸送実績を示せば表5－2の通りである。すなわち長距離フェリーが就航し始めるのが昭和44、45年であり、45年の実績は5航路11隻、3,240kmとなっている。具体的には、阪急フェリー（大分－神戸）、関西汽船、加藤汽船（神戸－高松）、それに新日本海フェリー（小樽－舞鶴）などである。

フェリー時代の画期は、小樽－舞鶴間（1,061km）の航路が開設される時期に始まる。当時、新日本海フェリーが就航する前は、最も長い航路は小倉－神戸間の452kmであった。その後フェリー航路は、長距離化、外洋航行、大型船舶時代に入る。

それには、1万トン級の大型船舶に減揺装置（フィンスタビライザー）をつけ、外洋航行の安全性と時速25～27ノット（47～50km）のスピードアップが

表5－2　長距離フェリー航路の輸送実績（昭和45～47年度）

年　度	45			46				47			
航路数(3月末)	5航路（11隻）			10航路（20隻）				15航路（34隻）			
航路距離	3,240km			6,350km				10,530km			
区　分	航送台数	輸送量	構成比	航送台数	輸送量	構成比	前年度比	航送台数	輸送量	構成比	前年度比
	台	千台キロ	％	台	千台キロ	％	倍	台	千台キロ	％	倍
バ　　　ス	3,011	1,230	1.0	3,168	1,327	0.5	1.1	4,447	2,105	0.4	1.6
乗　用　車	191,764	78,651	61.7	382,132	175,580	64.2	2.2	597,476	308,073	52.9	1.8
普通トラック	76,507	31,840	25.0	130,058	58,131	21.3	1.8	243,640	131,430	22.6	2.5
無　人　車	17,380	9,354	7.3	48,483	29,075	10.6	3.1	170,937	124,905	21.4	4.3
そ　の　他	14,122	6,383	5.0	19,220	9,225	3.4	1.4	30,269	15,849	2.7	1.7
総　　計	302,784	127,458	100.0	583,061	273,338	100.0	2.1	1,046,719	582,361	100.0	2.1
8トントラック換算総計	208,435	88,748		393,600	186,211		2.1	750,235	429,378		3.2
利　用　率		54％			45％				49％		
人　輸　送	927千人 396,427千人キロ (利用率35％)			2,055千人 943,558千人キロ (利用率30％)				3,493千人 1,735,027千人キロ (利用率32％)			

注：運輸省『運輸白書』（昭和48年度版）による。

可能な、フェリー船舶自体の大型化が一方にあり、他方でモータリゼーションの急速な進展による陸上輸送の過密・渋滞などの出現が関係している。

　このような時代的背景の中で、長距離カーフェリーは俄然脚光を浴び、表5－1、表5－2に示すような盛況を示すことになる。そして、フェリー利用の輸送品目も、野菜、牛乳、肉類などの生鮮食料品が多くなってくる。輸送時間が短縮されることにより、荷痛みなどの事故も少なく、その上最も利用メリットの大きい低運賃が影響している。

　なお、参考までにフェリーを利用する貨物自動車の搭載貨物の品目別比率をみると（昭和47年10月22日調査、12航路、913台）、最も多いのが農林水産物（水産物、畜産物、野菜、果物等）の24.7％であり、次いで雑工業品の16.9％、軽工業品の13.5％、金属機械の12％、などである。

　このように、長距離フェリーは従来遠距離のために出荷が不可能だった遠隔市場への出荷を可能にし、高速道路と同じ作用を遠隔産地に及ぼしているのである。

448　第Ⅱ部　立地変動の動態実証分析

注

1) 海上輸送の近年の動向については、運輸省『運輸白書』(昭和48年度版)、その他関係資料による。また、宮崎県『昭和43年度農産物海上輸送促進対策調査研究結果報告書』、昭和44年、『宮崎県農畜産物総合流通システム開発調査報告書』、昭和48年。九州経済調査協会『農産物等海上輸送実験調査』、昭和46年、等参照。

南九州 中九州 北九州 西四国 南四国 北四国 阪神 名古屋 京浜葉 東北 北海道

28台
3,034台
588台
300台
386台
820台
243台
193台
114台
153台
73台
95台
208台
124台
204台
60台
27台

注：運輸省『運輸白書』(昭和48年度版)による。

図5－1　中長距離フェリー地域間航送能力（1日当り）

2 海上輸送と物流施設

　長距離フェリーによる海上輸送は、以上で概略をみたように盛況であるが、それは流通を変革させる機能としてどのような特徴を有するのであろうか。また、さきにモータリゼーションと融合して、それを超える新交通体系と位置づけたが、それはどのような意味かを考えてみよう。先ず、これらの点を物流施設整備との関連でみることにする。

　海上輸送のメリットは、詳しくは第2、3節の実態調査の事例で検討するが、その前にその特徴をあげれば、およそ次の4点に集約することができる。すなわち、(1)輸送距離の絶対的短縮、(2)それに加えて高速化による時間距離の短縮、(3)輸送の機動性の向上（陸海一貫輸送方式によるシステム化）、(4)輸送費の低減効果、である。

　日本カーフェリー（川崎－日向）の場合に、上記を補足説明すると[1]、第1の輸送距離の絶対的短縮は、陸上輸送での迂回輸送を避けて、海上の直線輸送から生ずるメリットである。例えば宮崎から京浜市場へ出荷するには、鉄道で宮崎－東京間が1,463km、通常陸路（国道1号、2号、10号線経由）で1,529km、高速道路（東名、名神）を一部利用した場合でも1,477kmとなる。また全線高速道路（東名、名神、中国縦貫）利用しても1,443kmである。これに対して海上輸送では978km（陸路91kmを含む）に大きく短縮される。

　この短縮は鉄道輸送で33％、通常陸路では35％の絶対距離の短縮である。それは従来の輸送距離の67％、65％の水準である。陸路の地理的な迂回輸送を回避して、外洋輸送は直線最短距離で輸送区間を結ぶからである。この短縮は長距離・外洋航路の場合に発揮できる。それは航空路の場合と同様である。

　また、北海道と本州中部を結ぶ日本海航路（新日本海フェリー）の場合はどうであろうか。陸路の鉄道で、小樽－舞鶴間は1,348km（南小樽－函館間254km、青函連絡船113km、青森－西舞鶴間981km）であるが、これが海上輸送では1,061kmに短縮される。距離的短縮は21.3％で、従前の8割以下の水準に短縮できる。

　次に第2の時間距離の短縮をみると、(1)の絶対的な距離短縮に加えて、(2)陸

送での交通渋滞・遅延が回避でき、さらに(3)船舶大型化と技術革新によるスピードアップ、そして(4)陸・海中継地点となるターミナル港での待時間の解消、などのメリットが発生する。要するに、次にみる第3点の陸海一貫輸送方式などの総合システム化が、輸送時間の短縮の基礎条件となる。

この点を具体的に、さきの宮崎－東京、小樽－舞鶴間の両フェリー航路の場合について比較すると、陸送と海上輸送との所要時間は次のように変化する。まず宮崎－東京間は既に検討したように、鉄道輸送での所要時間は27時間（コンテナ特急）〜50時間（普通貨車）であり、トラック輸送で35時間（高速一部利用）〜45時間を要している。これがフェリーの場合、25時間（6,000t級、19ノット）〜19時間（10,000t級、25ノット）で到着する。所要時間は半分以下となる。

他方、小樽－舞鶴間の場合にも、陸送には40時間前後が必要であるが、海上輸送では26時間に短縮される。ちなみにこのスピードは時速40.8km（22ノット）である。この航行のスピードだけでなく、さきにあげた諸要因が相乗効果を発揮して、さらに時間短縮が可能である。なお、このような時間的短縮が農産物流通、とくに生鮮品の流通に果たす意義については、さきに高速道路の影響として詳しく述べた通りである。従ってここでは繰り返さない。

第3点としては、輸送の機動性が陸海一貫体系によるシステム化で可能になることである。このことはフェリーによる海上輸送の効果として特に重要な意味を持っている。陸海一貫輸送体制を交通輸送の新しい発展段階として位置づける根拠は、それが両輸送の長所を総合して高次のシステム化を達成する点にある。その本質を「輸送の機動性」と表現したのである。

この陸上輸送と海上輸送のシステム統合は、あとで問題にする物流システムの構成要素のリンク機能（交通輸送航路）とキャリヤ機能（輸送手段）がより高次元で統合されることを意味している。その可能性がフェリー輸送を契機に発生し、それを通じて物流の高次システム化が実現される。このような展開が輸送システムの新時代の到来を示唆している。[2]

それには、輸送のリンク機能、すなわち陸上輸送における高速自動車道の整

備と全国的ネットワークの形成が前提される。（前掲、表4－5、参照）海上輸送（フェリー）については、前掲、表5－1に示す、多要な航路の開設が条件となる。他方キャリヤ機能では、陸上輸送での車輌の大型化（11t積トラック、セミトレーラー＝7.5t、フルトレーラー＝18.5t、ダブルトレーラー＝15t）とスピードアップ（時速80km）が必要となる。フェリーについても船舶の大型化と高速化が前提される。例えば、1万t級の大型船舶、トラック積載台数100～150台、航行速度・時速27ノット（50km）、などの就航である。

　このような陸上・海上両輸送でのリンク機能とキャリヤ機能が、その他の物流の技術革新、例えばコンテナ化やパレット化などを伴って、ユニットロードシステムとして高度化される時、より高次の物流システム化が可能となるのである。[3]

　この段階で問題になるのが、大量輸送物流システムの評価と位置づけである。それを単に陸上輸送だけでなく、海上輸送も含めた高次の陸海一貫体系として評価する必要がある。この点は後で、施設の種類、規模、その他の条件整備を含めて、改めて検討する。

　最後に、海上輸送の特徴の第4点、つまり輸送コストの低減効果を検討すると、それは以上の第1～3点の総合結果として輸送費節減が可能になることである。宮崎（日向）－東京（川崎）間の運賃は、陸送の場合8t車使用で9～10万円であるのに対して、フェリー利用では6～7万円程度に安くなる。小樽－舞鶴間でも、ほぼ同様の運賃水準となる。

　これがさらにダブルトレーラー方式や、船上無人化方式（トレーラーで積み込み、ヘッドを切り離し、航行中は乗務員なし、着港後トレラー連結）による陸海一貫方式が採用されれば、コストはさらに節減の可能性を残している。

　以上、海上輸送のメリットを4点について検討した。輸送体系の画期的なシステム化が以上の過程を統合することで実現するのである。そのほか以上のシステム化を達成する前提条件として、さらに物流のノッド機能（結節点）の充実強化がある。すなわち、物流拠点施設の整備拡充である。この段階で物流拠点施設が従来以上に重要性を増し、決定的な意味をもってくる。次に、この

ノッド機能強化の具体的あり方を簡単にみておくことにする。

　ここでノッド機能強化というのは、今までの検討でも明らかなように、それは物流拠点施設整備であり、その種類・規模と立地配置がどうあるべきかの問題である。一般的に言って、ノッド（結節点）はリンク（交通輸送経路）とキャリヤ（輸送手段）の発達に比例して大きくなる傾向が強い。[4] 例えば初期の舟運時代には、港湾によって港町が栄えることはあっても、港湾施設は単純であったといってよい。それは鉄道や道路についても同様であって、駅や停留所の施設は簡単なプラットフォーム程度で充分であった。

　しかし鉄道の発達は、漸次、広大な操車場やターミナル施設（倉庫、引込線、トラックヤード、等）を必要にしてくる。高速道路の場合にも、インターチェンジ、ドッキングヤード、ストックポイント、集配送センター、トラックターミナル、など各種の物流施設（リンク施設とノッド関連施設）を必要としてきている。

　他方、海上輸送については港湾自体（港湾設備、水深確保、バース数）の整備と併せて、コンテナヤード、トラックターミナル、一般倉庫、冷蔵倉庫、集配送センター、水産物市場、関連加工施設、港湾指向立地工場、など関連施設整備が必要であり、また実際にもこれらの施設が立地する。その種類と規模はノッドの果たす役割・機能によって異なるが、陸海一貫方式が進むほど多様化し、大規模になってくる。

　また、これらの施設整備に要する土地面積も施設の種類によって異なるが、数ヘクタールから数10ha（例えば人口50万人以上地域のトラックターミナル、卸売市場、関連施設・倉庫など）が必要になる。これらを総合すると数100haを必要とする。さらに一層高次のノッド機能が要求される空港ででは数1,000haが必要である。ちなみに、新東京国際空港は1,065haである。

　このように、リンクとキャリヤ機能の高度化は、それが十分機能するためにノッドの整備を必要とし、その高度化を伴う。そしてその整備には広大な土地と多額の資本投下（社会資本整備）を伴うのが普通である。最初に述べたように国民経済の発展と商品流通の増大が、相乗的に交通輸送体系の近代化を促し、

その整備を要求してくるといえよう。

　要するに、海上輸送（フェリー）は、陸上輸送の高速道路交通と結びつくことによって、益々物流拠点施設の整備・拡大を必要とするのである。この点も航空輸送に類似する傾向がある。

注
1) 宮崎県『宮崎県農畜産物総合流通システム開発調査報告書』、昭和48年。九州経済調査協会『農産物等海上輸送実験調査』、昭和46年、等参照。
2) キャリヤ機能、リンク機能、ノッド機能などの用語は、通商産業省産業政策局編『大規模物流適正配置構想』、昭和48年、による。
3)、4) 同上。

3　陸・海輸送の統合とシステム化[1]

　以上のように、海上輸送は新しい交通輸送体系の発展契機をつくり、そこで重要な役割を演ずる。その場合ノッド機能は単に港湾施設だけでなく、それと関連する一般施設の整備が重要になってくる。

　それは抽象的には高速化と大量輸送をスムーズに遂行するための前提条件の整備であり、同時に保管、加工などの関連機能も兼ね備える方向でのシステム化といえる。その際、青果物や畜産品などの場合、とくに貯蔵機能と保鮮機能を持った施設整備が重要になるのである。

　農産物の供給は、交通輸送体系が革新的に進展すればするほど、全国の主産地から供給される。その場合、大量輸送が輸送効率を高める前提条件であり、しかも輸送はスピードアップされる。それを何らの調整・操作も加えずに放置すれば、市場はある場合には供給過剰となり、またある時は供給不足を来すことになる。高速化と大量輸送は状況次第で需給関係を撹乱し、価格の乱高下要因にもなりかねない。この点に需給調整機能を果たすための拠点施設、たとえば大型ストックポイントの役割と意義がでてくる。

　生鮮食料品の場合、需給調整機能は部分的に保管機能や加工機能によって遂行される。その保管機能を果たす施設としては、類型的にはコールドチェーン

化の一環となる低温貯蔵施設、具体的にはCA定温貯蔵庫や類似低温貯蔵庫がある。このような意味で、高速道路と海上輸送による輸送機能面での技術革新が、一方で低温貯蔵庫などの保管機能の向上を促し、同時に輸送手段（キャリヤ）自体での低温保鮮機能も必要とする。このような関連でコールドチェーン体系が進んでくる。[2]

　ここで強調しておかねばならないのは、交通輸送の技術革進が単に大量輸送と高速化という輸送効率の向上に止まらず、需給調整機能の強化にも関係し、また貯蔵・保鮮機能を向上させてコールドチェーン化の契機を作りだし、それらが総合されて物流の質的な変化をもたらすことである。この点を生鮮食料品の特殊性と関連させて強調する必要がある。

　以上、海上輸送の意義と物流システム化のあり方をリンク機能、キャリヤ機能、ノッド機能との関連でそれぞれ考察した。そしてそれらの機能が総合されてコールドチェーン化にも大きく貢献し、物流の機能高度化をももたらすことになる。

注
1）宮崎県の海上輸送による流通改善の試みについては、詳しくは第3節の県農政推進との関係で検討する。関係資料は参考文献を参照。
2）桑原正信監修・藤谷築次編『農産物流通の基本問題』（座・現代農産物流通論、第1巻）、第3章、第2節「コールドチエーン構想の登場とその基盤」、参照。

第2節　海上輸送による農業近代化―宮崎県の実証分析―[1]

1　地域農業の分析課題

　地域農業の様相は、その地域の種々の立地条件で異なってくる。それは具体的には、(1)自然条件（気象、土壌）、(2)交通輸送条件（道路、鉄道、海上輸送、航空路）、(3)農業経営条件（土地面積、労働力、資本蓄積、技術水準）、そして(4)その他の歴史的、社会経済的条件（社会的慣習、人間気質、リーダーの有無）、などである。[2]

これらの諸条件（要因）が相互規定的に、長期間に作用した結果が現実の地域農業である。いわば地域的諸条件が歴史的（時間的）に総括された結果が、それぞれの地域農業の姿である。そこに見出される諸特徴は、農業経営の自己発展性と外部諸条件との相互規定的な所産であり、しかも経済発展は個別的・歴史的条件に強く規制される。[3]

　宮崎県農業の特質を問題にする場合にも、以上のような農業経営・経済の発展論理が当然当てはまる。ナショナルレベルで問題に接近する場合でも、また地域農業や個別経営の分析でも、以上の論理は共通して存在する。また国際比較や地域間比較で明らかなように、この外部経済・社会条件との関連が明らかでなければ、問題の十分な解決はできないのである。

　もちろん、対象課題と問題接近の視点によって、問題の性格は当然異なる。つまり個別経営を対象とするか、地域農業の経営集団を問題にするか、あるいは国民経済的視点からアプローチするか、などによる差異である。しかし、これらの差異は方法論か焦点の当て方の差であり、課題それ自体が異なる訳ではない。

　もし以上のように個別経営の発展論理と地域農業、あるいは国レベルでの農業経済発展の論理の関連を理解すれば、ここで問題にする宮崎県農業の分析は、主に地域農業レベルの課題であり、農業経営・経済発展論の一部を構成するといえる。それは開発途上国の農業発展論などとも関連し、あるいは地域農業の組織化のあり方とも密接に結びつく課題である。

　地域農業の分析課題はいろいろあるが、その基本課題を理論的に以上のようなものと理解した場合、その具体的な問題接近領域には、大きく2つが存在する。すなわち、第1は対象地域農業の実態把握であり、地域農業の認識が目的である。これは統計資料や実態調査を通じて可能である。第2は、その地域農業がいかなる条件と論理で形成されたかを理論的に分析検討する領域である。

　この第2の領域は、問題意識や分析視点、対象とする課題の性格や範囲（部門、時期等）、特に方法論や援用・依拠理論などで大きく異なる。例えば野菜の産地形成とマーケティング研究の場合には、野菜の生産から出荷流通までの技術問題から、経営、流通の組織問題や制度的側面まで含めて多岐に別れてく

る。その依拠理論も立地論、地域分析、農業組織論、マーケティング論、計量分析、など種々考えられる。

このように、地域農業の分析課題は多岐に分かれ、また方法論や問題意識によってさらに多様化する。この点、比較的問題が少ない第1の実態把握についても精粗の差は当然出てくる。従って、地域農業への接近には当然ながらその実態把握の精度と共に、対象とする時代、分析視点、方法論などを明確にする必要がる。

本節の分析は、宮崎県農業を対象にして、立地論的な視点から地域農業レベルでの接近である。しかし当該課題の包括的考察ではなく、その中の地域農業構造に対象を限定し、そのおかれた自然的・社会経済的立地条件が、宮崎県農業の形成・発展にいかに関与しているかに主眼を置く。そして、第Ⅰ部で理論的に考察した自然条件の理論的包摂に関連して、それが他の立地条件とともに現実の農業発展にどのように関与しているかを現状分析として考察する。

注
1) 拙稿、「宮崎県農業の立地論的考察」、『宮崎県農業の課題』、昭和54年。なお、関連して同書所収論文、参照。
2) 農業立地論で従来検討されている要因は、このなかの2、3である。1、4の要因を理論に導入した現状分析立地論の必要性と展開方向については、拙稿「農業立地論の方法論的考察—現状分析論序説—」(本書、第Ⅰ部、第2章)。
3) Schultz, T. W., *Transforming Traditional Agriculture*, Yale University Press, 1964. 逸見謙三訳『農業近代化の理論』、東京大学出版会、昭和41年。

2 立地条件と地域性

まず、宮崎県農業の具体的な立地条件がどのような性格のものかをみておこう。ここでは次の視点から特徴を検討する。すなわち、(1)自然条件、(2)交通輸送条件、(3)農業経営条件、及び(4)社会的条件である。これらの諸条件が宮崎県農業を大きく規制しており、それらが如何なるものかを点検することで、宮崎県農業の地域的特徴を明らかにするのが目的である。[1]

(1) 自然条件—「天然の温室」と「台風銀座」—

　周知のように、宮崎県は九州の南端に位置し、しかもその東側は総延長350kmの海岸線で太平洋〔日向灘〕の黒潮に洗われている。また西側は熊本県境に沿って九州山脈が走っている。このような位置・地勢のため、冬期に「霧島颪」が吹くが、雪が降るのは稀である。位置・地形からみた宮崎県は、まさに"天然の温室"とも呼ぶべき温暖な気候に恵まれ、"太陽と緑の国"の名にふさわしい気象条件を具えている。(図5－2、参照)

　この気象条件を具体的な数字でみると(表5－3、参照)、年平均気温は沿海部で16.9～17.3℃、霧島盆地(都城)や山間部(高千穂)で14.6℃～15.3℃ (明治20～昭和32年平均)であり、月別最低気温が零度以下になるのは都城の1月(－0.5℃)と、高千穂の1月(－1.6℃)～2月(－0.8℃)に過ぎない。

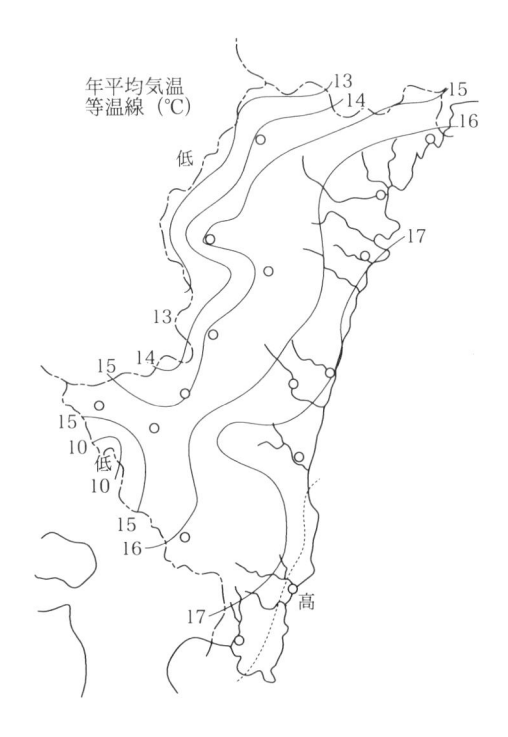

図5－2　宮崎県の年平均気温分布

沿海南部（油津）では最も寒い時期でも3.4℃であり、いわゆる無霜地帯を形成している。しかし、他方で8月の最高気温がいずれの観測地点でも30℃以上となり、しかも昼夜の温度較差が7℃と小さく、水稲の高温障害や病虫害多発の原因となっている。このようなマイナス面も見逃せない。

次に、年間降水量をみると（表5－4、参照）、沿海部の延岡で年間2,361mm、油津で3,034mmと多く、内陸部の都城でも2,819mm、高千穂で2,037mm、であ

表5－3　宮崎県の地帯別代表地点の気温

（単位：℃）

地帯	観測地点	標高(m)	気温	1月	2月	3月	4月	5月	6月	7月	8月	9月	10月	11月	12月	年平均
沿海中部	宮崎	7	平均	6.8	7.6	10.9	15.5	19.0	22.5	26.2	26.7	23.9	18.4	13.5	8.8	16.7
			最高	12.7	13.1	16.1	20.5	23.8	26.4	30.2	30.9	28.3	23.7	19.4	15.0	21.7
			最低	1.5	2.3	5.7	10.5	14.4	18.9	22.8	23.1	20.1	13.8	8.3	3.4	12.1
沿海南部	油津	3	平均	8.1	9.0	11.4	16.0	19.4	22.4	26.2	26.7	24.0	19.1	14.9	10.0	17.3
			最高	13.7	13.9	16.2	20.6	23.7	26.1	29.5	30.6	28.0	23.7	19.5	15.6	20.9
			最低	3.4	4.6	7.0	11.8	15.7	19.4	23.6	23.6	20.9	15.3	10.9	5.3	13.5
沿海北部	延岡	2	平均	6.5	7.3	10.4	15.2	19.2	22.3	26.2	27.3	24.5	18.9	13.9	9.1	16.7
			最高	12.2	13.0	16.1	20.8	24.2	26.8	30.7	31.8	29.1	24.4	19.7	14.9	21.9
			最低	0.6	1.6	4.6	9.6	14.0	17.9	22.4	22.9	19.7	13.8	8.2	3.3	11.5
霧島盆地	都城	154	平均	5.1	6.0	9.3	14.0	17.9	21.4	25.2	25.5	22.8	17.0	12.1	6.9	15.3
			最高	11.5	12.4	15.7	20.0	23.8	26.2	29.7	30.8	28.3	23.5	18.9	13.9	21.3
			最低	-0.5	0.3	3.6	8.4	13.0	17.8	22.2	21.9	18.9	11.9	6.3	1.0	10.4
山間高冷地	高千穂	370	平均	3.8	4.9	8.4	13.2	17.3	20.8	25.1	25.5	22.2	16.1	11.3	6.5	14.6
			最高	9.3	10.7	14.6	19.7	23.5	25.9	29.6	30.1	27.1	22.2	17.4	12.2	20.2
			最低	-1.6	-0.8	2.2	6.6	11.1	15.8	20.7	20.9	17.4	10.0	5.0	0.6	9.0

資料：『宮崎県の気象』。
注：明治20年～昭和32年の平均。

表5－4　宮崎県の地域別代表地点の雨量

（単位：mm）

地帯	観測地点	1月	2月	3月	4月	5月	6月	7月	8月	9月	10月	11月	12月	年間
沿海中部	宮崎	65.1	107.5	175.9	227.7	255.7	396.9	314.9	294.9	322.0	233.3	126.9	72.6	2,583.3
沿海南部	油津	89.1	186.1	177.6	287.8	375.3	590.1	344.5	232.9	338.9	177.5	208.9	74.8	3,033.5
沿海北部	延岡	48.4	94.9	150.8	212.9	251.1	340.4	326.0	313.2	324.5	161.1	80.2	57.4	2,360.5
霧島盆地	都城	68.1	107.0	148.0	190.4	282.7	558.1	504.9	314.1	331.0	125.8	110.7	78.4	2,819.2
山間高冷地	高千穂	52.0	73.4	108.8	142.3	164.6	284.7	372.6	342.1	249.3	108.6	73.7	64.7	2,037.0

資料：『宮崎県の気象』。
注：明治20年～昭和32年の平均。

る。いずれの地点も2～3,000mmの多雨を記録する。月別では、6月から9月の梅雨期と台風襲来期に全雨量の300mmから600mmが集中する。これらの集中豪雨と次に述べる台風は、南九州のシラス・ボラ・アカホヤなどの火山灰特殊土壌に作用して土壌養分を流亡させ、その瘦薄化と各種災害の原因となっている。

特に、台風による被害は大きく（図5－3、参照）、その来襲回数は"台風銀座"の名にふさわしく、明治25年から昭和32年の66年間に358回（宮崎市から半径500km圏内通過）、年平均5.4回に及んでいる。その内訳を風速別に見ると、10m～20mが334回（90.5％）、20m以上が34回（9.5％）である。また時期別には7月が59回（16.5％）、8月が115回（32.1％）、9月80回（22.3％）、と夏秋期にその71％が集中する。

この台風が襲来する夏秋期は、水稲、果樹、野菜などの夏作物の成育収穫期であるため、農作物の被害も大きく、水稲が収穫皆無となることもある。また、倒伏や落果、流埋没、深冠水の被害が日常的となっている。

その被害額を事例的に見ると、昭和36年から40年の5年間の気象被害は、住宅被害も含めて380億円に達し、うち台風によるものが205億円（54％）、豪雨、旱魃などが125億円（33％）である。この台風被害は期間平均の県農業所得（222億円）の56.3％に相当する。

このように、宮崎県の置かれて

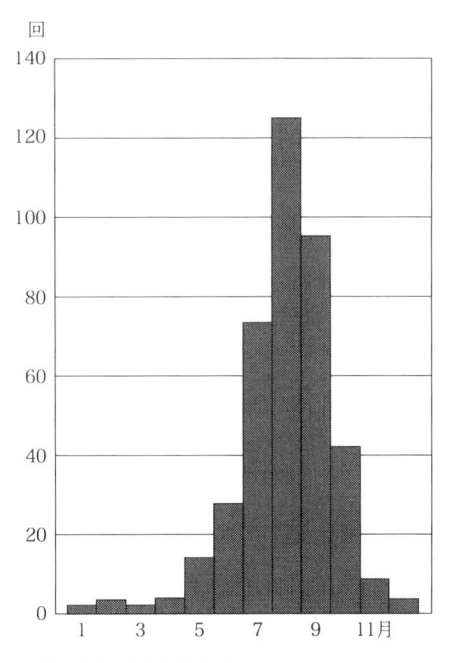

資料：宮崎地方気象台調べ。
注：明治24～昭和40年間に宮崎市を中心として半径500kmの圏内を通過した台風。

図5－3　明治24～昭和40年の台風襲来回数

いる自然条件は、冬期の温暖と多日照、夏期の高温と多風雨に代表され、その対策が県農業施策の重要課題となってきた。その対応は、一方でその有利性を生かし、他方で災害を如何に回避するかに重点が置かれ、その推進が最重要課題であった。

実際、近年の県の農業施策は、例えば昭和31年の「防災営農の基本構想」、34年の「防災営農計画」、40年の「第2次防災営農計画」というように、いずれも「防災」を冠した命名になっている。このことからも伺えるように、自然条件のマイナス要因を如何に除去・回避するかに重点目標が置かれている。[2]

なお、以上の気象条件とともに、地形的に山岳地が多く、山林原野が全体の7割を占め、耕地面積はわずかに11％に過ぎない。その耕地は中部沿海地帯と霧島盆地に過半が集中し、他は九州山脈から太平洋に注ぐ河川流域に分布する。全耕地10万haは水田と畑が半々であり、水田は河川流域に、畑は中部沿海地帯の火山灰台地に多い。

土壌条件は、既に指摘したように、北部は阿蘇火山系、南は霧島火山系の火山灰土壌が多く、酸性はさほど強くないが、火山灰土壌に特有の風雨の侵食を受けやすい。特に高温多雨による早期分解と土壌養分の流亡が地力を低下させ、加えてシラス、ボラなどの土壌は保水力も弱く、旱魃や低収量の原因となっている。これらの不良土壌は水田の2～3割、畑の6～7割に達すると推定される。

以上が宮崎県農業をとりまく自然条件の概要である。次に交通輸送の立地条件をみてみよう。

(2) 交通輸送条件—「陸の孤島」—

自然立地条件は、主に農業生産を規制する基礎条件であり、その克服には生産技術の発達が必要である。これに対して、交通輸送条件は農産物の流通に関係し、販売上の優劣を規制する。その改善には道路などの社会資本整備による輸送技術の革新が前提となる。この交通輸送条件は農産物を商品化（販売）する段階で、生産に劣らず重要である。この意味で、産地から消費市場までの距離と交通輸送条件（道路、鉄道、海上輸送、等）が重要問題となる。また、予

冷、冷蔵輸送、などの流通技術もそれと密接に関連する。

　これらの交通輸送条件は、自然立地条件が客観的な与件であるのに対して、社会経済の発展に伴って漸次変化しうる条件である。例え地理的な市場距離は不変であっても、輸送手段の発達がそれを変化させる。従って、交通輸送と流通技術の改善を検討する場合には、その時代の交通輸送の技術的背景を考慮する必要がある。

　もっとも、これは自然条件を克服する農業技術についても言える。自然立地条件の持つ意味も時代により変化する。後で検討する水稲の早期栽培のように、不利な条件を克服する方法がその例である。しかし、社会経済条件の変化は、海上輸送のようにその変化がより判然とする。

　そこで、宮崎県の外部経済条件を具体的に点検すると、まず県内市場の規模が小さく、農産物の販路は専ら県外市場に求めざるを得ない状況にあることである。しかも京阪神、京浜などの大消費地市場へは遠く離れている。東京までの距離は、さきに見たように陸路で1,529km（国道10号、2号、1号各線経由）、1号の代りに東名を利用しても1,477kmである。鉄道の場合も1,463kmである。また、大阪までは陸路が946km、鉄道が925kmとなり、やはり市場距離は依然遠い。（表5-5、参照）

　これらの地理的距離を前提して、交通輸送手段の発達がまず道路や鉄道の開通によって出荷の可能性を創出した。以後、輸送手段の改良や輸送頻度の増加

表5-5　輸送手段別市場距離と運賃

出荷市場	輸送手段	区別	距離 Km	運賃 円/t	所要時間 時間	備考
京浜	鉄道	貨車	1,468	14,680	55	通常運賃
		コンテナ		15,600	31	
	海上輸送	トラック	978	14,636	24	
		コンテナ		11,000	25	
	陸路	トラック	1,477	16,955	42	東名利用
大阪	鉄道	貨車	925	9,560	38	通常運賃
		コンテナ		12,100	25	
	海上輸送	トラック	519	10,572	18〜19	
		コンテナ		9,000	20	
	陸路	トラック	946	10,572	26	

注：県資料による。

が輸送量を増大させ、またスピードアップによって輸送時間を短縮する。さらに海上輸送は産地と市場を直線的に結ぶことで地理的距離自体も短縮する。

さらに以上の改善が相乗的に作用して運賃を引き下げ、低価格品目の輸送性を高める。その結果、従来不可能だった品目の販路を拡大する。他方、予冷やコールドチェーン等の流通技術の発達は、鮮度原理の制約で出荷が不可能であった品目に出荷の可能性を与える。

生鮮品の立地は、しばしば述べてきたように、輸送費の多寡と産物の生鮮性によって制約される。これらの2要因が基本的な制約要因である。[3] しかし、その他の種々の要因が交通輸送条件に関与する。これらが総合されて特定地域の交通輸送条件を具体的に構成しているのである。

宮崎県の位置が地理的に九州の南端にあり、それが市場距離を大きくしているが、それは時代とともに漸次改善されてくる。その変化を歴史的にみると、最も画期的な変化は大正12年の日豊線の開通であった。その結果それまで海路に大きく依存していた県外出荷が、鉄道によって代替されることになる。とくに「日向カボチャ」に代表される特産野菜が、北九州、京阪神、京浜市場や朝鮮半島、旧満州（現中国東北部）などの大陸市場まで出荷される契機を作った。

しかし鉄道の開通が青果物の販売面で新局面を切り開いたとはいえ、日豊線は単線が現在まで続く。その輸送力は大分県境の宗太郎峠に阻まれている。また熊本県へ抜ける吉都線も開通するが、九州山脈を横断するにはスイッチバック等によって急勾配を克服しなければならず、輸送力の増強には幾多の困難を伴っていた。

他方、道路についても基幹国道10号線が整備されて全面舗装を完了するのは昭和41年である。それまでは鉄道と同様に、北の大分県境、西の九州山脈、南の霧島山系などに阻まれていた。その輸送力は低水準にとどまり、宮崎県の交通地位は依然改善されないまま"陸の孤島"といわれる不利な状況にあった。このような交通条件が、宮崎県農業の発展を大きく阻害してきたことは言うまでもない。

そのハンディキャップは、昭和46年に日向－川崎間をはじめ、京阪神・広島

表5－6　カーフェリーによる農畜産物輸送実績

(単位：トン)

次年	青果物			畜産物			計		
	阪神	京浜	小計	阪神	京浜	小計	阪神	京浜	計
昭和46年	4,639	7,703	12,342	7,708	5,239	12,947	12,347	12,942	25,289
47	36,528	23,673	60,201	31,631	14,383	46,014	68,159	38,056	106,215
48	41,316	29,588	70,904	47,333	19,314	66,647	88,649	48,902	137,551
49	57,166	39,370	96,536	68,816	33,456	102,272	125,982	72,826	198,808
50	37,869	40,618	78,487	81,539	40,596	122,135	119,408	81,214	200,622
51	39,020	40,266	79,286	96,056	53,355	149,411	135,076	93,621	228,697

資料：県農業経済課調べ。

方面とを海上輸送で結ぶ"海のバイパス"が実現するまで続くのである。海上輸送の具体的検討は後で（第3節以下）行なうが、ここでは表5－5で具体的にその有利性を示しておく。また　輸送実績は表5－6の通りである。[4]

(3)　農業経営条件―「低開発・低生産力地域」―

　自然条件や輸送条件が農業生産の外部条件であるのに対して、農業経営条件はその主体的条件である。この条件には、農業の直接の担い手である農家戸数、労働力、耕地面積、資本蓄積、教育・技術、といった要因が関係する。特に以上を総合するものとしての経営主体の人間的側面、つまり経営者能力が重要である。ただ、この主体的条件は、以上で見た自然条件や交通地位と無関係に存在するのではなく、それらの条件が強く影響した結果として形成されることに留意する必要がある。

　以上の視点から宮崎県農業の経営条件をみると、それは停滞的水準に留まらざるを得ない状況にあった。例えば耕地面積は狭く、地形や土壌肥沃度なども関係して良好とは言えない。また農家戸数も少なく、1戸当たり経営規模も平均10a前後で広くない。農家戸数は昭和25年に11.4万戸であったが、40年には10.5万戸に減少する。この間耕地面積は10.2万haと殆ど変化がない。この間に1戸当たり平均耕地面積は89aから1haへと微増するが依然零細であることに変わりはない。また農業就業人口は21.3万人であるから、1戸あたり平均2.1人である。（表5－7、5－8、参照）

　耕地の内訳は、水田と畑がほぼ半々であり、1戸当たりに水田と畑がそれぞ

表5－7　農家戸数と就業人口（昭和35～52年）

年次	宮崎県 総農家数	宮崎県 専業割合	全国 総農家数	全国 専業割合	宮崎県 農業就業人口
昭和35年	113.8千戸	42.0%	6,057千戸	34.3%	266.4千人
40	105.1	27.1	5,665	21.5	213.2
45	98.9	24.3	5,342	15.6	196.7
50	90.2	22.9	4,953	12.4	157.3
52	88.1	25.1	4,835	13.3	148.0
〔指数〕					
40／35	92	△14.9	94	△12.8	80
45／40	94	△2.8	94	△5.9	92
50／45	91	△1.4	93	△3.2	80
52／50	98	2.2	98	0.9	94

注：宮崎県『宮崎県の農業』（1972、78）による。

表5－8　耕地面積の動向（宮崎県、昭和35～50年）

年次	耕地（ha） 総計	田	普通畑	樹園地
昭和35年	89,113	44,926	42,099	2,088
40	86,125	43,994	37,451	4,679
45	84,264	43,950	31,408	8,905
50	75,872	39,333	26,451	10,087
〔指数〕				
40／35	97	98	89	224
45／40	98	100	84	190
50／45	90	89	84	113
〔農家1戸当り平均面積〕				(a)
昭和35年	78.3	89.5	37.0	1.8
40	81.9	41.9	35.6	4.5
45	85.4	44.4	31.8	9.0
50	86.1	44.6	30.3	11.4

注：宮崎県『宮崎県の農業』（1972、78）による。

れ50a前後、全体で1haを耕作する。作付品目は、多い順に水稲、甘藷、麦類、野菜、飼肥料作物、工芸作物、果樹、豆類、が耕作される。それらの作目は、台風被害を回避する防災作物的性格の強いものが多く、土壌条件とも関連して生産力は低水準に留まってきた。また台風や旱魃などが殆ど定期的に毎年来襲し、被害をもたらす。（前掲、図5－3、参照）

このような災害常襲地域に位置することが、農業経営の発展を阻害し、資本蓄積を困難にしてきた。その結果が全国的にみて最も生産力の低い地域の1つに宮崎県農業を長期間放置してきたのである。それは自然条件の厳しさに加え

て、経営規模の零細性、あるいは技術水準の低さ、などが悪循環となり、それを断ち切れずに、経営発展の契機が失われてきた結果である。[5]

　従って宮崎県農業の課題は、まず台風に代表される自然災害からの回避が最重点目標となる。また劣悪な土壌条件を克服して、如何にして低生産力水準から脱却するかも同様に重要である。この課題は「防災営農」のキャッチフレーズに的確に表現されている。そして第2の目標が大消費市場から遠く離れた交通輸送条件を如何に克服するかであった。この2つのハンディキャップを克服すれば、宮崎県農業にも発展の契機が生じ、"テイク・オフ"が可能になる。そしてこの課題に向けて県農政も全力を傾注してきた。この努力の跡は宮崎県農政の歴史に明瞭に示されている。

　実際、最近において以上のハンディキャップはかなり改善されてきている。このことは各種資料に明らかである。その背後で幾多の"官民一致"の努力が重ねられてきた。それは「防災営農」県政の下に、近年推進された諸施策である。それを代表するのが台風被害を回避する水稲早期栽培の普及である。また土地基盤整備や畑地かんがい施設の整備もその一環である。

　また、以上とともに重要な意義を有するのが海上輸送による市場距離の短縮と輸送費の低減対策であった。昭和48年に川崎－日向間にフェリーが就航することにより、農産物販売の障害もある程度解決する。生産段階と流通段階のハンディキャップがかなり除去されることによって、宮崎県農業はようやく低生産力段階から脱却し、発展に向けたテイク・オフの契機と条件を備えることになる。

(4) 社会的条件—「停滞的・消極的気質」—

　社会的条件としては、一般的には封建的遺制や因習、あるいは人間気質、その他の地域的気風が考えられる。ここではその一例として、宮崎県人に特有の積極性の欠如をあげることにする。それは"よだきい"（億劫）という方言に集約的に示されているように、温暖な気候と毎年繰り返される台風などの災害に対する一種の諦観とが混合して出来上がった性格であろう。その原因が何で

あれ、それが消極的な県民性となって長い間農業発展のエネルギーを十分結集できないままに経過したと思われる。このような人間的要因は漸次変わってきているが、このことが県民性となって農業発展を阻害してきたことも否定し得ない。今後その消極的気質をさらに変革してゆくことが課題となろう。

注
1) 以下は主に宮崎県『農業白書―宮崎県農業の繁栄をめざして』、昭和42年、同『宮崎県第2次防災営農計画―近代農業建設のための目標』、昭和40年、などによる。
2) 防災営農と銘打った県の計画は以下に発表されている。
『防災営農の基本構想』、昭和31年。
『防災営農基本計画』、昭和31年、改定版、昭和36、37年。
『宮崎県第2次防災営農計画』、昭和40年。
3) たとえば、チューネン『孤立国』でも検討要因は限られている。
4) 海上輸送については、例えば、宮崎県『昭和43年度農産物海上輸送促進対策調査研究結果報告書』、昭和44年、参照。
5) 宮崎県農業の詳細な実態調査報告書として、農業総合研究所九州支所編『宮崎県農業実態調査報告書』、昭和26年、宮崎県農業構造実態調査班『宮崎県農業実態調査報告』、昭和44年、などがある。また、県でまとめた資料に、前掲、『農業白書』、昭和42年、がある。

3 生産特化と経営発展

以上のように、宮崎県農業の置かれている立地条件は、冬期の温暖なことを除けば、必ずしも恵まれているとは言えない。その結果長い間農業生産力の発展は阻害され、低い生産力地域に留まらざるを得なかったのである。

しかし最近、宮崎県農業はその様相を一変しつつある。夏期の台風や高温・多雨を回避するための"防災営農"政策の積極的な推進と基盤整備、冬期の温暖・多日照を積極的に利用する施設園芸の発達、あるいは相対的に広い林野や土地を基盤とする畜産への生産特化、などが顕著になってきた。

これらの生産特化を推進する前提条件は、海上輸送に代表される交通輸送の条件変化と、後継者対策としてのSAP運動など、人間的要因を重視する県政が関係する。これらの条件変化と独自の県農政が結合して、農業発展の曙光がみ

えてきつつあるのが宮崎県農業の現状である。[1)]

以下では、このような最近の発展動向に焦点を絞って、生産特化の実態と生産力の向上傾向を検討する。

(1) 生産特化の動向

戦前の宮崎県農業が上述の立地条件に規制されて、米麦、藷類、畜産、などを基幹作目とする主穀的粗放経営であり、農畜産物の商品化も遅れた状態に留まっていたことは各種の統計調査資料で明らかである。このような主穀的な農業生産の性格は戦後まで引き継がれ、我が国経済が高度成長期を迎える昭和30年代の中頃まで残ることになる。

その実態は農業粗生産額部門別構成比（昭和35～51年）にも示されている。（表5-9）すなわち、昭和35年の宮崎県の農業粗生産総額は269億円であり、うち耕種、園芸、工芸作物の生産額が全体の82.7％を占める。その内訳は米が44.4％で第1位を占め、次いで耕種部門では藷類の第2位が11.8％、以下順次、工芸作物（8.8％）、野菜（7.7％）、麦類（4.7％）となっている。この構成比に示されるように、米、麦、藷類や工芸作物（茶・葉タバコ）が主要な作物である。

表5-9　農業粗生産額（部門別構成比）の変化（昭和35～51年）

(単位：％)

作 目	昭和35年	昭和40年	昭和45年	昭和50年	昭和51年
米	44.4	40.4	27.2	22.1	18.6
麦 類	4.7	3.5	0.6	0.3	0.2
雑穀・豆類	2.2	1.1	1.0	0.8	0.6
イ モ 類	11.8	10.8	4.0	1.9	2.2
野 菜	7.7	12.3	14.7	13.8	16.2
果 実	2.3	3.4	6.6	3.1	3.1
花 き	0.1	0.3	0.5	0.7	0.7
工芸作物	8.8	7.8	4.6	6.6	6.8
種苗・他	0.6	0.3	5.2	1.2	1.5
作物計	82.7	79.9	64.4	50.9	49.9
養 蚕	0.7	0.7	2.0	1.2	1.0
畜 産	15.2	18.6	32.6	47.2	48.4
加 工	1.4	0.8	1.0	0.7	0.7
農業粗生産額 (実数、億円)	100 268.9	100 476.5	100 808.6	100 1,917.7	100 2,173.3

(注) 宮崎県『宮崎県の農業』(1978、ほか) による。

また畜産は全体の15.2％のシェアを占め、全体の順位は米に次ぐ第2位である。

しかし、このような農業生産構造は、経済・社会条件の変化に伴って変化する。農業基本法の施行による農業政策の転換、それに基づく成長部門の選択的拡大と主産地形成、その一環としての構造改善事業の推進、あるいは農業労働力の流出や交通輸送の技術革新、などによって県農業生産も大きく変化する。すなわち、米・麦・藷類など耕種部門の地位の低下と、野菜、畜産の成長部門の拡大傾向が出てくる。その中で特に畜産の伸びが著しく、昭和45年には32.6％となり、米を抜いて第1位となる。（表5－9、参照）そして昭和52～53年には、表には示されていないが50％を突破する。

以上の変化を特化係数（農業粗生産額、全国比較）の推移で示すと、高度経済成長が始まる時点では、加工農産物（4.67）、藷類（3.81）、工芸作物（1.96）、畜産（1.05）などの特化が目立つ。そのほか全国平均に近い作目として、野菜（0.93）、米（0.92）などがある。（表5－10、参照）

これらの特化作目の特徴は、まさに"防災作目"であった。このことからも戦前・戦後を通じて、その作目選択は台風災害の回避と、加工による比価増に主眼が置かれていたことが特化係数から伺える。しかし、これらの作目選択と生産特化対応は、立地条件を積極的に改善・克服するというよりは、それに逆

表5－10　特化係数の変化（農業粗生産額、昭和35～51年）

作　　目	昭和35年	昭和40年	昭和45年	昭和50年	昭和51年
米	0.92	0.92	0.72	0.58	0.53
麦　　類	0.81	1.13	0.60	0.50	0.33
雑穀・豆類	0.73	0.61	0.83	0.89	0.60
イ　モ　類	3.81	4.15	2.35	1.36	1.47
野　　菜	0.93	1.04	0.92	0.85	0.94
果　　実	0.37	0.49	0.78	0.35	0.38
花　　き	...	...	0.56	0.78	0.70
工芸作物	1.96	1.56	1.05	1.53	1.45
種苗・他	0.21	0.10	2.34	0.76	0.75
作物計	1.00	1.03	0.88	0.71	0.70
養　　蚕	0.23	0.29	0.74	0.75	1.70
畜　　産	1.05	0.94	1.41	1.82	1.86
加　　工	4.67	8.00	1.43	1.00	1.00
農業粗生産額（実数、億円）	268.9	476.5	808.6	1,917.7	2,173.3

注：宮崎県『宮崎県の農業』（1978、ほか）による。

らわないで順応する消極的な対応であった。この点がその後の積極的な対応、つまり温暖な冬期を積極的に活用する施設園芸や、土地、労力等の資源の積極的利用による畜産への特化と異なっている。

このような視点から表5－10を見ると、米、麦、雑穀、などは急速に特化係数値を低下させている。それと対照的に、藷類、工芸作物、加工農産物、などの部門は特化係数の低下はあるものの、その水準は1.0以上に留まっている。米が栽培技術的な秋落現象を克服して低収量から幾分脱却し、また台風被害を早期栽培で回避しても、なお生産は減少している。

これに対して、藷類はコーンスターチの輸入で競争力を弱めるが、青果用への切り替えや焼酎、菓子の加工原料として一定の需要を保持し、規模拡大で面積当たりの収益性の低さをカバーする有利性がある。茶、葉タバコなどの原料作物についても、価格や規模の面で有利性を発揮しうる可能性がある。このグループは、葉タバコを除いて防災作物の特徴を共通にもっている。これがこれらの作目が依然残存し続ける理由と思われる。

他方、野菜や畜産など政策的に支援されている部門をみると、ともに特化傾向を強めており、その生産額の伸びも著しい。しかし野菜と畜産では若干性格の差異が見受けられる。すなわち、前者は後掲・表5－11で明らかなように、毎年順調に増加するが特化係数は依然全国平均を若干下回る水準に留まっている。これに対して、後者は昭和40年に一時0.94に低下するが、45年には1.41、50年には1.82と特化傾向を強める。

このように、野菜と畜産がともに特化を強めながらも若干異なる動きを示すのは、野菜が交通輸送の改善でそのハンディキャップが幾分緩和されても、それに対応して経営条件が整わないためと思われる。これに対して、畜産ではブロイラーや採卵鶏などで、商社主導のインテグレーションによる産地形成が急速に進展する。養豚、肉用牛、酪農などでも同様に特化し易い傾向があり、そのため産地形成が比較的容易だったと推測される。

表5-11 農業粗生産額の変化（指数）（昭和35～51年）

作目	昭和35年 A	昭和40年 A	昭和45年 A	昭和45年 B	昭和50年 A	昭和50年 B	昭和51年 A	昭和51年 B
米	100	161	184	114	355	193	339	95
麦類	100	130	36	28	37	102	26	70
雑穀・豆類	100	91	143	156	248	174	226	91
イモ類	100	163	103	63	114	110	151	133
野菜	100	283	570	202	1,272	223	1,691	133
果実	100	233	773	332	854	110	965	113
花き	100	561	1,122	200	4,264	383	4,562	107
工芸作物	100	158	159	100	534	337	632	118
種苗・他	100	97	2,49	2,56	1,93	78	1,87	97
作物計	100	171	234	137	439	188	487	110
養蚕	100	172	855	497	1,209	141	1,122	93
畜産	100	216	645	298	2,210	343	2,563	116
加工	100	104	222	214	386	174	438	113
農業粗生産額（実数、億円）	100	177	301	169	718	237	808	113

注：宮崎県『宮崎県の農業』（1972、1978）による。Aは昭和35年基準、Bは前期（5年間、ただし51年については前年）基準による指数をそれぞれ示す。

(2) 農業経営の発展

　地域農業の発展は、一方で生産特化を進めながら、他方で規模拡大と生産力の上昇へと進むのが一般である。この発展パターンは、生産の特化と生産力の上昇が相互規定的に作用することで地域農業の発展を担うことになる。従って、生産特化とともに農業生産力の上昇を実証的に確認する必要がある。

　このような視点から昭和35年以降の農業粗生産額の変化、及び5年ごとの伸率を示したのが表5-11である。まずA欄の15年後の品目別特徴を見ると、特に伸率の大きい部門が花き（46倍）、畜産（26倍）、野菜（17倍）、などである。また果実（9.7倍）、工芸作物（6.3倍）、種苗（1.9倍）なども伸率が大きい。一般的にいわゆる成長部門の急速な上昇が目立つ。

　以上を少し詳しく点検すると（B欄、参照）、花きに次いで最も伸びの大きい畜産の場合、5年ごとの対前期比は2～3倍の急激な成長をみせている。すなわち、35～40年が2.2倍、40～45年が3倍、45～50年が3.4倍、である。

　また野菜について同じ変化をみると、それぞれ2.8倍、2倍、2.2倍となっている。野菜の伸率は畜産に比べてやや低い。しかし、いずれも高い成長を示している。

これに対して、果樹は35年から45年の10年間に2.3倍、3.3倍と急増するが、その後は成長が止まり1.1倍となっている。また、花きは35〜40年には5.6倍と伸びるが、40〜45年には2倍に低下する。しかし45〜50年にはまた3.8倍と大きく伸びる。

これに類似した傾向を示すのが工芸作物である。そのほか養蚕は40〜45年の伸び率が約5倍と大きい。米をはじめ麦類、雑穀・豆類、藷類は一時少し伸びるが51年には減少に転する。

以上は物価上昇分を含む名目的な成長であるが、それを割り引いても宮崎県農業が急速に成長していることを示す数字である。特に部門シェアが大きく特化傾向の強い畜産、野菜、工芸作物などの生産額の増大が農業全体の成長に貢献していることが分かる。この数字が示すように、宮崎県農業はようやくその停滞的な状態から脱却して農業発展へ大きく"テイク・オフ"する状況にある。

この実態を農業経営段階で示すのが表5−12である。これは農家1戸当たりの農業粗収益と農外収入を、宮崎県と全国を比較して示したものである。この表で明らかなように、宮崎県の農家1戸当たり農業粗収益は、昭和40年前後までは全国平均の85％に滞まっていた。しかし5年後の45年には全国平均を7％上回り、50年代には3〜4割増の水準に達している。他方、農外収入は全国平均の6割程度で、漸次その水準を低下させている。

これらの数字は、宮崎県の農業が急成長を遂げ、専業化の方向で発展しつつ

表5−12　農業粗収益と農外収入の推移（農家1戸当り平均、昭和35〜51年）

(単位：千円、％)

年次	農業粗収益 宮崎県（A）	全国（B）	(A)/(B)	農外収入 宮崎県（A）	全国（B）	(A)/(B)
昭和40年	544	639	85	279	443	63
45	1,051	985	107	667	972	69
50	2,657	2,081	128	1,529	2,457	62
51	3,105	2,214	140	1,580	2,707	58
〔指数〕			＊			＊
45／40	193	154	22	239	219	6
50／45	253	211	21	229	253	△7
51／50	117	106	12	103	110	△4

注：宮崎県『宮崎県の農業』（1972、1978）による。＊欄は(A)／(B)の対前期増減。

あることを示している。その部門選択は宮崎県の立地条件を改善・利用する方向での特化である。以上の動きは、従来その発展を阻んできた悪循環がようやく断ち切られ、経営的にもその発展が始動し始めたと理解することができる。

　もちろん、如何なる条件が農業発展の契機になるかは簡単には言えない。しかしその阻害要因が明らかであれば、それを除去することで改善が大きく進むことは言うまでもない。宮崎県農業の場合は、さきに立地条件でみた阻害要因を除去し、他方有利な条件を活用することにある程度成功したといえる。

　その最大の阻害要因が交通輸送条件であり、これが海上輸送による市場距離の地理的・絶対的短縮と輸送時間の短縮を可能にし、その結果運賃の引き下げを実現した。その条件変化を積極的に推進した県農政の貢献も忘れるべきではない。その基本政策に水稲の早期化があり、その他一連の防災営農政策があった。

　昭和30年代以降の経済高度成長と基本法農政の下で、それぞれの地域が独自にどのような振興策をとり積極的に対応するかは、どの地域にとっても共通する重要課題である。これに対して宮崎県は、その停滞的な農業を発展させるべく積極的にこの課題に取り組み、種々の不利な立地条件を有利なプラス要因に変換させてきた。この長年の努力がようやく結実したといえるのである。

　要するに、各地域の自然的・社会経済的立地条件は、当然その地域農業の発展を制約するが、その阻害要因を除去し、有利性に転換することによって農業発展に結びつけることが問題解決の方向である。宮崎県農業の場合はその阻害条件をある程度除去した事例であり、その掘り下げた分析と理論的検討が地域農政の課題として更に必要である。その具体的課題は次節でまた改めて検討するが、ここでは問題の所在を概観するにとどめる。

4　展望と問題点

　以上、宮崎県農業を対象に、農業発展と立地条件との関係を実証的に考察した。その結果導き出される結論は、それぞれの地域農業の有する立地条件は、それを絶対的なものと考えるべきでなく、そのメリットを生かし、デメリット

を除去する各般の努力によって、地域農業発展に結びつきうる性格のものだということである。

　その立地条件を地域農業発展の要因に再編・統合する上で重要な役割を果たすのが、さきに検討した農業経営条件、特に作目選択主体の資本蓄積と社会経済条件、就中人間的条件としての有能なリーダーやその具体化としての地域農政であるといってよい。[1]

　宮崎県農業の場合は、その的確な判断と県農政のリーダーシップにより、宮崎県農業の置かれている不利な立地条件を克服する基盤整備や、防災営農政策を積極的に展開してきた。また他方で海上輸送による市場距離の短縮を県農政の重要課題として位置付け、その実現が図られた。その他、SAP運動にみられる後継者育成や、人間教育にも努力が払われている。[2]

　このように、宮崎県農業は長年の停滞と低生産性構造から脱却して、発展の契機を握みつつあるといってよい。しかしそれはようやく"テイク・オフ"を始めた段階であって、それが名実共に発展に結びつくには、今後引き続き幾多の努力が払われる必要がある。特に個別経営段階における経営発展と産地組織化が重要になってくる。

　これらの課題は、理論的には現状分析立地理論の深化と、実践的な産地形成理論によって解明されるべき課題である。本節は以上の課題に接近するための序論であり、残された課題は次節で海上輸送を中心に検討する。

注
1) 宮崎県の最近の農業動向を示す資料には、『宮崎県の農業』（各年）、『宮崎の野菜』（各年）、その他『宮崎の果樹』、『みやざきの畜産』、『土地改良』、『宮崎のお茶』、『宮崎の蚕糸』、『農業情報』、などがある。なお、SAPとは、前掲『農業白書』の副題にあるように、「宮崎県農業の繁栄をめざして」"Study for Agricultural Prosperity"、を意味する県が提唱した後継者育成政策・県農政の運動スローガンである。（同書、350頁以下、参照）
2) 前掲、『農業白書』、昭和42年、等参照。

第3節　総合流通システム化と市場対応

1　総合流通システム化の構想[1]

　前述のように宮崎県の立地条件は、南九州の一角にあって消費市場から遠く離れ、また自然災害も多かった。夏季には台風が毎年来襲する自然災害の常襲地帯であり、また京浜・阪神などの消費地からは遠く、情報、農産物販売、生産資材調達、などの面でハンディキャップを背負っている。そのため、生産力の低い農業県に留まってきたのである。

　もし、宮崎県農業の停滞原因の1つが、以上のような交通地位の不利なことであれば、低開発農業県を脱脚する途は、交通輸送の障害を除去し、それを改善することで可能となる。それは交通輸送条件の変革、例えば高速自動車道による陸上輸送、または外洋フェリー航路の実現などによって改善できる。そこに宮崎県農業の発展と市場対応の改善が可能な契機が生ずることになる。

　このような発想に基づいて、宮崎県はその不利な交通地位から脱却すべく、生産・流通の再編と関連する問題点を検討した。その一環に海上輸送による農産物出荷があり、県がそれを実験的に実施した。これは必要に迫られた対応策であったとしても、他に先駆けてこの問題に取り組んだ実績は評価されよう。実際、その後カーフェリー利用による農畜産物のコンテナ輸送方式が、いわゆる「宮崎県方式」として評価されている。

　政策的経緯、農業の地位、その変貌過程の分析は前節で行ったので、ここではカーフェリーによる農産物輸送の変化と、関連物流施設の整備状況、及び関連する利用上の問題点を中心に、特に農産物の流通システム化の課題を検討することにしたい。

　まず、最初に宮崎県がどのような発想に基づいて農畜産物の総合流通システムを構想したかを当問題の推進者・元宮崎県知事黒木博氏の言葉を引用してみておこう。[2]

　「本県では先に『新農業振興10ヵ年計画』を策定し、大型生産地としての一層の飛躍を目指して、農業振興の方向を明らかにしました。国におきましても、

遠隔地の産地が安定的な食糧供給基地としての地位を確立することを注目しています。」

「そのためにも不利な立地条件は何とか克服しなければなりません。新鮮な農畜産物を大量に迅速かつ安いコストで消費地まで輸送する方法として、本県はかねてより、海上輸送の有利性に着目してきましたが、たまたま、周知の通り長距離カーフェリーが昭和46年3月に細島－川崎間に、その後神戸、大阪間に就航することになり、海上輸送が実現しました。」

「そこで本県では、約2年にわたる海上輸送の実績と反省をふまえて、カーフェリーを最も効果的に活用するシステムを開発し、その輸送システムを軸にした総合流通システムを構想することにしました。」（宮崎県『宮崎県農畜産物総合流通システム開発調査報告書』昭和48年3月、はしがき）。

具体的な構想については後で検討することにして、このような海上輸送を総合流通システム化の前提に置く根拠をあげれば、すでに検討したように（第5章、第1節、2）、次のような点が指摘される。すなわち、(1)輸送距離の絶対的短縮、(2)時間距離の短縮、(3)輸送の機動性、(4)輸送費の節減低下、などである。

(1)輸送距離の絶対的短縮は、陸上輸送の迂回輸送を海上輸送の直線輸送に切り替えることによって、最も効果的に達成できる。この点は既に述べて重複するが、宮崎から大阪、東京までの輸送距離を陸路、鉄道、海路（フェリー）の3ルートで比較すると、次のような特徴と短縮の可能性が発生する。（表5－13、参照）

重要な問題点なので再度繰り返せば、陸路の場合、国道10号線、2号線、1号線を経由した通常交通体系の場合は、大阪が946km、東京が1,529kmの距離

表5－13　輸送時間の短縮（宮崎産地起点）

輸送経路	東京 距離	東京 時間	大阪 距離	大阪 時間
陸路（国道10、2、1号）	1,529km	45時	946km	28時
陸路（国道10、2号、名神、東名）	1,477	35		
鉄道（貨車）	1,463	50	925	33
鉄道（コンテナ特急）	1,463	27	925	21
カーフェリー	978	21	539	15

注：宮崎県経済課資料による。距離及び時間は産地（宮崎市郡）から市場までを示す。

にある。これが一部高速道路（名神、東名）を組合せると東京まで1,477km、さらに九州・中国縦貫道路が完成してそれを利用すれば、大阪まで912km、東京まで1,443km（94.4％水準）に短縮できる。

他方、鉄道では大阪が日豊、山陽線経由で925km、東京が以上と東海道線を接続して1,463kmである。輸送距離としては、鉄道は高速交通体系とほぼ類似する距離である。陸上輸送では、高速道路でも鉄道利用でも、5％減程度が実際に短縮しうる限度である。

これに対して海上輸送を見ると、大阪まで519km（56.9％水準）、東京まで978kmと短縮されてくる。（海上887km、陸上宮崎－日向間69km、川崎－東京間22km）これは全体で64％水準までの短縮である。それは海上輸送の両端末をほぼ直線的に結ぶことで可能になる。海上輸送が「海のバイパス」と呼ばれるのは、この直線的な連絡による。その短縮の程度は、陸上通常輸送に比べて5～6割水準の大幅な低下である。

(2)時間距離の短縮は、以上でみた地理的輸送距離の短縮と、輸送手段のスピードアップ、さらに道路の輻輳・渋滞を回避すること、などが綜合されて達成される。宮崎から大阪、東京までの輸送手段別の所要時間はそれぞれ次のようになる。すなわち、鉄道が33時間30分、49時間40分と最も長く、通常道路の場合が28時間と45時間、一部高速道路を利用すれば、25時間と35時間となる。

他方、国鉄コンテナ特急はスピードアップされて、大阪まで21時間、東京まで27時間と短縮される。しかし最も早いのはカーフェリーで、大阪まで14時間30分、東京まで21時間（宮崎－日向間1時間30分、川崎－東京間30分、海上19時間）である。それを可能にするのが、(1)の地理的距離の短縮（887km）と、1万トン級の高速カーフェリーの出現である。そのスピードは平均約25ノット（時速47km/h）、最高27.2ノット（50.4km/h）、旧海軍の駆逐艦以上のスピードである。

(3)輸送の機動性は、トラック輸送とカーフェリーが連結することによって、両端末・中継点における荷役作業、待時間、その他の時間的な無駄が省かれることから発生する。長距離輸送の場合は、一般に応急性と定時性が確保しにくいのが普通である。特に近年交通渋滞が激しくなり、近距離輸送でも輸送の定

時性は期待しえない状況にある。

　しかし大型カーフェリーは、長距離輸送の安定的航行が確保できるし、しかもトラック輸送はフェリーの着港と同時に、すぐ遅滞なく荷を目的地に輸送することができる。この機動性は生鮮食品の市場出荷では特に重要である。以上の定時性と機動性が結びつくとき、市場における上場時間に合わせて、産地段階では選果、包装、その他の収穫・調整作業の効率的な実施が可能となる。この集出荷作業の合理化と、その効果は高速自動車道利用の場合と同様である。

　(4)の輸送費の低減効果も、またカーフェリー利用の場合に大きく現れる。それは輸送車輌の大型化、例えば通常トラックから大型トレーラーに切り替えることで輸送単位（積載量）が大きくなり、海上航行中の無人化（運転手不要）も可能になる。陸路長距離トラック輸送の場合、通常運転手は2人乗務が原則である。他方、フェリー利用の場合、トレーラー方式によれば、フェリーの積み卸しにトレーラーヘッドを利用するだけで、車輌利用の人員と費用（燃料・車輌減耗、その他）の両面で省力とコスト節減が可能になる。これが海上輸送運賃に反映されて、輸送費面のメリットが発生する。また実際に海上輸送の運賃も低下する。

　トラック、鉄道、フェリーの運賃比較は、使用車輌、積載量、横持運賃、などの具体的条件で異なるので単純には比較できないが、陸送トラック運賃は8トン車使用、1ヶ所積み、6ヶ所以内卸の条件で、宮崎から東京まで8.9万円、大阪まで5.45万円である。これをトン当たりに換算すると、東京が11,120円、大阪が6,813円となる。

　これに対して鉄道は、割引運賃率が適用されていた昭和47年9月以前の運賃で比較すると、車扱1トン当たりで東京が7,830円、大阪が5,035円となる。これはトラック輸送に比して、それぞれ70％、74％の割安水準になる。これに着地諸掛、横持運賃等を加算しても陸送トラック運賃の80％水準が鉄道運賃とみなされる。

　他方、カーフェリーでは特約運賃の場合、大阪が6,820円（トン当たり）、東京が7,708円となる。これは東京については最も安く、また大阪の場合は、陸送とほぼ同じ水準で、必ずしも絶対的に有利とは言えない。しかし、これは通

常のトラック・トレーラー方式の運賃である。現段階ではヘッドレス・トレーラー方式は帰り荷等の関係で採用しにくい状況にあるが、条件が整いそれが採用されればさらに運賃節減は可能になる。

以上、4つの視点から海上輸送による流通システム化の特徴とその有利性の根拠を考察した。このような交通輸送の技術革新、情報管理システム、物的流通施設整備、などを前提して、宮崎県の農畜産物の総合流通システム化が構想されるのである。

そこで次に、その構想を図5－4で示してみよう。それは産地段階において、

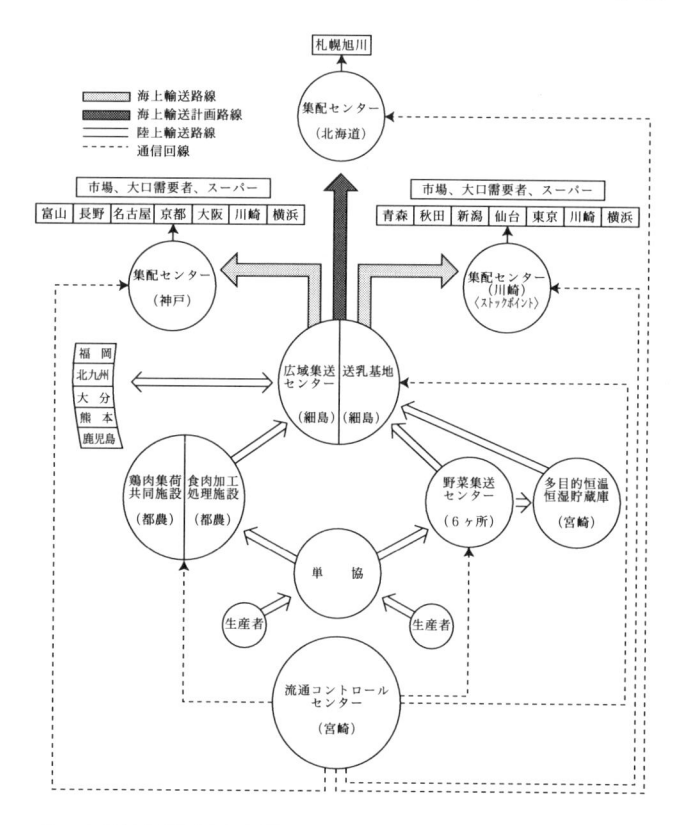

注：宮崎県農業経済課資料による。

図5－4　流通施設配置システム化図（宮崎県）

生産者を単位農協別に組織し、農産物は広域的な拠点流通施設、例えば野菜集送センター、食肉加工処理施設、鶏卵集出荷共同施設、多目的恒温貯蔵庫、等を経由してフェリー基地（日向広域集送センター、送乳基地）に集結させ、海上輸送で神戸、川崎などの集配センター（ストックポイント）に送る。そして、これらの消費地の拠点施設を経由し、あるいはさらに直接、北海道、その他の地域へも配送する。これらの物的流通と情報の統括機能を果たすのが、流通コントロールセンターである。なお、産地段階での主要地点（産地）から細島（日向）港までの距離と所要時間、および川崎港から京浜関東地域主要都市までの距離を示したのが図5－5、5－6である。

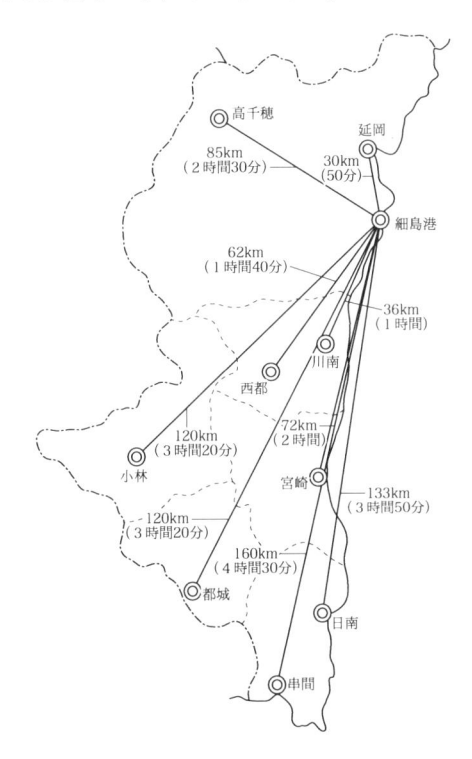

注：宮崎県『農産物等の海上コンテナ輸送に関する報告書』（昭和48年）による。

図5－5　産地陸送距離（宮崎県全域）

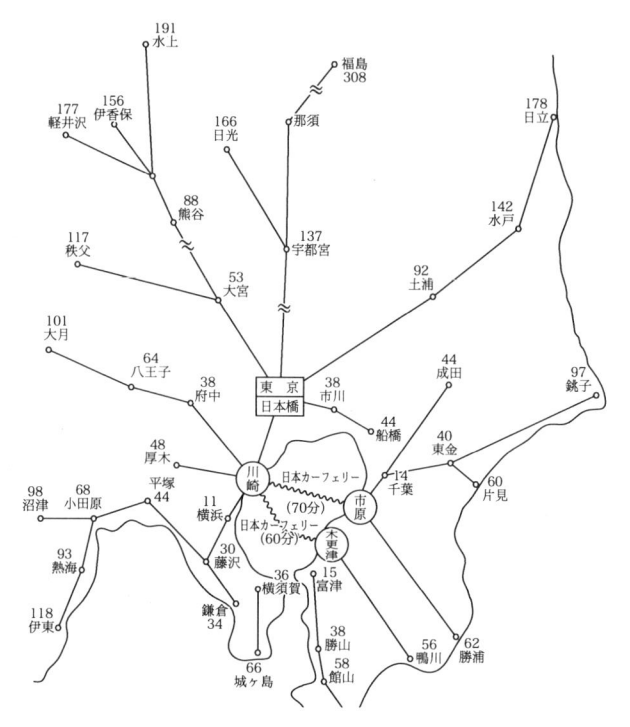

480　第Ⅱ部　立地変動の動態実証分析

注：宮崎県『農産物等の海上コンテナ輸送に関する報告書』
　　（昭和48年）による。

図5－6　陸送距離（川崎フェリー港起点）

　次に、この総合流通システム化構想が実際にどの程度具体的に実現しているかを明らかにする必要がある。まず、現在までの海上輸送の実績を検討しておこう。

注
1）宮崎県『宮崎県農畜産物綜合流通システム開発調査報告書』、昭和48年。
2）同上。なお、このような構想が出現する前提に、県農業の実態についての詳細な分析がある。例えば、宮崎県『農業白書―宮崎県農業の繁栄を目指して』、昭和42年。その他、参考文献、参照。

2　海上輸送による市場対応の変化

　海上輸送を中心とする農畜産物の総合流通システム化構想は、以上で概略見たように、考え方としては問題はないといっていい。ただ、実際問題としてそれが具体的にどう運営され、成果をあげるか否かはまた別問題である。従ってその運営実績を検討し、評価することが次の課題となる。そのためカーフェリーが就航した昭和46年3月以降の宮崎県農業の動き、特にカーフェリーの利用実績と市場対応の変化を簡単に見ておくことにする。

　まず、カーフェリーの就航状況（航路、便数、及び使用船舶）を示したのが表5－14である。これは全国的な外洋長距離大型カーフェリーの多元就航時代に先鞭をつけたともいえる宮崎県関係ルートを示したものである。この表は前掲・表5－1とともに、カーフェリーの盛況、あるいは見方によっては過当競争ともいうべき実態を示している。

　その評価は別にして、宮崎と京浜、京阪神および広島方面を結ぶカーフェリー航路は、まず昭和46年3月の日本カーフェリーによる細島（日向）－川崎航路（6,000トン級、3日2便）に始まり、続いて同年6月の細島－神戸航路（6,000トン級、2日1便）、47年7月の細島－大阪航路（6,000トン級、2日1

表5－14　カーフェリーの就航状況（宮崎関係）

航　路	就航年月日	便　数	備　考
細島 － 川崎 （日本カーフェリー）	昭46. 3. 1 46. 4.20 46. 4.25 46. 6. 5 49. 3. 1	3日　2便 1日　1便 3日　4便 1日　1便 1日　1便	6,000トン 〃 〃 〃 10,000トン
	昭49. 7. 1現在1日1便10,000トン2隻運航中		
細島 － 神戸 （日本カーフェリー）	昭46. 6. 5 46.11. 7 46.12.28 46. 7. 1	2日　1便 1日　1便 2日　3便 1日　1便	6,000トン 〃 〃 〃
	昭49. 7. 1現在1日1便6,000トン2隻運航中		
細島 － 神戸 （関西汽船）	昭48. 4. 1	2日　1便	6,200トン
	昭49. 7. 1現在2日1便6,200トン1隻運航中		
細島 － 大阪 （日本カーフェリー）	昭46. 7. 1 46. 3. 1	2日　1便 1日　1便	6,000トン 6,000トン
	昭49. 7. 1現在1日1便6,000トン2隻運航中		
細島 － 広島	昭49. 3.10	1日　1便	6,000トン
	昭49. 7. 1現在1日1便6,000トン1隻運航中		

注：宮崎県経済課資料による。

便）が就航している。さらに48年4月には細島－神戸間に関西汽船（6,000トン級、2日1便）が就航する。

このように、宮崎を基点とするカーフェリー航路は、海のバイパスとして川崎、大阪、神戸、広島、など本州の主要消費地を連結し、同時に便数の増加、船舶の大型化と高速化を伴って発展してきた。便数も現在では殆どの航路が1日1便となり、また、日向―川崎航路の場合には、49年3月から従来の6,000トン級から10,000トン級へ船舶が大型化した。それに伴って所要時間も従来の25時間から19時間に短縮される。19ノット（時速37km/h）から25ノット（47km/h）への高速化がそれを可能にしたのである。

以上のようなカーフェリーの各方面への就航に対応して、宮崎県の農業生産と県外出荷量、及びその方面別内訳がどのように変化したかを示したのが表5－15である。大きく青果物と畜産物とに分けてフェリー就航後の変化をみると、青果物の生産量は46年の33.6万トンから48年の36.2万トン（46年基準指数108）へと、約1割の伸びである。これに対して、県外出荷量は16.9万トンから22万トン（同130）へ、大きく3割増加する。その内訳は、京浜、京阪神方面向け出荷量が同じ期間に5.7万トンから7.3万トン（同128）、また同方面向けカーフェ

表5－15 カーフェリー利用農畜産物輸送実績（宮崎県産、昭和46～48年）

区分	項目	青　果　物			畜　産　物		
		46年	47年	48年	46年	47年	48年
生　産　量		335,717	376,850	361,558	137,574	158,552	185,118
県外出荷量		169,033	210,864	220,256	66,526	94,771	122,954
県内外出荷量訳	京　浜　向	18,685	25,275	28,201	13,491	19,776	25,930
	京阪神向	37,868	45,050	45,054	19,402	31,683	43,730
	小　　計	56,553	70,325	73,255	32,893	51,459	69,660
航路別カーフェリー輸送実績	京　浜　向	15,257	25,651	37,112	9,454	16,190	23,495
	京阪神向	21,121	36,871	52,801	17,578	39,631	53,226
	小　　計	36,378	62,522	89,913	27,032	55,821	76,721

注：宮崎県経済課資料による。

リー利用の輸送量は3.6万トンから9万トン（同250）と、2.5倍に伸びている。

これらの数字から明らかなように、カーフェリーの就航は県外出荷量を増大させ、その増加は主として従来遠距離のため出荷が不利、ないし困難であった京浜・京阪神方面への出荷の増大である。このように海上輸送が増加した理由は、先に総合流通システム化構想で検討した多様なメリットの相乗効果であって、特に生鮮品出荷においてその影響が大きいのである。

その効果は、高速道路利用の場合と同様、あるいはそれ以上に輸送距離の絶対的短縮とスピードアップによって輸送時間の短縮を可能にし、その意義は単に輸送費を低減するだけでなく、市場上場日を京浜市場で、従来の4日目売りを1日早めて3日目売りにし、鮮度が生命の生鮮品、とくに野菜における価格形成効果を高めたことが大きいといえる。この市場対応面での価格形成機能の発揮が、輸送時間短縮の具体的メリットであり、それが高速道路・フェリー利用出荷の経済効果、マーケティング上の意義である。この点は既に前章で考察した。

なお、表5－15において、京浜、京阪神方面出荷量（小計）と同方面カーフェリー輸送実績を対比すると、46〜47年には後者が前者より少ないが、48年には逆に後者が前者を上回ってくる。その理由は、海上輸送で川崎、あるいは大阪、神戸等へ送られた荷が、京浜市場、あるいは京阪神市場へ上場されずに、その後背地域、たとえば北陸、東山、北海道方面へ陸送されていることを示唆している。"海のバイパス"が幹線輸送の機能を果たし、川崎を配送基地として、さらに以遠の地域への分荷と市場開拓を可能にした。川崎などの配送センター機能が現実にも発揮されているといえよう。

次に、畜産物について同様の実績をみると、生産量、県外出荷量、うち京浜、京阪神出荷量、カーフェリー輸送量のそれぞれが、青果物とほぼ類似した傾向を示している。すなわち、生産量は昭和46年の13.8万トンから48年の18.5万トン（46年基準指数134）、県外出荷量は6.7万トンから12.3万トン（同184）へ、うち京浜、京阪神向小計は3.3万トンから7万トン（同212）、カーフェリー輸送実績は2.7万トンから7.7万トン（同285）へと、それぞれ増加する。

以上、県主要産品の青果物と畜産物について、海上輸送が大きくその出荷圏

を拡大していることが実績から分かる。そしてその傾向は品目を具体的に検討すると、その特徴がさらに明瞭になってくる。

このような意味で、野菜の実績を示したのが表5－16である。重複するので詳しい検討は省略するが、主要項目についてカーフェリーが就航する以前の昭和45年と48年の数値を対比してみると、県外販売量が2倍、東京出荷量と県外販売数がそれぞれ3倍弱の急速な伸びを示す。

また、野菜と果実について輸送手段別、方面別（地域別）出荷割合を示したものが図5－7、および図5－8である。いずれも輸送手段が鉄道からトラックへ、さらにフェリーへとウェイトを移動し、フェリー航路連絡地域への出荷量の増加が明らかになる。

野菜と並んでフェリー輸送の効果が著しいのが牛乳である。すなわち、フェリーによる輸送時間の短縮が、従来の陸送では九州ないし四国、中国の一部に限定されていた市乳出荷を、京阪神地区まで拡大した。その結果、宮崎県の酪農は原料乳的酪農から市乳的酪農へと性格変化を遂げ、乳価上昇とも相まって酪農家の生産意欲を向上させている。

その結果は、表5－17、表5－18に如実に示されている。すなわち、県外出荷量、特にカーフェリー利用出荷量の増加が顕著であり、それと対照的に加工向け原料乳量の半減（加工率33.7％から16.9％へ低下）が目立つ。また出荷先は、兵庫、大阪、広島、などフェリー航路連絡地区が中心となっている。

なお、参考までに前記市乳出荷地域を、輸送手段との関連で図示したのが図5－9であり既に指摘したように、その航路基地が日向フェリーターミナルに建設されている。その運営実態については次に続いて検討する。

表5－16　野菜の生産出荷実績（宮崎県、昭和45～48年）

年次	面積	生産量	県外販売量	東京出荷量	県外販売額
	ha	t	t	t	千円
45年	8,724	187,493	81,170	5,537	7,569,075
46	9,611	256,420	136,588	9,940	11,361,792
47	10,799	277,314	166,856	11,635	16,499,662
48	9,894	264,244	165,274	14,971	21,428,291

注：宮崎県経済課資料による。

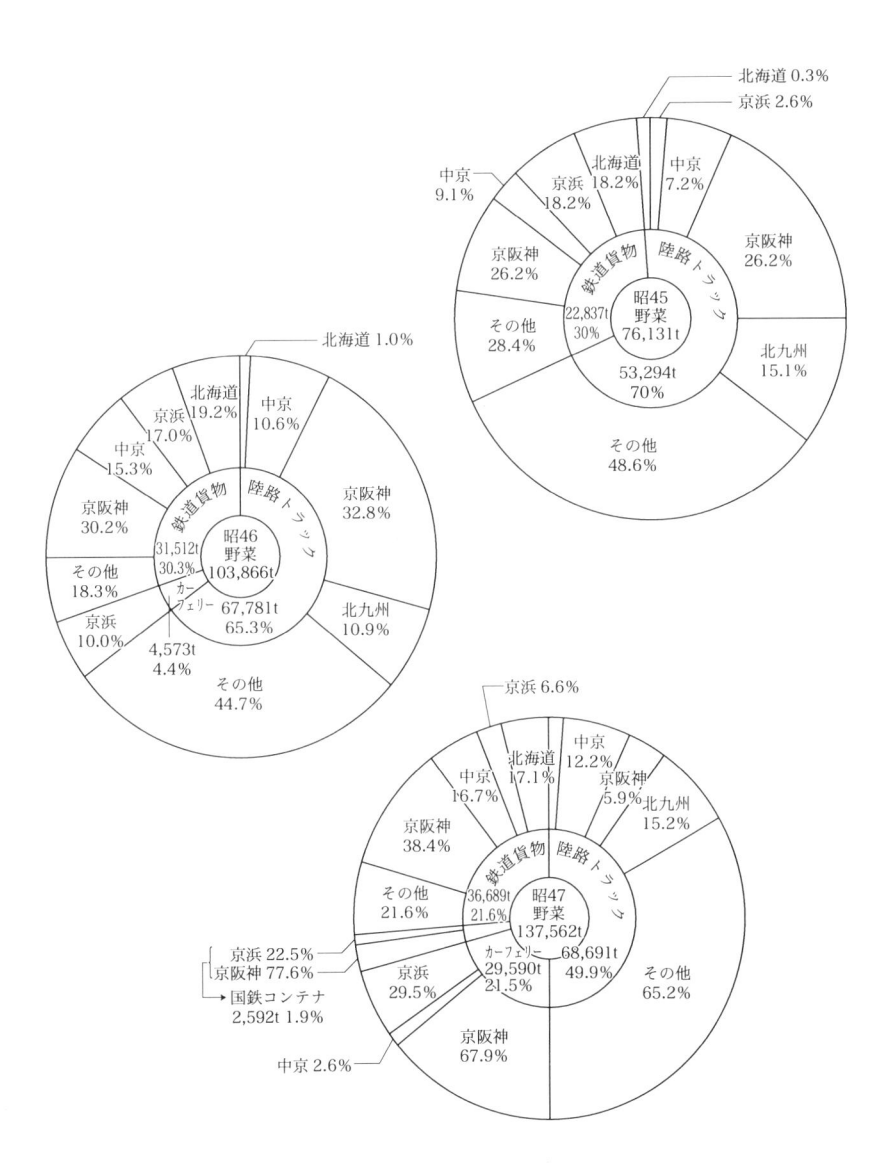

第5章　海上輸送と農産物流通　　485

図5-7　野菜の輸送手段別・方面別出荷量
（比率）（宮崎県、昭和46〜48年）

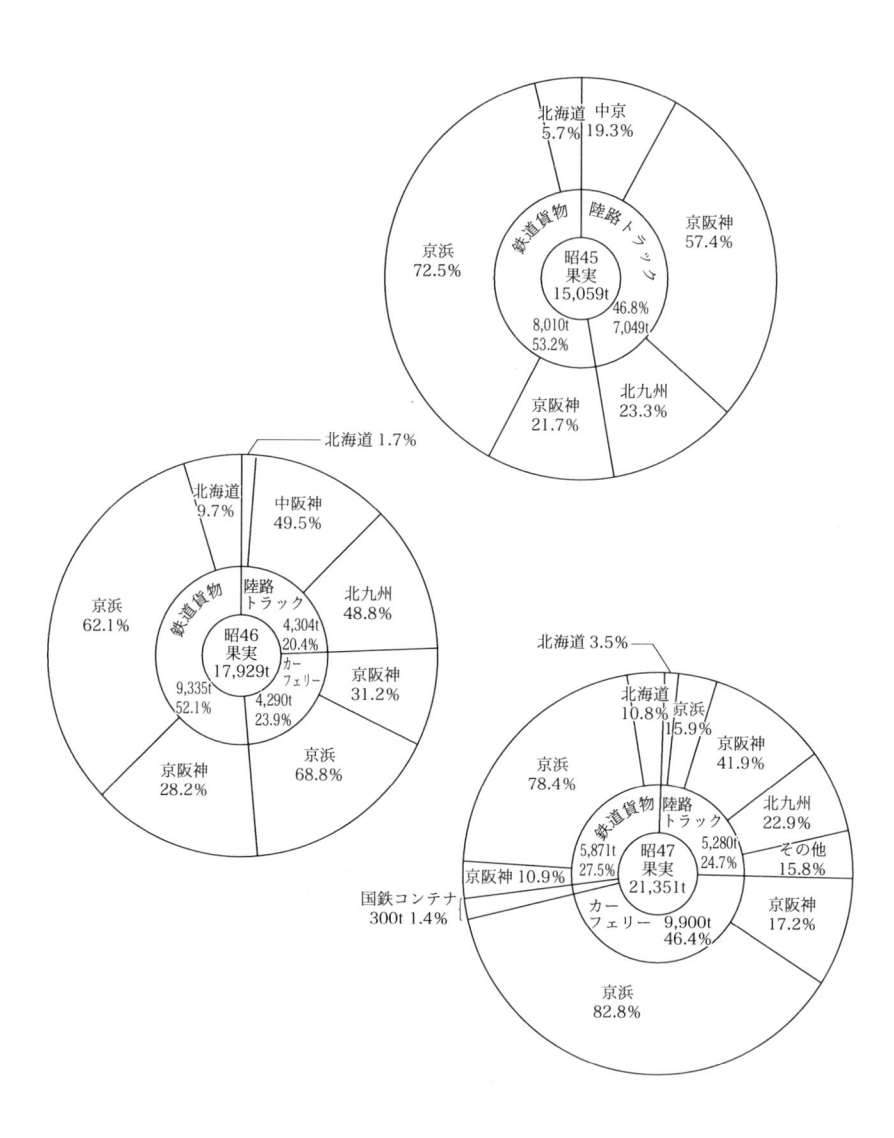

486　第Ⅱ部　立地変動の動態実証分析

図5－8　果実の輸送手段別・方面別出荷量
（比率）（宮崎県、昭和46～48年）

第 5 章　海上輸送と農産物流通

表 5-17　生乳の生産出荷実績（宮崎県）

(単位：t、％)

年　次	生産量	県外出荷量	内カーフェリー利用出荷量	加工原料向（乳製品）	加工率
45年	60,727	16,704	―	20,490	33.7%
46	66,905	26,546	9,210	17,407	26.0
47	68,229	34,756	19,202	13,275	19.5
48	68,711	40,276	25,494	11,533	16.9

注：県資料による

表 5-18　県外出荷実績及び計画（宮崎県）

(単位：t)

出 荷 先	昭和47年度	昭和48年度
大 阪 府	7,632 t	7,320 t
兵 庫 県	11,461	19,300
岡 山 県	1,485	1,200
広 島 県	1,977	2,400
山 口 県	1,110	1,050
福 岡 県	1,438	1,110
大 分 県	787	670
愛 知 県	110	
鹿 児 島 県	36	
高 知 県		600
計	26,036	33,650

注：県資料による。

図 5-9　生乳県外出荷概況

3 流通近代化と物流施設整備[1]

先に検討した総合流通システム化構想と関連して、産地段階での物流拠点施設がどのように整備され、また利用されているかを次に検討したい。これらの拠点施設が如何に有効に機能するかが、産地組織化と関連して海上輸送の成否を左右するからである。

初めに、図5-4に示したシステム化構想に対応する拠点施設を示せば、表5-19の通りである。これらの施設は、その種類と機能はそれぞれ異なっているが、いずれも大量輸送流通を前提した広域施設であり、その立地配置、規模、利用運営組織、が適切である場合に、はじめて十分にその機能を発揮することができる。

以下では実態調査に即して、表5-19の施設と関連類似施設を類型別に検討し、施設規模、利用状況、その他問題点を点検する。なお、ここでは総合流通システム化構想の中で個々の施設の果たす機能の位置づけが目的である。詳しい検討は行なわないが、これで問題の所在は明らかになるであろう。

表5-19 農産物総合流通施設設置状況（宮崎県）

年度	事業名	事業主体	設置場所	事業内容	事業費	備考
					千円	
昭和46	流通コントロールセンター	経済連	宮崎市	流通情報管理計算センター	279,294	
	多目的恒温恒湿貯蔵庫	経済連	宮崎市(花ヶ島)	多目品の出荷調整低温貯蔵施設	210,000	
	野菜集配センター	新富、高鍋木城農協	新富町	野菜集出荷施設機械選別機	117,344	
	ミカン					
	食肉加工処理施設	畜産公社	都農町	牛豚と殺、解体枝肉販売	655,000	
	鶏卵集出荷共同施設	都城市農協	都城市	選卵、出荷	50,413	
47	野菜集送センター	都城市農協外8農協	都城市	野菜集出荷施設、選果荷造機、低温貯蔵庫	106,399	
	送乳基地	牛乳輸送施設リース協会	日向市	牛乳ストックポイントトレーラーローリー等導入	40,000	
48	消費地ストックポイント	流通公社	川崎市	低温貯蔵庫	172,980	

注：宮崎県農業経済課資料による。

(1) 流通コントロールセンター

　この施設は本来、全県的な生産、流通、情報などの総括的調整機能を果たす目的で設置されたセンターである。この点は前掲・図5－4に示されている。しかし実際には「農業管理センター」の看板を掲げている事情からも分かるように、当面は沿海中部営農団地（宮崎市郡、東諸県郡）、及び一部尾鈴営農団地を対象とする営農管理センターの機能も兼ねている。

　所在地は宮崎市（旭1丁目3番1号）であり、管理運営は県経済連が担当している。施設としては、建物地上3階、地下1階の1,651m^2、附帯施設として電子計算機1台（65KB）と関連機器がある。昭和46～47年度事業として総額2.9億円で48年3月末に完成した。

　管理機構としては、運営委員会と幹事長をおき、前者には県、経済連の実務担当者が参画している。センターの組織は、所長の下に管理部門と電算部門があり、以下に示す業務を分掌する。すなわち、管理部門は広域営農団地の造成、生産組織の育成、生産技術と出荷に関する計画調整指導、など一般に農業管理センターの所管機能が含まれる。電算部門は共同出荷に関連した精算事務、農協の計算事務などが中心である。

　なお、流通コントロール機能を果たす計画であるが、現在は経済連の現業各課が分荷指示を行ない、計算事務を受託しているのが実態である。組織の性格、職員の身分、等についても目下検討中である。

　要するに、総合流通システム化構想で打ち出された流通コントロールセンターについては、海上輸送とコンテナ化は現実に実施しているが、それは船会社やフェリーエキスプレス（コンテナ輸送会社）に委せた形で行なわれており、これらの企業と集送センターや選果場が直接的に結びつく形で出荷業務が実行される。流通センターは県経済連の現業各課が、野菜、椎茸、茶、食肉、の品目ごとに、それぞれ別々に分荷指示を行なっている。その本来の統合調整機能はまだ果たしていないのが現状である。

　従って、今後本来の多面的な機能・役割をどう果たしてゆくかが、県にとっての課題である。すなわち、担当業務としては、市況等の情報収集・伝達、物

流施設（集送センター、ストックポイント、フェリー基地、など）の運営管理と相互調整、があり、これらの施設・機能を総合統括して生産・流通両面の管理機能をどう高めてゆくか、そのための組織体制と推進方法、などである。

(2) 集送センター（児湯、都城、尾鈴）

　集送センターには、児湯野菜集送センターと、都城地区野菜集送センターがある。これらは野菜を対象とする広域施設である。これとは別に、果樹関係では尾鈴みかん共同選果場が類似施設として存在する。次に以上3施設の実態と問題点を検討する。

　初めに、全体的にみた立地配置と対象農業地域をみると、児湯野菜集送センターは新富町（大字上富田7597の1）に立地し、児湯郡沿海平坦施設園芸地帯を対象にしている。これに対して都城地区集送センターは、県南西の霧島山麓都城盆地と周辺北諸県郡の露地野菜が対象である。その所在地は都城市（都北町5708）である。また尾鈴みかん共同選果場は児湯郡川南町（大字川南13658の1）に立地し、児湯、尾鈴みかん産地を対象とする。これは県中央部の畑作台地ミカン新植産地であり、地域的には先の児湯野菜集送センター対象地域と一部重なっている。

　このように、これらの施設はそれぞれ対象品目の県内産地を対象に6ヶ所設置される。児湯野菜集送センターは第1年度事業（昭和46年）として建設された。都城地区集送センターは第3年度（昭和48年）事業である。また尾鈴みかん共同選果場は、果樹広域主産地形成事業として昭和45〜47年に整備された。

　立地配置の特徴は、施設はいずれも宮崎県を南北に走る国道10号線沿線に立地し、それは直線的に最短距離で日向のフェリー基地と結びつく配置になっている。これは青果物の施設に限らず、全ての施設で輸送距離を最小にする配置である。ちなみに各施設から日向港までの距離と所要時間をみると、最も遠い都城集送センターが120km（3時間20分）、児湯集送センターが50km（1時間20分）、尾鈴みかん共同選果場が36km（1時間）である。都城の場合を除いて、施設は2時間以内の到達距離にある。（前掲、図5−5参照）

(a) 児湯野菜集送センター

　以上のような立地配置を念頭において、次に個々の施設とその利用上の課題を点検しておこう。まず野菜集送センターの整備施設を具体的にみると（表5－20）、建物は集出荷選別作業場1棟3,335m^{2}と休憩棟（230m^2）である。機械類には、トマト選果機（20t、40t処理、各1セット）、キュウリ選果機（40t/10h、1セット）、その他梱包用封函機など一式がある。事業費は1.2億円、昭和47年2月末に完成した。

　施設内容から明らかなように、施設園芸（果菜）を対象にした施設である。当初は野菜の全品目を取り扱う方針であったが、途中で品目をトマトとキュウリに限定し、その他の品目（カボチャ、等）は各町選果場で別途取り扱うことにした。取扱品目の産地規模、出荷期を示せば表5－20の通りである。

　この広域施設の対象は3町村（新富町、高鍋町、木城村）にまたがり、発足当初はこの関係市町村の3農協が構成メンバーとなる「児湯野菜団地協議会」を組織し、この協議会が集送センターの運営に当たってきた。職員は各農協から出向し（新富4名、高鍋、木城3名）、その他常傭5名（男3名、女子2名）が業務を担当している。

　なお、その後関係農協が合併して児湯農協となり、施設の利用運営組織は協議会から農協に移っている。この点、利用運営からみた組織上の問題はなくなった。昭和48年度の処理実績は（表5－21、参照）、キュウリが2,687t（露地1,172t、ハウス1,515t）、トマト（ハウス）が2,988t、合計5,675tである。この数字は表5－20に示すようにほぼ計画通りの取扱量であり、処理量が不足する問題は少ない。地域別には、取扱量の大半が設置場所の新富町から出荷されている。

　問題点としては、これらの数量を処理するために1日150人の労力を確保する必要があり、その労力が集まらずに苦労するという。この労力確保問題は、この種施設を運営するどこでも直面する共通の最も深刻な問題である。

　また広域施設の共通する悩み、ないし問題点としては、搬入距離が遠くなり、しかもそれが逆輸送を含むような場合（高鍋、木城など）に、抵抗感が生ずる

集荷上の問題もあった。しかし、この広域施設利用に関する地域間の農民感情の問題は幾分農協合併によって解消されるはずである。

　他方、利点としては大量処理と大量輸送により、規模の経済が発揮されて処理コストと運賃が安くなったことである。その結果、農協手数料（精算額の3％）からセンター運営実費を利用料として差引いた後、品目によって450万円～760万円程度を払い戻しているという。センター運営費は独自の利用料はとらずに、3％手数料から振り向ける方法をとっている。

　表5－20の取扱計画達成率や、以上のようなセンターの運営状態からみて、センターの経営収支は採算がとれていることは疑いない。しかし問題は別の面で出てきそうである。それはフェリー利用か、国鉄利用かという問題である。

　例えば、フェリーはその就航当初、野菜輸送という性格が強調されていたが、漸次その性格が観光主体に傾きつつあるからである。その結果、初期はトラック業者もフェリー出港30分前に着けば乗れたのが、現在ではそれではキャンセルさせられるという事態も起きている。

　他方、国鉄の特急コンテナ（5t）輸送でも京浜市場出荷で3日目売が可能であり、運賃もほぼ同じということで、現在はトラック・フェリーによる出荷

表5－20　集送センター対象産地の概要（児湯集送センター）

（単位：t、％）

品　目	作付面積(計画)	10a当り収量	出荷期	取扱量 計画	取扱量 実績	達成率(%)
	ha	t	月旬　月旬	t	t	%
キュウリ（露　地）	35	9	9下～11	1,120	1,172	104
（ハウス）	46	4	11～1中	1,480	1,515	102
トマト　（ハウス）	50	2.5	1下～6	3,190	2,988	93.7

注：聴取調査による。

表5－21　集送センターの取扱実績（児湯集送センター、昭和48年）

（単位：t、％）

品　目	取扱数量	金　額	地区別割合(%) 新富	高鍋	木城	対前年比(%) 数量	金額
	t	千円					
キュウリ（露　地）	1,172	124,300	100	—	—	61	203
（ハウス）	1,515	259,180	62	10	28	129	100
トマト　（ハウス）	2,988	383,080	79	21	—	104	133

注：聴取調査による。

が8割、コンテナが2割であるが、今後この比率が半々程度になるのではないかと予測する。ただ経済連のコンテナについては、大口市場（東京・大阪）しか行けない難点がある。なお、現在コンテナは毎日2個（5t×2個＝10t）程度利用している。最盛期の1日当りの出荷量は50〜60t前後であり、2割程度の利用である。

以上は、比較的生産条件と施設の立地条件に恵まれた児湯集送センターの施設利用の現状であり、フェリー利用の問題を除けば施設それ自体の問題は少ないといえよう。

(b) 都城地区野菜集送センター

では、立地条件が異なる都城地区野菜集送センターの場合はどうであろうか。次にその現状と問題点を簡単にみることにする。（表5－22）

まず、施設の設備規模と機械類の処理能力を見ると、建物は集荷選別作業場1棟3,300m^2（1階2,800m^2、2階500m^2）、機械・器具としては里芋選果機（10t処理1式）、自動梱包機（テープ5台）、自動封函機（3.7kw、2.2kw、2台）、その他ハンドパレット（1.2t処理5台）、計量機（500kg、2台）、コンテナ（2,000個）などである。総事業費は約1.1億円、昭和48年3月に完成した。

その対象産地は、既に述べたように都城盆地と周辺畑作地帯であり、従来、

表5－22　集送センター対象産地生産数量と時期別出荷量（都城、昭和48年）

品目	作付面積	生産数量	出荷数量（県内、県外）	月別出荷実績（県外）			
				1〜3月	4〜6月	7〜9月	10〜12月
	ha	t	t	t	t	t	t
カンショ	243.1	2,738	2,302.8	444	10	1,236.8	582
サトイモ	269.5	3,290.8	2,090	794	—	647	569
ゴボウ	93.9	1,170	862	215	5	240.5	356.5
キュウリ	14.1	618	514.5	211	152	—	96.5
メロン	14.5	287.8	64.4	—	51.4	13	—
イチゴ	1.8	27.9	26.5	2	—	—	—
ラッキョウ	76.5	1,530	1,200	—	600	—	—
ダイコン	27.9	1,462	1,172	—	—	20	99
合計	741.3	11,124.5	8,232.2	1,666	818.4	2,157.3	1,703

注：都城集送センター資料による。

澱粉原料甘藷を主体に生産が行なわれていた産地である。しかし澱粉不況のため、澱粉原料甘藷から食用甘藷、里芋、ゴボウなどの露地野菜に作目転換をはかり、その産地形成を積極的に推進しようとしている地域である。このような生産条件が、後程みる施設利用上の問題、すなわち計画集荷量が確保できずに経済性が発揮できない問題が出てくる。

その管理運営主体は、対象地域の関係1市5町の農協（都城市、中郷、庄内、西岳、三股町、山之口町、高城町、山田町、高崎町、の各農協）で構成される「都城地区営農団地協議会」である。なおここでも、児湯集送センターの場合と同様、その後これらの農協が合併して都城広域農協（組合員約1万名）に統合された。

そこで、昭和48年度の品目別取扱実績を示せば、表5−22の通りである。大きい品目は、甘藷2,300t、里芋2,000t、ゴボウ862t、キュウリ515t、などである。その他、生産出荷量としては、ラッキョウと大根が多いが、県外出荷量はラッキョウだけで大根は少ない。

施設は51年度目標として2,000ha、2万9,000tを計画しているが、これが実現すると現在のままでは狭くなる。現在の規模は1万t前後が適当である。しかし問題は逆に取扱量が少ないことが現段階での問題である。

出荷は経済連が指示しているが、部分的には参加農協が独自に行なっている場合もある。市場は阪神が70％（甘藷、里芋）、北九州（ゴボウ）、京浜が残り30％という割合である。輸送は陸送が多く、品目によっても異なる。例えば、秋冬里芋は貨車50％、トラック50％となる。東京出荷は、甘藷はコンテナ輸送（経済連海上輸送、国鉄）、他の品目はトラック輸送である。一般的に海上輸送の割合は低いのが実態である。

問題点としては、先に指摘したように集荷が計画通りに達成できず、それがセンターの経営を圧迫していることである。例えば、初年度実績はセンターが操業を始めた48年7月から49年4月までをとってみると、初年度のためか、計画の1万tに対して実績は4,620tであり、取扱額も5億6,700万円であり、手数料はkg当り1円で460万円であった。その結果赤字が750万円に達している。

49年度計画は、取扱数量9,000t、売上11億円を目指し、手数料も精算金額の1.5％に切り替えて赤字補填を考えている。人件費だけで1,600万円が必要であり、48～49年度は関係市町から500万円の援助を受ける苦しい実情にある。

　従って、問題は如何に取扱量を高めるかである。もし2万tもの取扱量になれば1％の手数料でセンター経営は黒字に転ずるからである。当初計画では3ヵ年間は赤字が見込まれているが、それを早く少なくする必要がある。

　第2の問題点は、センター利用の季節性が強く、労力確保面で問題が多いことである。これはどこでも直面する問題であり、このセンターなどは多品目を取り扱う関係で周年雇用ができ、その深刻さは少ないほうであるが、センター運営上はやはりこれが大きな問題だという。

　その他、広域集荷圏のため地域によっては集荷距離が遠く、最遠の場合25km（西岳農協、高城農協の一部）にも達している。これも取扱量に影響していないとはいえない。また生産組織が弱く、規格等級や検査などの関係、さらに同じ農協の施設でも、農協独自の施設を使用したい個別農協の都合なども見受けられる。

　要するに、施設利用の合理化は、その前提として生産体制から建て直し、計画生産と計画出荷を軌道に乗せ、生産量の向上と併せて取扱量を増加させることが必要である。

　当該地域は、初めに指摘したように、野菜が導入されて日が浅く（昭和45年以降）、産地形成の途上にあることである。しかしその理由が何であれ、一般的に施設利用の合理化はまず生産の振興にあることを、現在の都城地区野菜集送センターの実態が示していると言えよう。

(c)　尾鈴ミカン共同選果場

　次に、尾鈴みかん共同選果場の場合はどうであろうか。施設の種類は、(1)選果場、(2)集荷予措貯蔵施設、(3)品質向上センター、である。このうち、(1)と(3)が川南町に、(2)が西都市石松に設置されている。施設の規模は、選果場に建物1棟（3,540m^2）、機械類は選果機2台（120t、60t/日処理、合計180t処理）を

備える。集荷予措貯蔵施設が1.4億円、品質向上センターが1,500万円で建設された。

施設の運営は他の広域施設と同様、関係農協（西都市、新富町、木城村、高鍋町、川南町、都農町）で構成する「尾鈴みかん団地協議会」が担当する。その運営は野菜集送センターの場合とほぼ同様である。従ってここでは繰り返さない。

では、選果場の操業実績はどうであろうか、処理数量は昭和46年～48年の3年間に5,200t余を処理している。その種類別内訳（48年の場合）は早生2,092t、普通4,655t、甘夏489tである。これは計画に対してそれぞれ88.8％、94.8％、85％の達成率であり、計画を少し下回っている。このことが影響して選果場の経営収支は赤字になっている。

なお、赤字対策としては、従来選果料4円/kg、予措料2円/kg、計6円を徴収していたが、49年からは「処理料」として6～8円程度を徴収する意向である。施設運営の詳しい検討は行わないが、その収支が赤字であり、その原因が計画処理量の達成ができないことである。この施設でも集荷量に問題がある。

他方、ミカンの出荷輸送面の実態をみると、出荷先は早生の場合60～70％が関東、20～30％が関西、残りが県内その他である。甘夏は47年度に北海道にも出荷したが、48年度は東京、名古屋が中心であった。9月上旬から4月までが出荷期で、12月中がピークである。

輸送はトラック・フェリー利用が殆んどであり、陸送は運賃も高く荷傷みも出るので行なわない。また貨車は思うように配車が取れない難点がある。最盛期には1日当り処理量が170～180t、11t車で9～10台程度出荷している。フェリーの出港（19時）に合わせて、17時までに積み込むスケジュールとなる。

運賃は東京出荷でケース(c/s)当り121円、陸送では192円程度である。フェリー運賃は大阪出荷の陸送運賃に近い水準になる。これは11t車に1,000c/s程度積込む場合の計算で、トラック積載量の規制が厳しくなり、700c/s（15kg詰）積載の場合は、上記料金は若干高くなって、フェリー158円、陸送235円程度に上昇する。いずれにしても、ミカンの出荷の場合、海上輸送のメリットを最大

限に活用し、京浜市場出荷を行なっている現状という。

　最後に問題点をみると、広域産地を対象とするため、圃場立地条件が異なり、ミカンの品質を揃えることが難しく、この難点をどう克服するかが当面の課題である。品質向上センターが付属施設として整備されたのも、この問題を解決するのが目的である。また施設利用に季節性があるため、シーズンオフにどう施設を有効利用するかも課題である。現状ではブドウ、キュウリなどの選果に場所を提供している程度である。

　なお広域的利用のため、距離の遠い地域からの集荷に問題があるのではと危惧されるが、この点の問題はないという。横持ち運賃を1.02円控除し、地域的に1.92円（西都）〜0.88円（川南）を払い戻して調整している。集荷は持込が原則で（川南、都農）、日通に委託（西都）している場合もある。現在80％の共販率である。

(3)　食肉処理施設と牛乳航送基地

　畜産関係施設には、いわゆる拠点流通施設として次のような施設が存在する。すなわち、宮崎県畜産公社の食肉処理施設、宮崎県酪農協同組合連合会の送乳基地、都城市農協の鶏卵集出荷共同施設、その他民間企業（例えば日本ブロイラー）の処理施設等、である。ここでは、それらの中から表記2施設を中心に検討してみよう。

(a)　食肉処理施設

　宮崎県畜産公社の食肉処理施設であり、それは児湯郡都農町（大字川北15,530）の国道10号線に接して設置されている。フェリー港へは25〜30分の位置にあって、立地配置は県内産地と海上輸送（県外出荷）に合わせて適地が選定されたという。

　そこで、事業主体の宮崎県畜産公社の性格をみると、それは名称から明らかなように、県、農業団体、畜産振興事業団、市町村、業界、等が共同出資して組織した公社である。畜産振興を図ることを目的に、その線に沿って流通近代

化を推進する。その一環に拠点施設の運営がある。ちなみに、宮崎県の畜産のウェイトは昭和45年には246億円の産出（県農業総生産額の33％）であるが、これを55年目標で919億円（同50％）に伸ばす計画である。現在の家畜種別生産は肉用牛が全国第2位、肉豚の年間出荷量は25万頭程度である。

このような畜産振興と流通近代化を目標に、産地段階でと殺・解体処理、加工を行ない、それを海上輸送による低温輸送（コールドチェーン）で、県外市場に計画的に出荷してゆくのがこの食肉処理加工施設に課せられた役割である。

従って、公社の事業内容は、(1)牛、豚のと殺、解体処理、枝肉の販売、(2)牛、豚のカット肉の製造販売、(3)内臓、牛皮、その他、副産物の処理、(4)食肉に関する啓蒙、指導研究、及び附帯事業となっている。

施設としては、用地面積86万m^2、1日当り牛100頭、豚300頭（年間それぞれ3万頭、9万頭）の処理能力と枝肉（牛50t、200頭分、豚36t、600頭分）、カット肉（牛10t、豚20t）の保管能力を持った施設である。付属施設としては、血液処理、汚水浄化装置、焼却炉などを備えている。

業務は出荷者の家畜をと殺・解体し、枝肉で検査格付けを出荷団体の立会いで行ない、単価を決定して買い取る方式である。販売は、全農、大手商社、など経済連を通して行なっている。出荷の形態は、現在はカット肉が96％（以前は50％）、残りが枝肉である。輸送は20tが冷凍車などによる海上輸送、あるいは冷凍貨車である。フェリーの場合は、川崎、大阪、神戸、広島へ毎日出荷している。

(b) 牛乳輸送基地

次に、牛乳輸送基地をみてみよう。さきに検討したように、海上輸送時間の短縮が牛乳の県外出荷に大きく貢献し、その結果京阪神、広島方面への生乳輸送が大きく伸びた。この海上輸送による県外出荷の拠点施設が、日向港に設置（昭和48年）された日向生乳航送センター（送乳基地）である。（表5－23、参照）

その管理運営主体は宮崎県酪連であり、県酪連のほか、県及び畜産振興事業団が出資し、表5－23に示す施設を整備している。主要施設の規模能力は、生乳貯蔵冷却施設（7.2万ℓ）、トラックスケール（40t）、乳質検査施設（検査員

2名）である。

　このセンターの果たす機能としては、(1)タンクローリーなどフェリー利用輸送手段の回転率の向上、(2)関西方面出荷生乳の第2次検査機関（細菌、抗生物質等のチェック機能）、(3)台風等、カーフェリー航行不能時の待機貯乳、あるいは陸送輸送へ変更時のストックポイント機能、などがある。

　なお、関連施設・輸送手段については、現在はリース協会からの借り受けによっている。（表5－24、参照）しかし将来は表5－23、5－25に示すような整備計画で今後整備してゆく方針である。

　このように、この生乳航送基地は、前掲・図5－9でも明らかなように、県

表5－23　日向生乳航送センター施設整備計画状況

（単位：千円）

	種類	金額		種類	金額
新築工事	送乳施設	13,044	乳機その他施設工事	冷凍庫	3,641
	管理棟	8,941		ボイラー	580
	電気設備工事	3,900		試験機材一式	4,112
	設備工事	2,591		トラックスケール	2,950
	外構工事	2,209		設計費	1,017
	共通仮設費	536		塗装工事	6,700
	諸経費	2,679		その他	2,061
	計	33,900		計	31,260
	乳機一式	9,349	合　　計		65,160
	給水施設	850			

注：宮崎県酪連資料による。

表5－24　輸送手段等の利用現況

	種類	積載容量(t)	台数	備考
県酪連	牽引車		3	リース協会より借受
	タンク		6	〃
	タンクローリー	15	7	6台はリース協会より
	〃	10	1	
	〃	8	1	
	計	6.5	18	
チャーター輸送会社より	タンクローリー	10	7	
合　計			25	

注：宮崎県酪連資料による。（昭和46年7月末現在）

500　第Ⅱ部　立地変動の動態実証分析

表5-25　集乳近代化計画（昭和47～49年）

年度	施設種類	生乳近代化促進事業	地全協補助事業	農業改良資金	計
昭和47年	バルククーラー	30基			30
	ミルクタンクローリー	2台			2
48	バルククーラー	55	30		98
	ミルクタンクローリー	6		13	6
49	バルククーラー	47	27		85
	ミルクタンクローリー	6		11	6
計	バルククーラー	132	57		213
	ミルクタンクローリー	14		24	14

注：宮崎県酪連資料による。

下の主要酪農地域から集乳し、県外に出荷する拠点施設として重要な機能・役割を担っている。それはフェリーによる海上輸送を前提した拠点施設である。

(4) 恒温恒湿貯蔵庫

流通施設としてその整備が急がれているのが、貯蔵庫、ストックポイント、等の貯蔵保管機能をもつ拠点施設である。それは出荷調整と有利な販売のために不可欠な物流施設であり、また鮮度保持機能と需給調整機能を兼ね備えている。経済的にも食生活からみても重要な施設といえる。このような意味で農林省等は、コールドチェーンの一環としてこの種施設の重点整備に力を入れはじめている。

表5-26　多目的恒温恒湿貯蔵庫の品目別利用数量（目標）(花ヶ島)

機能	品目	数量	適用温湿度	主要出荷先
予冷	キュウリ	4,200 t	10℃　83～90%	京浜
	トマト	1,475	〃　〃	〃
	ピーマン	2,075	〃　〃	〃
	レタス	250	5℃　〃	〃
	エンドウ	180	〃　〃	〃
	里芋	1,980	10℃　〃	京浜・名京阪神
	計	10,080		
貯蔵	ゴボウ	350	5℃　90%	名京阪神
	甘藷	150	入庫48時間　33℃　90%通常15℃	〃
	大根切干	300	入庫　-10℃　〃　-5℃	〃
	緑茶	400	5℃　50%	静岡・奈良外
	椎茸	100	〃	京浜・名京阪神
	計	1,300		
	合計	11,380		

注：宮崎県経済連資料による。

第5章　海上輸送と農産物流通　　501

　この恒温恒湿貯蔵庫もその一つである。事業主体は経済連であり、所在地は宮崎市（花が島町鶴ノ丸829）の国道10号線沿いの経済連関係施設団地内にある。建物は貯蔵庫2棟に荷捌場、作業場、管理棟が付属する。3,139m^{2}の規模であり、昭和48年3月に21億円の事業費で完成した。貯蔵庫は、1棟が野菜関係の予冷・貯蔵庫であり、他の1棟が茶、椎茸、その他の貯蔵庫である。表5－26は、機能別・品目別に利用数量（目標）と貯蔵条件等を示している。予冷品目で多いのは、キュウリ、トマト、ピーマン、里芋である。その他、レタス、エンドウなどの利用を見込んでいる。貯蔵庫では、緑菜、椎茸のほか、大根（切干）、ゴボウ、甘藷、などが対象となる。

　なお、実際の利用状況は表5－27の通りである。利用量の大きい品目には、大根（切干）、ピーマン、里芋などがあり、茶、椎茸も数量的には大きい品目であるが、まだ計画数量は達成していない。この数字は初年度の利用実績であり、大部分の品目で計画は達成しているが、利用上の問題も存在する。

　問題点は、表5－29～30で明らかなように、年間を通じて貯蔵される品目は切干大根のみであり、次に長いのが里芋の7ヶ月、ショウガの4ヶ月である。その他はすべて3ヶ月未満の短期利用であり、また利用数量も少ない。（表5－29）

　その対策として、対象品目を拡げてゆくことが検討されている。たとえばショ

表5－27　多目的恒温恒湿倉庫利用実績（花ヶ島、昭和48年）

品　目	計画 数量（A）	計画 金額（B）	実績 数量（C）	実績 金額（D）	計画達成率 (C)／(A)	計画達成率 (D)／(B)
	t	千円	t	千円	%	%
千切大根	1,644	5,614	2,424	7,803	147	138
甘　藷	700	2,310	—	—		
果樹	17	31	18	35	105	112
球根	21	150	28	177	133	118
ピーマン	437	1,380	460	1,380	105	100
シ　ト　ウ	30	92	30	91	100	98
里芋	353	1,061	632	1,760	179	165
ニンニク	27	90	27	82	100	91
ショウガ			72	161		
椎茸茶関係	757	3,944	131	4,498	17	114
直販所		527		2,527		479
計	3,986	15,199	3,839	18,560	96	122

注：宮崎県経済連資料による。なお、以上の外、カボチャ（9t、2万円）、漬物（4t、9千円）、その他（4t、1.7万円）の実績がある。

ウガを試験的に入れ、また美濃早生大根を一次保管したこともある。ニンニクも利用が増えている。その他生産的な利用、例えばイチゴの株冷や百合球根の貯蔵に利用するように花き組合と話し合っている。また場合によっては、部外品を貯蔵することも施設利用上の検討課題である。なお、徴収利用料率は表5－28のように決めている。また利用実績と収入は表5－29、5－30の通りである。

以上、宮崎県の産地段階の流通施設を海上輸送との関連で検討した。このほ

表5－28 保管料率表（花ヶ島、昭和48～49年）

（単位：kg）

品　名	保管料	入出庫料	備　考
野　菜（予冷）	3円	—	保管料　1日1kg当り 入出庫料　1kg当り
野　菜 果　樹（貯蔵）	10銭（12銭）	1円50銭	（　）は49年8月1日改正保管料
千切大根（貯蔵）	13銭（18銭）	1円50銭	
椎　茸	2円	20銭	保管料　1期1kg当り 入出庫料　1kg当り （1月＝3期）
茶	1円50銭	2円	

注：宮崎県経済連資料による。

表5－29 多目的恒温恒湿倉庫品目別、保管数量実績（昭和48年）

時　期	千切大根	日向夏柑	里　芋	（予冷） シシトウ	（予冷） ピーマン	（予冷） ニンニク	ショウガ その他	計
4月	308,920	9,310	（予冷）					318,230
5	314,585	7,525	16,370	26,610	275,400			624,120
6	290,765	南　瓜	303,778	3,876	184,500	10,710		506,221
7	298,895	4,622	24,150			16,670		623,965
8	283,540	4,214	（貯蔵）	漬　物	梨			343,212
9	217,465		31,308				その他	233,833
10	217,075		12,446				3,922	243,831
11	107,570		25,211		1,545	球　根	ショウガ	178,819
12	80,400		70,229	1,020		28,135	12,096	209,520
1	73,900		86,249	2,610			12,096	109,401
2	72,100		23,405				12,096	122,656
3	158,600		38,460				35,266	193,866
合　計	2,423,875	16,835 8,836	344,298 287,308	30,486 3,630	459,900 1,545	27,380 28,135	3,922 71,554	3,707,674

注：宮崎県経済連資料による。合計欄は2品目掲載の各品目計を示す。

表5−30　恒温恒湿倉庫品目別保管入出庫料実績（昭和48年）

(単位：円)

時期	千切大根	日向夏柑	(貯蔵)里芋	(予冷)シシトウ	(予冷)ピーマン	(予冷)ニンニク	その他ショウガ	その他	計
4月	861,057	14,521							875,578
5	1,053,588	17,096	(予冷)	79,830	826,200				1,976,714
6	1,002,248	南瓜	50,370	11,628	553,500	32,130		2,083,418	3,733,294
7	954,710	6,483	911,334			50,010		△21,750	1,900,787
8	984,790	13,183	{ 72,450 53,444						1,123,867
9	907,565		150,047	漬物	梨		17,070	1,729,217	2,803,899
10	636,559		48,264		3,244				688,067
11	358,434		95,995	1,734		球根	ショウガ		456,163
12	277,383		221,230	2,128		176,960	41,644	1,849,075	2,573,420
1	238,690		53,938				37,497		330,125
2	135,099		102,852				33,788		271,739
3	392,996						48,325	1,385,320	1,826,641
合計	7,803,119	36,617 19,666	1,034,154 725,770	91,458 3,862	1,379,700 3,244	82,140 176,960	17,070 161,254	7,025,280	18,560,294

注：宮崎県経済連資料による。合計欄は2品目掲載の各品目計を示す。

か消費地段階の施設として、川崎港に隣接したストックポイントがあり、これを含めて総合流通システム化の全体計画が完結することになる。しかし川崎ストックポイントについては、首都圏施設として重要であるがここでは割愛する。

　以上、産地段階の物流拠点施設に共通する特徴として、検討した全施設が海上輸送を前提し、産地の輸送幹線（国道10号線）に沿った立地配置になっていることが特徴である。つまり、宮崎県の立地条件を反映して、その流通システム化が「総合流通システム構想」が目指す方向に輸送手段の革新が進展した。このことを契機に以上の物流拠点施設整備を積極的に推進することになる。この点はすべての施設整備がフェリー就航（昭和46年）以降であることからも伺える。このような意味で、宮崎県の農業発展方向に沿った整備といえよう。

注
1) この構想は、前掲参考文献、参照。また、通商産業省産業政策局編『大規模流通基地適正配置構想』、昭和48年、とも関係する。

第6章

農業技術の革新と立地変動
―野菜経営を中心に―

第1節　野菜の産地形成と経営発展[1]

1　野菜―複合商品群

　野菜は多数の個別品目から成り立つ複合商品群である。例えば農林省統計表に掲載の品目数は29品目（昭和45年）であり、また東京都中央卸売市場へ出荷されている品目はおそらく100以上に達すると思われる。これはさらに作型や品種によって増加する。

　このように野菜は多数の個別品目から構成されている。それを性格の近似する品目類に区分すれば、根菜類、葉菜類、芋類、土物類、洋菜類、その他に分れる。そしてそれぞれが生産、流通、需要の性格を異にする。

　野菜産地を問題にする場合にも、当然以上のような野菜品目の種類と性格を考慮して問題の性格を明確にする必要がある。さらに立地条件の差異や産地形成の程度・段階、その他経営構造などとの関係で産地の性格はさらに多様なものとなる。

　このような野菜産地を対象に、その全体像と特徴・地域性を明らかにすることは容易ではない。しかし、野菜の価格問題、特にその根底にある需給調整を問題にする場合は、供給を左右する産地実態を明らかにする必要がある。このような視点から、産地の地域的特徴の把握が課題となる。

　本章では農業技術の革新が野菜の産地形成と立地変動にどう影響するかを整理し、主に産地の歴史的な展開に焦点を当てて、産地類型の性格と問題点の考察を試みることにする。

2 産地形成と立地条件

(1) 野菜問題の所在

　野菜は価格変動が大きく、その暴騰・暴落は物価問題としても、また生産・流通対策としても、対応が急がれる緊急課題となっている。その原因は野菜の生産と消費、あるいは需要と供給が、その商品性格から必ずしも適切に調整できないためである。

　野菜の需要調整が何故困難かについては、その原因に次のような問題が存在する。まず第1に、既に指摘したように種類が多く、生産の地域特化と作型の多様化が進み、それに伴って出荷期を異にする産地が全国各地に分布していることである。

　例えば東京中央卸売市場へ出荷される主要野菜の産地数をみると（表6－1、参照）、最も多い場合でキュウリは18都県、119産地を数える。その他産地数の多い品目には、トマトの92産地、キャベツの66産地、レタスの64産地、馬鈴薯の63産地、大根の59産地、などがある。これらの産地がそれぞれ独自の判断で、生産出荷を行なっているのが実状である。

　第2に、野菜は一般に栽培期間が短く、しかも比較的容易に栽培が開始できる。従って栽培面積の増減も容易である。このような性格は露地野菜などで特

表6－1　主要野菜の産地数（東京中央卸売市場、昭和47年）

品目	関係都道府県数	主要産地数	品目	関係都道府県数	主要産地数
ダイコン	16	58	キュウリ	18	119
カブ	5	29	ピーマン	8	27
ニンジン	14	48	カボチャ	12	36
レンコン	5	11	インゲン	9	33
ゴボウ	4	18	サヤエンドウ	9	30
ハクサイ	9	43	ソラマメ	11	33
コマツナ	4	25	エダマメ	9	24
キャベツ	11	66	カンショ	10	46
ホウレンソウ	7	37	バレイショ	16	63
ネギ	6	45	サトイモ	6	26
カリフラワー	9	43	ヤマネギ	12	43
ニラ	6	28	レタス	17	64
切ミツバ	4	15	セロリ	7	24
ナス	11	48	生シイタケ	9	49
トマト	16	92	ヤマトイモ	5	17

（注）東京都『昭和47年度　東京都中央卸売市場年報』による。

に強い。各産地は価格その他の条件を勘案して独自に栽培面積の増減・調整をはかる。それが供給量の変動をさらに大きくする。

　第3に、以上のように供給の弾力性が大きいことと、それに加えて野菜の生育・収量が天候に影響されて変動が大きいことである。これは野菜が生鮮品であり、貯蔵が困難なために、天候に恵まれて生育が早まっても、出荷の時期別調整ができにくい。その結果、収穫量がそのまま市場に出回ることになる。

　以上のような供給（生産）からみた出荷調整の困難さとともに、需要（消費）面にも問題がある。すなわち野菜は食物繊維・ビタミンなどの重要食材であり、毎日欠かせない品目であるが、その需要量は非弾力的である。また、購買行動も生鮮品に特有の少量・多頻度買いである。このことは、価格の安い野菜を選ぶという野菜相互間の代替性は強くても、野菜全体の需要は比較的固定しており、需要の価格弾性値は小さい。

　このように、野菜はその生鮮品的特性に加えて、生産面・消費面から発生する特殊性があり、それが相互に作用して野菜の需給調整を困難にし、それが価格の変動を招いていると思われる。

　野菜の供給安定対策としては、野菜生産出荷安定法（昭和41年施行）を初め、各種の施策が生産・流通面で実施されてきた。しかし野菜問題は依然解消するまでには至っていない。むしろ最近では石油危機問題とも関連して、輸送コスト問題が追加されることで需給調整問題はさらに複雑化し、困難になってきている。

(2)　野菜産地の類型―原型としての近郊産地―

　野菜問題は、物価問題として最も強く一般の関心を引いているが、その原因は上述のように需給調整の困難さにある。物価問題も含めて、その根本的解決を図ろうとすれば、生産から流通までの各段階を点検し、それを通じて供給面の問題究明と効果的な施策を探るほか方法はないであろう。

　その前段階の問題として、まず産地が如何にして現在あるような姿に生成・発展してきたかを確認する必要がある。何故なら産地形成の程度、産地規模、

などが産地の出荷パターンを大きく規制し、供給形態に大きな影響を及ぼすからである。

ところで、野菜産地は分類基準によって種々の呼称が存在する。例えば立地条件、特に消費地に対する交通地位の関係から、近郊産地、中間産地、遠隔産地、が区別される。また出荷期や地形・標高の立地条件による平場産地、高冷産地がある。さらに作型や品目による露地野菜産地、施設野菜産地、などの区分もある。施設野菜の場合は、さらに早熟、半促成、促成などの栽培方法（作型）が区別される。早出しトマト産地や抑制キュウリ産地などがその例である。その他、歴史的発展段階、ないし生産・流通条件の差異を示す特産地、主産地という名称も存在する（第Ⅰ部、第4章、参照）。

このように、野菜産地の場合は、ある特定の産地を取り上げると、その産地はその性格により複数の形容詞がつけられる。例えば嬬恋キャベツ産地を例にとれば、中間（高冷）・露地・野菜産地である。これは産地の性格の多面性、野菜問題の特徴を示している。

従って、各産地の特徴を示すだけでなく、その分類相互間の関連性、特に野菜産地の歴史的・空間的発展性を理論的に関連づけて問題に接近することが必要になる。つまり多様な野菜産地を歴史的・発展論的に理論的に整理する必要性である。

以上のように、野菜産地の生成発展を歴史的・空間的に理解しようとすれば、その理論的な問題整理は避けられない。その問題領域は、立地論、産地形成論、流通論（マーケティング論）、などが相互に関連する領域と言ってよい。

以下は、以上のような問題意識に基いて、野菜産地の性格と相互関連を理論的に整理する試論である。しかし問題は大きく、その解明は容易ではないが、野菜問題を立地論的に正しく位置づける一試論として考察を進めることにする。

そこで、まず歴史的に野菜がどのように商品化され、また産地が形成されてきたかを一般論として図式的に考えてみよう。

野菜に限らず生産物の商品化は、生産力の発展に伴ない、生産物に余剰が生じた段階で、それを他の必要な外部生産物と交換する形で始まると言っていい。

野菜の場合も自給的な生産が、都市の形成発展などで外部に需要が発生し、それが販売される形で発生したと思われる。

　このような商品化の契機は、他の農産物と変りはない。ただ野菜の場合は一般に腐敗しやすく、貯蔵が困難で、遠距離輸送ができないために、その供給圏が消費地（都市）の近傍に限定される特徴がある。野菜の生鮮性が野菜産地を都市近郊に限定し、野菜に近郊作目的性格を与えたのである。

　このような状況で、野菜産地は消費地の近郊に出現する。従って野菜産地の原型（Proto type）は、近郊産地と考えられる。そして、その他の産地類型は、経済発展や技術革新によって近郊産地から派生して形成されると理解すれば、産地形成とその発展問題は理論的には一応解決する。この派生が如何なる契機と条件で誘発されるかが、次に究明すべき課題となる。

　この問題に進む前に、野菜産地の原型である近郊産地の特徴を補足すると、それは経済の発展が比較的未発達な段階で、人口集中（都市化）も小さく、各都市がいわゆるチューネンの「孤立国」的経済圏を形成し、それらの孤立的な経済圏相互間には野菜の流通が少ない段階・状況に対応する。

　このような段階の近郊産地は、その圏域で栽培できる野菜が圏域内の土壌、微気象、その他の立地条件の差異によって多少生産特化がみられても、生産物は専ら当該経済圏都市へ出荷される流通形態といえる。また、その経営形態は多品目・少量生産の複合経営が一般的であったろう。

　例えば、比較的近年までの東京を例にとり、その供給が主に関東経済圏から行なわれていた時代の産地を考えると、問題の性格が明瞭になる。その代表産地に練馬大根、滝の川ゴボウなどの産地が想起される。これらの産地は、練馬の場合はキャベツ産地として生き残るが、大半は消滅して存在しない。これらの産地が都市化の進展に伴って消滅したからである。そのプロセスは、既に第2章（都市化）で明らかにした。

　このように、近郊産地はその供給を専ら当該経済圏の中核市場に限定している産地である。この産地類型は、都市化の進展に伴い野菜生産が継続できなくなり、供給産地が周辺部へ移動する。その時期をまた東京の場合で考えてみると、ほぼ

中央卸売市場が成立する前後、年代的には大正末から昭和初期にかけてである。その他の都市では、野菜の流通事情によって異なるが、時代的にはそれより遅れてくる。近郊産地が原型的性格を強く残すことは、この類型が近年においても都市近郊に多く残存することから伺える。(前掲、図1－10、参照)

なお、ここで野菜産地の歴史的類型、いわゆる「特産地」の特徴を補足しておこう。(第Ⅰ部、第4章、第2節、参照)。何故なら、特産地は初期の経済発展段階に出現する野菜産地であり、それを上述との関連でどう理解するかが問題になるからである。その位置づけは、近郊産地が主に産地形成の初期段階で、当該経済圏の範囲を超えて外部に出荷されるまでに産地規模を拡大した産地と言ってよい。その特徴は、主に自然的立地条件の有利性に基礎を置いて形成発展した産地である。

この特産地は、それぞれの有利な立地条件を基礎に産地が発展し、従来の多品目・少量生産的経営から幾分脱皮して特定品目に特化し、同時に産地規模も拡大した産地である。それが交通輸送手段の発展に伴って、当該経済圏内市場だけでなく、圏外市場まで出荷できる産地規模に発展した産地といえよう。ただ野菜の場合は、輸送性が低いことから、圏域外出荷は他の品目に比べて少数に限定されていた。

特産地の特徴は、それが主に自然的立地条件の有利性を基礎に形成されることから、独占的性格を備えており、後でみる主産地と比較して、他産地との競争が少ないことに注目すべきである。これが主産地の場合と本質的に異なる性格である。

3 産地の多様化と経営発展
(1) 産地多様化の論理

野菜産地は、近郊産地を原型として、時代の推移と経済発展に伴って、現存する多様な類型が生成・発展する。次に、その展開論理、換言すれば多様な産地類型が派生する契機と条件は如何なるものかを検討することにしよう。

この問題は、野菜の商品特性、つまり生鮮性、輸送性、及び栽培可能性の3

要因に関係する。すなわち、繰り返し述べてきたように、野菜に近郊品目的な性格がある原因は、それが生鮮品のために貯蔵や遠距離輸送が困難であり、輸送手段や保鮮流通技術が未発達な段階では近郊でしか生産・供給できないからである。

　従って、もし野菜生産・出荷の以上の制約が除去されるならば、それに応じて野菜は近郊に限らず遠隔地域でも栽培され、産地が形成されるはずである。この問題は既に第4〜5章で検討したが、それは各種の技術革新で可能となる。例えば、生鮮性を確保しうる予冷、冷蔵、冷蔵車（コンテナ）、などの保鮮技術の発達、鉄道・道路等の輸送性を増大させる交通・輸送手段の発展整備、そして気象条件などの制約を除去し、栽培可能性を空間的に拡大する品種改良、施設（ハウス）栽培、などの栽培技術の発達・普及である。

　要するに、経済社会の発展と様々な生産・流通技術の発達が総合されて野菜生産の空間的制限と輸送性の制約を除去し、その生産を外延的に拡大させることになる。この野菜の外延的拡大は、すべての品目で一様に出現するのではなく、輸送性がありしかも潜在的な栽培適地が外部に存在する品目がその恩恵を受ける。各品目はそれぞれの有利性の程度に応じて、近郊産地から中間・遠隔地へと移動して新産地を形成する。

　このように、交通輸送手段の発展に代表される社会・経済的な立地条件の変化が、近郊産地から中間産地や遠隔産地を派生させる基本的条件である。そしてその場合の立地移動は、単に輸送性や栽培可能性による技術的要因だけでなく、経済的な野菜の価格、生産量、輸送・流通経費などの要因によって最終的に規制される。換言すれば、第Ⅰ部で検討した立地法則に従って、その適地に立地することになる。その競争力の実証分析は、鉄道輸送の場合について第3章で検討した。

　この近郊産地と中間・遠隔産地の形成に伴って、品目別には立地移動と生産特化が進むが、その際近郊野菜として依然残存する品目もある。それは、小松菜、春菊、ミツバ、ニラ、などの軟弱野菜類である。その他の品目は大半が外圏へ移動する。その品目には、白菜、キャベツ、馬鈴薯、キュウリ、など比較

的輸送性の大きい品目が含まれる。

　以上のように産地が分化し、それを前提して全国の大規模産地から主要消費地に野菜が出荷される段階の産地がいわゆる「主産地」である。この主産地が出現するには、上述の各種の条件が揃う必要がある。従って、経済発展に伴って生産・流通技術が発達し、それを前提して全国的規模で大型産地が形成され、それらの産地は立地条件やその他の個別事情によって特定品目に特化する。これがいわゆる主産地である。

　その実態を野菜指定産地で示せば、表6－2の通りである。

　なお、主産地は都市化の進展と交通輸送の発達が、全国規模で統一経済圏を成立させ、各地域のローカル経済圏の壁が取り除かれて、商品流通が全国的に行なわれる状況で成立する産地類型であることも分かる。

　このように、いわば全国的なオープン・マーケットが成立し、各産地がその自然的有利性とともに、交通地位、その他すべての立地条件を前提して、産地間競争を展開するような状況で成り立つのが主産地の特徴である。

　この産地間競争を前提して成り立つという点が主産地の特徴である。極論すれば特産地が無競争・独占的地位にあるのと本質的に異なる。商品経済のより進んだ、従って産地の形成発展が全国的に展開する段階の産地類型である。特

表6－2　野菜指定産地の地域別分布（昭和47年）

品　目	産地数	北海道	東　北	関　東	北　陸	東　海	近　畿	中国四国	九　州
キャベツ	62	4	1	16	3	12	11	7	8
キュウリ	134	3	21	34	1	7	10	31	27
サトイモ	19	—	2	1	2	7	—	3	4
ダイコン	49	3	6	11	6	9	5	6	3
タマネギ	54	6	—	11	—	7	12	10	8
トマト	94	4	6	28	3	10	11	13	19
ナス	27	3	—	6	—	4	4	6	4
ニンジン	58	5	5	16	3	10	1	7	11
ネギ	19	1	2	9	—	4	—	2	1
ハクサイ	76	5	2	21	7	14	6	11	10
ピーマン	21	—	1	6	—	—	1	10	3
ホウレンソウ	9	—	1	3	—	1	—	4	—
レタス	44	—	2	24	—	2	5	6	5
合　計	666	34	49	186	25	87	66	116	103

注：農林省蚕園芸局『野菜対策』(1972) による。

第 6 章　農業技術の革新と立地変動　　513

産地と主産地を区別するのが経済発展段階の差であることを明確にする点に産地概念の歴史的・理論的考察の意義がある。

(2)　産地の多様化と経営発展[2]

　産地の歴史的発展プロセスは、時間的経過とともに産地の性格を変化させる。その類型は近郊産地から特産地を派生させ、さらに主産地へと展開する。これに対して、空間的な産地の展開は、近郊産地から中間産地、そして遠隔産地へと拡大する。後者が野菜産地の地理的発展パターンである。野菜の産地形成と発展は、このように時間的展開と空間的展開を経・緯として織り成されて多彩な産地模様を織り成すのである。

　次に、その産地模様が地域的にどのような状況にあるかを、作目、技術、経営などの経営条件との関連で検討することにしたい。これは野菜産地の形成を経営発展と結びつけて統一的に理解しようとするものである。つまり産地の規模拡大と競争力向上との関連の解明である。

　まず、野菜作経営の発展段階を図式的に類型化すると、それは次に示すような発展プロセスを経るものと考えられる。すなわち、(1)自給生産、(2)半商品生産、(3)初期商品生産（小規模・多品目・複合経営）、(4)商品生産（大規模・少品目・専作経営）である。これを今まで検討した産地の類型と対応させれば、(2)、(3)が近郊産地ないし特産地段階に対応する初期の商品生産産地であり、(3)の1部と(4)が主産地段階に対応する本来の産地と理解することができる。

　このような産地の展開と経営発展は、生産力の向上と資本蓄積を基礎に、栽培技術や作業技術に支えられて可能になる。同時に、需要サイドの諸要因、例えば端境期（季節外）需要の存在、品質の高級化や安全性を指向する消費者動向、などが常に栽培技術の発達・革新を要求する。これらの諸条件が、例えば施設園芸で典型的にみられる供給の時期的移動、すなわち早熟栽培や抑制栽培の技術開発の契機を作るのである。

　その結果、それぞれの産地の自然的立地条件と品種選択・栽培技術の組合せによって、品目ごとに種々の作型が形成される。このような作型分化は、露地

栽培でも標高差や地域の気候差を利用した多様な作型・栽培様式が発生する。（表6－3、参照）その結果、後で見るように（表6－4）、出荷の時期別シェアが平準化の傾向を示すことになる。

この作型分化や経営発展の様相は、産地の立地条件によって種々異なる。都市近郊か遠隔地かの交通地位、また気候的に温暖地か寒冷地か、あるいは平場地域か高冷地かの標高・温度差、などによってそれぞれ栽培・出荷期、経営規模、技術体系などが異なってくる。

その展開パターンは、都市近郊では露地野菜から高級施設野菜への発展が考えられる。これは近郊の有利な立地条件を生かして、野菜作経営がその技術と資本蓄積に支えられて、メロン、トマト、花きなどの高級野菜・花き経営に発展する場合である。

また、暖地の温暖な気象条件を活用して、いわゆる早出野菜作経営を発展させる場合もある。このパターンは千葉から湘南、静岡、四国、九州の太平洋岸暖地に多い発展形態である。それは油紙トンネル被覆栽培からビニールハウスへ、早熟から促成へと発展するケースである。[3]

以上の2つのタイプは、その発展系譜は異なるが、最近では漸次その差異が

表6－3　野菜指定産地の品目別・作型別分類（昭和47年）

品　目	春	春夏	夏秋	秋	秋冬	冬	計
キャベツ	5	3	18	―	―	36	62
キュウリ	44	―	80	―	―	10	134
サトイモ	―	―	―	―	19	―	19
ダイコン	―	―	10	―	39	―	49
タマネギ	―	―	―	―	―	54	54
トマト	42	―	47	―	―	5	94
ナス	11	―	16	―	―	―	27
ニンジン	―	15	―	17	―	26	58
ネギ	―	―	―	―	19	―	19
ハクサイ	―	8	―	―	68	―	76
ピーマン	―	―	13	―	8	―	21
ホウレンソウ	―	―	―	―	9	―	9
レタス	6	―	―	―	14	24	44
合　計	108	26	184	17	176	155	666
（構成比）	(16.2)	(3.9)	(27.6)	(2.6)	(26.4)	(23.3)	(100)

注：農林省養蚕園芸局『野菜対策』(1972) による。

解消し、ともに施設園芸経営として融合し、集約的な野菜専作経営として発展している現状である。(前掲、第1章、表1－10、図1－9～10、参照)

これに対して、対照的なのが高冷地型産地の場合である。これは高冷地の夏季冷涼な気候を利用した夏野菜（露地、抑制栽培）に見られる類型である。例えば、キャベツの嬬恋（群馬）、夏大根の蒜山（岡山）、久住（大分）などがその例である。また近年では北海道で産地が進む夏大根もこのタイプに属する。

その特徴は冷涼な気候と土地利用上の有利性、つまり栽培面積拡大を制約する土地利用上の問題が少ないことである。また標高差を利用して作期をずらすことで作付規模を拡大する条件が存在する。これらの条件が面積規模を拡大して経営を発展させる可能性を大きくしている。そして作業技術的に規模拡大を可能にする機械化が進んでいる。

これらの産地は、集約度からみれば当然低くなるが、技術構造としては労働生産性を向上させる方向での規模拡大であり、経営的には必ずしも粗放経営とはいえない。しかし施設園芸と比較すれば、類型としては粗放露地野菜作のカテゴリーに入るだろう。

野菜経営の発展方向は、以上のように集約施設野菜型と粗放露地野菜型の2つの方向が考えられる。そしてそれらの発展類型は、それぞれの産地の立地条件を積極的に生かすことで成立する。品目や技術構造は異なっても、ともに資本蓄積と技術革新に支えられた野菜作経営の発展方向である点に変わりはない。

なお、これらの発展方向の中間に、それぞれの地域の具体的な立地条件や経営条件に従って、作目、作型、技術体系を異にする多様な経営類型が存在する。その中で野菜作経営の発展方向として興味を引くのが、交通輸送の発達に伴う遠隔野菜産地の形成問題である。

例えば、南九州地域は温暖な気候と豊富な雨量に恵まれながら、シラス、ボラなどの特殊土壌のために水利用に問題があり、遅れた畑作地帯として残されてきた。しかし前述のように、近年の海上輸送による輸送技術の革新と産地段階での土地基盤整備（畑地かんがい）が進むことによって、ようやく野菜作産地への脱皮を試みる状況である。(第3節、3、参照)

このような温暖な遠隔産地が、その際どの発展方式を選択するかが問題になる。そこではさきの二類型の発展の可能性がともに存在する。すなわち、集約施設園芸と粗放露地野菜作の方向である。

しかし、南九州は同じ遠隔地といっても北海道などと異なり、土地面積・所有関係から面積規模拡大には制約が大きい。しかし他方でより有利な比価の作目選択の可能性がある。寒冷な北海道が玉葱、馬鈴薯などの重量野菜に特化したのに対して、温暖な南九州はその他の果菜類などの施設野菜へ進む可能性が存在するからである。

要するに、野菜作経営の発展方向はそれぞれの地域性と立地条件に応じて種々であるが、その発展方向は大きく集約型と粗放型に分かれ、その発展方向、作目、及び立地条件との間に一定の法則性が見出せることである。この法則性は基本的には立地法則に規制されるが、その関係をやや図式的に示せば次のように言えるであろう。

すなわち、集約型は施設園芸に代表され、それは都市近郊と温暖な地域に多く出現する。品目は果菜（メロン・トマト）に典型的にみられるように、比較的軽量な高比価品目からなり、貯蔵性・輸送性に乏しい。これに対して、粗放型は露地野菜作であり、高冷地、寒冷地に形成され、品目は根菜、葉菜が多い。そして、大根、キャベツ、馬鈴薯、玉葱にみられるように、重量・低比価品目が多く、貯蔵性・輸送性が大きい。

以上のような諸要因の結びつきが、全体として野菜産地の地域性を特徴づけることになる。

この地域性は、野菜の立地変動が長年にわたって継続した結果であり、本節では野菜産地の類型と特徴を、産地形成と経営発展の論理を中心に整理した。主に技術の革新に焦点を当てた検討であるが、生産的側面と同時に出荷流通からの接近も劣らず重要であることは言うまでもない。

注
1) 産地形成については、第Ⅰ部でその展開論理を類型的に考察した。第4章、参照。本章は主に拙稿「遠隔産地における野菜作経営の発展条件」、『農業経営研究』No.20、昭和48年、「野菜産地の地域性」、『農業構造改善』第12巻、第8号、などによる。
2) 具体的分析事例としては、例えば以下の文献等がある。澤田収二郎「宮崎蔬菜作の経済的研究」〔1〕、〔2〕、『農業経済研究』、第22巻、第3、4号、関田英理、ほか「遠隔園芸産地の形成―高知県における展開過程」、『日本の農業』No.45。農政調査委員会、昭和41年。生田靖『輸送園芸流通形態史論』、高知市民図書館、昭和47年。坂本英夫、『野菜生産の立地移動』、大明堂、昭和52年、『輸送園芸の地域的分析』、大明堂、昭和53年。『野菜・畑作物の生産流通に関する調査研究』、昭和47～51年、(各年中間報告)。

第2節　生産技術の革新と経営発展[1]

1　栽培技術の革新

　改めて指摘するまでもなく、農業は土地と太陽エネルギーを利用する有機的生産である。農業の本質は動植物の生命現象を利用する点にある。そのため広い土地を生産手段として利用する。土壌から水分・養分の供給を受け、広い葉面積を"同化工場"として確保する必要がある。太陽エネルギーを直接利用する耕種や園芸ではこのことは明白であるが、畜産や養蚕など動物的生産を迂回する場合でも、飼料作物や桑の生産を通じて広い土地面積が必要である。
　農業生産は、直接的か間接的かに関係なく、一定の土地面積を必要とし、その土地の所在する立地条件に応じて作目が異なる。具体的には、位置（緯度・経度、標高）、状態（地形、傾斜、干湿）、特に気象条件（日照、気温、降水量、霜雪）と土壌条件（土壌タイプ、肥沃度、保水、排水）で作目が選択される。
　土地利用形態には水田、畑作、樹園地、牧草地、などがあり、それに対応して水稲、野菜、果樹、畜産、工芸作物、桑（養蚕）が耕作される。その組合せで農業地帯が形成される。
　農業生産の特徴はこのように、それぞれの地域の立地条件に強く規制されて、いわば受身の形で成り立っている。例えば稲作の場合をみると、現在でも天候

不順による冷害が出易く、作柄は天候に強く左右される。同様に野菜は天候条件で豊凶作となり、市場出荷を前進・後退させる。そのことが時期別の供給量を変化させ、野菜価格変動の大きな要因になっている。

　また農業生産に季節性があり、作物の播種期や成育・出荷期が作物によって異なる。従って農業技術は、この生産の季節性と自然条件の制約を脱却する方向で、生産力（収量）や労働生産性の向上を追求してきた。その具体的な方策が、品種改良などの作物自体の性質を変化させる育種である。例えば、それは水稲の耐寒性品種の育成に典型的に見ることができる。これによって我が国の稲作は冷害を克服して北海道の寒冷地まで北上した。

　他方、作物の成育する環境条件を人為的に改善する技術もある。それは施設や被服資材で作物の生育環境を調節する方法である。すなわち、温室、ビニールハウス、油紙トンネル、などで生育期を前進させる技術である。この方法は早くから園芸で採用されてきた。また野菜・果樹栽培で、作物を部分的にキャップやホースで被覆する技術が近年発達してきた。あるいはシートで土壌表面を被覆して発育を促進するマルチング栽培も普及している。

　これらの栽培技術の発達については、ここではこれ以上立ち入らない。しかし、その経営・経済的な意義と役割は正しく評価する必要がある。その意義・役割を一言で言えば、農業生産を季節性の制約から解放し、受身の生産から部分的に一歩能動的な生産に前進させる点にある。その典型が施設園芸であるが、マルチ栽培も通常の露地野菜や畑作物などの広い面積を対象にして、しかも相対的に低いコストで作期を早めることができる。また、作型分化ができ、その組合せによって、単一品目で周年栽培も可能になる。

　現在、マルチ栽培は殆んどの野菜や畑作物で実施されている。例えば、レタス、ゴボウ、甘藷、馬鈴薯、落花生、スイートコーン、などの生育促進技術である。その効果は地温上昇や初期生育促進を通じて収穫期を早め、早期出荷による有利な価格形成に役立つ。同時に作期の調整を可能にして輪作体系の安定と発展に貢献している。

　以下では、施設園芸やマルチ栽培が野菜・畑作物の周年出荷と専作経営の生

成発展にどのような役割を果たしているかを具体的に見てみよう。

2　産地の拡大発展と周年出荷[2)]

　近年、施設園芸の発展によって、寒い冬でもトマト、スイカ、キュウリ、などが生産・供給されるようになった。夏作物の野菜や果実が、本来の季節外れの真冬で食べられる。このことについては評価が分かれ、必ずしもそれを進歩と考えない意見もある。特に省資源エネルギー時代に、季節はずれに高価な野菜を食べることが果たして進歩といえるか、と。また野菜の本来の季節性をなくし、味やビタミンなどが少ない野菜を食べることが、生活が豊かになったといえるか、という疑問・批判もある。

　このような問題提起が、施設園芸の発達に関連して起きているのは事実である。しかし、農業技術の発達がその生産力の発展とともに、自然条件の制約から脱却してより積極的に自然力を利用する方向で発展してきたことも否定できない。特に野菜のように生産物が腐敗しやすく、輸送や貯蔵が困難な品目の場合にそうである。生産の季節性を克服して、その品目が本来生産される時期や場所以外で生産を行なう施設園芸やマルチング技術は、農業技術の大きな発展といえるのではないか。

　従って、問題は農業技術の進歩、ないし農業の発展方向を食生活のあり方とどう結びつけるかである。施設園芸の評価は、この点で意見が分かれるが、ここでは直接この問題を議論するのではなく、農業技術の発達と立地問題の視点から以下の議論を進めることにしたい。つまり現在までに達成された施設園芸やマルチ栽培などの栽培管理技術を、積極的に評価する立場である。それが野菜の端境期を少なくし、供給の安定と価格変動を少なくした点を評価する議論である。

　このような視点に立って野菜の需給動向をみると、産地が都市近郊から中間・遠隔産地と南北両方向に拡大し、しかもそれらの大型主産地から全国の主要消費地に出荷される全国的な統合流通圏が成立する。このような状況の下で、野菜の端境期は漸次なくなってきている。

他方、施設園芸は従来の温暖西南地域から東北・北陸などの寒冷積雪地域へと広がり、それぞれの地方都市は近隣産地から施設野菜の供給を受けるようになった。このことは、栽培段階の暖房費と、遠隔地から出荷する輸送段階のエネルギー消費とのエネルギー効率を比較する問題の変換を意味する。施設園芸に対する新たな評価基準が追加されたのである。また、近年には地球温暖化対策として、輸送費にかかわる燃料消費との関係で、エコ・マイレージという用語も使われ始めている。

ところで、野菜供給の周年化は、栽培技術の発達によってもたらされるが、その実態を東京都中央卸売市場についてみると、表6－4、6－5の通りである。まず過去10数年の時期別入荷量を表6－4でみると、いずれの品目も総入

表6－4　主要野菜の時期別入荷量シェアの変化
（東京都中央卸売市場、昭和40～52年）

品目	年次	総入荷量	冬春(1～3月)	春夏(4～6月)	夏秋(7～9月)	秋冬(10～12月)
ハクサイ	昭和40	173,670 t	26	4	9	61
	45	199,129	31	6	8	55
	50	200,449	27	9	9	55
	52	209,111	28	10	9	53
キャベツ	40	152,839	17	30	28	25
	45	173,562	21	33	25	21
	50	191,648	23	30	24	23
	52	192,845	22	29	23	26
ダイコン	40	123,330	26	17	22	35
	45	135,689	25	20	21	34
	50	145,108	30	16	19	35
	52	151,044	28	17	19	36
キュウリ	40	89,546	8	32	51	9
	45	126,119	13	31	42	14
	50	129,102	14	30	41	15
	52	136,306	14	30	37	19
トマト	40	56,524	5	38	50	7
	45	83,636	8	37	45	10
	50	87,966	11	36	40	13
	52	95,846	14	35	35	15
ピーマン	40	11,156	9	25	53	13
	45	25,193	15	31	33	21
	50	27,331	18	32	29	21
	52	32,449	17	32	26	25

注：農林省『昭和51年度農業観測』（昭和51.3）による。ただしピーマンと昭和52年は別途補足。

第6章　農業技術の革新と立地変動　　521

表6－5　主要野菜の月別入荷量シェア（東京都中央卸売市場、昭和52年）

時　期	キャベツ	ハクサイ	ダイコン	キュウリ	トマト	ホウレンソウ	レタス	バレイショ
1月	5.9	11.4	9.4	3.8	3.3	9.4	4.9	7.0
2	6.4	10.6	9.7	4.4	4.1	9.6	4.5	8.4
3	10.0	6.4	9.1	6.2	6.7	12.1	7.6	8.1
4	11.0	3.6	5.9	8.3	9.4	11.0	7.8	8.0
5	9.7	3.3	5.6	10.9	10.9	7.6	9.1	11.0
6	8.3	2.9	5.3	10.3	14.5	3.9	10.7	9.2
7	7.7	2.6	5.3	12.6	13.4	1.7	10.2	6.9
8	8.1	2.4	5.9	12.1	11.4	1.0	8.5	8.1
9	7.1	3.6	7.6	12.6	10.5	3.5	8.8	7.5
10	7.4	11.5	12.0	8.7	6.6	12.8	10.2	9.4
11	9.6	19.9	11.0	5.6	5.3	13.8	8.0	8.6
12	8.6	21.8	13.2	4.5	4.1	13.5	9.6	7.9
総入荷量(t)	192,845	209,111	151,044	136,306	95,846	33,986	65,845	150,256

注：『東京都中央卸売市場年報』（昭和52）による。

荷量を年々増加させる傾向の中で、時期別入荷量のシェアは平準化の方向に進んでいる。例えば、秋冬野菜を代表する白菜では、秋冬期のシェアが61％から53％に低下する。同時に冬春期などのウェイトが上昇する。キャベツ、大根は各時期が2～3割のシェアで平準化している。

他方、施設野菜のキュウリ、トマト、ピーマンの場合は、いずれも施設栽培の発展普及によって、冬期のシェアが年々高まっている。例えば、キュウリは昭和40年の1～3月期に8％であったが、52年には14％へ、また10～12月は同じく9％から19％へと増加した。トマトも、1～3月は5％から14％へ、また10～12月は7％から15％へと変化し、ピーマンもそれぞれ9％から17％、13％から25％へと、冬期のシェアを高めている。

表6－5では、この周年出荷の傾向が月別シェアで示されている。品目にはピーマンを除き、ホウレンソウ、レタス、馬鈴薯が追加されている。この表から明らかなように、貯蔵のきく馬鈴薯のほか、ホウレンソウやレタスなどの軟弱野菜でも、周年出荷が実現していることに注目する必要がある。

その理由は、ホウレンソウは一般に夏場の生産が技術的に困難であるが、新

技術の導入によって夏期の出荷が可能になり、端境期がかなり解消したためである。それは高冷地での産地形成の進展と、簡易ビニールハウスの"雨除け栽培"である。同時に、予冷処理や冷蔵輸送技術の発達も夏季出荷を支えている。

3 周年出荷の技術的基礎[3]

　野菜は、果実、食肉、鮮魚、牛乳などと同様、腐敗しやすく、そのままでは貯蔵がきかない。これらの生鮮食品を永く保存する方法は、加工品にするか、低温その他で貯蔵性を大きくするか、以外に方法はない。例えば、漬物、干物、缶詰、ジュース、バター、チーズ、などの加工が前者である。畜産物はこれらの加工技術が既にかなり発達しているが、青果物はそれが遅れ、特に野菜の場合は伝統的な漬物類と乾燥品を除けば加工技術はようやく近年緒についた情況にある。

　そのため、従来野菜はそれぞれの地方で生産した産品を、その地元で消費するのが一般的な消費パターンであった。つまり長距離輸送に適しない野菜の生鮮性が、その消費を地域内需要にとどめた。このような状況で形成されるのが近郊野菜産地である。従って、近郊産地では、その都市で需要される野菜を、その品目の生育時期に合せて、出荷するのが普通の形態であった。

　このように、時期別に品目が異なり、それを需要量の範囲内で生産するのが野菜作経営の形態である。そこでは、農家は"八百屋"的な生産を行ない、土壌条件が特定品目、例えばゴボウ、人参、大根などに適していて他の品目を作るより有利な場合以外は、多かれ少なかれ多種類の野菜を作ったと思われる。

　このタイプの野菜産地は、現在でも地方都市の近郊産地で見受けられる。例えば秋田市近郊ではそれが典型的な形で残されている。[4] このような産地が多かった時代には、その時々の野菜の品目が季節性を現す"旬の味"として尊ばれたのである。

　しかし農業生産技術（品種改良、栽培管理、防除技術）や交通輸送手段の発達は、野菜の気象条件への適応性を広め、輸送距離を伸ばすことを可能にし、野菜産地を都市近郊から中間地域や遠隔地域へと拡大させた。また標高の高い

高冷地での夏野菜栽培や施設園芸による冬期の野菜栽培を可能にし、さきに表6－4、6－5でみたように、東京などの大消費地では殆どの品目が端境期なしに供給される需給体制が確立する。市場需要に応ずる周年供給体制の確立である。

このように、栽培技術をはじめ、輸送、冷蔵、その他諸々の技術革新が総合された結果が、現段階における野菜の周年供給を可能にする。その実現には最初に述べたように、施設園芸の発達が関連資材の開発に支えられて大きく貢献した。(次の第7章、参照)

いずれにしても、東京をはじめ大消費都市では、出荷期を異にする主産地の全国的な形成によって周年出荷が達成され、年間を通じて多種類の野菜が入荷する。この供給を支える産地もその性格を変えて、かつての多種類・少量生産的な野菜作複合経営から、品目的には単品・大規模経営に形態変化を遂げている場合が多い。

嬬恋（群馬）のキャベツ産地を例にとれば、経営規模は3haから7～8haの大経営が一般的に見られる。また野辺山（長野）ではレタス、キャベツ、白菜の3品目を中心に数haの野菜作経営が成立している。施設園芸についても3,000m^{2}の大型専作経営規模が出現している。

もちろん、これらの野菜産地の性格と経営形態は、その産地の置かれた自然的な立地条件や市場距離、都市化の進展や兼業機会の有無、など諸々の外囲条件で異なることはいうまでもない。従って現実の野菜産地は都市近郊型の多品目産地から、遠隔輸送産地や高冷地などの単品大型主産地まで分化して発展し、その中間に種々の組合せが存在している。

4　野菜専作経営の形態

野菜専作経営という場合、その定義は統計調査などでは農業粗収益の7割以上が野菜部門の経営となっている。以上のように、野菜を基幹作目とする自立経営を専作経営と理解してその性格を次に検討することにしたい。

既に繰り返し述べたように、野菜作経営はその経営が立地する地域の立地条

件で異なる。それを類型的に分類すると、近郊産地での多品目型、中間・遠隔産地での単一品目、あるいは数品目専作型に区分される。これらの経営の性格は、それぞれの経営がその立地条件を最も有効に活用して経営発展を図った結果である。

従って、以上２つの類型の中間に種々のバライティを持った野菜作経営が現実に存在する。また同じ経営でも都市化の進展や高速道路の開通など、外部条件の変化によって作目（構成）に変化が生じてくる。

そのほか、都市近郊でも以上の近郊の多品目型の野菜専作経営とは別に、単一品目による多段階収穫での集約経営も見受けられる。小蕪、ミツバ、セリ、シソ、その他"つまもの"類の集約経営・周年出荷がその例である。栽培面積は小さいが、市場に近い有利な条件を活かして、集約経営で高収益をあげている。

都市化や高地価に抗して残存し続ける都市農業の野菜作経営には、このようなタイプが多い。これは狭小な土地を集約的かつ最有利に活用する必要性から、栽培期間の短い軟弱野菜を周年的に十数回も連続栽培する集約栽培である。季節性がないか、あるいは少ない品目が選ばれ、夏期の強烈な日光や高温を緩和するスダレ、寒冷紗、その他の被覆資材の利用と、特に年間を通して作付け可能な技術的・経営的能力などが統合されてこの種の集約的経営が成立する。

他方、従来の近郊露地野菜地帯が大根、人参、キャベツ、白菜、などの基幹作目に特化し、それを前後作の関係で２、３の野菜が補完する近郊型の野菜専作経営も存在する。三浦大根、入間人参、練馬キャベツ、茨城県西の白菜などの野菜作経営がその類型である。この類型は、広い土地面積に恵まれ、土地利用的視点から大規模作付が可能な露地野菜が基幹作目になる場合である。

しかし、同時にそれを可能にする豊富な労力の存在が、これらの専作経営を成立させる前提条件でもある。また労力配分からも基幹野菜は、いくつかの作期に分化するのが通常の形態である。

このような野菜作経営の実態を入間人参産地について見てみよう。入間は約800haの冬人参指定産地である。関係する市町は、川越、所沢、狭山、入間、

富士見、上福岡の六市と大井、三芳の両町である。面積は近年多少減少してきたが、それでも800haという産地規模を維持し、関東地域（冬人参指定産地）の約3割のシェアを占めている。その出荷量も1.9万t規模である。参考までに、人参とその裏作のゴボウの東京都中央卸売市場の月別入荷量、および主産県シェアを示せば表6－6の通りである。

この表で明らかなように、11月～5月にかけては、人参の総入荷量の8～9割が千葉県産と埼玉県産である。年内出荷は6月下旬から7月上旬に播種され、また年明け出荷は7月上旬から中旬にかけて播種する。1戸当りの作付面積は30a前後が多く、規模の大きい農家では1haも栽培する。これらの面積は3回くらいに分けて播種する。年内出荷1回、年明け出荷2回の作付か、逆に年内2回、年明け1回の作付になる。このような播種期の分化は、労力配分からも、また出荷期の分散という意味でも、ニンジンの専作経営を成立させるための条件であり、重要な意味を持っている。

なお、品種は「国分鮮紅」、「黒田五寸」、「小泉越冬五寸」などで、輪作体系

表6－6　ニンジン、ゴボウの時期別入荷量とシェア
（東京都中央卸売市場、昭和52年）

年　月	ニンジン 総入荷量	ニンジン 千葉産	ニンジン 埼玉産	ゴボウ 総入荷量	ゴボウ 埼玉産
昭和50年	75,490 t	t（％）	t（％）	14,547 t	t（％）
51年	81,273	⎰28,680	⎰18,951	15,550	⎰7,962
52年	87,987	⎱（32.6）	⎱（21.5）	15,103	⎱（52.7）
月別（52年）	t（％）	t（％）	t（％）	t（％）	t（％）
1月	6,236（7.1）	2,861（45.9）	2,067（33.2）	1,064（7.0）	537（50.5）
2	7,063（8.0）	3,311（46.8）	2,215（31.4）	1,320（8.7）	623（47.2）
3	7,176（8.2）	3,407（47.5）	2,001（27.9）	1,239（8.2）	627（50.6）
4	6,925（7.9）	2,766（39.9）	1,595（23.0）	939（6.2）	494（52.7）
5	7,640（8.7）	2,247（29.4）	3,223（42.2）	847（5.6）	547（64.5）
6	6,553（7.4）	4,821（73.6）	729（11.1）	1,205（8.0）	901（74.7）
7	5,057（5.7）	2,504（49.5）	103（2.0）	1,011（6.7）	692（68.4）
8	7,533（8.6）	131（1.7）	66（0.9）	971（6.4）	630（64.9）
9	8,979（10.2）	71（0.8）	17（0.2）	1,209（8.0）	719（59.4）
10	8,667（9.9）	300（3.5）	1,163（13.4）	1,335（8.8）	693（51.9）
11	7,410（8.4）	2,615（35.3）	2,653（35.8）	1,324（8.8）	616（46.5）
12	8,747（9.9）	3,648（41.7）	3,117（35.6）	2,638（17.5）	884（33.5）

注：『東京都中央卸売市場年報』（昭和52）による。構成比（％）は、総入荷量欄は年計に対する各月の、また県産はそれぞれの月の入荷量に対する産地シェアを、それぞれ示す。

は人参－ゴボウ－人参といったタイプが多い。早堀人参の後作にはホウレンソウ、越冬ものの後作には大根、小蕪、あるいは里芋、馬鈴薯などが作付けられる。人参の播種は機械化されていて労力があまり要らない粗放野菜である。3人程度の労力でかなり広い面積の栽培が可能になる。従って面積規模の拡大は、収穫調整労働を確保すれば可能になる。収量は5～7t程度で10a当たり20～30万円（kg当たり40円の場合）の粗収益となる。

5　野菜経営の直面する課題

　この入間人参の場合は、都市近郊に立地しながら比較的土地面積に恵まれ、また土壌条件にも恵まれて、ゴボウとともに根菜類の野菜専作経営を成立させた事例である。野菜の専作経営には、このほかに種々の類型が存在する。高原野菜の嬬恋キャベツや野辺山のレタス・キャベツ・白菜、高山（岐阜）のホウレンソウ、蒜山の大根、などである。

　これらの高冷地は、土地面積が国有林の払い下げや開拓入植地として広い面積を確保できた。それが機械化作業を可能にして規模拡大が実現する。しかし、その他の要因もまた当然関係する。同じキャベツ作でも標高差を利用して播種期をずらす作型分化や、異なる品種を組合せて労働ピークの平準化を図ることが必要である。これらの対策を講じて、はじめて数haに作付規模を拡大することが可能になる。このことは平坦地での専作経営についても当然あてはまるが、高冷地が標高別気温差を利用するなどの点でやや有利となる。

　しかし、いずれにしても野菜専作経営を確立するには、それぞれの地域の自然的・社会経済的立地条件を最高度に活かす品目選択が必要である。これはすでに成立している既存品目の産地を維持していくためにも、また新たな品目を導入する場合にも、当てはまる原則である。

　何故なら、野菜産地は都市周辺では都市化のために常に後退を余儀なくされており、他方で高速道路や長距離フェリー、その他の交通輸送の技術革新が常に新産地の形成を促しているからである。さらに稲作転換の最も可能性の大きい品目に野菜がある。このような状況で、産地間競争に勝残って産地を維持・

発展させるには、一方で技術面での収量増加と品質向上が何より重要であろう。同時に他方で経営規模の拡大によって経営的に安定を図ることが重要である。そのためには専作経営としてバランスの取れた経営を確立するのが有利である。

その形態は近郊型の多品目で周年生産出荷を達成する場合もあるが、また高原野菜のように単一品目で作型分化を行ない、規模拡大を達成する場合もある。温暖な地域での施設園芸もはじめに指摘したように野菜専作経営の主要な類型である。

これらの野菜作経営がそれぞれの役割を果たすことにより、周年出荷が達成されているのが現状である。その大きな役割を担うのが野菜作経営の発展を支える各種の技術革新である。これらの栽培技術の発達がどのようにその役割を果たすかを考察するのが本節の課題であり、その意義と役割を概観した。

注
1）拙稿「周年出荷における専作経営」、『みどり』No19、昭和53年、その他、農水省別枠特別研究、「野菜・畑作物の生産流通に関する調査研究」、昭和47～51年、所収拙稿、等による。なお、特別研究の成果は、農林水産技術会議事務局『野菜・畑作物の生産流通技術に関する綜合研究』（研究成果131）昭和55年。
2）注1）参照。
3）同上、及び「遠隔産地における野菜作経営の発展条件」、『農業経営研究』No.20、昭和48年、「産地形成の課題」、『農業経営研究』No.24、昭和50年、「畑作経営の展開と市場流通条件」、『農業経営研究』No.51、昭和61年。
4）例えば、拙稿「野菜の生産振興と市場・流通問題」、全国農業改善協会『広域営農団地整備計画の基本構想—秋田県秋田臨海地域』、昭和52年。

第3節　土地基盤整備と産地形成[1]

1　問題の所在と分析課題

野菜は作目として、また商品的に種々の特徴を備えている。繰り返し指摘するように、貯蔵性と輸送性が低く、鮮度が最も重視される品目である。作目としては種類が多く、作型の多様化と生産・出荷期の分化も大きい。また栽培期

間が短く、作目導入が比較的容易であり、生産が天候などに影響されることが多い。

このような野菜の特徴が野菜価格の暴騰・暴落を招き、それが物価上昇の重要な原因となる。また、豊作の場合は産地での圃場廃棄という事態もしばしば引き起こしている。いずれにしても上記のような特徴が、需給調整を困難にし、価格の不安定を招く原因である。

野菜の需給調整方法、ないし価格安定対策としては、従来、指定産地制度や価格補償制度などが実施・検討されている。しかしこれらの政策が充分効果を発揮しているとは必ずしも言えない。このような状況の下で、野菜の供給増加を遠隔産地に期待する動きも現れてきた。

例えば、その一例が秋冬野菜（大根）の出荷を九州から京浜市場へ向けて増加させる試みである。そしてそれが可能にする条件も出てきている。すなわち、第5章で考察した長距離カーフェリーの川崎－日向間の就航である。

他方、産地段階でもこれまで不十分であった畑作地帯での社会資本の整備が進み、土地基盤整備（畑地かんがい、区画整理）によって野菜産地への脱皮が試みられている。そのような事例に南九州畑作地帯の場合がある。

近年における経済の高度成長と発展が、一方で従来の近郊産地を消滅させる傾向にあり、他方で遠隔産地での新産地の形成を促してきた。このことは野菜それ自体の需給調整の困難さに加えて、その需給関係をさらに攪乱させる要因になることも示唆している。

問題は地域間の需要・供給関係の変化を含めて、野菜作経営を取り巻く立地条件の変化が野菜の産地間競争を激化させる方向に動いていることである。このことと関連して産地形成のあり方と有効な需給調整・価格安定対策の検討が緊急の課題となるのである。

ここでは、このような野菜問題の位置づけと実態認識に基づいて、野菜作の経営問題を土地基盤整備との関連で立地論的に検討する。地域は同じく南九州を対象に、遠隔地域での野菜作経営の発展条件と産地形成の方向を考察することにしたい。

2 遠隔産地の誘発・形成条件—土地基盤整備—

　南九州にみられる遠隔地域での野菜の産地形成の誘発条件は、交通輸送条件との関連で既に前章（第2、3節）で検討した。従って、ここではその条件変化の1つに土地基盤整備（畑地かんがい）があり、それと関連させて問題点を検討することにしたい。土地基盤整備による畑地かんがいが、南九州の特殊土壌条件を大きく改善し、新作目の導入によって産地形成を可能にするからである。

　ところで、基盤整備の問題を簡単に整理すると、南九州（宮崎、鹿児島）で現在実施されている土地改良事業（畑地かんがい）は、計画中のものも含めると大小10数ヶ所を数える。（図6－1、参照）既に実施中のものは、笠野原、綾川などがあり、計画中のものには一ツ瀬、南九州広域農業開発調査地区などがある。これらの地区も昭和50年前後には多くが完了し、さらに新規事業も実施されている。（図6－2、参照）

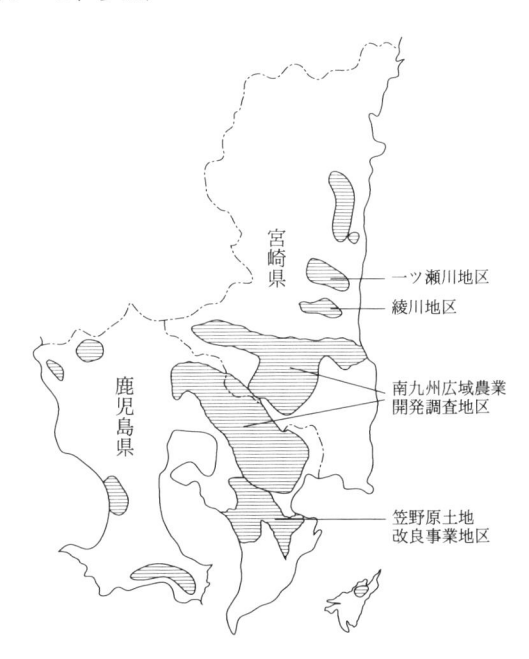

図6－1　南九州畑地かんがい分布図（宮崎、鹿児島）
　　　　（宮崎県関係は、詳しくは図6－2参照）

これらの地域は夏期雨量が多いにもかかわらず、特に鹿児島地区はシラス、ボラなどの火山灰土壌のために水利用が充分できずに、遅れた畑作地帯としてとり残されている地域である。この問題地域を、ダム建設による用水確保、畑地かんがい、区画整理、などの基盤整備によって、新作目（野菜）を導入して開発してゆくのが当該事業計画であった。そのために、南九州開発調査を大淀川、天降川などの河川を中心に20数箇所のダム候補地について調査している。その計画遂行に要する資本額は2,450億円の巨額が見込まれている。

畑地かんがいの効果は、笠野原の場合には作付率変化が大きい。すなわち、夏作物の場合、昭和40～45年の間に、里芋が60％近く増加し、冬作物では飼料作物と野菜が30～60％増加している。この変化は作付方式とも関連するので簡単には言えないが、基盤整備の影響が野菜などの作付率増加に反映していること

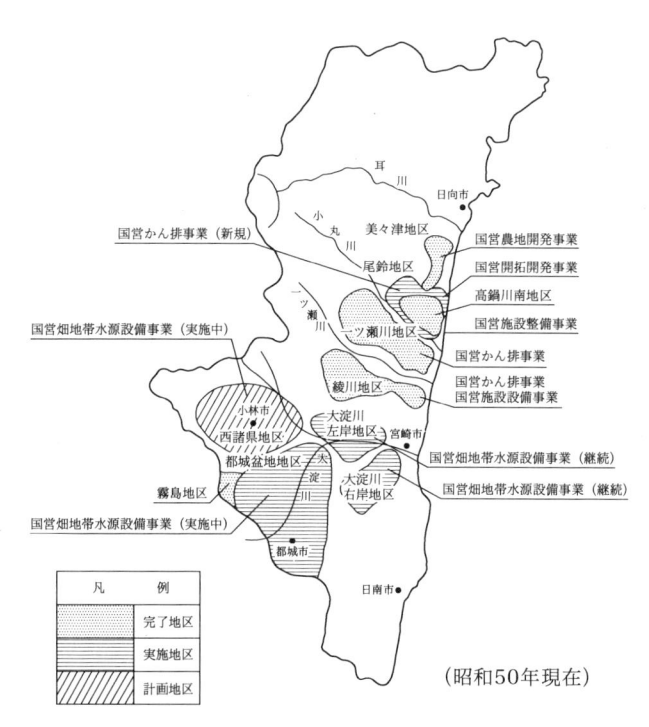

図6－2　宮崎県大規模土地改良事業一覧図
（昭和50年現在）

とは明らかである。

　なお、既に前章、第2、3節で検討したように、国の農業政策とも呼応して、一方で集送センター、産地予冷庫、消費地保管倉庫、などの建設や、産地の道路整備などの条件整備を進める必要がある。また他方で、流通コントロールセンターによる情報蒐集、分荷、出荷調整、その他のマーケティング活動のシステム化の推進も不可欠である。

　土地基盤整備は、さきの交通輸送の技術革新、産地の流通施設の整備などとともに、従来の遅れた南九州畑作地帯を輸送野菜産地に変身させる計画の一環である。しかし、以上の諸条件はあくまで遠隔産地出現の前提ないしその誘発条件である。それが実際に遠隔産地として形成・発展するかどうかは、農業経営サイドの産地形成と組織化が併行して進展するか否かにかかっている。

3　遠隔産地の発展方向と展望

　では、以上の検討の結果、どのような遠隔産地の発展方向が考えられるであろうか。結論を先に言えば、競争力概念の考察で述べたように、その方向の1つに規模拡大による経営発展と産地形成の方向がある。それは露地野菜作経営で、土地所有その他の制度的・経営的制約が少なく、技術的に機械化や省力化が容易な場合の発展方向であった。

　交通輸送条件の変化や基盤整備は、技術的にはそれによって輸送性や栽培可能性を増大させるが、これは必要条件であっても、必ずしも経済性が発揮される十分条件ではない。機械化や基盤整備はそれぞれ追加的投資を伴い、生産費を増大させる。また輸送費についても依然そのハンディキャップは残る。この単位面積当たりにみた競争力の不利を、経営的に克服する途があるとすれば、それは経営発展と規模拡大による"薄利多売"的な方向がその可能性を残すことである。(第Ⅰ部、第4章)

　産地形成の展開プロセスとそのパターンには2つの方向があった。すなわち集約的展開と粗放的・面積支配的な展開方向である。前者は単位面積当たりの個別競争力を強めることで経営発展を図る方向である。これに対して、後者は

面積当りでは競争力が弱いが、規模拡大によってその不利を克服する方向である。前者が近郊集約・施設野菜タイプであり、後者が遠隔粗放・露地野菜タイプであった。

　粗放型の事例は嬬恋などのキャベツ作経営にみられるが、南九州は土地条件でそれが十分満たされない状況にある。何故なら土地面積と所有関係の制約が大きく、かつ農業経営の発展、作付方式などの制約も存在する。もし種々の理由で土地面積の規模拡大が困難であれば、南九州野菜産地の発展方向は、基盤整備を契機に沿岸水田地帯にみられるような施設園芸への方向転換もありうる。むしろこの方向が現実的な展望といえる。その発展方向がどの方向であれ、畑地かんがいなどの基盤整備の意義は変わらないであろう。

注
1）拙稿「遠隔産地における野菜作経営の発展条件」、『農業経営研究』No.20、昭和48年、「産地形成の課題」、『農業経営研究』No.24、昭和50年。

第7章
施設園芸の発展と立地問題

第1節　施設園芸の生産立地[1)]

1　施設園芸と自然・技術[2)]

　施設園芸は、作物の生育に適しない場所や時期に、人為的に環境を制御して作物生産を行なう経営である。このような施設園芸の性格から、その技術的・経営経済的な問題も複雑なものとなる。この施設園芸について、本節では先ず初めに、自然条件と技術との関係を理論的に検討する。施設園芸の立地問題を考察するためには、この関係を明確にする必要があるからである。

　まず、施設園芸の特徴を問題にする時、それが通常の農業生産とどう異なるかを明らかにしたい。その特徴を端的に表現すれば、「脱自然」とでも表現するのが妥当なように思われる。それは施設整備に多額の資本を投下する、重装備生産を意味しての表現ではない。施設園芸が本質的に「脱自然」的性格を備えているという意味である。

　では、「脱自然」とは如何なる意味であろうか。それは農業の特徴を自然条件を与件とする「受身」の産業と理解した場合に、その状態からの脱却を「脱自然」と表現したのである。農業は「土地」を利用する産業であるため、与えられた特定場所の立地条件を与件とせざるを得ない。それは、狭義の土壌（地力、肥力、豊沃度）と、地表空間環境を含む広義の「土地」から構成されている。この「土地」を前提して、それに依拠して成り立つ産業が農業である。

　以上のように、この「土地」概念は、経済学的意味の自然力全体を意味する。従って技術的意味では、その中には(1)狭義の土地＝土壌と、(2)気象その他の地表空間（環境条件）を含む広義の土地が含まれる。農業の本質は、以上の「土地」を前提し、その利用によって成立つ「受身」の産業であることである。こ

の認識がまず議論の前提となる。

　もっとも、この土地は人為的に用排水工事、土地改良、あるいは施肥等により土壌条件は改善される。また栽培技術的には品種改良で作物自体の改良もある。農業が「受身」の産業であると言っても、それが全面的にそうとは言えない。しかし自然条件を改変する程度は小さく、そこにはおのずから限界がある。

　このように自然条件の制約が大きいことが農業の特徴である。施設園芸が本質的に「脱自然」と言う意味は、従来の農業では変更が困難な与件を部分的に変更する発想が根底にあることである。特にコントロールが困難な気象条件を、温室などの施設や資材で被覆して、天与の自然条件を変更する発想が重要な意味を持つ。ガラス室、ビニールハウス、トンネル等によるミクロコスモスの創出である。

　これは「土地」の2つの属性の中で、特別の追加投資なしには変更・改変が困難な地表空間（気象条件）を、それを与件としてそのまま受動的に是認するのではなく、それを能動的に制御・コントロールする発想から生まれる。これは農業技術の発達からみても、土地を対象とする従来の土壌改良技術（施肥、排水、かんがい）と全く異なる技術である。

　施設園芸の基本的性格が「脱自然」と言う意味は、農業生産が自然条件とどう関係するかについて、以上のような基本的差異を含んでいる。このような性格が施設園芸の技術問題の検討で、従来の「受身」の農業と全く異なる検討課題を発生させる。

　なお、従来「土地」は経済学的には労働手段であり、また労働対象であると定義されていた。その際、「土地」をその構成要素である「土壌」と「地表環境」（微気象）とに分離し、後者を「施設」によって部分的に代替しうると考えれば、「土地」はその労働対象的性格から分離されて、専ら労働手段と考えることが可能になる。その場合、日光を除けば、独占しうる自然力は存在せず、地代論との関連でも新しい視点が必要になる。

　また以上のような整理に従って、農業技術の発展、つまり自然（Nature）から栽培（Culture）への進展を整理すると、その展開は労働対象に関する技

術（栽培、品種改良）から労働手段に関する技術（作業、環境制御）へと進む。つまり、従来品種改良と施肥，その他の肥培・管理技術を中心とする技術が、機械化・省力化が課題の作業技術に進展し、それがさらに施設園芸の段階で、環境制御とシステム化を対象とする総合技術段階に到達する。

　この段階で農業技術をその原点にかえって再検討し、それが現実の施設園芸の成立発展にどのように関連するかが課題となる。本節は、施設園芸の生産立地問題に関連して、従来「土地」概念で一括処理してきた自然の意味を、技術構造論と関連させて把握し直し、農業技術論的に位置付けようとする試みである。施設園芸を「脱自然」技術と定義するのはそのためである。

2　施設園芸立地の理論的性格[3]

　一般に農業立地問題という場合、レッシュが指摘しているように、そこには明らかに２つの視点が存在する。すなわち、第１は全国的な広域経済圏（地理的空間）の中で、どのように作目の立地配置が決まるかを問題にする領域である。これはチューネン圏の成立に典型的に見られるように、ある特定「作目」が「どこに」立地するかを問題にする。これに対して、第２の課題は、農業経営的な視点から、ある特定の「場所」で「何が」栽培されるかを問題にする領域である。

　言うまでもなく、両者は密接に関連しており、両者は究極において一致するはずである。しかし分析的には両者を区別して、それぞれの問題を究明する必要がある。そのような意味で、一応便宜的に前者を経済立地問題、あるいは立地配置問題と呼び、後者を経営立地問題、あるいは作目選択問題と呼ぶことにする。（第Ⅰ部、参照）

　そこで、施設園芸を立地論的に問題にする場合、以上述べた２つの視点がどう関連してくるかがまず課題となる。そして、この施設園芸の生産立地問題では、主に特定場所における作目選択が主要課題となる。しかし、問題をこのように規定する場合には、その根拠を示す必要がある。

　結論を先に述べれば、以上のような考え方は基本的には妥当する。何故なら、

施設園芸の立地問題は、ある特定地域（場所）で、施設園芸が成立するか否かを究明する問題に帰着するからである。もちろん、それは単に作目の選択だけでなく、それと関連する「脱自然」的技術構造を前提する選択問題である。立地条件に対応する施設構造、必要投資額、その他施設園芸の成立を可能にすることが前提となる。この点に注目しなければならない。

要するに、施設園芸の生産立地問題は、通常の生産立地問題と自然条件および技術に対する基本的発想が異なり、与えられた場所での自然条件を単なる与件として受け止めるのではなく、それを積極的に施設によって代替するという視点が重要になる。

このような施設園芸の「脱自然」的な性格から、レッシュの分類の第1視点、つまり施設園芸がどこに立地するかという経済的な立地配置問題は直接的には関係が薄くなる。それは「脱自然」に要する投資額を規制する要因としてのみ問題になってくる。何故なら自然条件のうち、日光を除く他の要因は施設によってコントロールされ、一定のコストと引き換えに制御しうる要因に変換されるからである。また日光もコストを問題にしなければ技術的には人工光によって代替できる。[4]

この段階で、一般露地栽培作目における立地条件のうち、自然条件のかなりの部分が「制御可能な」自然に転化する。このような特殊性が施設園芸の「脱自然」的性格であり、資本によって代替されてコントロールしうる要因（manageable factors）に転化するのである。

従って、自然条件は距離要因と同様に、場所により施設投資額と暖房費等に差がでるが、それは経済的な費用に変換される。その結果、自然条件を捨象した理論の展開が可能になる。これはチューネンが自然条件を均質と前提したのと類似する問題に転化する。

このような自然条件の経済要因（施設関連費用）への変換は、施設園芸の立地問題が単純化したことを意味する。何故なら距離要因の遠近と同じように、温暖地と寒冷地とでは施設構造と暖房費の所要経費の差異として、理論的な処理が可能になるからである。

従って、施設園芸の立地問題は工業立地論の労働指向論と同じように、単純かつ抽象的次元で問題を処理しうる理論に転化することになる。つまり技術構造からみた施設園芸の「脱自然」的性格が、理論的にも問題を単純化し、工業立地論に準ずる処理を可能にする。[5]

このように、施設園芸の生産立地問題は、ある特定場所に施設園芸が立地する場合、自然条件を制御するための投資と費用がどの程度必要になり、それとの関連で栽培作目の有利性が発揮でるか否かの問題に帰着する。またそのために技術確立が可能かどうかが問題となる。

このような施設要因は、経済的なコストの大小関係で自然立地条件と密接に結びつき、その影響を強く受けるが、栽培技術的に作目選択を規制する要因としては作用しない。従ってそこでは専ら経済性を比較検討する経営的な投資・収益問題が残るだけである。

要するに、施設園芸の立地問題は、通常の距離要因に規制される側面と、立地の自然条件を克服する施設関連費用の施設費(C)と暖房費(V)が追加される側面の、二重構造から構成される問題である。これを地代関数式に示せば、後掲(1)式のように定式化できる。つまり、通常の地代関数に施設関連費用($C+V$)が追加される構造である。

以上が施設園芸の生産立地問題の特徴であり、それを端的に表現すれば、施設園芸は経済性を問題にしなければ、技術的にはどこでも立地しうるのである。後は施設要因と距離要因を綜合して、経済的に成り立つか否かを検討する問題である。従って施設園芸の空間的な立地配置問題のウェイトは低くなる。極論すれば、資本と経営者の意欲（企業者精神）があり、技術が確立すれば場所や地域を選ばず、どこでも立地する可能性がある。そして実際にもこのようなケースは存在する。北海道、東北、北陸、など寒冷地での施設園芸がこの例である。

ただ、この場合注意しなければならないことは、条件の不利な場所での施設園芸は、コスト面で当然負担が大きい。従って、それを前提して収益性のある施設園芸経営を確立するためには、当然収益性への配慮がより重要になってくる。つまり、導入作目と出荷期をいかに選定するかの問題である。また、その

際当然適切な品種選定と技術確立が重要になることも当然である。

さきに施設園芸の生産立地問題が、特定の場所で施設園芸経営が成立するか否かを明らかにする問題と言ったのは、まさに以上のような意味においてである。そこでは設備投資と暖房費を中心とする技術的・経済的問題と作目選択の組合わせが最重要課題となる。

3 施設園芸立地の特徴[6]

では、施設園芸の生産立地は如何なる特徴を有するであろうか。次にこの点を検討してみよう。特に、それが通常の農業立地問題とどう異なり、あるいは共通する点は何であるか。また通常の経営問題とどう区別されるか、などの関連問題である。

まず、第1の農業立地論一般との異同を考えると、既に指摘したように自然条件の受け止め方が基本的に異なってくる。しかし同時に共通の問題も当然存在する。ここでは、まずこの共通する課題から考えてみよう。

第Ⅰ部において検討した、チューネンに始まる古典農業立地論を現実に適用するためには、第1次接近として前提されている諸条件を緩和して、いわゆる現状分析立地理論の展開が必要であった。それは自然条件や、生産力の発展段階、あるいは資本蓄積、技術水準、など一連の個別的・特殊的・歴史的条件を理論に包摂して理論の展開を図ることである。

また、農業立地論の内容には、(1)構造的・実態認識的視点からみた現状分析論（地域特化論、産地形成・発展論）、(2)産地競争力分析論（狭義の立地論、経営立地論）、及び(3)産地計画論（空間均衡論、産地形成計画論）などが含まれる。これらの課題のうち、施設園芸の立地問題と関連して重要なのは、まず(1)と関連する施設園芸の位置づけであろう。

すなわち、農業立地現象ないし生産特化は、抽象的な立地論が取り扱う定性的・計量的側面と併行して、極めて歴史的・発展論的な性格が強く、とくに資本蓄積と経営構造条件が作目選択で果たす役割が大きいことである。

その理由は、作目の立地が単に競争力があれば出現する生態学的分布と異な

り、経営主体の選択行為を媒介して立地するからである。その特徴は作目選択主体の経営条件（経営構造、資本蓄積、経営者能力、技術修得、意欲、など）が現実の立地配置を規制していることの認識の重要性である。この点は第Ⅰ部で検討した。

要するに、現実認識的な立地論で重要なのは、計量的にみた立地競争力は一度経営というフィルターを通過して、はじめて実現することである。たとえ作目の個別競争力がいかに存在しても、それを顕在化させる経営主体（経営者）が存在しなければ、その競争力は潜在的なものに留まるからである。ここに作目選択を規制する要因としての経営主体的条件、ないし人間的要因の重要性がある。

施設園芸の現実の立地配置を以上のような視点から点検すると、それはまさにその典型的な場合ということができる。すなわち、施設園芸は一般的には都市近郊や表日本・西南暖地に多く立地している。これらに共通する特徴は、都市近郊の立地的有利性、あるいは温暖な気候条件である。しかし、これらの条件は施設園芸を誘発する条件にすぎず、現実に施設園芸経営が成立するためには、それを利用して作目選択を可能にする経営条件（経営発展、資本蓄積、技術）が伴わなければならないのである。

特に、都市近郊における施設園芸の立地は、都市の需要の存在に支えられて、企業者精神（意欲）の旺盛な先駆的農家が、露地野菜あるいは花き経営などから施設園芸に発展する場合が多い。それを促す要因には、(1)農家主体の意識・意欲、(2)永年にわたる園芸技術の経験と蓄積、(3)立地条件の有利性に基礎をおく経営発展と資本蓄積、(4)高級品、端境期における需要の存在，などがある。

この段階において、問題は通常の農業立地論から、施設園芸独自の立地問題に発展する。すなわち、それは作目選択における経営的・主体的な規制論理を前提として、さらに自然条件を克服する積極性と企業者精神の存在である。それはさきに指摘した4点のうち、(4)の需要の存在の確認に始まり、(2)、(3)の技術的・経済的条件に支えられて、(1)の主体的要因が経営を創設・実現する関係として関連づけられる。

このように、施設園芸の経営立地問題は、自然条件の制約に代わって経営主体の人間的要因（Human factor）が重要な役割を演ずるが、これはさきに検討した技術の「脱自然」的性格と関連して、施設園芸の立地要因が経済的・人間的色彩を強め、管理可能な要因に転化することを示唆している。

　しかし注意しなければならないのは、この人間的要因はあくまで経済的条件に裏づけられてはじめて作動・発現する性格のものであることである。つまり人間的要因は潜在的な収益性なり競争力を顕在化させる契機となるに過ぎない。このような意味で人間的要因は潜在的経済性を顕在化させる起爆装置機能を果すものと理解すべきである。

　このように、施設園芸の生産立地問題は、以上でみたような経済的ポテンシャル、すなわち施設整備、作目・作期（出荷期）、栽培技術、出荷・販売、などの要因を適切に選択・組合わせることによって収益性を顕在化させる問題となる。それは種々異なる立地条件の場所で、その他の立地条件をも同時に検討し、そこでの経営成立の可能性を探求する課題に帰着する。

　従って、施設園芸がどこに立地するかという経済立地問題の性格は薄れて、さきにあげた施設園芸経営が成立する4条件が存在する限りにおいて、その立地場所が何処かに関係なく、そこで成り立つ施設園芸のあり方を、とくに自然条件と施設整備要因（ハウス構造、投資額、暖房費等）との関連で追求する経営立地問題となるのである。

　この段階においては、定性的な施設園芸発展論と併せて、定量的な競争力分析論が重要になってくる。そしてこの競争力分析論の基礎として、一方で技術構造分析があり、それとの関連で経営経済分析、および市場対応問題が関係してくる。この段階では施設園芸と一般経営立地問題との差異は殆どなくなってくる。

　以上、簡単に施設園芸の生産立地問題の概要と一般立地問題との異同、あるいは施設園芸経営の性格などの特徴を概略検討した。問題の所在と特徴は大凡明らかになったであろう。

4 産地競争力概念の修正適用[7]

さて、施設園芸の経営立地問題の理論的位置づけ、及び問題の所在は一応以上で明らかになった。これらの問題のうち定性的側面については、不十分ではあるが既にふれたので、ここでは定量的側面の理論的問題について検討しておくことにしたい。すなわち施設園芸の「産地競争力」はどのように考えるべきか、それは施設園芸の場合にはどう定式化すれば、施設園芸の生産立地問題の分析に有効、かつ適切に問題を処理しうるか、あるいは産地間比較で有効か、などの問題である。

産地競争力の概念規定と関連問題は既に第Ⅰ部で検討した。それは産地が特定作目に生産特化を計画する場合、その競争力、あるいは有利性を総合的に表示する概念である。従来の分析では、生産費、価格、運賃、などが切り離されて別々に検討され、それを後で綜合判断するのが一般的な方法であった。これらの個別競争力、ないし有利性を数式的に統合して表示する概念が「産地競争力」であった。関連要因相互の関連とウェイトを構造的・計量的に表示するとともに、それを明示的に指標化したものである。

その詳しい検討は第Ⅰ部の考察にゆずって、先に部分的に触れたように、施設園芸の地代関数式を示せば(1)式の通りである。この定式化自体は、ダンの地代函数式をそのまま援用したものであり、異なるところは、式に施設関連費用（環境制御費、$C+V$）を追加計上し、また規模概念を導入して、経営部門総額で問題を処理している点である。

$(C+V)$は立地場所の気象条件の媒介変数として決まる関係にあり、この費用が通常の地代関数に追加される。

$$R = s[E(p-a_1) - Efk] - [c+v] \quad \cdots\cdots(1)$$

ただし、R：経営部門純利益（部門総額）
　　　　s：経営規模（作付面積）
　　　　E：単位面積当り収量
　　　　p：生産価格（単位重量当り）

a_1：施設関係を除く生産量（単位重量当り）
f：運賃率（単位重量・距離当り運賃）
k：市場距離（産地−市場間）
C：施設関係総固定費（単位面積当り単年固定費 $c=\dfrac{C}{sn}$）
　（n：施設耐用年数）
V：総暖房費（単位面積当り暖房費 $v=\dfrac{V}{S}$）

　この定式化の要点は、施設園芸経営で新たに必要となるハウス建設費と暖房費が環境制御費として追加的な費用を構成することである。この環境条件変更費用が(1)式では他の生産費から切り離されて地代函数式に組み込まれて計上されている。このC（施設関係総固定費）とV（総暖房費）が立地条件や品目・作型（栽培時期）によってどう変化し、それがR（総経営部門純収益）にどう影響するかが重要であり、それが経営の成否を左右する関係にある。この実証的分析は次節で行なうが、その具体的分析に先立って2〜3問題点を一般的に整理しておこう。

　まず、ハウスを中心とする設備投資は、それぞれの立地条件により当然かなりの差が出てくる。例えば温暖な気候の西南暖地では比較的簡易なハウスで十分である。しかし寒冷な積雪寒冷地域での施設園芸経営では、積雪、吹雪、などの荷重に耐えうるハウス構造が必要となる。それに対応するため、ハウス建材（柱、ガラス、その他）には堅牢な資材を使用することが必要となる。

　言うまでもなく、園芸施設（ガラス温室、ビニールハウス）の構造には種々のタイプがある。耐久的なガラスハウスもあれば、トンネルを少し高くした程度の簡易な、取り壊し自由な簡易パイプハウスもある。またその施設の目的、利用方法、利用時期、利用場所によって、当然ハウス構造が異なり、また安全基準も異なってくる。

　従って、寒冷地や台風常襲地帯で、いわゆるガラスハウスの施設を整備しようとすれば、以上のような風雪の荷重に耐えうる構造にする必要があり、それだけ堅牢なハウス構造が要求される。それは必然的に設備投資額を増大させる。

これを一般的に表現すれば、積雪量が多いほど、そして強風の襲う地域ほど、園芸施設整備に要する資本投資額は増大する。

　また関連して設備投資を多くする条件として、いわゆる装置化を伴う暖房、礫液耕、その他環境制御施設・機器の重装備化傾向がある。これは大型ハウス団地の造成に伴って、集中管理方式による自動制御や省力化を目指すもので、この方式を実行すれば1～2ha規模の団地でハウスも含めた設備投資は数億円に達する。

　以上は園芸施設についての環境条件と投資額、あるいは装置化・システム化と投資額との関係を示すものであるが、施設園芸のもう1つの側面、すなわち暖房費についてもまた類似する問題が存在する。加温によって温度条件を調節し、作物栽培を可能にする追加費用である。これは栽培時期の外気温の高低と作物要求温度の関係で、その較差を暖房によって解消する経費である。

　その場合、厳密には地温と室温の両方について考える必要があり、光熱費と呼ぶ方が総合的に加温操作を表示することになるが、ここでは暖房費と慣用的に呼んでおく。この暖房費は、やはりまた外気温の函数として、施設園芸経営の立地場所と時期により、寒冷な地域や時期であればあるほど、当然その費用は増大することになる。

　従って、問題は安全基準を考え、装置化・システム化を行なうほど投資額は増加し、また暖房費も寒冷地に行くほど多くなる。この施設・暖房費を前提して、果たして施設園芸経営が成り立つか否かが、施設園芸の経営的な問題である。施設そのものは安全性や長期使用を前提すれば堅牢になるのは避けられない。しかし、忘れてならないのは、その収益性である。改めて指摘するまでもなく、施設はあくまで生産手段であり、ハウスや関連施設がいくら立派になっても、それを利用して行なう生産（経営）が成り立たないならば意味がないのである。

　これは逆にいえば、経営的には設備投資は極力抑えることが至上命令となる。しかしこれはあくまで長期的、総合的に判断した場合であって、追加投資（設備投資増）がさらに大きな純収益をあげる（純収益増）のであれば、その投資は合理的である。(1)式の産地競争力がこの判断基準を示すことになる。

注
1) 本章は主に農林水産省別枠研究（高能率施設園芸の組織化・管理方式研究、昭和49～51年）の年次別中間報告書（No.1～3）所収の拙稿に依拠する。なお、施設園芸一般に関する論稿としては、前掲文献、関田英理、ほか『遠隔園芸産地の形成』、坂本英夫『野菜生産の立地移動』大明堂、昭和52年、『輸送園芸の地域的分析』大明堂昭和53年、参照。
2) 拙稿「施設園芸の経営立地問題」（第1年度中間報告）、昭和50年。
3)、4)、同上。
5) 工業立地論では、資源の偏在性と労働力、市場などの空間的配置が前提されている。その上で、輸送費を最低にする生産立地が問題となる。
6) 前掲拙稿「施設園芸の経営立地問題」（第1年度中間報告）、参照。
7) 拙稿、同上。

第2節　施設費と暖房費の実態分析
―促成・半促成栽培の産地間比較―[1]

次に、施設整備費と暖房費がどの程度の水準にあるかを分析する。ここで使用する資料は、昭和48年産の「野菜生産費調査」である。設備費(c)に「園芸施設費」、暖房費(v)に「光熱動力費」の統計数値を使用する。また粗収益(Ep)には「生産物価額」、生産費(A)には「第1次生産費」をそれぞれ使用する。これらの統計値を基礎に、施設費率 $\frac{c}{Ep}$ と暖房比率 $\frac{v}{Ep}$ を算出し、品目ごとに産地・作型別の特徴を比較する。それぞれ10a当りの数値（百分率）である。

まず、全体の概要を知るために主要6品目（キュウリ、トマト、ナス、ピーマン、イチゴ、スイカ）について、産地、作型、施設構造、の施設費と暖房費の実態を分析する。施設園芸の施設費や暖房費がどの水準にあるかの究明である。その指標に検討費目とそれが粗収益に占めるウェイト（百分率）を使用する。

注
1) 拙稿「施設園芸経営と立地条件―設備投資と暖房費分析」（第2年度中間報告、所収）、昭和51年。

1 キュウリ・トマト

(1) キュウリ

キュウリの粗収益と生産費（10a当たり）の実態を表7－1でみると、促成栽培の場合、粗収益は徳島を除いて大体100万円を越え、生産費も77〜95万円の水準である。その結果、生産費の粗収益に占める割合 $\frac{(A)}{(Ep)}$ も72〜80％の範囲にある。また施設費をみると、温室、ハウスともにその差が少なく、23〜25万円で殆ど同水準にある。その施設費が粗収益に占める構成比 $\frac{(c)}{(Ep)}$ も21〜22％である。

これに対して、暖房費は立地条件の差異を反映して3.6万円（高知）から9.4万円（静岡）と開きが大きい。従って暖房費率 $\frac{(v)}{(Ep)}$ も3.3％〜8.1％と格差が広がっている。

以上の検討から言えることは、キュウリの促成栽培は技術が平準化していて、粗収益もほぼ同額であり、施設費も類似した水準にあることが分かる。そして、差異が出るのがやはり暖房費であって、同じ表日本・太平洋岸産地でも高知で少なく、静岡で多くなっている。

この生産費調査は、同じ促成栽培でも出荷期が同じとは限らず、また暖地ほど出荷期が早いと思われるが、それでも西南暖地で暖房費が少なく、北にゆくに従って増加している。これは常識的な推測とも一致する。月平均気温（11〜

表7－1　キュウリの園芸施設費と暖房費（温室、ハウス、昭和48年）

作型産地	粗収益 (Ep)	生産費 (A)	園芸施設費 (c)	暖房費 (v)	$\frac{(A)}{(Ep)}$	$\frac{(c)}{(Ep)}$	$\frac{(v)}{(Ep)}$
	円	円	円	円	％	％	％
（温室促成） 静　岡	1,163,170	933,072	253,717	94,094	80.2	21.8	8.1
（ハウス促成）							
高　知	1,112,031	806,847	237,449	36,353	72.6	21.3	8.3
徳　島	846,602	953,944	232,070	62,508	112.6	27.4	7.4
宮　崎	1,018,373	765,810	227,582	57,958	75.2	22.3	5.7
（ハウス半促成）							
福　岡	999,699	849,027	201,602	58,579	84.9	20.2	5.9
埼　玉	552,385	375,900	59,007	6,001	68.1	10.7	1.1
愛　知	1,471,252	873,472	183,910	120,129	59.4	12.5	8.2
千　葉	916,313	799,946	139,271	83,444	87.3	15.2	9.1
群　馬	1,465,656	909,580	191,358	100,571	62.1	13.1	6.9

4月)を静岡と高知で比較すると殆ど差がないからである(表7－2、参照)。

そのほか、例外的に収益性の低い徳島を他の3地区と比較すると、粗収益が低いことが分かる。これは経営的に重要なのが生産費よりも粗収益であることを示している。これは粗収益が収量(E)と価格(p)の積であり、収量をあげると同時に品質を向上させ、高価格を実現するのが困難なことも示している。収益性を挙げるには何より技術確立が前提される。

次に、半促成栽培の場合をみると、粗収益、生産費の両面で産地間の開きが大きい。まず粗収益を比較すると、埼玉の55万円から群馬の147万円の開きがある。生産費についても同様に38万円(埼玉)から91万円(群馬)の差がある。同じことが設備費や暖房費について言える。半促成栽培で産地間にこのような差が生ずるのは、技術水準と集約度に格差があるためである。つまり、その原因は技術確立が遅れている結果と思われる。

しかし、以上の実数値比較にみられる産地間の較差は、生産費率 $\frac{(A)}{(Ep)}$ や施設費率 $\frac{(c)}{(Ep)}$、暖房費率 $\frac{(v)}{(Ep)}$ の場合には意外にも縮小してきている。例えば生産費率は60〜87％の範囲にすべて入り、施設費率も福岡を除けば10〜15％、そして暖房費率も埼玉を除けば6〜9％の水準である。

これらの比率の産地間比較で興味があるのが、絶対値では水準の低い埼玉が

表7－2　場所別年平均気温と月平均気温(℃)

地名	年平均	11月	12月	1月	2月	3月	4月
前橋	13.6	10.2	5.3	2.6	3.1	6.2	12.0
熊谷	13.9	10.3	5.2	2.8	3.5	6.6	12.3
水戸	13.0	9.8	4.7	2.2	2.8	5.8	11.4
宇都宮	12.7	9.0	3.5	1.0	1.9	5.2	11.1
銚子	15.1	13.5	8.5	5.7	6.0	8.6	13.1
静岡	15.7	13.2	8.1	5.7	6.3	9.2	14.0
名古屋	14.7	11.1	5.8	3.2	3.8	7.2	13.1
岐阜	14.7	11.3	6.0	3.3	4.0	7.3	13.0
津	14.8	11.7	6.8	4.3	4.5	7.3	12.6
奈良	14.3	10.5	5.8	3.2	3.8	6.7	13.0
大阪	15.6	12.1	7.0	4.5	4.9	8.0	13.9
徳島	15.6	12.7	7.8	5.1	5.4	8.3	13.6
高知	16.1	13.0	7.8	5.2	6.4	9.8	14.9
宮崎	16.8	13.8	8.8	6.7	7.9	11.0	15.5
福岡	15.7	12.5	7.8	5.3	6.0	9.0	13.9
熊本	15.9	12.3	7.0	4.7	5.8	9.4	14.6

注:理科年表(昭和50)による。1941〜70年の平均気温による。

収益率では相対的に改善していることである。それは経営的には絶対値で見るほど悪くなく、いわば粗放な安定経営タイプとみなされる。これに対して群馬は集約的な安定経営といえるであろう。

なお、この半促成栽培と促成栽培を比較すると、施設費率では促成＞半促成、暖房費率では促成＜半促成、生産費率ではいずれとも言えない。その産地間較差は促成＜半促成の傾向が存在する。これらの経営の収益性と作型の関係は、さらに立ち入った分析が必要であるが、この表7－1～2から種々の問題が明らかとなる。

(2) トマト

同様に、トマトの産地別・作型別の粗収益と、生産費、園芸施設費、および暖房費の関係を絶対値で示したのが表7－3である。

同様に、粗収益の実額をみると、作型とはあまり関係なく54～141万円の水準である。粗収益の大きい産地としては、静岡の温室促成が141万円、ハウス促成の愛知が124万円、ハウス半促成の栃木で112万円、などである。他方、小さい産地には、熊本のハウス促成の56万円、ハウス半促成の千葉が54万円である。そしてこの中間に他の産地が入る。

表7－3 トマトの園芸施設費と暖房費（促成、半促成、昭和48年）

作型産地	粗収益 (Ep)	生産費 (A)	園芸施設費 (c)	暖房費 (v)	$\frac{(A)}{(Ep)}$	$\frac{(c)}{(Ep)}$	$\frac{(v)}{(Ep)}$
（温室促成）	円	円	円	円	%	%	%
静　岡	1,407,696	1,011,292	172,213	17,779	71.8	12.2	1.3
（ハウス促成）							
高　知	873,029	709,954	239,275	13,660	81.3	27.4	1.6
宮　崎	680,356	510,763	176,750	5,433	75.1	26.0	0.8
愛　知	1,238,844	748,858	171,131	274,148	60.4	13.8	22.1
熊　本	557,330	463,970	101,495	41,745	83.3	18.2	7.5
（ハウス半促成）							
栃　木	1,119,681	753,454	163,636	72,249	67.2	14.6	6.4
茨　城	790,548	717,455	162,502	114,386	90.7	20.6	14.4
千　葉	540,892	603,821	106,444	49,527	111.6	19.7	9.1
岐　阜	822,936	615,657	137,882	19,011	74.8	16.8	2.3
愛　知	764,510	533,137	160,203	85,888	69.7	20.9	11.2
奈　良	765,399	476,654	113,054	13,487	62.3	14.8	1.8
福　岡	676,337	522,425	118,003	27,596	77.2	17.4	4.1

この粗収益の産地間較差は、キュウリについて指摘したように、それぞれの産地の技術水準較差を反映するものであり、それは生産費の大小に示される集約度、つまり集約栽培か、粗放栽培かも反映していると推測される。その判断根拠は、粗収益の大きい産地で概ね生産費が大きく、逆に例外はあるが粗収益の小さい産地で生産費も小さいからである。

　その結果、生産費率 $\frac{(A)}{(Ep)}$ はどの産地でも60〜80％の水準に収まる。粗収益と生産費は正の相関関係を示し、産地はそれぞれの粗収益や生産費の較差とは異なる収益性を示す結果となる。従って粗収益と生産費は産地間の集約度の差を示すが、必ずしも収益性の差にはならないことが分かる。

　では、生産費を構成する施設費と暖房費はどうであろうか。表7－3でこの点を確認すると、その傾向はやはりキュウリの場合とほぼ類似している。すなわち促成栽培の施設費は、例外はあるが17万円前後が多い。これに対して半促成では11万円台が多く、最高で16万円台である。この施設費の較差はハウス構造や暖房機などの装置化の差異を示すと考えられる。

　他方、暖房費は促成、半促成のいずれの作型でも明瞭な傾向は見られず、しかも産地間の較差が開いている。例えば温室促成（静岡）とハウス促成（愛知）の間には、立地条件の近似性とは逆に10数倍の較差が出ている。従って、これは立地条件、特に同じ時期の気温条件の差というよりは、栽培時期と暖房方法の差とみるほうが妥当であろう。

　しかし、半促成の場合は、その暖房費の産地間較差がある場合でも、その較差は促成栽培よりは縮少している。それは、産地の比較事例にもよるが、比較的簡易なハウス栽培のため、暖房費を相対的に多く要するためと思われる。

　このような関係は施設費率や暖房費率に明らかに反映される。すなわち、前者 $\frac{(c)}{(Ep)}$ については、促成の場合は12〜27％と幅が開くのに、半促成では15〜20％と狭くなり、ほぼ類似する水準に並ぶ。これは促成栽培で技術がまだ不安定であるのに、半促成では技術が確立されている結果である。この点はキュウリとは異なり、逆の傾向となる。

　また、暖房費率 $\frac{(v)}{(Ep)}$ をみると、促成で0.8〜22.1％の幅があるが、半促成

では1.8〜14.4％と縮小し、その構成比はむしろ半促成が大きくなる。このことは作型によって暖房費が異なっても、それが必ずしも常識的な推測（促成＞半促成）と一致しない。このことは施設園芸では技術が未確立であり、それが不安定さに反映されることを示唆している。

2　ナス・ピーマン

(1)　ナス

　ナスについて同じ指標を示せば表7－4の通りである。簡単に促成とトンネル栽培の特徴をみると、前者では大阪を除いて粗収益が116〜149万円の高水準に達している。他方、生産費は103万円〜107万円であり、生産費率は70〜90％である。施設費は25〜30万円、同比率 $\frac{(c)}{(Ep)}$ は18〜26％である。以上は同じ傾向であるが、暖房費は産地によりかなりの差があり、それを反映して暖房比率 $\frac{(v)}{(Ep)}$ も0.4％〜9.3％と較差が大きい。

　他方トンネル栽培では、粗収益水準は低下するが、産地間格差は狭くなり、この傾向は生産費、施設費、暖房費、のいずれでも見られる。その結果、各費目の粗収益に占める比率は生産費で50〜80％、施設費で1〜7.3％、暖房費で0.3％〜1.2％、とほぼ近似した比率となる。これらの費目はいずれも促成栽培より小さく、従って収益性はトンネル栽培の方が高い。

表7－4　ナスの園芸施設費と暖房費（促成、半促成、トンネル夏秋、昭和48年）

作型産地	粗収益 (Ep)	生産費 (A)	園芸施設費 (c)	暖房費 (v)	$\frac{(A)}{(Ep)}$	$\frac{(c)}{(Ep)}$	$\frac{(v)}{(Ep)}$
(温室促成)	円	円	円	円	％	％	％
高　知	1,338,428	1,051,738	245,198	4,766	78.6	18.3	0.4
(ハウス半促成)							
徳　島	1,491,175	1,033,956	285,149	131,113	69.3	19.1	8.8
大　阪	819,858	1,121,611	98,537	3,007	136.8	12.0	0.4
愛　知	1,163,197	1,075,981	301,724	108,550	92.5	25.9	9.3
(トンネル夏秋)							
茨　城	356,452	211,894	11,892	1,596	59.5	3.3	0.4
群　馬	415,542	342,967	30,201	4,958	82.6	7.3	1.2
埼　玉	788,330	474,985	50,447	5,004	60.3	6.4	0.6
山　梨	451,631	233,176	15,596	3,754	51.6	3.5	0.8
京　都	731,765	437,693	7,437	2,232	59.8	1.0	0.3

(2) ピーマン

表7-5はピーマンの促成栽培と夏秋ハウス栽培の傾向を示したものである。このうち、ハウス促成について補足説明すれば、粗収益は宮崎の113万円から高知の178万円といずれも100万円台であり、較差も存在する。また、生産費は98～101万円で近似した水準にあり、施設費と暖房費の内訳もそれぞれ25～29万円、18～20万円となっている。その結果 $\frac{(A)}{(Ep)}$ は87～57％、$\frac{(c)}{(Ep)}$ は16～11％である。

ピーマンの収益構造は、他の品目と同様に生産費関係はほぼ類似した水準にある。しかし、粗収益に大きな差があり、その結果収益率に差が出ている。その原因は粗収益が収量と価格で決まり、それは技術水準、収穫期間、価格水準、の較差を反映するからである。すなわち、暖房期間は限られており、その差は小さい。他方、収穫期間は植え付け時期の早晩と春夏期の価格水準で決まる関係にある。

3 イチゴ、スイカ

次に、表7-6でイチゴとスイカの場合をみると、福岡を除いて光熱費が

表7-5 ピーマンの園芸施設費と暖房費（促成、抑制、昭和48年）

作型産地	粗収益 (Ep)	生産費 (A)	園芸施設費 (c)	暖房費 (v)	(A)/(Ep)	(c)/(Ep)	(v)/(Ep)
(ハウス促成)	円	円	円	円	%	%	%
高　知	1,777,966	1,010,027	288,901	198,282	56.8	16.3	11.1
宮　崎	1,125,526	983,337	248,230	176,993	87.4	22.0	15.7
(ハウス夏秋)							
茨　城	615,458	753,960	63,377	27,900	122.5	10.3	4.5

表7-6 イチゴ・スイカの園芸施設費と暖房費（ハウス、昭和48年）

作型産地	粗収益 (Ep)	生産費 (A)	園芸施設費 (c)	暖房費 (v)	(A)/(Ep)	(c)/(Ep)	(v)/(Ep)
イチゴ	円	円	円	円	%	%	%
愛　知	548,297	656,112	118,766	14,902	119.7	21.7	2.7
岐　阜	734,107	678,891	123,561	3,906	92.5	16.8	0.5
奈　良	711,333	515,958	93,309	2,281	72.5	13.1	0.3
三　重	972,922	785,558	214,712	4,816	80.1	22.1	0.5
福　岡	254,420	503,195	43,752	13,532	198.0	17.2	5.3
スイカ							
熊　本	323,542	295,001	136,334	3,166	91.2	42.1	0.9

0.2～1.5万円である。生産費と粗収益を比較するとその較差は大きく、生産費率 $\frac{(A)}{(Ep)}$ は粗収益の大小で良否が決まる。しかし、これらの較差にもかかわらず、$\frac{(c)}{(Ep)}$ が13～22%、$\frac{(v)}{(Ep)}$ が赤字産地を除いて0.3～0.5%と近似する。

なお、スイカは比較できないが、$\frac{(A)}{(Ep)}$ が91%、$\frac{(c)}{(Ep)}$ が42%、$\frac{(v)}{(Ep)}$ が0.9%で収益率が低く、設備費率が高い。

4　総合考察

以上、6品目について、促成および半促成栽培を対象に、それぞれの粗収益と生産費を対比し、とくに園芸施設費と暖房費の粗収益に占める比率を検討した。その結果、使用したデータが生産費調査であり、気温をはじめ産地の立地条件と施設・暖房費との関係を検討することはできないが、実態として大凡の状況は把握できたと言えよう。

以上を整理する意味で、キュウリとトマトの2品目について $\frac{(c)}{(Ep)}$ および $\frac{(v)}{(Ep)}$ を1表にまとめて示したのが表7－7である。この表を全体的に概観して言えることは、促成と半促成との間の較差や、品目間の差はあるにしても、また技術の安定・不安定に基づく粗収益の較差はあっても、施設費率や暖房費率の水準は意外に近似していることが分かる。

例えば、キュウリの促成栽培の $\frac{(c)}{(Ep)}$ は21～27%、半促成では10～20%である。また、トマトでは促成・半促成を通して12～27%の水準にある。しかし、トマトの場合、その施設費率は促成栽培で較差が大きく、半促成で14～20%に平準化している。

他方、暖房費率 $\frac{(v)}{(Ep)}$ をみると、キュウリ促成で3.3%～8.1%、半促成で1.1～9.1%、トマト促成で0.8～2.21%、半促成で0.8～14.5%の水準にある。キュウリでは較差が小さく、トマトでは大きいが、2、3の例外を除いて暖房費率は概ね10%以下とみてよい。そして、これが立地条件の異なる産地間であまり差がない点に注目する必要がある。

これらの傾向を要約すると、園芸施設費率は15～30%の幅の中でモードが20%前後、暖房費率は10%以下でモードが7～8%、である。この傾向は、

552　第Ⅱ部　立地変動の動態実証分析

表7－7　園芸施設費と暖房費の実態（キュウリ、トマト、昭和48年）

作目	産地	作型	施設構造	粗収益 (Ep)	園芸施設費 (c)	暖房費 (v)	(c)/(Ep)	(v)/(Ep)
キュウリ	静岡 徳島 高知 宮崎	促成	温室 ハウス	千円 1,163 847 1,112 1,018	千円 253.7 232.0 237.4 227.6	千円 94.1 62.5 36.4 58.0	% 21.8 27.4 21.3 22.4	% 8.1 7.4 3.3 5.7
キュウリ	埼玉 群馬 千葉 愛知 福岡	半促成	ハウス	552 1,466 916 1,471 1,000	59.0 191.4 139.3 183.9 201.6	6.0 100.6 83.4 120.1 58.6	10.7 13.1 15.2 12.5 20.2	1.1 6.9 9.1 8.2 5.9
トマト	静岡 愛知 高知 熊本 宮崎	促成	温室 ハウス	1,408 1,239 873 557 680	172.2 171.1 239.3 101.5 176.8	17.8 274.1 13.7 41.7 5.4	12.2 13.8 27.4 18.2 26.0	1.3 22.1 1.6 7.5 0.8
トマト	茨城 栃木 千葉 岐阜 愛知 奈良 宮崎	半促成	ハウス	791 1,120 541 823 765 765 510	162.5 163.6 106.4 137.9 110.1 113.1 101.6	114.4 72.2 49.5 19.0 85.9 13.5 4.0	20.5 14.6 19.7 16.8 14.4 14.8 19.9	14.5 6.4 9.1 2.3 11.2 1.8 0.8

キュウリ・トマト以外の品目にも大体あてはまる。そして、それらの比率はそれぞれの施設経営の収益性検討や診断の基準として利用することも可能である。

　以上、生産費調査結果に基づいて、園芸施設費と暖房費の水準と、それが粗収益に対してどのような比率を占めるかを主要園芸品目について検討した。この分析によって、いくつかの問題点や傾向は明らかになったが、これで問題の全体像が明らかになったとは言えない。むしろ以上の検討は問題接近の第一歩に過ぎない。使用した生産費調査データでは把握し得ない問題が残るからである。この点を補足するためには、さらに他の実態調査などで環境条件とその克服費用との関連を追加的に分析する必要がある。

　例えば、集中管理モデル団地の事例調査などである。生産費調査ではこの重装備施設団地の事例がなく、その実態調査によって次の点の解明が必要となる。すなわち、(1)一般的傾向として設備投資がどのような傾向を示しているか、(2)それらが積雪寒冷地や台風常襲地帯でどのような差異を示すか、(3)また、集中管理方

式によって暖房費の節減効果があるか否か、(4)それは通常施設の場合と比較してどの程度の水準にあるか、などである。

また、立地条件の差異が気温、作型（作期）、その他の条件と関連して、どう施設費や暖房費に反映されるか、などの問題を把握する必要がある。この点も生産費調査によって明確にしえなかった点である。

そのほか、作目、作型別にみた施設費と暖房費の比較検討もさらに詳しく検討すべき課題である。特にそれを収量増加の可能性と安定技術の視点から検討する必要がある。なお、生産費調査の分析でも、施設費や暖房費とともに、あるいはそれ以上に収量をあげ、粗収益を大きくすることが生産費率を低下させる上で重要であることが明らかになった。この点のより詳しい分析も残されている。

このように残された問題は多いが、これを要するに施設費や暖房費の問題も、結局は粗収益との関係が重要であり、その絶対値と同時に相対的比率としてみて初めてそれが意味をもってくる。問題は立地条件と作目特性に応じた施設や暖房費を前提して、如何に技術を確立し、粗収益を高めるかの問題に帰着する。

第3節　施設園芸の発展と立地変動―近年の動向と課題―[1]

1　施設園芸の動向

施設園芸は、石油ショックを契機に近年顕著な変化がみられる。その実態を統計資料でみると、過去15年間のガラス室とハウスの設置面積の推移を示せば、表7－8の通りである。ガラス室は昭和35年の296haから50年の1,129haへ、またハウスは同じ期間に1,411haから21,862haへと増加する。その伸率は昭和40年を基準にして、ガラス室で2.2倍、ハウスで約5倍となっている。

この増加は、石油ショックの昭和48年を基準にしても、ともに指数109の大きさを維持している。この合計面積に占める昭和50年の野菜のシェアは81.2％、その増加は40年基準で4.6倍、48年基準指数は106である。

その地域別の増加動向をみると（表7－9）、昭和40～48年の期間に最も大きいのが東北の45.4％で、次いで九州31.8％、北海道28.6％、中国23.1％、東海

21.6％の順である。全国平均の20.3％を上廻る地域が以上の5地域で、その伸びが寒冷積雪地で大きいことが注目される。また、石油ショック以降は全国平均で2.7％で、地域別には北海道（△3.7％）と近畿（△8.3％）を除き、最高8.9％（東山）、最低0.4％（関東）の伸率である。

このように我が国の施設園芸は、新しい建材や被覆資材の開発普及、農業経営の発展（資本蓄積）、冬期での新鮮野菜への強い需要の存在、などによって、従来の温暖地域から寒冷積雪地域へ産地が拡大している。この傾向は石油

表7－8　施設設置実面積の推移（昭和35～50年、全国）

年次	ガラス室	ハウス	計	同左内訳		
				野菜	花き	果樹
昭和年	千m²	千m²	千m²	千m²	千m²	千m²
35	2,962	14,106	17,068	14,057	2,388	623
40	5,205	44,715	49,920	40,251	5,619	4,050
42	6,037	67,598	73,635	59,107	9,280	5,248
44	7,234	106,133	113,367	93,425	10,936	9,006
46	8,227	146,502	154,729	130,490	14,844	9,395
48	10,345	200,961	211,306	177,008	19,474	14,824
50	11,286	218,618	229,904	186,790	22,271	20,843
（構成比）	(4.9)	(95.1)	(100.0)	(81.2)	(9.7)	(9.1)
（指数）						
50／40	217	489	461	464	396	515
50／48	109	109	109	106	114	141

注：農林省食品流通局野菜振興課『園芸用ガラス室、ハウス等の設置状況』（昭和51.3）による。

表7－9　野菜用施設面積の地域別推移（昭和40～50年）

地域	年次 昭和40年	48年	50年	年率	
				40～48年	48～50年
	ha	ha	ha	％	％
全　国	4,025	17,700	18,679	20.3	2.7
北海道	28	209	194	28.6	△3.7
東　北	39	778	906	45.4	7.9
関　東	1,170	4,555	4,589	18.5	0.4
東　山	114	409	489	17.3	8.9
北　陸	69	293	319	19.8	4.3
東　海	481	2,300	2,601	21.6	6.3
近　畿	476	1,722	1,447	17.4	△8.3
中　国	156	820	879	23.1	3.5
四　国	1,013	2,217	2,438	10.3	4.9
九　州	479	4,364	4,787	31.8	4.7
沖　縄	…	…	34	…	…

資料：農林省食品流通局調査（昭和51年度農業観測による）。

ショック以降、幾分鈍化をみせてはいるがなお続いている。

その結果、施設設置面積の地域別シェアは（表7－10、11、参照）、昭和50年にガラス室で最も大きいのが関東で全体の57.1％、次いで東海の23.8％である。この両地区にガラス室全体の8割が集中している。他方、ハウスは第1位がやはり関東（32％）で、次いで九州（26.1％）、中四国（18％）であり、その構成比は76％を占め、全体の4分の3がこの3地域に集中する。

このガラス室とビニールハウスの地域は、さきに検討した施設園芸発展の2タイプ、すなわち都市近郊の「高等園芸」を代表するガラス室タイプと、気象

表7－10 地域別野菜施設面積と主要品目栽培面積（昭和50年）

地域	ガラス室 設置面積	構成比	ハウス 設置面積	構成比	ガラス室栽培面積 メロン	キュウリ	ハウス栽培面積 キュウリ	トマト	イチゴ
	千m²	％	千m²	％	千m²	千m²	千m²	千m²	千m²
北海道	18	0.5	1,917	1.0	0.5	0.3	481	961	108
東　北	71	1.9	8,984	4.9	4	85	5,094	1,214	3,778
関　東	2,189	57.1	58,464	32.0	4,807	453	21,402	14,373	19,540
北　陸	81	2.1	3,113	1.7	0.4	55	1,772	1,983	275
東　海	911	23.8	15,183	8.3	1,484	148	2,050	3,931	5,654
近　畿	214	5.6	14,261	7.8	5	94	1,474	1,822	8,097
中四国	262	6.8	32,911	18.0	311	81	10,588	2,686	9,214
九　州	86	2.2	47,786	26.1	50	10	9,396	7,413	7,640
沖　縄	－	－	337	0.2	－	－	318	8	－
計	3,833	100	182,957	100	6,663	927	52,574	34,390	54,295

注：農林省食品流通局野菜振興課『園芸用ガラス室、ハウス等の設置状況』（昭和51.3）による。

表7－11 野菜施設の設置実面積と栽培延面積（地域別、昭和50年）

地域	設置面積 ガラス室	ハウス	計(1)	栽培面積 ガラス室	ハウス	計(2)	利用率 (2)／(1)	総収穫量 (12品目+その他)
	千m²	千m²	千m²	千m²	千m²	千m²	％	千t
北海道	18	1,917	1,935	22	2,438	2,460	127.1	21
東　北	71	8,984	9,055	123	12,287	12,409	137.0	61
関　東	2,189	58,464	60,653	6,002	77,274	83,277	137.3	428
北　陸	81	3,113	3,194	141	4,955	5,096	159.5	41
東　海	911	15,183	16,094	2,423	18,921	21,344	132.6	105
近　畿	214	14,261	14,475	360	17,097	17,457	120.6	75
中四国	262	32,911	33,173	482	41,625	42,107	126.9	225
九　州	86	47,786	47,872	116	58,567	58,683	122.6	294
沖　縄	－	337	337	－	694	694	205.9	4
計	3,833	182,957	186,790	9,669	233,858	243,527	130.4	1,252

注：農林省食品流通局野菜振興課『園芸用ガラス室、ハウス等の設置状況』（昭和51.3）による。

条件に恵まれた温暖な西南暖地のビニールハウスに代表される「早熟栽培」タイプと重なる。

これら2つの系統がハウス構造や暖房方式、各種資材の開発と経営発展、その他交通輸送条件の変化などによって漸次1つに統合され、さらに立地配置を寒冷積雪地域まで拡大している現状である。

このような施設園芸の発展は、石油ショック以降、省資源的視点や環境問題、その他農業のあり方と関連して批判の対象になってきた。これらの批判に対しては謙虚に反省する必要があろう。しかし、他方で施設園芸は限られた土地と太陽エネルギーを最大限に活かす農業生産でもある。従って全面的に省資源的考え方と矛盾するものではない。むしろこの太陽エネルギーの有効利用の視点から施設園芸を見直し、施設園芸の振興を図るとともに、それが果たす機能と役割を客観的に評価する必要があろう。

2 施設園芸の産地形成

既に検討したように、施設園芸の特徴は、資本投下によって自然条件を制御し、人為的に栽培環境を制御するところにある。自然条件を資本によって部分的に代替するため、一定の資本投下が必須条件となる。このことが施設園芸の創設時に産地形成の制約条件となる。

まず第1に、ガラス室やビニールハウスを建設する資本が必要である。また、人為環境下での栽培技術や出荷販売面での独自の対応が必要となる。特に少なくとも数戸の同志を糾合して、新しい部門導入に積極的に取り組む進取精神と覇気、いわゆる企業者精神が必要になってくる。しかしこれらの条件は簡単に整うとは限らず、従って施設園芸を開始できるのは限られた少数の農家ということになる。

このような関係から、施設園芸の産地形成は当初少数の農家からスタートし、それが周辺農家に普及してゆくには露地野菜や畑作などと異なって時間を要する。その間、施設園芸農家は点在的分布となりがちである。これは都市近郊のガラス温室などに典型的にみられるものである。そしてこの傾向は最近の施設

園芸団地の場合にも見られる現象である。

　ただ、最近では施設園芸団地の創設が農林省の野菜振興政策の一環として推進され、ハウスやガラス温室の建設には補助事業が適用される。そのため初期投資負担は幾分軽減される可能性はある。しかしかなりの自己負担と危険負担は残される。従ってこのような施設園芸団地がモデル事業でスタートしても、これに続いて類似団地がすぐに形成され、大型団地となるケースは少ない。団地が産地にまとまるまでにはかなりの時間が必要である。

　このように、施設園芸が個別農家や団地から産地に発展するまでに、技術的問題や団地内部でのメンバー相互間の協力、あるいは施設利用・運営管理上の問題、さらに生産物の出荷と市場対応など種々の問題に直面する。これら全体が施設園芸の産地形成の問題である。

　この問題に関連して、参考までに集中管理モデル団地の事例を示しておこう。（表7－12参照）これにより、団地規模、単位面積当り投資額、及び農家負担額、などが概略明らかになる。

　施設園芸団地の代表事例（モデル団地）は、団地規模が1～3ha、参加農家が4～10戸（1戸当り3,000m^2）、投資額が事業年度やハウス構造で異なるが1～3億円、3.3m^{2}当り投資額が2～6万円、となっている。これらの数字は、我が国では一応近代的な施設装備をした、いわば大型重装備の施設園芸団地であり、これが経済性を発揮するには、技術の確立による収量と価格水準が一定のレベルを確保する必要がある。

　その粗収益の形成要因、つまり収量(E)と価格(p)、がどの水準であれば経営が成り立つかの問題である。それは初期投資額、償却年数などから算出できる固定資本負担額(c)と、暖房費などの変動費(v)を合算した施設園芸関連費用、つまり($c+v$)できまる。そしてその水準は作目と立地条件によって当然異なってくる。

　前節ではこの実態を生産費調査に基づいて分析検討したが、その実態から明らかになる傾向は、立地・作型・作目で当然異なるが、おしなべて固定費が粗収益の20％前後、暖房費が10％を確保すれば可能なことが分かった。例えば、

表7-12 施設園芸集中管理モデル団地事例

団地	規模 棟数	規模 面積 m²	事業費総額 千円	参加農家数 戸	導入作目	ハウス構造	管理方式	投資額 10a当り 千円	投資額 3.3m²当り 千円	農家負担 3.3m²当り 千円	備考
岩手大更	12	12,312	105,120	6	キュウリ	ビニール温室	{部分協業方式 / アパート方式}	8,538	28.5	11.4	昭和49年
宮城亘理	11	33,000	198,000	10	キュウリ トマト	ファイロン温室	協業方式	6,000	20.0	8.0	47
群馬東部	11	20,993	178,129	11	キュウリ	ビニール温室	アパート方式	8,485	28.3	11.3	49
千葉富津	12	11,822	208,037	4	トマト キュウリ	ガラス温室	{共同育苗 / 個別管理}	17,597	58.7	23.5	49
千葉大網	6	12,870	107,307	4	キュウリ トマト	ビニール温室	アパート方式	8,338	27.8	11.1	50
高知西島	11	33,480	218,093	9	トマト スイカ メロン	ビニール温室	協業方式	6,514	21.7	8.7	46
高知諸木	23	28,350	298,662	10	トマト スイカ メロン	ガラス温室	アパート方式	10,535	35.1	14.0	48
宮崎清武	11	28,052	120,000	10	ナス	ビニール温室	アパート方式	4,278	14.3	5.7	48
宮崎門川	7	15,876	210,549	7	トマト メロン	ガラス温室	{協業方式 / アパート方式}	13,262	44.2	17.7	49
宮崎木花	12	16,200	271,686	6	トマト メロン	ガラス温室	アパート方式	16,771	55.9	22.4	50
熊本日進	9	29,338	254,677	9	トマト メロン	ガラス温室	協業方式	8,681	28.9	11.6	49
熊本郡築	6	19,100	263,773	6	トマト メロン	ガラス温室	協業方式	13,810	46.0	18.4	50

注:各計画書および調査による。

昭和48年産キュウリで c が21〜22％、v が3〜8％、トマトで c が12〜27％、v は偏差が大きく数％ から最高22％の幅がある。その他、ナス、ピーマン、イチゴ、なども、さきに概数を示した水準で経営されている。

　これらの数値は、言うまでもなく実態を示すものであり、これが直ちに標準経営とはいえないが、これを参考に問題点を点検することによって、地域別・作目作型別の経営基準が試算される。その場合、それぞれの立地条件と投資限界との関連で、経済性が発揮できる標準数値を提示することが望ましい。例えば、収量（E）、価格（p）、作付規模（s）、施設関係固定費（c）、暖房費（v）、などを地域と作目に応じて示すことである。

　園芸団地の造成には、この標準装置化とハウス構造、導入作目、販売市場対応、その他を参考にして産地競争力を強化する方向が検討され、技術の確立と産地組織化が推進されねばならない。その場合の組織化方式（協業組織かアパート方式か）などの運営管理方法も、参加メンバーの構成、意識、技術水準、などを勘案して技術確立とコスト節減に貢献するかが判断・選択されることになる。

3　産地形成と流通・市場対応

　以上の施設園芸の団地化と、産地形成の緩慢性に関連して、その流通問題をここでまとめて検討する。まず、施設園芸の開始は、単一団地や1戸の農家からスタートする場合が多い。その際、最初に直面する問題が、零細な出荷量に伴う出荷、輸送、上場などに関連する不利益を如何に克服するかの市場対応問題である。

　例えば、先に示した団地規模（2〜3ha）を前提して、その収量＝出荷量をみると、10a当りのキュウリ収量を15tとみて300〜450tの規模である。これを出荷期100日で割れば平均出荷日量は3〜4.5tである。この荷口はそれを1市場のみに上場すれば必ずしも小さいとは言えないが、数市場に分荷する場合や、大型中央卸売市場を対象とすれば、十分大きいロットとはいえない。新しい施設園芸団地が単独にこの数量を出荷した場合、現在の市場制度では有利

販売は難かしいのである。

　このことは、経済性を発揮するためにメロンなどの高級品目を導入した場合にも言える。品質的には優れたものを生産しても、出荷荷口が小さく、銘柄が確立していないために、価格形成上の不利益はまぬがれない。またメロンなどの場合、1団地で作型を分けたのではさらに荷口が小さくなる。従ってその作型分化は避けるべきであるが、しかし他方で作型を単一にすれば出荷は数日で終わり、市場の目にはとまらない。団地単独の出荷ではこのロットが小さいというジレンマに直面する。

　このような現象は、最近の団地形成でしばしば直面する問題である。団地は一応生産単位を構成するが、その生産物を単独に出荷するのでは輸送単位はもとより、上場単位にも不十分であり、種々不利益が発生する。この不利益をどう克服するかが施設園芸の産地形成では特に重要な問題となる。

　その対応策としては、第1にその出荷量に適した市場を選択する市場対応がある。第2は、いくつかの近隣団地が横に連携をとって、その組織化を通じて流通単位を確保し、有利な販売を実現してゆく方法である。この方法は零細団地がとりうる現実的な市場対応策と言える。

　第1の出荷規模に応じた市場選択は、産地形成の初期段階では施設園芸に限らず、どの品目でも通過するプロセスである。施設園芸でそれが大きな意味を持つのは、その産地形成が寒冷地の場合や、メロンなどのように特殊な高級品銘柄市場が形成されていて、その参入に高い障壁がある場合である。寒冷地での産地形成では、後で述べる地域間の需給バランスをとる上で、地場市場出荷は大きな意義がある。メロンの近隣市場出荷も運賃コストをかけずに、比較的有利に販売できるメリットがある。

　これに対して、数団地間の横の組織化で対応する方法は、出荷市場は中央大消費地の卸売市場を対象に出荷することを前提して、出荷側で荷口の大型化や規格の統一をはかる方法である。それは立地条件が類似する産地の施設園芸団地間で連携して共同販売を行い、それによって輸送・上場単位を確保し、規格の統一を図る横断的組織化の方向である。この方式が通常の共同販売と異なる

のは、まだ事例的にしか存在しない施設園芸団地を対象にして、しかも広域的にこの共販組織を構成することである。

このような組織化は、都市化の進展で栽培農家が脱落し、従来の単一農協や出荷組織内で対応できなくなった場合の対応方法と類似する。その共販組織の範囲を広域化して、1つの組織に統合する都市近郊型の市場対応、ないし組織化方法である。広域的対応は都市近郊に限らず、他の地域でも現在では一般化しているが、施設園芸の場合はこれを郡程度の範囲で組織するものから、更に県域（経済連）を単位に数十団地で結成することも考える必要がある。

このような広域的対応は、産地形成が団地から産地に拡大発展する段階で、流通単位と有利販売、あるいは出荷需給調整（市場選択・分荷をふくむ）を実現する上の、組織化の方向を示している。その実現の可能性は、道路網や通信情報システムの整備、出荷組織の広域重層組織化（団地－農協－経済連、などのヒエラルキー的統合）などによって強まっており、実際にそれを実施している場合も見受けられる。

これらの組織化で考慮すべき問題点は、既往の露地野菜産地の中に同一品目による施設園芸団地を作る場合の出荷組織上の問題である。その場合に、施設園芸団地の生産物は露地やビニールハウスと比べて出荷期や品種、品質は当然異なってくる。そのため、既存組織とは別個に新たに出荷組合を作るという場合もある。しかしその際、別個の組織を作るのではなく、規格・等級や精算方法で両者を区別し、施設利用面でのメリットを損なわない方法で処理すべきであり、組織的に別の組織に分離することは望ましくない。

4　冬期安定供給と需給調整

近年の野菜需給の一般的動向は、作付面積からみると、49年現在で洋菜類が昭和45年基準指数で128に伸びているが、それ以外の品目はすべて90台の水準に落ち込んでいる。その最も著しいのが根菜類で88.4、果菜類90.5、葉茎菜類92.2、果実的野菜98.4、27品目総合で92.3である。（表7－13、参照）

このように、野菜類は全体的に減少傾向を示し、特に秋冬期根葉菜類の減少

傾向が目立っている。その原因はいろいろ考えられるが、都市化の進展に伴う近郊産地の消滅、それを補う代替産地の形成の遅れ、価格不安定や連作障害のための他作目への転換など、である。要するに露地野菜作経営の不利と不安定が大きな原因である。

以上のように野菜作が不安定なため、露地野菜作農家は立地条件や経営条件が許せば、追加投資は伴うがより有利な施設野菜へと作目・作型転換を試みる。例えば北埼玉地域では、このような形で施設栽培が急速に増加し、作期は前進あるいは越冬と周年化（冬期出荷）の傾向を強めている。関東地域での施設園芸の増加は、多かれ少なかれこのような性格を持っている。

その結果が、ダイコン、ニンジン、などの根菜類や、キャベツ、ハクサイ等の葉菜類の供給減退となっている。他方、有利な果菜・果実類の露地栽培は減少するが、施設ものは増加する形で相対的に減少率は小さい。このことは、表7-14の時期別入荷量割合の年次別変化に明瞭に示されている。つまり、秋冬期の入荷量シェアが、ハクサイ、キャベツ、ダイコンでは低下するか、変化がないのに、キュウリ、トマト、ピーマンではいずれも2倍近くの上昇を示している。

表7-13　野菜の類別作付面積（昭和45、49年度）

作目	45年度 実数	45年度 構成比	49年度 実数	49年度 構成比	49/45
	千ha	%	千ha	%	%
野菜総量（27種）	594.0	100.0	548.0	100.0	92.3
葉茎菜類（5種）	174.8	29.4	161.2	29.4	92.2
果菜類（8種）	159.5	26.9	144.4	26.4	90.5
根菜類（6種）	179.4	30.2	158.5	28.9	88.4
洋菜類（4種）	16.5	2.8	21.1	3.8	127.9
果実的野菜（4種）	63.8	10.7	62.8	11.5	98.4

資料：農林省『作物統計』、『青果物生産出荷統計』（『農業観測』による）。
注：葉茎菜類：キャベツ、ハクサイ、タマネギ、ホウレンソウ、ネギ
　　果菜類：トマト、キュウリ、ナス、カボチャ、未成熟ダイズ、未成熟トウモロコシ、未成熟インゲン、未成熟エンドウ
　　根菜類：ダイコン、ニンジン、ゴボウ、サトイモ、カブ、レンコン
　　洋菜類：ピーマン、レタス、セロリ、カリフラワー
　　果実的野菜：イチゴ、スイカ、露地メロン、温室メロン

第7章　施設園芸の発展と立地問題　　563

表7-14　主要野菜の時期別入荷量割合（昭和40～50年）

(東京都中央卸売市場)

品目	年次	総入荷量	時期別入荷量割合（%）			
			1～3	4～6	7～9	10～12月
ハクサイ	40	173,670	26	4	9	61
	45	199,129	31	6	8	55
	50	200,449	27	9	9	55
キャベツ	40	152,839	17	30	28	25
	45	173,562	21	33	25	21
	50	191,648	23	30	24	23
ダイコン	40	123,330	26	17	22	35
	45	135,689	25	20	21	34
	50	145,108	30	16	19	35
キュウリ	40	89,546	8	32	51	9
	45	126,119	13	31	42	14
	50	129,102	14	30	41	15
トマト	40	56,524	5	38	50	7
	45	83,636	8	37	45	10
	50	87,966	11	36	40	13
ピーマン	40	11,156	9	25	53	13
	45	25,193	15	31	33	21
	50	27,331	18	32	29	21

注：農林省『昭和51年度農業観測』（昭和51.3）による。ただし、ピーマンは別途補足試算した。

表7-15　施設野菜主要品目別栽培延面積（昭和50年度）

品目	ガラス室 面積	ガラス室 構成比	ハウス 面積	ハウス 構成比	計 面積	計 構成比
	千m²	%	千m²	%	千m²	%
キュウリ	927	9.6	52,574	22.5	53,501	21.9
トマト	1,563	16.2	34,390	14.7	35,953	14.7
ナ ス	15	0.2	14,125	6.0	14,139	5.8
ピーマン	12	0.1	8,930	3.8	8,943	3.7
イチゴ	11	0.1	54,295	23.2	54,307	22.3
温室メロン	6,663	68.9	2,200	0.9	8,862	3.6
雑メロン	71	0.7	16,127	6.9	16,198	6.7
スイカ	53	0.5	20,557	8.8	20,610	8.5
カボチャ	―	―	2,993	1.3	2,993	1.2
レタス	2	―	1,018	0.4	1,020	0.4
セロリ	5	―	2,580	1.1	2,595	1.1
ニラ	―	―	4,540	1.9	4,540	1.9
その他	347	3.6	19,519	8.3	19,866	8.2
計	9,669	100	233,858	100	243,527	100

注：農林省食品流通局野菜振興課『園芸用ガラス室、ハウス等の設置状況』（昭和51.3）による。

表7-16　総収穫量と施設収穫量（昭和50年）

品目	全国収穫量(1)	施設栽培収穫量(2)	施設栽培構成比(2)/(1)
	千t	千t	%
キュウリ	1,023	382	37.3
トマト	1,024	274	26.8
ナス	668	116	17.4
ピーマン	147	76	51.7
イチゴ	(166)	109	65.7
温室メロン	29	29	100.0
雑メロン	(212)	50	23.6
スイカ	(1,079)	111	10.3
カボチャ	(254)	14	5.5
レタス	258	2	0.8
セロリ	(32)	13	40.6
ニラ	(43)	17	39.5
その他	9,565	58	0.6
	(主要27品目)		
計	14,500	1,252	0.8

注：農林省食品流通局『野菜関係主要指標』（昭和51.8)、同野菜振興課『園芸用ガラス室、ハウス等の設置状況』（昭和51.3)。（ ）内収穫量と対応する構成比は昭和49年度についての参考数量である。（『ポケット農林水産統計』、1976)

　要するに、表7-15で明らかなように、施設野菜は、キュウリ、トマト、イチゴなどで増加し、そのシェアは全施設栽培面積の6割近くを占めている。そしてこれらは冬期に出荷されている。また、施設ものがそれぞれの品目の総供給量中でどの程度の割合を占めているかをみると（表7-16)、その割合の大きい順に、温室メロン（100%）、イチゴ（65.7%）、ピーマン（51.7%）、セロリ（40.6%）、ニラ（39.5%）、キュウリ（37.3%）、トマト（26.8%）、雑メロン（23.6%）、ナス（17.4%）などの順で大きい。

　以上のように、施設ものの増加は出荷期が周年化することに繋がり、それを通じて供給のピークを崩すのに貢献している。また野菜全体からみると、冬期を中心に根葉茎菜類の供給低下を補って果菜類が出廻る状況を作っている。つまり、施設野菜は全体からみて冬期の供給量を増加させ、そのような形で需給調整に役立っていると言える。

　しかし、それが具体的にどう需給安定に貢献するかは簡単には言えない。確かに供給量とそのシェアを個々の品目について見れば、果菜類はその冬期出荷の割合を増加させているが、それが大根や白菜に代替する可能性があるかどう

か、あるいは施設ものの出廻りで、もしそれがない場合の秋冬野菜の価格水準がどう変化するか、などさらに立ち入った分析と検討が必要である。最終的にはこれらの検討を待って施設ものの需給調整機能が評価されねばならないであろう。

　従って、ここでは一応の作業仮説として、施設ものの需給調整機能を評価する立場で、問題提起を行うにとどめたい。それは施設生産物が野菜の価格上昇を支えているという批判の検証とともに、上述仮説の実証研究が残された課題である。

　以上は、主として時期別の需給調整機能について述べたが、同時に地域間の需給調整機能を施設園芸生産物が果たすことも期待できる。それは施設園芸産地が寒冷地などに拡大することによって、地域市場が遠隔地からの旅荷供給に頼らず、近隣地場産地から新鮮な野菜を受け入れる条件が整うからである。これは、いわば「地産地消」的消費行動とも関連し、最近問題になっている地球温暖化対応としてのエコ・マイレージの発想にも一致する。

　このように、寒冷積雪地域への施設園芸産地の拡大普及は、地域間の調整機能を果たす機能も有しており、実際にもそのような位置づけで産地形成が図られている。その産地規模についても、地場供給を越える規模拡大の場合には、単に生産者視点の経済性の有無だけでなく、全国的需給や資源利用の視点からの検討が必要になってくる。

　この段階で、地域別・時期別に施設園芸生産物の適正な需要量と、それに対する品目別・作型別の生産目標の設定が必要となる。この課題に対しては、政策目標として施設園芸生産の適切な立地配置と地域別・作目別の需給計画の策定が必要になるであろう。

注
1) 拙稿「施設園芸の動向と生産流通組織化」（第3年度報告書）。なお、全体の研究要約は、農林水産技術会議事務局『高能率施設園芸に関する綜合研究』（研究成果133）、昭和56年。その他、参考文献(B)の著者論稿、参照。

終　章
総　括
―農業立地と産地間競争の動態分析理論―

　本書は、「農業立地変動論―農業立地と産地間競争の動態分析理論―」の主題にそって、第Ⅰ部の「農業立地の現状分析理論」（理論編）、第Ⅱ部の「立地変動の動態実証分析」（実態編）から構成されている。

　第Ⅰ部は、チューネン以来現在にいたる古典農業立地理論、すなわち、チューネン、ブリンクマン、レッシュ、ダン、の理論成果を継承しつつ、その成果を批判的に考察整理して、立地理論の実践的な「現状分析理論」の展開を試みたものである。

　古典立地理論を発展・展開するには、古典立地論で捨象されている自然立地条件をはじめ、その他の経営的・社会経済的諸条件を再度立地要因として考察対象にし、それらの諸要因を理論的に包摂した「現状分析理論」の展開を図る必要がある。また、研究領域が経済立地論に偏奇して、未展開のまま残されている経営立地論や動態理論を展開することが課題であった。この理論展開は、古典立地理論の理論体系を継承する地代函数式を基礎に、方法論的に「孤立化法」の一般化とその援用によって可能である。

　チューネンの『孤立国』は、周知のように立地論の古典として不動の地位を現在も保持している。しかし、その理論体系は自然条件（資源賦存）の均質性、単一市場、唯一の交通手段などを前提する抽象的な理論体系、いわば「純粋理論」、「原理論」に留まっている。このような古典立地論の基本的性格と、その理論的成果を整理し、問題の所在を明らかにするとともに、それに基づいてダンの地代函数式を基礎に「現状分析理論」を展開する試みが本書の主内容である。それは地代関数の比較静学的考察とその応用によって可能になる。

　ダンの地代関数の媒介変数は、立地条件や経済・経営条件によって当然変化

する。それは多様な立地条件の従属変数であり、この関係を踏まえて抽象レベルの高い「純粋理論」を具体的レベルの「現状分析理論」に展開することができる。その際重要な役割を果たすのがダンの地代関数の比較静学的考察である。

その成果を応用することによって、従来未解決のまま残された課題、すなわち経営立地論、動態理論を含む「現状分析理論」の展開が可能になり、問題解決の途が一挙に開かれることになる。第Ⅰ部の「農業立地の現状分析理論」（第1～6章）はこの理論展開を中心に構成されている。現実問題に指針を示す実践理論構築の試みである。

第Ⅱ部「立地変動の動態実証分析」は、以上の理論展開に依拠して、農業基本法以降の我が国農業の激動課程を立地論的視点から分析した実証的研究である。副題の「農業立地と産地間競争の動態分析」は、主にこの第Ⅱ部の内容に対応する。生産立地の変動過程を動態的な産地間競争の多様な局面で、具体的・実証的に分析する。

この動態変化を惹起する主要因として次の四要因を選定する。すなわち(1)経営発展、(2)都市化の進展、(3)交通輸送の技術革新、(4)農業生産・流通の技術革新、である。(1)は主体的な内生要因（自生的要因）であり、(2)～(4)は外生的要因（誘発的要因）である。その相互交渉と矛盾の統合過程が、立地変動の動態過程であり、実証分析は農業基本法以降の20年間の激動過程を対象とする。

このように、高度経済成長に伴って激動する内外経済条件の変化に対応して、農業生産が如何に変動し、地域特化を進展させるか、その展開方向と問題解決に指針を示すのが機能的・実践的な「現状分析立地論」である。現実の農業立地変動は主体的な経営発展と以上の外部立地条件との相互規定的な統一過程として生起する。この立地変動を正しく認識することが重要である。本書に従来の立地論と異なる視点があるとすれば、それは立地論における経営主体の果す重要性を強調し、それを媒介して各種の立地要因が統合される論理を究明しようとした点にある。

それは、第Ⅰ部、第1章、第4節（立地配置と経営条件）に始まり、第3章、第4節（作目選択と経営発展）において、経営的視点が理論の基底にあって、

それを中心に理論が展開されている。この理論展開の基調は、第Ⅱ部においても各立地要因に応じて分析の背後に存在する。

　本書の目標は、第Ⅰ部、第Ⅱ部の全体を通じて、以上の視点から現状分析的な統合立地理論の確立を意図している。次に具体的に第Ⅰ部、第Ⅱ部の内容を章別に要約しておこう。

第Ⅰ部・農業立地の現状分析理論（内容要旨）

　序章の「農業立地論の現代的課題」は、日本経済の高度成長過程で直面する農業の立地論的課題を整理し、その対応策として、立地論の現状分析的な理論展開の必要性を説くものである。この実態に対処すべく農業立地論の課題を提示する。

　続く第1章は、そのために、古典立地論系譜の研究成果を「農業立地論の課題」として概観展望する。従来の立地論研究の成果の全般的レビューと問題点の点検が目的である。いわゆる古典立地論が如何なる課題に取り組み、その成果は如何なるものであるか、またその特徴と限界・弱点は何か、などの確認が主要な課題となる

　第1節は「農業立地論の課題と系譜」として、従来の立地論研究を展望し、課題と関連領域の整理を試みる。すなわち、チューネンからダンに至る立地論の系譜と課題を理論的に整理し、それに基づいて理論の現状を確認する。

　第2節は、以上の古典立地論の概括的点検に続いて、その理論的特徴を考察する。その結果、経済立地論への偏奇的な展開と経営立地論と動態理論の展開の不十分さ、などが明らかになる。このことは、自然条件の理論的包摂を困難にし、経営立地論も含めた実践的な現状分析立地論の確立を不充分なままに残した。

　第3節は、古典立地論の達成成果の概要である。すなわち、ダンによる地代函数の定式化、圏域形成の条件の究明、そして「全面的な立地指向」論の試みをダンとレッシュについて概観する。

　第2章の「農業立地論の展開方向」は、古典立地論を継承しながら、その現

状分析理論への展開方向を方法論的に検討する。従来、チューネンの方法論については、近藤康男名誉教授のすぐれた研究があるが、本書もその先学の実績を踏まえて、チューネンの「孤立化法」（遊離化法）を一般化することで、それを立地理論展開に応用する方法論的課題の整理である。その方向は、ダンも不十分ながら試みているが、チューネンが「孤立国」モデルで当初に設定した諸前提を緩和して、距離以外の諸要因を理論に包摂することである。これは「純粋理論」、「原理論」段階の抽象理論を、具体的な「現状分析理論」へ展開することである。この展開を通じて、自然条件の理論への包摂、技術の立地論的評価、経営条件の意義と立地理論的機能・役割などを考察・整理し、従来の立地論の弱点を克服することができる。

第1節は、立地論の方法論的前提、各個別課題領域の接近レベル、及びその相互関連を、空間均衡論や地域分析等の近代理論なども含めて方法論的に検討した。そして理論展開の方向として、(1)経営立地論を中心とする現状分析理論の展開、(2)社会経済条件の変化と技術革新を包摂する動態理論の展開などの課題を整理・提示する。

第2節では、農業立地論の展開方向を以上のように設定した上で、前提条件の緩和として具体的に、(1)資源賦存の偏在・異質性、(2)多数市場の存在、(3)交通機関の発達による運賃率変化、などの問題を検討する。

そして第3節では、生産立地特化や主産地形成などの立地現象が経営主体を媒介して実現し、資本蓄積、その他「企業者精神」などの人間的要因と強く関連することを認識する重要性を指摘する。

第3章は、第1節でまず立地論の展開と統合問題を方法論的・理論的に考察する。すなわち、(1)地代函数式を理論統合の媒介項として設定し、(2)その展開論理を孤立化法の応用・一般化で定式化する。その上で、(3)地代函数の比較静学的考察により、媒介変数の変化が地代関数に及ぼす影響を分析・考察する。

これが理論展開の基本的論理であり、(4)媒介変数が自然条件をはじめ、その他の個別経営・経済的な立地条件、その他各種の技術革新の影響の従属変数であることを数式的・グラフ的に確認する。

以上を敷衍して補足説明すれば、ダンの地代函数式を援用した比較静学的検討は、地代函数のパラメーター（収量E、価格p、生産費a、運賃率f）の変化が，地代函数グラフをどのように変化させるかの解明である。その影響をパラメーターごとに理論的に検討し、その法則性を明らかにした。

　これは、本書の理論的成果であり、第2節の地代論、あるいは産地競争力比較の理論、その他の隣接分野との理論統合や拡大展開を可能にし、さらに動態理論展開のための基礎理論として重要な役割を担っている。

　例えば、収量(E)は種々の要因によって変化する。その原因には、土壌や気象条件の差異、栽培技術、などがある。また経営間較差、生産力発達段階、その他地代関数の媒介変数に影響する諸々の要因が関係する。これらの較差を発生させる原因を全て包摂して考察できる点に比較静学的考察の意義がある。その展開は、単に静学的な比較理論にとどまらず、動態分析に適用可能な有効理論に転換可能であると主張する。

　なお、この理論は著者独自のものであるが、その成果を発表後、Earl R. Swanson、及び H. W. Eggersがほぼ同じ問題を考察しているのを発見した。しかしそれは媒介変数の地代函数への影響の簡単な考察に終わり、その応用展開は行っていない。またSwansonの考察は農業技術に関係する収量(E)と生産費(a)のみで、運賃率(f)は検討していない。本書ではその影響を立地論全体の理論展開に結び付け、「現状分析理論」を展開する基礎理論として応用している。

　第2節では、以上の成果に基づいて、具体的に立地論隣接課題との理論統合を試みている。すなわち、リカード・マルクスの豊度差額地代論との統合のためにその前提として、(1)「地代」概念を調整し、(2)それに基づいて立地論（位置の差額地代論）と豊度差額地代論とを統合、さらに(3)独占地代論への拡大適用、(4)古典立地論と比較有利性原理の関係、などを分析した。

　第3節は、比較静学成果の応用例として、それがそのまま動態理論へ拡大適用可能なことを明らかにし、その動態側面を簡単に考察する。すなわち、(1)経済発展と技術革新、(2)流通・加工技術の発達、(3)生産技術の革新、などの立地動態理論への包摂である。

第4章では「産地形成と産地組織化の理論」として、立地変動と関連するやや具体的・政策論的な組織論的問題を検討する。ここでは産地形成と産地組織化の理論を理論的（実態把握的）課題と政策的（実践的）課題に区分して検討する。

　すなわち、第1節「産地形成と産地組織化の理論」がその理論的問題である。問題を産地形成の基礎理論と実践的課題に分けて、それぞれの課題を整理する。その際、第2節の競争力分析の基礎として、それぞれの立地条件とその差異や変化を競争力に明示的に（Explicit）表示する構造的・計数的指標化を試みている。

　第2節「産地間競争と産地競争力」は、以上に基づいた産地形成の実践的課題を分析対象とし、産地組織化の視点から総合的に問題点を整理する。第3節はそれを理論的に検討した「競争力概念の理論的検討」であり、前章で検討した比較静学的考察やその拡大適用で明らかにした理論の応用である。第4節の「圏域形成理論の現状分析適用」は以上と若干問題の性格を異にするが、圏域形成理論を競争力分析に応用する分析理論の提示である。

　第5章は、「作目選択と市場・流通条件」を検討する。これは第2章、第3節でも指摘した経営主体条件の問題と関連させて、市場・流通問題を検討する。第1節で一般的に産地の作目選択と経営条件との関係、第2節で作目選択と需要・流通条件、第3節の市場対応と販売管理で、マーケティング理論（マネジリアル・マーケティング、Managerial Marketing）の援用による市場指向的な組織化の重要性を強調している。

　第6章は、農産加工の立地理論的考察である。第1節で近年の農産加工ブームの動向を踏まえて、その課題と意義をチューネンの火酒加工による運送費節減効果を通じて考察する。第2節では理論的に地代函数の適用による農業立地論と工業立地論の統合を試みている。

　以上が第Ⅰ部の構成と主内容である。先に序章で提起した、我が国の高度経済成長と条件変化、その他当面する種々の現実問題に対応するための立地理論の展開である。

第Ⅱ部・立地変動の動態実証分析（内容要旨）

　第Ⅱ部は、第Ⅰ部の現状分析理論の実証分析への適用であり、立地変動の動態過程分析である。まず第1章で、我が国経済が高度成長を始める時期を対象に、農業生産の地域特化の実態を地域集中度係数と特化係数を用いて実証的に分析する。続く第2章以下で、立地変動の要因ごとにその影響を分析する。すなわち、第2章が都市化進展の影響分析、第3～5章がそれぞれ鉄道輸送、高速自動車道の整備と自動車輸送、さらに海上輸送の普及など、交通輸送手段の技術革新の及ぼす立地変動を実証的に分析する。続いて第6章で生産段階における技術革新と基盤整備の影響を分析する。主要な動態要因変化に対応する変動過程の実証分析が中心課題である。そして、最後の第7章では施設園芸の立地論問題を検討する。その主要内容は以下の通りである。

　第1章は、我が国経済が高度成長に入る時期（昭和30年代後半）の農業生産特化の実態把握である。これはその後農業が急激に変貌する前の姿を、主に特化係数によって分析したものである。

　第2章「都市化と近郊農業の立地問題」は、まず都市化の進展を立地変動の動態要因として位置づけ、それに基づいてチューネンの「自由式」農業圏の立地問題を理論的・実証的に考察し問題提起を行った。まず第1節でチューネンの「自由式」農業の古典的規定を再検討し、その理論上の問題点を指摘する。つまり1圏1作目（組織）の原理が、自由式農業圏には適用できず、それを経営発展と集積の論理を導入して理論的に修正し、立地理論の整合性を図るものである。それは経営形態の多様化と経営発展による少数経営の残存論理であり、現代の都市農業が単一専作・大規模経営から成り立つことを説明する論理でもある。

　第2節は近郊農業が都市農業に変貌する実態に即してその現代的意義を考察する。そして続く第3、4節で首都圏の都市農業を中心にその実態を考察し、直面する問題を立地変動論の一環として分析した。

　第3章「農産物輸送と産地競争力」は、交通輸送の動態変化の基点となる鉄道輸送の実証分析である。全貨物輸送量（トン・キロ）の6割のシェアを鉄道

輸送が占めていた昭和30年代を対象に、産地競争力を地代函数に基づいて計測し、問題の所在を明らかにする。この種の実証分析は例が少なく、ブンリンクマンが引用しているセツテガスト（H. Settegast）の場合を除いて、実証分析はあまり見当たらない。この空白を埋めるべく立地理論を実証分析に適用したのが本章である。

　第1節では、鉄道輸送統計で貨物輸送の実態を概観し、続いて同じ資料に基づいて産地と市場との結びつきを計数指標「産地・市場緊密度」を考案して実証的に分析する。続く第2節は鉄道輸送による産地競争力の実証分析である。これは第Ⅰ部、第4章、第4節で明らかにした産地競争力比較の理論の現状分析への適用事例である。

　第4章は「交通輸送の技術革新と農業再編」問題である。本章の主題は、いわゆる輸送手段のモーダル・シフトに示される輸送条件変化の考察である。我が国においては昭和41年に陸上貨物輸送の主要輸送機関が鉄道から自動車輸送へ交替した。高速自動車道に代表される道路条件の整備と技術革新が、農業の生産・流通に大きなインパクトを与えることになる。この条件変化は農業立地変動の基本要因であり、この問題の理論的・実証的究明が課題となる。

　その要点は、第1節で統計資料によって、高速自動車道に代表される陸上輸送の技術革新の動向を確認し、他方でそれに対応して起きるモーダル・シフトをアメリカの歴史的事例などを参考に整理する。第2〜5節は道路整備の意義とその地域経済社会、特に地域農業への影響を産地段階で市場対応問題として考察する。高速自動車道に代表される道路条件の整備が、高速性、大量性、安全性、経済性、に示される輸送機能の向上によって、経済圏・市場圏の拡大統合を促がし、全国的な統合流通圏が形成される。特に野菜等の生鮮食料品の場合、その市場圏は「鮮度原理」と「運賃原理」の2つの制約を受けており、その制約を取り除くうえで高速道路が果す役割は大きい。その結果、一方で新産地が形成されるのと並行して、産地間競争を激化させ、地域農業再編の有力な動態要因となる。また、農産物流通・マーケティングのあり方にも大きく影響する。これらの産地段階の対応を、野菜出荷の輸送機関の選択、高速道路利用

実態と問題点、などについて分析する。

　第5章、「海上輸送と農産物流通」では、交通輸送の技術革新の新たな事例として、外洋大型フェリーの就航など近年の海上輸送の動向と実態を分析する。まず、海上輸送の歴史的位置づけ（第1節）に続いて、第2節で「海上輸送による地域農業の近代化」を、宮崎県農業を対象に分析する。フェリー利用による輸送距離と輸送時間の二重の短縮が、一方でコスト削減（f）を可能にし、他方で価格形成（p）を有利にする。この条件変化を梃子に、台風災害常襲地帯農業から脱却し、農業近代化を図りつつある事例の実証分析である。そして海上輸送とトラック輸送との統合により、高速道路の整備とも相まって、陸海一貫の統合流通システム化を達成しつつあることを例証した。

　第6章の「農業技術の革新と立地変動」は、立地変動要因として農業技術の革新とその影響を検討したものである。野菜を対象にして、施設園芸、露地野菜のマルチ栽培、土地基盤整備（畑地かんがい）等について、問題点を具体的に分析検討している。

　最後の第7章では、施設園芸の立地論的特色を「脱自然」的と規定し、施設園芸の意義を自然要因の資本による代替と位置づけて、その発展と積雪寒冷地への普及動向を考察する。東北・北海道・北陸などの寒冷地への普及は、その限りで冬期の野菜供給安定に貢献している。しかし同時に、立地変動と産地間競争も激化してくる。その結果、一部野菜では過剰問題が顕在化し、需給調整が重要課題になってきている。

　以上が、第Ⅰ部（序章＋6章）、第Ⅱ部（6章＋総括要旨）において考察した「農業立地変動論―農業立地と産地間競争の動態分析理論」の要旨である。残された問題もあるが、これらの課題は別の機会を待つことにしたい。

参考文献

(A) 和　文

1. アイザード、木内信蔵監訳『立地と空間経済』、朝倉書店、昭和39年。
2. アーロンソ、折下功訳『立地と土地利用』、朝倉書店、昭和41年。
3. アイザード、笹田友三郎訳『地域分析の方法』、朝倉書店、昭和44年。
4. 愛知県『生鮮食料品の高速道路利用実態調査報告書』、昭和53年。
5. 青森県『青森農林業の推移と問題点』、時潮社、昭和35年。
6. 朝日新聞社『新しい農村』、昭和52年。(昭和38年～平成10年度、各年版)
7. 青森地域社会研究所編『農産加工による地域振興―今なぜ農産加工が必要か―』、時潮社、昭和57年。
8. 伊藤久秋『地域の経済理論』、叢文閣、昭和17年。
9. 飯岡清雄『疏菜果実取引の新研究』、農業青果同好会、昭和37年。
10. 茨城県『茨城県流通業務施設整備に関する調査報告書』、昭和48年。
11. 茨城県農林水産部・農業開発事業団『農畜産物流通施設配置合理化に関する調査報告書』、昭和50年。
12. 今井賢一『現代産業組織』、岩波書店、昭和51年。
13. 岩崎勝直編『畑作付け方式の分布と動向』、農業技術協会、昭和33年。
14. 運輸経済研究センター『運輸部門における省エネルギーの技術的方策とその評価に関する調査研究報告書』、昭和54年。
15. ウェーバー、日本産業構造研究所訳『工業立地論』、昭和41年、篠原泰三訳、大明堂、昭和61年。
16. 宇野弘蔵『経済原論』(上、下)、岩波書店、昭和26、27年。
17. 宇野弘蔵『経済学方法論』(経済学体系1)、東京大学出版会、昭和37年。
18. 江沢譲爾『経済立地論の体系』、時潮社、昭和42年。
19. 江沢譲爾『産業立地と地域分析』、時潮社、昭和37年。
20. 江沢譲爾「工業立地分析」、日本地域開発センター『日本の地域開発』、昭和40年。
21. 江島一浩「ブリンクマンの農業立地命題の問題点―主として地代指数の吟味―」、『農業経営通信』No.58。
22. 江波戸昭『日本農業の地域分析』、古今書院、昭和43年。
23. 小倉武一編著『日本と世界の農業共同経営』、御茶の水書房、昭和50年。
24. 小倉武一編著、『集団営農の展開』、御茶の水書房、昭和51年。
25. 小野誠志『農業経営と販売戦略』、明文書房、昭和48年。
26. 小野誠志「営農集団と市場対応」、『生産組織』、農林統計協会、昭和49年。
27. 大川一司「地代理論の二形態―Single crop theoryとAlternative-use-rent cost

theory—」、『農業経済研究』第14巻、第1号。
28. 大塚久雄・小宮隆太郎・岡野行秀編『地域経済と交通』、東京大学出版会、昭和46年。
29. 大田昇之助『都市化と農業』、明文書房、昭和52年。
30. 春日茂男『立地の理論』(上、下)、大明堂、昭和56、57年。
31. 柏崎文男「農産物の主産地形成とその展開」、農村市場問題研究会編『日本の農村市場』、東洋経済新報社、昭和32年。
32. 梶井功編『農産物過剰』、明文書房、昭和56年。
33. 上山春平編『照葉樹林文化』(中公新書)、昭和44年。
34. 金沢夏樹「農業経営の二側面—チューネン理論における生産力と所得—」、『経済発展と農業問題』岩波書房、昭和34年。
35. 金沢夏樹「農業経営研究と地域農業計画」、『農業経営通信』、No.65。
36. 金沢夏樹「農業立地と地域計画」、『農業と経済』第27巻、第1号。
37. 金沢夏樹「農業立地と主産地形成」、『現代の農業経営』、東京大学出版会、昭和50年。
38. 金沢夏樹『農業経営学講義』、養賢堂、昭和57年。
39. 金沢夏樹編著『農業経営の複合化』、地球社、昭和59年。
40. 金沢夏樹監修・全国農業協同組合中央会編『水田複合経営の確立』、富民協会、昭和60年。
41. 神奈川県農政部「青果物移出に関する調査」、昭和39年。
42. 神奈川県『都市計画利用と農業的土地利用との調整に関する研究』、昭和43年。
43. 神奈川県『生鮮農産物流通とスーパーに関する調査』(農政情報29)、昭和47年。
44. 加用信文「チューネン地代論の意義」、『日本農業の地代論的研究』養賢堂、昭和34年。
45. 加用信文「農業立地理論の考察」、(1)、(2)、『農業総合研究』第18巻、第1、2号、『農業経済の理論的考察』、御茶の水書房、昭和40年。
46. 加用信文『日本農法論』、御茶の水書房、昭和47年。
47. 神戸賀寿朗『都市農業—展開と戦略』、明文書房、昭和50年。
48. 熊代幸雄『比較農法論』、御茶の水書房、昭和44年。
49. 桑原正信編『みかん農業の成長分析』、昭和43年。
50. 桑原正信編『果樹産業成長論』、明文書房、昭和44年。
51. 桑原正信監修・藤谷築次偏『農産物流通の基本問題』、(講座・現代農産物流通論1)、昭和44年。
52. 桑原正信編『農協の食品加工事業』、家の光協会、昭和48年。
53. 経済企画庁総合開発局「東北地方における果実・野菜の生産・流通に関する調査報告書」、昭和42年。
54. 経済企画庁『経済白書』、昭和36年。
55. ケリー、村田昭治訳『マーケティング・戦略と機能』、ダイヤモンド社、昭和48年。
56. 国民経済研究協会『東名高速道路の地域経済・社会への影響調査』、昭和48年。

参考文献　579

57. 国民経済研究協会『高速道路関連施設の貨物需要予測に関する調査』、昭和46年。
58. 国民経済研究協会『農業立地の展開構造』、昭和45年。
59. 国民経済研究協会『高速道路と農産物流通』、昭和47年。
60. 国民経済研究協会『高速道路と地域経済』、昭和47年。
61. 国会図書館『都市化と農業』（レファレンス文献要目第12集）、昭和44年。
62. 協同組合経営研究所『東名高速道路の農業形態等に関する調査』、昭和45年。
63. 常陽産業開発センター『常磐高速道路建設に伴う地域経済・社会への影響調査』、昭和46年。
64. 九州経済調査協会『農産物等海上輸送実験調査』、昭和46年。
65. 九州農業試験場『山村における地域農業の形成と農業の市場対応』、昭和52年。
66. 今野源八郎・岡野行秀編『現代自動車交通論』、東京大学出版会、昭和54年。
67. 近藤康男『チウネン孤立国の研究』、西ヶ原刊行会、昭和3年、『著作集』第1巻、所収。
68. 近藤康男『農業物生産費の研究』、西ヶ原刊行会、昭和16年。
69. 近藤康男『農業政策』上、有斐閣、昭和25年。
70. ゴットマン、木内信蔵・石水照雄共訳『メガロポリス』、鹿島研究所出版会、昭和42年。
71. 児玉賀典「酪農経営展開手順の考察」、大谷省三編『現代農業経営論』、昭和41年。
72. 児玉賀典「酪農経営規模拡大のメカニズム」（農林水産技術会議事務局資料）、昭和42年。
73. 児玉賀典「農業経営の展開と営農集団」、『生産組織』、農林統計協会、昭和49年。
74. 埼玉県社会経済総合調査会『埼玉県の都市農業』、昭和50年。
75. 阪本楠彦『農業経済概論』、（上、全）、東京大学出版会、昭和36年、43年。
76. 坂本英夫『野菜生産の立地移動』、大明堂　昭和52年。
77. 坂本英夫『輸送園芸の地域的分析』、大明堂、昭和53年。
78. 櫻井豊「自由式農業論」(1)、(2)、(3)、『農業経済研究』第23巻、第4号、第24巻第1、2号。
79. 沢田収二郎「農業立地の動態理論」『経済発展と農業問題』（東畑精一博士還暦記念論文集）、岩波書店、昭和34年。「宮崎蔬菜の経済的研究」(1)、(2)、『農業経済研究』第22巻、第3、4号。
80. 沢村東平「水田における多毛作構造の解析」、『農業技術研究所報告』第7号。
81. 沢辺恵外雄・木下幸孝編『地域複合農業の構造と展開』、農林統計協会、昭和54年。
82. 篠原泰三「地域的経済構造と農業」、『経済発展と農業問題』、岩波書店、昭和34年。
83. シュルツ、逸見謙三訳『農業近代化の理論』、東京大学出版会、昭和41年。
84. 食品需給センター『国土開発自動車道等関連生鮮食料品流通調査』、昭和48年。
85. 食品需給センター『生鮮食料品等輸送燃料確保措置に関する対象物証明関係資料』、昭和48年。
86. 食品需給センター『生鮮食料品の流通調査』、昭和55年。

87. 勝賀瀬質、『青果物流通の実態』、農山漁村文化協会、昭和40年。
88. 全国農業構造改善協会『新潟県高速交通体系農業影響調査』、昭和49年。
89. 全国農業構造改善協会『阿武隈川水系調査報告書―東北自動車道の開通に伴う地域農業の展開方向』、昭和52年。
90. 全国農業構造改善協会『神奈川県茅ヶ崎市農業の実態と振興方策』、昭和44年。
91. 全国農業会議『新都市計画法下の農業』、昭和44年。
92. 雑穀奨励会『大豆生産構造の改善に関する研究』、昭和38年。
93. 全国農協中央『1980年代日本農業の課題と農協の対応』、昭和55年。
94. 下舞隆夫「野菜の品質管理と技術構造―植木スイカ栽培の事例―」、『農業経営通信』No.110、昭和51年。
95. 高橋正郎『日本農業の組織論的研究』、東京大学出版会、昭和48年。
96. 高橋正郎・森昭『自治体農政と地域マネージメント』、明文書房、昭和53年。
97. 高橋正郎「営農団地」、吉田寛一編『農業の企業形態』、農業経営学講座(2)、地球社、昭和54年。
98. 竹中久二雄・白石正彦編著『地域経済の発展と農協加工』(理論編、実態編)、時潮社、昭和61年。
99. ダン、阪本平一郎・原納一雅共訳『農業生産立地理論』、地球出版、昭和36年。
100. 中央道振興会『中央自動車道沿線の農業調査報告書』、昭和51、52、53、55年、58年『中央自動車道の開通と地域振興調査報告書』、昭和62年。
101. 地域社会計画センター『都市農業の実態と問題点』、昭和51年。
102. チューネン、近藤康男訳『孤立国』、昭和4年、第1部、第2部、世界古典文庫、日本評論社、昭和22年。『近藤康男著作集』、第1巻、所収、農山漁村文化協会、昭和49年。
103. 鉄道院『本邦鉄道の社会経済に及ぼせる影響』、大正5年。
104. 東畑精一『日本農業の展開過程』(増訂版)、昭和11年。
105. 東畑精一『日本資本主義の形成者』(岩波新書)、昭和39年。
106. 都市農業問題研究会・横浜市農政局(渡辺兵力)『都市農業の計画』、昭和44年。
107. 都市近郊農業研究会『都市化と農業をめぐる課題』、農林統計協会、昭和52年。
108. 永田元也・細田繁雄『交通経済論』、税務経理協会、昭和50年。
109. 永友繁雄編著『地域開発と農業の展開』、明文書房、昭和42年。
110. 長野県農業試験場『集団的生産組織』昭和47年。
111. 長野県農協地域開発機構『高速自動車道の農業への影響と農協の対応』、昭和59年。
112. 中尾佐助『栽培植物と農耕の起源』(岩波新書)、昭和41年。
113. 錦織英夫「内地農業の地域性の基礎」、『昭和農業発達史』、富民協会、昭和12年。
114. 日本地域開発センター『経済成長下の地域農業構造』、昭和42年。
115. 日通総合研究所「生鮮食料品の流通と輸送」、昭和40年。
116. 野口弥吉『水田農業立地論』、養賢堂、昭和41年。
117. 農林省『野菜需給価格研究会中間報告』、昭和52年。
118. 農林省農林水産技術会議事務局『都市拡大と近郊農業・都市農業の対応』、昭和

48年。
119. 農業発達史調査会編『日本農業発達史』、全10巻、中央公論社、昭和28～32年。
120. 農業技術研究所『経営立地の諸問題』、昭和45年。
121. 農林省園芸局『野菜選果場調査報告書』(昭和43～45年)。
122. 農政調査委員会『都市農業―農業と緑の最前線―』、昭和48年。
123. 農政調査委員会『道路と農業』（日本の農業―あすへの歩み―、19）昭和38年。
124. 農政調査委員会『農村道路ネットワーク』（日本の農業―あすへの歩み―、74）昭和46年。
125. 農林省農林水産技術会議事務局『主要作目の立地配置に関する研究』（研究成果43）、昭和45年。
126. 農林省『農業生産の地域指標の試案』、昭和45年。
127. 農林省農政局農政課編『主産地形成論』、昭和38年。
128. 農業技術研究所『野菜・畑作物の生産流通に関する調査研究』(No.1～10)、昭和48～52年。
129. 早川和男『空間価値論』、勁草書房、昭和48年。
130. 早川和男『土地問題の政治経済学』、東洋経済新報社、和52年。
131. ハヤカワ、大久保忠利訳『思考と行動における言語』、岩波書店、昭和26年。
132. パランダー、篠原泰三訳『立地論研究』（上、下）、大明堂、昭和59年。
133. ブリンクマン、大槻正男訳『農業経営経済学』、西ヶ原刊行会、昭和6年、改訂版、地球出版、昭和44年。
134. ハロッド、藤井茂訳『国際経済学』、実業の日本社、昭和41年
135. 平川輝夫「主産地と市場はどう結びつくか」、『農林統計調査』第12巻、第4号。
136. 平野蕃「地域農業計画策定に関する試論」、『農業と経済』第27巻、第11号。
137. 古島敏雄『日本農業史』（岩波全書）、昭和31年。
138. フーヴァー、西岡久雄訳『フーヴァー経済立地論』、大明堂、昭和43年。
139. ベイン、宮沢健一監訳『産業組織論』、丸善、昭和45年。
140. 堀田忠夫『産地間競争と主産地形成』明文書房、昭和49年。
141. 北陸農政局『新しい交通ネットワークの形成と北陸農業』、昭和48年
142. 細野重雄「伊那ナシの生産と市場」、『農業総合研究』第8巻、第2号。
143. 福島県農家経済研究所『高速交通体系の整備に伴う福島県農村（農業）のあり方と農政に関する調査報告書』、昭和50年。
144. 福田稔『中国縦貫道路の開発と中山間地帯農業の展開に関する総合的研究』、昭和44年、45年度。
145. マルクス、長谷部文雄訳『資本論』第3巻、第6篇、超過利潤の地代への転形、青木文庫、⑿、⒀。
146. マルクス、宮川実訳『経済学批判』、（青木文庫）。
147. 松田延一『果樹の産地形成のための展開手順に関する研究』、昭和40年。
148. 南・梅川・和田・川島・共編『現代都市農業論』、富民協会、昭和53年。
149. 美土路達雄「果樹主産地の階層性と市場」、『農林統計調査』第11巻、第7号。

150. 宮崎県『昭和43年度農産物海上輸送促進対策調査研究結果報告書』、昭和44年。
151. 宮崎県『宮崎県農畜産物総合流通システム開発調査報告書』、昭和48年。
152. 宮崎県『農業白書―宮崎県農業の繁栄をめざして』、昭和42年。
153. 宮崎県『宮崎県第2次防災営農計画―近代農業建設のための目標』、昭和40年。
154. 宮崎県『防災営農の基本構想』、昭和31年。
155. 宮崎県『防災営農基本計画』、昭和31年、改定版、昭和36、37年。
156. 宮崎県『宮崎県第2次防災営農計画』、昭和40年。
157. 宮崎県『宮崎県の農業』(各年)、『宮崎の野菜』(各年)、『宮崎の果樹』、『みやざきの畜産』、『土地改良』、『宮崎のお茶』、『宮崎の蚕糸』、『農業情報』。『実態農業報告書』。昭和53年。
158. 宮坂正治『農業経済立地論』古今書院、昭和56年。
159. 武藤和夫「主要作目の立地配置と地域農業」、『農林統計調査』第20巻、第8号。
160. 武藤和夫「農業生産の地域分担計画に関する一試論」、『農村研究』第31号、昭和45年。
161. 武藤和夫「《自立経営》の経営経済的分析(II)―白菜生産地における生産・出荷の《空間均衡モデルによる解明》―」、『農業技術研究所報告』H35号、昭和41年。
162. 森嶋隆「集団化と運営管理」、農業経営調査会編『経営管理の理論と実際』、富民協会、昭和46年。
163. 桃野作次郎編『農業経営要素論、組織論』(農業経営学講座第3巻)、地球社、昭和54年。
164. 山田定市「主産地の展開構造」、『農経論叢』17、昭和36年。
165. 山田定市「主産地形成の理論―相対的有利性と地代をめぐって―」、『農経論叢』20、昭和38年。
166. 山田勝次郎『米と繭の経済構造』、岩波書店、昭和17年。
167. 山田勇「地域経済分析について―産業関連分析の応用―」、『経済研究』第11巻、第4号。
168. 吉田寛一編『農業の企業形態』(農業経営学講座2巻)、地球出版、昭和54年。
169. 吉田忠『農産物の流通』、家の光協会、昭和55年。
170. 頼平「立地論からみた地域農業発展の論理」、『農業と経済』、第48巻、第6号、昭和57年。
171. リカード、小泉信三訳『経済学および課税の原理』(岩波文庫)。
172. レッシュ、篠原泰三訳『レッシュ経済立地論』、大明堂、昭和43年。
173. ワイベル、伊藤兆司訳『農業地理学の諸問題』、叢文閣、昭和17年。
174. 若林秀泰『ミカン農業の展開構造』、明文書房、昭和55年。
175. 渡辺兵力「農業の地域分化と資源利用」、『農業と経済』第34巻、第10号。
176. 和田照男「農業立地変動論の課題と方法」、東京大学農学部。
177. 和田照男『現代農業と土地利用計画』、東京大学出版会、昭和55年。

(B) 著者論文・著書

1. 「鉄道輸送と農産物流通」、『農業経済研究』第35巻、第4号、昭和39年。
2. 「農産物の地域間需給構造」、『東北農業試研究報告』第29号、昭和39年。
3. 「農産物の市場競争力と地域間競争」、『東北農業試験場研究報告』、第34号、昭和41年。
4. 「都市近郊農業の発展論理」、『農業経済研究』第42巻、第1号、昭和42年。
5. 「取り残された国産大豆」、『農林統計調査』第19巻、第2号、昭和44年。
6. 「日本農業変貌の立地論的考察」、阪本楠彦・梶井功編『現代日本農業の諸局面』、昭和45年。
7. 「農業立地論の方法論的考察」、『農業技術研究所研究報告』H41号、昭和45年。
8. 「農業立地論と経営発展の論理」、『経営立地の諸問題』(専門別総括検討会議報告)、農業技術研究所、昭和45年。
9. 「東名高速道路開通に伴なう生鮮食料品流通構造の変化に関する調査」(第1章、野菜)、『農政情報』、神奈川県農政部、昭和46年。
10. 「都市近郊における野菜出荷体制の実態と問題点」、『野菜の共販・共計実態調査報告書』、関東農政局、昭和47年。
11. 「出荷組織と市場対応—とくに出荷施設の機能について」、『野菜・畑作物の生産流通に関する調査研究』No.2, 3、昭和48年。
12. 「市場競争力の理論的検討」、『農業および園芸』第48巻、第4号、昭和48年。
13. 「遠隔産地における野菜作経営の発展条件」、『農業経営研究』No.20、昭和48年。
14. 「都市近郊における野菜の出荷組織と市場対応」、農業技術研究所、『野菜・畑作物の生産流通に関する調査研究』No.4 (1973)、昭和48年。
15. 「経営研究と技術問題」、児玉賀典・小笠原璋編『現代農業経営の課題』、明文書房、昭和49年。
16. 「出荷流通施設と産地形成」、「低温流通施設の機能と問題点」、「選果流通施設と市場対応」、農業技術研究所、昭和49〜52年。
17. 「野菜産地の地域性」、『農業構造改善』第12巻、第3号、昭和49年。
18. 「農業立地と作目選択」、金沢夏樹編、『農業経営』(農林省農業者大学校通信講座、経済Ⅲ)、昭和49年。
19. 「野菜の需給安定と生産流通のシステム化」、『農技研ニュース』17、昭和49年。
20. 「産地形成の課題」、『農業経営研究』No.24、昭和50年。
21. 「埼玉県都市農業の実情」、『埼玉県の都市農業』、埼玉県、昭和50年。
22. 「マーケティングと差別化」、『農業経営通信』No.110、昭和51年。
23. 「施設園芸経営と立地条件」、『高能率施設園芸集団の組織化・管理方式』、(第2年度中間報告書)、昭和51年。
24. 「施設園芸農産物の流通と価格安定」、『農業および園芸』第52巻、第1号、昭和51年。
25. 「施設園芸団地造成の経営的課題」、『施設と園芸』13、昭和51年。

26. 「都市農業の生産・流通組織化」、『都市農業の実態と問題点』、地域社会計画センター、昭和51年。
27. 「農産物流通の実態と動向」、『中央自動車道沿線の農業調査報告書』、昭和51年。
28. 「東北自動車道と野菜産地の対応」、『阿武隈水系調査報告書』、昭和51年。
29. 「"農業の町"を築いた農協」、『新しい農村77』、朝日新聞社、昭和52年。
30. 「出荷組織と需給調整」、『野菜の需給調整と産地組織化』、『野菜・畑作物の生産流通に関する調査研究』No.10（1977）、昭和52年。
31. 「野菜・花きの市場対応」、「果樹の生産振興と高速道路」、『中央自動車道沿線の農業調査報告書―山梨県・西宮線を中心とする』、昭和52年。
32. 「野菜の生産振興と流通・市場問題」、『広域営農団地整備計画の基本構想』（秋田臨海地域）、昭和52年。
33. 「稲作転換における作目選択について」、『静岡県菊川町における地区再編農業構造改善事業について』、昭和53年。
34. 「青果物の市場圏の再編」、『中央自動車道沿線の農業調査報告書』、昭和53年。
35. 「宮崎県農業の立地論的考察」、宮崎県農業経済研究会『宮崎県農業の課題』、昭和54年。
36. 「農産物の市場対応と販売管理」、児玉賀典編『農業経営管理論』（農業経営学講座、第5巻）地球社、昭和50年。
37. 「周年出荷における専作経営」、『みどり』19、昭和53年。
38. 「高速交通体系による農産物流通の変動と土地利用の再編」、『水戸市農業振興調査報告書』、昭和55年。
39. 「高速道路と青果物流通」、『中央自動車道沿線の農業調査報告書―西宮線を中心とする総括』、昭和55年。
40. 「高速交通体系と農産物流通」、『農業構造改善』第18巻、第4号、昭和55年。
「野菜の需給調整と産地再編」、『研究ジャーナル』第3巻、第3号、昭和55年。
41. 「道路整備の農業に及ぼす影響」、『道路交通経済』No.14、昭和56年。
42. 「立地論の現代的意味―古典立地論の展開を中心として―」『農業と経済』第48巻、第6号、昭和57年。
43. 『野菜の産地再編と市場対応』（河野・森昭共編著）、明文書房、昭和59年。
44. 「経営発展と市場流通条件」、『農業経営研究』、第23巻、第3号（No.51）。
45. 「過疎農山村の特産品開発とマーケティング」、『農村研究』第63号、昭和61年。
46. 「農産加工の立地理論的考察」、『農村研究』第68号、平成4年。
47. 「チューネン農業立地論の現実的展開」、梶井編『農業問題の外延と内包』、農山漁村文化協会、平成9年。
48. 「農業立地の現状分析理論」、『流通経済大学論集』Vol.32, No.2（117）、平成9年。
49. 「農産物・食品の電子商取引―流通システム変革の論理とEC」、『流通経済大学論集』Vol.38, No.2（142）、平成16年。
50. 「農産物・食品の電子商取引―現状と課題」、山口・福田・佐久間編『ITによる流通変容の理論と現状』、御茶の水書房、平成17年。

51. 「経済地理学と立地論の統合視点」、『一橋論叢』第92巻、第2号。
52. 「経済地理学の方法論的考察」、『一橋論叢』第94巻、第4号。
53. 「経済地理学と立地論の方法—「遊離化法」の一般化—」、『一橋論叢』第100巻、第6号。

(C) 欧　文

1. Alonso, William, *Location and Land Use*, Harvard University Press, 1964.
2. Bain, Joe S, *Industrial Organization*. 1959.
3. Barlowe, R., *Land Resource Economics*, Englewood Cliffs, 1958.
4. Beckmann, M. and T. Marschack, An Activity Analysis Approach to Location Theory, *Kyklos*, Vol.8, 1955.
5. Böventer E. v. *Theorie des Räumlichen Gleichgewichts*, J. C. B. Mohr (Paul Siebeck), 1962.
6. Bradford, Lawrence A. and Glenn L Johnson, *Farm Management Analysis*, John Wiley & Sons, New York, 1953.
7. Brinkmann, Theodor, *Die Ökonomik des Landwirtshaftlichen Betriebes* (Grundriss der Sozialoekonomik VII Abt.), Tübingen, 1922.
8. Chenery, H. B., P. G. Clark, et al., *The Structure and Growth of Italian Economy*, 1953.
9. Dunn, Edgar S. Jr., *The Location of Agricultural Production*, The Florida University Press 1954.
10. Eggers H. W., Zur Theorie des landwirtshaftlichen Standortes, *Berichte ueber Landwirtschaft*, Bd. 36, 1958.
11. Enke, S., Equilibrium Among Spatially Separated Markets: Solution by Electric Analogue, *Econometrica*, Vol.19, Jan. 1951.
12. Friedmann, J. and W. Alonso (ed.), *Regional Development and Planning*, The MIT Press, 1964.
13. Gottmann, Gean, *Megalopolis, The Urbanized Northeastern Seaboard in the United States*, The Twentieth Century Fund, Inc., 1961.
14. Harrod, Roy F., *International Economics*, 1933.
15. Hayakawa, S. I. *Language in Thought and Action*, Harcourt Brace and Co., 1949.
16. Higbee, Edward, *American Agriculture: Geography, Resources, Conservation*, New York, John Wiley and Sons, 1958.
17. Hoover, E. M., *The Location of Economic Activity*, McGraw-Hill, 1948 (Paper backs).
18. Hoover, Edgar M., *Location Theory and the Shoes and Leather Industries*, Cambridge, 1936.

19. Isard, W., *Location and Space Economy*, The MIT Press, 1956.
20. Isard, W. *Methods of Regional Analysis*, The MIT Press, 1960.
21. King, R. A. (ed.), *Interregional Competition Research Methods*, The Agricultural Policy Institute, North Carolina State of The University of North Carolina at Raleigh, 1964.
22. Kerry, E, J., *Marketing: Strategy and Function*, Prentice Hall, Inc., 1965.
23. Kohls, R. L., *Marketing of Agricultural Products*, 1955.
24. Koopmans, T. C. (ed.), *Activity Analysis of Production and Allocation*, John Willey and Sons, Inc., 1951.
25. Koopmans, T. C., Optimum Utilization of the Transportation System, *Proceedings of the International Statistical Conference*, 1947.
26. Launhardt, W., Die Bestimmung des zweckmaszigen Standort einer gewerblichen Anlage, *Z.des Vereins deutscher Ingenieur, XXVI, 3*. 1882; *Mathematische Begrundung der Volkswirtschaftslehre*, 1885.
27. Lefeber, L., *Allocation in Space: Production, Transport, and Industrial Location*, North-Holland Publishing Co., 1958.
28. Lösch, A, *Die räumliche Ordnung der Wirtschaft*, 1939. *The Economics of Location*, translated by W. H. Woglom, 1954 .
29. Marx, Karl, *Das Kapital*, 3Bd.
30. Marx, K., *Zur Kritik der politischen Ökonomie* (Grundrisse), Methode der politischen Ökonomie, 1857.
31. Meyer, J. R., Regional Economics: A Survey, *American Economic Review*, Vol. 53, No.1, March, 1963.
32. Michell, R. D.and Paul A. Groves (ed.), *North America, The Historical Geography of a Changing Continent*, Rowman & Littlefield, 1987.
33. Mighell Ronald L, and John D. Black, *Inter-regional Competition in Agriculture*, Harvard University Press, 1951. or 1956?
34. Moses, L. A, The Stability of Interregional Trading Pattern and Input-Output Analysis, *American Economic Review*, XLV, 5, 1955. Moses, L., A, General Equilibrium Model of Production, Interregional Trade, and Location of Industry, *Review of Economics and Statistics*, Vol.42, No.4, Nov. 1960.
35. Palander, T., *Beiträge der Standortstheorie*, Uppsala, 1935.
36. Ricardo, D. *On the Principles of Political Economy and Taxation*, 1817.
37. Samuelson, P. A., Spatial Price Equilibrium and Linear Programming, *American Economic Review*, Vol.42, No.3, June, 1952.
38. Schultz, T. W., *Transforming Traditional Agriculture*, Yale University Press, 1964.
39. Swanson, Earl, R., Technical Change and the Location of Agricultural Production, *Modern Land Policy*, University of Illinois Press, Urbana, 1960.
40. Shepherd, G., *Marketing Farm Products*, ISU Press, 1949.

41. Stevens, B. H., A Review of the Literature on Linear Methods and Models for Spatial Analysis, *Journal of the American Institute of Planners*, Vol.30, No.2, May 1964.
42. Thünen, Johann Heinrich von, *Der isolierte Staat in Beziehung auf Landwirtshaft und Nationalökonomie*, 1. Bd., 1826; 2. Bd. 1. Tl., 1860; 2. Bd., 2. Tl. und 3. Bd., 1863, Hamburg und Rostock.
43. USDA, *Guide to Agriculture, U. S. A.* (Agriculture Information Bulletin No.30) 1955.
44. Vincent, W. H., (ed.), *Economics and Management of Agriculture*.
45. Waibel, L., *Problem der landwirtshaftsgeographie*, 1933.
46. Weber, Alfred, *Über den Standort der Industrien*, Erster Teil, Reine Theorie des Standorts, Tubingen, 1909.

あとがき

　本書は、もともと昭和56年に東京大学に提出した学位請求論文を基礎に、その後に発表した2～3の論文を加えて全体の構成を若干変更し、また表現なども読みやすく修正して公刊したものである。しかし内容的には殆ど原論文と変っていない。

　本来、20数年前に出版すべき論文であるが、著者の怠慢と一部私的事情により、出版が著しく遅れた。現時点で読むと時代的背景が大きく異なり、全面的に書き直すか、あるいは大幅に修正・編集しなおす必要がある。しかしいろいろ検討した結果、それをアップ・ツゥ・デイトに書き直すには、さらに多くの時間を必要とする。それではさらに公刊が遅れるので、第Ⅰ部に序章と第6章を加え、その他の章は可能な範囲で編集し直した。また第Ⅱ部も1～2章を追加し、最少限の修正で出版することにした。

　また、分析対象が高度経済成長期の農業問題であり、従って最近の動向については本書では考察できず、残された問題も少なくない。表題も「高度経済成長期における」とすべきであるが、当初の表題のままにした。本書が書かれた時代的背景を考えれば、第Ⅱ部は既に歴史的な分析となっている。しかし理論的には現在でも有効性を失っていないと著者は信じている。本書が立地論の正しい展開方向にそって、理論の深化に聊かなりとも貢献するところがあれば幸甚であり、またそうあることを願っている。

　内容的には、農業立地論の理解と展開について、かなり積極的な問題提起を行なったつもりである。従って著者の思い込みによる誤謬もありうる。願わくばこれらの懸念・危惧に対して、読者諸賢、特に新進気鋭の忌憚のない御叱正を期待する次第である。

平成19年10月　　つくば市の寓居にて

著者

【著者紹介】

河野 敏明（かわの　としあき）

1933年	宮崎県に生まれる
1955年	宮崎大学農学部卒業（農業経済専攻）
1958年	東京大学大学院修士課程修了（農学修士）
1960年	農林省入省、東北農業試験場配属
1974年	農業技術研究所経営土地利用部研究室長
1982年	農学博士（東京大学）
1983年～1996年	一橋大学経済学部教授
1996年～2003年	流通経済大学経済学部教授

著　書

『現代日本農業の諸局面』（共著、御茶の水書房）
『農業経営管理論』（共著、地球社）
『野菜の産地再編と市場対応』（共編著、明文書房）
『農業問題・その外延と内包』（共著、農山漁村文化協会）
『ITによる流通変容の理論と現状』（共著、御茶の水書房）

農業立地変動論
—農業立地と産地間競争の動態分析理論—

発行日	2008年8月5日　初版発行
著　者	河野　敏明
発行者	佐伯　弘治
発行所	流通経済大学出版会
	〒301-8555　茨城県龍ヶ崎市120
	電話　0297-64-0001　FAX　0297-64-0011

©T.Kawano 2008　　　　　　　Printed in Japan／アベル社
ISBN978-4-947553-47-8 C3061 ¥6000E